高等学校计算机科学与技术教材

C#程序设计教程

（第2版）

唐大仕　编著

清华大学出版社
北京交通大学出版社
·北京·

内容简介

本书详细介绍了 C#程序设计的基本环境、概念、方法和应用。内容分为 C#语言及 C#应用两方面：C#语言方面，包括 C#基础语法、面向对象的 C#语言、C#语言高级特性等；C#应用方面，包括工具类、集合、常用算法、流式文件、文本应用、Windows 窗体和控件、图形用户界面、多线程、ADO.NET 数据库应用、网络通信编程等。书中也详细讲解了 C#的一些新特性，如 Lambda 表达式、Linq、异步编程以及深入理解 C#语言。

本书内容详尽、循序渐进，既介绍语法，又讲解语言机制，还注重 C#的应用。本书提供了大量典型实例，并配套有相关的电子资源、课件、视频。

本书内容和组织方式立足高等学校的教学教材，也可作为计算机技术的培训教材，还可作为 Coursera、中国大学慕课上的"C#程序设计"课程配套教材。

本书封面贴有清华大学出版社防伪标签，无标签者不得销售。
版权所有，侵权必究。侵权举报电话：010-62782989　13501256678　13801310933

图书在版编目(CIP)数据

C#程序设计教程 / 唐大仕编著. ─2 版. ─北京：北京交通大学出版社：清华大学出版社，2018.3(2024.6重印)
(高等学校计算机科学与技术教材)
ISBN 978-7-5121-3396-9

Ⅰ.①C… Ⅱ.①唐… Ⅲ.①C 语言-程序设计-高等学校-教材 Ⅳ.①TP312.8

中国版本图书馆 CIP 数据核字（2017）第 265688 号

C#程序设计教程
C# CHENGXU SHEJI JIAOCHENG

责任编辑：谭文芳

出版发行：	清华大学出版社	邮编：100084	电话：010-62776969	http://www.tup.com.cn
	北京交通大学出版社	邮编：100044	电话：010-51686414	http://www.bjtup.com.cn

印　刷　者：北京虎彩文化传播有限公司
经　　　销：全国新华书店
开　　　本：185 mm×260 mm　　印张：36.75　　字数：1168 千字
版　　　次：2018 年 3 月第 2 版　　2024 年 6 月第 5 次印刷
书　　　号：ISBN 978-7-5121-3396-9/TP·853
印　　　数：10001～10800 册　　定价：69.00 元

本书如有质量问题，请向北京交通大学出版社质监组反映。对您的意见和批评，我们表示欢迎和感谢。
投诉电话：010-51686043，51686008；传真：010-62225406；E-mail：press@bjtu.edu.cn。

前　　言

作为一种优秀的面向对象语言，C#不仅具有封装、继承与多态等特性，而且还增加了索引器、委托、事件、Attribute、Linq 等创新性元素。在继承了 C++ 和 Java 等语言的优点的基础上，C#代表了程序设计语言演变的一个新阶段，这是与现代软件工程相适应的。

C#语言还利用 .NET Framework 作为其强大的平台，使得它在 Windows 图形用户界面、ASP.Net Web 应用，以及 ADO.NET 数据库等方面有广泛的应用，并且已经可以运行在 Windows、Linux、Mac OS 等平台上，甚至可以用于开发跨平台的手机应用。正因为这样，C# 是目前主流的程序设计语言之一。

从学习的角度，C#语言的基本语法与传统的 C、C++、Java 语言有不少的相似性，学习者易于入门，而且使用功能强大的 Visual Studio 集成开发工具可以进行快速应用开发，因此将 C#作为程序设计的教学和开发语言不失为一种好的选择。

对于学习者而言，选择一本好的教材至关重要。笔者基于多年程序设计语言的教学经验，结合个人的软件开发实践，力图使本书突出以下特色：

1. 在详细介绍 C#语法的同时，还着重讲解 C#的语言机制，如类的封装与继承、类型转换、参数传递、虚方法调用、构造与析构、异常处理、迭代器等，让学习者知其然，并知其所以然。

2. 对于 C#的一些新特性，如 Lambda、Linq 及异步编程等，也进行了介绍，使学习者能简化代码的书写、提高开发效率。

3. 对 C#用到的基本类库和基本应用，包括集合、文件、文本界面、图形界面等进行详细讲解，精选大量典型而实用的例子，力图使学习者触类旁通，举一反三。

4. 对一些高级应用，如正则表达式、XML、网络信息获取、数据库访问、网络通信编程等内容也介绍其概念和编程方法，以利于学习者能做出具有实际应用价值的程序。

本书在内容安排上，大致可以划分为四个部分：第一部分介绍 C#语言基础，如数据、控制结构、数组、类、接口、结构等；第二部分介绍 C#高级特性，如事件、委托、泛型、Linq、运算符重载等；第三部分介绍 C#的基本类及其在 .NET 应用，如工具类、集合、常用算法、流式文件、文本应用、Windows 窗体和控件、图形用户界面；第四部分介绍 C#的高级应用，如多线程、正则表达式、XML、网络信息获取、数据库访问、网络通信编程等，还专门用一章来讲解深入理解 C#语言。

本书提供了配套的电子资源，包括源代码、课件、视频，一些应用实例由于源代码较长，书中只列出了关键性代码，完整的源代码可以在配套的电子资源中找到。电子资源的下载地址是 https://pan.baidu.com/s/1gfpNfyj，提取密码是：x8cv。

本书内容和组织方式适合作为高等学校的教学教材，也可作为计算机技术的培训教材或自学用书。笔者在 Coursera、中国大学慕课等平台上开设了"C#程序设计"课程，本书也适合作为慕课的配套教材。在中国大学慕课上的 C#程序设计的地址是：http://www.icourse163.org/course/PKU-1001663016。

本书从第 1 版以来，得到全国不少师生及慕课学员的意见和建议，在此表示感谢。对于书中仍然存在的不足，也恳请读者批评指正。欢迎与笔者联系，电子邮件地址是：dstang2000@263.net。

下面是电子资源地址、慕课网址、笔者邮件地址的二维码。

唐大仕
于北京大学信息科学技术学院
2018 年 1 月

目 录

第1章 C#程序设计简介 ... 1
1.1 C#语言及其环境 ... 1
    1.1.1 C#的产生与发展 ... 1
    1.1.2 C#的环境——Microsoft. NET ... 2
    1.1.3 C#的特点 ... 5
    1.1.4 C#和C、C++的比较 ... 6
    1.1.5 C#与Java的比较 ... 8
1.2 简单的C#程序 ... 8
    1.2.1 HelloWorld ... 9
    1.2.2 C#程序设计快速入门 ... 12
    1.2.3 对象的三个基本要素 ... 16
    1.2.4 C#程序的基本构成 ... 17
1.3 程序中的输入输出及运算 ... 20
    1.3.1 控制台应用程序的输入输出 ... 20
    1.3.2 Windows应用程序输入输出 ... 22
    1.3.3 常用的运算 ... 23
1.4 开发工具 ... 24
    1.4.1 .NET Framework SDK及Visual Studio ... 24
    1.4.2 使用命令行编译及运行程序 ... 24
    1.4.3 辅助工具EditPlus ... 27
    1.4.4 辅助工具Visual Studio Code ... 29
1.5 应用程序类型 ... 30
    1.5.1 Visual Studio建立不同类型的应用程序 ... 30
    1.5.2 WPF应用程序 ... 31
    1.5.3 Web应用程序 ... 32
1.6 面向对象程序设计的基本概念 ... 33
    1.6.1 面向对象概述 ... 33
    1.6.2 对象、类与实体 ... 34
    1.6.3 封装、继承、多态 ... 36
    1.6.4 面向对象的软件开发过程 ... 37
习题1 ... 38

第2章 C#语言基础 ... 40
2.1 数据类型、变量与常量 ... 40
    2.1.1 数据类型 ... 40

  2.1.2 标识符和关键字 ……………………………………………………………… 42
  2.1.3 字面常量 …………………………………………………………………… 44
  2.1.4 变量 ………………………………………………………………………… 45
  2.1.5 C#编码惯例与注释 ………………………………………………………… 46
 2.2 运算符与表达式 …………………………………………………………………… 50
  2.2.1 算术运算符 ………………………………………………………………… 50
  2.2.2 关系运算符 ………………………………………………………………… 52
  2.2.3 逻辑运算符 ………………………………………………………………… 52
  2.2.4 位运算符 …………………………………………………………………… 53
  2.2.5 赋值与强制类型转换 ……………………………………………………… 54
  2.2.6 条件运算符 ………………………………………………………………… 55
  2.2.7 运算的优先级、结合性 …………………………………………………… 55
 2.3 流程控制语句 ……………………………………………………………………… 56
  2.3.1 结构化程序设计的三种基本流程 ………………………………………… 56
  2.3.2 简单语句 …………………………………………………………………… 57
  2.3.3 分支语句 …………………………………………………………………… 57
  2.3.4 循环语句 …………………………………………………………………… 61
  2.3.5 跳转语句 …………………………………………………………………… 66
 2.4 数组 ………………………………………………………………………………… 68
  2.4.1 数组的声明 ………………………………………………………………… 68
  2.4.2 数组的初始化 ……………………………………………………………… 70
  2.4.3 数组元素的使用 …………………………………………………………… 71
  2.4.4 数组与System.Array ……………………………………………………… 72
  2.4.5 使用foreach语句访问数组 ……………………………………………… 73
  2.4.6 数组应用举例 ……………………………………………………………… 74
习题2 ……………………………………………………………………………………… 76
第3章 类、接口与结构 ………………………………………………………………… 79
 3.1 类、字段、方法 …………………………………………………………………… 79
  3.1.1 定义类中的字段和方法 …………………………………………………… 79
  3.1.2 构造方法与析构方法 ……………………………………………………… 80
  3.1.3 对象的创建与使用 ………………………………………………………… 82
  3.1.4 方法的重载 ………………………………………………………………… 83
  3.1.5 使用this …………………………………………………………………… 85
 3.2 属性、索引器 ……………………………………………………………………… 86
  3.2.1 属性 ………………………………………………………………………… 86
  3.2.2 索引器 ……………………………………………………………………… 91
 3.3 类的继承 …………………………………………………………………………… 95
  3.3.1 派生子类 …………………………………………………………………… 95
  3.3.2 字段的继承、添加与隐藏 ………………………………………………… 96

3.3.3 方法的继承、添加与覆盖 …… 97
3.3.4 使用 base …… 99
3.3.5 父类与子类的转换以及 as 运算符 …… 100
3.3.6 属性、索引器的继承 …… 102
3.4 修饰符 …… 102
3.4.1 访问控制符 …… 102
3.4.2 static …… 108
3.4.3 const 及 readonly …… 110
3.4.4 sealed 及 abstract …… 112
3.4.5 new、virtual、override …… 113
3.4.6 一个应用模型——单例 …… 117
3.5 接口 …… 118
3.5.1 接口的概念 …… 118
3.5.2 定义接口 …… 119
3.5.3 实现接口 …… 120
3.5.4 对接口的引用 …… 122
3.5.5 显式接口成员实现 …… 123
3.6 结构、枚举 …… 125
3.6.1 结构 …… 125
3.6.2 枚举 …… 127
习题3 …… 129

第 4 章　C#高级特性 …… 132
4.1 泛型 …… 132
4.1.1 泛型的基本使用 …… 132
4.1.2 自定义泛型 …… 133
4.2 委托及 Lambda 表达式 …… 137
4.2.1 委托类型与赋值 …… 137
4.2.2 Lambda 表达式 …… 145
4.2.3 使用系统定义的 Action 及 Func …… 146
4.3 事件 …… 147
4.3.1 事件的应用 …… 147
4.3.2 自定义事件 …… 148
4.3.3 事件的语法细节 …… 151
4.4 异常处理 …… 152
4.4.1 异常的概念 …… 152
4.4.2 捕获和处理异常 …… 154
4.4.3 创建用户自定义异常类 …… 158
4.4.4 重抛异常及异常链接 …… 159
4.4.5 算术溢出与 checked …… 161

4.5 命名空间、嵌套类型、程序集 ··· 162
4.5.1 命名空间 ··· 163
4.5.2 嵌套类型 ··· 166
4.5.3 程序集 ··· 170
4.6 C#语言中的其他成分 ·· 174
4.6.1 运算符重载 ··· 175
4.6.2 使用 Attribute ·· 175
4.6.3 编译预处理 ··· 176
4.6.4 unsafe 及指针 ·· 178
4.6.5 C#几个语法的小结 ·· 180
习题 4 ··· 181

第 5 章 基础类及常用算法 ·· 183
5.1 C#语言基础类 ··· 183
5.1.1 .NET Framework 基础类库 ··· 183
5.1.2 Object 类 ··· 184
5.1.3 简单数据类型及转换 ·· 188
5.1.4 Math 类及 Random 类 ·· 190
5.1.5 DateTime 类及 TimeSpan 类 ·· 191
5.1.6 Console 类 ··· 194
5.2 字符串 ··· 194
5.2.1 String 类 ··· 194
5.2.2 StringBuilder 类 ··· 196
5.2.3 数据的格式化 ·· 198
5.3 集合类 ··· 199
5.3.1 集合的遍历 ··· 199
5.3.2 List、Stack 及 Queue 类 ··· 201
5.3.3 Dictionary 及 Hashtable 类 ·· 204
5.3.4 其他集合类 ··· 208
5.4 排序与查找 ··· 209
5.4.1 IComparable 接口和 IComparer 接口 ·· 209
5.4.2 使用 Array 类进行排序与查找 ·· 210
5.4.3 集合类中的排序与查找 ··· 212
5.4.4 自己编写排序程序 ··· 214
5.5 Linq ··· 217
5.5.1 Linq 的基本用法 ·· 217
5.5.2 Linq 的查询方法 ·· 219
5.6 遍试、迭代、递归 ··· 222
5.6.1 遍试 ··· 222
5.6.2 迭代 ··· 223

5.6.3　递归 ··· 225
习题 5 ··· 229
第 6 章　流、文件 IO ·· 233
6.1　流及二进制输入/输出 ··· 233
　　6.1.1　流 ·· 233
　　6.1.2　使用流进行二进制输入/输出 ································· 237
　　6.1.3　使用 File 的二进制功能 ·· 239
　　6.1.4　序列化及反序列化 ··· 240
6.2　文本输入/输出 ·· 242
　　6.2.1　使用 Reader 和 Writer 的文本 I/O ······················· 243
　　6.2.2　使用 File 的文本文件功能 ···································· 247
　　6.2.3　标准输入/输出 ··· 249
　　6.2.4　应用示例：背单词 ··· 249
6.3　文件、目录、注册表 ··· 251
　　6.3.1　文件与目录管理 ··· 251
　　6.3.2　监控文件和目录的改动 ······································· 256
　　6.3.3　注册表 ··· 259
6.4　环境参数及事件日志 ··· 261
　　6.4.1　命令行参数 ··· 261
　　6.4.2　获得环境参数 ·· 263
　　6.4.3　使用事件日志 ·· 264
6.5　程序的调试、追踪与测试 ·· 267
　　6.5.1　程序的调试 ··· 267
　　6.5.2　程序的追踪 ··· 269
　　6.5.3　程序的单元测试 ··· 272
习题 6 ··· 273
第 7 章　Windows 窗体及控件 ·· 275
7.1　Windows 窗体应用程序概述 ····································· 275
　　7.1.1　Windows 图形用户界面 ······································· 275
　　7.1.2　创建 Windows 窗体 ··· 276
　　7.1.3　添加控件 ··· 279
　　7.1.4　设定布局 ··· 282
　　7.1.5　事件处理 ··· 286
7.2　常用控件 ·· 290
　　7.2.1　Control 类 ··· 290
　　7.2.2　标签与按钮 ··· 292
　　7.2.3　文本框 ··· 296
　　7.2.4　列表框、UpDown 控件 ······································· 300
　　7.2.5　滚动条、进度条 ··· 304

V

7.2.6 定时器、时间、日历类 …… 306
7.2.7 图片框 …… 308
7.2.8 其他几个控件 …… 309
7.3 一些容器类控件 …… 310
7.3.1 Panel 控件 …… 310
7.3.2 ImageList 控件 …… 311
7.3.3 TreeView 控件 …… 312
7.3.4 ListView 控件 …… 314
7.3.5 TabControl 控件 …… 318
7.3.6 使用 Spliter 控件 …… 318
7.4 窗体及对话框 …… 319
7.4.1 Form 类 …… 319
7.4.2 窗体的创建 …… 321
7.4.3 使用 Form 作对话框 …… 322
7.4.4 通用对话框 …… 324
7.4.5 显示消息框 …… 326
7.5 MDI 窗体、菜单、工具栏 …… 327
7.5.1 MDI 窗体 …… 327
7.5.2 菜单 …… 328
7.5.3 使用主菜单及上下文菜单 …… 329
7.5.4 工具栏 …… 330
7.5.5 状态栏 …… 331
7.5.6 一个综合的例子 …… 332
习题 7 …… 336

第 8 章 绘图及图像 …… 339

8.1 绘图基础支持类 …… 339
8.1.1 位置及大小 …… 339
8.1.2 颜色 …… 342
8.1.3 画笔 …… 344
8.1.4 刷子 …… 347
8.2 绘图 …… 350
8.2.1 Graphics 类 …… 350
8.2.2 获得 Graphics 对象 …… 352
8.2.3 进行绘图的一般步骤 …… 353
8.2.4 坐标变换 …… 355
8.2.5 处理重绘和无效操作 …… 358
8.2.6 绘图示例 …… 359
8.3 字体 …… 366
8.3.1 Font 类 …… 366

  8.3.2 使用字体来绘制文本 · 367
 8.4 图像 · 370
  8.4.1 与图像相关的类 · 370
  8.4.2 在窗体上显示图像 · 372
  8.4.3 窗体、图片框上的图标及图像 · 374
  8.4.4 图像处理 · 375
 8.5 在自定义控件中使用绘图 · 381
  8.5.1 自定义控件 · 381
  8.5.2 在自定义控件中绘图 · 384
习题8 · 387

第9章　文本、XML 及网络信息获取 · 388

 9.1 文本及正则表达式 · 388
  9.1.1 文本命名空间 · 388
  9.1.2 正则表达式 · 389
  9.1.3 应用示例：播放歌词 · 394
 9.2 XML 编程 · 398
  9.2.1 XML 概念 · 399
  9.2.2 XML 基本编程 · 401
  9.2.3 Linq to XML · 406
 9.3 网络信息获取及编程 · 408
  9.3.1 网络信息获取 · 408
  9.3.2 WebRequst 及 WebClient · 410
 9.4 几类不同网络信息的处理 · 412
  9.4.1 使用正则表达式处理网络文本 · 412
  9.4.2 从网络上获取 XML 并进行处理 · 417
  9.4.3 从网络上获取 Json 并进行处理 · 418
  9.4.4 从网络上获取二进制信息并进行处理 · 421
习题9 · 422

第10章　多线程及异步编程 · 424

 10.1 线程基础 · 424
  10.1.1 多线程的相关概念 · 424
  10.1.2 线程的创建与控制 · 425
  10.1.3 线程的同步 · 430
 10.2 线程池与计时器 · 435
  10.2.1 线程池 · 435
  10.2.2 线程计时器 · 437
  10.2.3 窗体计时器 · 438
 10.3 集合与 Windows 程序中的线程 · 438
  10.3.1 集合的线程安全性 · 438

10.3.2 窗体应用程序中的线程 ………………………………………………… 440

10.4 并行编程 …………………………………………………………………… 445

10.4.1 并行程序的相关概念 ……………………………………………… 445

10.4.2 并行 Linq …………………………………………………………… 451

10.5 异步编程 …………………………………………………………………… 453

10.5.1 async 及 await ……………………………………………………… 453

10.5.2 异步 I/O …………………………………………………………… 455

10.5.3 其他实现异步的方法 ……………………………………………… 458

习题 10 …………………………………………………………………………… 460

第 11 章 数据库、网络、多媒体编程 …………………………………………… 462

11.1 ADO.NET 数据库编程 …………………………………………………… 462

11.1.1 ADO.NET 简介 ……………………………………………………… 462

11.1.2 数据集 ……………………………………………………………… 465

11.1.3 连接到数据源 ……………………………………………………… 468

11.1.4 使用 DataAdapter 和 DataSet ……………………………………… 469

11.1.5 使用 Command 和 DataReader …………………………………… 471

11.1.6 使用数据绑定控件 ………………………………………………… 472

11.2 使用高级数据工具 ………………………………………………………… 475

11.2.1 使用 Visual Studio 的数据工具 …………………………………… 475

11.2.2 使用 Entity Framework …………………………………………… 475

11.2.3 使用 Linq 访问数据库 ……………………………………………… 476

11.3 网络通信编程 ……………………………………………………………… 477

11.3.1 使用 System.Net …………………………………………………… 478

11.3.2 TcpClient 及 TcpListener …………………………………………… 478

11.3.3 E-mail 编程 ………………………………………………………… 484

11.4 互操作与多媒体编程 ……………………………………………………… 485

11.4.1 C#、VB.NET、JScript 的互操作 ………………………………… 485

11.4.2 使用 Win32 API 进行声音播放 …………………………………… 487

11.4.3 使用 COM 组件操作 Office 文档 ………………………………… 488

11.4.4 使用 ActiveX 控件进行多媒体播放 ……………………………… 490

习题 11 …………………………………………………………………………… 491

第 12 章 深入理解 C#语言 ……………………………………………………… 493

12.1 类型及转换 ………………………………………………………………… 493

12.1.1 值类型及引用类型 ………………………………………………… 493

12.1.2 值类型的转换 ……………………………………………………… 496

12.1.3 引用类型转换 ……………………………………………………… 497

12.1.4 装箱与拆箱 ………………………………………………………… 499

12.2 变量及其传递 ……………………………………………………………… 502

12.2.1 字段与局部变量 …………………………………………………… 502

12.2.2　按值传递的参数 ······ 503
　　12.2.3　ref 参数及 out 参数 ······ 505
　　12.2.4　params 参数 ······ 509
　　12.2.5　变量的返回 ······ 510
12.3　多态与虚方法调用 ······ 511
　　12.3.1　上溯造型 ······ 511
　　12.3.2　虚方法调用 ······ 512
12.4　类型与反射 ······ 516
　　12.4.1　typeof 及 GetType ······ 516
　　12.4.2　is 运算符 ······ 519
　　12.4.3　反射及动态类型创建 ······ 520
12.5　对象构造与析构 ······ 521
　　12.5.1　调用本类或父类的构造方法 ······ 521
　　12.5.2　构造方法的执行过程 ······ 524
　　12.5.3　静态构造方法 ······ 526
　　12.5.4　析构方法与垃圾回收 ······ 528
　　12.5.5　显式资源管理与 IDisposable ······ 529
12.6　运算符重载 ······ 531
　　12.6.1　运算符重载的概念 ······ 532
　　12.6.2　一元运算符 ······ 533
　　12.6.3　二元运算符 ······ 535
　　12.6.4　转换运算符 ······ 536
　　12.6.5　==及!=运算符 ······ 538
12.7　特性 ······ 539
　　12.7.1　使用系统定义的 Attribute ······ 540
　　12.7.2　自定义 Attribute ······ 542
12.8　枚举器与迭代器 ······ 546
　　12.8.1　枚举器 ······ 546
　　12.8.2　迭代器 ······ 549
习题 12 ······ 553
附录 A　C#语言各个版本的新特性 ······ 555
附录 B　C#语言相关网络资源 ······ 569
参考文献 ······ 571

第 1 章　C#程序设计简介

本章介绍 C#语言的特点、开发 C#程序的基本步骤、C#程序的构成、基本输入输出以及 C#的开发工具等。通过本章的学习，可以对 C#程序设计有一个初步的认识。

1.1　C#语言及其环境

C#（发音为"C Sharp"）是由 Microsoft 开发的面向对象的编程语言。它继承了 C 和 C++、Java 等语言的优点并且有了较大的发展，是迄今为止最为优秀、最为通用的程序设计语言之一。

1.1.1　C#的产生与发展

C#是直接从世界上最成功的计算机语言 C 和 C++继承而来的，又与 Java 紧密相关。理解 C#的产生与发展有助于 C#的学习。

1. 结构化编程与 C 语言

C 语言的产生标志着现代编程时代的开始。C 语言是 20 世纪 70 年代由 Dennis Ritchie 在基于 UNIX 操作系统上创建的。在一定意义上，20 世纪 60 年代的结构化编程造就了 C 语言。在结构化编程语言产生之前，大型的程序是很难编写的。因为往往在编写大型程序的时候，会由于存在大量的跳转、调用和返回而很难进行跟踪调试。结构化的编程语言加入了优化定义的控制语句，子程序中采用了局部变量和其他的改进，使得这种问题得到了解决。C 语言是结构化编程语言中最为成功的一种，C 语言至今仍是最常用的语言之一。

2. 面向对象编程与 C++语言

C 语言有它自身的局限性。20 世纪 70 年代末期，很多项目的代码长度都接近或者到达了结构化编程方法和 C 语言能够处理的极限。为了解决这个问题，出现了新的编程方法，即面向对象编程（object-oriented programming，OOP），程序员使用 OOP 可以编写出更大型的程序。1979 年初，Bjarne Stroustrup 在贝尔实验室创造了 C++。

C++是 C 语言的面向对象的版本。对于 C 程序员，可以方便地过渡到 C++，从而进行面向对象的编程。20 世纪 90 年代中期，C++成为广泛使用的编程语言。

3. 网络的发展与 Java 语言

随着网络的发展，编程语言进入到下一个主流，即 Java。Java 的创造工作于 1991 年在 Sun 公司开始，其主要发明者是 James Gosling。

Java 是一种面向对象的语言，它的语法和思想起源于 C++。Java 最重要的一个特点是具有编写跨平台、可移植代码的能力，Java 能够将一个程序的源代码转换到被称为字节码的中间语言，实现了程序的可移植性。该字节码在 Java 虚拟机上被执行。因此，Java 程序可移植到有 Java 虚拟机的任何环境中。由于 Java 虚拟机相对比较容易实现，所以适用于大部分的环境。

在 Java 中采用中间语言是很重要的，在其后的 C#中采用了类似的方案。

4. C#语言的产生

Microsoft 公司在 20 世纪 90 年代末开发了 C#，其首席设计师是 Anders Heilsberg。

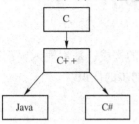

图 1-1 展示了 C#的家族史。C#的祖父是 C，C#继承了 C 的语法、关键词和运算符。C#建立在 C++定义的对象模型基础上，并加以改进。

C#起源于 C 和 C++，并且与 Java 有许多相似之处，同时 C#包含了许多创新的特性，这些特性将会在本书中进行详细的讲解。

图 1-1 C#的产生历史

5. C#语言的发展

C#语言从 2002 年正式发布以来，经历了多个版本，主要的版本如表 1-1 所示。C#的发展是与 C#的运行环境（Microsoft.NET）以及集成开发工具（Visual Studio）同步发展的。

表 1-1 C#语言的各个版本

年 月	C#版本	.NET 版本	Visual Studio 版本
2002 年 1 月	1.0	1.0.3705.0	Visual Studio.NET 2002
2003 年 4 月	1.1, 1.2	1.1.4322.573	Visual Studio.NET 2003
2005 年 11 月	2.0	2.0.50727.42	Visual Studio 2005
2006 年 11 月	3.0	3.0.4506.30	Visual Studio 2005
2007 年 11 月	3.0	3.5.21022.8	Visual Studio 2008
2010 年 4 月	4.0	4.0.330319	Visual Studio 2010
2012 年 9 月	5.0	4.5	Visual Studio 2012
2013 年 11 月	5.0	4.5.1	Visual Studio 2013
2014 年 11 月	6.0	4.6	Visual Studio 2015
2017 年 3 月	7.0	4.7	Visual Studio 2017

C#语言仍在迅速发展之中，除了主要用在 Windows 平台外，现在还可以用于 Linux、Mac OS 平台。

对于学习者而言，C#可以很快被 C 和 C++、Java 程序员所熟悉，而且 C#避免了其他语言中一些容易出错、难以使用的成分，并且可以利用集成开发环境 Visual Studio 大大提高程序开发的效率。可见，学习 C#语言不仅必要，而且是可以学得好的。

1.1.2 C#的环境——Microsoft.NET

尽管 C#是一种可以单独学习的计算机编程语言，但是它与其运行期环境——Microsoft.NET 框架仍然有密切联系。究其原因有二：其一，微软最初设计 C#语言是为了编写.NET 框架；其二，C#使用的函数库是.NET 框架定义的函数库中的一部分。因此，虽然可以把 C#与.NET 环境分开，但是它们实际上是密切联系的。由于以上原因，对.NET 框架有一个基本了解是非常必要的。事实上，本书不仅介绍 C#语言本身，还介绍 C#语言在.NET 环境中的应用。

1. 什么是 Microsoft. NET

Microsoft. NET 是一个综合性的术语，它描述了微软公司发布的许多技术。总的来说，Microsoft. NET 包括以下技术领域：

① . NET 框架（. NET Framework）；

② . NET 语言，包括 C#，F#，C++，Visual Basic 等；

③ 开发工具，主要是 Visual Studio。

这几个部分之间的关系如图 1-2 所示。

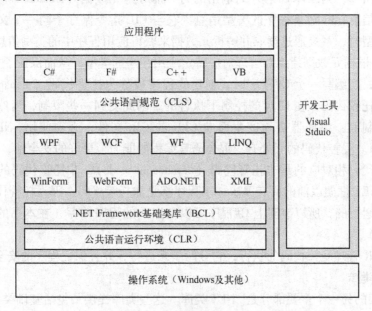

图 1-2　Microsoft. NET 体系

其中，. NET 框架位于操作系统之上，它定义了一种支持开发和执行应用程序的环境。

. NET 框架定义包含了两个重要的部分：一个是公共语言运行环境（Common Language Runtime，CLR），它管理程序的执行；另一个是 . NET 类库，使得我们在进行 C#编程时可以调用这些库。

2. 公共语言运行环境

公共语言运行环境（CLR）管理 . NET 代码的执行，可以认为它是一个执行 C#程序的虚拟运行环境（虚拟机）。CLR 负责为应用程序提供内存分配、线程管理、安全以及垃圾回收等服务，负责对代码进行严格的类型安全检查，以保证代码安全、正确地运行。

C#源程序首先编译成中间代码，在执行时，再即时转换成机器指令。如图 1-3 所示。

图 1-3　C#程序的编译与执行过程

当编译 C#程序时，编译器并不输出 CPU 指令，而是一种特殊的中间代码。这些中间代码被称为通用中间语言（common intermediate language，CIL）（又称为 microsoft intermediate language，MSIL 或 IL）。CIL 定义了一系列与 CPU 类型无关的可移植指令集，可以认为是一种可移植的汇编语言。

当程序运行时，CLR 负责把中间代码转换成可执行代码。从这个角度说，任何被编译成 CIL 的程序都能运行在实现了 CLR 的环境下。这就是为什么.NET 框架具有可移植性的原因。

这个转换过程一般是使用 JIT 编译器，JIT 代表"Just In Time"，意思是"即时地"。当.NET 程序运行时，CLR 激活 JIT 编译器，JIT 编译器把 CIL 转换成机器指令（本地代码）。

除了 CIL 指令，当编译 C#程序时输出的另一部分是元数据（Metadata）。元数据用来描述程序本身的信息，特别是程序的类型信息，它与 CIL 指令保存于同一个文件中。在 CLR 定位与装载类型时，系统通过读取并解析元数据来获得应用程序中的类型信息，由于整个过程中 CLR 始终根据元数据建立并管理对应特定应用程序的类型，从而保证了类型安全性。

一般来说，当编写一个 C#程序时，创建的程序被称为托管代码（managed code）或受控代码。由于托管代码是在 CLR 的控制下执行的，因此受到一些限制，当然也获得一些好处。受到的限制有：编译器必须产生面向 CLR 的 CIL 文件，必须使用.NET 框架库函数（如同 C#那样）。受控代码的好处有：混合语言编程的能力、更好的安全性、支持版本控制，等等。与托管代码相对应的是非托管代码（unmanaged code），非托管代码的执行不受 CLR 的控制。在.NET 框架以前的所有 Windows 程序都是非托管代码。因为托管代码和非托管代码是可以共同运行的，所以事实上 C#程序可以与以前的程序并存（在本书的最后一章介绍了这样的例子）。

总之，CLR 管理受控代码的执行，它分两步来进行，并且保证程序的安全性。

3..NET 类库

.NET 框架的另一个重要部分是.NET 类库。这些类库提供了包括基础类库、输入输出、图形用户界面、网络功能、数据库访问等多方面的功能。C#编程时可以使用这些库。

其中基础类库又称为 BCL（basic class library），它封装了大量的基础功能，如文件操作、图形操作、网络连接、XML 文档、安全加密等。我们在编程时可以调用这些功能，而不用所有的程序都从最底层开始编写。本书中会对这些功能进行介绍。

在 BCL 之上，又有大量的类库，具有更复杂的功能。如 WinForm 表示 Windows 窗体，WebForm 表示网页表单，ADO.NET 表示数据库访问功能，在新版本的.NET Framework 更增加了诸如：WPF（windows presentation foundation），基于 Windows 的用户界面框架；WCF（windows communication foundation），通信方面的类库；WF（workflow foundation），工作流框架；Linq，基于语言的查询；等等。这使得应用程序编写起来更方便。

4. 公共语言规范及.NET 语言

.NET 可以使用 C#语言来编程，也可以使用 F#、C++、Visual Basic 等多种语言来进行编程，它们都可以编写托管代码，并生成 CIL 中间指令，所有各种语言编写的程序可以互相调用，也就是说，.NET 能进行跨语言集成。

如果要托管代码能被用其他语言所编写的程序使用，它必须遵守公共语言规范（common language specification，CLS）。CLS 描述了不同的编程语言都应具有的特征集，比如程序中使用一些通用的数据类型，而不使用一些特定的数据类型。当编写要被其他语言调用的程序组件时，遵循 CLS 显得尤其重要。

5. 开发工具

Visual Studio 是 .NET 的集成开发工具，它具有编辑、编译、调试程序与项目管理的功能。还有一些相关的工具，如反汇编、证书管理、注册工具、XML 工具，等等。正是由于有了它们的支持，.NET 才变得如此强大。

在我们的学习过程中，可以使用一些命令行的工具，但主要还是使用 Visual Studio，它功能强大，而且使用方便。微软提供了免费的及专业的 Visual Studio 版本，可以在 http://www.visualstudio.com 网站上下载。

6. 关于跨平台的框架

早期 .NET 框架主要用于 Windows 平台，但是现在 .NET 并不局限于 Windows 平台，借助于 mono 或 .NET core，C#也可以用于 Linux 及 Mac OSX 平台。其中 mono 是第三方提供的框架，而 .NET core 则是微软提供的开源、免费的框架。

.NET core 是 .NET Framework 的新一代版本，它具有跨平台（Windows、Mac OSX、Linux）能力。与 .NET Framework 相似，它提供了编译、运行的环境（如 Core CLR），也提供了基本的类库（如 Core FX），微软还提供了开发工具（如 Visual Studio Code）。由于 .NET core 的基本类库与 .NET Framework 的基本类库具有高类的相似性，开发人员可以很容易在两种框架间相互转换，从而开发出跨平台的应用程序。

值得一提的是，微软还提供了 Xamarin 等开发工具，可以使用 C#来开发移动应用程序，包括 iOS、Android、Windows Phone 和 Mac App。

简单地说，.NET core 是 .NET Framework 跨平台的版本，Xamarin 是手机开发使用的环境，它们与 .NET Framework 的运行环境不同，但所用的语言、所用的库则有很多相似性。本书以 .NET Framework 为主进行讲解。

1.1.3 C#的特点

C#代表着编程语言演变的一个新阶段，它继承了 C++ 和 Java 这两种世界上最重要的程序语言的优点，并且还增加了委托、事件、索引器、Lambda 表达式、并行编程等创新性特点；同时，C#利用 .NET 作为其强大的平台，使得它在 Windows 图形用户界面、ASP.NET Web 应用及 ADO.NET 数据库等方面有广泛的应用。下面从学习和使用的角度来介绍 C#的特点。当读者学完本书后会对 C#的这些特点有更深的理解。

1. 简单易学

衍生自 C++ 的 C#语言，除去了 C++ 中不容易理解和掌握的部分，如最典型的指针操作、ALT、#define 宏等，降低了学习的难度；同时 C#还有一个特点就是它的基本语法部分与 C++、Java 几乎一模一样。这样，无论是学过 C#再学 C++、Java，还是已经掌握了 C++、Java 语言再来学 C#，都会感到易于入门。

2. 面向对象

C#是面向对象的编程语言。面向对象技术较好地适应了当今软件开发过程中新出现的问题，包括软件开发的规模扩大、升级加快、维护量增大以及开发分工日趋细化、专业化和标准化等，是一种迅速成熟、推广的软件开发方法。面向对象技术的核心是以更接近于人类思维的方式建立计算机逻辑模型，它利用类和对象的机制将数据与其上的操作封装在一起，并通过统一的接口与外界交互，使反映现实世界实体的各个类在程序中能够独立、自治、继承；这种方法非常有利于提高程序的可维护性和可重用性，大大提高了开发效率和程序的可管理性，使得面向过程语言难以操纵的大规模软件可以很方便地创建、使用和维护。

C#具有面向对象的语言所应有的一切特性，如封装、继承与多态。在C#的类型系统中，每种类型都可以看作一个对象，甚至对基本类型，C#提供了一个叫作装箱（boxing）的机制，使其成为对象。

3. 安全稳定

对网络上应用程序的另一个需求是较高的安全可靠性。用户通过网络获取并在本地运行的应用程序必须是可信赖的，不会充当病毒或其他恶意操作的传播者攻击用户本地的资源；同时它还应该是稳定的，轻易不会产生死机等错误，使得用户乐于使用。C#特有的机制是其安全性的保障，同时它去除了C++中易造成错误的指针，增加了自动内存管理等措施，保证了C#程序运行的可靠性。内存管理中的垃圾收集机制减轻了开发人员对内存管理的负担，.NET平台提供的垃圾收集器（garbage collection，GC）负责资源的释放与对象撤销时的内存清理工作。同时，变量的初始化、类型检查、边界检查、溢出检查等功能也充分保证了C#程序的安全稳定。

4. 支持多线程

多线程是当今软件技术的又一重要成果，已成功应用在操作系统、应用开发等多个领域。多线程技术允许同一个程序有多个执行线索，即同时做多件事情，满足了一些复杂软件的需求。C#中定义了一些用于建立、管理多线程的类和方法，使得开发具有多线程功能的程序变得简单、容易和有效。在C#新版本中还支持异步编程、并行编程等高级特性。

5. C#丰富的类库使得C#可以广泛地应用

C#提供了大量的类，以满足网络化、多线程、面向对象系统的需要。

① 语言包提供的支持包括字符串处理、多线程处理、异常处理、数学函数处理等，可以用它简单地实现C#程序的运行平台。

② 实用程序包提供的支持包括哈希表、堆栈、可变数组、时间和日期等。

③ 输入输出包用统一的"流"模型来实现所有格式的I/O，包括文件系统、网络、输入/出设备等。

④ 图形用户界面的功能强大，不仅能实现Windows窗口应用程序，而且可以实现Web窗体应用。

⑤ 能用相应的类来实现从低级网络操作到高层网络应用。

C#的上述种种特性不但能适应网络应用开发的需求，而且还体现了当今软件开发方法的若干新成果和新趋势。在以后的章节里，将结合对C#语言的讲解，分别介绍这些软件开发方法。

6. 灵活性和兼容性

在简化C++语法的同时，C#并没有失去灵活性。正是由于其灵活性，C#允许与C风格的需要传递指针型参数的API进行交互操作，DLL的任何入口点都可以在程序中进行访问。C#遵守.NET公用语言规范（CLS）从而保证C#组件与其他语言（如Visual Basic，Visual C++，JScript，F#等）的组件间的互操作性。

1.1.4 C#和C、C++的比较

对于变量声明、参数传递、操作符、流控制等，C#使用了和C、C++相同的传统，使

得熟悉 C、C++的程序员能很方便地进行编程。同时，C#为了实现其简单、健壮、安全等特性，也摒弃了 C 和 C++中许多不合理的内容。下面选择几点进行介绍，对于学过 C 语言或 C++语言的读者而言，起一个快速参考的作用。对于未学过 C 语言的读者，可以略过此节。

（1）全局变量

C#程序中，不能在所有类之外定义全局变量，只能通过在一个类中定义公用、静态的变量来实现一个全局变量。C#对全局变量做了更好的封装。而在 C 和 C++中，依赖于不加封装的全局变量常常造成系统的崩溃。

（2）goto

C#支持有限制的 goto 语句，并通过例外处理语句 try、catch、finally 等来处理遇到错误时跳转的情况，使程序更可读且更结构化。在一些细节上，也做了较好的处理，如 switch 语句中的 case 不会任意地贯通。

（3）指针

指针是 C、C++中最灵活、也是最容易产生错误的数据类型。由指针所进行的内存地址操作常会造成不可预知的错误，同时通过指针对某个内存地址进行显式类型转换后，可以访问一个 C++中的私有成员，从而破坏安全性，造成系统的崩溃。而 C#对指针进行完全的控制，程序只能有限制地使用指针操作。同时，数组作为类在 C#中实现，很好地解决了诸如数组访问越界等在 C、C++中不作检查的错误。

（4）内存管理

在 C 中，程序员通过库函数 malloc( ) 和 free( ) 来分配和释放内存，C++中则通过运算符 new 和 delete 来分配和释放内存。再次释放已释放的内存块或未被分配的内存块，会造成系统的崩溃；同样，忘记释放不再使用的内存块也会逐渐耗尽系统资源。而在 C#中，所有的数据结构都是对象，通过运算符 new 为它们分配内存堆。通过 new 得到对象的处理权，而实际分配给对象的内存可能随程序运行而改变，C#对此自动地进行管理并且进行垃圾收集，有效地防止了由于程序员的误操作而导致的错误，并且更好地利用了系统资源。

（5）数据类型的支持

在 C、C++中，对于不同的平台，编译器对于简单数据类型如 int、float 等分别分配不同长度的字节数，例如：int 在 IBM PC 中为 16 位，在 VAX-11 中为 32 位，这导致了代码的不可移植性，但在 C#中，对于这些数据类型总是分配固定长度的位数，如对 int 型，它总占 32 位，这就保证了 C#的平台无关性。

（6）类型转换

在 C、C++中，可以通过指针进行任意的类型转换，常常带来不安全性，而 C#中，运行时系统在处理对象时要进行类型相容性检查，以防止不安全的转换。

（7）头文件

C、C++中用头文件来声明类的原型以及全局变量、库函数等，在大的系统中，维护这些头文件是很困难的。而 C#不支持头文件，类成员的类型和访问权限都封装在一个类中，运行时系统对访问进行控制，防止对私有成员的操作。

（8）结构和联合

C、C++中的结构和联合中所有成员均为公有，这就带来了安全性问题。C#中不包含联合，而且对结构进行了更好的封装。

1.1.5 C# 与 Java 的比较

C#与 Java 在很多方面具有相似性，同时也有一些重要的差别。

C#和 Java 的相似之处主要包括：

① 二者都编译成跨平台的、跨语言的代码，并且代码只能在一个受控制的环境中运行。

② 自动回收垃圾内存，并且消除了指针（在 C#中可以使用指针，不过必须注明 unsafe 关键字）。

③ 都不需要头文件，所有的代码都被限制在某个范围内，并且因为没有头文件，所以消除了类定义的循环依赖。

④ 都是严格的面向对象的语言。

⑤ 都具有接口（interface）的概念。

⑥ 都支持异常处理。

⑦ 都支持多线程。

⑧ 都支持元数据，不过，在 C#中叫 attribute，在 Java 中叫 annotation。

⑨ 都支持 Lambda 表达式。

⑩ 都支持泛型。

C#在另外一些方面又与 Java 不同：

① C#中的所有数据类型都是 Object 的子类型，而 Java 中的数据类型分成基本数据类型及引用数据类型，只有引用类型是 Object 的子类型。

② C#中的数据类型中，增加了 struct 结构类型，而 Java 中没有结构类型。

③ C#中的属性（property）的概念与字段（field）概念相分离，而 Java 中属性和域是用同一概念。

④ C#中的委托、事件机制能更好地处理函数指针及回调函数，而 Java 中只有依靠接口等方法来实现。

⑤ C#中的数组类型使用起来也更方便。C#中还增加了索引器（indexer）的概念。

⑥ C#中没有 Java 中的内部类和匿名类的概念，只有嵌套类的概念。

⑦ C#中可以有限制地保留指针及 goto 语句。

⑧ C#中可以有异步编程。

⑨ C#更多地支持动态语言特点。

⑩ C#中有更多的语法糖（syntex sugar），即可以更方便地书写一些特定的语句。

除以上一些方面的不同之外，C#中的一些细节在实现上与 Java 有一定的差别，比如，有关继承、访问控制、对象初始化的过程，等等，这些方面的差别对于已学过 Java 的读者，要引起注意。虽然在大部分编程的任务中不会触及这些差别，但对于一些特定的情形，可能会引起意想不到的错误。本书在讲解相关的细节时，会考虑到这些读者的需要，进行一些必要的介绍。

1.2 简单的 C#程序

在讨论更多的细节之前，先看几个简单的 C#程序，目的是对 C#程序有一个初步的认识。

C#程序有很多种类型，最常用的是控制台应用程序和 Windows 窗体应用程序。前者是文本界面方式，后者是窗口图形界面方式。

1.2.1 HelloWorld

1. 一个简单的示例

学习一门语言，一般从简单的"HelloWorld"开始，下面是一个简单的 C#示例程序。

例 1-1 HelloWorld.cs 一个简单程序。

```
  /*
      简单的 C#示例程序．
    为 HelloWorld.cs.
   */
1  using System;
2  class HelloWorld {
3      //C#调用 Main()作为程序的开始．
4      public static void Main(){
5          Console.WriteLine("Hello World.");
6      }
7  }
```

本程序的作用是输出下面一行信息：

　　Hello World!

整个程序是保存在一个名为 HelloWorld.cs 的文件中的。一般来说，C#的源程序文件名都是以.cs 作为扩展名的。文件名本身没有强制性的规定，但最好能表示程序的作用，或者与其中的主要类的名字保持一致。

✘注意，为了讲解的需要，本书中的每行程序前面加的数字是行号，在实际书写程序时是不用输入行号的。另外，例子前面的文件名中的.cs 表示本书配套电子资源源代码的文件名，如果名字后面没有加.cs，则表示是一个文件夹名或项目名。

程序中，由/*及*/所包含的一段是程序的注释。另外，由//直到行尾的部分也是注释。下面针对该程序的几个方面进行讲解。

（1）名字空间

using System 表示导入名字空间（namespace）。高级语言总是依赖于许多系统预定义的元素，在 C#中使用 using System 表示导入系统已定义好的名字空间，这方便以后的使用。下文要用到的 Console 的全称是 System.Console；当程序的前面使用了 using System 后，使用 System.Console 的地方就可以简写为 Console。在一定意义上，using 大致相当于 C、C++中的#include 或者 Java 语言中的 import。

（2）类和类的方法

C#是面向对象的语言，在进行编程时主要任务就是要定义类及类的方法。

程序中，用关键字 class 来声明一个新的类，其类名为 HelloWorld。整个类定义由大括号{}括起来。

在类的定义中，一个主要任务是定义方法。方法相当于函数，但它必须位于类的定义之中。在该类中定义了一个 Main()方法，其中 public 表示访问权限，指明所有的类都可以使用这一方法；static 指明该方法是一个静态方法，这种方法不用创建对象实例即可调用；void

则指明 Main( )方法不返回任何值。

（3）程序的入口

每个应用程序都有一个程序入口，程序的执行就从这里开始。在 C#中用 Main( )方法表示程序入口。

值得注意的是，作为程序入口的 Main( )方法必须是 static 方法。Main( )方法可以不为 public，可以不带参数，返回值可以为 void 或 int，所以 Main( )方法有多种形式。另外，要注意 Main 的首字母大写。

Main( )方法定义中，可以在括号( )中的加入 string[ ]args，表示是传递给 Main( )方法的参数，参数名为 args。Main( )方法的参数实际就是命令行参数。

```
public static void Main(string [] args)
```

在 C#中，这个参数也可以没有，正如前面的程序中所示。

（4）程序的输入和输出

在 Main( )方法的实现（大括号{}中），只有一条语句：

```
Console.WriteLine("Hello World!");
```

它用来实现字符串的输出，这条语句实现与 C 语言中的 printf 语句和 C++ 中 cout << 语句相同的功能。另外，//后的内容为注释。

程序所完成的输入输出功能都是通过 Console 来完成的。Console 是在名字空间 System 中定义的类，它表示控制台输入输出设备，一般指键盘和显示器。

Console 类有两个最基本的方法 ReadLine 和 WriteLine，Console.ReadLine 表示接受输入设备输入，Console.WriteLine 则用于在输出设备上输出。

另外，Console 中用于输入输出的另外两个方法 Read 和 Write，它们与 ReadLine、WriteLine 的不同之处在于：ReadLine 和 WriteLine 执行时多加了一个回车键。

程序的运行结果如图 1-4 所示。注意其中显示的信息是程序的输出结果，而外面的窗口框架是运行时的环境窗口，与程序本身无关。

图 1-4　HelloWorld 的运行结果

（5）使用 Visual Studio 建立"Hello World"

建立程序最简单的办法莫过于使用 Visual Studio。Microsoft 提供的 Visual Studio 是 C#程序开发的集成环境，其免费版本和收费版本都可以从 http://www.visualstudio.com 网站下载。关于更多的开发工具的情况在下节会详细讲到，这里谈谈如何用它来建立一个简单的控制台应用程序"Hello World"。

2. 主要的开发步骤

使用 Visual Studio 来开发应用程序主要包括以下几个步骤。

（1）新建一个项目

Visual Studio 将程序组织到项目（project）中，而多个项目又集合到一个解决方案中（solution），所以编程时需要新建项目（同时会自动建立解决方案）。打开 Visual Studio，使用菜单"文件|新建项目"，选择"已安装|模板|Visual C#|Windows 经典桌面|控制台应

用（.NET Framework）"。对话框如图 1-5 所示。

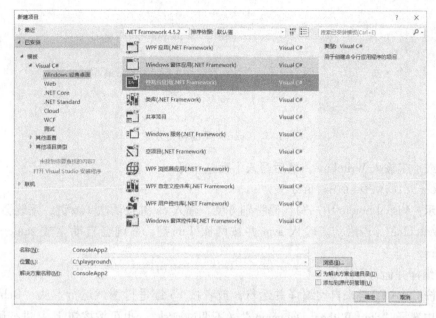

图 1-5 新建项目对话框

填好项目名称、选好位置、解决方案名称（解决方案 solution 是指多个项目放在一起，默认与第一个项目的名称是一样的），单击"确定"，Visual Studio 开始生成应用程序的雏形，如图 1-6 所示。

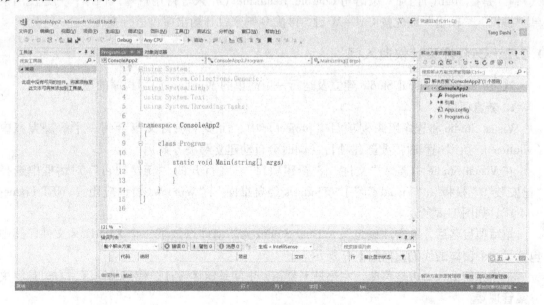

图 1-6 应用程序的雏形

（2）修改代码

系统已经产生了 Program 类，其中含有 Main() 方法，我们可以在其中添加代码。输入 "Console."，能看到系统自动列出了 Console 类的相关方法，如图 1-7 所示。

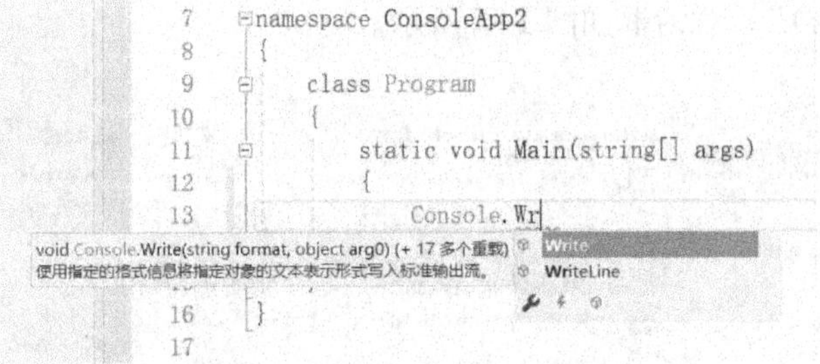

```
  7    □namespace ConsoleApp2
  8     {
  9  □      class Program
 10         {
 11             static void Main(string[] args)
 12             {
 13                 Console.Wr|
```
void Console.Write(string format, object arg0) (+ 17 多个重载)
使用指定的格式信息将指定对象的文本表示形式写入标准输出流。
● Write
● WriteLine

```
 16         }
 17
```

图 1-7 Console 类的相关方法

选择或手工输入 WriteLine，然后写入下面这一行：

Console.WriteLine("Hello World!");

※提示：Visual Studio 中书写代码特别方便，输入 cw 并按两次 Tab 键，系统会自动生成 Console.WriteLine()；语句。输入 svm 并按两次 Tab 键，系统会自动生成 static void Main(string[ ]args){ }。

（3）编译并运行程序

可以按 Ctrl+F5 键来自动编译并运行，或者按 F5 键进行调试运行。从"Debug"（调试）菜单中选择"Start Without Debugging"（不调试启动）。也可按按钮 ▶，进行调试运行。若程序成功运行，则控制台显示出"Hello World！"的信息。

※提示：对于控制台应用程序，如果按 F5 键调试运行，显示信息可能一闪而过，这是因为程序执行完成了。可以三种方法来解决这个问题：一是使用 Ctrl+F5 键来运行（非调试）；二是在 Main()内加一条语句 Console.ReadLine() 来等待用户输入回车；三是使用菜单"视图"|"输出"或先按 Ctrl+W 键，再按 O 键来打开输出窗口进行查看。

1.2.2 C#程序设计快速入门

这里介绍使用 Visual Studio 建立及运行一个简单的 Windows 应用程序的过程。

1. 新建项目

Visual Studio 将程序组织到项目（project）中，而多个项目又集合到一个解决方案中（solution），所以编程时需要新建项目（同时会自动建立解决方案）。

在 Visual Studio 中选择"文件"|"新建项目"，在打开的"新建项目"对话框中选择"已安装"|"模板"|"Visual C#"|"Windows 经典桌面"|"Windows 窗体应用（.NET Framework）"，如图 1-8 所示。

填写项目名后，单击"确定"，Visual Studio 为新窗体增加了一个 Form1.cs 文件，其中包括了这个窗体的代码，如图 1-9 所示。

工作界面上，上边是菜单，左边是工具箱，中间是窗体设计及代码编写区，右边是解决方案管理器。

2. 添加控件并设置属性

要向一个窗体中添加控件或者子窗口，需要打开工具箱（ToolBox）。单击菜单"视图"|"工具箱"，激活工具箱功能。默认情况下工具箱在整个工作界面的左边，如图 1-9 所示。现在就可以添加控件了，展开工具箱上的"所有 Windows 窗体控件"或"公共控件"

可以看见其中有很多工具,添加时,可以拖放到窗体上,或者单击某个工具再单击窗体。

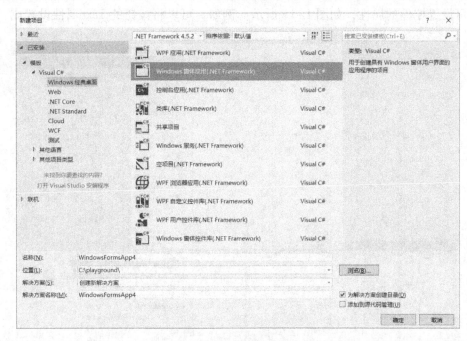

图 1-8 "新建项目"对话框

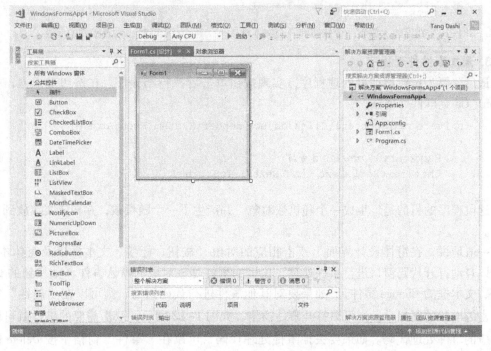

图 1-9 Visual Studio 工作界面

首先可以在窗体右下角拖动使窗体变大一些,然后拖动工具箱中的按钮(Button)和文本框(TextBox)到窗体上,从而在窗体上放下一个按钮和一个文本框,如图 1-10 所示。

在控件上单击右键,并选择"属性"菜单项就可以调出"属性"窗格,在"属性"窗格中可设置控件的属性,如图1-11所示。例如,可以将按钮的Text属性设置成"产生随机数"。

图1-10 在窗体上放置一个按钮和一个文本框

图1-11 设置控件的属性

3. 添加事件处理程序

最后,要为按钮增加事处理程序,实现按钮单击后执行的程序。在按钮上双击,打开Button1_Click事件处理器。

```
private void button1_Click(object sender,System.EventArgs e)
{
    Random rnd = new Random();
    this.textBox1.Text = rnd.Next().ToString();
}
```

这段程序的目的是,生成一个随机数对象,并产生下一个随机数,并转成文本放到文本框中。

一般地说,在窗体设计界面上双击相应的对象(按钮、标签、文本框以及窗体本身)都可以自动打开代码窗口进行事件处理,这里的事件是该对象的默认事件(如按钮的Click事件、文本框的Change事件)。如果要对其他事件进行代码编写,则可以在"属性"窗格上单击闪电状的图标⚡,则可以打开事件窗格,如图1-12所示,双击需要的事件就可以添加相应的事件处理代码。如果要去掉事件处理代码,可以在"事件"窗格中按Delete键将该事件置为空。

4. 编译并运行程序

按F5键或Ctrl+F5键或按钮▶编译并运行这个程序,结果如图1-13所示。单击按钮可以看见产生的随机数。

第1章 C#程序设计简介　　15

图1-12　事件窗格　　　　　　　　　　图1-13　程序运行结果

完整的程序如下（行号由作者所加）：

```
1    using System;
2    using System.Drawing;
3    using System.Collections;
4    using System.ComponentModel;
5    using System.Windows.Forms;
6    using System.Data;
7
8    namespace WindowsApplication1
9    {
10       /// <summary>
11       ///Form1 的摘要说明.
12       /// </summary>
13       public class Form1:Form
14       {
15          public Form1()
16          {
17             InitializeComponent();
18          }
19          private void button1_Click(object sender,System.EventArgs e)
20          {
21             Random rnd = new Random();
22             this.textBox1.Text = rnd.Next().ToString();
23          }
24       }
25    }
```

5. 关于自动生成的代码

从上面的过程可以看出，集成开发环境帮我们做了很多事情，其中界面设计的过程会自动生成代码，为了查看这个代码，需要使用"解决方案管理器"顶部的"显示所有文件"工具按钮，如图1-14所示。

图1-14　"显示所有文件"工具按钮

在"解决方案管理器"中，展开Form1.cs就能看到Form1.Designer.cs，双击这个文件就可以看见设计器自动生成的代码，这个代码最好不要手工编辑，以免出错。其中可以看到：有一个默认的名字空间以及对WinForms所要求的不同名字空间的引用（using）；Form1类是从系统的Form中派生出来的；InitializeComponent方法负责初始化（创建）窗体及其控件(当在窗体中拖放下一些控件时,可以看到它的更多细节);Dispose方法负责清除所有不再使用的资源。

1.2.3 对象的三个基本要素

C#的程序都是面向对象的,对象是其中的核心概念。对象是现实世界的物体的抽象。C#中的对象包括界面对象,如窗体、按钮、标签;也包括一些非界面的对象,如字符串、集合、书、人,等等。使用C#进行程序设计就是要设计这些对象。

C#对象可以很复杂,可以有很多要素,但是一般地说,C#对象有三个基本的要素:属性、方法和事件。

1. 属性(property)

属性的概念是用于表示对象的状态的,一般使用名词或形容词表示。在C#中,对象与属性之间用一个小数点"."连接。例如:button1.Width表示按钮宽度,button1.Height表示按钮的高度,label1.ForeColor表示标签的前景色,等等。可以认为属性相当于对象中的一个变量。

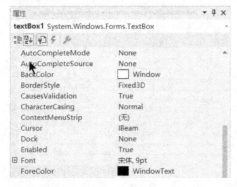

图1-15 "属性"窗口

在Visual Studio中,界面对象上右击,选择"属性"可以打开"属性"窗口,或者直接按F4键也可以打开"属性"窗口,如图1-15所示。一个对象常常有多个属性,其中 表示列出属性, 表示按字母顺序排列, 表示按分类顺序排列。如果知道属性名,则按字母顺序排列更容易查找一些。

有两种方式使用属性,一是给属性赋值(称为set),如button1.Width=100表示使得其宽度为100;另一种是取得属性当前的值(称为get),如a=button1.Width表示取得其宽度值并记录到变量a中。

2. 方法(method)

方法是用于表示对象的功能、动作的,一般使用动词。在C#中,对象与方法之间也是用一个小数点"."连接。例如:this.Show()表示显示当前窗体对象,Console.WriteLine("hello!");表示显示一行文本。可以认为方法相当于对象中的函数,所以在使用时,需要带上圆括号,有时还需要带上参数。例如自动生成的代码中,components.Dispose()、this.ResumeLayout(false)等都是调用方法。

3. 事件(event)

事件用于表示对象的状态改变,是一种通知或消息机制,一般使用动词原形或分词形式。在C#中,对象与事件之间也是用一个小数点"."连接。例如:button1.Click表示按钮被单击,this.MouseMove表示当前窗体上鼠标移动事件发生,this.Load表示窗体载入到内存的事件发生。

在Visual Studio中,在界面对象上双击,可以打开该对象的默认事件(最常用事件),并对该事件进行编程。对于更多的事件,则在界面对象上右击,或者按F4键也可以打开"属性"窗口。单击其中的闪电状图标 可以列出该对象的所有事件,如图1-16所示。双击其中的事件，则可以打开代码窗口进行代码的编写。

事件在本质上是一种状态变化后对外界的消息通知，针对这个事件进行编程实际上就是处理这个消息。为了处理某个消息，需要先注册这个消息，以便让事件发生后通知调用者。Visual Studio 中双击相应事件时，系统会自动生成这个事件注册的代码，这些代码在一个 .Designer.cs 中可以看到。选择"视图"|"解决方案管理器"或按 Ctrl + Alt + L 键打开"解决方案管理器"（该管理器默认是打开的），展开 Form1.cs，可以看见有个 Form1.Designer.cs 文件，如图 1-17 所示。

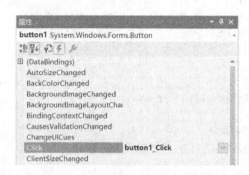 

图 1-16 "属性"窗口中的事件　　　　图 1-17 在解决方案管理器中展开窗体文件

双击 Form1.Designer.cs，可以看到 Windows 窗体设计器生成了这样的代码：

　　this.button1.Click += new System.EventHandler(this.button1_Click);

如果我们手工编写，也可以这样写：

　　对象.事件 += 函数名

它表示对象的事件注册了一个函数，也就是说事件发生后，会调用该函数。简单地说，使用事件的基本方法就是 += 函数名。

在 Visual Studio 中编写代码时，在对象后面输入点后，系统会智能提示出它所有的属性、方法和事件。在事件名后面输入 += 再连续按两次 Tab 键，系统会自动生成一个函数名及其函数头，我们就可以在函数中填写事件的处理代码了。

总之，对象的三个基本要素是属性、方法和事件，在 Visual Studio 中处理属性、方法、事件都是很方便的。

1.2.4　C#程序的基本构成

C#的程序可以很简单，也可以很复杂。下面就 C#程序的常见成分进行一个初步的介绍。

一个程序可由一个至多个 C#源程序文件构成，每个文件中可以有多个类定义。

下面的程序是一个更一般的 C#程序文件。

例 1-2　一个简单的窗口程序。

```
1   using System;
2   using System.Drawing;
3   using System.Windows.Forms;
4   namespace ch01
5   {
6       public class HelloWorldWin:System.Windows.Forms.Form
```

```
7      {
8          public HelloWorldWin()
9          {
10             InitializeComponent();
11         }
12         private void InitializeComponent()
13         {
14             this.ClientSize=new System.Drawing.Size(200,180);
15             this.Name = "HelloWorldWin";
16             this.Text = "HelloWorldWin";
17             this.Paint +=new System.Windows.Forms.PaintEventHandler(
18                 this.HelloWorldWin_Paint);
19         }
20         static void Main()
21         {
22             Application.Run(new HelloWorldWin());
23         }
24         private void HelloWorldWin_Paint(
25             object sender,System.Windows.Forms.PaintEventArgs e)
26         {
27             e.Graphics.DrawString("Hello,world",
28                 new Font("Curior New",12f),
29                 new SolidBrush(Color.Blue),
30                 50f,100f,null);
31         }
32     }
33 }
```

这个程序与上一个例子相似，但它是手工书写的。下面来分析这个程序的组成。

从这个例子可以看出，一般的C#源程序文件由三部分组成：using 语句、类型定义和namespace。

其中，using 语句表示引入其他类的库，以方便使用。using 语句可以有 0 到多句，它必须放在类型定义的前面。

namespace，表示类所在的名字空间。namespace 的花括号{ }内，可以嵌套一些 using 语句、类型定义或者 namespace。

每个文件都可以包含多个类型定义、多个名字空间。

在一个 C#程序中，可以通过一个元素的完整名称来识别它，这个名称表明了层次关系。例如，System.String 是字符串类型完整的名称。但是为了简化代码起见，只要声明正在使用 System 名字空间：

    using System;

就可以使用一个相对名称如 String 来作为完整名称的同义词，而最后依然代表 System.String。

类型定义是 C#源程序的主要部分，每个文件中可以定义若干个类型。类型的定义可以位于名字空间之内，也可以位于名字空间之外。

类型定义中，最主要的就是类的定义。C#程序中定义类使用关键字 class，每个类的定义由类头定义和类体定义两部分组成。类头部分除了声明类名之外，还可以说明类的继承特性，当一个类被定义为是另一个已经存在的类（称为这个类的父类）的子类时，它就可以从其父类中继承一些已定义好的类成员。

类体部分用来定义属性和方法等成分,它们称为类的成员。在类体中通常有两种成员,一种是域,包括变量、常量、对象数组等独立的实体;另一种是方法,是类似于函数的代码单元块。在上面的例子中,类 HelloWorldWin 中只有 4 个类成员,包括方法 Main。用来标志方法头的是一对小括号,在小括号前面并紧靠左括号的是方法名称,如 Main 等;小括号里面是该方法使用的形式参数,方法名前面是用来说明这个方法属性的修饰符,其具体语法规定将在后面介绍。方法体部分由若干以分号结尾的语句组成并由一对大括号括起,在方法体内部不能再定义其他的方法。

同其他高级语言一样,语句是构成 C#程序的基本单位之一。每一条 C#语句都由分号(;)结束,其构成应该符合 C#的语法规则。类和方法中的所有语句应该用一对大括号{}括起。除 using 及 namespace 语句之外的其他的执行具体操作的语句,都只能存在于类的大括号之中。

比语句更小的语言单位是表达式、变量、常量和关键字等,C#的语句就是由它们构成的。其中关键字是 C#语言语法规定的保留字,用户程序定义的常量和变量的取名不能与保留字相同。

C#源程序的书写格式比较自由,如语句之间可以换行,也可以不换行,但养成一种良好的书写习惯比较重要。

特别注意的是,C#是大小写严格区分的语言。书写时,大小写不能混淆。

同一个 C#程序中定义的若干类之间没有严格的逻辑关系要求,但它们通常是在一起协同工作的,每一个类都可能需要使用其他类中定义的属性或方法。

一个程序中只有一个程序入口,即一个 Main( )方法,如果有多个 Main( )方法,则在编译时要指定程序的入口。如果使用 Visual Studio 新建项目,则系统会自动生成一个 Program.cs,其中含有 Main( ),对于 Windows 应用程序,Main( )如下:

```
static class Program
{
    /// <summary>
    /// 应用程序的主入口点。
    /// </summary>
    [STAThread]
    static void Main()
    {
        Application.EnableVisualStyles();
        Application.SetCompatibleTextRenderingDefault(false);
        Application.Run(new Form1());
    }
}
```

其中的关键语句是 Application.Run(new Form1( ));也就是创建(new)并运行窗体。

以上介绍的是程序的基本成分,它们之间的关系可以表示为:

① 程序包含多个 .cs 文件;
② 每个 .cs 文件包含 0 个至多个名字空间(namespace);
③ 每个名字空间包含多个类(class)的定义;
④ 每个类中含有多个变量及方法;

⑤ 每个方法中含有局部变量定义及语句。

1.3 程序中的输入输出及运算

输入输出是程序的基本功能,本节将介绍如何编写具有基本输入输出功能的 C#程序,C# 程序的输入输出可以是文本界面,也可以是图形界面。

1.3.1 控制台应用程序的输入输出

控制台应用程序也就是字符界面的应用程序。在字符界面中,用户用字符串向程序发出命令传送数据,程序运行的结果也用字符的形式表达。

字符界面的输入输出要用到 System.Console 来表示输入及输出,System.Console 的 Read()方法可以输入一个字符(但要注意此方法直到读取操作终止,例如用户按下 Enter 键后才会返回),ReadLine()方法可以输入一行字符串,System.Console 的 Write()方法可以输出一个数据或一个字符串,字符串之间或字符串与其他变量间可以用加号(+)表示连接。System.Console 的 WriteLine()方法可以输出一个字符串并换行。如例 1-3,输入一个字符,并显示这个字符。

例 1-3 AppCharInOut.cs 字符的输入输出。

```
1   using System;
2   public class AppCharInOut
3   {
4       public static void Main(string[] args)
5       {
6           char c = ' ';
7           System.Console.Write("Please input a char:");
8           c = (char)System.Console.Read();
9           Console.WriteLine("You have entered:" + c);
10      }
11  }
```

程序运行结果如图 1-18 所示。

图 1-18 字符的输入输出

System.Console 的 Read 方法只能读入一个字符,不便于使用。下面的例子中,ReadLine 方法可用于读入一串字符并显示它。

例 1-4 AppLineInOut.cs 整行的输入输出。

```
1   using System;
2   public class AppLineInOut
3   {
4       public static void Main(string[] args)
5       {
```

```
       6          string s = "";
       7          Console.Write("Please input a line:");
       8          s = Console.ReadLine();
       9          Console.WriteLine("You have entered:" + s);
      10      }
      11  }
```

运行结果如图 1-19 所示。

有时，还需要将输入的字符串转成数字（如整数 int 或实数 double），这时，可用 int.Parse( ) 及 double.Parse( ) 方法，也可以写为 Int32.Parse( ) 及 Double.Parse( )，如例 1-5 所示。

例 1-5　AppNumInOut.cs 数字的输入输出。

```
 1  using System;
 2  public class AppNumInOut
 3  {
 4      public static void Main(string[] args)
 5      {
 6          string s = "";
 7          int n = 0;
 8          double d = 0;
 9          Console.Write("Please input an int:");
10          s = Console.ReadLine();
11          n = Int32.Parse(s);
12          Console.Write("Please input a double:");
13          s = Console.ReadLine();
14          d = Double.Parse(s);
15          Console.WriteLine("You have entered:" + n + " and " + d);
16      }
17  }
```

运行结果如图 1-20 所示。

图 1-19　整行的输入

图 1-20　数字的输入输出

在 C# 程序中使用 Console.Write( ) 或 Console.WriteLine( ) 时，还有以下几点知识经常用到。

① 如果有多项信息，信息之间可以用加号（+）连接起来，以表示形成一个字符串。例如：

　　"You have entered:" + n + " and " + d

② 若在字符串中有变量，还可以在字符串中用 {0}、{1}、{2} 等分别表示各个变量。例如：

　　Console.WriteLine("You have entered:{0} and {1}.", n, d);

③ 在 C# 6.0 以上的版本中，还可以直接使用 {变量名或表达式} 嵌入到格式串中，这要

求格式串前面写一个 $ 符号。例如：

```
Console.WriteLine($"You have entered:{n} and {d}.");
```

✵这种方式称为字符串嵌入值（string interpolation），它比较直观而且不容易错。这实际是一个语法糖，也就是说 C#编译器会将这种简写方式翻译成复杂的语法元素，字符串嵌入值实际上翻译成了字符串的加号连接（而加号连接又翻译成了字符串的 Append 方法）。随着 C#语言的发展，C#语言中增加了大量的语法糖，极大地方便了代码的书写，但给初学者增加了负担，我们会在不同的章节提到这些语法糖。

1.3.2 Windows 应用程序输入输出

Windows 应用程序用图形界面的，其基本的输入输出手段是使用界面上的对象（也称为"控件"），例如：使用文本框对象（TextBox）获取用户输入的数据，使用标签对象（Label）或文本框对象输出数据，使用命令按钮（Button）来执行命令。图形界面的程序最好借助于集成开发工具（如 Visual Studio）来实现。

例 1-6 WinInOut.cs 图形界面输入输出。

```
1   using System;
2   using System.Windows.Forms;
3   using System.Drawing;
4   public class WinInOut:Form
5   {
6       TextBox txt = new TextBox();
7       Button btn = new Button();
8       Label lbl = new Label();
9
10      public void init()
11      {
12          this.Controls.Add(txt);
13          this.Controls.Add(btn);
14          this.Controls.Add(lbl);
15          txt.Dock = System.Windows.Forms.DockStyle.Top;
16          btn.Dock = System.Windows.Forms.DockStyle.Fill;
17          lbl.Dock = System.Windows.Forms.DockStyle.Bottom;
18          btn.Text = "求平方";
19          lbl.Text = "用于显示结果的标签";
20          this.Size = new Size(300,120);
21
22          btn.Click += new System.EventHandler(this.button1_Click);
23      }
24
25      public void button1_Click(object sender,EventArgs e)
26      {
27          string s = txt.Text;
28          double d = double.Parse(s);
29          double sq = d * d;
30          lbl.Text = d + "的平方是:" + sq;
31      }
32
```

```
33      static void Main()
34      {
35          WinInOut f = new WinInOut();
36          f.Text = "WinInOut";
37          f.init();
38          Application.Run(f);
39      }
40  }
```

在本程序中，生成了一个文本框 txt 用于输入，一个标签 lbl 用于输出，一个按钮 btn 用于触发命令。在 init（初始化）方法中，将这三个对象加入。在程序中，还有一点很关键，就是加入一个事件处理程序，其作用是当用户单击此按钮时，通过 Text 方法得到用户的输入，然后用 double.Parse()方法转为一个实数（double），再计算其平方，用 Label 的 Text 显示其平方值，如图 1-21 所示。

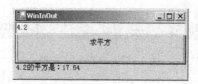

图 1-21　图形界面输入输出

1.3.3　常用的运算

在程序中，可以使用基本的运算，如 +、-、*、/，而且一些基本的写法与 C、C++、Java 等相似，下章将会详细介绍。这里介绍几个基本的类，以方便我们编写一些简单的程序。

① Math 类：关于数学运算的类，有一系列方法可用，如 Math.Sqrt( ) 表示平方根，Math.Round( ) 表示四舍五入，Math.Log( ) 表示自然对数，Math.Pow( ) 表示幂运算，Math.Sin( ) 表示正弦，等等。

② Random 类：表示随机数。如：

```
Random rnd = new Random();
int n = rnd.Next(10);
double d = rnd.NextDouble();
```

这里生成了一个随机数对象，用其 Next(10) 方法得到一个 0 到 9 的随机整数，而用 NextDouble()则得到一个随机小数（0 到 1 之间）。

③ Convert 类：表示转换。它可以方便地将输入的字符串转为别的类型：

```
int n = Convert.ToInt32("123");
double d = Convert.ToDouble("123.45");
```

其中分别转成整数和小数。

✎ 在 Visual Studio 中，可以方便地查看这些类及方法，一方面在输入过程中系统会自动提示；另一方面将输入点置于一个单词上，然后按 F1 键，系统会自动打开帮助信息（要求联网），即打开 .NET Framework API 文档，如图 1-22 所示，可以从中查看详细的说明。

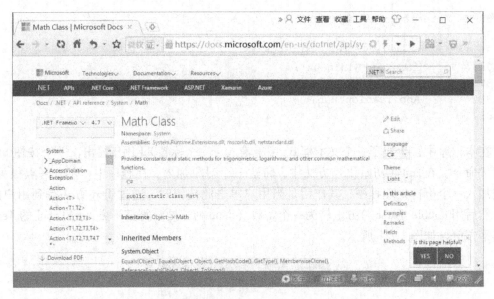

图 1-22　查看 API 文档

1.4　开发工具

前面多次提到了 Visual Studio 开发工具，也提到了控制台和 Windows 两种应用程序，为了更全面的了解，本节介绍更多的开发工具、更多的应用程序类型。

1.4.1　.NET Framework SDK 及 Visual Studio

正如 1.1 节所提到的，C#的主要环境是 Microsoft.NET Framework，在该环境中，提供了一系列的开发工具，称为.NET Framework SDK。Microsoft.NET Framework SDK 是免费的，可以从以下站点下载：https://www.microsoft.com/net/targeting。

要提醒的是，SDK 是开发环境。如果不编译 C#程序，只运行程序，可以只安装.NET Framework 的运行环境，这样可以占用较少的磁盘空间。不过，一般的 Windows 操作系统上已经自带了.NET Framework 运行环境。

现在.NET Framework SDK 已直接包含在 Visual Studio 中，所以可以直接安装 Visual Studio 而得到 SDK。现在 Microsoft 提供了 Visual Studio 的社区版（免费）、专业版、企业版，对于学习者而言，社区版（community）的功能已经足够强大，可以从以下站点下载：https://www.visualstudio.com。

下载 Visual Studio 后就可以安装，在安装时，我们可以选择需要的 Workload（工作负荷），对于初学者而言，只要选择".NET 桌面开发"就可以了，以后需要其他的，可以随时安装（再次运行安装程序 Visual Studio Installer）。

1.4.2　使用命令行编译及运行程序

一般高级语言编程需要经过源程序编辑、目标程序编译生成和可执行程序运行几个过程，C#编程也不例外，本节就编辑、编译、运行 C#程序的一般步骤进行介绍。

第 1 章 C#程序设计简介

尽管可以使用 Visual Studio 集成开发环境来开发复杂的项目，但本书中大部分示例程序可以使用命令行来进行编译和运行。

1. 程序的编辑

C#源程序是以 .cs 为后缀的简单的文本文件，可以用各种 C#集成开发环境中的源代码编辑器来编写，也可以用其他文本编辑工具，如 Windows 中的记事本等。

以简单的记事本（Notepad）软件为例，打开记事本，输入下面一段程序：

```
using System;
public class HelloWorld { //an application
    public static void Main(string []args){
        Console.WriteLine("Hello World!");
    }
}
```

程序输入并修改完毕，要将此文件保存，在保存文件时，要注意，文件的类型要选"所有类型"，文件名可以为 HelloWorld.cs。

如果使用其他编辑器，也要注意保存时以纯文本方式进行保存，并且将文件扩展名定为 .cs 文件。

✂提示：本书中的示例程序可以在附带的电子资源中获得，但对于初学者，手工输入程序并调试运行是一种很好的学习方式。

2. 程序的编译

与其他语言一样，源程序（.cs 文件）要经过编译（compile）才能运行。编译的过程实际上是将 C#源程序转变为可执行文件，扩展名为 .exe，其中包含的是程序的指令。（如前面所说，这里 .exe 文件包含的是 IL 指令和元数据，只有在实际运行时，才会即时地转成机器的 CPU 指令并执行。）

编译可以使用工具 csc.exe。该工具的使用方法如下。

① 进入命令行环境，方法是：选"开始"→"运行"，然后键入

  cmd<回车>

② 然后进入到存放源文件的目录（假定是 d:\CsExample\ch01 目录），运行

  d:<回车>
  cd d:\CsExample\ch01<回车>

③ 编译源程序，键入

  csc HelloWorld.cs<回车>

csc 后面可以跟 C#源程序文件名，文件名可以有多个，还可以用 * 及 ? 通配符，如：

  csc Hello*.cs

csc 还可以跟一系列选项，为了查看其选项，可以用 csc /? 来查看。

在其选项中，比较重要的是：

  /out:<文件>   输出文件名(默认值:包含主类的文件或第一个文件的基名称)
  /target:exe   生成控制台可执行文件(默认)(缩写:/t:exe)
  /target:winexe   生成 Windows 可执行文件(缩写:/t:winexe)
  /unsafe[+|-]   允许"不安全"代码

当编译成功后，csc 会产生相应的 .exe 文件。若编译不成功，csc 会提示信息，根据此信息，读者可进一步修改源程序，再重新编译。

为了使用 csc 命令，需要设置环境变量，这个设置过程较复杂，稍后面专门讲解。

3. 程序的运行

程序的运行就是执行 .exe 文件中的指令的过程。在上面的例子中，运行所编译好的程序，用命令：

```
HelloWorld
```

程序的运行结果如图 1-23 所示。

图 1-23　HelloWorld 程序运行结果

在 Windows 中，也可以在资源管理器中双击此 .exe 文件，即可以运行程序。

4. 设定 path 环境变量

如上所述，在编译及运行时，经常需要设定 path 这个环境变量。

值得注意的是，随着 Microsoft 技术的演进，csc 工具（csc.exe）所用的技术、所在的目录（文件夹）也在发生变化，例如：

早期 csc.exe 在 C:\WINNT\Microsoft.NET\Framework\v1.0.3705\目录下；

在 .NET2.0 时期在 C:\WINNT\Microsoft.NET\Framework\v2.0.50727\下；

在 4.0 版本中，则在 C:\Windows\Microsoft.NET\Framework64\v4.0.30319 下；

安装 Visual Studio 2015 后，其中附带安装的 MSBuild 编译平台中的 csc.exe 则可能在 C:\Program Files(x86)\MSBuild\14.0\Bin 目录下；

安装 Visual Studio 2017 后，其中附带安装的 MSBuild 编译平台中使用 Roslyn 编译服务的 csc.exe 则可能在 C:\Program Files(x86)\Microsoft Visual Studio\2017\Community\MSBuild\15.0\Bin\Roslyn 目录下；

在跨平台环境（.NET core）中，csc 则可能在 C:\Program Files\dotnet\sdk\1.0.3\Roslyn 中。

读者可以在自己的计算机中搜索一下 csc.exe 看看其所在的目录。

以 MSBuild 编译平台为例，为了能使用 csc.exe 可以写全路径：

```
C:\Program Files(x86)\MSBuild\14.0\Bin\csc  HelloWorld.cs
```

为了省略其所在目录，可以先键入设置 path 环境变量的命令：

```
Set  path=C:\Program Files(x86)\MSBuild\14.0\Bin;%path%
```

这样，编译命令可以直接写 csc，如：

```
csc  Hello*.cs
```

为了长期设置 path 环境变量，可以在"我的电脑"（"此电脑"）上右击，选择"属性"

→"高级系统设置"→"环境变量",在系统变量中,选择"path",然后单击"编辑"→"新建",就可以在path中增加一项,写上csc.exe所在的目录即可。如图1-24所示。

图1-24 编辑环境变量

5. 处理程序的语法错误

在程序编辑的过程中,通常容易出现错误,最常见的是字母大小写不对,输错某个字符等。对于有错误的程序,编译时会报告一个语法错误(syntax error)。

在用csc进行编译时,报告的语法错一般具有以下格式:

源程序名(行号,列号):error 错误号:错误信息

例如:

HelloWorld.cs(8,27):error CS1002:应输入 ;

根据这些信息,可以进一步对源程序进行修改。

在实际编译时,C#编译器会试图根据源代码来理解程序的意图,由于这个原因,报告的错误并不能总是反映问题的实际情况。为了找到出错的真正原因,编程者需要再进行猜测,或是看一看出错的那行代码的附近的几行代码。

1.4.3 辅助工具 EditPlus

在实际编程时,还可以借助一些辅助工具来加快程序的设计。在C#的辅助工具中,有许多是比较小巧的,它们的主要功能有两点:①提供一个编辑器,能编辑C#程序及HTML文件;②用菜单或快捷键方便地调用csc和生成的exe文件来编译和运行C#程序。

这样的辅助工具主要有:EditPlus、UltraEditor等。它们是免费软件或共享软件,可以从网上下载后安装并使用。当然在安装这些软件工具之前,系统中必须首先安装.NET Framework SDK。

下面以共享软件EditPlus为例进行介绍,它的主要功能是文本编辑,对编辑C#程序及HTML网页也有较好的支持。在编辑时,对于一些重要的关键词还以醒目的颜色显示出来,这样可以使阅读程序更加方便,也有助于减少键入错误。

如果要下载最新版本的EditPlus可以访问网站:http://www.editplus.com。

在下载时,除了要下载EditPlus运行程序,还要下载editplus的插件,即C#(Csharp)的语法文件。先安装EditPlus,再安装语法文件。安装语法文件的步骤是:

① 选择Tools(工具)→Preference(首选项)→Files(文件)→Settings & syntax(设置和语法),在其中加入文件类型(csharp),设定其扩展名为cs,并设定语法文件为下载的语法文件,如图1-25所示。

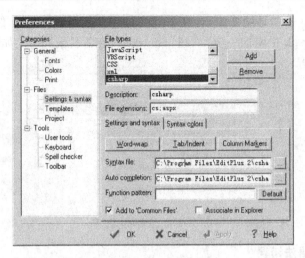

图 1-25　加入文件类型

② 要新建一个程序，选择 File→New→Others→csharp 即可。

EditPlus 界面如图 1-26 所示。左边为文件夹及文件的显示区，中间为编辑窗口，下边为信息窗口。

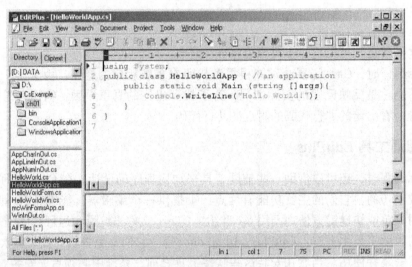

图 1-26　EditPlus 界面

为了方便在 EditPlus 中调用编译及运行功能，需要设置 User Tools（用户工具）。选择 Tools→Configure User tools，在弹出的对话框中，单击 Add Tool 按钮加入用户工具，如图 1-27 所示。

对于编译及运行，如表 1-2 所示分别进行设置。

表 1-2　设置 User Tools 的值

选项	针对编译的设置	针对运行的设置
Menu text	Compile C#	Run C#
Command	C:\Program Files(x86)\Microsoft Visual Studio\2017\Community\MSBuild\15.0\Bin\Roslyn\csc.exe	cmd /c

选 项	针对编译的设置	续表 针对运行的设置
Argument	$(FileName)	$(FileNameNoExt).exe
Initial directory	$(FileDir)	$(FileDir)
Capture output	（选择）	（不选择）

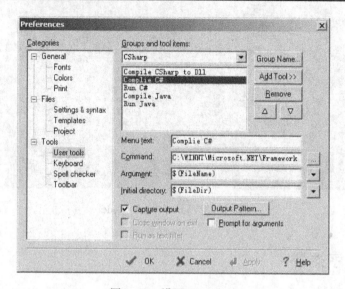

图 1-27 设置 User Tools

设置好以后，用户可以用以下方式来使用：
① 选择 File→New→Others→csharp 文件，即可新建一个 C#文件，然后开始编辑；
② 按快捷键 Ctrl+S（或使用菜单 File→Save）保存文件；
③ 按快捷键（如 Ctrl+1）来进行编译；
④ 按快捷键（如 Ctrl+2）来运行程序。

当然用户也可以只用 EditPlus 来编辑程序，然后，在命令行状态下用 csc 的命令进行编译，用生成的 exe 文件来运行。

1.4.4 辅助工具 Visual Studio Code

Microsoft 提供了开源、免费的编辑工具 Visual Studio Code，可以从以下网站下载：https://code.visualstudio.com/。

Visual Studio Code 是一个跨平台的文本编辑工具，可以方便地编写 C#程序、网页文件、JavaScript 脚本等，并且在 Windows、Linux、Mac OS X 上都可以使用。Visual Studio Code 如图 1-28 所示。

在 Visual Studio Code 中，按 Ctrl+` 键可以进入控制台（又叫终端），在其中可以输入编译命令及运行程序。如果安装 dotnet core 开发工具，还可以进行 C#程序的调试。具体可参见 https://github.com/dotnet。

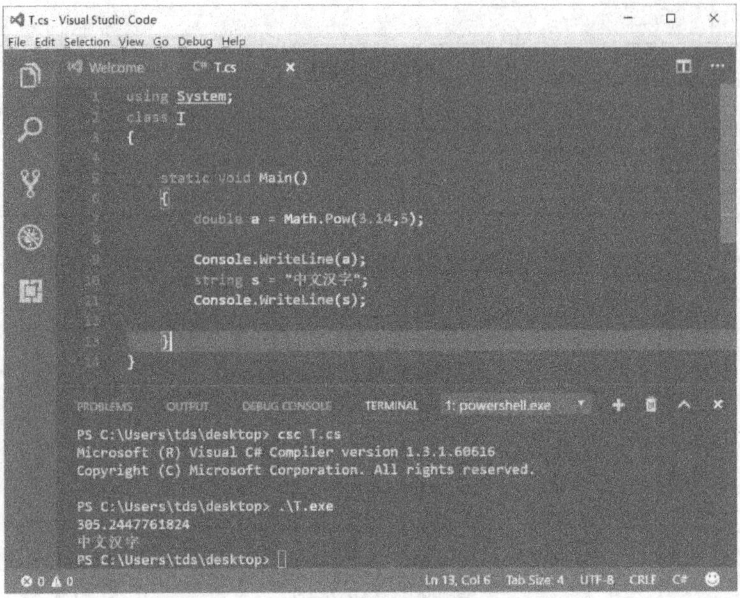

图 1-28 Visual Studio Code

1.5 应用程序类型

1.5.1 Visual Studio 建立不同类型的应用程序

编写 C#应用程序最方便的当然是使用 Visual Studio，它是 Microsoft 新一代的集成开发环境。其中有针对多种编程语言（包括 C#，C++，VB，F#，JavaScript，Python 等）的代码编辑器。而且这个环境中还具 HTML 编辑器、XML 编辑器、SQL Server 界面以及 Server Explorer。这个环境还可以方便地进行调试、文档生成等辅助开发工作。总之，Visual Studio 是一个功能强大的集成开发环境（IDE）。

在 Visual Studio 可以建立各个项目类型，这些项目可以用各种语言来实现。以 C#语言所能建立的类型也有很多种，如图 1-29 所示。

而常见的项目类型如表 1-3 所示。

表 1-3 常见的项目类型

项目类型	项目说明
控制台应用程序	此项目类型用于创建命令行实用工具和应用程序。程序的输入和输出是通过基于文本的终端窗口进行的
Windows 应用程序	此项目类型用于创建 Windows 客户端应用程序。项目创建一个 Windows 窗体，可以在该窗体上放置其他控件、显示文本和图形
WPF 应用程序	此项目类型用于创建 WPF 客户端应用程序。项目创建一个 WPF 窗体，可以在该窗体上放置其他控件、显示文本和图形
Windows 服务程序	此项目类型用于创建 Windows 服务程序。项目创建一个 Windows 服务，可以在控制面板的服务中进行管理
Web 应用程序	此项目类型用于创建 ASP.NET Web 应用程序。Web 应用程序运行在网络上，可以通过浏览器来访问

项目类型	项目说明
.NET Core 应用程序	使用跨平台的.NET Core 而不是.NET Framework 来作为运行环境。.NET Core 大部分的类与.NET Framework 是兼容的，但.NET Core 没有 Windows 界面，而是使用 ASP.NET Core 的 Web 界面
类库	类库项目创建一个库文件，它可用来存储类库（.dll 文件）以供在其他应用程序中引用
空项目	此选项创建一个不包含任何文件的项目。可以手工加入代码及引用别的类库

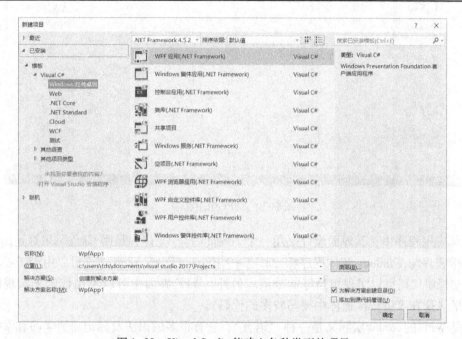

图 1-29　Visual Studio 能建立各种类型的项目

各种项目的差别在于运行环境的不同，所使用的界面也不同，但是所使用的底层技术，如 C#语言机制、基本类库、文件输入输出、文本图像信息的处理、数据库访问技术都是一样的，本书的主要内容也是这些基本的技术，所以对各种项目类型都是适用的。

本书中用到的主要项目类型有两种，一是控制台应用程序，一是 Windows 窗体应用程序，在 1.2 节中也主要介绍的是这两种项目的建立和运行方法。考虑到读者的不同需求，这里简单地介绍一下 WPF 和 Web 应用程序。

1.5.2　WPF 应用程序

WPF（Windows Presentation Foundation）是微软推出的基于 Windows 的用户界面框架，是.NET Framework 3.0 以上版本开始提供的。WPF 应用程序，也是 Windows 图形化界面的应用程序，与 Windows 窗体应用程序很相似，建立 WPF 应用程序的步骤也很相似，它里面的界面对象的放置、属性的设置、事件代码的书写也几乎一样，如图 1-30 所示。

WPF 应用程序与 Windows 窗体应用程序最大的不同之处在于：WPF 设计的界面是用一个.xaml 文件来描述的。.xaml 文件是一种有特殊格式的 XML 文件，其中用文本的方式描述了界面的对象及其属性、事件，也就是说它的界面是用 XML 来描述的，而前面讲到的 Win-

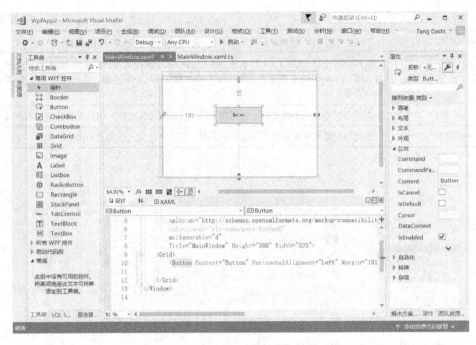

图1-30 WPF应用程序

dows窗体应用程序中,其界面设计是用一个.designer.cs文件,是用C#代码来描述的。

WPF程序与Windows窗体程序相比具有一些优点,比如.xaml文件可以由美工设计师来书写,与程序代码可以实现相当好的分离。另外,WPF界面中可以不用代码来实现渐变颜色等效果(这在Windows窗体中要写较多的代码)。

但是WPF的.xaml实际又是一种"语言",它有很多的语法及标记需要学习和掌握,对于初学者而言,这个挑战是很大的。基于这种考虑,我们在本书中主要以控制台和Windows窗体应用程序来讲解,使读者更加专注于C#语言及基础应用的学习。

✽要提醒读者的是:在简单的情况下,WPF应用程序与Windows窗体应用几乎是一样的,读者完全可以使用WPF来学习所有的例子。本书的配套电子资源提供了全书中部分Windows窗体应用程序示例所对应WPF版本的代码,可以对照学习。限于篇幅,WPF代码就不列在纸质书中了。

1.5.3 Web应用程序

Web应用程序,是在网络上应用的程序,程序的代码运行在服务端,而使用浏览器来访问它,可以简单地说,Web应用程序是以浏览器来作为其输入输出的界面的。Web应用程序的项目又可以细分为好几种,依其运行环境,又分为ASP.NET或ASP.NET core两种,前者是运行于.NET Framework中,后者是运行于跨平台.NET Core框架中的。

Web应用程序中也有对象及其属性、方法、事件的概念,但其界面是网页,也是用一种特殊的HTML文本来描述的,如图1-31所示。

Web项目会涉及更多的技术,如HTML、CSS、JavaScript等,这已超出本书的范围。不过,本书学到的C#及相关知识完全可以应用到Web项目中。

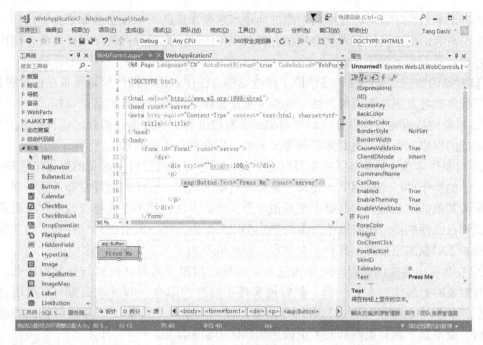

图 1-31　Web 应用程序

1.6　面向对象程序设计的基本概念

C#是面向对象的程序设计语言，面向对象的软件开发和是当今计算机技术发展的重要成果和趋势之一。本节介绍面向对象软件开发和面向对象程序设计中的基本概念和基本方法，使读者对面向对象软件开发方法的体系、原则、基本思想和特点有一定的了解。对于初学者，可以略过此节，等学过一段时间再回头来看看比较抽象一些的描述。

1.6.1　面向对象概述

不同于面向过程的程序设计中以具体的解题过程为研究和实现的主体，面向对象的程序设计（OOP）是以需解决的问题中所涉及的各种对象为主要矛盾。

在面向对象的方法学中，"对象"是现实世界的实体或概念在计算机逻辑中的抽象表示。具体地，对象是具有唯一对象名和固定对外接口的一组属性和操作的集合，用来模拟组成或影响现实世界问题的一个或一组因素。其中，对象名是区别于其他对象的标志；对外接口是对象在约定好的运行框架和消息传递机制中与外界通信的通道；对象的属性表示了它所处的状态；而对象的操作则用来改变对象的状态达到特定的功能。对象最主要的特点是以数据为中心，它是一个集成了数据和其上操作的独立、自恰的逻辑单位。

面向对象的问题求解就是力图从实际问题中抽象出这些封装了数据和操作的对象，通过定义属性和操作来表述它们的特征和功能，通过定义接口来描述它们的地位及与其他对象的关系，最终形成一个广泛联系的可理解、可扩充、可维护、更接近于问题本来面目的动态对象模型系统。

面向对象的程序设计将在面向对象的问题求解所形成的对象模型基础之上，选择一种面向对象的高级语言来具体实现这个模型。相对于传统的面向过程的程序设计方法，面向对象的程序设计具有如下的优点。

　　① 对象的数据封装特性彻底消除了传统结构方法中数据与操作分离所带来的种种问题，提高了程序的可复用性和可维护性，降低了程序员保持数据与操作相容的负担。

　　② 对象的数据封装特性还可以把对象的私有数据和公共数据分离开，以保护私有数据，减少可能的模块间干扰，达到降低程序复杂性、提高可控性的目的。

　　③ 对象作为独立的整体具有良好的自恰性，即它可以通过自身定义的操作来管理自己。一个对象的操作可以完成两类功能，一是修改自身的状态，二是向外界发布消息。当一个对象欲影响其他的对象时，它需要调用其他对象自身的方法，而不是直接去改变那个对象。对象的这种自恰性能使得所有修改对象的操作都以对象自身的一部分的形式存在于对象整体之中，维护了对象的完整性，有利于对象在不同环境下的复用、扩充和维护。

　　④ 在具有自恰性的同时，对象通过一定的接口和相应的消息机制与外界相联系。这个特性与对象的封装性结合在一起，较好地实现了信息的隐藏。即对象成为一只使用方便的"黑匣子"，其中隐藏了私有数据和细节内容。使用对象时只需要了解其接口提供的功能操作即可，而不必了解对象内部的数据描述和具体的功能实现。

　　⑤ 继承是面向对象方法中除封装外的另一个重要特性，通过继承可以很方便地实现应用的扩展和已有代码的重复使用，在保证质量的前提下提高了开发效率，使得面向对象的开发方法与软件工程的新兴方法——快速原型法很好地结合在一起。

　　综上所述，面向对象程序设计是将数据及数据的操作封装在一起，成为一个不可分割的整体，同时将具有相同特征的对象抽象成为一种新的数据类型——类。通过对象间的消息传递使整个系统运转。通过对象类的继承提供代码重用的有效途径。

　　在面向对象程序设计方法中，其程序结构是一个类的集合和各类之间以继承关系联系起来的结构，有一个主程序，在主程序中定义各对象并规定它们之间传递消息的规律。

　　从程序执行这一角度来看，可以归结为各对象和它们之间的消息通信。面向对象程序设计最主要的特征是各对象之间的消息传递和各类之间的继承。

1.6.2　对象、类与实体

1. 对象

　　对象的概念是面向对象技术的核心所在。以面向对象的观点看来，所有的面向对象的程序都是由对象来组成的，这些对象首先是自治、自恰的，同时它们还可以互相通信、协调和配合，从而共同完成整个程序的任务和功能。

　　更确切地，面向对象技术中的对象就是现实世界中某个具体的物理实体在计算机逻辑中的映射和体现。比如，电视机是一个具体存在的，拥有外形、尺寸、颜色等外部特性和开关、频道设置等实在功能的实体；而这样一个实体，在面向对象的程序中，就可以表达成一个计算机可理解、可操纵、具有一定属性和行为的对象。

　　类也是面向对象技术中一个非常重要的概念。简单地说，类是同种对象的集合与抽象。类是一种抽象的数据类型，它是所有具有一定共性的对象的抽象，而属于类的某一个对象则被称为是类的一个实例，是类的一次实例化的结果。如果类是抽象的概念，如"电视机"，那么对象就是某一个具体的电视机，如"我家那台电视机"。

2. 对象的状态与行为

对象都具有状态和行为。

对象的状态又称为对象的静态属性，主要指对象内部所包含的各种信息，也就是变量。每个对象个体都具有自己专有的内部变量，这些变量的值标明了对象所处的状态。当对象经过某种操作和行为而发生状态改变时，具体地就体现为它的属性变量的内容的改变。通过检查对象属性变量的内容，就可以了解这个对象当前所处的状态。仍然以电视机为例。每一个电视机都具有以下这些状态信息：种类、品牌、外观、大小、颜色、是否开启、所在频道等。这些状态在计算机中都可以用变量来表示。

行为又称为对象的操作，它主要表述对象的动态属性，操作的作用是设置或改变对象的状态。比如一个电视机可以有打开、关闭、调整音量、调节亮度、改变频道等行为或操作。对象的操作一般都基于对象内部的变量，并试图改变这些变量（即改变对象的状态）。如"打开"的操作只对处于关闭状态的电视机有效，而执行了"打开"操作之后，电视机原有的关闭状态将改变。对象的状态在计算机内部是用变量来表示，而对象的行为在计算机内部是用方法来表示的。方法实际上类似于面向过程中的函数。对象的行为或操作定义在其方法的内部。

3. 对象的关系

一个复杂的系统必然包括多个对象，这些对象间可能存在的关系有三种：包含、继承和关联。

（1）包含

当对象 A 是对象 B 的属性时，称对象 B 包含对象 A。例如，每台电视机都包括一个显示屏。当把显示屏抽象成一个计算机逻辑中的对象时，它与电视机对象之间就是包含的关系。

当一个对象包含另一个对象时，它将在自己的内存空间中为这个被包含对象留出专门的空间，即被包含对象将被保存在包含它的对象内部，就像显示屏被包含在电视机之中一样，这与它是电视机组成部分的地位是非常吻合的。

（2）继承

当对象 A 是对象 B 的特例时，称对象 A 继承了对象 B。例如，黑白电视机是电视机的一种特例，彩色电视机是电视机的另一种特例。如果分别为黑白电视机和彩色电视机抽象出黑白电视机对象和彩色电视机对象，则这两种对象与电视机对象之间都是继承的关系。

实际上，这里所说的对象间的继承关系就是后面要详细介绍的类间的继承关系。作为特例的类称为子类，而子类所继承的类称为父类。父类是子类公共关系的集合，子类将在父类定义的公共属性的基础上，根据自己的特殊性特别定义自己的属性。例如，彩色电视机对象除了拥有电视机对象的所有属性之外，还特别定义了静态属性"色度"和相应的动态操作"调节色度"。

（3）关联

当对象 A 的引用是对象 B 的属性时，称对象 A 和对象 B 之间是关联关系。所谓对象的引用是指对象的名称、地址、句柄等可以获取或操纵该对象的途径。相对于对象本身，对象的引用所占用的内存空间要少得多，它只是找到对象的一条线索。通过它，程序可以找到真正的对象，并访问这个对象的数据，调用这个对象的方法。

例如，每台电视机都对应一个生产厂商，如果把生产厂商抽象成厂商对象，则电视机对象应该记录自己的生产厂商是谁，此时电视机对象和厂商对象之间就是关联的关系。

关联与包含是两种不同的关系。厂商并不是电视机的组成部分，所以电视机对象里不需要也不可能保存整个厂商对象，而只需要保存一个厂商对象的引用，例如厂商的名称。这样，当需要厂商对象时，如当需要从厂商那里购买一个零件时，只需要根据电视机对象中保存的厂商的名字就可以方便地找到这个厂商对象。

1.6.3　封装、继承、多态

所有的面向对象的编程语言，包括 C#在内，都有 3 个最基本的共同特点：封装、继承和多态性。

1. 封装

封装（encapsulation）是这样一种编程机制，它把代码和其操作的数据捆绑在一起，从而防止了外部对数据和代码的干扰和滥用，保证了数据和代码的安全性。面向对象语言通过创建"自包含的暗箱"实现代码和数据的捆绑。暗箱中包含所有必要的数据和代码。代码和数据以这种方式链接起来就创建了一个对象。换句话说，对象是一种支持封装的设备。

在一个对象中，代码、数据或者两者都可以是该对象私有的（private），也可以是公共的（public）。私有代码或数据只能被本对象内部的其他部分可见和可访问。也就是说，私有代码或数据不能被对象以外的程序块所访问。如果代码或数据是公共的，程序的其他部分就可以访问它，即使它们被定义在对象中。典型的做法是，对象的公共部分用来提供一个访问该对象私有元素的受控接口。

C#封装的基本单位是"类"（class），类定义对象的格式。它规定数据和操作数据的代码。C#使用类来规范构建对象。对象是类的实例。所以说，类的本质就是一套规定如何创建对象的计划。

组成类的代码和数据叫作类的成员。具体地说，类中定义的数据叫作类的"成员变量"或者"实例变量"。操作数据的代码叫作"成员方法"或"方法"。方法在 C#中指的是一个子过程，或称"函数"。

2. 继承

继承（inheritance）是一个对象获得另一个对象的属性的过程。它的重要性源于它支持按层次分类概念。这与现实世界是一致的，大多数知识因为层次化分类而变得容易掌握（即从上至下）。例如，红色、美味的苹果属于苹果类，而苹果类又属于水果类，并且最终属于食物这个大类。食物类拥有许多属性（可以吃，有营养等），逻辑上也适用于它的子类——水果。除了这些性质以外，水果类还有许多特殊的性质（多汁、甜，等等）以使它区别于其他的食物。苹果类定义了苹果所独有的属性（长在树上、不生长在热带，等等）。红色、美味的苹果继承了所有这些类，并且定义了那些属于它的特有的属性。

如果不使用继承，每一个对象都必须精确地定义它的全部属性。使用继承，一个对象可以从它父类继承所有的通用属性，而只需定义它特有的属性。所以，正是继承机制可以使一个对象成为一个更通用类的一个特例成为可能。

3. 多态性

多态性（polymorphism 来自希腊语，意思是多种形态）是指允许一个接口访问动作的通用类的性质。汽车方向盘就是多态性的一个简单例子。不论你的汽车是手动转向、动力转向还是齿轮齿条转向，操纵方法都是一样的。不论什么样的转向系统，向左转动，方向盘将使汽车左转。当然，这种统一接口的好处是一旦你会开车，你就可以驾驶各种车辆。

同样的规则也适用于编程。以堆栈（后入先出）为例，可能你的程序需要 3 种不同的堆栈类型，分别用于整数值、浮点数值和字符。在这里，虽然堆栈存储数据类型不同，但每个堆栈的算法是相同的。在非面向对象语言中，需要创建 3 组不同名字的堆栈实用程序，但是，由于多态性，在 C#中只需创建一套通用的堆栈实用程序来应付 3 种特定的情况。

一般地，多态性的概念常被解释为"一个接口，多种方法"。这意味着可以为一组相关活动设计一个通用接口。多态性允许用相同接口规定一个通用类来减轻问题的复杂度。选择适当的动作（方法）适应不同环境的工作则留给编译器去做。作为编程者，无须手工去做这些事情，只需利用通用接口即可。

1.6.4 面向对象的软件开发过程

面向对象的软件开发过程可以大体划分为面向对象的分析（object oriented analysis，OOA）、面向对象的设计（object oriented design，OOD）和面向对象的实现（object oriented programming，OOP）三个阶段。

1. 面向对象的分析

面向对象的分析主要是明确用户的需求，并用标准化的面向对象的模型规范地表述这一需求，最后形成面向对象的分析模型，即 OOA 模型。分析阶段的工作应该由用户和开发人员共同协作完成。

需求分析是要抽取存在于用户需求中的各对象实体，分析、明确这些对象实体的静态数据属性和动态操作属性，以及它们之间的相互关系；更重要地，要能够反映出由多个对象组成的系统的整体功能和状态，包括各种状态间的变迁以及对象在这些变迁中的作用、在整个系统中的位置等。需求模型化方法是面向对象的分析中常用的方法。这种方法通过对需要解决的实际问题建立模型来抽取、描述对象实体，最后形成 OOA 模型，将用户的需求准确地表达出来。OOA 模型有很多种设计和表达方法，如使用较为广泛的 Coad&Yourdon 的 OOA 模型。

2. 面向对象的设计

如果说分析阶段应该明确所要开发的软件系统"干什么"，那么设计阶段将明确这个软件系统"怎么做"。面向对象的设计将对 OOA 模型加以扩展并得到面向对象的设计阶段的最终结果：OOD 模型。

面向对象的设计将在 OOA 模型的基础上引入界面管理、任务管理和数据管理三部分的内容，进一步扩充 OOA 模型。其中，界面管理负责整个系统的人机界面的设计；任务管理负责处理并行操作之类的系统资源管理功能的工作；数据管理则负责设计系统与数据库的接口。这三部分再加上 OOA 模型代表的"问题逻辑"部分，就构成了最初的 OOD

模型。

面向对象的设计还需要对最初的 OOD 模型做进一步的细化分析、设计和验证。在"问题逻辑"部分，细化设计包括对类静态数据属性的确定，对类方法（即操作）的参数、返回值、功能和功能的实现的明确规定等；细化验证主要指对各对象类公式间的相容性和一致性的验证，对各个类、类内成员的访问权限的严格合理性的验证，也包括验证对象类的功能是否符合用户的需求。

3. 面向对象的实现

面向对象的实现就是具体的编码阶段，其主要任务包括：

① 选择一种合适的面向对象的编程语言，如 C++、Object Pascal、C#等；

② 用选定的语言编码实现详细设计步骤所得的公式、图表、说明和规则等对软件系统各对象类的详尽描述；

③ 将编写好的各个类代码模块根据类的相互关系集成；

④ 利用开发人员提供的测试样例和用户提供的测试样例分别检验编码完成的各个模块和整个软件系统。

综上所述，面向对象的软件开发可概括为如下的过程：分析用户需求，从问题中抽取对象模型；将模型细化，设计类，包括类的属性和类间相互关系，同时考察是否有可以直接引用的已有类或部件；选定一种面向对象的编程语言，具体编码实现上一阶段类的设计，并在开发过程中引入测试，完善整个解决方案。

由于对象的概念能够以更接近实际问题的原貌和实质的方式来表述和处理这些问题，所以面向对象的软件开发方法比以往面向过程的方法有更好的灵活性、可重用性和可扩展性，使得上述"分析—设计—实现"的开发过程也更加高效、快捷。即使出现因前期工作不彻底、用户需求改动等需要反馈并修改前面步骤的情况，也能够在以前工作的基础之上从容地完成，而不会陷入传统方法中不得不推翻原有设计、重新考虑数据结构和程序结构的尴尬境地。

习题 1

一、填空题

1. 在 Visual Studio 中，自动生成 Main 方法，是按_____三个字母，然后按两个 Tab 键。
2. 按惯例，C#中的属性、方法、事件的首字母都是_____。
3. 解析整数，可以用 int 的_____方法。
4. 解析实数，可以用 double 的_____方法。
5. 可以用_____类表示数学相关的函数。
6. 求平方根，可以用函数_____。
7. 求对数，可以使用函数_____。
8. 随机数是用_____对象表示的。
9. 编写事件，可以在属性窗口中找到"_____"图标。
10. 切换到属性窗口可以按快捷键_____。

二、思考题

1. C#语言有哪些主要特点？

2. 什么是 .NET Framework？
3. 什么是 CLR？
4. 简述 C#编译和运行的基本方法。
5. 常用的集成开发工具有哪些？各有什么特点？
6. 面向对象的程序设计方法有哪些优点？
7. 简述面向过程问题求解和面向对象问题求解的异同。
8. 有人说"父母"和"子女"之间是继承的关系。这种说法是否正确？为什么？

三、编程题

1. 编写一个 C# Application，编译并运行这个程序，在屏幕上输出"Welcome to C# World!"。
2. 编写一个 Windows 应用程序，能显示"Welcome to C# World!"的字符串信息。
3. 编写一个简单的 Windows 程序。要求使用控件，使用对象的属性、方法及事件。
4. 编写一个控制台程序，能够从键盘上接收两个数字，然后计算这两个数的积。
5. 编写一个 Windows 应用程序，从两个文本框中接收两个数字，然后计算这两个数的积。

第 2 章　C#语言基础

本章主要介绍编写 C#程序必须了解的若干语言基础知识，包括数据类型、变量、常量、表达式和流程控制语句、数组等。这些概念是各种高级语言所共有的基础，掌握这些基础知识，是编写正确的 C#程序的前提条件。

2.1　数据类型、变量与常量

2.1.1　数据类型

在程序设计中，数据是程序的必要组成部分，也是程序处理的对象。不同的数据有不同的数据类型，不同的数据类型有不同的数据结构、不同的存储方式，并且参与的运算也不相同。

1. 值类型与引用类型

C#中的数据类型分为两大类：值类型（value types）和引用类型（reference types）。值类型包括一些简单类型（例如，char、int 和 float）、枚举（enum）和结构（struct）。引用类型包括类（class）、接口（interface）、委托（delegate）和数组，如图 2-1 所示。

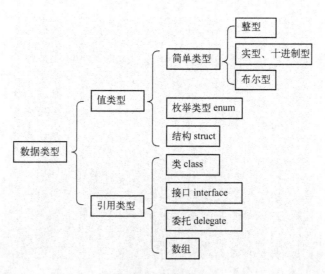

图 2-1　数据类型

值类型和引用类型的区别在于，值类型变量直接包含它们的数据（这些变量大多存放在内存的栈 stack 中），而引用类型变量则存储的是对象的引用。也就是说，引用类型变量所存储的只是一个指针（"引用"），对象实体所占用的空间是存放在其他地方（内存堆，heap）。它们的区别如图 2-2 所示。

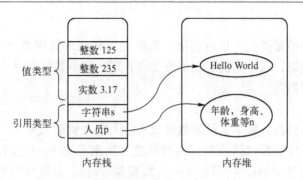

图 2-2 值类型与引用类型

C#中已经预先定义了一些类型，如表 2-1 所示。其中每种类型都有一个关键词进行表示。每个预定义的类型都是位于 System 名字空间中的一个类，在实际使用时，既可以使用关键字，也可以使用等价的类型名。

表 2-1 C#中预定义的数据类型

关键字	等价类型	描述	取值范围	例子
object	System.Object	所有其他类型的最根本的基础类型		object o = null;
string	System.String	字符串类型		string s = "Hello";
sbyte	System.SByte	8 bit 有符号整数类型	-128 ~ 127	sbyte val = 12;
short	System.Int16	16 bit 有符号整数类型	-32 768 ~ 32 767	short val = 12;
int	System.Int32	32 bit 有符号整数类型	-2 147 483 648 ~ 2 147 483 647	int val = 12;
long	System.Int64	64 bit 有符号整数类型	9 223 372 036 854 775 808 ~ 9 223 372 036 854 775 807	long val1 = 12; long val2 = 34L;
byte	System.Byte	8 bit 无符号整数类型	0 ~ 255	byte val1 = 12; byte val2 = 34U;
ushort	System.UInt16	16 bit 无符号整数类型	0 ~ 65 535	ushort val1 = 12; ushort val2 = 34U;
uint	System.UInt32	32 bit 无符号整数类型	0 ~ 4 294 967 295	uint val1 = 12; uint val2 = 34U;
ulong	System.UInt64	64 bit 无符号整数类型	0 ~ 18 446 744 073 709 551 615	ulong val1 = 12; ulong val2 = 34U; ulong val3 = 56L; ulong val4 = 78UL;
float	System.Single	单精度浮点数类型	1.4e-45 ~ 2.4e38	float val = 1.23F;
double	System.Double	双精度浮点数类型	5.0e-324 ~ 1.7e308	double val1 = 1.23; double val2 = 4.56D;
bool	System.Boolean	二进制类型	取值 true 或 false	bool val1 = true; bool val2 = false;
char	System.Char	字符类型；一个字符数据是一个 Unicode 字符		char val = 'h';
decimal	System.Decimal	精确十进制类型，有 28 个有效位		decimal val = 1.23M;

在表中所定义的类中，只有 object 及 string 属于引用类型，其余的 13 种类型都是值类型。这 13 种值类型又称为简单类型（simple types）。

2. 简单类型

简单类型也称为纯量类型，是直接由一系列元素构成的数据类型。C#语言中提供了一组已经定义的简单类型，从计算机的表示角度来看这些简单类型可以分为整数类型、实数类型、字符类型和布尔类型。

（1）整数类型

整数类型的值为整数。数学上的整数可以从负无穷大到正无穷大，但是由于计算机的存储单元是有限的，所以计算机语言提供的整数类型的值总是在一定的范围之内。C#中有9种整数类型：短字节型 sbyte，字节型 byte，短整型 short，无符号短整型 ushort，整型 int，无符号整型 uint，长整型 long，无符号长整型 ulong，字符型（char）。划分的依据是根据该类型的变量在内存中所占的位数以及是否为有符号数。

在9种整型中，字符型（char）是比较特殊的，它一方面是整数类型，另一方面就其内容而言，它是用 Unicode 编码表达的字符，在内存中占两个字节（16位）。由于C#的字符类型采用的是国际标准编码方案——Unicode 编码，所以可以表示东方字符和西方字符。

（2）实数类型

实数类型包括两种：float（单精度实数）及 double（双精度实数），在计算机中分别占4字节和8字节，它们能表达实数的精度和范围是不同的。单精度的绝对值取值范围在0到 2.4×10^{38} 之间，精度为7位数；双精度的绝对值取值范围在0到 1.7×10^{308} 之间，精度为15到16位。

（3）十进制类型

C#还专门定义了一种十进制类型（decimal），主要用于在金融和货币方面的计算。十进制类型是一种高精度128位数据类型（在内存中占16字节），它所表示的数的绝对值范围从0到 7.9×10^{28} 的28至29位有效数字。十进制类型的取值范围比 double 类型的范围要小得多，但它更精确。

（4）布尔类型

布尔类型（bool）是用来表示布尔型（逻辑）数据的数据类型。bool 型的变量或常量的取值只有 true 和 false 两个。其中，true 代表"真"，false 代表"假"。

在其他语言，如 C 和 C++ 语言中，零整数值或空指针可以被转换为布尔值 false，而非零整数数值或非空指针可以转换为布尔值 true。在C#中，则不能进行这样的转换。

3. 字符串类型

string 类型，即字符串类型，是引用类型中的一种，它表示一连串的 Unicode 字符。在书写字符串的常量时，用一对双引号（""）来表示，如"Hello,World!"。

4. 对象类型

object 类型，即对象类型，是引用类型中的一种，它表示对象。object 类型是一切对象类型的父类型，也就是说，其他类型都是从 object 类型派生（继承）而来的。要注意的是，所有的值类型也是直接或间接从 object 派生而来的，但 object 是引用类型，而值类型不是引用类型。

2.1.2 标识符和关键字

任何一个变量、常量、方法、对象和类都需要有名字，这些名字就是标识符（identifier）。标识符可以由编程者自由指定，但是需要遵循一定的语法规定。标识符要满足如下的规定。

① 标识符可以由字母、数字、下划线（_）和普通 Unicode 字符组合而成，不能包含空格、标点等。

② 标识符必须以字母、下划线开头，不能以数字开头。

③ 标识符不能与 C#中的关键字名称相同（这些关键字将在下面给出）。

④ 但在 C#中有一点是例外，那就是允许标识符以 @ 作为前缀，这主要是为了使一些保留字也用于标识符，如 @ class。但要注意 @ 实际上不是标识符的一部分，仅表示它是一个标识符。一般不推荐使用这样的标识符。

下面给出了一些合法和非法的变量名的例子：

```
int i;              //合法
int No.1;           //不合法
string total;       //合法
char using;         //不合法,它与关键字名称相同
char @ using;       //合法
```

在实际应用标识符时，应该使标识符能一定程度上反映它所表示的变量、常量、对象或类的意义，这样程序的可读性会更好。

✂应注意，C#是大小写敏感的语言，例如 name 和 Name，System 和 system 分别代表不同的标识符，在定义和使用时要特别注意这一点。

关键字（keyword）是 C#保留并有特殊含义的单词，也称为保留字，它们不能用于标识符。所有的关键字都是由小写字母组成的，如表 2-2 所示。

表 2-2　C#中的关键字

abstract	base	bool	break	byte
case	catch	char	checked	class
const	continue	decimal	default	delegate
do	double	else	enum	event
explicit	extern	false	finally	fixed
float	for	foreach	goto	if
implicit	in	int	interface	internal
is	lock	long	namespace	new
null	object	operator	out	override
params	private	protected	public	readonly
ref	return	sbyte	sealed	short
sizeof	static	string	struct	switch
this	throw	true	try	typeof
uint	ulong	unchecked	unsafe	ushort
using	virtual	void	while	

随着 C#语言版本的演进，C#语言中还增加"上下文关键字（contextual keywords）"，它们用于提供代码中的特定含义，但它不是 C#中的保留字。只有在特定的上下文中，它们有特定含义，例如在定义属性时，set、get、value 有特定的含义，但在其他地方，它们可以用作标识符。又比如 partial 只有用于类及方法前，才有部分类及部分方法的含义；where 只有用于泛型或 linq 中才能特殊含义，等等。这些单词在相应的章节有详细的讲解。

2.1.3 字面常量

常量是在程序运行的整个过程中保持其值不改变的量。字面常量（literal）是指在程序中直接书写的常量。下面介绍这些常量的书写方法。

1. 布尔常量

布尔常量包括 true 和 false，分别代表真和假。

2. 整型常量

整型常量可以用来给整型变量赋值，整型常量可以采用十进制或十六进制表示。

十进制的整型常量与普通数字表示相同，如 100，-50；

十六进制的整型常量用 0x 开头的数值表示，如 0x2F 相当于十进制的数字 47。

整型常量按照所占用的内存长度，又可分为一般整型常量和长整型常量，其中一般整型常量占用 32 位，长整型常量（long）占用 64 位，长整型常量的尾部有一个大写的 L 或小写的 l，如 -386L，0l，7777l。

对于无符号常量，则在常量的尾部加一个大写的 U 或小写的 u，如 32U，7777LU，5UL。

在 C#7.0 以上版本中，对于数值，可以使用下划线（_）来表示千分分隔符，如 123_456.789_12。对于二进制数，可以前缀 0b 或 0B 来表示，如 0B1101 表示二进制的 1101，相当于十进制的 13。

✼**注意**：C#中没有直接用八进制表达的整型常量。

3. 实数常量及十进制常量

浮点实数常量表示的是可以含有小数部分的数值常量。根据占用内存长度的不同，可以分为一般浮点（单精度 float）常量和双精度浮点（double）常量两种。其中单精度常量后跟一个 f 或 F，双精度常量后跟一个 d 或 D。

浮点常量可以有普通的书写方法，如 3.14f，-2.17d，也可以用指数形式，如 5.3e-2 表示 5.3×10^{-2}，123E3D 代表 123×10^{3} D。

对于十进制常量（decimal），则在尾部加一个大写的 M 或小写的 m。如 1588.45M。这里 M 可以认为代表的是 Money。

✼双精度常数后的 d 或 D 可以省略。也就是说，对于小数型表达的数，如果没有跟 F，f，D，d，M，m 等符号，则自动认为是 double 类型，如 3.14 就是 3.14D。

4. 字符常量

字符常量用一对单引号括起的单个字符表示，如'A'，'1'。字符可以直接是字母表中的字符，也可以是转义符，还可以是要表示的字符所对应的 Unicode 码。

当用 Unicode 码表示的方法是：用\u 后面跟 4 位十六进制数，如'\u0041'表示字母 A。

转义符是一些有特殊含义、很难用一般方式表达的字符，如回车、换行等。为了表达清楚这些特殊字符，C#中引入了一些特别的定义。所有的转义符都用反斜线（\）开头，后面跟着一个字符来表示某个特定的转义符，如表 2-3 所示。

表 2-3 转义符

转义字符	含义	相当的 Unicode
\'	单引号字符	\u0027
\"	双引号字符	\u0022
\\	反斜杠字符	\u005C
\0	空字符	\u0000
\a	警铃	\0007
\b	退格	\0008
\f	走纸换页	\000C
\n	换行	\000A
\r	回车	\000D
\t	横向跳格	\0009
\v	纵向跳格	\000B

5. 字符串常量

字符串常量是用双引号括起的一串若干个字符（可以是 0 个）。字符串中可以包括转义符，标志字符串开始和结束的双引号必须在源代码的同一行上。如：

"Hello world\n".

为了避免写过多的转义符，在 C#中提供了一个取消转义的符号@，这里的@必须放在引号的前面，并且直接相邻，如：

@"\\server\share\file.txt"

表示的含义与

"\\\\server\\share\\file.txt"

相同。

另外，在取消转义的情况下，如果在字符串中有一个双引号，则用两个双引号表示，如

@"Joe said ""Hello"" to me"

与

"Joe said \"Hello\" to me"

表示的含义相同。

在 C#6.0 以上版本中，还可以使用字符串嵌入（String interpolation）的方式，其前面用 $ 表示，如

$ "The string is {str}"

其中，字符串中的花括号{}括起来的部分称为"占位符"，C#在编译时，会将其中变量或表达式的值"嵌入"进来，它实际上是进行了字符串的连接。

2.1.4 变量

变量是在程序的运行过程中数值可变的数据，通常用来记录运算中间结果或保存数据。从用户角度来看，变量就是存储信息的基本单元；从系统角度来看，变量就是计算机内存中的一个存储空间。

C#中的变量必须先声明后使用，声明变量包括指明变量的数据类型和变量的名称，必

要时还可以指定变量的初始数值。变量声明后用要分号。如:

    int a,b,c;

又如:

    double x=12.3;

例2-1 DeclareAssign.cs 声明变量并赋值。

```
1    using System;
2    public class DeclareAssign
3    {
4        public static void Main(){
5            bool b=true;              //声明bool型变量并赋值
6            int x,y=8;                //声明int型变量
7            float f=4.5f;             //声明float型变量并赋值
8            double d=3.1415;          //声明double型变量并赋值
9            char c;                   //声明char型变量
10           c='\u0031';               //为char型变量赋值
11           x=12;                     //为int型变量赋值
12           Console.WriteLine("b = "+b);
13           Console.WriteLine("x = "+x);
14           Console.WriteLine("y = "+y);
15           Console.WriteLine("f = "+f);
16           Console.WriteLine("d = "+d);
17           Console.WriteLine("c = "+c);
18       }
19   }
```

程序的运行结果如图2-3所示。

图2-3 程序的运行结果

C#3.0以上版本中声明变量时,有一种特殊用法,就是用var来声明其类型,C#编译器会自动地根据后面赋的值来推断出类型,如:

    var x=12.3+3;
    var p=new Person();

前一个var相当于double,后一个var相当于Person。这种推断类型有利于简化书写。要注意的是,var后面所声明的变量的类型是确定的,并不是说它的类型是任意变化的。

2.1.5 C#编码惯例与注释

在C#编程时,经常遵循以下的编码习惯(虽然不是强制性的):

① 类名、属性名、方法名的首字母应大写,其中包含的所有单词都应紧靠在一起,而且大写每个单词的首字母。例如:MyAClass、AuthorName。

② 对于接口（interface）的名字，都在前面加上一个 I，如 IComparable。
③ 局部变量及参数变量的首字母一般小写。

C#程序中最基本的成分是常量、变量、运算符等。除这些成分外，C#程序中还有注释。像大多数其他编程语言一样，C#程序允许将注释输入到一个程序的源文件中。编译器将忽略这些注释的内容。注释是为了给任何阅读源程序代码的人阐明或解释程序的操作。注释虽然对程序的运行不起作用，但对于程序的易读性具有重要的作用。

C#中可以采用以下三种注释方式。
① //用于单行注释。注释从//开始，终止于行尾。
② /*...*/用于多行注释。注释从/*开始，到*/结束，且这种注释不能互相嵌套。
③ ///...是 C#所特有的文档注释。它以///开始，直到行尾。

其中，第 3 种注释主要是为支持文档化工具而采用的。文档注释一般用 XML 来表示注释信息，所以又称为 XML 注释。XML 注释的作用在于，它可以供一些文档处理工具来自动为源程序生成文档。

在 XML 注释中，可以加入各种 XML 标记，其中一些标记是编程者习惯采用的，常用的标记如表 2-4 所示。

表 2-4 常用 XML 注释标记

标　　记	含　　义
< c >	标记为代码
< code >	将多行标记为代码
< example >	示例
< exception >	异常
< include >	包含另一个文件
< list >	列表
< para >	段落文本
< param >	参数
< paramref >	参数引用
< permission >	访问权限
< remarks >	注解
< returns >	返回值
< see >	参见
< seealso >	可参见
< summary >	总述
< value >	属性值

在用命令行生成 XML 文档的方法时，在 csc 中使用选项/doc。在用 Visual Studio 时，则可以用以下步骤：
① 打开项目的"属性页"对话框，如图 2-4 所示；
② 单击"生成"属性页；

③ 修改"XML 文档文件"属性。

图 2-4 修改"XML 文档文件"属性

例 2-2 XMLSample.cs 加入了注释的程序。

```
1   //XMLsample.cs
2   //编译时带参数:/doc:XMLsample.xml
3   using System;
4
5   /// <summary>
6   ///这里可以写有关类的注释.</summary>
7   /// <remarks>
8   ///一些更长更详细的注释,
9   ///可以通过 remarks 标记来表示</remarks>
10  public class SomeClass
11  {
12      /// <summary>
13      ///名字属性</summary>
14      private string myName = null;
15
16      /// <summary>
17      ///构造方法</summary>
18      public SomeClass()
19      {
20          //TODO:添加代码
21      }
22
23      /// <summary>
24      ///名字属性 Name</summary>
```

```csharp
25      /// <value>
26      ///value 标记用于描述属性值</value>
27      public string Name
28      {
29          get
30          {
31              if(myName == null)
32              {
33                  throw new Exception("Name is null");
34              }
35
36              return myName;
37          }
38      }
39
40      /// <summary>
41      ///对 SomeMethod 方法的注释.</summary>
42      /// <param name = "s">参数 s 的描述在这里</param>
43      /// <seealso cref = "String">
44      ///用 cref 可以表明参见其他内容
45      ///编译器会自动检查相关的内容是否存在.</seealso>
46      public void SomeMethod(string s)
47      {
48      }
49
50      /// <summary>
51      ///其他方法.</summary>
52      /// <returns>
53      ///用 returns 标记可以表明返回值.</returns>
54      /// <seealso cref = "SomeMethod(string)">
55      ///这里用 cref 表示参考相关的一个方法</seealso>
56      public int SomeOtherMethod()
57      {
58          return 0;
59      }
60
61      /// <summary>
62      ///应用程序的入口
63      /// </summary>
64      /// <param name = "args">命令行参数</param>
65      public static int Main(String[] args)
66      {
67          //TODO:添加代码
68
69          return 0;
70      }
71  }
```

编译并产生 XML 文档时, 在使用 csc 时, 用/doc 指明所要生成的 XML 文档, 如:

   csc /doc:XmlSample.xml XmlSample.cs

这就可以自动生成文档, 可以用浏览器打开它, 如图 2-5 所示。

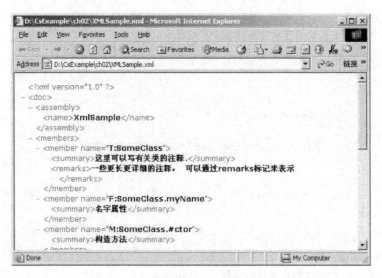

图 2-5 根据 XML 注释生成的文档

2.2 运算符与表达式

运算符指明对操作数所进行的运算。按操作数的数目来分，可以有一元运算符（如 ++、--），二元运算符（如 +、>）和三元运算符（如?:），它们分别对应于一个、两个和三个操作数。对于一元运算符来说，可以有前缀表达式（如 ++i）和后缀表达式（如 i++），对于二元运算符来说则采用中缀表达式（如 a+b）。按照运算符功能来分，基本的运算符有下面几类：

① 算术运算符（+，-，*，/，%，++，--）；
② 关系运算符（>，<，>=，<=，==，!=）；
③ 布尔逻辑运算符（!，&&，||，&，|）；
④ 位运算符（>>，<<，>>，&，|，^，~）；
⑤ 赋值运算符（=，及其扩展赋值运算符，如 +=）；
⑥ 条件运算符（?:）；
⑦ 其他（包括分量运算符·，下标运算符[ ]，内存分配运算符 new，强制类型转换运算符（类型），方法调用运算符( )等）。

本节中主要讲述前 6 类运算符。

2.2.1 算术运算符

算术运算符作用于整型或浮点型数据，完成算术运算。

1. 二元算术运算符

二元算术运算符如表 2-5 所示。

对取模运算符%来说，其操作数可以为浮点数，如 37.2%10 = 7.2。

值得注意的是，C#对加运算符进行了扩展，例如，使用它能够进行字符串的连接，如"abc" + "de"，得到串"abcde"。

第2章 C#语言基础

表 2-5 二元算术运算符

运算符	用法	描述
+	op1 + op2	加
-	op1 - op2	减
*	op1 * op2	乘
/	op1/op2	除
%	op1 % op2	取模（求余）

2. 一元算术运算符

一元算术运算符如表 2-6 所示。

表 2-6 一元算术运算符

运算符	用法	描述
+	+ op	正值
-	- op	负值
++	++ op, op ++	加 1
--	-- op, op --	减 1

注意，++ 及 -- 运算符可以置于变量前，也可以置于变量后。i++ 与 ++i，都会使 i 的值加 1，但作为表达式，i++ 与 ++i 是有区别的：

i++ 在使用 i 之后，使 i 的值加 1，因此执行完 i++ 后，整个表达式的值为 i，而 i 的值变为 i+1。

++i 在使用 i 之前，使 i 的值加 1，因此执行完 ++i 后，整个表达式和 i 的值均为 i+1。对 i-- 与 --i，与上文类似。

例 2-3 ArithmaticOp.cs 本例说明了算术运算符的使用。

```
1   using System;
2   public class ArithmaticOp{
3       public static void Main(){
4           int a = 5 + 4;          //a = 9
5           int b = a * 2;          //b = 18
6           int c = b/4;            //c = 4
7           int d = b - c;          //d = 14
8           int e = -d;             //e = -14
9           int f = e% 4;           //f = -2
10          double g = 18.4;
11          double h = g% 4;        //h = 2.4
12          int i = 3;
13          int j = i ++;           //i = 4, j = 3
14          int k = ++i;            //i = 5, k = 5
15          Console.WriteLine("a = " + a);
16          Console.WriteLine("b = " + b);
17          Console.WriteLine("c = " + c);
18          Console.WriteLine("d = " + d);
19          Console.WriteLine("e = " + e);
```

```
20        Console.WriteLine("f = "+f);
21        Console.WriteLine("g = "+g);
22        Console.WriteLine("h = "+h);
23        Console.WriteLine("i = "+i);
24        Console.WriteLine("j = "+j);
25        Console.WriteLine("k = "+k);
26     }
27 }
```

其结果为：

```
a = 9
b = 18
c = 4
d = 14
e = -14
f = -2
g = 18.4
h = 2.4
i = 5
j = 3
k = 5
```

2.2.2 关系运算符

关系运算符用来比较两个值，运算的结果为布尔类型的值（true 或 false）。关系运算符都是二元运算符，如表 2-7 所示。

表 2-7 关系运算符

运 算 符	用 法	返回 true 的情况
>	op1 > op2	op1 大于 op2
>=	op1 >= op2	op1 大于或等于 op2
<	op1 < op2	op1 小于 op2
<=	op1 <= op2	op1 小于或等于 op2
==	op1 == op2	op1 与 op2 相等
!=	op1 != op2	op1 与 op2 不相等

C#中，简单类型和引用类型都可以通过 == 或 != 来比较是否相等。（对于非简单类型的结构类型一般不能用这两个运算符，除非在这种类型上定义了这样的运算符的重载。关于运算符的重载在本书后面的章节中会讲解。）

关系运算符经常与布尔逻辑运算符一起使用，作为流控制语句的判断条件。

例如：

```
if(a > b && b == c)...
```

2.2.3 逻辑运算符

逻辑运算是针对布尔型数据进行的运算，运算的结果仍然是布尔型量，如表 2-8 所示。

表 2-8 逻辑运算符

运 算 符	运 算	用 法	描 述
&	逻辑与	op1 & op2	两操作数均为 true 时，结果才为 true
|	逻辑或	op1 | op2	两操作数均为 false 时，结果才为 false
!	取反	!op	与 op 的 true 或 false 相反
^	异或	op1^op2	两操作数同真假时，结果才为 false
&&	条件与	op1 && op2	两操作数均为 true 时，结果才为 true
||	条件或	op1 || op2	两操作数均为 false 时，结果才为 false

!为一元运算符，实现逻辑非。&，|为二元运算符，实现逻辑与、逻辑或。逻辑运算（&，|）与条件运算（&&，||）的区别在于：逻辑运算会计算左右两个表达式后，才最后取值；条件运算可能只计算左边的表达式而不计算右边的表达式，即：对于 &&，只要左边表达式为 false，则不计算右边表达式，则整个表达式为 false；对于 ||，只要左边表达式为 true，则不计算右边表达式，则整个表达式为 true。条件运算也叫短路运算。

下面的例子说明了关系运算符和布尔逻辑运算符的使用。

例 2-4 RelationAndConditionOp.cs 关系和逻辑运算符的使用。

```
1   using System;
2   public class RelationAndConditionOp{
3       public static void Main(){
4           int a = 25,b = 3;
5           bool d = a < b;          //d = false
6           Console.WriteLine("a < b = " + d);
7           int e = 3;
8           if(e!= 0 && a/e > 5)
9               Console.WriteLine("a/e = " + a/e);
10          int f = 0;
11          if(f!= 0 && a/f > 5)
12              Console.WriteLine("a/f = " + a/f);
13          else
14              Console.WriteLine("f = " + f);
15      }
16  }
```

其运行结果为：

```
a < b = false
a/e = 8
f = 0
```

※**注意**：上例中，第二个 if 语句在运行时不会发生除 0 溢出的错误，因为 e!= 0 为 false，所以就不需要对 a/e 进行运算。

2.2.4 位运算符

位运算符用来对二进制位进行操作，C#中提供了如表 2-9 所示的位运算符。

位运算符中，除~以外，其余均为二元运算符。操作数只能为整型和字符型数据。有的符号（&，|，^）与逻辑运算符的写法相同，但逻辑运算符的操作数为 bool 型。

表 2-9 位运算符

运算符	用法	描述
~	~op	按位取反
&	op1 & op2	按位与
|	op1 | op2	按位或
^	op1 ^ op2	按位异或
>>	op1 >> op2	op1 右移 op2 位
<<	op1 << op2	op1 左移 op2 位

2.2.5 赋值与强制类型转换

1. 赋值运算符

赋值运算符"="把一个数据赋给一个变量，简单的赋值运算是把一个表达式的值直接赋给一个变量或对象，使用的赋值运算符是"="，其格式如下：

　　变量或对象 = 表达式；

在赋值运算符两侧的类型不一致的情况下，则需要进行自动或强制类型转换。变量从占用内存较少的短数据类型转化成占用内存较多的长数据类型时，可以不做显式的类型转换，C#会自动转换，也叫隐式转换；而将变量从较长的数据类型转换成较短的数据类型时，则必须做强制类型转换，也叫显式转换。强制类型的基本方式是：

　　(类型)表达式

例如：

```
byte b = 100;
int i = b;              //自动转换
int i = 100;
byte b = (byte)a;       //强制类型转换
```

✱**注意**：当从其他类型转为 char 型时，必须用强制类型转换。

2. 扩展赋值运算符

在赋值符"="前加上其他运算符，即构成扩展赋值运算符，例如：a += 3 等价于 a = a + 3。一般地，

　　var = var op expression

用扩展赋值运算符可表达为：

　　var op = expression

就是说，在先进行某种运算之后，再把运算的结果做赋值。

表 2-10 列出了 C#中的扩展赋值运算符及等价的表达式。

表 2-10 扩展赋值运算符

运算符	用法	等效表达式
+=	op1 += op2	op1 = op1 + op2
-=	op1 -= op2	op1 = op1 - op2
*=	op1 *= op2	op1 = op1 * op2

续表

运 算 符	用 法	等效表达式
/=	op1 /= op2	op1 = op1 / op2
%=	op1 %= op2	op1 = op1 % op2
&=	op1 &= op2	op1 = op1 & op2
|=	op1 |= op2	op1 = op1 | op2
^=	op1 ^= op2	op1 = op1 ^ op2
>>=	op1 >>= op2	op1 = op1 >> op2
<<=	op1 <<= op2	op1 = op1 << op2

2.2.6 条件运算符

条件运算符?：为三元运算符，它的一般形式为：

  x ? y : z

其规则是，先计算表达式 x 的值，若 x 为真，则整个表达式运算的结果为表达式 y 的值；若 x 为假，则整个表达式运算的值为表达式 z 的值。其中 y 与 z 需要返回相同的数据类型。

例如：

  ratio = denom == 0 ? 0 : num/denom;

这里，如果 denom == 0，则 ratio = 0，否则 ratio = num/denom。

又例如：

  z = a > 0 ? a : -a;   //z 为 a 的绝对值
  z = a > b ? a : b;   //z 为 a、b 中较大值

如果要通过测试某个表达式的值来选择两个表达式中的一个进行计算时，用条件运算符来实现是一种简练的方法，这时它实现了 if…else 语句的功能。

2.2.7 运算的优先级、结合性

表达式是由变量、常量、对象、方法调用和操作符组成的式子，它执行这些元素指定的计算并返回某个值。如 a+b，c+d 等都是表达式，表达式用于计算并对变量赋值，以及作为程序控制的条件。

当一个表达式包含多个运算符时，这些运算符的优先级控制各运算符的计算顺序。例如，表达式 x+y*z 按 x+(y*z) 计算，因为 * 运算符具有的优先级比 + 运算符高。

表 2-11 列出了 C# 中运算符的优先次序。大体上来说，从高到低是：一元运算符、算术运算、关系运算和逻辑运算、赋值运算。

表 2-11 运算符的优先级（表顶部的优先级较高）

类 别	运 算 符
初等项	x.y f(x) a[x] x++ x-- new typeof checked unchecked
一元	+ - ! ~ ++x --x (T)x

续表

类别	运算符
乘除法	* / %
加减法	+ -
移位	<< >>
关系和类型检测	< > <= >= is as
相等	== !=
逻辑 AND	&
逻辑 XOR	^
逻辑 OR	|
条件 AND	&&
条件 OR	||
条件	?:
赋值	= *= /= %= += -= <<= >>= &= ^= |=

当操作数出现在具有相同优先级的两个运算符之间时，运算符的结合性（顺序关联性）控制运算的执行顺序：

除了赋值运算符外，所有的二元运算符都向左顺序关联，意思是从左向右执行运算。例如，x+y+z 按 (x+y)+z 计算。

赋值运算符和条件运算符（?:）都向右顺序关联，意思是从右向左执行运算。例如，x=y=z 按 x=(y=z) 计算。

在表达式中，可以用括号()显式地标明运算次序，括号中的表达式首先被计算。适当地使用括号可以使表达式的结构清晰。例如：

  a>=b && c<d || e==f

可以用括号显式地写成

  ((a<=b)&&(c<d)) || (e==f)

这样就清楚地表明了运算次序，使程序的可读性加强。

2.3 流程控制语句

流程控制语句是用来控制程序中各语句执行顺序的语句，是程序中非常关键和基本的部分。流程控制语句可以把单个的语句组合成有意义的、能完成一定功能的小逻辑模块。最主要的流程控制方式是结构化程序设计中规定的三种基本流程结构。

2.3.1 结构化程序设计的三种基本流程

任何程序都可以且只能由三种基本流程结构构成，即顺序结构、分支结构和循环结构。顺序结构是三种结构中最简单的一种，即语句按照书写的顺序依次执行；分支结构又称为选择结构，它根据计算所得的表达式的值来决定应执行哪一个流程的分支；循环结构则是在一定条件下反复执行一段语句的流程结构。这三种结构构成了程序局部模块的基本框架，如图 2-6 所示。

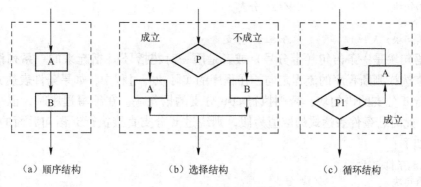

（a）顺序结构　　　　（b）选择结构　　　　（c）循环结构

图 2-6　程序的 3 种流程

C#语言虽然是面向对象的语言，但是在局部的语句块内部，仍然需要借助于结构化程序设计的基本流程结构来组织语句，完成相应的逻辑功能。C#的语句块是由一对大括号括起的若干语句的集合。C#中，有专门负责实现分支结构的条件分支语句和负责实现循环结构的循环语句。

2.3.2　简单语句

C#提供各式各样的语句。其中的绝大部分语句对于那些进行过 C 和 C++ 编程的人员来讲都很熟悉。

简单的语句包括变量声明语句、表达式语句等。变量声明语句已在 2.1 节进行了介绍。表达式语句是在表达式后面加上分号（;）组成的语句。

表达式语句是十分常见的语句，在前面的一些例子中，经常用到的表达式语句，如：

```
Console.WriteLine("Hello World");
a = 3 + x;
b = a > 0 ? a : -a;
s = TextBox1.Text;
d = int.Parse(s);
```

并不是所有表达式都允许以语句的形式出现。表达式语句中的表达式包括以下几种：

① 对象创建（如 new 表达式）；
② 方法调用（如 Console.WriteLine()；）；
③ 赋值运算（如 a=3; a*=5;）；
④ 自增运算、自减运算（如 i++）。

可以看出，像 x+y 和 x==1 这样的没有"副作用"的表达式，它们只是用来求值而不改变什么，也不创建什么，这样的表达式加分号并不能构成语句。

2.3.3　分支语句

C#中的分支语句有两个，一个是负责实现双分支的 if 语句，另一个是负责实现多分支的开关语句 switch。

1. if 语句

if 语句的一般形式是：

```
if(条件表达式)
    语句块;              //if 分支
else
    语句块;              //else 分支
```

其中语句块是一条语句（带分号）或者是用一对花括号{ }括起来的一系列语句；条件表达式用来选择判断程序的流程走向，在程序的实际执行过程中，如果条件表达式的取值为真，则执行 if 分支的语句块，否则执行 else 分支的语句块。在编写程序时，也可以不书写 else 分支，此时若条件表达式的取值为假，则绕过 if 分支直接执行 if 语句后面的其他语句。语法格式如下：

```
if(条件表达式)
    语句块;              //if 分支
```

下面是一个 if 语句的简单例子，实现求某数的绝对值：

```
if(a>0)b=a;else b=-a;
```

又如，将某数 x 变为其绝对值：

```
if(x<=0)
    x=-x;
```

例 2-5　LeapYear.cs 判断闰年。

```
1   using System;
2   public class LeapYear{
3       public static void Main(){
4           int year=2003;
5           string s;
6           Console.Write("Input year:");
7           s=Console.ReadLine();
8           year=int.Parse(s);
9           if((year%4==0 && year%100!=0) || (year%400==0))
10              Console.WriteLine(year+" is a leap year.");
11          else
12              Console.WriteLine(year+" is not a leap year.");
13      }
14  }
```

该例判断某一年是否为闰年。闰年的条件是符合下面二者之一：能被 4 整除，但不能被 100 整除；能被 4 整除，且能被 400 整除。

程序中用 Console.ReadLine( ) 来读入一行字符，用 int.Parse( ) 方法将用户输入的字符串转成整数，然后用 if 语句进行判断。运行结果如图 2-7 所示。

图 2-7　判断闰年

2. switch 语句

switch 语句是多分支的开关语句，一般形式是：

```
switch(表达式)
```

```
    {
        case 判断值1:一系列语句1;break;
        case 判断值2:一系列语句2;break;
        ……
        case 判断值n:一系列语句n;break;
        default:一系列语句n+1;break;
    }
```

❈注意：这里表达式必须是整数型（bytes，sbyte，short，ushort，int，uint，long，ulong）以及字符类型（char）、字符串型（string）及枚举型（enum）；判断值必须是常数，而不能是变量或表达式。

switch 语句在执行时，首先计算表达式的值，同时应与各个 case 分支的判断值的类型相一致。计算出表达式的值之后，将它先与第一个 case 分支的判断值相比较，若相同，则程序的流程转入第一个 case 分支的语句块；否则，再将表达式的值与第二个 case 分支相比较；依此类推。如果表达式的值与任何一个 case 分支都不相同，则转而执行最后的 default 分支；在 default 分支不存在的情况下，则跳出整个 switch 语句。

❈注意：switch 语句的每一个 case 判断，在一般情况下都有 break 语句，以指明这个分支执行完成后，就跳出该 switch 语句。在某些特定的场合下可能不需要 break 语句，如在若干判断值共享同一个分支时，就可以实现由不同的判断语句流入相同的分支。缺少 break 语句则是语法错误。

例 2-6 GradeLevel. cs 根据考试成绩的等级打印出百分制分数段。

```
1   using System;
2   public class GradeLevel{
3       public static void Main(){
4           Console.Write("Input Grade Level:");
5           char grade = (char)Console.Read();
6           switch(char.ToUpper(grade)){
7               case 'A':
8                   Console.WriteLine(grade + " is 85~100");
9                   break;
10              case 'B':
11                  Console.WriteLine(grade + " is 70~84");
12                  break;
13              case 'C':
14                  Console.WriteLine(grade + " is 60~69");
15                  break;
16              case 'D':
17                  Console.WriteLine(grade + " is <60");
18                  break;
19              default:
20                  Console.WriteLine("input error");
21                  break;
22          }
23      }
24  }
```

程序中，用 Console. Read( ) 来读入一个字符，并用（char）强制类型转换成一个 char 型变量，然后用方法 char. ToUpper( ) 将此字母转成大写后，用 switch 语句进行判断，以显示对应的分数范围，结果如图 2-8 所示。

图 2-8　程序运行结果

3. 应用举例

例 2-7　AutoScore.cs 自动出题并判分。

该程序随机产生两个数和一个运算符（即所谓"出题"），并让用户输入一个数作为答案，然后程序进行判断结果是否正确（即所谓"判分"），并在一个列表框中显示判断结果。如图 2-9 所示。

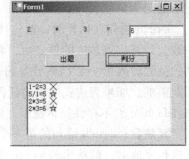

图 2-9　自动出题并判分

程序如下：

```
1    int a,b;
2    string op;
3    int result;
4
5    private void btnNew_Click(object sender,System.EventArgs e)
6    {
7        Random rnd = new Random();
8        a = rnd.Next(9)+1;
9        b = rnd.Next(9)+1;
10       int c = rnd.Next(4);
11       switch(c)
12       {
13           case 0:op = "+";result = a+b;break;
14           case 1:op = "-";result = a-b;break;
15           case 2:op = "*";result = a*b;break;
16           case 3:op = "/";result = a/b;break;
17       }
18       lblA.Text = (""+a);
19       lblB.Text = (""+b);
20       lblOp.Text = (""+op);
21       txtAnswer.Text = ("");
22   }
23
24   private void btnJudge_Click(object sender,System.EventArgs e)
25   {
26       //to do:code goes here.
27       string str = txtAnswer.Text;
28       double d = Double.Parse(str);
29       string disp = ""+a+op+b+" = "+str+" ";
30       if(d == result)
31           disp += "☆";
32       else
```

```
33      disp += "×";
34      lstDisp.Items.Add(disp);
35  }
```

在该程序的界面设计中,用到的对象如表 2-12 所示。使用 Visual Studio 可以方便地设计其界面。

表 2-12 界面对象及其属性

界 面 对 象	名　　称	属 性 名	属 性 值
数 a	lblA		
运算符 op	lblOp		
数 b	lblB		
输入的数	txtAnswer	Text	
出题按钮	btnNew	Text	出题
判分按钮	btnJudge	Text	判分
信息显示列表框	lstDisp		

程序中,产生随机数的方法是用 Random( )类,Random 对象的 Next( )方法可以产生一个 0 至某一个数以内的随机数。程序中还产生随机的加减乘除符号,而随机产生符号的方法是先产生一个随机数,然后根据这个数的大小得到一个符号(用 switch 语句实现)。

在计算正确的答案时,也用了 switch 语句。在判断答案是否正确时,用到了 if 语句。

2.3.4 循环语句

循环结构是在一定条件下,反复执行某段程序的流程结构,被反复执行的程序段被称为循环体。循环结构是程序中非常重要和基本的一种结构,它是由循环语句来实现的。C#的循环语句主要有三种：for 语句、while 语句和 do…while 语句,如图 2-10 所示。除外之外,还有 foreach 语句(将在 2.4 节中介绍)。

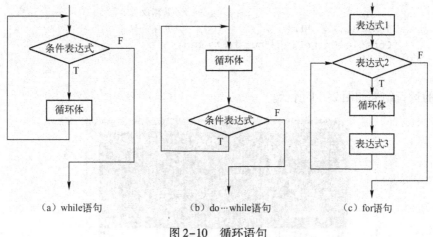

图 2-10 循环语句

三种语句在使用时,都要表达以下几个要素：
① 循环的初始化；

② 循环的条件;
③ 循环体;
④ 循环的改变。

下面的例子是用三种方式来表达的 $1+2+3+\cdots+100$ 的循环相加的过程。

例 2-8　Sum100.cs 循环语句用于求 $1+2+3+\cdots+100$。

```
1   using System;
2   public class Sum100{
3       public static void Main(){
4           int sum,n;
5
6           Console.WriteLine("\n**** for statement ****");
7           sum=0;
8           for(int i=1;i<=100;i++){        //初始化,循环条件,循环改变
9               sum+=i;                      //循环体
10          }
11          Console.WriteLine("sum is "+sum);
12
13          Console.WriteLine("\n**** while statement ****");
14          sum=0;
15          n=100;                           //初始化
16          while(n>0){                      //循环条件
17              sum+=n;                      //循环体
18              n--;                         //循环改变
19          }
20          Console.WriteLine("sum is "+sum);
21
22          Console.WriteLine("\n**** do_while statement ****");
23          sum=0;
24          n=0;                             //初始化
25          do{
26              sum+=n;                      //循环体
27              n++;                         //循环改变
28          }while(n<=100);                  //循环条件
29          Console.WriteLine("sum is "+sum);
30      }
31  }
```

程序的运行结果如图 2-11 所示。

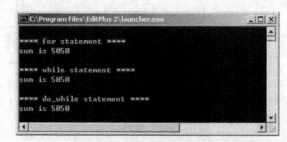

图 2-11　循环语句用于求 $1+2+3+\cdots+100$

可以从中来比较这三种循环语句,从而在不同的场合选择合适的语句。

下面详细地讲解这三种循环语句的用法。

1. for 语句

for 语句是 C#语言三个循环语句中功能较强,使用较广泛的一个,它的流程结构可参见图 2-10。for 语句的一般语法格式如下:

  for(表达式1;表达式2;表达式3)
    循环体

其中,表达式 1 完成初始化循环变量和其他变量的工作;表达式 2 是返回布尔值的条件表达式,用来判断循环是否继续;表达式 3 用来修整循环变量,改变循环条件。3 个表达式之间用分号隔开。

for 语句的执行过程是这样的:首先计算表达式 1,完成必要的初始化工作;再判断表达式 2 的值,若为真,则执行循环体,执行完循环体后再返回表达式 3,计算并修改循环条件,这样一轮循环就结束了。第二轮循环从计算并判断表达式 2 开始,若表达式的值仍为真,则继续循环,否则跳出整个 for 语句执行下面的句子。for 语句的三个表达式都可以为空,但若表达式 2 也为空,则表示当前循环是一个无限循环,需要在循环体中书写另外的跳转语句终止循环。

其中表达式 1 和表达式 3 都可以是用逗号分开的多个表达式。

另外,for 循环的第 1 个表达式中,也可以是变量定义语句,这里定义的变量只在该循环体内有效。如:

  for(int n = 0;n < 100;n ++){
    Console.WriteLine(n);
  }

例 2-9 Circle99.cs。画很多同心圆,如图 2-12 所示。

图 2-12 在窗体中画很多同心圆

```
private void Form1_Paint(object sender,PaintEventArgs e)
{
    Graphics g = e.Graphics ;

    g.DrawString("circle 99",this.Font,new SolidBrush(Color.Blue),20,20);

    int x0 = this.Width /2;
    int y0 = this.Height /2;

    for(int r = 0 ;r < this.Height /2;r += 3)
    {
        g.DrawEllipse(new Pen(getRandomColor(),1),x0 - r,y0 - r,r * 2,r * 2);
    }
}

Random random = new Random();

Color getRandomColor()
{
```

```
        return Color.FromArgb(
            random.Next(255),
            random.Next(255),
            random.Next(255));
}
```

程序中，用 Paint 相关的事件来处理其绘图，绘图时，使用了 Graphics 对象的 DrawEllipse 方法来画圆。

2. while 语句

while 语句的一般语法格式如下：

```
while(条件表达式)
    循环体
```

其中条件表达式的返回值为布尔型，循环体可以是单个语句，也可以是复合语句块。

while 语句的执行过程是先判断条件表达式的值，若为真，则执行循环体，循环体执行完之后再无条件转向条件表达式再做计算与判断；当计算出条件表达式为假时，跳过循环体执行 while 语句后面的语句。

值得注意的是，用 while 循环语句时，一般来说，循环的初始化工作要在循环体前面进行；循环的改变任务需要在循环体中进行，在很多情况下，循环体都是用花括号{ }括起来的复合语句。

例 2-10 Jiaogu.cs 验证"角谷猜想"。

"角谷猜想"指出：将一个自然数按以下的一个简单规则进行运算：若数为偶数，则除以 2；若为奇数，则乘 3 并加 1；将得到的数重复再按该规则运算，最终可得到 1。现给定一个数 n，可用程序来验证该过程，如图 2-13 所示。

图 2-13 验证"角谷猜想"

程序如下：

```
1   using System;
2   class Jiaogu
3   {
4       public static void Main(string[] args)
5       {
6           Console.Write("\n请输入一个数:");
7           string s = Console.ReadLine();
8           int a = int.Parse(s);
9
10          while(a != 1)
```

```
11          {
12              Console.Write(" "+a);
13              if(a% 2 ==1)a = a * 3 +1;else a /=2;
14          }
15          Console.WriteLine(" "+a);
16      }
17  }
```

3. do…while 语句

do…while 语句的一般语法结构如下：

    do
        循环体
    while(条件表达式);

do…while 语句的使用与 while 语句很类似，不同的是，它不像 while 语句是先计算条件表达式的值，而是无条件地先执行一遍循环体，再来判断条件表达式。若表达式的值为真，则再运行循环体，否则跳出 do…while 循环，执行下面的语句。可以看出，do…while 语句的特点是它的循环体至少执行一次。

例 2-11 ShowManyCharValue.cs 多次输入字符，显示其 ASCII 码，直到按#结束，如图 2-14 所示。

```
1   using System;
2   class ShowManyCharValue
3   {
4       public static void Main(string[] args)
5       {
6           char c;
7           do
8           {
9               Console.WriteLine("输入字符并按回车,按#结束");
10              c = (char)Console.Read();        //读入一个字符
11              Console.Read();                  //忽略回车换行
12              Console.Read();                  //忽略回车换行
13              Console.WriteLine(c + "的Ascii值为:" + (int)c);
14          }
15          while(c !='#');
16      }
17  }
```

图 2-14 多次输入字符

2.3.5 跳转语句

跳转语句用来实现程序执行过程中流程的转移。前面在 switch 语句中使用过的 break 语句就是一种跳转语句。C#的跳转语句有 4 种：continue 语句、break 语句、return 语句、goto 语句。除此之外，第 5 章将会讲到的 throw 语句也可以认为是跳转语句。

1. continue 语句

continue 语句必须用于循环结构中，它的作用是终止当前这一轮的循环，跳过本轮剩余的语句，直接进入当前循环的下一轮。具体地说：在 while 或 do…while 循环中，continue 语句会使流程直接跳转至条件表达式；在 for 循环中，continue 语句会跳转至表达式 3，计算修改循环变量后再判断循环条件；在 foreach 循环语句中，continue 直接进入到下一次循环。

continue 语句的格式是：continue 后加一个分号。

当有多层循环时，continue 所针对的只是 continue 语句所在循环的最内层循环。

2. break 语句

break 语句的作用是使程序的流程从一个语句块内部跳转出来，break 语句只能用于 switch 语句或循环语句中，即它表示从 switch 语句的分支中跳出，或从循环体内部跳出。

break 语句的格式是：break 后加一个分号。

当有多层 switch 或循环时，break 所针对的只是它所在循环的最内层循环，即它表示从它所在的 switch 分支或最内层的循环体中跳转出来，执行分支或循环体后面的语句。

例 2-12 MaxDiv.cs。求一个数的最大真约数。程序中从大向小进行循环，直到能整除，则用 break 退出循环，如图 2-15 所示。

图 2-15 求最大真约数

```
1    using System;
2    public class MaxDiv
3    {
4        public static void Main(string[] args)
5        {
6            int a = 99;
7            int i = a - 1;
8            while(i > 0){
9                if(a % i == 0)break;
10               i--;
11           }
12           Console.WriteLine(a + "的最大真约数为：" + i);
13       }
14   }
```

3. return 语句

return 语句的一般格式是：

    return 表达式；

return 语句用来使程序流程从方法调用中返回，表达式的值就是方法的返回值。如果方法没有返回值（即返回类型为 void），则 return 语句中不能有表达式。

4. goto 语句

goto 语句用于将程序的流程从一个地方跳转至另一个地方。

goto 语句一般格式是：

>goto 标号；

其中标号是一个标识符，它是放在其他地方用以指明 goto 语句所要转向的位置。定义标号的方式是用标号后面加一个冒号（:）。

由于 goto 语句可以使程序的执行流程发生转向，使用 goto 语句容易造成混淆，因此，应该有限制地使用 goto 语句。goto 语句不能使控制转到一个语句块内部，更不能跳转到其他函数内部。

一般地，goto 语句是用来将控制转移到多层循环之外的，或者使用 goto 将流程转到一个公共的地方。

另外，在 switch 语句中，goto 语句还有这样的用法：

>goto case 常量；
>goto default；

它们用以表示在 switch 中由一种情况转向另一种情况。

例 2–13 Prime100Continue.cs 求 100～200 间的所有素数，如图 2-16 所示。

```
1    using System;
2    public class Prime100Continue{
3        public static void Main(string [] args){
4            Console.WriteLine("****100--200 的质数****");
5            int n = 0;
6            for(int i =101;i <200;i +=2){    //外层循环
7                for(int j =2;j <i;j ++){     //内层循环
8                    if(i% j ==0)              //不是质数,则跳转到外层循环
9                        goto outer;
10               }
11               Console.Write(" " +i);        //显示质数
12               n ++;                          //计算个数
13               if(n <10)                      //未满 10 个数,则不换行
14                   continue;
15               Console.WriteLine();
16               n = 0;
17               outer:;
18           }
19           Console.WriteLine();
20       }
21   }
```

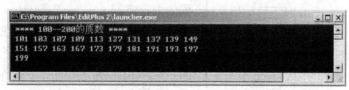

图 2-16　求 100～200 间的所有素数

该例通过一个嵌套的 for 语句来实现。其中外层循环遍历 101～200，内层循环针对一个数 i，用 2 到 i–1 之间的数去除，若能除尽，则表明不是质数，直接跳转到外层的下一次循环。

这里语句标号是 outer。由于语句标号后面需要一个语句，如果没有语句，则用一个空语句（即仅用一个分号表示空语句）。

2.4 数组

数组（array）是有序数据的集合，数组中的每个元素具有相同的数据类型，可以用一个统一的数组名和下标来唯一地确定数组中的元素。C# 中数组的工作方式与大多数其他语言中的工作方式类似，但它们的差异也应引起注意。

2.4.1 数组的声明

C#中的数组主要有三种形式：一维数组、多维数组和交错数组。下面分别说明。

1. 一维数组的声明

一维数组的声明方式为：

    type [ ] arrayName;

其中类型（type）可以为 C#中任意的数据类型，包括简单类型和非简单类型，数组名 arrayName 为一个合法的标识符，[ ]指明该变量是一个数组类型变量，它必须放到数组名的前面。

✳要注意的是，在 C# 中，将方括号放在标识符后是不合法的。不能写 int a[ ]或 int a[5]。可以将 type[ ]理解为一个整体，即 type 类型的数组类型。

例如：

    int [ ] score;

声明了一个整型数组，数组中的每个元素为整型数据。与 C、C++不同，C#数组的声明语句并不为数组元素分配内存，因此[ ]中不用指出数组中元素的个数（即数组长度），也就是说，数组的大小不是其类型的一部分。

如果要使用数组，必须为数组元素分配内存空间，这时要用到运算符 new，其格式如下：

    arrayName = new type[arraySize];

其中，arraySize 用来指明数组的长度。如：

    score = new int[100];

为一个整型数组分配 100 个 int 型整数所占据的内存空间。

由于数组是引用类型，也就是说，score 变量本身是一个引用，它引用的空间（即 new 的空间）是数组实体所在的内存空间。它们之间的关系，如图 2-17 所示。

通常，声明数组及分配内存空间可以合写在一起，格式如下：

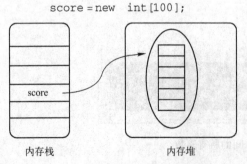

图 2-17 数组的引用与实体的关系

    type arrayName = new type [arraySize];

例如：

```
int [] score = new int[3];
```

✖**注意**：数组用 new 分配空间的同时，数组的每个元素都会自动赋一个默认值（整数为0，实数为0.0，字符为'\0'，bool 型为 false，引用型为 null）。这是因为，数组实际是一种引用型的变量，而其每个元素是引用型变量的成员变量。

2. 多维数组的声明

多维数组是指有多个下标的数组，数组的下标之间用逗号分开。声明多维数组的一般格式是：

```
type [,,,] arrayName;
```

其中类型（type）可以为 C#中任意的数据类型，数组名 arrayName 为一个合法的标识符，[ ]指明该变量是一个数组类型变量，用多个逗号指明它是多维数组。用1个逗号表明是2维数组，用2个逗号表明是3维数组，依次类推。

例如：

```
double [,] f;
```

声明了一个2维数组，数组中的每个元素为实型数据。

给多维数组分配内存空间，要用到 new 运算符。例如：

```
f = new double[3,4];
```

则表示分配了 3×4 个 double 型的内存空间。

还可以有更多维的数组。例如，可以有三维的数组：

```
int[,,] buttons = new int[4,5,3];
```

3. 交错数组的声明

交错数组（jagged array）是 C#中一种特有的现象，它表示数组的数组。交错数组也有多个下标，每个下标都要用一个方括号。与多维数组不同的是，交错数组表示的每个数组元素又是一个数组，而且每个数组的元素个数可以不同，如图2-18所示。

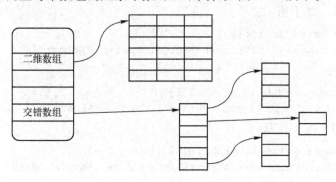

图2-18 交错数组与二维数组的区别

声明交错数组的一般格式是：

```
type [][][] arrayName;
```

其中类型（type）可以为 C#中任意的数据类型，数组名 arrayName 为一个合法的标识符，而用的方括号的个数与数组的维数相关。

例如：

```
byte [][] scores;
```

对于交错数组，进行内存空间的分配一般需要两步：首先对一维分配空间，然后对每个数组进行空间的分配。

```
byte[][] scores = new byte[5][];
for(int x = 0;x < scores.Length;x++)
{
    scores[x] = new byte[4];
}
```

在复杂的情况下，甚至可以将矩形数组和交错数组混合使用。例如，下面的代码声明了类型为 int 的二维数组的三维数组的一维数组。

```
int[][,,][,] numbers;
```

当然，实际编程过程中，不宜使用过于复杂的数组。

※值得注意的是，这里是 new byte[5][]，与 C 语言的二维数组不同，在 C 语言的二维数组做函数参数时写为 new byte[][5]。

2.4.2 数组的初始化

数组可以进行初始化，即赋初始值。C#通过将初始值括在大括号 {} 内为在声明时初始化数组提供了简单而直接的方法。

下面的示例表明了初始化不同类型的数组的一般方法。

（1）一维数组

```
int[] numbers = {1,2,3,4,5};
string[] names = {"Matt","Joanne","Robert"};
```

或者可以写全一点，如下所示：

```
int[] numbers = new int[5] {1,2,3,4,5};
string[] names = new string[3] {"Matt","Joanne","Robert"};
```

可省略数组的大小，如下所示：

```
int[] numbers = new int[] {1,2,3,4,5};
string[] names = new string[] {"Matt","Joanne","Robert"};
```

（2）多维数组

```
int[,] numbers = { {1,2},{3,4},{5,6} };
string[,] siblings = { {"Mike","Amy"},{"Mary","Albert"} };
```

或者可以写全一点，如下所示：

```
int[,] numbers = new int[3,2] { {1,2},{3,4},{5,6} };
string[,] siblings = new string[2,2] { {"Mike","Amy"},{"Mary","Albert"} };
```

可省略数组的大小，如下所示：

```
int[,] numbers = new int[,] { {1,2},{3,4},{5,6} };
string[,] siblings = new string[,] { {"Mike","Amy"},{"Mary","Ray"} };
```

（3）交错的数组（数组的数组）

可以这样初始化交错的数组，如下所示：

```
int[][] numbers = new int[2][] { new int[] {2,3,4},new int[] {5,6,7,8,9} };
```

可省略外围数组的大小，如下所示：

```
int[][] numbers = new int[][] { new int[] {2,3,4},new int[] {5,6,7,8,9} };
```

或

```
int[][] numbers = { new int[] {2,3,4},new int[] {5,6,7,8,9} };
```

例2-14 ArrayDefine.cs 声明并初始化数组。

```
1  class ArrayDefine
2  {
3      static void Main(){
4          int[] a1 = new int[] {1,2,3};
5          int[,] a2 = new int[,] {{1,2,3},{4,5,6}};
6          int[,,] a3 = new int[10,20,30];
7          int[][] j2 = new int[3][];
8          j2[0] = new int[] {1,2,3};
9          j2[1] = new int[] {1,2,3,4,5,6};
10         j2[2] = new int[] {1,2,3,4,5,6,7,8,9};
11     }
12 }
```

2.4.3 数组元素的使用

当定义了一个数组，并用运算符 new 为它分配了内存空间后，就可以访问数组中的每一个元素了。数组元素的访问方式为：

arrayName[index]

其中：index 为数组下标，它可以为整型常数或表达式，如 a[3]、b[i]（i为整型），c[6*i]等。下标从 0 开始，一直到数组的长度减 1。对于 int [] score = new int[100]数组来说，它有 100 个元素，分别为：score[0]，score[1]，…，score[99]。

类似地，使用下标可以访问多维数组及交错数组。

下面的代码声明一个多维数组，并向位于[1,1]的成员赋以 5：

```
int[,] numbers = { {1,2},{3,4},{5,6},{7,8},{9,10} };
numbers[1,1] = 5;
```

下面声明一个一维交错数组，它包含两个元素。第一个元素是 2 个整数的数组，第二个元素是 3 个整数的数组：

```
int[][] numbers = new int[][] { new int[] {1,2},new int[] {3,4,5}};
```

下面的语句向第一个数组的第一个元素赋以 58，向第二个数组的第二个元素赋以 667：

```
numbers[0][0] = 58;
numbers[1][1] = 667;
```

与 C、C++中不同，在使用数组的下标时，C#对数组元素要进行越界检查以保证安全性。当下标超过时，C#会自动抛出异常，程序可以处理这种异常，如果不处理，程序会自动结束，以保证程序不访问到不该访问的内存区域。

例2-15 ArrayTest.cs 使用数组。

```
1  using System;
2  public class ArrayTest {
3      public static void Main(string[] args){
4          int i;
5          int[] a = new int[5];
6          for(i = 0;i < 5;i ++)
```

```
7            a[i] = i;
8        for(i = a.Length - 1; i >= 0; i --)
9            Console.WriteLine("a[" + i + "] = " + a[i]);
10       }
11   }
```

程序运行结果如图 2-19 所示。

图 2-19　使用数组

该程序对数组中的每个元素赋值，然后按逆序输出。

2.4.4　数组与 System. Array

在 C#中，数组实际上是对象，并且是引用类型。System. Array 是所有数组类型的抽象父类型。任何数组都可以使用 System. Array 具有的属性和方法。

这种用法的一个例子是使用"长度"（Length）属性获取数组的长度。下面的代码将 numbers 数组的长度（为 5）赋给名为 LengthOfNumbers 的变量：

```
    int[] numbers = {1,2,3,4,5};
    int LengthOfNumbers = numbers.Length;
```

关于数组的还有以下属性及方法。

① Rank 属性：数组的维度。

② GetLength(n)方法：得到第 n 维的数组的长度（n 从 0 开始），这对于多维数组特别有用。

System. Array 类提供许多有用的其他方法和属性。

① BinarySearch( )：对已排序的数组进行二分法搜索。

② Sort( )：排序。

③ Copy( )：复制。

④ Clear( )：数组元素置 0。

⑤ CreateInstance( )：创建一个数组。

这些方法的具体使用，读者可以查看类库的帮助。

注意：. NET Framework 类库中各个类的具体说明可以查看 MSDN 网站 https:// msdn. microsoft. com/zh - cn/library/mt472912(v = vs. 110). aspx。

例 2-16　ArrayUse. cs 一个完整的 C#程序，它声明并实例化上面所讨论的各种数组。

```
1   using System;
2   class ArrayUse
3   {
4       public static void Main()
5       {
6           int[] numbers = new int[5];                    //一维数组
```

```
7        string[,] names = new string[5,4];    // 多维数组
8        byte[][] scores = new byte[5][];      // 交错数组
9        for(int i = 0;i < scores.Length;i ++)
10       {
11           scores[i] = new byte[i +3];
12       }
13       for(int i = 0;i < scores.Length;i ++)
14       {
15           Console.WriteLine("Length of row {0} is {1}",
16               i,scores[i].Length);
17       }
18   }
19 }
```

输出结果如下：

```
Length of row 0 is 3
Length of row 1 is 4
Length of row 2 is 5
Length of row 3 is 6
Length of row 4 is 7
```

2.4.5 使用 foreach 语句访问数组

C#还提供 foreach 语句，该语句提供一种简单的方法来循环访问数组或集合中的元素。例如，下面的代码创建一个名为 numbers 的数组，并用 foreach 语句循环访问该数组：

```
int[] numbers = {4,5,6,1,2,3,-2,-1,0};
foreach(int i in numbers)
{
    System.Console.WriteLine(i);
}
```

foreach 语句实际上是循环语句中的一种。foreach 语句的一般格式为：

```
foreach(变量声明 in 数组名)语句
```

很显然，foreach 为数组元素提供了一种更方便的访问方式。

例 2-17 统计一个整数数组中的偶数和奇数出现的个数。

```
1  using System;
2  class OddEvenCount
3  {
4      public static void Main()
5      {
6          int odd = 0,even = 0;
7          int[] arr = new int [] {0,1,2,5,7,8,11};
8          foreach(int i in arr)
9          {
10             if(i% 2 ==0)
11                 even ++;
12             else
13                 odd ++;
14         }
15         Console.WriteLine(@ "奇数{0}个,偶数{1}个.",
```

```
16              odd,even);
17      }
18 }
```
程序运行结果如图 2-20 所示。

图 2-20 程序运行结果

注意：foreach 语句使用很方便，但它与普通的 for 语句相比还是有两点不同：一是它没法取得当前元素在数组中的下标，二是不能改变元素，只能取得元素，在一定意义上它是"只读性遍历"。

2.4.6 数组应用举例

例 2-18 Fibonacci.cs Fibonacci 数列。

Fibonacci 数列的定义为：$F_1 = F_2 = 1$，$F_n = F_{n-1} + F_{n-2}$（n>=3）。

程序如下：
```
1  using System;
2  public class Fibonacci{
3      public static void Main(string [] args){
4          int i;
5          int [] f = new int [10];
6          f[0] = f[1] = 1;
7          for(i = 2;i < 10;i++)
8              f[i] = f[i-1] + f[i-2];
9          for(i = 1;i <= 10;i++)
10             Console.WriteLine("F[" + i + "] = " + f[i-1]);
11     }
12 }
```
程序运行结果如图 2-21 所示。

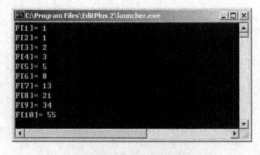

图 2-21 Fibonacci 数列

例 2-19 Rnd_36_7.cs 36 选 7。随机产生 7 个数，每个数在 1~36 范围内，要求每个数不同，如图 2-22 所示。

```
1  using System;
```

```
2    class Rnd_36_7
3    {
4        public static void Main(string[] args)
5        {
6            int []a = new int[7];
7            Random random = new Random();
8            for(int i = 0;i < a.Length;i ++)
9            {
10               one_num:
11               while(true)
12               {
13                   a[i] = random.Next(36) +1;
14                   for(int j = 0;j < i;j ++){
15                       if(a[i] == a[j])goto one_num;
16                   }
17                   break;
18               }
19           }
20           foreach(int n in a)Console.Write(" "+n);
21           Console.WriteLine();
22       }
23   }
```

图 2-22 36 选 7

例 2-20 MatrixMultiply.cs 两个矩阵相乘。

矩阵 $A_{m \times n}$、$B_{n \times l}$ 相乘得到 $C_{m \times l}$，每个元素 $c_{ij} = \sum_{k=1}^{n} a_{ik} b_{kj} (k = 1, \cdots, n)$

```
1    using System;
2    public class MatrixMultiply{
3        public static void Main(string [] args){
4            int i,j,k;
5            int [,] a = { {2,3,5},{1,3,7} };
6            int [,] b = { {1,5,2,8},{5,9,10,-3},{2,7,-5,-18} };
7            int [,] c = new int[2,4];
8            for(i = 0;i < 2;i ++){
9                for(j = 0;j < 4;j ++){
10                   c[i,j] = 0;
11                   for(k = 0;k < 3;k ++){
12                       c[i,j] += a[i,k] * b[k,j];
13                   }
14               }
15           }
16           Console.WriteLine("\n*** Matrix A ***");
17           for(i = 0;i < 2;i ++){
18               for(j = 0;j < 3;j ++)
19                   Console.Write(a[i,j] + " ");
```

```
20              Console.WriteLine();
21          }
22          Console.WriteLine("\n*** Matrix B ***");
23          for(i=0;i<3;i++){
24              for(j=0;j<4;j++)
25                  Console.Write(b[i,j]+" ");
26              Console.WriteLine();
27          }
28          Console.WriteLine("\n*** Matrix C ***");
29          for(i=0;i<2;i++){
30              for(j=0;j<4;j++)
31                  Console.Write(c[i,j]+" ");
32              Console.WriteLine();
33          }
34      }
35  }
```

程序运行结果如图 2-23 所示。

图 2-23 两个矩阵相乘

习题 2

一、判断题

1. int 是值类型。
2. string 是引用类型。
3. double 在内存中占 8 个字节。
4. int 占 2 个字节。
5. 1E7 是不合法的,因为它不是标识符。
6. byte 是无符号字节。
7. uint 是无符号整数。
8. string 等价于 System.String。
9. ++ 运算符最好写到复杂的表达式中,而不要单独写。
10. && 是条件与,也叫短路与。
11. 写表达式时,适当加上圆括号,其可读性会更好。
12. ^是表示乘方运算。

13. & 是表示字符连接运算。
14. ‖ 表示条件或。
15. a > b > c 是不合法的。
16. 优先级是这样的：算术 > 关系 > 逻辑 > 三目 > 赋值；位运算比较乱。
17. 非零即真。
18. 数组要先分配空间然后才使用。
19. 在声明数组时，可以直接指明大小。
20. 数组的下标从 1 开始。
21. 所有的数组都有一个属性 Length。
22. 二维数组的写法是 [,]。
23. 交错数组实际上是数组的数组。
24. int [ ] [ ] a = new int [ ] [3]; 是合法的。
25. 数组在 new 时，其元素会默认初始化。
26. 二维数组的第二维的大小可以使用 GetLength(1) 来得到。
27. 循环一般都有五要素。
28. if 语句中可以没有 else 子句。
29. switch 语句中，一般情况下每个 case 都有 break。
30. switch 语句中，case 后面可以是变量。
31. switch 语句的变量可以是 string 类型的。
32. do 循环至少执行一次。
33. 循环中的 continue 表示执行下一次循环。
34. 循环中的 break 表示中断循环。

二、思考题

1. 简述 C# 程序的构成。如何判断主类？
2. C# 有哪些基本数据类型？写出 int 型所能表达的最大、最小数据。
3. C# 的字符采用何种编码方案？有何特点？写出五个常见的转义符。
4. C# 对标识符命名有什么规定，下面这些标识符哪些是对的？哪些是错的？错在哪里？
   (1) MyGame   (2) _isHers   (3) 2C#Program   (4) C# – Visual – Machine   (5) _ $ abc。
5. 什么是常量？什么是变量？字符变量与字符串常量有何不同？
6. 什么是强制类型转换？在什么情况下需要用到强制类型转换？
7. C# 有哪些算术运算符、关系运算符、逻辑运算符、位运算符和赋值运算符？试列举单目和三目运算符。
8. 结构化程序设计有哪三种基本流程？分别对应 C# 中的哪些语句？
9. 数组元素会怎样进行默认的初始化？
10. 什么是数组？数组有哪些特点？C# 中创建数组需要使用哪些步骤？如何访问数组的一个元素？数组元素的下标与数组的长度有什么关系？
11. 在一个循环中使用 break, continue 和 return 语句有什么不同的效果？

三、编程题

1. 编写一个程序，接受用户输入的一个浮点数，把它的整数部分和小数部分分别输出。
2. 编写一个程序，接受用户输入的 10 个整数，比较并输出其中的最大值和最小值。
3. 编写一个程序，接受用户输入的字符，以 "#" 标志输入的结束；比较并输出按字典序最小的字符。
4. 编写一个 C# 程序，接受用户输入的一个 1～12 之间的整数（如果输入的数据不满足这个条件，则要求用户重新输入），利用 switch 语句输出对应月份的天数。

5. 编写程序，接受用户输入的两个数据为上、下限，然后 10 个一行输出上、下限之间的所有素数。
6. 编写程序输出用户指定数据的所有素数因子。
7. 编程求一个整数数组的最大值、最小值、平均值和所有数组元素的和。
8. 求解"约瑟夫问题"：12 个人排成一圈，从 1 号报数，凡是数到 5 的人就出队列（出局），然后继续报数，试问最后一人出局的是谁。
9. 用"埃氏筛法"求 2~100 以内的素数。2~100 以内的数，先去掉 2 的倍数，再去掉 3 的倍数，再去掉 4 的倍数，以此类推……最后剩下的就是素数。
10. 一个综合性的程序：编写一个 Windows 程序，实现自动出题并判分的功能。
功能要求如下：
（1）能使用 Random 类随机出加减法的题目。
（2）能使用 if…switch 进行答案的判断。
（3）能使用事件处理，当用户答案填正确时，界面上有反馈（如文本框背景颜色的改变）。
（4）能使用 Timer 控件，自动发出事件，如自动出题。
（5）其他扩充功能（选做），如难题的判断，得分的计算，等等。

第 3 章 类、接口与结构

第 2 章对 C#的简单数据类型、数组、运算符以及流控制语句作了详细的介绍，现在则要进入到面向对象的编程技术，接触到 C#最引人入胜之处。本章介绍 C#中面向对象的程序设计的基本方法，包括类的定义、类的成员、类的继承、修饰符，并介绍与类相关的接口、结构、枚举等。

3.1 类、字段、方法

C#是面向对象的语言，面向对象的一个重要特点是对象具有"封装性"。类是实现封装的主要手段。C#的程序中将事物表达成类（class），每个类通过字段（field）和方法（method）等成员来表达事物的状态和行为。事实上，编写 C#程序的主要任务就是定义各种类以及类中的各种成员。类中包括字段（field）、方法（method）、属性（property）、索引器、嵌套类定义等成员。这里首先介绍字段和方法。

3.1.1 定义类中的字段和方法

类的定义包括类头和类体两个步骤，其中类头是 class 关键字及类名；类体用一对大括号{}括起。例如，定义表示"人"的类 Person：

```
class Person {
    public string name;
    public int age;
    public void sayHello(){
        Console.WriteLine("Hello! My name is "+name);}
    public string getInfo(){
        return "Name:"+name+",Age:"+age;}
}
```

类头使用关键字 class 标志类定义的开始，class 关键字后面跟着用户定义的类的类名。类名的命名应符合 C#对标识符命名的要求。

类体中包括字段和方法。字段和方法都是类的成员。一个类中可以定义多个字段和方法。一个类可以通过 UML（统一建模语言）图中的类图表示出来，如图 3-1 所示，类图中的类用一个矩形来表示，顶部是类名，中间是字段的表示，底部是方法的表示。

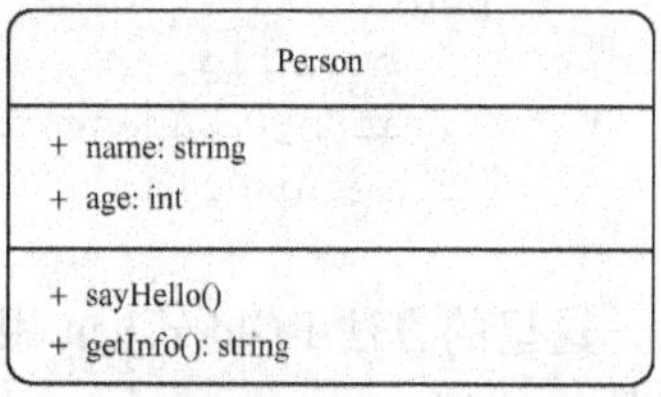

图 3-1 在 UML 图中表示的类

1. 字段

字段（field）表示事物的性质状态。有时，字段又称为字段变量、成员变量、域。上例中有两个字段，name（表示姓名）和 age（表示年龄），其类型分别是 string 和 int。

字段也是变量，定义字段的方式与上一章中变量的定义方法相同，即：

类型名　字段名；

如:
```
int age;
```
✖注意：字段变量是直接定义在类中的，而不是定义在一个函数中的。

在定义字段名时，还可以赋初始值。如：
```
int age = 0;
```
如果不赋初始值，系统会自动赋一个默认值：数值型为 0，bool 型为 false，引用型为 null。这样能保证字段的值是确定的。

此外，定义字段变量前，还可以加修饰符，最常见的修饰符为 public，表示公共可访问；而修饰符为 private 或者没有修饰符时，表示只有本类的成员才可以访问。有关修饰符的详细内容将在第 3.4 节中讲述。

2. 方法

方法（method）表示类的动态行为，即类所具有的功能和操作。

方法相当于一般语言中所说的函数，是用来完成某种操作的程序段落，但是方法是定义在类中的，不能独立于类之外。方法由方法头和方法体组成，其一般格式如下：

```
修饰符  返回值类型  方法名(形式参数列表){
    方法体各语句;
}
```

其中，形式参数列表的格式为：

```
形式参数类型1  形式参数名1,形式参数类型2  形式参数名2,……
```

小括号()是方法的标志，不能省略；方法名是标识符，要求满足标识符的规则；形式参数是方法从调用它的环境输入的数据；返回值是方法在操作完成后返还给调用它的环境的数据，返回值都有类型，若没有返回值，则使用 void 表示。

修饰符可以没有，也可以有多个。最常用的修饰符是 public 或 private。

如在上例中，有一个方法 sayHello，其定义如下：

```
public void sayHello(){
    Console.WriteLine("Hello! My name is " + name);
}
```

该方法的返回类型为 void（没有返回值），参数为空，方法体中有一条语句。

如果方法有返回值，则在方法体中，必须有 return 语句，return 语句后跟上返回值。如：

```
public bool isOlderThan(int anAge){
    bool flg;
    if(age > anAge)flg = true;else flg = false;
    return flg;
}
```

这里的方法 isOlderThan 用于判断年龄是否比某个值（anAge）大。anAge 是参数，返回值是 bool 型。

3.1.2 构造方法与析构方法

1. 构造方法

程序中经常需要创建对象，在创建对象的同时将调用这个对象的构造函数完成对象的初始化工作。

构造方法（constructor），也称构造函数、构造器，它是一种特殊的、与类同名的方法，专门用于创建对象、完成初始化工作。构造方法的特殊性主要体现在如下几个方面：
① 构造方法的方法名与类名相同；
② 构造方法没有返回类型，也不能写 void；
③ 构造方法的主要作用是完成对象的初始化工作；
④ 构造方法一般不能显式地直接调用，而是用 new 来调用；
⑤ 在创建（new）一个类的新对象时，系统会自动调用该类的构造方法为新对象初始化。

我们知道，在声明字段变量时可以为它赋初值，那么为什么还需要构造方法呢？这是因为，构造方法可以带上参数，而且构造方法还可以完成赋值之外的其他一些复杂操作。

例如，可以给 Person 类加上一个构造方法：

```
public Person(string n,int a){
    name = n;
    age = a;
}
```

在该构造方法中，将给定的参数赋给字段变量。如果程序中函数的参数与字段同名，则为了区分起见，可以在字段名前面加上"this."，如下：

```
public Person(string name,int age){
    this.name = name;
    this.age = age;
}
```

2. 默认构造方法

一般情况下，类都有一个至多个构造方法，如果在定义类对象时没有定义任何构造方法，系统会自动产生一个构造方法，称为默认构造方法（default constructor），或称为缺省构造方法、默认构造函数。

默认构造方法不带参数，并且方法体为空。

例如，如果上面的 Person 类没有定义构造方法，则系统产生的默认构造方法如下：

```
public Person(){}
```

✖值得注意的是，一旦用户提供了一个或多于一个的构造方法，系统就不会提供默认构造方法。

3. 析构方法

创建对象要用构造方法，与此相对，释放对象要用析构方法（destructor），也称析构函数。析构方法是用符号 ~ 开始的并且与类同名的方法，该方法不带参数，则不能写返回类型，也不能有修饰符。也就是说析构方法的形式如下：

```
~类名(){ ....}
```

例如，在类 Person 类中定义析构方法如下：

```
class Person {
    ……
    ~ Person(){
        ……
    }
}
```

一个类的析构方法最多只有一个;如果没有提供析构方法,则系统自动生成一个。由于对象的释放是由系统自动进行的,不能由程序控制,所以析构方法不能由程序显式调用,而是由系统在释放对象时自动调用。从这个意义上,一般不会给类写析构方法。

3.1.3 对象的创建与使用

C#程序定义类的最终目的是使用它,下面讨论如何创建类的对象,即实例化对象。

创建对象前首先要声明变量,声明变量的格式为:

  类名 变量名;

创建对象的一般格式为:

  变量名=new 构造方法(参数);

以上两句可以合写成一句为:

  类名 变量名 = new 构造方法(参数);

例如:

  Person p = new Person("Li Ming",20);

其中,new 是为新建对象开辟内存空间的运算符。它以类为模板,开辟空间并执行相应的构造方法。new 实例化一个对象,返回对该对象的一个引用(即该对象所在的内存地址)。

这里声明的变量,称为对象变量,它是引用型的变量。与其他变量一样,引用型变量要占据一定的内存空间,同时,它所引用的对象实体(也就是用 new 创建的对象实体)也要占据一定的空间。通常对象实体占用的内存空间要大得多,对象是创建的具体实例。以 Person 类为例,其中定义了 2 个字段(name 和 age)和一些方法,这些字段和方法保存在一块内存中,这块内存就是变量 p 所引用的对象所占用的内存。

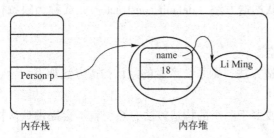

图 3-2 对象变量及其所引用的对象实体

变量 p 与它所引用的实体所占据的关系,是一种引用关系,如图 3-2 所示。实际上,name 又是一个引用型变量,它所引用的实体(字符串)又会占据一定的空间。

多次使用 new,将生成不同的对象,这些对象分别对应于不同的内存空间,它们的值是不同的,可以完全独立地分别对它们进行操作。

✻注意:在面向对象的程序设计中,对象有时指"类"(即 class,它是一类对象的模板),有时指"对象实例"(即 instance,是一个具体的类的实例,是 new 创建并初始化的对象)。具体指什么要注意上下文。

要访问或调用一个对象的字段或方法,需要用运算符"."连接这个对象和其字段或方法。例如:

```
Console.WriteLine(p.name);
p.sayHello();
```

✻注意:由于只能通过对象变量来访问该对象的字段或方法,不通过引用变量就无法访问其中的字段或方法。对于访问者而言,这个对象是封装成一个整体的,这正体现了面向对象的程序设计的"封装性"。同时,也可以将变量的引用看成是安全的指针。

3.1.4 方法的重载

1. 普通方法的重载

在面向对象的程序设计语言中,有一些方法的含义相同,但带有不同的参数,这些方法使用相同的名字,这就叫方法的重载(overloading)。编译器自动根据其签名的不同而调用不同的方法。

下例中我们通过方法重载,分别接收一个或几个不同数据类型的数据。

```
public void sayHello(){
    Console.WriteLine("Hello! My name is "+name);
}
public void sayHello(Person another){
    Console.WriteLine("Hello,"+another.name + "! My name is "+name);
}
```

这里,两个函数都叫 sayHello,都表示问好。一个不带参数,表示对大家问好;一个带另一个 Person 对象作参数,表示对某个人问好。

在调用这两个方法时,可以不带参数,也可以带一个 Person 对象作参数。编译器会自动根据所带参数的类型来决定具体调用方法。

✳ 注意:在调用方法时,若没有找到类型相匹配的方法,编译器会找可以兼容的类型来进行调用。如 int 类型可以找到使用 double 类型参数的方法。若不能找到兼容的方法,则编译不能通过。

例 3-1 OverloadingTest.cs 方法的重载。

```
1   using System;
2   class OverloadingTest
3   {
4       static void F(){
5           Console.WriteLine("F()");
6       }
7       static void F(object o){
8           Console.WriteLine("F(object)");
9       }
10      static void F(int value){
11          Console.WriteLine("F(int)");
12      }
13      static void F(int a,int b){
14          Console.WriteLine("F(int,int)");
15      }
16      static void F(int[] values){
17          Console.WriteLine("F(int[])");
18      }
19      static void Main(){
20          F();
21          F(1);
22          F((object)1);
23          F(1,2);
24          F(new int[] {1,2,3});
25      }
```

26 }

程序中的 F( ) 方法有各种不同的重载形式，结果如图 3-3 所示。

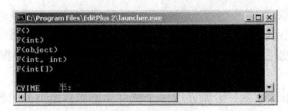

图 3-3　程序运行结果

2. 构造方法的重载

构造方法也可以重载，要求使用不同的参数个数，或不同的参数类型，或不同的参数类型顺序。构造方法的重载，可以让用户用不同的参数来构造对象。

例如，以下是 Person 的两种构造方法：

```
Person(string n,int a){
    name = n;
    age = a;
}
Person(string n)
{
    name = n;
    age = -1;
}
```

前一个构造方法中，带有姓名及年龄信息；后一个构造方法，只有姓名信息，年龄信息未定，用一个特殊值（-1）表示。

3. 签名

在方法的重载时，经常提到"参数列表"这一概念。这一概念更正式的称呼是"签名（signature）"。签名不仅针对方法，它还会针对构造方法、索引器、操作符，等等。

简单地说，签名由方法名称、它的参数的类型和参数的修饰符组成。方法的签名中不包括返回类型，并且不包括参数的名称。

在定义类型时，方法的重载允许类、结构或接口用相同的名称声明多个方法，但是要求所提供的方法的签名都是互不相同的。

下面的例子介绍了一系列方法声明和它们的签名。

```
void F();                //F()
void F(int x);           //F(int)
void F(ref int x);       //F(ref int)
void F(out int x);       //F(out int)
void F(int x,int y);     //F(int,int)
int F(string s);         //F(string)
int F(int y);            //F(int)
```

✻注意：在这里，参数类型是关键，仅仅参数的变量名不同是不行的。方法重载时，返回值的类型可以相同，也可以不同。

注意参数修饰符是签名的一部分。这样 F(int)、F(ref int) 和 F(out int) 都是互不相同的签名。此外,注意第二个和最后一个方法的声明的返回类型,它们的签名都是 F(int)。这样,它们不能同时存在于同一个类中,否则会产生编译时错误。

在调用相同名字的方法时,编译器自动根据其签名的不同而调用不同的方法。方法的重载是实现"多态"的一种方式。所谓"多态",是指相同名字但实际有多种含义。

3.1.5 使用 this

在方法中,可以使用一个关键词 this 来表示这个对象本身。具体地说,在普通方法中,this 表示调用这个方法的对象;在构造方法中,this 表示所新创建的对象。

1. 使用 this 来访问字段及方法

在方法及构造方法中,可以使用 this 来访问对象的字段和方法。

例如,方法 sayHello 中使用 name 和使用 this.name 是相同的。

```
void sayHello(){
    Console.WriteLine("Hello! My name is "+name);
}
```

与

```
void sayHello(){
    Console.WriteLine("Hello! My name is "+this.name);
}
```

的含义是相同的。

2. 使用 this 解决局部变量与字段同名的问题

使用 this 还可以解决局部变量(方法中的变量)或参数变量与字段变量同名的问题。如在构造方法中,经常这样用:

```
public Person(int age,string name)
{
    this.age = age;
    this.name = name;
}
```

这里,this.age 表示字段变量,而 age 表示的是参数变量。

3. 构造方法中,用 this 调用另一构造方法

构造方法中,还可以用 this 来调用另一构造方法,如

```
public Person( ):this(0,"")
{
    //构造方法的其他语句;
}
```

如果在构造方法中,调用另一构造方法,方法是在构造方法的方法头后面用一个冒号(:),然后使用 this(),如果有参数,还可以带参数。

4. 使用 this 的注意事项

在使用 this 时,要注意 this 指的是调用"对象"本身,不是指本"类定义"中看见的变量或方法。这就不难理解以下几点注意事项:

① 通过 this 不仅可以引用该类中定义的字段和方法,还可以引用该类的父类中定义的字段和方法。

② 由于 this 指向调用该方法的对象，所以不能通过 this 来引用静态变量（static field）、静态方法（static method）。同时，在 static 方法中，不能使用 this。

事实上，在所有的非 static 方法中，都隐含了一个参数 this。系统在调用这些方法时，会自动传入对这个对象的引用，即传入 this。

例 3-2　Person.cs 定义类及其字段及方法。

```
1    using System;
2    class Person {
3        string name;
4        int age;
5
6        Person(string n,int a){
7            name = n;
8            age = a;
9        }
10
11       Person(string n){
12           name = n;
13           age = -1;
14       }
15
16       Person():this( "",0){
17       }
18
19       void sayHello(){
20           Console.WriteLine("Hello! My name is "+name);
21       }
22
23       void sayHello(Person another){
24           Console.WriteLine("Hello," + another.name + "! My name is "+name);
25       }
26
27       bool isOlderThan(int anAge){
28           bool flg;
29           if(age > anAge)flg = true;else flg = false;
30           return flg;
31       }
32
33       public static void Main(string[] args)
34       {
35       }
36   }
```

3.2　属性、索引器

属性、索引器也是 C#类中的重要成员。本节介绍这两个成员。

3.2.1　属性

属性（property）用于表达事物的状态。例如：button1.Text 是指按钮上的文本，

str. Length 是指字符串的长度，等等。由上节知道，字段（field）也是用来表示事物的状态的，属性则用另一种方式来表示事物的状态，它可以获取和设置事物的状态。

1. 属性的定义

由于属性是表达事物的状态的，属性的存取方式可以是读（读取），也可以是写（存放），读、写属性分别用 get 及 set 来进行表示。

在类中定义属性的一般方法是：

```
修饰符  类型名  属性名
{
    get
    {
    }
    set
    {
    }
}
```

其中读、写属性的过程分别用 get 方法及 set 方法来进行表示。如果没有 set 方法则表示属性是只读的；如果没有 get 方法则表示属性是只写的。

例如：可以考虑在 Person 类中定义一个 Name 属性：

```
class Person
{
    private string myName;
    public string Name
    {
        get
        {
            return myName;
        }
        set
        {
            myName = value;
        }
    }
}
```

在属性的"获取方法"（get 方法）中，用 return 来返回一个事物的属性值。

在属性"设置方法"（set 方法）中可以使用一个特殊的 value 变量。该变量包含用户指定的值，通常在 set 方法中，将用户指定的值记录到一个字段变量中。在这里 get、set 和 value 虽然不是 C#的保留字，但它们在属性的表示中有特殊用途，被称为上下文关键字。

✳注意：按照惯例，属性首字母大写，而字段首字母小写。

2. 属性的访问

在访问属性时，可以用

　　　　对象 . 属性

的方式来对属性进行访问。例如：

```
Person p = new Person();
p.Name = "Li Ming";
```

```
Console.WriteLine(p.Name);
```

对属性的访问，实际上是调用相应的 set 或 get 方法。例如上面的代码中，p.Name = "Li Ming"表示对变量 p 的属性进行设置，相当于调用 set_Name(string value)方法；而 Console.WriteLine(p.Name)表示对变量 p 的属性进行获取，相当于调用 get_Name()方法。

事实上，编译器自动产生相应的方法，如对于上面的 Name 属性，产生的方法是：

```
void set_Name(string value);
string get_Name();
```

例 3-3 PersonProperty.cs 展示如何声明和使用读/写属性。例中定义了一个 Person 类，它有两个读/写属性：Name(string)和 Age(int)，还有一个只读属性 Info(string)。

```
1   using System;
2   class Person
3   {
4       private string myName = "N/A";
5       private int myAge = 0;
6
7       public string Name
8       {
9           get
10          {
11              return myName;
12          }
13          set
14          {
15              myName = value;
16          }
17      }
18
19      public int Age
20      {
21          get
22          {
23              return myAge;
24          }
25          set
26          {
27              myAge = value;
28          }
29      }
30
31      public string Info
32      {
33          get
34          {
35              return "Name:" + Name + ",Age:" + Age;
36          }
37      }
38
39      public static void Main()
```

```
40      {
41          Console.WriteLine("Simple Properties");
42          Person person = new Person();
43          Console.WriteLine(person.Info);
44
45          person.Name = "Joe";
46          person.Age = 99;
47          Console.WriteLine(person.Info);
48
49          person.Age += 1;
50          Console.WriteLine(person.Info);
51      }
52  }
```

运行结果如图 3-4 所示。

图 3-4 声明和使用读/写属性

3. 属性与字段的比较

属性与字段都可以用来表示事物的状态,从使用的角度上看,它们比较相似。但它们还是有一定的差别:

- 属性可以实现只读或只写,而字段不能;
- 属性的 set 方法可以对用户指定的值(value),进行有效性检查,从而保证只有正确的状态才会得到设置,而字段不能;
- 属性的 get 方法不仅可以返回字段变量的值,还可以返回一些经过计算或处理过的数据,如上例中的只读属性 Info,它返回的由 Name 及 Age 组合过的字符串;
- 由于属性在实现时,实际上是方法,所以可以具有方法的一些优点,如可以定义抽象属性等。

由此可见,在 C#中,属性更好地表达了事物的状态的设置和获取。所以在 C#中,一般采取以下原则:

① 若在类的内部记录事物的状态信息,则用字段变量;
② 字段变量一般用 private 修饰,以防止对外使用;
③ 对外公布事物的状态信息,则使用属性;
④ 属性一般与某个或某几个字段变量有对应关系。

在上面的例子中,public 修饰的属性 Name 与 private 修饰的字段变量 myName 相对应。

4. 属性的简写

从 C#3.0 起,在简单的情况下,属性可以简写,只写 {set; get;},而不写实现体,编译器自动产生一个字段来实现它,这称为"自动实现的属性"。例如:

```
class Person
{
    public string Name{set;get;}
    public int Age{set;get;}
}
```
编译器自动生成类似于以下的代码：
```
class Person
{
    private string name;
    public string Name{set{this.name=value;}get{return name;}}
    private int age;
    public int Age{set{this.age=value;}get{return age;}}
}
```
这种简写方式大大简化了程序的书写，是一种编译器"语法糖"。

5. 对象初始化时直接对属性赋值

C#中在创建对象（new）时，可以直接对属性赋值，其基本方法是用花括号{}将属性进行赋值，多个属性赋值之间用逗号隔开，如：
```
Person p = new Person{
        Name = "Joe",
        Age = 18
    };
```
这也是一种语法糖，编译器会生成一个 new 语句及多个属性赋值语句。

6. 匿名类型

可以直接定义创建对象实体及其属性，而不用事先定义一个类，如：
```
new{Title = "C#",Author = "Tang",Price = 1.5}
```
这里直接创建了一个有 3 个属性的对象，它的类型是编译器自动生成的，我们没有给它取名字，这称为匿名类型（anonymous classes）。

匿名类型在 C#3.0 以上版本可用，并且多用于 Linq（第 5 章会讲到），这里举一个简单例子。

例 3-4 AnonymousClassDemo.cs 展示如何使用匿名类。例中定义了一个匿名类及其两个对象，该匿名类有 3 个属性。

```
1   using System;
2   class AnonymousClassDemo
3   {
4       static void Main(string [] argv)
5       {
6           object[] books =
7           {
8               new{Title = "C#",Author = "Tang",Price = 1.5},
9               new{Title = "Java",Author = "Zhang",Price = 2.1},
10          };
11          Console.WriteLine(books.Length);
12      }
13  }
```
从例子中可以看到，匿名类型的对象可以当成 object 来使用。

3.2.2 索引器

索引器（indexer）也是一种函数式的成员，可以使得对象能用下标来得到一个值。定义"索引器"为类创建了"虚拟数组"，该类的实例可以使用[]（数组访问运算符）进行访问。例如对于一个字符串 str，可以使用 str[0]来表示其中的第 0 个（首个）字符。又如窗体的子控件（下级界面对象）集合是 form1.Controls，则 form1.Controls[2]表示窗体中子控件中的第 2 个子控件。

在一定意义上，属性是对字段的访问，索引器是对数组（或一组元素）的访问。

1. 索引器的定义与使用

对于封装类似数组的功能或类似集合的功能的类，使用索引器使该类的用户可以使用数组语法访问该类。

索引器的定义方法如下：

```
修饰符 类型名 this [参数列表]
{
    set
    {
    }
    get
    {
    }
}
```

其中，具有 set 及 get 方法，这一点与属性的定义相似。在 set 方法中，也可以使用一个特殊变量 value 表示用户指定的值。而 get 方法，使用 return 返回所得到的索引器值。

但与属性的定义不同的是，这里没有属性名，而是用 this 及[]表示索引器。

使用参数列表来表示使用索引器的参数，参数列表的书写方式与普通方法的参数列表的书写方式相同。索引器至少需要一个参数。

使用索引器的方式是用[]运算符，如：

```
对象名[参数]
```

索引器既可以用于读，也可以用于写。系统自动调用相应的 get 及 set 方法。事实上，编译器针对类型为 T、参数列表为 P 的索引器，自动产生两个方法，以供调用：

```
T get_Item(P);
void set_Item(P,T value);
```

由以上的介绍可以看出，索引器的定义方法有点像方法的定义，都有参数列表，但与方法的定义不同的是，索引器用方括号[]，而不是用圆括号，同时索引器的定义中没有方法名，只用 this。

索引器的定义又有点像属性的定义方式，都有 set 及 get。

索引器的使用则有点像数组，都使用[]，但与数组不同的是，数组的[]中只能使用整数作下标，而索引器的[]中可以使用各种类型的参数。

2. 索引器的重载

与方法一样，索引器也是可以重载的。

同一个类的多个索引器要求参数列表（签名）必须不同，也就是说，要么是参数个数不同，要么是参数类型不同，或者是参数类型的顺序不同。

在一个索引器中，还可以调用另一个索引器，使用的方式如下：

   this[参数]

这里的 this 表示该对象本身。

例 3-5 IndexerRecord.cs 使用索引器来表示一本书的记录。书的信息标题、出版社、作者等多项信息。例中提供了两个索引器，一个用整数作参数，一个用关键字作参数。程序中还在一个索引器中调用了另一个索引器。

```
1    using System;
2    class IndexerRecord
3    {
4        private string [] data = new string [6];
5        private string [] keys = {
6            "Author","Publisher","Title",
7            "Subject","ISBN","Comments"
8            };
9        public string this[ int idx ]
10       {
11           set
12           {
13               if(idx >= 0 && idx < data.Length)
14                   data[ idx ] = value;
15           }
16           get
17           {
18               if(idx >= 0 && idx < data.Length)
19                   return data[ idx ];
20               return null;
21           }
22       }
23       public string this[ string key ]
24       {
25           set
26           {
27               int idx = FindKey(key);
28               this[ idx ] = value;
29           }
30           get
31           {
32               return this[ FindKey(key)];
33           }
34       }
35       private int FindKey(string key)
36       {
37           for(int i = 0;i < keys.Length;i ++)
38               if(keys[i] == key)return i;
39           return -1;
40       }
41       static void Main()
```

```
42      {
43          IndexerRecord record = new IndexerRecord();
44          record[ 0 ] = "马克-吐温";
45          record[ 1 ] = "Crox 出版公司";
46          record[ 2 ] = "汤姆-索亚历险记";
47          Console.WriteLine(record[ "Title" ]);
48          Console.WriteLine(record[ "Author" ]);
49          Console.WriteLine(record[ "Publisher" ]);
50      }
51  }
```

程序运行结果如图 3-5 所示。

图 3-5　使用索引器表示记录

3. 属性与索引器的比较

属性与索引器都能表示事物的状态，它们之间的比较如表 3-1 所示。

表 3-1　属性与索引器的比较

属　性	索　引　器
通过名称标识	通过参数列表进行标识
通过简单名称来访问	通过[ ]运算符来访问
可以用 static 修饰	不能用 static 修饰
属性的 get 访问器没有参数	索引器的 get 访问器具有与索引器相同的参数列表
属性的 set 访问器包含隐式 value 参数	除了 value 参数外，索引器的 set 访问器还具有与索引器相同的参数列表

4. 索引器应用举例

下面的例子声明了一个 BitArray 类，它在一个位阵列中为访问单独的位提供了一个索引器。注意，BitArray 访问元素的语法与 bool[ ]的完全相同。而一个 BitArray 的实例比相应的 bool[ ]消耗的存储空间更少（每个数据只占用一位而不是一个字）。作为应用，在类 CountPrimes 使用 BitArray 和经典的"筛选"算法来计算从 1 到一个最大给定数据间的素数的例子如下。

例 3-6　IndexerBitArray.cs 使用索引器。

```
1   using System;
2   class BitArray
3   {
4       int[] bits;
5       int length;
6       public BitArray(int length){
7           if(length < 0)throw new ArgumentException();
8           bits = new int[((length-1)>>5)+1];
9           this.length = length;
```

```
10      }
11      public int Length{
12          get{return length;
13      }
14      public bool this[int index]{
15          get{
16              if(index<0 || index >= length){
17                  throw new IndexOutOfRangeException();
18              }
19              return(bits[index >>5] & 1 << index)!=0;
20          }
21          set{
22              if(index<0 || index >= length){
23                  throw new IndexOutOfRangeException();
24              }
25              if(value){
26                  bits[index >>5] |=1 << index;
27              }
28              else{
29                  bits[index >>5] &= ~(1 << index);
30              }
31          }
32      }
33  }
34  class CountPrimes
35  {
36      static int Count(int max){
37          BitArray flags = new BitArray(max +1);
38          int count =1;
39          for(int i =2;i <= max;i ++){
40              if(!flags[i]){
41                  for(int j = i * 2;j <= max;j += i)
42                      flags[j] = true;
43                  count ++;
44              }
45          }
46          return count;
47      }
48      static void Main(){
49          Console.Write("请输入一个数：");
50          string s = Console.ReadLine();
51          int max = int.Parse(s);
52          int count = Count(max);
53          Console.WriteLine("在1与{0}找到{1}个素数",
54              max,count);
55      }
56  }
```

程序中有一点要解释一下，其中的 new ArgumentException( )表示参数不合法，它是一种异常，有关异常的详细情况会在后面的章节中讲到。程序的运行结果如图3-6所示。

图 3-6 使用索引器

3.3 类的继承

继承（inheritance）是面向对象程序设计中最为重要的特征之一。继承而得到的类为子类（subclass），被继承的类为父类、超类或基类（baseclass），父类包括所有直接或间接被继承的类，即包括直接父类及间接父类。一个父类可以同时拥有多个子类。一个类只能有一个直接父类，也就是说 C#中不支持多重继承。父类实际上是所有子类的公共字段和公共方法的集合，而每一个子类则是父类的特殊化，是对字段和方法在功能、内涵方面的扩展和延伸。例如，在窗体程序中，我们设计的 Form1 是继承了系统已设计好的 System.Windows.Forms.Form 类，它自动具有窗体的功能（如有一定界面、有最大化、最小化按钮、可以响应鼠标键盘事件），同时还可以在其中添加更多的功能（如加一些按钮、标签、增加一些字段、方法等）。

子类继承父类的状态和行为，同时也可以修改父类的状态或重载父类的行为，并添加新的状态和行为。采用继承的机制来组织、设计系统中的类，可以提高程序的抽象程度，使之更接近于人类的思维方式，同时也通过继承能较好地实现代码重用，可以提高程序开发效率，降低维护的工作量。

C#中，所有的类都是通过直接或间接地继承 object（即 System.Object）得到的。

3.3.1 派生子类

C#中的继承是在定义类时实现的。在定义类时使用冒号（:）指明新定义类的父类，就在两个类之间建立了继承关系。

通过在类的声明中加入":子句"来创建一个类的子类，其格式如下：

```
class SubClass:BaseClass{
    ……
}
```

把 SubClass 声明为 BaseClass 的直接子类，如果 BaseClass 又是某个类的子类，则 SubClass 同时也是该类的（间接）子类。

如果缺省冒号及父类名，则该类为 object（即 System.Object）的子类。因此，C#中，所有的类都是通过直接或间接地继承 object 得到的，或者说，所有的类都是 object 的子类。

继承关系在 UML 图中，是用一个箭头来表示子类与父类的关系的。如图 3-7 所示。

类 Student 从类 Person 继承，定义如下：

```
class Student:Person{
    //…
}
```

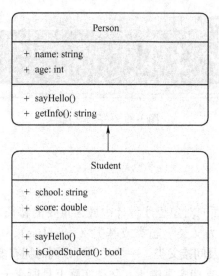

图 3-7　UML 图中继承关系的表示

子类自动地从父类那里继承所有字段、方法、属性、索引器等成员作为自己的成员。除了继承父类的成员外，子类还可以添加新的成员，还可以隐藏或修改父类的成员。

3.3.2　字段的继承、添加与隐藏

1. 字段的继承

子类可以继承父类的所有的成员。可见父类的所有字段实际是各子类都拥有的字段的集合。子类自动从父类继承字段而不是把父类字段的定义部分重复定义一遍，这样做的好处是减少程序维护的工作量。例如 Student 自动具有 Person 的字段（name，age 等）。

2. 字段的添加

在定义子类时，加上新的字段变量，就可以使子类比父类多一些属性。如：

```
class Student:Person
{
    string school;
    int score;
}
```

这里 Student 比 Person 多了两个成员：学校（school 字段）和分数（score 字段）。

3. 字段的隐藏

子类重新定义一个与从父类那里继承来的字段变量完全相同的变量，称为字段的隐藏。字段的隐藏在实际编程中用得较少。

在 C#中，隐藏父类的字段时，应该在子类的同名字段的声明前面加一个修饰符 new，否则，编译器会发出一个警告信息。

下面的几行代码显示了在子类 B 中隐藏了父类 A 的同名字段 a：

```
class A{
    public int a;
}
class B:A
```

```
        new public int a;
    }
```

当子类中隐藏了父类的同名字段时，编译器将根据声明的对象变量的类型来决定使用子类的字段量还是父类的字段。

3.3.3 方法的继承、添加与覆盖

1. 方法的继承

父类的方法也可以被子类自动继承，如 Student 自动继承 Person 的方法 sayHello 和 isOlderThan。

2. 方法的添加

子类可以新加一些方法，以针对子类实现相应的功能。

例如，在类 Student 中加入一个方法，对分数进行判断：

```
bool isGoodStudent(){
    return score >=90;
}
```

3. 重载与父类同名的方法

正像子类可以定义与父类同名的字段，实现对父类字段变量的隐藏一样；子类也可以定义与父类同名的方法，但其具体情况要复杂一些。有三种可能的情况：重载、新增和重写。这里先介绍重载。

定义同名、但参数列表（签名）与父类不同的方法，这称为对父类方法的重载（overloading），事实上重载的概念不仅用于在同类中各个同名的方法，还用于子类与父类同名的方法之间。

例如，在子类 Student 中，重载一个名为 sayHello 的方法：

```
void sayHello(Student another){
    Console.WriteLine("Hi!");
    if(school ==another.school)Console.WriteLine(" Schoolmates ");
}
```

4. 新增与父类同名的方法

定义同名且参数列表也与父类相同的方法，这称为新增加一种方法，这种情况下，应在子类的同名方法前面用一个修饰语 new，否则编译器会给出警告信息。

同时，在子类 Student 中定义同名的 new 方法：

```
new void sayHello(){
    Console.WriteLine("Hello! My name is" +name +
            ". My school is" +school);
}
```

当子类中已定义的方法用 new 修饰时，编译器将根据声明的对象变量的类型来决定使用子类的方法还是父类的方法。

✗ 新增同名方法会带来理解的困难和歧义，在实际编程中一般不用。

5. 重写与父类同名的方法

定义同名且参数列表也与父类相同的方法，而且父类的方法要用 virtual 进行修饰，子类的

同名方法使用 override 进行了修饰，这称为虚方法的重写（overriding），也叫"覆盖"。在实际编程中，"重写"用得很多，这使得子类可以改写或扩充父类的同名方法。例如：Student 类的 sayHello( ) 可以与 Person 的 sayHello( ) 有不同的表现。这种情况，在 C#中称为虚方法调用，它是"多态"的一种表现（关于虚方法及其调用将在本书后面的章节中进一步阐述，这里先学会如何使用）。虚方法在调用时，会根据实对象实例的具体类型来进行调用。

例 3-7 InheritFieldMethod.cs 在子类中定义与父类同名的字段与方法，注意，其中非 virtual 的方法是根据声明的变量类型，来决定是否使用子类还是父类的字段及方法。而 virtual 的方法是根据创建（new）的对象实例来决定的。

```
1    using System;
2    class A
3    {
4        public int a = 10;
5        public void m(){
6            a++;Console.WriteLine(a);
7        }
8        public virtual void v(){
9            Console.WriteLine("A.v");
10       }
11   }
12   class B:A
13   {
14       new public int a = 20;
15       new public void m(){
16           a++;Console.WriteLine(a);
17       }
18       public override void v(){
19           Console.WriteLine("B.v");
20       }
21       static void Main()
22       {
23           A x = new B();
24           Console.WriteLine(x.a);           //显示 10
25           x.m();                            //显示 11
26           B y = new B();
27           Console.WriteLine(y.a);           //显示 20
28           y.m();                            //显示 21
29           A z = new B();
30           z.v();                            //显示"B.v"
31       }
32   }
```

程序运行结果如图 3-8 所示。

图 3-8　程序运行结果

3.3.4 使用 base

C#中除了使用 this 外，还有一个关键字 base。简单地说，base 是指父类，base 在类的继承中有重要作用。

1. 使用 base 访问父类的字段和方法

子类自动地继承父类的属性和方法，一般情况下，直接使用父类的属性和方法，也可以使用 this 来指明本对象（注意，正是由于继承，使用 this 可以访问父类的字段和方法）。但有时为了明确地指明父类的字段和方法，就要用关键字 base。例如：父类 Student 有一个字段 age，在子类 Student 中用 age、this.age、base.age 来访问 age 是完全一样的：

```
void testThisBase(){
    int a;
    a = age;
    a = this.age;
    a = base.age;
}
```

当然，使用 base 不能访问在子类中新添加的字段和方法。

有时需要使用 base 以区别同名的字段与方法。如使用 base 可以访问被子类所隐藏了的同名变量。又比如，当覆盖父类的同名方法时，又要调用父类的方法，就必须使用 base。例如：

```
void sayHello(){
    base.sayHello();
    Console.WriteLine("My school is" + school);
}
```

从这里可以看出，即使同名，也仍然可以使用父类的字段和方法，这也使得在覆盖父类的方法的同时，还利用已定义好的父类的方法。

2. 使用父类的构造方法

在严格意义上，构造方法是不能继承的。比如，父类 Person 有一个构造方法 Person(string,int)，不能说子类 Student 也自动有一个构造方法 Student(string,int)。但是，这并不意味着子类不能调用父类的构造方法。

子类在构造方法中，可以用 base() 来调用父类的构造方法，必要时在还要带上相应的参数。

```
Student(string name,int age,string school):base(name,age){
    this.school = school;
}
```

要使用时，base() 必须放在构造方法的 {} 前面，并且用一个冒号（:）。

3. 使用 base 的注意事项

在使用 base 时，要注意 base 与 this 一样，指的是调用"对象"本身，不仅是指父类中看见的变量或方法（当然，使用 base，不能访问在本类定义的字段和方法）。这就不难理解以下几点注意事项：

① 通过 base 不仅可以访问直接父类中定义的字段和方法，还可以访问间接父类中定义

的字段和方法；

② 构造方法中调用父类的构造方法时，base()指直接父类的构造方法，而不能指间接父类的构造方法，这是因为构造方法是不能继承的；

③ 由于 base 指的是对象，所以它不能在 static 环境中使用，包括静态变量（static field）、静态方法（static method）、static 构造方法。

3.3.5 父类与子类的转换以及 as 运算符

类似于基本数据类型数据之间的强制类型转换，存在继承关系的父类对象和子类对象之间也可以在一定条件下相互转换。父类对象和子类对象的转化需要注意如下原则。

① 子类对象可以被视为是其父类的一个对象，如一个 Student 对象也是一个 Person 对象。所以以下代码是正确的（这里 Student 类是 Person 类的子类）：

```
Person p;
p = new Student();
```

② 父类对象不能被当作是其某个子类的对象，所以以下代码会产生编译错误：

```
Student s;
s = new Person();
```

③ 如果一个方法的形式参数定义的是父类对象，那么调用这个方法时，可以使用子类对象作为实际参数。例如 Console 类有一个 WriteLine(object) 的方法，而任何类都是 object 的子类，所以可以用

```
Console.WriteLine(new Person());
```

④ 如果父类对象引用指向的实际是一个子类对象，那么这个父类对象的引用可以用强制类型转换转化成子类对象的引用。

```
Person p1 = new Person();
Person p2 = new Student();
Student s1 = new Student();
Student s2 = new Student();
p1 = s1;                //可以,因为 Person 类型的变量可以引用 Student 对象
s2 = p1;                //不行,因为会产生编译错误
s2 = (Student)p1;       //编译时可以通过,运行时则会出现类型不能转换的异常
s2 = (Student)p2;       //正确,因为 p2 引用的正好是 Student 对象实例
```

在 C#中，除了强制类型转换，针对引用型的变量（包括对象、接口等），还有另一个运算符——as 运算符，它的作用相当于强制类型转换，其使用方法如下：

表达式 as 类型

与强制类型转换相比，除了写书方法上的不同外，还有以下两点不同：

↪ as 运算符只能用于引用型的表达式，不能用于值类型；

↪ 在运行时，如果不能发生转化，则强制类型转换运算会抛出异常，而 as 运算不会抛出异常，它仅仅使运算的结果为 null。

例如，针对上面提到的情形：

```
Student s3 = p1 as Student;     //结果 s3 为 null
Student s4 = p2 as Student;     //s4 被赋值
```

例 3-8 Student.cs 继承的例子。程序中用到了前面讲到的各方面知识并加了注释。

```csharp
1   using System;
2   class Person{
3       public string name;                              //定义字段
4       public int age;
5       public virtual void sayHello(){                  //定义方法,注意virtual
6           Console.WriteLine("Hello!My name is"+name);
7       }
8       public virtual void sayHello(Person another){    //方法重载
9           Console.WriteLine("Hello,"+another.name+
10              "!My name is"+name);
11      }
12      public bool isOlderThan(int anAge){              //定义方法
13          bool flg;
14          if(age>anAge)flg=true;else flg=false;
15          return flg;
16      }
17      public Person(string n,int a){                   //构造方法
18          name=n;
19          age=a;
20      }
21      public Person(string n){                         //构造方法重载
22          name=n;
23          age=-1;
24      }
25      public Person():this("",0)                       //调用其他构造方法
26      {
27      }
28  }
29
30  class Student:Person                                 //定义子类
31  {
32      public string school;                            //增加的字段
33      public int score=0;
34      public bool isGoodStudent(){                     //增加的方法
35          return score>=90;
36      }
37      public override void sayHello(){                 //重写同名方法
38          base.sayHello();
39          Console.WriteLine("My school is"+school);
40      }
41      public void sayHello(Student another){           //重载方法
42          Console.WriteLine("Hi!");
43          if(school==another.school)
44              Console.WriteLine(" Schoolmates");
45      }
46      public void testThisSuper(){
47          int a;
48          a=age;                                       //本句与以下两句效果相同
49          a=this.age;                                  //使用this
50          a=base.age;                                  //使用base
```

```
51        }
52        public Student(){                                    //构造方法
53        }
54        public Student(string name,int age,string school)
55             :base(name,age)                                 //调用父类的构造方法
56        {
57             this.school = school;
58        }
59
60        public static void Main(string [] arggs)
61        {
62             Person p = new Person("Liming",50);
63             Student s = new Student("Wangqiang",20,"PKU");
64             Person p2 = new Student("Zhangyi",18,"THU");
65             Student s2 = (Student)p2;                       //类型转换
66             s2.sayHello();
67        }
68   }
```

3.3.6 属性、索引器的继承

与方法的继承一样，子类也会继承父类的属性和索引器，同时子类也可以增加属性和索引器。子类还可以定义与父类同名或同参数列表的属性或索引器。

子类中定义与父类中属性同名的属性时，有两种方式：一是在子类中的同名属性用 new 修饰，表示新建的属性，它隐藏了父类的同名属性；（这种情况实际编程很少使用）；二是在父类的属性用 virtual 进行修饰，子类的同名属性用 override 进行了修饰，这称为属性的重写（overriding）。

类似地，子类中定义与父类中同参数列表的索引器，也有两种方式，不再赘述。

3.4 修饰符

修饰符（modifier）用在类及其成员等语法元素的前面，更具体地表示其特点，如前面多次用到的 public、private、static，等等。修饰符包括访问控制符和非访问控制符。本节来介绍常见的一些修饰符。

3.4.1 访问控制符

类及其成员都有访问权限的控制，这样才能更好地实现数据和代码的"封装性"。所以C#提供了对类成员在四种范围中的访问权限的控制，这四种范围包括：同一个类中、同一个程序集中、不同程序集中的子类、不同程序集中的非子类。

C#中的访问控制符有 5 个，其中基本的有 4 个：public, protected, private, internal, 还有 1 个复合的修饰符 protected internal（也可以写成 internal protected）。这里的 protected internal 的实际含义是 "protected 或者 internal"，是这两者的并集。

1. 类的成员的可访问性

类的成员的可访问性有两方面的含义：一种是基于逻辑的，例如 protected 表示其子类也可访问；一种是基于物理的，即可访问性跟是否在同一程序集（assembly）中有关，如 internal 表明在同一程序集内可访问。程序集，也称"程序装配"，是指编译时将多个类（编译后的 MSIL 指令）放入到同一个文件中（一般是 .dll 文件或 .exe 文件）。

类的成员（包括字段、方法、属性、索引器等）的访问性可以有以下 5 种情况。

① public：含义是"无限制访问"。
② protected internal：含义是"同一程序集内或子类可访问"。
③ protected：含义是"同类及其子类可访问"。
④ internal：含义是"同一程序集内可访问"。
⑤ private：含义是"仅在同类中可访问"。

类成员的修饰词与可访问性的关系如表 3-2 所示。

表 3-2 访问控制（"Yes"表示可以访问）

访问控制符	同类中	相同程序集的子类	相同程序集的非子类	不同程序集的子类	不同程序集的非子类
public	Yes	Yes	Yes	Yes	Yes
protected internal	Yes	Yes	Yes	Yes	
protected	Yes	Yes		Yes	
internal	Yes	Yes	Yes		
private	Yes				

✲值得注意的是，在声明类的成员时，如果没有使用访问控制符，则默认为 private。

对于类的构造方法，也可用访问控制符修饰符，并且一般使用 public。若构造方法缺省访问控制符，则为 private。若构造方法声明为 private，则其他类中不能生成该类的一个实例，只能在该类中使用，这样的情形通常用于一些特殊场合。

2. 处理继承性与可访问性

为了帮助读者准确理解可访问性，下面介绍几个值得注意的现象，主要是处理继承性与可访问性的关系上的问题。

对于学习过其他语言（如 C++，Java）的读者而言，在使用访问控制时，尤其要注意的是，在 C#中，虽然子类可以继承基类中的所有成员（除了构造方法和析构方法），包括继承基类中的 private 方法，但是在访问父类的成员时，却要受可访问性的限制。

在以下代码中，

```
class A
{
    int x;
    static void F(B b){
        b.x = 1;        //可以,b.x可以访问
    }
}
class B:A
{
```

```
static void F(B b){
    b.x = 1;          //错误,b.x 不可访问
}
```

其中,类 B 从类 A 中继承私有成员 x。因为成员是私有的,所以只有在 A 的类体中才能对它进行访问。这样在方法 A.F 中允许对 b.x 的访问,但是在方法 B.F 中却不能访问。事实上,在前一处,因为 b.x 中的 x 字段,是在 A 中定义的(只不过又由 B 类继承了),同时又在 A 的程序上下文进行访问,所以可以访问。而后一处,之所以不能访问,是因为在 B 的程序上下文不能访问在 A 中定义的 private 字段。

与 private 相似的问题,也出现在 protected 成员。如以下代码:

```
public class A
{
    protected int x;
    static void F(A a,B b){
        a.x = 1;      //可以
        b.x = 1;      //可以
    }
}
public class B:A
{
    static void F(A a,B b){
        a.x = 1;      //错误,不能访问
        b.x = 1;      //可以
    }
}
```

其中,在 A 的程序上下文中可以通过 A 和 B 的实例来访问 x。然而,在 B 的程序上下文中,不可能通过 A 的实例访问,只能通过 B 的实例来访问。

从上面的介绍中也可以看出,可访问性不是基于某个具体对象的,它是基于程序的上下文进行考察的。

3. 其他语法元素的可访问性控制符

除了类的成员,程序的其他语法元素也可以使用访问控制符。当没有使用访问修饰符时,使用默认的可访问性,参见表 3-3。具体地说:

① 名称空间隐含有一个 public 可访问性。在名称空间声明中不访问修饰符。

② 在编译单元或名称空间中的类型声明,包括类、接口、枚举、结构等,它们不是嵌套在其他类型声明中的,即它不是其他类型的成员类型,它们可以用 public 或 internal 修饰,而默认的是 internal 可访问性。

③ 类成员,包括字段、方法、属性、索引器以及类的成员类型(嵌套的类型),可以是 5 种声明可访问性中的任意一个,默认的是 private 可访问性。

④ 结构成员可以是 public、internal 或 private 可访问性,默认的 private 可访问性。结构成员不能有 protected 或者 protected internal 可访问性。

⑤ 接口成员隐含有 public 可访问性。在接口成员声明中不允许访问修饰符。

⑥ 枚举成员隐含有 public 可访问性。在枚举成员声明中不允许访问修饰符。

第 3 章 类、接口与结构

表 3-3 各种元素能使用的访问控制符

语 法 元 素	隐含的或默认的可访问性	允许使用的修饰符
名称空间	public	不允许
非成员的类型声明	internal	public, internal
类成员	private	public protected internal protected internal private
结构成员	private	public internal private
接口成员	public	不允许
枚举成员	public	不允许

4. 嵌套中的可访问性

由于程序集、名字空间、类型定义、成员、成员类型之间有可能有嵌套的关系，所以在实际使用过程中，一个成员的可访问性不仅要受该成员的修饰符的限制，还要受该成员的嵌套的程序上下文的限制。

对于以下的例子：

```
public class A
{
    public static int X;
    internal static int Y;
    private static int Z;
}
internal class B
{
    public static int X;
    internal static int Y;
    private static int Z;
    public class C
    {
        public static int X;
        internal static int Y;
        private static int Z;
    }
    private class D
    {
        public static int X;
        internal static int Y;
        private static int Z;
    }
}
```

其中的类和成员有下面的可访问性域：

① A 和 A.X 的可访问性域是没有限制的；

② A.Y、B、B.X、B.Y、B.C、B.C.X 和 B.C.Y 的可访问性域是包含程序的程序文字；

③ A.Z 的可访问性域是 A 的程序文字；

④ B.Z 和 B.D 的可访问性域是 B 的程序文字，包括 B.C 和 B.D 的程序文字；

⑤ B.C.Z 的可访问性域是 B.C 的程序文字；

⑥ B.D.X、B.D.Y 和 B.D.Z 的可访问性域是 B.D 的程序文字。

从上面的例子可以看出，一个成员的可访问性域永远不会比其包含它的类型的可访问性域大。

5. 可访问性约束

C#语言中定义可访问性时，还受到一些规则的约束。这些规则的基本原则是：如果类型 T 是 M（M 可以是成员、类型等）可访问性域的一个超集，那么类型 T 就要求至少和成员或类型 M 一样可访问。换句话说，如果 T 在所有 M 可访问的上下文中都可访问，那么 T 至少和 M 一样可访问。

下面是一些可访问性的约束：

- 一个类类型的直接基类必须至少同类类型本身同样可访问；
- 域的类型必须至少同域本身同样可访问；
- 一个方法的返回类型和参数类型必须至少同方法本身同样可访问；
- 构造函数的参数类型必须至少同构造函数本身同样可访问；
- 属性的类型必须至少同属性本身同样可访问；
- 索引器的参数的类型必须至少同索引器本身同样可访问；
- 一个接口类型的外部基本接口必须至少同接口类型本身同样可访问；
- 委托类型的返回类型和参数类型必须至少同委托类型本身同样可访问；
- 常数的类型必须至少同常数本身同样可访问；
- 事件的类型必须至少同事件本身同样可访问；
- 一个操作符的返回类型和参数类型必须至少同操作符本身同样可访问。

例如，在以下代码中，

```
class A{...}
public class B:A{...}
```

因为基类 A 的可访问性是默认的 internal，比子类 B 可访问性低，所以类 B 是有错误的。

同样，在以下代码中，

```
class A{...}
public class B
{
    A F(){...}
    internal A G(){...}
    public A H(){...}
}
```

其中 B 中的方法 H 也是有错误的，因为 H 的返回类型 A 的可访问性（internal）比 H() 本身的可访问性（public 类中的 public 方法应该没有访问限制）还要低。

下面通过一个具体的例子来说明可访问性的使用。

例 3-9 Accessibility.cs 该示例包含一个顶级类型 T1 和两个嵌套类 M1 和 M2。这两个类包含多个具有不同的可访问性的成员。在 Main 方法中,每个语句后都用注释阐明了每个成员的可访问域。注意,试图引用不可访问的成员的语句被注释掉了。如果逐个移除注释,可以查看由引用不可访问的成员所导致的编译错误。

```csharp
1    using System;
2    namespace MyNameSpace
3    {
4        public class T1
5        {
6            public static int myPublicInt;
7            internal static int myInternalInt;
8            private static int myPrivateInt = 0;
9
10           public class M1
11           {
12               public static int myPublicInt;
13               internal static int myInternalInt;
14               private static int myPrivateInt = 0;
15           }
16
17           private class M2
18           {
19               public static int myPublicInt = 0;
20               internal static int myInternalInt = 0;
21               private static int myPrivateInt = 0;
22           }
23       }
24
25       public class MainClass
26       {
27           public static int Main()
28           {
29               //Access to T1 fields:
30               T1.myPublicInt = 1;         // 存取无限制
31               T1.myInternalInt = 2;       //仅在当前项目中可以访问
32               //T1.myPrivateInt = 3;      //错误,在 T1 之外不能访问
33
34               //Access to the M1 fields:
35               T1.M1.myPublicInt = 1;      // 存取无限制
36               T1.M1.myInternalInt = 2;    //仅在当前项目中可以访问
37               //T1.M1.myPrivateInt = 3;   //错误,在 M1 之外不能访问
38
39               //Access to the M2 fields:
40               //T1.M2.myPublicInt = 1;    //错误,在 T1 之外不能访问
41               //T1.M2.myInternalInt = 2;  //错误,在 T1 之外不能访问
42               //T1.M2.myPrivateInt = 3;   //错误,在 T1 之外不能访问
43
44               return 0;
45           }
```

```
  46    }
  47 }
```

3.4.2 static

static（静态的）也是常用的修饰符。例如以前程序中作为程序入口的 Main( )方法就用了 static 进行修饰。

static 可以用来修饰的类的成员包括：字段、方法、属性、事件、操作符或构造函数。一个常数或嵌套的类型声明则隐含地为 static 的。对于索引器，则不能为 static 的。

类的成员，如果用 static 修饰，则称为静态成员，否则，称为实例成员。

static 可以翻译为"静态的"，实际上，其真正的含义是：不属于某个实例的，而是属于整个类的，整个类的所有实例都共享的（shared）。在 C#中，static 成员只能用类名来直接进行访问，而不能用实例变量名进行访问。

✂简单地说，static 就是"非实例的"。

1. static 字段

用 static 修饰的字段，即静态字段，它不保存在某个对象实例的内存区间中，而是保存在一个类的内存区字段的公共存储单元。换句话说，对于该类的任何一个具体对象而言，静态字段是一个公共的存储单元，任何一个类的对象访问它的，取到的都是相同的数值；同样任何一个类的对象去修改它的，也都是在对同一个内存单元进行操作。

例如，在类 Person 中可以定义一个类字段为 totalNum：

```
class Person{
    static long totalNum;
    int age;
    string Name;
}
```

totalNum 代表人类的总人数，它与具体对象实例无关。可以类名来对该对象进行访问：

```
Person.totalNum++;
```

在内存中，static 字段专门存放到"静态数据区"，对于该类而言，只有一份，它与 new 创建的对象无关，如图 3-9 所示。

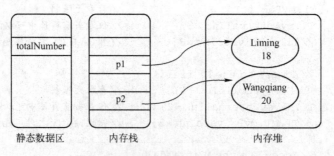

图 3-9 静态数据是单独存放的

2. static 方法

用 static 修饰的方法是仅属于类的静态方法。与此相对，不用 static 修饰的方法，则为实例方法。静态方法的本质是该方法是属于整个类的，不是属于某个实例的。

声明一个方法为 static 有以下几重含义。

① 非 static 的方法是属于某个对象的方法，在这个对象创建时，对象的方法在内存中拥有自己专用的代码段；而 static 的方法是属于整个类的，它在内存中的代码段将随着类的定义而分配和装载，不被任何一个对象专有。

② 由于 static 方法是属于整个类的，所以它不能操纵和处理属于某个对象的成员变量，而只能处理属于整个类的成员变量，即，static 方法只能处理 static 字段或调用 static 方法。

③ static 方法中，不能访问实例变量。在类方法中不能使用 this 或 base。

④ 调用 static 方法时，应该使用类名直接访问，不能用某一个具体的对象名。

例如：前面章节用到的 Console.WriteLine()，int.Parse() 等方法就是 static 方法，直接用类名进行访问。另外，每个程序中作为入口的 Main() 方法也必须是 static 的，这是因为 Main() 被运行系统所调用，而作为入口的 Main() 方法不应属于某个对象实例。

与 static 方法相似，所有被 static 修饰的功能成员（方法、属性、构造函数或析构函数等）也都具以上特点。

例 3-10 StaticAndInstance.cs 本例演示了访问静态和实例成员的规则。

```
1    class Test
2    {
3        int x;
4        static int y;
5        void F(){
6            x = 1;                //Ok,相当于 this.x = 1
7            y = 1;                //Ok,相当于 Test.y = 1
8        }
9        static void G(){
10           x = 1;                //错误,不能访问 this.x
11           y = 1;                //Ok,相当于 Test.y = 1
12       }
13       static void Main(){
14           Test t = new Test();
15           t.x = 1;              //Ok
16           t.y = 1;              //错误,不能用对象名访问 static 成员
17           Test.x = 1;           //错误,不能用类名访问实例成员
18           Test.y = 1;           //Ok
19       }
20   }
```

3. static 构造方法

用 static 修饰的构造方法，即静态构造方法，也称"静态构造函数"。静态构造方法不能有参数，不能有其他修饰符。一个类最多只能有一个静态构造方法。

类的静态构造方法的作用与类的实例构造方法有些相似，都是用来完成初始化的工作，但是它们有根本的不同：

↪ 实例构造方法对每个新创建的对象初始化，静态构造方法则对类自身进行初始化。

↪ 实例构造方法是在用 new 运算符产生新对象时由系统自动执行的；而静态构造方法一般不能由程序来调用，它在所属的类加载入内存时由系统调用执行。系统总能保证静态构造方法在所有的静态成员之前执行，也能保证在任何一个实例被创建之前

执行。
◇ 同 static 方法一样，它不能访问实例字段和实例方法。

例如，可以在 Person 类中加入静态初始化器，如：

```
class Person{
    static long totalNum;
    static Person(){
        totalNum = (long)52e8;
        Console.WriteLine("人类总人口" + totalNum);
    }
}
```

在这里的函数静态构造方法中对静态字段进行初始化，并执行了显示一个信息的任务。

4. static 类及 using static 类

C#2.0 以上版本中，类也可以用 static 修饰，表明该类的所有成员（包括字段、方法）都是 static 的。例如 System.Console 类、System.Math 类都是 static 类。

C#6.0 以上版本中，可以导入 static 类，从而可以省略类名而直接写方法名。例如：前面写 using static System.Console; 后面可以直接写 WriteLine() 它相当于 Console.WriteLine()。

3.4.3 const 及 readonly

1. const 修饰的类成员

类的成员若被 const 修饰，则被称为"常量（constant）"。常量的声明方法如下：

　　修饰符 const 类型 常量名 = 常量表达式;

其中，修饰符可以为 new、public、protected、internal、private。默认为 private。

常量与字段都是成员，但常量有一些重要的特点：

◇ 常量的作用相当于对常量的符号表示，它必须在定义时显式地赋值，并且赋以常量表达式，不能用变量赋值。

◇ 除了在定义的地方，不能对常量进行赋值。常量的值在程序中保持不变。

◇ 常量的类型可以为简单类型（sbyte、byte、short、ushort、int、uint、long、ulong、char、float、double、decimal、bool）、枚举类型、各种引用类型（包括 string）。这里引用类型的常量，如果不是 string 类型，则只允许赋以 null。常量的类型不能为普通的 struct 类型。如果要实现 struct 类型的保持不变的量，可以用 readonly。

◇ const 常量隐含是 static 的，所以只能用类名来进行访问，如 Math.PI 就是 Math 类中定义的常量，表示圆周率。要注意，const 不能显式地用 static 修饰。

常量在定义时要注意，给它赋的值必须是常量表达式，也就是可以在编译时计算的数值。允许常量依赖同一程序中的其他常量。

例 3-11 Constans.cs 例中包含一个名为 Constants 的类，有两个公共常量。由于常量是隐式静态类型，可以通过类名来访问：

```
1   class Constants
2   {
3       public const int A = 1;
4       public const int B = A + 1;
5   }
6   class Test
```

```
 7  {
 8      static void Main(){
 9          Console.WriteLine("A = {0},B = {1}",
10              Constants.A,Constants.B);
11      }
12  }
```

2. const 修饰局部变量

const 不仅可以修饰类的成员，还可以在一个函数中，用 const 来修饰局部变量。这时局部变量，实际上成为"常量"。与类的成员不同，局部变量唯一可用的修饰符是 const，不能有其他修饰符。

例如，以下一段代码中使用了 const 局部常量。

```
class Test
{
    void M()
    {
        const int j = 100;
        int n = j + 1;
    }
}
```

3. readonly 字段

在程序中，除可以使用 const 表示常数外，还可以在类的字段前面用 readonly 进行修饰来表示常量。与 const 相比，readonly 有以下特点。

↳ readonly 字段可以是各种类型（而 const 只可以是简单类型及字符串）。

↳ readonly 字段可以用变量或表达式进行赋值。

↳ readonly 不能修饰局部变量。

↳ readonly 字段并不隐含 static 性质。

↳ readonly 字段不要求定义时初始化。如果没有初始化，自动取默认值（0，false，null 等）。如果要赋值，可以定义时初始化，也可以在构造方法中赋值，包括使用 out 及 ref 参数进行处理。但它最多只能被赋值一次。赋值以后，其值不能被修改。

可以看出，readonly 要求的只读性是考虑"运行时是只读的"，而 const 要求的只读性是"编译时就是常量"。

事实上，readonly 用于程序中，还常常与 static 一起使用，来实现类似"常量"的功能。

例 3-12 ReadonlyColor.cs 在 Color 类中，用 readonly static 字段来表示"常量"的颜色。

```
 1  public class Color
 2  {
 3      public static readonly Color Black = new Color(0,0,0);
 4      public static readonly Color White = new Color(255,255,255);
 5      public static readonly Color Red = new Color(255,0,0);
 6      public static readonly Color Green = new Color(0,255,0);
 7      public static readonly Color Blue = new Color(0,0,255);
 8      private byte red,green,blue;
 9      public Color(byte r,byte g,byte b){
10          red = r;
11          green = g;
```

```
12            blue = b;
13        }
14 }
```

3.4.4　sealed 及 abstract

1. sealed 类

sealed（密封）可用于对类的修饰。如果一个类被 sealed 所修饰定义，说明这个类不能被继承，即不可能有子类。

被定义为 sealed 的类通常是一些有固定作用、用来完成某种标准功能的类。如 C#系统定义好的 String 类、Int32 等、Math 类等都是 sealed 类。将一个类定义为 sealed 类则可以将它的内容、属性和功能固定下来，从而保证引用这个类时所实现的功能的正确无误，并且编译器可以根据这个特点进行优化。

2. abstract 类

abstract（抽象）可以修饰类及类的一些成员（方法、属性、索引器）。

凡是用 abstract 修饰符修饰的类被称为抽象类。抽象类就是没有具体对象的概念类。抽象类不能被实例化，即不能用 new 来创建该类的对象实例。为了创建对象，这样的类必须被继承，然后创建其子类的对象实例。

定义抽象类的意义在于：抽象类是其所有子类的公共属性的集合，所以使用抽象类的一大优点就是可以充分利用这些公共属性来提高开发和维护程序的效率。这种把各类的公共属性从它们各自的类定义中抽取出来形成一个抽象类的组织方法显然比把公共属性保留在每一个具体类中要方便得多。

例如，C#中的 System.Array 类就是一个抽象类，它表示了所有数组的公共父类。

定义一个抽象类的格式如下：

```
abstract class 类名{
    ……
}
```

由于抽象类不能被实例化，因此下面的语句会产生编译错误：

```
new 抽象类名();
```

✘要注意的是，虽然抽象类不能被实例化，但是抽象类可以有构造函数，这些构造函数可以被子类的构造函数所调用。

在图 3-10 中的抽象类 Vehicle（抽象类名在 UML 图中用斜体表示），它的子类 Truck、Train、Boat 则可以是可实例化的类。编程时，可以这样写：

```
Vehicle v = new Truck();
```

如上一节所说，父类变量可以引用子类的实例。

由于抽象类是需要继承的，所以 abstract 类不能用 sealed 来修饰。

抽象类的子类还可以是 abstract 类，但只有非 abstract 的类才能被实例化。

3. abstract 方法、属性、索引器

被 abstract 所修饰的方法称为抽象方法，抽象方法的作用在于它为所有子类定义一个统一的接口。对抽象方法只需声明，而不需实现，即用分号（;）而不是用{}，格式如下：

```
abstract 类型 方法名(参数列表);
```

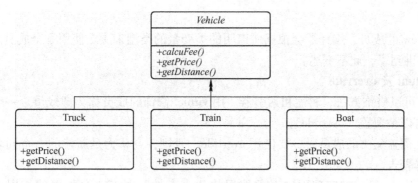

图 3-10 抽象类及其子类

抽象类中可以包含抽象方法，也可以不包含 abstract 方法。但是，一旦某个类中包含了 abstract 方法，则这个类必须声明为 abstract 类。

抽象方法在子类中必须被实现，否则子类仍然是 abstract 的。

与抽象方法相似，还有抽象属性、抽象索引器，它们的共同特点是没有提供实现体，而是用 set；及 get；表示。

抽象属性的定义格式如下：

```
abstract 类型 属性名
{
    get;
    set;
}
```

抽象索引器的定义格式如下：

```
abstract 类型 this [参数列表]
{
    get;
    set;
}
```

在使用 abstract 时要注意以下几点：
- abstract 不能与 static 并列修饰同一方法；
- abstract 不能与 private 并列修饰同一方法，也不能省略访问控制符；
- abstract 方法必须位于 abstract 类中；
- 子类在实现一个 abstract 方法时，要用 override 修饰，否则不认为是实现了该抽象方法，而认为是一个新（new）的方法。

3.4.5 new、virtual、override

在 C#中还有几个修饰符，new、virtual、override，它们跟类的继承有关。

1. new

这里介绍的是作为修饰符的 new，与作为创建对象实例的运算符 new 没有任何关系。new 可以用来修饰类的字段、常数、方法、属性、索引器、事件等成员。

使用 new 表示该成员与父类（直接父类或间接父类）同名的字段、常数、属性、事件或同签名的方法、索引器。new 成员隐藏了父类的同名、同签名的成员，而新定义了一个成员。

对于 new 的成员,编译器会根据所声明的类变量的类型来决定使用哪个成员。这一点在 3.3.3 节中讲到了,此不赘述。

2. virtual 及 override

virtual 可以修饰方法、属性和索引器。用 virtual 修饰的成员称为虚成员。一个虚成员在子类中,可以被覆盖(override)。

子类在覆盖父类的成员时,要使用 override,否则,会认为是新建的一个同名成员,并会给出编译警告。

virtual 及 override 在实现面向对象编程的"多态性"时有十分重要的作用,关于这一点,在 3.3.3 已经提到过。在这里介绍它与 new 的区别:系统在调用定义为 virtual 的方法时,会根据实际的对象实例的类型来决定调用父类的方法还是子类的方法,而不是根据声明的变量的类型来决定。

在使用 virtual 及 override 时,有以下几点注意事项:

① virtual 及 override 不能与 static 并列修饰同一方法;
② virtual 及 override 不能与 private 并列修饰同一方法,也不能缺省访问控制符;
③ abstract 成员隐含是 virtual 的,但 abstract 不能与 virtual 并列修饰同一成员;
④ 子类在实现一个 abstract 或 virtual 方法时,要用 override 修饰,否则不认为是实现了该抽象方法,而认为是一个新(new)的方法;
⑤ 一个 override 成员可以在其子类中进一步覆盖;
⑥ 一个 override 的成员一定在其直接父类或间接父类有相对应的 virtual、abstract 或 override 成员。

例 3-13 AbstractShapeTest.cs 使用抽象成员及虚成员。

```
1   using System;
2
3   public abstract class Shape
4   {
5       private string myId;
6
7       public Shape(string s)
8       {
9           Id = s;
10      }
11
12      public string Id                                //类型
13      {
14          get
15          {
16              return myId;
17          }
18
19          set
20          {
21              myId = value;
22          }
```

```csharp
23      }
24
25
26      public abstract double Area                    //面积,抽象属性
27      {
28          get;
29      }
30
31      public virtual void Draw()                     //绘制,虚方法
32      {
33          Console.WriteLine("Draw Shape Icon");
34      }
35
36      public override string ToString()              // 覆盖 object 的虚方法
37      {
38          return Id + " Area = " + string.Format("{0:F2}",Area);
39      }
40  }
41
42  // 正方形类
43  public class Square:Shape
44  {
45      private int mySide;                            //边长
46
47      public Square(int side,string id):base(id)
48      {
49          mySide = side;
50      }
51
52      public override double Area                    //实现面积
53      {
54          get
55          {
56              return mySide * mySide;
57          }
58      }
59
60      public override void Draw()                    // 覆盖绘制方法
61      {
62          Console.WriteLine("Draw 4 Side:"+mySide);
63      }
64  }
65
66  // 圆类
67  public class Circle:Shape
68  {
69      private int myRadius;                          //半径
70
71      public Circle(int radius,string id):base(id)
72      {
73          myRadius = radius;
```

```csharp
74        }
75
76        public override double Area                    //实现面积
77        {
78            get
79            {
80                return myRadius * myRadius * System.Math.PI;
81            }
82        }
83
84        public override void Draw()                    //覆盖绘制方法
85        {
86            Console.WriteLine("Draw Circle:" + myRadius);
87        }
88
89    }
90
91    //矩形类
92    public class Rectangle:Shape
93    {
94        private int myWidth;
95        private int myHeight;
96
97        public Rectangle(int width,int height,string id):base(id)
98        {
99            myWidth = width;
100           myHeight = height;
101       }
102
103       public override double Area
104       {
105           get
106           {
107               return myWidth * myHeight;
108           }
109       }
110
111       public override void Draw()                    //覆盖绘制方法
112       {
113           Console.WriteLine("Draw Rectangle");
114       }
115
116   }
117
118   //测试
119   public class TestClass
120   {
121       public static void Main()
122       {
123           Shape[] shapes =
124               {
```

```
125                new Square(5,"Square #1"),
126                new Circle(3,"Circle #1"),
127                new Rectangle(4,5,"Rectangle #1")
128            };
129
130            System.Console.WriteLine("Shapes Collection");
131            foreach(Shape s in shapes)
132            {
133                System.Console.WriteLine(s);
134            }
135
136        }
137 }
```

其中有包含抽象 Area 属性和虚方法的 Draw 的 Shape 类，另外定义了 Shape 类的 3 个子类，子类中实现或覆盖了 Shape 类中的虚属性及抽象方法，还有一个测试程序，它显示了某些 Shape 派生的对象的面积。程序的输出结果是：

```
Shapes Collection
Square #1 Area=25.00
Circle #1 Area=28.27
Rectangle #1 Area=20.00
```

3. sealed override

在子类中为了防止进一步对父类的虚方法进行覆盖，可以使用 sealed 方法（封闭的方法）。sealed 这时必须与 override 一起使用。

例如：

```
class A
{
    public virtual void M(){…}
}
class B
{
    public sealed override void M(){…}
}
```

3.4.6 一个应用模型——单例

模型（pattern）是面向对象程序设计中对众多类似的应用中抽象出的类之间的关系。这里介绍一种模型是单例（singleton），也叫单子模型。单例是指在某个类只有一个实例，调用者可以获得该实例，并且这个实例是唯一的。

实现这种模式有一个方法，就是将该类的构造函数设定为 private，使得外部调用者不能直接用 new 来进行创建其实例；然后在该类中，用 static 的字段来存放该类的唯一实例，并将该实例以 public 方法向外进行公开。这里利用了 private，public，static 等修饰符来实现这一模式。具体例子见例 3-14。

例 3-14 Singleton.cs 单子模型。

```
1   using System;
2   class Singleton{
```

```
3          private static Singleton onlyone = new Singleton();
4          private string name;
5          public static Singleton getSingleton(){
6              return onlyone;
7          }
8          private Singleton(){}
9      }
10
11     public class TestSingleton{
12         public static void Main(string [] args){
13             Singleton s1 = Singleton.getSingleton();
14             Singleton s2 = Singleton.getSingleton();
15             if(s1 == s2){
16                 Console.WriteLine("s1 is equals to s2!");
17             }
18         }
19     }
```

3.5 接口

3.5.1 接口的概念

C#中的接口（interface）在语法上有些相似于抽象类（abstract class），它定义了若干个抽象方法、属性、索引器、事件，形成一个抽象成员的集合，每个成员通常反映事物某方面的功能。接口在本质上是对某方面功能或特征的约定。

例如，在 C#中的 System.String 类和 System.Double 类分别表示字符串和实数，它们都有共同的特点，那就是都可以与其他对象比较大小，这时，就将相关的方法 CompareTo 放到一个名为 IComparable 的接口中，而 String 类和 Double 类都实现了这个接口，也就是说实现了"可比较"的功能或特征。接口是靠其中的一个或多个方法来体现的（这里是 CompareTo 方法）。

在程序中使用接口的一个重要作用是可以帮助实现类似于类的多重继承的功能。所谓多重继承，是指一个子类可以有一个以上的直接父类，该子类可以继承它所有直接父类的成员。C#不支持多重继承，而是用接口（interface）实现比多重继承更强的功能。编程者可以把用于完成特定功能的若干功能成员组织成相对独立的集合；凡是需要实现这种特定功能的类，都可以继承这个接口并在类内使用它。

程序中的接口的用处主要体现在下面几个方面：
① 通过接口可以实现不相关类的相同行为，而不需要考虑这些类之间的层次关系；
② 通过接口可以指明多个类需要实现的方法；
③ 通过接口可以了解对象的交互界面，而不需要了解对象所对应的类。

例如，要实现一个堆栈，其中的每个单元可以是任意类型的对象，如整数、实数、字符串，或是一个表格等。在堆栈的处理过程中，对每个单元的对象都会有一些相同的处理方法，如入栈、出栈。一种解决办法是找到这些对象类的一个共同的父类，并在其中实现相同的处理方法，但是由于这些对象类在本质上是没有相关关系的，因此通过继承的方法来实现堆栈单元是不可行的。而可行的解决办法就是通过接口来实现：在接口中定义这些类共同的行为，然后由每个类分别实现这些行为。同时，因为接口也是一种引用数据类型，可以把堆栈单元的类型作为接口，然后就可以通过它调用各个不同类对象的相应方法。

接口定义的仅仅是某一组特定功能的对外接口和规范，接口中的方法都是抽象方法，这个功能的真正实现是在"继承"这个接口的各个类中完成的，要由这些类来具体定义接口中各方法的方法体。因而在 C#中，通常把对接口功能的"继承"称为"实现（implements）"。总之，接口把方法的定义和对它的实现区分开来。同时一个类可以实现多个接口以达到实现类似于"多重继承"的目的。

C#通过接口使得处于不同层次、甚至互不相关的类可以具有相同的行为。例如，在图 3-11 中，接口 Flyable（可飞）具有 takeoff()，fly()，land() 等方法，它可以被 Airplane、Bird、Superman 等类来实现，而这些类并没有继承关系，也不一定处于同样的层次上。

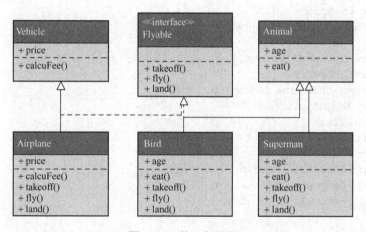

图 3-11 接口与继承

3.5.2 定义接口

定义接口使用 interface 关键字，在接口中可以有多个成员。

一个接口的成员必须是抽象的方法、属性、事件或索引器，这些抽象成员都没有实现体。一个接口不能包含常数、字段、操作符、构造函数、静态构造函数或嵌套类型，也不能包括任何类型的静态成员。

所有接口成员隐含的都有公共访问性，即隐含是 public 的。但是，接口成员声明中不能使用除 new 外的任何修饰符，即接口成员不能用 abstract，public，protected，internal，private，virtual，override 或 static 来修饰。但接口本身可以带修饰符，如 public，internal。

按照编码惯例，接口的名字都以大写字母 I 开始。

例如，下面的代码定义了一个接口：

```
public interface IStringList
{
    void Add(string s);
    int Count{get;}
    string this[int index]{get;set;}
```

}

该接口中包含了一个方法、一个属性和一个索引器。

一个接口可从一个或多个基接口（父接口）中继承。定义继承关系的格式与类的继承相似，都是用冒号（:）表示，如果有多个基接口，则用逗号分开。在下例中，接口 IMyInterface 从两个基接口 IBase1 和 IBase2 继承：

```
interface IMyInterface:IBase1,IBase2
{
    void MethodA();
    void MethodB();
}
```

子接口将继承所有父接口中的属性和方法。也可以利用 new 修饰符来隐藏父接口中的成员。

下面给出一个接口的定义：

```
public interface IList
    :ICollection,IEnumerable
{
    bool IsFixedSize{get;}
    bool IsReadOnly{get;}
    object this[ int index ]{get;set;}
    int Add(object value);
    void Clear();
    bool Contains(object value);
    int IndexOf(object value);
    void Insert(int index,object value);
    void Remove(object value);
    void RemoveAt(int index);
}
```

该接口实际上是 System.Collections.IList 的定义，该接口除了继承 ICollection 及 IEnumerable 接口外，还增加了 2 个属性、1 个索引器以及 7 个方法。此接口可以由数组（Array）、字符串列表（StringList）、数据视图（DataView）、树结点（TreeNodeList）等多个类来实现。

3.5.3 实现接口

接口的声明仅仅给出了抽象方法，相当于程序开发早期的一组协议，而具体地实现接口所规定的功能，则需某个类为接口中的抽象方法书写语句并定义实在的方法体，称为实现这个接口。

接口可以被类（class）来实现，也可以被结构（struct）来实现（有关结构会在第 3.6 节中讲解）。用类来实现接口，用以下格式：

```
class 类名:[父类,] 接口,接口,…,接口
{
    …
}
```

一个类在实现接口时，请注意以下问题。

① 在类的声明部分，用冒号（:）表明其父类及要实现的接口，其中父类一定要放到接口名的前面。如果父类省略，则隐含父类为 System.Object。

② 如果一个类实现了某个接口，则要求一定能在该类中找到与该接口的各个成员相对应的成员，也能找到该接口所有的父接口的所有成员。当然，这样的成员可以是在本类中定义的，也可以是从本类的父类中继承过来的。

③ 一个抽象类实现接口时，也要求为所有成员提供实现程序，抽象类可以把接口方法映射到抽象方法中。

④ 一个类只能有一个父类，但是它可以同时实现若干个接口。一个类实现多个接口时，如果把接口理解成特殊的类，那么这个类利用接口实际上就获得了多个父类，即实现了多重继承。

✖要特别注意的是，接口的抽象方法的访问控制都隐含为 public，所以类在实现方法时，必须使用 public 修饰符。

例 3-15 TestInterface.cs 使用接口。

```
1   using System;
2
3   interface Runner
4   {
5       void run();
6   }
7
8   interface Swimmer
9   {
10      void swim();
11  }
12
13  abstract class Animal
14  {
15      abstract public void eat();
16  }
17
18  class Person:Animal ,Runner,Swimmer
19  {
20      public void run()
21      {
22          Console.WriteLine("run");
23      }
24      public void swim()
25      {
26          Console.WriteLine("swim");
27      }
28      public override void eat()
29      {
30          Console.WriteLine("eat");
31      }
32      public void speak()
33      {
34          Console.WriteLine("speak");
35      }
36  }
```

```
37
38   class TestInterface
39   {
40       static void m1(Runner r)
41       {
42           r.run();
43       }
44       static void m2(Swimmer s)
45       {
46           s.swim();
47       }
48       static void m3(Animal a)
49       {
50           a.eat();
51       }
52       static void m4(Person p)
53       {
54           p.speak();
55       }
56
57       public static void Main(string [] args)
58       {
59           Person p = new Person();
60           m1(p);
61           m2(p);
62           m3(p);
63           m4(p);
64       }
65   }
```

3.5.4 对接口的引用

接口可以作为一种引用类型来使用，通过这些引用型变量可以访问类所实现的接口中的方法。

例如，假如 Person 类实现了 ISwimmable，则可以将 Person 对象作为 ISwimmable 来引用：

```
Person p = new Person();
ISwimmable s = p;
```

同样，如果一个方法需要用一个接口作参数，则可以直接将一个实现了该接口的类的实例对象传入。把接口作为一种数据类型可以不需要了解对象所对应的具体的类，而着重于它的交互界面或功能。

接口可能有多个父接口，而接口内的成员可能有同名现象，所以，在对接口成员进行调用时，可能出现不明确的现象。

例如，

```
interface IList
{
    int Count{get;set;}
```

```
    }
    interface ICounter
    {
        void Count(int i);
    }
    interface IListCounter:IList,ICounter{}
    class C
    {
        void Test(IListCounter x){
            x.Count(1);                    //Error,Count 不明确
            x.Count =1;                    //Error,Count 不明确
            ((IList)x).Count =1;           //Ok,调用 IList.Count.set
            ((ICounter)x).Count(1);        //Ok,调用 ICounter.Count
        }
    }
```

这里，前两个语句造成编译时的错误，因为 Count 的含义在 IListCounter 中是不明确的，它是指 IList 中的 Count 还是 ICounter 中的 Count 是不确定的。要解决这个问题，就要像例子中的后面两句那样，通过强制类型转换来明确地指定。

3.5.5 显式接口成员实现

有时候，多个接口有相同签名的方法（或其他成员），如果一个类要同时实现多个接口，可以只用一个方法即可满足各个接口的要求。然而，在更多的情况下，这些相同签名方法的在各个接口中的含义并不相同，所以要求类在实现各个接口时，要显式指明实现的是哪一个接口中的方法。这叫作显式接口成员实现。

例如，一个 FileViewer（文件查看器）要实现 IWindow 和 IFileHandler 两个接口，而这两个接口都有 Close( )方法，由于这两个方法的含义不同，所以用一个 Close( )方法不能满足这两个要求，解决的办法就是显式地实现不同接口中的不同成员。

要进行显式接口成员实现，只需在接口的成员名前面用点号（.）并前缀上接口名即可。如下面代码所示：

```
    interface IWindow
    {
        void Close();
    }
    interface IFileHandler
    {
        void Close();
    }
    class FileViewer:IWindow,IFileHandler
    {
        void IWindow.Close()
        {...}
        void IFileHandler.Close()
        {...}
    }
```

与非显式的接口成员实现相比，显式的接口成员实现，有一个重要特点：它不但不能使

用 abstract，virtual，override 或 static 修饰符，而且也不能使用 public 等修饰符，这就意味着它隐含是 private 的。

显式的接口成员在被调用时，必须通过接口来调用，不能通过类实例来调用。对于上面的代码而言，可以使用以下的方式进行调用：

```
FileViewer f = new FileViewer();
((IWindow)f).Close();
```

或者

```
IWindow w = new FileViewer();
w.Close();
```

例 3-16 InterfaceExplicitImpl.cs 使用显式接口成员实现。

```
1  using System;
2  class InterfaceExplicitImpl
3  {
4      static void Main()
5      {
6          FileViewer f = new FileViewer();
7          f.Test();
8          ((IWindow)f).Close();
9  
10         IWindow w = new FileViewer();
11         w.Close();
12     }
13 }
14
15 interface IWindow
16 {
17     void Close();
18 }
19 interface IFileHandler
20 {
21     void Close();
22 }
23 class FileViewer:IWindow,IFileHandler
24 {
25     void IWindow.Close()
26     {
27         Console.WriteLine("Window Closed");
28     }
29     void IFileHandler.Close()
30     {
31         Console.WriteLine("File Closed");
32     }
33     public void Test()
34     {
35         ((IWindow)this).Close();
36     }
37 }
```

从以上介绍可以看出，显式接口成员实现程序跟其他成员相比，具有不同的访问能力特性。因为显式接口成员不能通过类实例来调用,从这个意义上说它们是私有的;而另一方面,它们可以通过一个接口实例来访问,从这个意义上说,它们又是公共的。

显式接口成员实现主要服务于两个目的:

① 因为显式接口成员不能通过类或结构实例进行访问,只允许通过接口进行访问,所以,经常用于只能通过接口进行访问的情形。

② 显式接口成员实现程序允许用相同的签名消除接口成员的歧义,使得一个类或结构可以包含签名相同而返回类型不同的成员。

3.6 结构、枚举

本节介绍结构和枚举,它们是除类、接口以外的另外两种重要的数据类型。

3.6.1 结构

1. 结构的声明和使用

结构(struct)是一种对数据及功能进行封装的数据结构,与类(class)相比最大的不同是:结构是值类型,而类是引用类型。一般而言,结构用于比类(class)更简单的对象。

与类一样,结构可以包含各种成员,如:构造函数、常数、字段、方法、属性、索引器、事件、运算符和嵌套的值类型。同时,结构也可以实现接口。

结构类型的声明格式如下:

```
struct 结构名 [:接口名]
{
    …
}
```

struct 类型适合表示如点、矩形和颜色这样的简单数据结构。尽管可以将一个点表示为类,但表示成结构可能更有效。例如,如果声明一个含有 100 个点对象的数组,则将为引用每个对象分配附加的内存(正如以前讲到的那样,创建一个对象会在堆内存中分配内存)。在此情况下,使用结构可以降低成本。

例 3-17 StructPoint.cs 对 Point(点)使用结构。

```
1   struct Point
2   {
3       public int x,y;
4       public Point(int x,int y){
5           this.x = x;
6           this.y = y;
7       }
8   }
9
10  class Test
11  {
12      static void Main(){
13          Point[] points = new Point[100];
14          for(int i = 0;i < 100;i ++)
15              points[i] = new Point(i,i * i);
```

```
16      }
17  }
```

对 Point 使用结构而不是类，会在成员的存储位置上造成很大不同。上面的程序中创建并初始化了一个 100 个单元的数组。如果 Point 用类实现，程序就会占用 101 个分立对象，1 个分给数组，另外 100 个分给每个元素。而如果用结构来实现 Point，程序只会占用 1 个对象，即 1 个数组，因而效率较高。

当然，这并不意味着任何时候，使用结构都比使用类好。当结构作为参数传输时，由于需要创建结构和数据复制，因此用过分复杂的结构来替代类，也许会使程序变得缓慢和庞大，在编程时，需要仔细地考虑数据结构和算法，才能更好地发挥其各自的特点。

2. 结构在使用时的限制

结构和类在很多重要的方面是不同的。最重要的差别在于，结构是值类型（value types）而不是引用类型，而且结构不支持继承。同所有的值类型一样，结构是存储于栈中的，而不像引用类型那样存在于堆中。

由于以上的本质区别，在使用结构时，需要注意以下几点。

① 结构不能从其他类型进行继承，只能从接口进行继承。但所有结构都隐含地继承了 Object。

② 结构不能包含无参数构造方法。可以认为，对于任何结构，系统会自动提供一个无参数的构造方法，该构造方法自动对每个字段赋初始值（0，false，null 等）。

③ 如果有构造方法，在构造方法中，必须显式地对每个字段进行赋值，以使得每个字段是确定的。

④ 每个字段在定义时，不能给初始值。但 const 常数必须赋以值。

⑤ 结构不能有析构方法。

⑥ 结构成员不能被 protected 修饰，因为 protected 是与继承相关的。

⑦ 结构类型的变量不能使用 == 来进行比较判断，除非在其中定义了运算符 ==。

除以上注意事项外，在使用结构时，还有一点明显的不同。结构的实例化可以不使用 new 运算符。如果不使用 new，那么所有的字段都是默认初始值（0，false，null 等）。如果使用 new，则可以调用相应的构造方法。总之，结构的实例化可以使用 new，也可以不使用 new，而类的实例化必须使用 new。

例 3-18 StructNew.cs 对结构进行实例化，可以使用 new，也可以不使用 new。

```
1   using System;
2   public struct Point
3   {
4       public int x,y;
5
6       public Point(int x,int y)
7       {
8           this.x = x;
9           this.y = y;
10      }
11  }
12
13  class MainClass
```

```
14  {
15      public static void Main()
16      {
17          //Initialize:
18          Point myPoint = new Point();
19          Point yourPoint = new Point(10,10);
20          Point hisPoint;
21          hisPoint.x = 20;
22          hisPoint.y = 20;
23
24          //Display results:
25          Console.Write("My Point: ");
26          Console.WriteLine("x = {0},y = {1}",myPoint.x,myPoint.y);
27          Console.Write("Your Point:");
28          Console.WriteLine("x = {0},y = {1}",yourPoint.x,yourPoint.y);
29          Console.Write("His Point:");
30          Console.WriteLine("x = {0},y = {1}",hisPoint.x,hisPoint.y);
31      }
32  }
```

程序运行结果如图 3-12 所示。

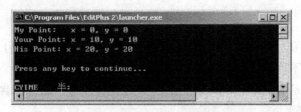

图 3-12 对结构进行实例化

3.6.2 枚举

枚举（enum）应用于有多个选择情况的场合，枚举类型为一组符号常数提供了一个类型名称。在枚举中的每个成员实际上是一个符号常数。例如：

```
enum Color
{
    Red,
    Green,
    Blue
}
```

声明了一个枚举类型 Color，它表示 3 种可能的情况：Red，Green，Blue。这里的三个值实际上是三个整数 0，1，2，但与整数相比，使用枚举使程序的可读性更好，并且容易检查出错误。

1. 枚举的声明

声明枚举类型，使用关键字 enum。声明的基本格式如下：

```
enum 枚举名 [:基本类型名 ]
{
    枚举成员 [ = 常数表达式],
```

...
}

每个枚举类型都有一个相应的整数类型,称为枚举类型的基本类型(underlying type)。一个枚举声明可以显式地声明为 byte、sbyte、short、ushort、int、uint、long 或 ulong 中的一个基本类型。注意,不能用 char 作为基本类型。如果没有显式声明基本类型,则默认为 int。

枚举类型声明的主体定义了多个枚举成员,它们是枚举类型的被命名的常数。

每个枚举成员都有相应的常数数值,常数数值要与枚举的基本类型一致。

一个枚举成员的相关数值,既可以使用等号(=)显式地赋值;也可以不用显式赋值,即使用隐式赋值。隐式赋值按以下规则来确定值:

① 第一个枚举成员,如果没有显式赋值,它的数值为 0;
② 其他枚举成员,如果没有显式赋值,它的值等于前一枚举成员的值加 1。

例如:

```
enum Color
{
    Red,
    Green = 10,
    Blue,
    Max = Blue
}
```

其中 Red 的值为 0,Green 的值为 10,Blue 的值为 11,Max 的值为 11。

枚举成员前面都不能显式地使用修饰符。每个枚举成员隐含都是 const 的,其值不能改变;每个成员隐含都是 public 的,其访问控制不受限制;每个成员隐含都是 static 的,直接用枚举类型名进行访问。

例 3-19 EnumColor.cs 使用枚举来表示交通灯可能的颜色。

```
1   using System;
2   enum Color
3   {
4       Red,
5       Yellow,
6       Green
7   }
8   class TrafficLight
9   {
10      public static void WhatInfo(Color color){
11          switch(color){
12              case Color.Red:
13                  Console.WriteLine("Stop!");
14                  break;
15              case Color.Yellow:
16                  Console.WriteLine("Warning!");
17                  break;
18              case Color.Green:
19                  Console.WriteLine("Go!");
20                  break;
21              default:
```

```
22                    break;
23             }
24      }
25 }
26
27 class Test
28 {
29     static void Main()
30     {
31         Color c = Color.Red;
32         Console.WriteLine(c.ToString());
33         TrafficLight.WhatInfo(c);
34     }
35 }
```

程序运行结果如图 3-13 所示。

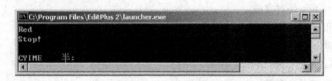

图 3-13 使用枚举

2. 枚举量的运算

每个枚举类型自动从类 System.Enum 派生。因此，Enum 类的方法和属性可以被用在一个枚举类型的数值上。

对于枚举类型，可以使用整数类型所能用的大部分运算符，包括：==,!=，<，>，<=，>=，+，-，^，&，|，~，++，--，sizeof。

由于每个枚举类型定义了一个独立的类型，枚举类型和整数类型之间的转换要使用强制类型转换。有一个特例是，常数 0 可以隐式地转换成任何枚举类型。

特别值得注意的是，枚举类型可以与字符串互相转化。

枚举类型的 ToString() 方法能得到一个字符串，这个字符串是相对应的枚举成员的名字，如上例中用到的 Console.WriteLine(c.ToString())；。

System.Enum 的 Parse() 方法可以将枚举常数字符串转换成等效的枚举对象。Parse() 方法的格式如下：

```
public static object Parse(Type,string);
```

使用的方式如下：

```
Color c = (Color)Enum.Parse(typeof(Color),"Red");
```

习题 3

一、判断题

1. 字段与方法都要放到类中，不能独立于类之外。
2. 字段相当于变量，方法相当于函数。
3. this 指当前对象，后面用 -> 符号来访问其成员。

4. 构造方法返回类型是 void。
5. C#中，用冒号来表示继承。
6. 访问父类的成员，使用关键词 father。
7. C#所有的类都是 object 的子类。
8. 所有的对象都有 ToString( )方法。
9. object 等价于 System.Object。
10. 要重写父类的方法，使用关键词 override。
11. as 类似于强制类型转换但不抛出异常。
12. 判断一个对象是不是某个类的实例，使用运算符 is。
13. 如果要一个 Person 对象，来一个 Student 对象是完全可以的。
14. internal 是基于程序集的访问控制。
15. protected 是与继承相关的。
16. static 变量，既可以用类名来访问，又可以用对象实例来访问。
17. static 本质上与 this 是对立的。
18. static 方法中可以用 this 来访问其成员。
19. C#变量不能将全局变量写在类之外，但可以用 static 变量表示全局变量。
20. readonly 就是 const。
21. const 只能用于基本类型及 string。
22. sealed 表示不能被继承。
23. abstract 表示抽象的，不能被实例化。
24. abstract 表示抽象的，不能被实例化，也就是说不能有构造方法。
25. abstract 类一般都是用来被继承的。
26. interface 表示接口。
27. interface 中的方法自动就是 public 的，而且是 abstract 的。
28. interface 一般用于表示某种特征。
29. 一个类只能实现一个接口。
30. interface 的名字习惯用字母 I 开始。
31. 实现 interface 的方法前一定要用 public 修饰。
32. enum 本质是上符号化的整数。
33. enum 量可以用于 switch 语句。
34. 面向对象的程序的主体是定义各种类。

二、思考题

1. 使用抽象和封装有哪些好处？
2. 如何定义方法？在面向对象程序设计中方法有什么作用？
3. 如何定义静态字段？静态字段有什么特点？如何访问和修改静态域的数据？
4. 如何定义静态方法？静态方法有何特点？
5. 什么是抽象方法？它有何特点？如何定义抽象方法？如何使用抽象方法？
6. 什么是密封类，使用什么关键字？
7. 什么是静态初始化器？它有什么特点？与构造方法有什么不同？
8. 什么是访问控制符？有哪些访问控制符？哪些可以用来修饰类？哪些用来修饰域和方法？试述不同访问控制符的作用。
9. 修饰符是否可以混合使用？混合使用时需要注意什么问题？
10. 什么是继承？什么是父类？什么是子类？继承的特性给面向对象编程带来什么好处？什么是单重

继承？什么是多重继承？

11. 如何定义继承关系？为"学生"类派生出"小学生""中学生""大学生""研究生"四个类，其中"大学生"类再派生出"一年级学生""二年级学生""三年级学生""四年级学生"四个子类，"研究生"类再派生出"硕士生"和"博士生"两个子类。

12. 什么是字段的隐藏？

13. 什么是方法的覆盖？与方法的重载有何不同？

14. 解释 this 和 base 的意义和作用。

15. 父类对象与子类对象相互转化的条件是什么？如何实现它们的相互转化？

16. 构造方法是否可以被继承？是否可以被重载？试举例。

17. 什么是接口？为什么要定义接口？接口与类有何异同？如何定义接口？使用什么关键字？

18. 一个类如何实现接口？实现某接口的类是否一定要重写该接口中的所有抽象方法？

三、编程题

1. 编写一个 C#程序定义一个表示学生的类 student，包括域"学号""班号""姓名""性别""年龄"；方法"获得学号""获得班号""获得性别""获得年龄""修改年龄"。

2. 综合练习：编写银行 ATM 程序。要求如下：

（1）使用面向对象的思想，模拟现实世界中的银行、账号、ATM 等对象，其中类中有字段、方法；

（2）在程序中适当的地方，使用属性、索引器，注意使用修饰符；

（3）使用继承，继承账号（Account 类）得到一个子类（如信用账号），增加字段（如信用额度）、属性、方法，覆盖（override）一些方法（如 WithdrawMoney）。

（4）根据程序的需要（可选做），使用 C#的其他语法成分，诸如：接口、结构、枚举等。

（5）程序中加上适当的注释，并加一个说明文件，简要描述在什么地方使用了一些特殊的语法要素。

第 4 章　C#高级特性

前几章介绍了 C#语言的基本语法和面向对象的实现，本章介绍 C#语言中一些更加高级的特性，包括：泛型、委托、Lambda 表达式、事件、运算符重载、异常处理、Attribute、命名空间等，这些特性大部分都是 C#中独有的概念，它们使 C#功能较其他语言功能更强大、使用更方便。学习本章可以对 C#语言语法有较全面的理解。

4.1　泛型

泛型（generic）是 C#中一个重要概念，简单地说，泛型是编写一个类可以针对不同的类型。即通过参数化类型来实现在同一份代码上操作多种数据类型。泛型编程是一种编程范式，它利用"参数化类型"将类型抽象化，从而实现更为灵活的复用。C#是在 2.0 版本中开始引入泛型的。

4.1.1　泛型的基本使用

考虑这样一个问题：如果要定义一个含有多个元素的列表集合 List，有加入、删除、查找等功能，但是为了表示元素的类型可以是各种类型（如 int，string，Point，Person 等），如果不用泛型，则有两种方法，一是针对每种类型写一遍，如：

```
class IntList{void Add(int a){...}   bool Remove(int a){...}}
class StringList{void Add(string a){...}   bool Remove(string a){...}}
class PointList{void Add(Point a){...}   bool Remove(Point a){...}}
class PersonList{void Add(Person a){...}   bool Remove(Person a){...}}
```

这样做显然太麻烦。另一种写法是写一个针对 object 元素的集合类，如：

```
class List{void Add(object a){...}   bool Remove(object a){...}}
```

后一种写法解决了 object 可以针对任意类型的问题，但是又将类型信息去掉了，如果一个 int 的集合中加入 string 对象，系统并不知道。

解决这种问题的办法就是使用泛型，即给上面的类加一个"类型参数"，从而表示其中元素的类型，这样既能针对不同的类型，同时又指明类型。在定义类型时，使用尖括号（即小于号及大于号）来表示类型参数：

```
class List<T>{
    void Add(T a){...}
    bool Remove(T a){...}
}
```

这里 T 就是类型参数，它表示任意类型。在实际使用时，只需具体指明所使用的类型，如：

```
List<int> list1 = new List<int>(); list1.Add(5);
List<string> list2 = new List<string>(); list2.Add("abc");
List<Point> list3 = new List<Point>(); list3.Add(new Point());
```

在上面的代码中,如果在 list1 中加入 string 类型的元素,编译器就不会允许。可以看出,泛型使得类型更安全。

事实上,C#从 2.0 开始引入泛型以后,大量的类开始使用泛型。如早期有关集合的类在 System.Collections 命名空间中定义了不带泛型的类,如 ArrayList、Stack、Queue、Hashtable 等;后来又在 System.Collections.Generic 命名空间中定义了有类似功能的带泛型的类,如 List<T>、Stack<T>、Queue<T>、Dictionary<TKey,TValue>;我们现在一般使用后者。

又比如,在 System 命名空间中,定义了多种形式的 Tuple 类,表示多元组:

```
Tuple 类
Tuple(T1)类
Tuple(T1,T2)类
Tuple(T1,T2,T3)类
Tuple(T1,T2,T3,T4)类
Tuple(T1,T2,T3,T4,T5)类
Tuple(T1,T2,T3,T4,T5,T6)类
Tuple(T1,T2,T3,T4,T5,T6,T7)类
Tuple(T1,T2,T3,T4,T5,T6,T7,TRest)类
```

在编程时,可以方便地利用它们来表示元组这样的数据结构,如可以用来表示一对平面坐标及该点的名称这个三元组:

```
Tuple<double,double,string>dot
    =new Tuple<double,double,string>(1.5,2.3,"A");
```

注:C# 7.0 中提出的元组(ValueTuple)是值类型的,与这里的引用类型的 Tuple 是不同的概念,这在第 12 章还会提到。

4.1.2 自定义泛型

泛型可以用在类、方法、结构、接口、委托等语法要素上,这里首先介绍泛型类的定义。

1. 泛型类的声明

类定义可以通过在类名后添加用尖括号括起来的类型参数名称列表来指定一组类型参数。类型参数可用于在类声明体中定义类的成员。在下面的示例中,Pair 的类型参数为 TFirst 和 TSecond:

```
public class Pair<TFirst,TSecond>
{
    public TFirst First;
    public TSecond Second;
}
```

要声明为采用类型参数的类类型称为泛型类类型。

当使用泛型类时,必须为每个类型参数提供类型实参:

```
Pair<int,string>pair=new Pair<int,string>{First=1,Second="two"};
int i=pair.First;              //TFirst is int
string s=pair.Second;          //TSecond is string
```

按照习惯,泛型的类型参数以大写字母 T 开始,如果只有一个类型参数,可以只用一个

大写字母 T。

例 4-1 GenericStack.cs 自定义一个泛型的栈类。程序中泛型类 MyStack 使用了类型参数 T。栈是一种先进后出的数据结构，程序中使用 index 来表示栈顶的位置。

```
1   using System;
2   public class MyStack <T>
3   {
4       private T[] buffer;
5       private int index = 0;
6       private int size;
7       public MyStack(int size = 100)
8       {
9           buffer = new T[size];
10          this.size = size;
11      }
12      public void Push(T data)
13      {
14          if(index >= size)throw new Exception();
15          buffer[index ++] = data;
16      }
17      public T Pop()
18      {
19          if(index == 0)throw new Exception();
20          return buffer[-- index];
21      }
22      public bool IsEmpty()
23      {
24          return index == 0;
25      }
26  }
27  class Program
28  {
29      static void Main()
30      {
31          MyStack <string> stack = new MyStack <string>();
32          stack.Push("aaa");
33          stack.Push("bbbb");
34          stack.Push("ccccc");
35          while(!stack.IsEmpty()){
36              string a = stack.Pop();
37              System.Console.WriteLine(a);
38          }
39      }
40  }
```

2. 泛型结构、接口和泛型方法

对于泛型的结构、接口等的定义与泛型类的定义相似。对于泛型方法，则是将参数型放到方法名的后面，例如：

```
private static Random rnd = new Random();
static T RandomOneOf <T>(T a,T b)
```

```
        {
            if(rnd.Next(2)>=1)return a;
            return b;
        }
```

在调用泛型方法时，可以加上实际的类型参数，但是在多数情况下，编译器能推断出类型，这时尖括号及实际类型可以省略不写。以下两种写法都可以：

```
string s = RandomOneOf <string> ("aaa","bbb");
string s = RandomOneOf("aaa","bbb");
```

系统中也定义了很多泛型方法，比如 System.Array 类的 Sort 方法可以用来对各种数组进行排序：

```
Array.Sort <T> (T[] a);
```

例4-2 GenericMethod.cs 自定义泛型方法。程序中泛型方法 Shuffle 表示对一个数组随机交换数据，而 Swap 表示交换两个数组元素。

```
1   using System;
2   class Program
3   {
4       static void Main(string[] args)
5       {
6           //初始化牌局
7           int[] array = new int[52];
8           for(int i = 0;i < array.Length;i ++)
9           {
10              array[i] = i;
11          }
12
13          //洗牌
14          Shuffle <int> (array);
15
16          //显示
17          foreach(int n in array)Console.Write(n + "");
18      }
19
20      static void Shuffle <T> (T[] array)
21      {
22          Random random = new Random();
23          for(int i = 1;i < array.Length;i ++)
24          {
25              Swap <T> (array,i,random.Next(0,i));
26          }
27      }
28
29      static void Swap <T> (T[] array,int indexA,int indexB)
30      {
31          T temp = array[indexA];
32          array[indexA] = array[indexB];
33          array[indexB] = temp;
34      }
35  }
```

3. 类型参数的约束

在使用泛型时，有时需要使类型参数满足某些条件，比如要求是某个类及其子类，这时则需要使用 where 关键词进行类型参数的约束。如：

```
class MyList <T> where T:Person
```

表示类型参数是 Person 类（及其子类）。

常见的约束有以下几种形式，如表 4-1 所示。

表 4-1　常见的约束形式

约　　束	描　　述
where T:struct	类型参数必须为值类型
where T：class	类型参数必须为类型
where T:new()	类型参数必须有一个 public 的无参的构造函数。当与其他约束联合使用时，new()约束必须放在最后
where T：类型名	类型参数必须是指定的基类型或是派生自指定的基类型
where T：接口名	类型参数必须是指定的接口或是指定接口的实现。可以指定多个接口约束。接口约束也可以是泛型的

在实际编程中，如果程序中要使用 new T() 这样的方式来创建一个对象，则要加上 where T:new() 这样的约束。如果程序要使用针对 T 类型的 null，则要求使用 T:class 这样的约束。如果类型可能是类也可能是值类型，怎样来表示默认值（null、0 或 false）呢，这就可以使用 default 运算符，如：

```
T a = default(T);
```

可以说，这个 default 就是专门用来解决泛型的默认值问题的。

在 C# 7.1 以上版本中，可以写得更简单：

```
T a = default;
```

也就是说，可以省略圆括号及其中的类型。

4. 泛型接口中的 out 和 in 类型参数

泛型接口在定义时与泛型类的定义相似，但是在很多时候，要考虑到接口的广泛适应性，还要到两个修饰语，out 和 in。如果类型参数用 out 修饰，则该类型只能用作方法的返回值，不能用作方法的参数；如果用 in 修饰，则该类型只能用作方法的参数，不能用作方法的返回值。用 out 修饰的叫作协变（covariant）；用 in 修饰的叫作逆变（contravariant）；如果没用 out 也没用 int，则称类型参数为固定的（invariant）。

在下面的示例中，

```
interface C < out X, in Y, Z >
{
    X M(Y y);
    Z P{get;set;}
}
```

X 为协变，Y 为逆变，而 Z 为固定的。

协变与逆变主要是要解决子类与父类的转换问题，关于它们的进一步讨论可以参见第 12 章 "深入理解 C#语言"。

4.2 委托及 Lambda 表达式

委托（delegate）与事件（event）是 C#中提出的独特的概念，简单地说，委托是"函数指针"在 C#中的更好实现，而事件是"回调函数"在 C#中的更好实现。本节介绍委托。

4.2.1 委托类型与赋值

考虑这样一个问题，要编写一个对函数求数值积分的函数，这里需要将函数作为参数，或者说函数也作为变量，那应该用什么语法元素来表示呢？在 C 语言中是"函数指针"的功能，在 C#中就是这里要讲的委托（delegate）。可以认为委托类似于函数指针，它是一种引用类型，它引用的就是函数。

委托所引用的函数是有一定类型的。一个委托类型表示函数的签名（函数的参数类型及顺序），所以可以认为是类型安全的，即一种委托类型不能引用与之不兼容的任意类型；而一个委托实例可以表示一个具体的函数，即某个类的实例方法或静态方法，所以可以将委托理解为函数的包装或引用。

1. 委托类型与委托变量的声明

委托类型是引用类型，声明一个委托类型的方式如下：

  修饰符 delegate 返回类型 委托名 (参数列表)；

形式参数列表指定了委托的签名，而结果类型指定了委托的返回类型。

可以看出，委托的声明与方法的声明有些相似，类似于 C 语言的函数原型，这是因为委托就是为了对方法进行引用。但要注意，委托类型是一种类型，它表示的是一类函数。例如：

  `public delegate double MyDelegate(double x);`

这就声明了一个委托类型，名叫 MyDelegate 类型，它能引用的函数是这样的：带一个 double 参数，而且返回的类型也是 double。

由于委托是一个类型，所以一般与 class 的声明是并列的，不要写到 class 的定义里面去。（如果写到 class 里面，则成了嵌套类型。）

声明一个委托类型的变量，与声明一个普通变量的方式一样：

  委托类型名 委托变量名；

如：

  `MyDelegate d;`

2. 委托的实例化

对委托进行实例化，即创建一个委托的实例的方法如下：

  `new 委托类型名(方法名);`

其中，方法名可以是某个类的静态方法名，也可以是某个对象实例的实例方法名。例如：

  `MyDelegated d = new MyDelegate(System.Math.Sqrt);`
  `MyDelegated d2 = new MyDelegate(obj.MyMethod);`

这里，方法的签名及返回值类型必须与委托类型所声明的一致，也就是说，这个委托是类型严格的、类型安全的。

�֎ 要注意的是,这里具体的函数名后面不能加一对圆括号,如果写成 obj. MyMethod( )则表示调用函数求值的结果,而不是表示函数本身。

3. 委托赋值的简写(语法糖)

在 C# 2.0 以上的版本中,对委托的实例化与赋值可以简写,不写 new 及委托类型名,而直接将函数赋值给委托变量。例如:

```
MyDelegated d = System.Math.Sqrt;
MyDelegated d2 = obj.MyMethod;
```

这种写法很是方便,也可以更好地理解委托的本质就是函数。这实际是编译器的语法糖,它编译成了委托的实例化对象。

4. 委托的调用

委托的调用实际上是对其中所包装的函数的调用。委托的调用方式与函数的调用方式一样,传入参数,并获得返回值,形式如下:

委托变量名(参数列表)

如:

```
double r = d(3.0);
double r2 = d2(5.5);
```

委托的一个重要的特点是,委托在调用方法时,不必关心该方法所属的对象的类型。它只要求所提供的方法的签名和委托的签名相匹配。

例 4-3 DelegateIntegral.cs 函数的数值积分。程序中声明了委托 Fun,它委托一个由 double 返回 double 的一个函数。有一个方法 Integral,它用委托作为参数,可以针对不同的函数进行数值积分。

```
1   using System;
2
3   delegate double Fun(double x);
4
5   public class DelegateIntegral
6   {
7       public static void Main()
8       {
9           Fun fun = new Fun(Math.Sin);
10          double d = Integral(fun,0,Math.PI/2,1e-4);
11          Console.WriteLine(d);
12
13          Fun fun2 = new Fun(Linear);
14          double d2 = Integral(fun2,0,2,1e-3);
15          Console.WriteLine(d2);
16
17          Rnd rnd = new Rnd();
18          double d3 = Integral(new Fun(rnd.Num),0,1,0.01);
19          Console.WriteLine(d3);
20      }
21
22      static double Linear(double a)
23      {
24          return a*2+1;
```

```
25        }
26
27     class Rnd
28     {
29        Random r = new Random();
30        public double Num(double x)
31        {
32            return r.NextDouble();
33        }
34     }
35     //积分计算
36     static double Integral(Fun f,double a,double b,double eps)
37     {
38         int n,k;
39         double fa,fb,h,t1,p,s,x,t = 0;
40
41         fa = f(a);
42         fb = f(b);
43
44         //迭代初值
45         n = 1;
46         h = b - a;
47         t1 = h * (fa + fb)/2.0;
48         p = double.MaxValue;
49
50         //迭代计算
51         while(p >= eps)
52         {
53             s = 0.0;
54             for(k = 0;k <= n - 1;k++)
55             {
56                 x = a + (k + 0.5) * h;
57                 s = s + f(x);
58             }
59
60             t = (t1 + h * s)/2.0;
61             p = Math.Abs(t1 - t);
62             t1 = t;
63             n = n + n;
64             h = h/2.0;
65         }
66         return t;
67     }
68  }
```

程序中使用的数值积分算法是迭代方法，初始值是梯形的面积 h * (fa + fb)/2.0，以后每次将梯形画得更细（h = h/2.0），得到新的面积（s）并与上一次的面积求平均 t = (t1 + h * s)/2.0，这样得到的面积更接近于积分，多次迭代直到误差不大（每次变化小于 eps）。

例 4-4 DelegatePlotFun 函数绘图。程序中声明了委托 Fun，它委托一个由 double 返回 double 的一个函数。另外有一个方法 PlotFun，它用委托作为参数，用不同的委托可以画出不同的图形。

```csharp
1   private void button1_Click(object sender,EventArgs e)
2   {
3       Graphics g = this.CreateGraphics();
4       Pen pen = Pens.Blue;
5
6       Fun[] funs = {
7               new Fun(this.Square),
8               new Fun(Form1.XPlus),
9               new Fun(Math.Cos),
10              new Fun(Math.Sqrt)
11          };
12      foreach(Fun fun in funs)
13      {
14      PlotFun(fun,g,pen);
15      }
16  }
17
18  delegate double Fun(double x);
19
20  void PlotFun(Fun fun,Graphics g,Pen pen)
21  {
22      for(double x = 0;x < 10;x += 0.1)
23      {
24      double y = fun(x);
25      Point point = new Point((int)(x * 20),(int)(200 - y * 30));
26      g.DrawLine(pen,point,new Point(point.X + 2,point.Y + 2));
27      Console.WriteLine("" + x + "" + y);
28      }
29  }
30
31  double Square(double x)
32  {
33      return Math.Sqrt(Math.Sqrt(x));
34  }
35  static double XPlus(double x)
36  {
37      return Math.Sin(x) + Math.Cos(x * 5)/5;
38  }
```

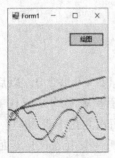

图 4-1　函数绘图

程序中，使用委托，可以将函数（如 this.Square，Math.Cos 等）也当成了变量，传递到另一个函数（PlotFun）中。其中每一个函数图是由多个点构成，为了显示清楚起来，这里每一个"点"是由一个小的线段来代替的。运行结果如图 4-1 所示。

5. 委托的合并

委托不仅仅是函数指针的包装，使用可合并的委托，其功能远胜过其他语言中的函数指针。

委托的可合并性，又称为多播（multicast），简单地说，可以一次调用多个函数。合并的委托实际上是对多个函数的包装，对这样的委托的调用，实际上是对所包装的各个函数的全部调用。其中的多个函数又统称为该委托的调用列表。事实上，编译器将委托都翻译成了 System.MulticastDelegate 的子类，而委托的调用则翻译成了 Invoke( )方法调用。

对于多个相同类型的委托，可以用加号运算符（+）进行调用列表的合并，可以用减号运算符（-）移除其调用列表中的函数。同样，可以使用 +=，-= 运算符。

委托加减运算后的结果，如果其中不包含函数，则结果为 null。对等于 null 的委托进行调用，运行时会发生一个 NullReferenceException 异常，所以在调用一个委托之前，应该判断它是否为 null。

例 4-5 DelegateMultiTest.cs 使用多播委托。

```
1   using System;
2   delegate void D(int x);
3   class C
4   {
5       public static void M1(int i)
6       {
7           Console.WriteLine("C.M1:"+i);
8       }
9       public static void M2(int i)
10      {
11          Console.WriteLine("C.M2:"+i);
12      }
13      public void M3(int i)
14      {
15          Console.WriteLine("C.M3:"+i);
16      }
17  }
18  class Test
19  {
20      static void Main()
21      {
22          D cd1 = new D(C.M1);
23          cd1(-1);                //call M1
24          D cd2 = null;
25          cd2 += new D(C.M2);
26          cd2(-2);                //call M2
27          D cd3 = cd1 + cd2;
28          cd3(10);                //call M1 then M2
29          cd3 += cd1;
30          cd3(20);                //call M1,M2,then M1
31          C c = new C();
32          D cd4 = new D(c.M3);
33          cd3 += cd4;
34          cd3(30);                //call M1,M2,M1,then M3
35          cd3 -= cd1;             //remove last M1
36          cd3(40);                //call M1,M2,then M3
37          cd3 -= cd4;
```

```
38        cd3(50);              //call M1 then M2
39        cd3 -= cd2;
40        cd3(60);              //call M1
41        cd3 -= cd2;           //impossible removal is benign
42        cd3(60);              //call M1
43        cd3 -= cd1;           //invocation list is empty
44        Console.WriteLine(cd3 == null);
45        //       cd3(70);     //System.NullReferenceException thrown
46        cd3 -= cd1;           //impossible removal
47        Console.WriteLine(cd3 == null);
48
49    }
50 }
```

程序的运行结果如下：

```
C.M1:-1
C.M2:-2
C.M1:10
C.M2:10
C.M1:20
C.M2:20
C.M1:20
C.M1:30
C.M2:30
C.M1:30
C.M3:30
C.M1:40
C.M2:40
C.M3:40
C.M1:50
C.M2:50
C.M1:60
C.M1:60
True
True
```

由以上介绍可以看出，委托不仅可以委托各种类中的方法，还可以动态地增减其中的方法，从而程序更具灵活性。

另外，由于一次调用多个函数，但是先调用哪个、后调用哪个顺序是不确定的，这种情况下，其返回值等于哪一个也就没有意义。所以一般来说，调用多次函数的情况主要用于返回 void 的函数。

例 4-6 Delegate 温度.cs 用委托表示多个温度调节装置。这些装置互不相同，但都有一个相似的方法。另外，程序中使用了汉字作为标识符，这虽然不太常见，但是是可以的。

```
1  using System;
2  delegate void 调温器(ref int x);
3
4  class 日光灯
5  {
6      public void 开灯(ref int 温度)
```

```csharp
7        {
8            温度+=1;
9        }
10   }
11
12   class 白炽灯
13   {
14       public void 开灯(ref int 温度)
15       {
16           温度+=2;
17       }
18   }
19
20   class 电扇
21   {
22       public void 扇风(ref int 温度)
23       {
24           温度-=5;
25       }
26   }
27
28   class 空调
29   {
30       static public void 打开(ref int 温度)
31       {
32           温度=25;
33       }
34   }
35
36
37   class 房间
38   {
39       static public void 调节温度()
40       {
41           日光灯 flu1=new 日光灯();
42           日光灯 flu2=new 日光灯();
43           白炽灯 light=new 白炽灯();
44           电扇 fan1=new 电扇();
45
46           int 温度=30;
47           调温器 ctrls=null;
48
49           ctrls+=new 调温器(flu1.开灯);
50           ctrls+=new 调温器(flu2.开灯);
51           ctrls+=new 调温器(light.开灯);
52           ctrls(ref 温度);
53           Console.WriteLine(温度);
54
55           ctrls-=new 调温器(light.开灯);
56           ctrls-=new 调温器(flu2.开灯);
57           ctrls+=new 调温器(fan1.扇风);
```

```
58          ctrls(ref 温度);
59          Console.WriteLine(温度);
60
61          ctrls += new 调温器(空调.打开);
62          ctrls(ref 温度);
63          Console.WriteLine(温度);
64
65      }
66      static public void Main()
67      {
68          调节温度();
69      }
70  }
```

6. 委托的转换与相等

任何委托类型都是隐含地从 System.MulticastDelegate 派生而来的。通过使用成员访问语法可以访问 System.MulticastDelegate 类的成员。但 System.MulticastDelegate 自己不是一个委托类型，它是一个类类型。委托类型隐含为密封的（sealed），即不能从委托类型进行派生。

C#中的委托类型是名称等价的，并不是结构上等价。也就是说，两个名称不同的委托类型，即使它们签名相同、返回类型也相同，它们仍被认为是不同的委托类型。如：

```
delegate void D(int a);
delegate void E(int a);
```

则 D 与 E 是两种不同的委托类型，它们不能互相转换。

对于委托的两个实例，相等运算符（==）有特殊的含义。这是由于每种委托类型都隐含地提供了预定义的比较运算符。在下面情况下两个委托实例被认为相等：

① 两个都为 null 或者它们是同一委托实例的引用；
② 如果委托中都只含有一个方法，它们指向的是同一静态方法或同一对象的同一实例方法；
③ 如果委托中都只含多个方法，方法的个数相同、对应的方法相同、并且次序相等。

✷注意，根据以上定义，只要有同样的返回值和参数类型，不同类型的委托也可能是相等的。

例 4-7 DelegateEquals.cs 判断两个委托是否相等。

```
1   using System;
2   delegate void D(int a);
3   delegate void E(int a);
4   class C
5   {
6       static void M(int a){}
7       static void Main()
8       {
9           D d = new D(M);
10          E e = new E(M);
11          d += d;
12          e += e;
13          //e = (E)d;              //D、E 是不同类型的
14          //d += e;
```

```
15        Console.WriteLine(d == e);//d 与 e 相等
16    }
17 }
```

4.2.2 Lambda 表达式

在前面讲到委托实例化时，总要使用一个函数，所以我们去单独定义了一个函数，但是在更多的时候，我们不想这样做，而是直接定义函数、直接使用，这可以使用匿名函数或 Lambda 表达式，它们分别是 C#2.0 和 C#3.0 中引入的。其中，Lambda 表达式用起来更简单，我们先介绍。

1. Lambda 表达式

Lambda 表达式（或者叫 λ 表达式），实际上是直接写函数头和函数体，而不写函数名，在函数头和函数体之间用符号 => （一个等号及一个大于号）来表示。并且将这个函数直接赋给一个委托或作为另一个函数的参数。例如：

```
MyDelegate d = (double x) => {return x + 5;};
MyDelegate d = new MyDelegate((double x) => {return x + 5;});
```

由于 Lambda 表达式总是与委托类型兼容，其类型可以由编译器来自动推断，所以可以省略参数的类型，只写参数变量的名字。例如：

```
MyDelegate d = (x) => {return x + 5;};
```

如果只有一个参数，参数的圆括号也是可以省略的。如果只有一个返回表达式或一条语句，函数体的花括号也是可以省略的。这真的很方便。

```
MyDelegate d = x => {return x + 5;};
MyDelegate d = x => x + 5;
```

在函数的数值积分中，可以将 Delegate 用 Lambda 表达式来书写：

```
result = Integral(x => 2 * x + 1,0,1,0.01)
result = Integral(x => Math.Sin(x),0,Math.PI,0.01)
```

可以说，Lambda 表达式就是一个内嵌的函数，更准确地说是一个内嵌的委托变量。

2. 匿名函数

匿名函数也就是没有名字的函数，在定义函数的同时如果马上赋值给委托，所以不需要名字，或者说由编译器来自动生成名字。为了表示它是一个匿名函数，前面要加个关键词 delegate。例如：

```
MyDelegate d = delegate(double x){return x + 5;};
```

这里要提示一下：delegate 在这里表示匿名函数，虽然 delegate 这个词也可以用来定义委托类型，但编译器是不会混淆的。

可见，匿名函数与 Lambda 表达式是差不多的，只不过匿名函数使用 delegate 来表示，而 Lambda 使用 => 来表示。由于 Lambda 可以省略得更多，所以现在很少用匿名函数了。

如果说匿名函数有一个用途的话，那就是匿名函数不写参数类型及参数名，如：

```
MyDelegate d = delegate{return 100;};
```

不过，这个似乎也没有多大用途，因为用 Lambda 表示也并不麻烦：

```
MyDelegate d = x => 100;
```

3. 使用 Lamda 表达式简化属性、索引器的书写

Lamda 表达式（以及匿名函数）不仅可以简化函数调用时的参数的书写，在 C# 6.0 以

上版本中,还可以简化方法、属性、索引器等成员的定义,称为"表达式体成员"(expression bodied members)。例如:

```
public double Square(double n) => n * n;          //方法
public double Dist => Math.Sqrt(X * X + Y * Y);   //只读属性
public int this[int a] => members[a];             //只读性索引器
```

第 1 句和第 2 句分别定义了属性和方法(只有 get,没有 set)。

在 C# 7.0 以上版本中,还可以在构造方法、set 属性等更多地方运用"表达式体成员",如:

```
public Person(string name) => names.TryAdd(id,name);
public string Name
{
    get => names[id];                //getters
    set => names[id] = value;        //setters
}
```

总之,Lambda 使得书写更加方便,而且实现了对函数本身的处理。

4.2.3 使用系统定义的 Action 及 Func

系统中定义好了一些常用的委托,这就是 System.Action 及 System.Func,前者表示没有返回值(或者说返回 void 的)的函数,后者表示有返回值的函数。为了方便适应不同参数个数,系统定义了一系列的 Action 及 Func,如图 4-2 所示。

```
Action 委托
Action(T) 委托
Action(T1, T2) 委托                                Func(TResult) 委托
Action(T1, T2, T3) 委托                            Func(T, TResult) 委托
Action(T1, T2, T3, T4) 委托                        Func(T1, T2, TResult) 委托
Action(T1, T2, T3, T4, T5) 委托                    Func(T1, T2, T3, TResult) 委托
Action(T1, T2, T3, T4, T5, T6) 委托                Func(T1, T2, T3, T4, TResult) 委托
Action(T1, T2, T3, T4, T5, T6, T7) 委托            Func(T1, T2, T3, T4, T5, TResult) 委托
Action(T1, T2, T3, T4, T5, T6, T7, T8) 委托        Func(T1, T2, T3, T4, T5, T6, TResult) 委托
Action(T1, T2, T3, T4, T5, T6, T7, T8, T9) 委托    Func(T1, T2, T3, T4, T5, T6, T7, TResult) 委托
Action(T1, T2, T3, T4, T5, T6, T7, T8, T9, T10) 委托    Func(T1, T2, T3, T4, T5, T6, T7, T8, TResult) 委托
Action(T1, T2, T3, T4, T5, T6, T7, T8, T9, T10, T11) 委托    Func(T1, T2, T3, T4, T5, T6, T7, T8, T9, TResult) 委托
Action(T1, T2, T3, T4, T5, T6, T7, T8, T9, T10, T11, T12) 委托    Func(T1, T2, T3, T4, T5, T6, T7, T8, T9, T10, TResult) 委托
```

图 4-2 不同参数个数的 Action 及 Func

其中,每个委托的参数类型在使用时是可以自定义的,这叫作泛型,在使用时用尖括号来表示具体的类型,如表示两个整数为参数、返回一个 double 类型,则可以表示为:

```
Func<int,int,double> f = (x,y) => x * 3.0 + y * 2.0;
```

又比如,只带一个字符串参数、返回类型为 void 的函数,则可以表示为:

```
Action<string> print = s => Console.WriteLine(s);
```

或者不带参数的 Action:

```
Action showTime = () => Console.WriteLine(DateTime.Now);
```

委托及 Lambda 表达式一般都用于作为函数的参数,比如,系统有个 ForEach 函数,它可以针对一个列表(List)的每一个元素来进行处理,而表示这个"处理"则是一个 Action 委托类型,就可以用一个 Lambda 表达式来作为参数。ForEach 函数的原型是这样的:

```
       List<T>.ForEach(Action<T>a)
```

例 4-8 ListForEach.cs 使用 Lambda 表达式作为 ForEach 的参数，分别用来显示以及求出单词的总字母数。

```
1    using System;
2    using System.Collections.Generic;
3    public class ListForEach
4    {
5        static void Main()
6        {
7            List<string>words = new List<string>(){
8                "Apple","Banana","Orange","Mango"};
9
10           words.ForEach(s=>Console.WriteLine(s));
11
12           int letters=0;
13           words.ForEach(s=>letters+=s.Length);
14           Console.WriteLine(letters);
15       }
16   }
```

在本书中后面讲述集合及 Linq 时会大量使用 Lambda 表达式。

4.3 事件

事件（event）是在委托的基础上实现的一种"通知机制"。比如，当一个按钮被单击，这就是一个事件，事件的发生可以通知相关的程序进行处理。事件相当于其他语言中的回调函数，或事件监听类，不过在 C#中的事件机制使用起来更方便，概念更合理。

4.3.1 事件的应用

为了直观地理解事件，可以在窗口界面中来理解按钮的事件，在 Visual Stuido 中，新建一个窗体程序，放一个按钮，双击按钮，书写按钮的事件代码，如：

```
        private void button1_Click(object sender,EventArgs e)
        {
            MessageBox.Show("按钮被单击了!");
        }
```

在"解决方案管理器中"展开 Form1，找到 Form1.designer.cs，这是 Visual Studio 自动生成的代码，打开它，可以看出其中有一句是这样的：

```
        this.button1.Click+=new System.EventHandler(this.button1_Click);
```

在这里，button1_Click 是一个具体的事件处理方法，而 button1.Click 则是表示按钮的事件；用 += 来表示注册一个事件，或者说订阅了一个消息；当单击事件发生了，就会发出一种通知消息，具体表现就是它会回调外部的一个方法（button1_Click），由于调用方法不能是任意的方法，对方法有类型的要求，或者说要用委托来表示这个方法的类型，具体到这里是 System.EventHandler 委托。系统中对 EventHandler 的定义是这样的：

```
        public delegate void EventHandler(object sender,    EventArgs e);
```

这个委托带两个参数，一个表示事件的发出者，一个表示事件的参数，即事件发生时的详情。在 button1_Click 函数中可以利用这个参数，在复杂的情况中可以带更多的信息，但在这里没有更多的信息。

从上面可能已经猜出了，对 Button 类来说，Click 是其一个特殊的属性，它就代表一个事件，它的类型是 EventHandler 委托。是的，关于事件有几个关键点：

① 在一个类中定义一个事件，事件的类型是一个委托类型；

② 在外面用 += 来注册这个事件，即将一个外部方法关联上了；

③ 在事件源所在的类中，在一定条件下（即事件发生了）来调用这个委托，实际上是调用了外部方法，即相当于通知到外部了。在调用时，还传递了事件发生时的具体详情（这里是用 EventArgs 变量来表示的）。

4.3.2 自定义事件

在窗体程序中，多使用系统定义好的事件。在更一般的情况下，需要自定义事件。具体地说，事件机制的工作过程如下：关心某事件的对象向能发出事件的对象进行事件处理程序的注册。当事件发生时，会调用所有注册的事件处理程序。事件处理程序要用委托来表示。可以认为，事件就是委托实例，只不过为了便于应用，C#在委托的基础上进行了一些增强，在使用方式上进行了一些限定。下面讲述在自定义事件时有哪些步骤。

1. 事件的声明

事件是类、结构及接口的成员，声明一个事件的方式如下：

　　修饰符　event 委托类型名　事件名；

要注意的是，这里在委托前面加了一个关键词 event。

其中，修饰符可以为访问控制符（public，protected，internal，private，protected internal）以及其他修饰符，如 static，new，virtual，abstract，override，sealed 等。

2. 事件的注册与移除

事件注册的目的是告诉事件的发出者，需要通知的对象。例如，按钮单击后，某个图片要放大，某行文字要显示，等等。事件注册的实质，就是向委托的调用列表中添加方法。

注册事件要使用 += 运算符，常见的格式如下：

　　事件名 += 委托实例；
　　事件名 += new 委托类名（方法名）；

与之相对的是，移除一个事件注册，使用 -= 运算符，常见格式如下：

　　事件名 -= 委托实例；
　　事件名 -= new 委托类名（方法名）；

值得注意的是，在声明事件的类的外部，对于事件的操作只能用 += 及 -=，而不能用其他任何运算符，如赋值（=）、判断是否为空（==），等等。但在声明事件的类型的上下文中（即所在类的程序内部），所有这些运算符是可以的。这一点实际是 C#让事件在使用上比一般的委托变量有更多的限定。

3. 事件的发生

事件的发生，就是对事件相对应的委托的调用，也就是委托的调用列表中所包含的各个方法的调用。格式如下：

事件名(参数);

4. 事件的典型应用

C#中允许各种委托应用于事件中,但典型的应用中,委托一般是这样的格式:

```
delegate void 委托名 (object sender,EventArgs e);
```

其中,返回类型为 void,委托名中有两个参数,分别表示事件的发出者以及事件发生时的一些参数。

为了表示具体的参数,一般要继承 EventArgs,加上更多的属性和方法。

如此说来,自定义事件,要有六步曲:

① 定义具体的事件参数类型,可以从 EventArgs 继承;

② 定义一个委托类型,如果不想自定义委托,则可以使用系统中定义的泛型委托 EventHandler < TEventArgs >;

③ 在事件源类中定义一个事件,使用 event 关键字和委托类型;

④ 在事件源类中的合适地方(即事件发生的时候),生成事件参数,并调用事件;

⑤ 在事件的订阅者中,写一个事件方法来表示事件发生时在执行的任务;如果不写方法名,也可以使用 Lambda 表达式或匿名函数;

⑥ 在事件的订阅者中,使用 += 来注册该事件方法。

这种典型的情况广泛应用于图形用户界面中处理各种事件。

例 4-9 DownloadWithEvent.cs 定义下载器,其中每下载一部分内容就发生一个事件。该例展示了定义及使用事件的六步曲。

```
1   using System;
2
3   //1.声明参数类型
4   public class DownloadEventArgs:EventArgs
5   {
6       public double Percent;
7       //public double Percent{set;get;}        //下载百分数
8   }
9   //2.声明委托类型
10  public delegate void DownloadEventHandler (object sender,DownloadEventArgs e);
11
12  //定义事件源(下载器)
13  public class Downloader
14  {
15      //3.声明事件
16      public event DownloadEventHandler Downing;
17
18      public void DoDownload()
19      {
20
21          double total = 10000;                 //这是总量
22          double already = 0;                   //已下载量
23          Random rnd = new Random();
24          while(already < total){
25              //逐渐下载,这里仅用延迟一会儿来代替
```

```
26            System.Threading.Thread.Sleep(500);
27            already += (rnd.NextDouble()/4)*total;
28            if(already>total)already=total;
29
30            //4. 每下载到一定的结果,发生一个事件,即通知外界
31            if(Downing!=null)
32            {
33                DownloadEventArgs args = new DownloadEventArgs();
34                args.Percent = already/total;
35                Downing(this,args);
36            }
37        }
38    }
39 }
40
41 public class UseDownloader
42 {
43     static void Main()
44     {
45         var downloader = new Downloader();
46         //5. 注册事件
47         downloader.Downing += ShowProgress;
48         downloader.DoDownload();
49     }
50
51     //6. 事件处理方法
52     static void ShowProgress(object sender,DownloadEventArgs e){
53         Console.WriteLine($"Downloading...{e.Percent:##.#% }");
54     }
55 }
```

例4-10 EventButtonForm.cs 演示一个按钮及其事件的模型。其中有事件的声明、事件的注册、事件的调用。

```
1  public delegate void EventHandler(object sender,EventArgs e);        //声明委托
2
3  public class EventArgs
4  {
5      //object data;
6  }
7
8  public class Control
9  {
10     //....
11 }
12
13 public class Button:Control
14 {
15     public event EventHandler Click;                                   //声明事件
16     protected virtual void OnClick(EventArgs e)
17     {
18         if(Click!=null)Click(this,e);                                  //调用事件
```

```
19      }
20      public void Reset()
21      {
22          Click = null;
23      }
24      public Button(string s)
25      {
26          //…
27      }
28  }
29
30  public class Form
31  {
32      //…
33  }
34  public class LoginDialog:Form
35  {
36      Button OkButton;
37      Button CancelButton;
38      public LoginDialog()
39      {
40          OkButton = new Button("ok");
41          OkButton.Click += new EventHandler(OkButton_Clicked);        //注册事件
42          CancelButton = new Button("cancel");
43          CancelButton.Click += new EventHandler(CancelButton_Click);
44      }
45      void OkButton_Click(object sender,EventArgs e)
46      {
47          //Handle OkButton.Click event…
48      }
49      void CancelButton_Click(object sender,EventArgs e)
50      {
51          //Handle CancelButton.Click event…
52      }
53  }
54
55  class Test
56  {
57      static void Main()
58      {
59      }
60  }
```

4.3.3 事件的语法细节

C#的事件是在委托的基础上进行处理的，可以将它看成是具有委托类型的一个变量或属性，事实上，事件不是一个简单变量，而是进行了一个重要的扩展，即在事件声明中还可以声明事件的存取器，格式如下：

```
修饰符  event  委托类型名  事件名
{
```

```
    add{ ... }
    remove{ ... }
}
```

事件的存取，也就是事件中委托的加入与移除，所对应的存取器就是 add 及 remove。在 add 及 remove 存取器的{ }中，可以写上要完成的任务。

当对事件使用 += 及 -= 运算符时，实际上就是调用事件存取器的 add 与 remove 方法。

事实上，如果在声明事件时，如果没有声明事件存取器，编译器会自动产生一个，其形式如下：

```
event D e
{
    add{ e+=value;}
    remove{ e-=value;}
}
```

其中，D 为委托类型名，value 变量的含义与属性中的 value 变量相似，表示参数。

声明 add 及 remove 方法，使得事件的处理可以更具个性化。

但要注意，对于 abstract 的事件，不能声明事件存取器。

✗ 特别要注意的是，如果声明了事件存取器，对于事件的运算符就只能是 += 及 -=，不能是 = 及其他任何运算符，即使在定义该事件的类中也不行。

4.4 异常处理

4.4.1 异常的概念

异常（exception）又称为例外、差错、违例，是 C#语言特定的运行错误处理机制，是面向对象规范的一部分。

1. C#中的异常处理

捕获错误最理想的是在编译期间，最好在试图运行程序以前。然而，并非所有错误都能在编译期间侦测到。有些问题必须在运行期间解决，例如除 0 溢出、数组越界、文件找不到等，在程序运行过程中发生的这些异常将阻止程序的正常运行。为了加强程序的健壮性，程序设计时，必须考虑到可能发生的异常事件并做出相应的处理。

在一些传统的语言（如 C 语言中），通过使用 if 语句来判断是否出现了异常，同时，调用函数通过被调用函数的返回值，感知在被调用函数中产生的异常事件，并进行处理。全程变量 ErroNo 常常用来反映一个异常事件的类型。但是，这种错误处理机制会导致不少问题：

① 正常处理程序与异常处理程序的代码同样地处理，程序的可读性大幅度降低；
② 每次调用一个方法时都进行全面、细致的错误检查，程序的可维护性大大降低；
③ 由谁来处理错误的职责不清，以致于造成大量的潜伏的问题，等等。

为了解决这些问题，C#通过面向对象的方法来处理异常。

在一个方法的运行过程中，如果发生了异常，则这个方法生成代表该异常的一个对象，并把它交给运行时系统，运行时系统寻找相应的代码来处理这一异常。生成异常对象并把它提交给运行时系统的过程，称为抛出（throw）一个异常。运行时系统在方法的调用栈中查找，从生成异常的方法开始进行回溯，直到找到包含相应异常处理的方法为止，这一个过程称为捕获（catch）一个异常。

C#的这种机制的另一项好处就是能够简化错误控制代码。用不着检查一个特定的错误，然后在程序的多处地方对其进行控制。此外，也不需要在方法调用的时候检查错误（因为保证有地方能捕获这里的错误）。这样可有效减少代码量，并将那些用于描述具体操作的代码与专门纠正错误的代码分隔开，代码会变得更富有条理。

由于异常控制是由 C#编译器进行实施的，对于编程者而言，使用这种控制却是相当简单的。

2. System. Exception 类

C#中定义了很多异常类，每个异常类都代表了一种运行错误，类中包含了该运行错误的信息和处理错误的方法等内容。C#的异常类都是 System. Exception 的子类。它派生了两个子类：SystemException 和 ApplicationException。其中 SystemException 类是系统定义的各种异常，而 ApplicationException 类则供应用程序使用。SystemException 包括系统内部错误、资源耗尽等严重情况，还有其他因编程错误或偶然的外在因素导致的一般性问题，例如：对负数开平方根，空指针访问，试图读取不存在的文件，网络连接中断。

同其他的类一样，Exception 类有自己的方法和属性。它的构造方法常用的有两个：

```
public Exception();
public Exception(string s);
```

第二个构造方法可以接受字符串参数传入的信息，该信息通常是对该例外所对应的错误的描述。

Exception 类有两个重要的属性。

Message 属性：描述错误的可读文本。在创建异常对象过程中，可以将文本字符串传递给构造方法以描述该特定异常的详细信息。如果没有向构造函数提供错误信息参数，则将使用默认错误信息。

StackTrace 属性：发生异常时调用堆栈的状态。包括错误发生位置的堆栈跟踪、所有调用的方法和源文件中这些调用所在的行号。

3. 系统定义的异常

系统已经定义了一系列异常。有一些经常被用到的异常，列于表 4–2 中。

表 4–2 系统定义的异常

System. OutOfMemoryException	当试图通过 new 来分配内存而失败时抛出
System. StackOverflowException	当执行栈被太多未完成的方法调用耗尽时抛出；典型情况是指非常深和很大的递归
System. NullReferenceException	当 null 引用在造成引用的对象被需要的情况下使用时抛出
System. TypeInitializationException	当一个静态构造函数抛出一个异常，并且没有任何 catch 语句来俘获它的时候抛出
System. InvalidCastException	当一个从基本类型或接口到一个派生类型的转换在运行失败时抛出
System. ArrayTypeMismatchException	当因为存储元素的实例类型与数组的实际类型不匹配而造成像一个数组存储失败时抛出
System. IndexOutOfRangeException	当试图通过一个比零小或者超出数组边界的标签来索引一个数组时抛出

	续表
System.MulticastNotSupportedException	当试图合并两个非空委托失败时抛出
System.ArithmeticException	一个异常的基类,它在算术操作时发生,如 DivideByZeroException 和 OverflowException
System.DivideByZeroException	当试图用整数类型数据除以零时抛出
System.OverflowException	当 checked 中的一个算术操作溢出时抛出

4.4.2 捕获和处理异常

C#中的异常处理机制可以概括成以下几个步骤。

① C#程序的执行过程中如出现异常,会自动生成一个异常类对象,该异常对象将被提交给 C#运行时系统,这个过程称为抛出(throw)异常。抛出异常也可以由程序来强制地用 throw 语句来进行。

② 当 C#运行时系统接收到异常对象时,会寻找能处理这一异常的代码并把当前异常对象交给其处理,这一过程称为捕获(catch)异常。

③ 如果 C#运行时系统找不到可以捕获异常的方法,则运行时系统将终止,相应的 C#程序也将退出。

1. 抛出异常 throw

C#程序在运行时如果引发了一个可识别的错误,就会产生一个与该错误相对应的异常类的对象,这个过程被称为异常的抛出。根据异常类的不同,抛出异常的方法也不同。

(1) 系统自动抛出的异常

所有的系统定义的运行异常都可以由系统自动抛出。

(2) 语句抛出的异常

用户程序自定义的异常不可能依靠系统自动抛出,而必须借助于 throw 语句来定义何种情况算是产生了此种异常对应的错误,并应该抛出这个异常类的新对象。用 throw 语句抛出例外对象的语法格式为:

  throw 异常对象;

使用 throw 语句抛出例外时应注意如下两个问题。

① 一般这种抛出异常的语句应该被定义为在满足一定条件时执行,例如把 throw 语句放在 if 语句的 if 分支中,只有当一定条件得到满足,即用户定义的逻辑错误发生时才执行。

② 异常对象的类型必须是 Exception 及其子类。

2. 捕获异常 catch

当一个异常被抛出时,应该有专门的语句来接收这个被抛出的异常对象,这个过程被称为捕获异常、捕捉异常。当一个异常类的对象被捕捉或接收后,用户程序就会发生流程的跳转,系统中止当前的流程而跳转至专门的异常处理语句块,或直接跳出当前程序并终止。

在 C#程序里,异常对象是依靠以 catch 语句为标志的异常处理语句块来捕捉和处理的。异常处理语句块又称为 catch 语句块,其格式如下:

  try{
    语句组

```
    }catch(异常类名  异常形式参数名){
        异常处理语句组;
    }catch(异常类名  异常形式参数名){
        异常处理语句组;
    }catch(异常类名  异常形式参数名){
        异常处理语句组;
    }finally{
        异常处理语句组;
    }
```

其中，catch 语句可以有一个或多个，而且至少要有一个 catch 语句或 finally 语句。

C#语言还规定，每个 catch 语句块都应该与一个 try 语句块相对应，这个 try 语句块用来启动 C#的异常处理机制，可能抛出异常的语句，包括 throw 语句、调用可能抛出异常方法的方法调用语句，都应该包含在这个 try 语句块中。

catch 语句块应该紧跟在 try 语句块的后面。当 try 语句块中的某条语句在执行时产生了一个异常时，此时被启动的异常处理机制会自动捕捉到它，然后流程自动跳过产生例外的语句后面的所有尚未执行语句，而转至 try 块后面的 catch 语句块，执行 catch 块中的语句。

3. 多异常的处理

catch 块紧跟在 try 块的后面，用来接收 try 块可能产生的异常，一个 catch 语句块通常会用同种方式来处理它所接收到的所有异常，但是实际上一个 try 块可能产生多种不同的异常，如果希望能采取不同的方法来处理这些例外，就需要使用多异常处理机制。

多异常处理是通过在一个 try 块后面定义若干个 catch 块来实现的，每个 catch 块用来接收和处理一种特定的异常对象。

当 try 块抛出一个异常时，程序的流程首先转向第一个 catch 块，并审查当前异常对象可否为这个 catch 块所接收。能接收是指异常对象与 catch 的参数类型相匹配，即以下两种情况之一：

① 异常对象与参数属于相同的例外类；

② 异常对象属于参数例外类的子类。

如果 try 块产生的异常对象被第一个 catch 块所接收，则程序的流程将直接跳转到这个 catch 语句块中，语句块执行完毕后就退出当前方法，try 块中尚未执行的语句和其他的 catch 块将被忽略；如果 try 块产生的异常对象与第一个 catch 块不匹配，系统将自动转到第二个 catch 块进行匹配，如果第二个仍不匹配，就转向第三个……直到找到一个可以接收该异常对象的 catch 块，即完成流程的跳转。

如果所有的 catch 块都不能与当前的异常对象匹配，则说明当前方法不能处理这个异常对象，程序流程将返回到调用该方法的上层方法。如果这个上层方法中定义了与所产生的异常对象相匹配的 catch 块，流程就跳转到这个 catch 块中；否则继续回溯更上层的方法。如果所有的方法中都找不到合适的 catch 块，则由 C#运行系统来处理这个异常对象。此时通常会中止程序的执行，并在标准输出上打印相关的异常信息。

在另一种完全相反的情况下，假设 try 块中所有语句的执行都没有引发异常，则所有的 catch 块都会被忽略而不予执行。

在设计 catch 块处理不同的异常时，一般应注意如下问题：

① catch 块中的语句应根据异常的不同而执行不同的操作,比较通用的操作是打印异常和错误的相关信息,包括异常名称、产生异常的方法名等。

② 由于异常对象与 catch 块的匹配是按照 catch 块的先后排列顺序进行的,所以在处理多异常时应注意认真设计各 catch 块的排列顺序。一般地,处理较具体和较常见的异常的 catch 块应放在前面,而可以与多种异常相匹配的 catch 块应放在较后的位置。若将子类异常的 catch( )句放在父类的后面,则编译不能通过。

③ catch 圆括号中的"异常形式参数名"是异常对象的引用,它可以在其后的大括号中使用。如果在其后的大括中不使用这个参数,则这个参数名可以省略。成为以下形式:

try{…}catch(异常类型){…}

④ catch 不跟圆括号,而直接写

try{…}catch{…}

表示捕获各种异常,相当于

try{…}catch(Exception){…}

提示:在 C# 6.0 以上版本中,可以在 catch 时对异常所要满足的条件使用 when 子句进行进一步限定,例如:

catch(E e)when(e.Count >5){…}

4. finally 语句

捕获异常时,还可以使用 finally 语句。finally 语句为异常处理提供一个统一的出口,使得在控制流转到程序的其他部分以前(即使有 return, break 等语句),能够对程序的状态作统一的管理。

不论在 try 代码块及 catch 块中是否发生了异常事件,也不论出现任何语句(即使用 return 或 throw 抛出异常),finally 块中的语句都会被执行。

finally 语句是任选的,try 后至少要有一个 catch 或一个 finally。

finally 语句经常用于对一些资源做清理工作,如关闭打开的文件。

C#中规定,任何语句控制都不能直接跳出 finally 语句的范围。finally 块语句中不允许出现 return 语句。而且对于 break, continue 和 goto 语句,如果它们试图跳出 finally 块,都是错误的。在 finally 块中出现的 break, continue 或 goto 语句,它们的目标地址必须在 finally 块语句内,否则将产生编译错误。

5. 应用举例

例 4-11 ExceptionIndexOutOf. cs 使用 try。

```
1   using System;
2   public class ExceptionIndexOutOf
3   {
4       public static void Main(string[] args)
5       {
6           string [] friends ={"lisa","bily","kessy"};
7           try
8           {
9               for(int i = 0;i < 5;i ++)
10              {
11                  Console.WriteLine(friends[i]);
```

```
12              }
13          }
14          catch(System.IndexOutOfRangeException e)
15          {
16              Console.WriteLine(e.Message);
17          }
18          Console.WriteLine("\nthis is the end");
19      }
20  }
```

程序的运行结果如图 4-3 所示。

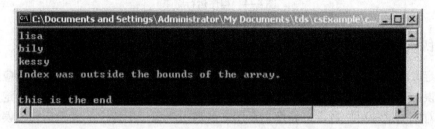

图 4-3 使用 try

例 4-12 ExceptionSimple.cs 使用 try{ }catch…finally 语句。

```
1   using System;
2   class ExceptionSimple
3   {
4       int a = 10;
5       public static void Main(string[] args)
6       {
7           int a = 0;
8           try
9           {
10              a = int.Parse("2");
11              a /= (a - a);
12              //注意：整数除以 0,会产生异常,但 0.0/0 = NaN, FPN/0 = 正无穷, - FPN/0 = 负无穷
13          }
14          catch(System.ArithmeticException ea)
15          {Console.WriteLine("ea:" + ea);}
16          catch(System.FormatException en)
17          {Console.WriteLine("en:" + en);}
18          catch(System.NullReferenceException ep)
19          {Console.WriteLine("ep:" + ep);}
20          catch(System.IndexOutOfRangeException eb)
21          {Console.WriteLine("eb:" + eb);}
22          catch
23          {Console.WriteLine("Exception");}
24              // 先 catch 子类 Exception,后 catch 父类
25          finally
26          {Console.WriteLine("finally executed.");}
27          Console.WriteLine("Program End!" + a);
28      }
```

29   }

程序运行结果如图 4-4 所示。

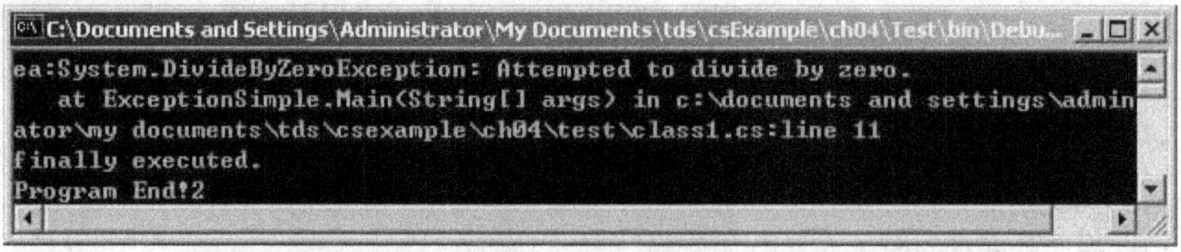

```
C:\Documents and Settings\Administrator\My Documents\tds\csExample\ch04\Test\bin\Debu...
ea:System.DivideByZeroException: Attempted to divide by zero.
   at ExceptionSimple.Main(String[] args) in c:\documents and settings\admin
ator\my documents\tds\csexample\ch04\test\class1.cs:line 11
finally executed.
Program End!2
```

图 4-4 程序运行结果

4.4.3 创建用户自定义异常类

系统定义的异常主要用来处理系统可以预见的较常见的运行错误，对于某个应用所特有的运行错误，则需要编程人员根据程序的特殊逻辑在用户程序里自己创建用户自定义的异常类和异常对象。这种用户自定义异常主要用来处理用户程序中特定的逻辑运行错误。

用户自定义异常用来处理程序中可能产生的逻辑错误，使得这种错误能够被系统及时识别并处理，而不致扩散产生更大的影响，从而使用户程序更为强健，有更好的容错性能，并使整个系统更加安全稳定。

创建用户自定义异常时，一般需要完成如下的工作。

① 声明一个新的异常类，使之以 ApplicationException 类或其他某个已经存在的系统异常类或用户异常类为父类。

② 为新的异常类定义属性和方法，或重载父类的属性和方法，使这些属性和方法能够体现该类所对应的错误的信息。

只有定义了异常类，系统才能够识别特定的运行错误，才能够及时地控制和处理运行错误，所以定义足够多的异常类是构建一个稳定完善的应用系统的重要基础之一。

例 4-13 ExceptionMy.cs 用户定义的异常类。

```
1     using System;
2     class MyException:ApplicationException{
3         private int idnumber;
4         public MyException(String message,int id)
5             :base(message)
6         {
7             this.idnumber = id;
8         }
9         public int getId(){
10            return idnumber;
11        }
12    }
13
14    public class Test{
15        public static void regist(int num){
16            if(num < 0){
17                Console.WriteLine("登记号码" + num);
18                throw new MyException("号码为负值,不合理",3);
```

```
19         }
20     }
21     public static void manager(){
22         try{
23             regist(-100);
24         }catch(MyException e){
25             Console.WriteLine("登记失败,出错种类"+e.getId());
26         }
27         Console.WriteLine("本次登记操作结束");
28     }
29     public static void Main(){
30         Test.manager();
31     }
32 }
```

如图 4-5 所示，本程序中，定义了一个异常类 MyException，用于描述数据取值范围错误信息。

图 4-5 用户定义的异常类

4.4.4 重抛异常及异常链接

系统中对于异常，可以进行捕获和处理，有时候不仅要处理，还需要将此异常进一步传递给调用者，以便让调用者也能感受到这种异常。这时可以在 catch 语句块或 finally 语句块中采取以下三种方式。

① 使用不带表达式的 thow 语句，将当前捕获的异常再次抛出。格式如下：

　　throw;

② 重新生成一个异常，并抛出，如：

　　throw new Exception("some message");

③ 重新生成并抛出一个新异常，该异常中包含了当前异常的信息，如：

　　throw new Exception("some message",e);

其中，最后一种方式比较好，因为它将当前异常的信息保留，并且向调用者返回了一个更有意义的信息。这种方式被称为"异常的链接"。如果相关的异常都采取这种方式，能够使上层的调用者逐步深入地找到相关的异常信息。

这种方式中，除了用到 Exception 类的 Message、StackTrace 属性和 ToString()方法外，还常用到 InnerException 属性。

InnerException 是一个只读属性，它包含这个异常的"内部异常"。如果它不是 null，就指出当前的异常是作为对另外一个异常的链接而被抛出。

为了对 InnerException 属性进行指定，必须使用以下的构造方法：

　　public Exception(string Message,Exception InnerException);

其中第二个参数指定了这个"内部异常"。

如果是用户自定义的异常，也一般要提供一个构造方法，参数中能指定这个内部异常。

例 4-14 ExceptionInner.cs 使用内部异常进行异常的链接。

```
1   using System;
2   public class DataHouse
3   {
4       public static void FindData(long ID)
5       {
6           if(ID > 0 && ID < 1000)
7               Console.WriteLine(ID);
8           else
9               throw new DataHouseException("已到文件尾");
10      }
11  }
12  public class BankATM
13  {
14      public static void GetBalanceInfo(long ID)
15      {
16          try
17          {
18              DataHouse.FindData(ID);
19          }
20          catch(DataHouseException e)
21          {
22              throw new MyAppException("账号不存在",e);
23          }
24      }
25  }
26  public class DataHouseException:ApplicationException
27  {
28      public DataHouseException(string message)
29          :base(message)
30      {}
31  }
32  public class MyAppException:ApplicationException
33  {
34      public MyAppException(string message)
35          :base(message)
36      {}
37      public MyAppException(string message,Exception inner)
38          :base(message,inner)
39      {}
40  }
41  public class Test
42  {
43      public static void Main()
44      {
45          try
46          {
```

```
47              BankATM.GetBalanceInfo(12345L);
48          }
49          catch(Exception e)
50          {
51              Console.WriteLine("出现了异常:{0}",e.Message);
52              Console.WriteLine("内部原因:{0}",e.InnerException.Message);
53          }
54      }
55  }
```

程序运行结果如图 4-6 所示。

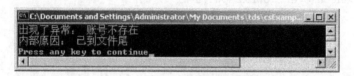

图 4-6　使用内部异常进行异常的链接

4.4.5　算术溢出与 checked

对于数的算术运算及类型转换，可能会发生溢出的情况。例如，两个整数加减乘除等，结果用整数来表示就可能溢出。又例如，长整数强制转换成整数，也可能会发生溢出。这种溢出有时是需要关心的，C#中可以对算术溢出进行处理。

C#中默认是不进行溢出检查的，为了进行溢出检查，可以在编译时，加上选项 /checked。例如：

　　csc　/checked　XXXX.cs

在程序中，可以使用关键字 checked 及 unchecked 来表明是否进行溢出检查，它们可以针对一个表达式或者一个块语句中的所有表达式：

　　针对表达式：checked(表达式)及 unchecked(表达式)
　　针对块语句：checked{...}及 unchecked{...}

checked 及 unchecked 语句可以嵌套使用。

在程序运行时，如果是在 checked 上下文中发生了溢出，系统会抛出 System.OverflowException 异常，程序可以对这种异常进行捕获处理。

例 4-15　CheckedTest.cs 使用 checked 及 unchecked。

```
1  using System;
2  public class CheckedTest
3  {
4      public static void Main()
5      {
6          byte a,b,result;
7          a=255;
8          b=3;
9          try
10         {
11             unchecked
12             {
```

```
13
14                //在unchecked上下文,不会异常,但结果都会被截断,结果为2
15                result = (byte)(a + b);
16                Console.WriteLine("Unchecked result:" + result);
17
18                //用checked表达式,要进行溢出检查,可能发出异常
19                result = checked((byte)(a + b));
20                Console.WriteLine("Checked result:" + result);
21            }
22        }
23        catch(OverflowException e)
24        {
25            Console.WriteLine(e);
26        }
27    }
28 }
```

程序运行结果如图 4-7 所示。

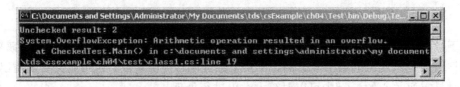

图 4-7　使用 checked 及 unchecked

使用 checked 时要注意以下几点。

- 所有的常数表达式或转换，在编译时，总是要进行溢出检查的，除非使用了 unchecked。
- 整数算术溢出时，在 checked 上下文引发 OverflowException，在 unchecked 上下文放弃结果的最高有效位。
- 被零除总是引发 DivideByZeroException，与 checked 或 unchecked 无关。
- 按位与、按位或和移位运算符从不导致溢出。
- 浮点算术溢出或被零除从不引发异常，因为浮点类型基于 IEEE 754 标准，可以表示无穷和 NaN（不是数字）。
- decimal 算术溢出总是引发 OverflowException，decimal 被零除总是引发 DivideByZeroException，都与 checked 或 unchecked 无关。

4.5　命名空间、嵌套类型、程序集

命名空间、嵌套类型、程序集是为了更好地组织程序中的许许多多的类而采取的几种措施。简单地说，命名空间是多个类的逻辑组织，嵌套类型是在类型中定义的类型，程序集是对类进行的物理组织。

4.5.1 命名空间

1. 命名空间的概念

命名空间（namespace，又叫名称空间、名字空间）是对各种类型的名字进行层次规划的方式，命名空间实际上提供了一种命名机制，同时也是程序进行逻辑组织的方式。

命名空间是一些类型的松散的集合，一般不要求处于同一个命名空间中的类有明确的相互关系，如包含、继承等。为了方便编程和管理，通常把需要在一起工作的类型放在一个命名空间里。如 System 命名空间下有各种类和接口，包括 System.Console、System.String、System.Random、System.Math、System.GC、System.IDisposable，等等，表明这些类型是与系统核心、语言基础直接相关的。

命名空间又是按层次组织的，如 System、System.IO、System.IO.IsolatedStorage 是三个层次的空字空间。在实际组织命名空间时，还可以加上公司名，这样可以避免与系统的命名空间或其他公司的命名空间相冲突，如 Microsoft、Microsoft.Web、Microsoft.Csharp 等。

命名空间的使用并不表明可访问性，即与 internal、protected 并不直接相关。命名空间也不表明目标程序的物理组合方式，一个程序中可以有来自各个命名空间的类，也可以定义多个命名空间。命名空间也不表明源文件的存放方式，即没有必要将同一命名空间下的类的定义放在同一目录下，不过那样做最好。

总之，命名空间就是为了命名方便，它可以解决名字太多而易冲突的问题。

2. 命名空间的声明

声明一个命名空间时使用关键词 namespace，声明的方式如下：

```
namespace 名字{
    …
};
```

其中，最后的分号可以省略。

命名空间的名字可以是一个标识符，或者是由多个用圆点（.）分开的多个标识符，如 System.IO。

命名空间声明的主体包括的内容是：各个类型声明（struct，enum，class，interface，delegate）及嵌套的命名空间声明。

以下代码段中有嵌套的类和命名空间。在每个实体的后面，在注释中指出了完全限定名。

```
namespace N1           //N1
{
    class C1           //N1.C1
    {
        class C2       //N1.C1.C2
        {
        }
    }
    namespace N2       //N1.N2
    {
        class C2       //N1.N2.C2
        {
```

        }
    }
}

用多个圆点来写名字与嵌套的方式，其含义是相同的。例如：

```
namespace N1.N2
{
    class A{}
    class B{}
}
```

从语义上，它与下面的代码相同：

```
namespace N1
{
    namespace N2
    {
        class A{}
        class B{}
    }
}
```

命名空间是开放的，也就是说命名空间是可以合并的。以上命名空间中的两个类可以分开定义：

```
namespace N1.N2
{
    class A{}
}
namespace N1.N2
{
    class B{}
}
```

命名空间的可访问性隐含为 public，但是 namespace 不能显式地用任何修饰符进行修饰。

一个命名空间声明在编译单元（源文件）中作为最高级别的声明时，它成为全局空间的一部分。如果一个类型声明没有在命名空间中，则该类型声明是属于全局命名空间的。

3. 命名空间的导入

当定义好了命名空间以后，各个类型的名字就可以用命名空间来指定。如 System.Console 类，System.IO.File 类，等等。

为了使程序的书写更简单，可以使用 using 指示符来导入命名空间。例如导入命名空间 System 后，System.Console 类可以写为 Console 类；导入 System.IO 后，System.IO.File 可以写为 File。注意，导入 System 命名空间并不意味着自动导入其子命名空间，如，导入 System 并不能包含导入 System.IO。

导入命名空间，使用关键词 using，其格式如下：

    using 命名空间；

using 指示符一般放在一个源程序的最前面。准确地说，要放在任何的命名空间声明或类型声明的前面，或者命名空间内部且在任何声明的前面。

注：using 还可以表示导入一个 static 类，如 using static System.Console。

4. 使用别名

当导入命名空间后，可能会发生同名的问题，如 using N1 及 using N2 后，在命名空间 N1 和 N2 中都存在类 C，这时只写 C，就不清楚是 N1.C，还是 N2.C，解决这个问题的办法是使用全名 N1.C 和 N2.C。另外还有一种办法是使用命名空间或类的别名。例如：

```
using C1 = N1.C;
using C2 = N2.C;
```

这样，new N1.C( ) 就可以写为 new C1( )。

使用别名的方式如下：

```
using 别名 =  命名空间或类名；
```

别名的指示符，可以放在一个程序的最前面，也可以放在一个 namespace 内，但要放在类型声明及嵌套的命名空间的前面。

例如：

```
namespace N1.N2
{
    class A{}
}
namespace N3
{
    using A = N1.N2.A;
    class B:A{}
}
```

使用别名不仅有利于解决冲突的作用，还可以用来简化书写，例如：

```
using CodeIds = System.Xml.Serialization.CodeIdentifiers;
```

例 4-16　NamespaceUsing.cs 使用命名空间。

```
1   using System;
2   namespace N1
3   {
4       public class C1{}
5       internal class C2{}
6       class C3{}
7   }
8
9   namespace N2
10  {
11      using NN = N2.N3.N4;
12      using OutC3 = N1.C3;
13      using CodeIds = System.Xml.Serialization.CodeIdentifiers;
14
15      public class C3{public C3(double d){}}
16      namespace N3
17      {
18          namespace N4
19          {
20              class C3{public C3(string s){}}
21          }
22      }
```

```
23
24      internal class C4{
25          static void Main()
26          {
27              C3 t1 = new C3(3.14);
28              NN.C3 t2 = new NN.C3("Hello");
29              OutC3 t3 = new OutC3();
30          }
31      }
32      class MyCodeIds:CodeIds{}
33  }
```

4.5.2 嵌套类型

1. 嵌套类型的概念

嵌套类型是在类型中声明的类型，比如在类、结构中声明的类、结构、接口、委托等。嵌套类型使用时，如果从外部访问，则需要使用全名，也就是：

  外部类名.内部类名

而如果从类的内部，则既可以只使用内部类名，也可以使用全名。为了避免名字的二义性，内部类的名字与外部类的名字不能相同。

例如：

```
using System;
class A
{
    class B
    {
        public struct C
        {
            public int x;
        }
        public int i;
    }
    static void Main()
    {
        B.C c = new A.B.C();
        c.x = 1;
        A.B b = new A.B();
        b.i = 2;
    }
}
```

2. 嵌套类型的可访问性

不在命名空间内声明的类型，或在某个 namespace 中声明的类型，称为非嵌套的类型。非嵌套的类型可以用 public 或 internal 来修饰，默认的修饰符是 internal。而嵌套在类中的类型可以用多种修饰符，如 public、protected、protected internal、internal、private，嵌套在结构中的类型可以用 public、internal、private 来修饰。嵌套的类型如果默认访问控制符，则认为是 private。

在使用嵌套类，要考虑外部类的可访问性及内部类的修饰符，在使用内部类的成员时，还要考虑该成员所用的修饰符。总之，其可访问性是受各个层次的限定的。

例 4-17 NestedAccessibility.cs 嵌套类型的可访问性。

```
1   class A
2   {
3       class B
4       {
5           public int i;
6           private int j;
7           private void MB()
8           {
9               M1();                  // 可以访问 A 的 private 成员
10          }
11      }
12      private static void M1(){}
13      static void M2()
14      {
15          A.B b = new A.B();         // 可以访问 A.B
16          b.i = 1;                   // 可以访问 A.B 的 public 成员
17      }
18  }
19
20  class Test
21  {
22      static void Main()
23      {
24          object obj = new A();
25          //obj = new A.B();         // 错误, A.B 不可访问
26      }
27  }
```

事实上，使用嵌套类就是为了更好地组织类之间的关系，把一些只属于内部的信息类型放在一个类内部，而这些类对外则是不可访问的或者受保护的。例如：

```
class Polygon
{
    private struct Point{…}
    private class PolygonFillStyle{…}
    private enum PolygonType{…}
    …
}
```

3. 嵌套类型与外部类的关系

嵌套的内部类是外部类的成员，但它不是数据成员，是类型成员。在一定意义上，它是 static 的，也就是说，在内部类可以访问外部类的 static 属性、方法、字段。但是内部类的实例与外部类的实例没有直接的关系，也就是说内部类的 this 与外部类的 this 没有关系。

为了使内部类与外部类相关，可以在内部类中增加一个字段，将外部类的实例引用存放起来，从而互相操作。

例 4-18 NestedThis.cs 在内部类中存放外部类的实例引用。

```
1  class Polygon
2  {
3      class Point
4      {
5          Polygon polygon;
6          int x,y;
7          public Point(Polygon polygon,int x,int y)
8          {
9              this.polygon = polygon;
10             this.x = x;
11             this.y = y;
12         }
13         public void M()
14         {
15             //if(polygon…);…
16         }
17     }
18
19     public void AddPoint(int x,int y)
20     {
21         Point point = new Point(this,x,y);
22         points[num++] = point;
23     }
24     Point [] points = new Point[100];
25     int num = 0;
26  }
```

4. 嵌套类型的一个应用——factory 模式

下面介绍嵌套类型的一个应用——factory 模式（工厂模式）。所谓 factory 模式，是指一个能产生某种"产品"的"工厂"，其中产品只能由工厂产生。例如一个银行账号（Account）只能由银行（Bank）来产生。在 C#中，账号可以由 Bank 的内部类（Account）来实现，在这里内部类是 private 的，不能由外部进行访问，只能通过一个接口（ICount）来访问。

例 4-19   NestedBankAccount.cs 通过嵌套类来实现 Factory 模式的银行账号。

```
1  using System;
2  using System.Collections;
3
4  public interface IAccount
5  {
6      long Number
7      {
8          get;
9      }
10     decimal Balance
11     {
12         get;
13     }
14     void Deposit(decimal amount);
15     void Withdraw(decimal amount);
```

```csharp
16  }
17
18  public class Bank
19  {
20      public IAccount OpenAccount()
21      {
22          IAccount acc = new Account();
23          accounts[acc.Number] = acc;
24          return acc;
25      }
26
27      private readonly Hashtable accounts
28          = new Hashtable();
29
30      private sealed class Account:IAccount
31      {
32          public long Number
33          {
34              get
35              {
36                  return number;
37              }
38          }
39          public decimal Balance
40          {
41              get
42              {
43                  return balance;
44              }
45          }
46          public void Deposit(decimal amount)
47          {
48              balance += amount;
49          }
50          public void Withdraw(decimal amount)
51          {
52              balance -= amount;
53          }
54          private decimal balance = 0;
55          private readonly long number = nextNumber++;
56
57          private static long nextNumber = 123;
58      }
59  }
60
61  class Test
62  {
63      static void Main()
64      {
65          Bank bank = new Bank();
66          IAccount account = bank.OpenAccount();
```

```
67            account = bank.OpenAccount();
68            account.Deposit(100.00M);
69            account.Withdraw(40.00M);
70            Console.WriteLine("Account{0}has ${1}",
71                account.Number ,account.Balance);
72        }
73   }
```

4.5.3 程序集

模块（module）、程序集（assembly）、应用程序（application）是程序的物理组织，也就是程序编译后生成的指令的存放方式。

1. 模块

模块是一个或多个源程序文件编译后生成的指令（MSIL 指令）存放在一个模块文件中。生成模块文件，使用的命令是：

```
csc /target:module /out:XXXX.mod a.cs b.cs c.cs
```

其中，/target 指出编译后生成的文件种类，/out 指出生成的文件名，a.cs, b.cs, c.cs 表示源文件名。

2. 程序集

程序集是由一个或多个模块及资源组成。程序集是可以独立发布的程序。程序集中的信息包含两部分：一部分是程序指令；另一部分是有关这些指令的类型、资源关系等对程序的描述信息，称为元信息（manifest）。

程序集一般以 .dll 文件存在。同一程序集中的类型在访问另一类型时，要求被访问的类型有 internal 或 public 访问权限。

生成程序集，使用的命令是：

```
csc /target:library /out:XXXX.dll a.cs b.cs c.cs
```

生成程序集时，加入已经生成好的 mod 文件，使用的命令是：

```
csc /target:library /out:XXXX.dll /addmodule:xxx.mod;xxx.mod;xxx.mod a.cs b.cs c.cs
```

也可以从模块文件连接生成程序集，使用命令是：

```
al /target:library /out:XXXX.dll a.mod b.mod c.mod
```

程序集中的元信息及指令，可以使用 Visual Studio 中的工具 ildasm.exe 来进行查看。使用的命令是：

```
ildasm XXXX.dll
```

打开后，如图 4-8 所示。

查看元数据、IL 指令，还可以使用开源的工具 ILSpy，该工具还能将 .exe 文件反编译成 C#语句。可以从 http://www.ilspy.net/网站下载单独运行的程序，也可以在 Visual Studio 中，使用菜单"工具 | 扩展和更新 | 联机"中搜索并安装 ILSpy，安装后在项目上右击，选择"open output in ILSpy"即可打开，如图 4-9 所示，工具栏上有个下拉框，可以选择 IL 或 C#。

第 4 章　C#高级特性

图 4-8　ildasm 查看程序集中的信息

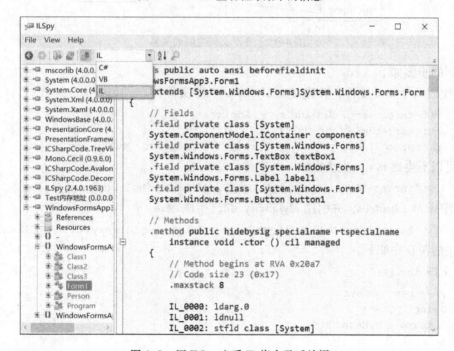

图 4-9　用 ILSpy 查看 IL 指令及反编译

3. 应用程序

应用程序是多个程序集组成的一个可应用的程序，一般以 .exe 文件存放。.exe 文件，又称为 PE 文件，可以在 Windows 下运行。

生成 .exe 文件的方式如下：

```
csc  /target:exe  /out:XXXX.exe  a.cs  b.cs  c.cs
```

其中，若是控制台应用程序，使用/target:exe；若是 Windows 程序，使用/target：win。在生成 .exe 文件时，若要引用已经生成好的 .dll 程序集，可以使用/reference 选项（可简写为/r）：

```
csc /target:exe /out:XXXX.exe /reference:xxx.dll /r:xxxx.dll a.cs
b.cs c.cs
```

事实上，在编译时，会自动引用系统核心程序集 mscorlib.dll。

也可以像查看.dll 文件一样，使用 ildasm、ILSpy 等工具来进行查看生成的 exe 文件中的指令及元信息。

4. 一个例子

下面介绍一个应用，它由多个源文件组成，通过生成.dll 程序集，最终生成.exe 文件。程序各个文件之间的关系如图 4-10 所示。

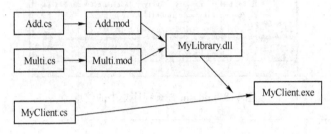

图 4-10 各个文件之间的关系

编译的步骤如下。

① 生成两个 mod 文件，并连接成 MyLibrary.dll 文件：

```
csc/target:mod/out:Add.mod Add.cs
csc/target:mod/out:Multi.mod Multi.cs
al/target:library/out:MyLibrary.dll Add.mod Multi.mod
```

也可以不生成 mod，直接生成.dll 文件：

```
csc/target:library/out:MyLibrary.dll Add.cs Mult.cs
```

② 编译 MyClient.cs，并引用 MyLibrary.dll，生成.exe：

```
csc/target:exe/out:MyClient.exe/reference:MyLibrary.dll MyClient.cs
```

相关的源程序如下。

① 文件 Add.cs：

```
1   //Add two numbers
2   using System;
3   namespace MyMethods
4   {
5       public class AddClass
6       {
7           public static long Add(long i,long j)
8           {
9               return(i+j);
10          }
11      }
12  }
```

② 文件 Multi.cs：

```
1   //Multiply two numbers
2   using System;
```

```
3   namespace MyMethods
4   {
5       public class MultiplyClass
6       {
7           public static long Multiply(long x,long y)
8           {
9               return(x*y);
10          }
11      }
12  }
```

③ 文件 MyClient.cs：

```
1   //Calling methods from a DLL file
2   using System;
3   using MyMethods;
4   class MyClient
5   {
6       public static void Main(string[] args)
7       {
8           Console.WriteLine("Input 2 numbers in each line:");
9           long num1 = long.Parse(Console.ReadLine());
10          long num2 = long.Parse(Console.ReadLine());
11          long sum = AddClass.Add(num1,num2);
12          long product = MultiplyClass.Multiply(num1,num2);
13          Console.WriteLine("The sum of {0}and{1}is{2}",
14              num1,num2,sum);
15          Console.WriteLine("The product of {0}and{1}is{2}",
16              num1,num2,product);
17      }
18  }
```

5. 在 Visual Studio 中引用程序集

如果使用 Visual Studio 集成开发环境，要引用一个程序集的可选择"Project（项目）"→"Add Reference…（添加引用）"菜单项，打开如图 4-11 所示的"引用管理器"对话框，

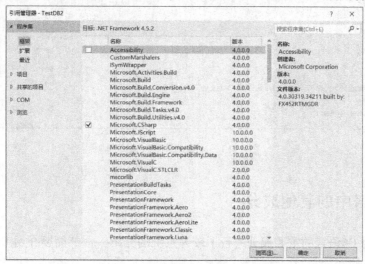

图 4-11 "引用管理器"对话框

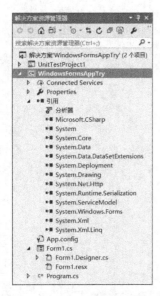

图 4-12 项目引用的程序集

引用时可以选择"框架"并勾选其中列出的各个程序集,还可以选择"项目"并选中同一解决方案(solution)中的其他项目(这种项目的类型一般是"类库"),除此之外,还可以选择"浏览"直接引用一个.dll 文件。

则可以从 Solution Explorer 窗口中查看到相关的引用,如图 4-12 所示。

除了直接引用一些程序集,在新版本的 Visual Studio 中,还提供了更高级的"NuGet 程序包管理"功能,它可以从网上下载相关的程序包(含有相关的一个或多个程序集),如果一个程序包使用了其他的程序包,它也会自动下载,可以更方便地管理程序集的引用。

使用方法是,使用"工具"菜单的"NuGet 程序包管理器"命令,打开如图 4-13 所示的对话框,在"已安装"的选卡中进行选择,或者在"浏览"选项卡中,输入所需程序包的名字,然后可以搜索到相应的程序包,如本书后面讲的"Entity Framework"(一个与数据库处理相关的程序包),并进行安装即可。

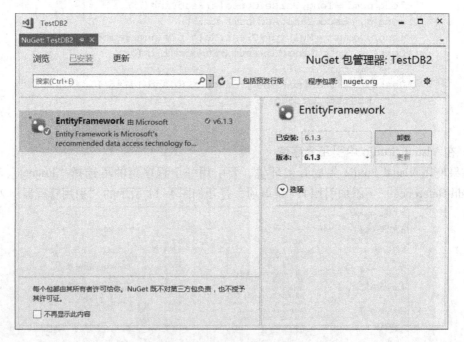

图 4-13 NuGet 程序包管理器

4.6 C#语言中的其他成分

前面几节对 C#语言的重要成分进行了较为系统的介绍,本节简要介绍 C#语言中的其他几个语言成分。

4.6.1 运算符重载

运算符（operator）也称操作符，是指 +，-，* 等，它们表示一定的运算。同一个运算符对于不同的类型具有不同的含义，如加号（+）对于整数表以数值相加，而对于字符串（string）则表示字符串的连接。运算符在本质上是一个方法（函数），即对不同的运算数施加运算，并求得一个结果。C#中允许对用户定义的类型重新定义各种运算符的意义，这就是运算符重载（operator overloading）。

又比如，两个日期时间（DateTime）相减，表示两个日期的时间间隔（TimeSpan）；而日期时间加上一个时间间隔则得到另一个日期时间。

```
DateTime now = DateTime.Now;
DateTime start = new DateTime(2000,1,1);
TimeSpan c = now - start;
Console.WriteLine(c.TotalDays);
```

事实上，在这里时间相减的运算符（即减号），就是一个调用了"op_Subtraction"这个特殊的方法，在 .NET Framework 的 API 文档中，DateTime 的 Operators（运算符）中将这个运算符叫作 op_Subtraction，如图 4-14 所示。

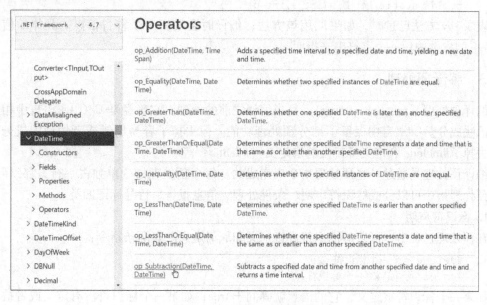

图 4-14　DateTime 的运算符

值得注意的是，与很多的类一样，DateTime 类还定义了 op_ Equality 运算符，也就是判断两个变量是否相等，这样就使得 a == b 这样的表达式有特定的含义。

类似地，在程序中，也可以针对自己的类来定义运算符重载，不过，它的定义方式比较特殊，并且有很多限制，将在本书的"深入理解 C#语言"一章中进行详细介绍。

4.6.2 使用 Attribute

简单地说，特性（Attribute）是与类、结构、方法等元素相关的额外信息，是对元信息的扩展。通过 Attribute 可以使程序、甚至语言本身的功能得到增强。

Attribute，现在一般译为"特性"，早期也有人译为"属性"，但要注意不要与 Property（"属性"）混淆。甚至在 Visual Studio 的中文文档中，Attribute 和 Property 在许多地方都被称为"属性"，读者要注意分辨。在本书中，直接称 Attribute。

Attribute 是 C#中一种特有的语法成分，它可以作用于各种语言要素，如命名空间、类、方法、字段、属性、索引器，等等，都可以附加上一些特定的声明信息。Attribute 与元数据一起存储于程序集中，编译器或者其他程序可以读取并利用这些信息。

系统中已经定义了一些 Attribute 类来表示不同的 Attribute，用户也可以自己定义 Attribute。所有的 Attribute 类都是 System. Attribute 的直接或间接子类，并且名字都以 Attribute 结尾。

在程序中使用 Attribute 的一般方式是这样的：在相关的程序元素（如类、类中的方法）的前面，加上方括号（[ ]），并在方括号中规定 Attribute 的种类，以及该 Attribute 所带的参数。

以 System. ObsoleteAttribute 为例，它用在各种程序元素的前面，用以标记这个元素已经过时或作废，不应在新版本中使用。

```
[Obsolete("Div 已废弃,请改用 Div2")]
public static int Div(int a,int b){……}
```

表示 Div 方法已过时，如果调用该方法，编译时会发出一个警告信息。具体的信息在 Obsolete 的参数中用一个字符串来指明。

4.6.3 编译预处理

编译预处理（pre-processing），是指编译之前的处理，它曾经是 C/C++ 语言中相当重要的语法成分。C#语言中保留了部分预处理功能。但去掉了容易出错或者烦琐的成分，特别是去掉了#include 和定义可替换的宏定义（#define）等。

编译预处理是通过一些预处理指令来完成的。每个预处理指令单独占一行，都以#号开始。预处理指令可以分成标识符声明、条件处理、信息报告、行号标记四类。

1. 标识符声明

在预处理过程中，可以对标识符进行定义和取消定义。有两条指令：

  #define 定义一个标识符；
  #undef"取消定义"一个标识符.

如果一个标识符被定义，它的语意就等同于 true；如果一个标识符没有定义或者被取消定义，那么它的语意等同于 false。

#define 和#undef 必须在文件中任何"真正代码"前声明，否则在编译时会发生错误。

2. 条件处理

用来对程序文本的一部分进行有条件地包括或排除。有四条指令：

  #if,#elif,#else,#endif

其中使用的条件是预处理条件表达式。这种表达式是由标识符、常量 true、false 及运算符 !，==,!=，&&，‖ 和圆括号组成的表达式。其中被定义的标识符的值是 true，否则其值是 false。

例如：

```
#define Debug
class Class1
{
#if Debug
    void Trace(string s){}
#endif
}
```

经编译预处理,其实际的代码变成:

```
class Class1
{
    void Trace(string s){}
}
```

条件处理指令可以嵌套。例如:

```
#define Debug          //Debugging on
#undef Trace           //Tracing off
class PurchaseTransaction
{
    void Commit(){
        #if Debug
            CheckConsistency();
            #if Trace
                WriteToLog(this.ToString());
            #endif
        #endif
        CommitHelper();
    }
}
```

3. 信息报告

程序中可以将警告和错误信息报告给编译程序。有两条指令:

  #error 和 #warning

例如:

```
#warning Code review needed before check-in
#define DEBUG
#if DEBUG && RETAIL
    #error A build can't be both debug and retail!
#endif
class Class1
{...}
```

总是产生警告("Code review needed before check-in"),并且如果标识符 DEBUG 和 RETAIL 都被定义,还会产生错误。

4. 行号标记

行号标记使用#line 指令。其格式是:

  #line 行号 "文件名"

#line 的特点使得开发者可以改变编译器输出时使用的行号和源文件名称,例如警告和错误。如果没有#line 指令,那么行号和文件名称自动由编译器定义。

5. 代码块

对于一段代码，可以使用#region 及 #endregion 来标明指令。其格式是：

```
#region    代码块的说明
……（具体的多行代码）
#endregion
```

使用代码块的好处在于：集成开发环境中可以将这段代码折叠起来，以节省代码窗口的空间，方便查看别的代码，这在代码很长的情况下尤其有用。

4.6.4 unsafe 及指针

为了便于与 C、C++ 等语言交互，在 C#中保留了指针的概念。但是对指针的使用做了严格的限定，所以不要认为可以像 C 语言那样自由地使用指针。指针必须在"非安全（unsafe）环境"中使用。

1. unsafe

unsafe 关键字表示不安全的上下文。任何涉及指针的操作都要求不安全的上下文。

unsafe 用作结构、类、方法、属性、委托等的修饰符。例如：

```
static unsafe void FastCopy(byte[] src,byte[] dst,int count)
{
    //……
}
```

若要编译不安全的程序（又称为"非托管代码"），必须指定/unsafe 编译器选项。非托管代码不能由公共语言运行库验证。

2. fixed 及指针

fixed 的作用是声明一个指针，使用格式如下：

```
fixed(类型 * 指针名 = 表达式)语句
```

fixed 关键字必须在 unsafe 环境中使用。fixed 语句设置指向托管变量的指针并在语句执行期间"锁定"该变量，并表示指针所指的对象不被垃圾回收器重定位（因为普通对象可以被垃圾回收器重定位）。

可以用 fixed 声明指针指向一个变量或者类中的一个域：

```
Point pt = new Point();
fixed(int * p = &pt.x){
    *p = 1;
}
```

可以用数组或字符串的地址初始化指针：

```
fixed(int * p = arr)...        //相当于 p = &arr[0]
fixed(char * p = str)...       //相当于 p = &str[0]
```

只要指针的类型相同，就可以初始化多个指针；要初始化不同类型的指针，则需要嵌套 fixed 语句。

例 4-20　UnsafeCopy.cs 使用指针进行数组的复制。

```
1    //编译时需要:/unsafe
2    using System;
3
4    class Test
```

```
 5    {
 6        static unsafe void Copy(byte[] src,byte[] dst, int count)
 7        {
 8            int srcLen = src.Length;
 9            int dstLen = dst.Length;
10            if(srcLen < count ||    dstLen < count)
11            {
12                throw new ArgumentException();
13            }
14
15            fixed(byte * pSrc = src,pDst = dst)
16            {
17                byte * ps = pSrc;
18                byte * pd = pDst;
19                for(int n = 0;n < count;n ++)
20                {
21                    *pd ++= * ps ++;
22                }
23            }
24        }
25
26        static void Main()
27        {
28            byte[] a = new byte[100];
29            byte[] b = new byte[100];
30            for(int i = 0;i < 100; ++i)
31                a[i] = (byte)i;
32            Copy(a, b,100);
33            Console.WriteLine("The first 10 elements are:");
34            for(int i = 0;i < 10; ++i)
35                Console.Write(b[i] + "{0}",i < 9 ?"":"");
36            Console.WriteLine("\n");
37        }
38    }
```

指针的一个典型的用途是在进行图像处理时对颜色数据的存取，这将会在第 8 章介绍。

3. sizeof 运算符

sizeof 运算符，用于求出一个类型所占的字节数。其格式如下：

```
sizeof(类型名)
```

例如：

```
Console.WriteLine(sizeof(int));
```

sizeof 只能用于非托管的类型（指简单类型、枚举类值、指针类型以及不含有引用类型成员的结构类型），而不能用于引用类型。并且 sizeof 只能用于 unsafe 环境。

4. stackalloc

stackalloc 关键字，用于在栈上分配内存，其格式如下：

```
类型 *p = stackalloc 类型[ 个数 ];
```

stackalloc 关键字只能用于 unsafe 上下文，它可以动态地分配内存，并且分配的内存在栈上，而不是在堆上，因此不会担心内存被垃圾回收器自动回收。

例 4-21 UnsafeStackAlloc.cs 使用 stackalloc。

```
1   using System;
2   class Test
3   {
4       unsafe static string IntToString(int value)
5       {
6           char* buffer = stackalloc char[16];
7           char* p = buffer + 16;
8           int n = value >= 0 ? value : -value;
9           do
10          {
11              *--p = (char)(n % 10 + '0');
12              n /= 10;
13          } while (n != 0);
14          if (value < 0) *--p = '-';
15          return new string(p, 0, (int)(buffer + 16 - p));
16      }
17      static void Main()
18      {
19          Console.WriteLine(IntToString(12345));
20          Console.WriteLine(IntToString(-999));
21      }
22  }
```

4.6.5 C#几个语法的小结

本书到现在为止，已经对 C#语言的语法进行了较全面的讲解。下面是对 C#几个语法的小结，它们实际上在前面的章节中已经讲到，这里把它们再集中一下，便于读者的复习和总结。

1. 类型声明

类型声明是 C#程序的主体，它可以位于命名空间中，也可以是嵌套的类型。

类型声明包括以下几种：类 class，结构 struct，接口 interface，枚举 enum，委托 delegate。

2. 类成员

类（或结构）的成员如表 4-3 所示。

表 4-3 类（或结构）的成员

常数（const）	它代表了与类相关的常数数据
字段（field）	它是类中的变量
方法（method）	它实现了可以被类实现的计算和行为
属性（property）	它定义了命名的属性和与对这个属性进行读写的相关行为
事件（event）	它定义了由类产生的通知
索引器（indexer）	它允许类的实例通过与数组相同的方法来索引
运算符（operator）	它定义了可以被应用于类的实例上的表达式运算符
实例构造函数（instance constructor）	它执行需要对类的实例进行初始化的动作

析构函数（destructor）	类的实例被清除时实现的动作（结构不能有析构函数）
静态构造函数（static constructor）	它执行对类本身进行初始化的动作
嵌套类型（type）	它代表位于类中的类型

习题 4

一、判断题

1. 如果 try 子句中有 return 语句，则 finally 子句就不会执行了。
2. 在 catch 异常时，子类异常（更具体的异常）要写到父类异常（更一般的异常）的前面。
3. 自定义异常要从 Exception（或其子类）进行继承。
4. Attribute 在使用时用方括号。
5. C#中是可以使用指针的，但是要慎用。
6. 在 C# 2.0 以上的版本中，可以这样写：MyDelegate d2 = obj. myMethod；。
7. C#可以实现函数的函数（高阶函数）。
8. 委托具有多播的特点，即一次可以调用多个函数。
9. 在 C#中，（省略 new EventHandler）可以简写为：button1. Click += button1_Click；。
10. 运算符本质上是一个函数，但是书写起来更直观。
11. 在 C#中，要注意[ ]（索引）还有运算符也都是函数。
12. 在 C#中，[ ]有索引、Attribute、数组等用途。
13. 程序集是指编译生成的 dll 及 exe。
14. internal 修饰符是针对程序集的可访问性。
15. Lambda 本质上是一种匿名函数。
16. Lambda 表达式的函数参数型是可以省略的。
17. 匿名函数可以不带参数。
18. 抛出异常可以使用 throw 语句。
19. 一般要使用 InnerException 来形成异常的链接。
20. Lambda 表达式不能作为函数的参数。
21. event 可以理解为一种特殊的委托变量。
22. 事件的委托类型一般带两个参数，一个 sender，一个是事件参数。
23. 事件在类之外可以使用 +=、-=。
24. 事件在类之外可以判断是否为 null。
25. 事件可以在类之外进行调用。

二、编程题

1. 用 main( )创建一个类，令其抛出 try 块内的 Exception 类的一个对象。为 Exception 的构建器赋予一个字串参数。在 catch 从句内捕获异常，并打印出字串参数。添加一个 finally 从句，并打印一条消息。
2. 创建自己的异常类。为这个类写一个构建器，令其采用 String 参数，并随同 String 句柄把它保存到对象内。写一个方法，令其打印出保存下来的 String。创建一个 try…catch 从句，练习实际操作新异常。
3. 写一个类，并在一个方法抛出一个异常。试着在没有异常规范的前提下编译它，观察编译器会报告什么。接着添加适当的异常规范。在一个 try…catch 从句中尝试自己的类以及它的异常。
4. 综合练习：在上一章作业的"银行系统"的基础上，再一次改进，做一个新的版本，增加本章所学的语法要素，如委托、事件与异常等。要求如下。

（1）上一版本中关于类、属性、方法、继承、修饰符等你不太满意的地方（或者你从别人那里学到的）可以进一步改进。改进的地方可以加上注释说明。

（2）程序中使用事件及委托。参照4.3.2节中提到的"六步曲"，在ATM类中实现一个事件BigMoney-Fetched（一大笔钱被取走了），即ATM机在操作时如果用户取款数大于10 000，则可以激活这个事件。事件参数也是一个对象（可以定义类BigMoneyArgs），含有账号及当时取款数。在程序中（如Main中）注册这个事件，使之能在界面中显示出告警信息（相当于银行的监控功能）。

（3）程序中使用自定义异常。比如，定义一个异常类BadCashException，表示有坏的钞票。在程序中适当的地方（如取款函数）中，抛出（throw）自定义的异常类（如random的Next（3）小于1，表示有三个之一的概率时就抛出），在ATM调用这个函数时进行捕获（catch）。

（4）使用其他语法（可选，如Attribute、Lambda表达式）。

第 5 章 基础类及常用算法

前面各章已经对 C#语言的语法进行了较全面的讲解，从本章开始，要介绍的是 C#语言使用的类库以及在这些类库的基础上的一些应用。本章首先介绍 C#编程中经常要使用的基础类和工具类，包括 C#的语言基础类库、数学类、日期类、字符串等。然后讨论一些常用的数据结构的面向对象的实现，包括列表、集合、字典、堆栈和队列以及在它们上面实现排序、查找和 Linq。最后，本章还将介绍一些常用算法，如遍试、迭代、递归等。

5.1 C#语言基础类

5.1.1 .NET Framework 基础类库

C#语言的学习包括语法规则的学习和类库的学习，语法规则确定 C#程序的书写规范；类库，或称为运行时库，则提供了 C#程序与运行它的系统软件之间的接口，C#使用的类库就是 .NET Framework 提供的类库，它可以帮助开发者方便、快捷地开发 C#程序。

.NET Framework 中基本类库中包含多个命名空间，每个命名空间中都有若干个具有特定功能和相互关系的类、接口、结构、枚举。下面列出了一些经常使用的命名空间。

1. System，Sytem. Collections，Sytem. Text

System 是 .NET Framework 的核心类库，包含了运行 C#程序必不可少的系统类，如基本数据类型、基本数学函数、字符串处理、异常处理类等。System. Collections 是有关集合的基本类库，包括实现栈和 hash 表的 Stack 类和 Hashtable 类等。System. Text 是有关文字字符的基本类库。这几个命名空间将在本章中进行讲解。

2. System. IO

System. IO 是输入/输出的基础类库，包含了实现 C#程序与操作系统、网络以及其他 C#程序做数据交换所使用的类，如基本输入/输出流、文件输入/输出流、二进制输入/输出流、字符读写流等。System. IO 命名空间将在第 6 章中进行讲解。

3. System. Windows. Forms，System. Drawing

System. Windows. Forms 是用来构建 Windows 窗体的类库，System. Drawing 提供了基本的图形操作。这两个命名空间为图形用户界面（GUI）提供了多方面的支持：低级绘图操作，如 Graphics 类等；图形界面组件和布局管理，如 Form 类、Button 类等；以及界面用户交互控制和事件响应，如 MouseEventArgs 类。利用这些功能，可以很方便地编写出标准化的应用程序界面。这两个命名空间将在第 7、8 章中进行讲解。

4. System. Web

System. Web 是用来实现运行于 Internet 相关开发的类库，它们组成了 ASP. NET 网络应用开发的基础类库。System. Web 将在第 9 章中进行讲解。

5. System.Xml，System.Web.Services

System.Xml 是处理 XML 的类库，而 System.Web.Services 是处理基于 XML 的 Web Service 的类库。XML 和 Web Service 是现代程序设计的一种趋势。有关的内容将在第 9 章中进行讲解。

6. System.Data

System.Data 是关于数据及数据库编程的。.NET Framework 中处理数据库的技术被称为 ADO.NET。有关 ADO.NET 及数据库编程将在第 11 章中进行讲解。

7. 其他

C#中还有其他许多命名空间及类库。如 System.Net 及 System.Net.Socket 是关于底层的网络通信，在此基础上，可以开发具有网络功能的程序，如 Telnet、FTP、邮件服务等。System.Threading 是关于多线程的，等等。有关多线程、网络、多媒体等方面的编程将在 11 章中进行讲解。

由于.NET Framework 涉及的类库十分庞大，所以本书中将介绍其中最重要的概念和类库以及 C#编程中最常用的技术。在实际编程过程中，要经常参考.NET Framework API 的文档。可以进入以下网址：https://docs.microsoft.com/zh-cn/dotnet/，选择其中的".NET framework API 参考"即可。

如果使用 Visual Studio，可以在代码编辑时按 F1 键，即可打开相应的在线的 API 文档，其中有相关的类的属性、方法、事件等的说明，有的还有简单的示例，如图 5-1 所示。

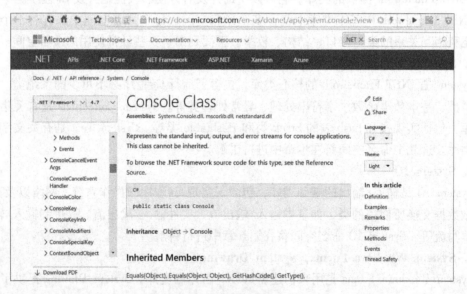

图 5-1 API 文档

✤**注意**：Visual Studio 中，可以在将输入焦点置于 C#关键字、类名、方法名等各种语法要素上，然后按 F1 键，即可获得在线帮助。在线帮助要求计算机处于联网状态。

5.1.2 Object 类

System.Object 类是 C#程序中所有数据类型的直接或间接父类。正因为 Object 类是所有 C#类的父类，而且可以和任意类型的对象匹配，所以在有些场合可以使用它作为形式参数的类型。例如 Equals( )方法，其形式参数就是一个 Object 类型的对象，这样就保证了任意 C# 类都可以定义与自身对象直接相互比较的操作。不论何种类型的实际参数，都可以与这个形式参数 obj 的类型相匹配。使用 Object 类可以使得该方法的实际参数为任意类型的对象，从而扩大了方法的适用范围。

C#中的关键字 object 是 System.Object 的同义词。

Object 提供了一组基本的方法，所有的.NET 类都继承这些方法，表 5-1 中列举出了这些方法。

表 5-1　Object 类的方法

方　　法	描　　述
Equals( )	测试两个对象是否相同
Finalize( )	在一个对象被回收之前调用，以便它能够释放资源
GetHashCode( )	返回用于表示位于 hash 表和其他数据结构中的对象的 hash 码
GetType( )	返回描述对象类型的 Type 对象
MemberwiseClone( )	创建对象的一个浅拷贝
ReferenceEqualsShared(static)	比较两个引用的函数，如果都指向同一个对象，则返回"真"
ToString( )	返回一个表示对象的字符串

下面更加详细地介绍这些方法，并且给出了什么时候派生出的类需要重写 Object 的基本方法。

1. 对象的相等性

Equals( )方法能够测试两个对象的等价性，如果相同，则返回 true，否则返回 false。

等价（equality）的含义决定于所考虑的对象的类型。对于值类型，比较是很简单的，如果它们包含相同的值，则相等。

如果一个类没有重写 Equals( )方法，那么它的"相等"意味着两个引用相等，即它们引用的是同一个对象。这时，Equals( )方法的结果与相等运算符（==）的结果相同。

但要注意的是，== 运算符可用于简单数据类型（判断数据是否相等），也可用于引用类型。当用于引用类型时，表示是否引用同一个对象（判断句柄是否相等）。对于普通的结构类型，不能使用 ==，除非对这种结构定义了 == 的操作符重载。

有些类在实现时都已经重写了 Equals( )方法，并且一些类（如 String 类）还进行了运算符 == 及！= 的重载。这时它判断的是两个对象状态上和功能上的相同，而不是引用上的相同。这时两个对象"相等"意味着：首先是两个对象类型相同，然后是对象状态上和功能上的相同。

ReferenceEquals( )方法用于测试两个引用是否指向同一对象。

注意：如果重写 Equals( )，编译器将提醒要重写 GetHashCode( )。这是因为在集合中分类和排序对象时，Equals( )和 GetHashCode( )方法将一起使用——如果重写其中一个，并且要在 Hashtable 或者类似的集合中使用该类，就要重写另一个。

GetHashCode( )方法用于生成 hash 码（哈希码）。hash 码是一个用于标识对象的整数，或者说是用一个对象的信息生成一个整数，并且不同的对象生成的整数尽量不同。例如：对于所有的银行账户，账户号码是一个唯一整数值，因此它就是 hash 码。但对于另一些类，则其含义不很明显。hash 码主要用于对数据结构中的对象进行查找。

例 5-1 TestEqualsObject.cs 重写 Equals( ) 及 GetHashCode( )。

```
1   using System;
2   class MyDate{
3       public int day,month,year;
4       public MyDate(int i,int j,int k){
5           day = i;
6           month = j;
7           year = k;
8       }
9   }
10
11  class MyOkDate :MyDate{
12      public MyOkDate(int i,int j,int k)
13          :base(i,j,k)
14      {
15      }
16      public override bool Equals(object obj){
17          if(obj is MyOkDate){
18              MyOkDate m = (MyOkDate)obj;
19              if(m.day == day && m.month == month && m.year == year)
20                  return true;
21          }
22          return false;
23      }
24      public override int GetHashCode(){
25          return year * 366 + month * 31 + day;
26      }
27  }
28
29  public class TestEqualsObject{
30      public static void Main(string[] args){
31          MyDate m1 = new MyDate(24,3,2001);
32          MyDate m2 = new MyDate(24,3,2001);
33          Console.WriteLine(m1.Equals(m2));// 不相等,显示 False
34          m1 = new MyOkDate(24,3,2001);
35          m2 = new MyOkDate(24,3,2001);
36          Console.WriteLine(m1.Equals(m2));// 相等,显示 True
37      }
38  }
```

在该程序中，对于 MyDate 类，没有重写 Equals( ) 方法，而对于 MyOkDate 类，重写了 Equals( ) 方法，所以程序的显示结果不同，分别为 False 及 True。

2. ToString( )

ToString( ) 方法用来返回对象的字符串表示，可以用于显示一个对象。例如：

```
Console.WriteLine(123.ToString());
```

事实上，Console.WriteLine( ) 方法，如果带一个对象做参数，则自动调用对象的 ToString( ) 方法；另外，在字符串与其他对象用加号运算符 (+) 进行连接时，也会调用对象的 ToString( ) 方法。由于 ToString( ) 的广泛应用，所以在自定义的类中，最好重写 ToString( )

方法。

如果重写了 ToString( )方法，则 WriteLine( )会调用重写的 ToString( )进行输出。如果该类不重写 ToString( )，则 WriteLine( )将简单地输出完全的类名称，如下所示：

TestProject.MyNamespace.SomeClass

该代码显示了 SomeClass 属于 TestProject.MyNamespace 命名空间。

系统中的很多类型都重写了 ToString( )，如：double 变量返回包含其浮点值的字符串，bool 变量返回 True 或者 False。

例 5-2　TestToString.cs 使用 ToString( )方法。

```
1    using System;
2    class MyDate{
3        protected int day,month,year;
4        public MyDate(int i,int j,int k){
5            day = i;
6            month = j;
7            year = k;
8        }
9    }
10
11   class MyOkDate :MyDate{
12       public MyOkDate(int i,int j,int k)
13           :base(i,j,k)
14       {}
15       public override string ToString(){
16           return year + " - "+month + " - " + day;
17       }
18   }
19
20   public class TestTostring{
21       public static void Main(string[] args){
22           MyDate m1 = new MyDate(24,3,2001);
23           MyDate m2 = new MyOkDate(24,3,2001);
24           Console.WriteLine(m1);// 显示 MyDate
25           Console.WriteLine(m2);// 显示 2001 - 3 - 24
26       }
27   }
```

该例中，MyDate 类没有重写 ToString( )方法，所以 m1 显示的结果是类名 MyDate。而 MyOkDate 类由于重写了 ToString( )方法，其对象 m2 显示出来的信息更有意义。

3. GetType( )

GetType( )用于返回一个 Type 对象，以便描述该对象所属的类，一般用于反射，将在"深入理解 C#语言"一章中进行讲解。

4. 拷贝操作

MemberwiseClone( )能够用于产生对象的浅拷贝。浅拷贝只着眼于对象的顶层。如果某个对象包含到其他对象的引用，则该引用就会被拷贝。浅拷贝的过程如图 5-2 所示。

注意，MemberwiseClone( )方法是受保护的，只有派生出的类才能调用它。这意味着用户不能使用如下的代码：

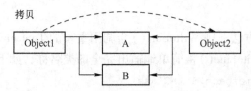

Object1 持有对象 A 和 B 的引用。Object2 是通过使用 MemberwiseClone()
创建的 Object1 的浅拷贝。这意味着引用可以被拷贝，因此 ObJect2 与
Object1 指向同一个对象。

图 5-2 浅拷贝的过程

```
Dim obj = new SomeObject()
obj.MemberwiseClone()
```

因为用户的对象不适合这种拷贝方法，如果使用该方法拷贝对象，就需要提供一个公共的方法来实现。

如果要单独地拷贝一个对象以及对象所引用的所有内容时，应当进行深拷贝（deep copy）操作，如图 5-3 所示。为了指示通用语言运行时（CLR）对类使用深拷贝，而非浅拷贝，就要实现 ICloneable 接口。

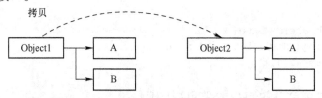

如果 Object2 被作为 Object1 的深拷贝而创建，那么引用和其指向的对
象本身都一起被拷贝。Object2 拥有了和 Object1 完全独立的副本。

图 5-3 使用深拷贝过程

5.1.3 简单数据类型及转换

1. 简单类型

C#的简单数据类型（simple types）是指几种最基本的值类型（value types），包括整数（byte，ushort，uint，ulong）、无符号整数（byte，ushort，uint，ulong）、字符（char）、实数（float，double）、高精度十进制数（decimal）、布尔（bool）。每种类型的关键字都等价于系统中的一个类，如 int 等价于 System.Int32，long 等价于 System.Int64，double 等价于 System.Double，char 等价于 System.Char，bool 等价于 System.Boolean。

C#的简单数据类型有以下共同特点。

- 这些类都提供了一些常数，以方便使用，如 Int32.MaxValue（整数最大值），Double.NaN（非数字），Double.PositiveInfinity（正无穷）等。
- 提供了 Parse（string），ToString()用于从字符串转换或转换成字符串。
- Equals()等方法进行了重写。
- 对象中所包装的值是不可改变的（immutable）。要改变对象中的值只有重新生成新的对象。

除了以上特点外，有的类还提供了一些实用的方法以方便操作。例如，Double 类就提供了更多的方法来与字符串进行转换。

对于浮点类型、双精度类型要注意的是，由于它们遵循 IEEE754 标准，这意味着每个浮点操作都有一个确定的结果。不会产生浮点除零异常，因为除零操作的结果定义为无穷大。浮点类包含表示正和负无穷大和"非数字"的值，并且提供测试它们的方法：

IsInfinity(double) 指定数字是计算为负无穷大还是正无穷大。
IsNaN(double) 指定数字的计算结果是否为不是数字（NaN）的值。
IsNegativeInfinity(double) 指定数字是否计算为负无穷大。
IsPositiveInfinity(double) 指定数字是否计算为正无穷大。

2. 类型转换

所有的基本类都支持 ToString( ) 方法，而 System.Convert 类提供了简单类型之间的转换功能。表 5-2 中列出了 Convert 类中可用的转换功能。

表 5-2 Convert 类提供的转换方法

描 述	方 法
ToBoolean(short)	将 short 类型转换为 Boolean。如果值非零，则返回 true；若为零，则返回 false
ToBoolean(String)	将 String 转换为 Boolean。如果 String 包含文字 "True"，则返回 True，否则返回 False
ToDouble(Boolean)	如果值为 True，则返回 1；如果值为 False，则返回 0
ToDouble(String)	将 String 表示的数值转换为 Double
ToInt64(Int32)	将一个 32 位整数转换为 64 位整数
ToDateTime(long)	将 Long 转换为 DateTime 对象
ToDateTime(String)	将 String 转换为一个 DateTime 对象

例 5-3 DoubleAndString.cs 练习 double 与 string 之间相互转换的方法。

```
1   using System;
2   class DoubleAndstring
3   {
4       public static void Main(string[] args)
5       {
6           double d ;string s;
7
8           //double 转成 string 的几种方法
9           d = 3.14159;
10          s = "" + d;
11          s = d.ToString();
12          s = string.Format("{0}",d);
13          s = Convert.ToString(d);
14
15          //string 转成 double 的几种方法
16          s = "3.14159";
17          try{
18              d = Double.Parse(s);
19              d = Convert.ToDouble(s);
20          }
21          catch(FormatException)
22          {
23          }
24      }
```

25   }
```

### 5.1.4  Math 类及 Random 类

System.Math 类用来完成一些常用的数学运算，它提供了若干实现不同标准数学函数的方法。Math 类是 static 类，其方法都是 static 方法，所以在使用时不需要创建 Math 类的对象实例，而直接用类名做前缀，就可以很方便地调用这些方法。

表 5-3 显示了一些 Math 类的常用成员。

表 5-3  Math 类的常用成员

| 描述 | 方法 |
| --- | --- |
| Abs( ) | 返回数的绝对值 |
| Sin( ), Cos( ), Tan( ) | 标准三角函数 |
| Max( ), Min( ) | 返回两个数中的最大值或者最小值 |
| ACos( ), ASin( ), ATan( ), ATan2( ) | 标准反三角函数 |
| Ceiling( ), Floor( ) | 取整函数 |
| Cosh( ), Sinh( ), Tanh( ) | 标准的双曲函数 |
| Exp( ) | 返回指定的指数 |
| Log( ), Log10( ) | 返回自然对数或以 10 为底的对数 |
| Pow( ) | 返回指定数的乘方 |
| Rint( ) | 返回最近的整数值 |
| Round( ) | 返回一定精度的浮点数 |
| Sign( ) | 返回数的符号 |
| IEEERemainder( ) | 返回 IEEE754 中定义的 x/y 的余数 |

跟数学运算还有其他一些相关的类，常用的有 System.Random 类，用于产生随机数。事实上，Random 实现了一个伪随机数产生器，而不是产生真实的随机数。这意味着算法从"种子"整数值开始，每次产生一个新的随机数。"伪随机"是指，如果使用相同的"种子"值，将产生相同的随机数。

Random 类的 Next( )方法用于产生一个整数随机数；Next(int)用于产生介于 0 到某整数之间的随机整数；NextDouble( )用于返回一个介于 0.0 和 1.0 之间的随机数。

**例 5-4**  TestMath.cs 使用 Math 类。

```
1   using System;
2   public class TestMath{
3   public static void Main(string [] args)
4   {
5   Console.WriteLine("ceiling(3.1415) = "+Math.Ceiling(3.1415));
6   Console.WriteLine("floor(3.1415) = "+Math.Floor(3.1415));
7   Console.WriteLine("round(987.654) = "+Math.Round(987.654));
8   Console.WriteLine("max(-987.654,301) = "+Math.Max(-987.654,301));
9   Console.WriteLine("min(-987.654,301) = "+Math.Min(-987.654,301));
10   Console.WriteLine("sqrt(-4.01) = " + Double.IsNaN(Math.Sqrt(-4.01)));
11   Console.WriteLine("PI = "+Math.PI);
12   Console.WriteLine("E = "+Math.E);
13   }
```
```

14   }

程序运行结果如图 5-4 所示。

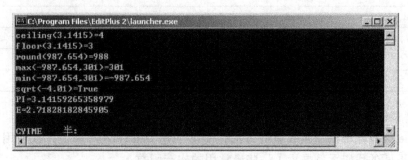

图 5-4　使用 Math 类

5.1.5　DateTime 类及 TimeSpan 类

日期和时间可以使用两个类来表示：System. DateTime 和 System. TimeSpan。

System. DateTime 类用于表示日期和时间，同时也包含许多检查、操作和格式化日期和时间值的函数。System. TimeSpan 表示一段时间，可以单独使用也可以和 DataTime 联合使用。

本节介绍如何使用这些类来执行日期和时间的常用操作。

1. 创建 TimeSpan 对象

TimeSpan 对象表示一段时间，因此可以使用天、小时、分、秒以及毫秒等单位。也可以使用任意指定的时间单位，例如 100 纳秒：

  TimeSpan ts = new TimeSpan(1,0,0);

另外，可以使用如下的一组 static 方法来构造 TimeSpan 对象：FromDays()、FromHours()、FromMinutes()、FromSeconds()、FromMilliseconds() 以及 FromTicks()。Parse() 从 String 中构造一个 TimeSpan：

  TimeSpan ts1 = TimeSpan.FromMinutes(10)
  TimeSpan ts2 = TimeSpan.Parse("1:20:00")

2. 查询 TimeSpan 对象

下面的属性将返回 TimeSpan 对象的部分信息：Days、Hours、Minutes、Seconds、Milliseconds 以及 Tick，它们将返回该对象所代表的多少个整天（分等）的整数。

除了 Tick 外，其他所有的属性，例如 TotalDays、TotalHours，等等，都将返回表示精确值的 double 值。

3. 操作 TimeSpan 对象

许多函数能够用于 TimeSpan 对象，其中大多数不需要再做解释。表 5-4 列举了这些函数。

表 5-4　TimeSpan 类的成员

函　　数	是否为 static	描　　述
Compare, CompareTo	static	比较两个 TimeSpan。如果相同，则返回 0；如果第一个大于第二个，则返回 1；如果小于，则返回 -1
Equals, == , ! =	static	检查两个 TimeSpan 是否相等

续表

函　数	是否为 static	描　述
+，-，Add，Subtract	static	两个 TimeSpan 相加或者相减
<，<=，>，>=	static	测试两个 TimeSpan
Duration	非 static	返回当前对象的持续时间
Negate	非 static	返回一个新的 TimeSpan，并且具有一个负值

4. 创建 DateTime 对象

DateTime 类有几种构造函数重载方法，能够创建 DataTime 对象，并且使用多种方法初始化它们。下面的代码示例显示了一些最常用的构造函数：

```
DateTime dt = new DateTime(2001, 2, 28);
dt = new DateTime(2001, 2, 28, 13, 23, 05);
dt = new DateTime(2001, 2, 28, 13, 23, 05, 47);
```

使用 Calendar 作为 DateTime() 的最终参数，可以根据不同的日历来解释日期。.NET 中只支持多种日历（如阳历和阴历），它们都是从 Calendar 类派生的。

如果要获得表示当前时刻的 DateTime 对象，DateTime 中有两个 static 属性很有用。第一个是 Now，返回 DataTime 对象，用于初始化当前日期和时间：

```
DateTime dt = DateTime.Now;
```

如果精确时间很重要，则时间值与当前时间相比的准确度取决于所使用的操作系统；Windows 95/98 上定时器的分辨率大约为 55 毫秒，在 Windows NT 3.51 及其后继版本中大约为 10 毫秒。

第二个属性是 Today，返回当前日期，并且时间部分设置为 0。

有 3 种创建 DateTime 的方法：从操作系统文件时间创建，从 OLE Automation Date 创建以及从 String 创建。如果使用 Windows API 获得一个文件创建或修改的时间/日期，则其格式与 DateTime 不兼容（实际上是以 100 纳秒为单位，从 1601 年 1 月 1 日午夜算起，读者可以不必关心这些）。FromFileTime() 函数使用一个文件时间，并将其转换为 DateTime。注意，如果使用 System.IO.File 类，就不必使用 FromFileTime()，因为该类返回一个 DateTime 对象。

Automation 以前在 VB 或者 C++ 中被广泛使用，它具有 Date 类型，这样 FromOADate() 函数就能够完成类型转换功能。第三种创建 DateTime 的方法是使用 String，它包含地区时间格式的日期，并能够转换为 DateTime 格式。

5. 输出日期和时间

ToString() 返回一个包含日期和时间的字符串，格式为 ISO 8601，如下所示：

```
26/02/2001 16:09
```

6. 查询 DateTime 对象

DateTime 提供了一组用于查询的属性和方法。这些函数列举在表 5-5 中。

IsLeapYear() 和 DaysInMonth() 函数是 DateTime 的静态成员，并且可以分别向它们传递年参数和月日参数：

```
Console.WriteLine("2000 is a leap year:{0}",DateTime.IsLeapYear(2000))
```

表 5-5 DateTime 类所提供的查询属性和方法

成员	属性(P)或方法(M)	共享(S)或实例(I)	描述
IsLeapYear	M	S	如果给定的年是闰年，则返回 true
DaysInMonth	M	S	返回给定的年月中的月天数
Year	P	I	返回 DateTime 中的年
Month	P	I	返回 DateTime 中的月，范围是 1~12
Day	P	I	返回 DateTime 中的日，范围是 1~31
Hour	P	I	返回 DateTime 中的小时，范围是 0~23
Minute	P	I	返回 DateTime 中的分钟，范围是 0~59
Second	P	I	返回 DateTime 中的秒，范围是 0~59
Millisecond	P	I	返回 DateTime 中的毫秒，范围是 0~999
DayOfWeek	P	I	返回一周中的某天，范围是 0（星期天）~6（星期六）
DayOfYear	P	I	返回一年的天数，范围是 1~366
TimeOfDay	P	I	返回表示时间块的 TimeSpan 对象
Ticks	P	I	返回 100 纳秒为单位的时间计数
Date	P	I	返回一个 DateTime 拷贝，其时间部分被设置为 0

7. DateTime 对象上的操作

DateTime 类包含一组成员，使得对日期和时间的操作更加容易。表 5-6 列举了这些函数。

表 5-6 DateTime 操作和操作符

函数	共享（S）或实例（I）	描述
Compare	S	比较两个 DateTime 对象，如果相等，则返回 0；如果第一个大于第二个，则返回 1；如果第一个小于第二个，则返回 -1
Equals，==，!=	S	测试两个 DateTime 对象是否相同
+ operator，Add	S	DateTime 和 TimeSpan 相加
- operator	S	从 DateTime 中减去 TimeSpan（结果为 DateTime），或者两个 DateTime 相减（结果为一个 TimeSpan）
<，<=，>，>=	S	比较两个 DateTimes，根据结果返回 true 或 false

例 5-5 DateTimeSpan.cs 计算距此刻为 36 天的那一天是星期几。

```
1   using System;
2   class Test
3   {
4       static void Main()
5       {
6           System.DateTime today = System.DateTime.Now;
7           System.TimeSpan duration = TimeSpan.Parse("36.00:00:00");
8           System.DateTime answer = today.Add(duration);
9           System.Console.WriteLine("{0}{0:dddd}",answer,answer);
10      }
11  }
```

5.1.6 Console 类

System.Console 类提供了访问标准输入、标准输出和标准错误流的机制。标准输入表示流正常的输入点：对于一个控制台应用程序，就是指键盘。标准输出表示流正常的发送出口，并且对于控制台应用程序，就是指控制台窗口。标准错误表示流错误信息的写入点，默认的是控制台窗口。一般需要提供两个独立的输出流，这样可以将一个标准输出重定向到一个文件或者其他设备，有时也希望能够在屏幕上显示出错误信息，而不是随输出流一起发送的某个其他输出口。

在.NET 中使用 Console 类有两种方法，如下：

```
Console.WriteLine("this is the first way")
Console.Out.WriteLine("this is the second way")
```

Out 是一个 TextWriter，它是 Console 类的一个成员。Console 类提供了一种快捷方法，将 WriteLine 作为一个 static 方法委派到 Out 对象，这样就不用每次都使用该"Out"输出语句。Console.In 也提供了同样的快捷方法，但如果要将信息写到标准错误上，就要使用完整格式。

WriteLine() 和 Write() 方法分别输出换行和不换行的文本；Read() 从输入流中获取下一个字符，而 ReadLine() 则获取一整行文本。

Console.WriteLine() 还可以用于格式化的输出，有关详情参 5.2 节中关于 String.Format 的介绍。

5.2 字符串

字符串是字符的序列，在 C#中，字符串，无论是常量还是变量，都是用类的对象来实现的。程序中需要用到的字符串可以分为两大类，一类是创建之后不会再做修改和变动的字符串，用 String 类表示；另一类是创建之后允许再做更改和变化的字符串，用 StringBuilder 类表示。

5.2.1 String 类

字符串用 System.String 类的对象表示。在 C#中，对于所有用双引号括起的字符串常量（又称为字符串字面常数）都被认为是对象。下面讨论如何操作 String 数据类型。

1. 创建字符串

String 类提供了各种构造函数，常用的有：
public String(char[]);// 将 String 类的新实例初始化为由字符数组指示的值。
public String(char,int);// 将 String 类的新实例初始化为一个字符重复指定次数的字符串。
此外，String.Copy(string) 可用于拷贝已有的 String。Copy() 将会生成新实例，这与赋值的等号（=）不同，因为赋值不会产生新的实例。如：

```
string s = String.Copy("Hello");
```

2. 字符串的长度、字符、子串

一旦创建了一个 String，就可使用 Length 属性找出它所包含的字符数目，并且能够使用 Chars 从 String 中提取一个字符，在 C#中也可以用索引来得到一个字符。

```
string s = "Hello";
Console.WriteLine("Length{0},Char(1)is{1}",abc.Length,abc[1])
```

该示例代码将输出的字符为"e",因为索引是从 0 开始的。

可以用 Substring( )方法求字符串的子串:

```
public string Substring(int startIndex,int length);//子字符串从指定的字符位置
开始且具有指定的长度
public string Substring(int startIndex);//子字符串从指定的字符位置开始直到字符
串的末尾
```

3. 比较字符串

由于 string 进行了 == 的重载,所以对于字符串是否相等,用 == 最方便。

如果要忽略大小写进行比较,可以都转成小写,然后进行比较:

```
if(s1.ToLower() == s2.ToLower())....;
```

此外 Compare( )、CompareOrdinal( )、CompareTo( )以及 Equals( )方法用于比较 String。在讨论 Object 类时,曾经介绍过 Equals( )。如果两个 String 的内容都相同,就返回 true。

Compare( )、CompareOrdinal( )都有相同的工作方式,它们都使用两个 String 并且返回一个 int,以指示它们的关系。如果两个字符串相同,则返回的整数值为 0,如果第一个字符串大于第二个字符串,则返回值大于零;如果第二个大于第一个,则返回值小于零。这两个函数的不同之处在于,Compare( )有几种重载方法,能够用于包含语言和文化信息以及比较情况,而 CompareOrdinal( )则不能重载。

注意,Compare( )是一种静态方法,而 Equals( )则是一个实例成员。CompareTo( )等价于 Compare( ),并且返回相同值,但前者是一个实例成员。

4. 搜索字符串

IndexOf( )和 LastIndexOf( )返回目标字符串中第一个和最后一个出现的一个或多个或者字符串。这些函数有多种重载方法,可以用 char 或 string 做参数。例如:

```
string s = @ "D:\csExample\ch06\Test.cs"
int a = s.IndexOf(':');
int b = s.LastIndexOf("\ \ ");
int s2 = s.Substring(a + 1,b - a - 1);
```

该函数返回一个零索引值,如果字符或者字符串没有找到,则返回 -1。

IndexOfAny( )和 LastIndexOfAny( )方法能够搜索数组中第一个和最后一个出现的任意符。

StartsWith( )和 EndsWith( )能够检查 String,是否以给定的字符串或者字符开始或者结束。

5. 处理字符串

Insert( )、Remove( )以及 Replace( )函数能够用于修改 String。Insert( )在指定的索引处插入一个 String,Remove( )删除多个字符,而 Replace( )则替换所有出现的某个字符。

PadLeft( )和 PadRight( )可用于在 String 的左侧和右侧填充空格。另一种相反的操作是删除空格,由 Trim( )、TrimEnd( )以及 TrimStart( )这三个函数实现。

ToUpper( )和 ToLower( )分别返回一个包含大写或者小写的新 String。

注意,所有的处理字符串的方法,都返回一个包含修改内容的新 String 对象实例,因为 String 对象的内容是不能改变的。

6. 连接符串、分割字符串

字符串的加(+)运算符可以连接多个字符串。

另外，静态成员 Concat()用于从一个或者多个 String 或者对象中创建一个新的 String，并且有多种重载方法。如果将一个或者多个 Object 引用传递给 Concat()，则该函数将调用每个类的 ToString()方法，以便获得该对象的一个 String 表示。

类似于 Concat()，Join()也用于连接 String。但 Join()函数使用两个参数，一个参数是它们之间的分割符，另一个参数是将要连接的 String 数组。

Split()用于从字符串中分离出一组字符串，它使用用户提供的一组分隔符来确定如何分割。

例 5-6 StringSplit.cs 使用 Split()方法对字符串进行分割。

```
1    using System;
2    class Test
3    {
4        static void Main()
5        {
6            string path = @ "d:\scExample\ch06\Test.cs";
7            string [] words = path.Split(new Char[]{':','\\'});
8
9            string drive = words[0];
10           string file = words[words.Length - 1];
11
12           Console.WriteLine(drive);
13           Console.WriteLine(file);
14       }
15   }
```

5.2.2 StringBuilder 类

C#中用来实现字符串的另一个类是 System.Text.StringBuilder 类，与实现内容不可变的 String 类不同，StringBuilder 对象的内容是可以修改的字符串。StringBuilder 属于 System.Text 命名空间。

1. 创建 StringBuilder 对象

由于 StringBuilder 表示的是可扩充、修改的字符串，所以在创建 StringBuilder 类的对象时并不一定要给出字符串初值。StringBuilder 类的常用的构造方法有以下几个：

```
public StringBuilder();
public StringBuilder(int length);
public StringBuilder(String str);
```

第一个函数创建了一个空的 StringBuilder 对象，第二个函数给出了新建的 StringBuilder 对象的初始长度，第三个函数则利用一个已经存在的字符串 String 对象来初始化 StringBuilder 对象。

2. 字符串变量的扩充、修改与操作

StringBuilder 类有两组用来扩充其中所包含的字符的方法，分别是：

```
public StringBuilder Append(参数对象);
puhlic StringBuilder Insert(插入位置,参数对象类型 参数对象名);
```

Append 方法将指定的参数对象转化成字符串，附加在原 StringBuilder 字符串对象之后，而 Insert 方法则在指定的位置插入给出的参数对象所转化而得的字符串。附加或插入的参数对象可以是各种数据类型的数据,如 int,double,char,String 等。

还可以对其中所包含的字符进行删除或替换:

```
public StringBuilder Remove(起始位置,长度);
public StringBuilder Replace(原字符或字符串,新字符或字符串);
```

3. StringBuilder 与 String 的相互转化

由 String 对象转成 StringBuilder 对象,是创建一个新的 StringBuilder 对象,如:

```
String s = "Hello";
StringBuilder sb = new StringBuilder(s);
```

由 StringBuilder 转为 String 对象,则可以用 StringBuilder 的 ToString( )方法,如:

```
StringBuilder sb = new StringBuilder();
String s = sb.ToString();
```

4. 何时使用 StringBuilder

由于 StringBuilder 对象在增加或修改内容时并不产生新的对象,而 String 对象的运算则要产生新的对象,所以在频繁修改字符串的内容时,特别是在多次循环体中,应该使用 StringBuilder,以提高效率。

例 5-7 StringStringBuilder.cs 使用 String 与 StringBuilder 的效率比较。

```
1   using System;
2   class Test
3   {
4       static void Main()
5       {
6           string a = "A";
7           string s = "";
8           System.Text.StringBuilder sb
9               = new System.Text.StringBuilder();
10          DateTime t0 = DateTime.Now;
11          for(int i = 0;i < 100000;i ++)
12              s = s.Insert(0,".");
13          DateTime t1 = DateTime.Now;
14          for(int i = 0;i < 100000;i ++)
15              sb = sb.Insert(0,".");
16          DateTime t2 = DateTime.Now;
17
18          Console.WriteLine(t1 - t0);
19          Console.WriteLine(t2 - t1);
20      }
21  }
```

程序运行结果如图 5-5 所示。

图 5-5 使用 String 与 StringBuilder 的效率比较

5.2.3 数据的格式化

通过 String.Format( )方法或 Console.WriteLine( )方法可以将各种类型的数据进行格式化，其中 System.Format( )返回一个字符串，而 Console.WriteLine( )自动调用 String.Format( )并将格式化的数据显示出来。

String.Format 的一般形式是带一个格式字符串及多个对象。

格式字符串中可以含有任意字符，它们会照原样输出。

格式字符串中用"{n}"表示第 n 个要格式化的对象；更一般的格式标记形式如下所示：

```
{N[,M][:FormatString]}
```

其中，N 是以 0 为起始编号的、将被替换的参数号码，M 是表示宽度的整数。如果宽度值为负，则该值将在其中向左调整（左对齐）；如果域值为正，则向右调整（右对齐）。例如：

```
Console.WriteLine("{0}",n);//显示第 0 个参数(首个对象)
Console.WriteLine("{0,-8}",n);//8 个宽度
```

冒号（:）后的 FormatString 可以是规范化的格式说明，包含一个格式字符和一个可选的精确度指示数：

```
Console.WriteLine("{0:D7}",n);//显示 7 位数,不足的部分用 0 补齐
Console.WriteLine("{0,15:E4}",d); //用指数形式显示,15 位宽,4 位小数
```

如果 d 是一个 double 类型并且值为 14.337156，则该语句将产生如下的输出：

```
1.4337E+001
```

表 5-7 显示了针对数字的各种可能的格式字符。注意，它们可以用大写字母，也可以用小写字母。

表 5-7 格式字符

格式字符	描述	注意
C	Locale（本地格式）	指定本地格式
D	Integer format（整数格式）	如果给定精确度描述符，例如{0:D5}，则输出将填充前导零
E	Exponent format（科学计数格式）	精确度描述符给出十进制小数点的位置，默认是 6 位
F	Fixed-point format（定点数格式）	精确度描述符给出十进制小数点的位置，0 是可接受的值
G	General format（通用数字格式）	使用 E 或者 F 哪个比较适合
N	Number format（数目格式）	输出带有千位分隔符的数字，例如 32,767
P	Percent format（百分数格式）	表示百分数的数值
R	Round-trip format（四舍五入格式）	保证数字转换成字符串后具有相同的值
X	Hexadecimal format（十六进制格式）	如果给定精确度描述符，例如{0:X5}，输出将填充前导零

如果标准格式选项不符合要求，则需要使用形象描述格式，它使用多个形象描述字符来表示输出格式，例如：

```
Console.WriteLine("d is {0:0000.00}",d);
```

输出格式如下：

```
d is 0014.34
```

其中，形象描述格式为"0000.00"，其中"0"是表示数字的占位符，如果该位置没有数字，则用 0 表示；"."表示十进制小数点。

可以使用有多种形象描述字符，表5-8显示了一些最常用的格式。

表5-8 常用的形象描述字符

形象描述字符	描述	注意
0	数字或0占位符	如果不是数字，则输出0
#	数字占位符	只输出有效位
.	十进制输出	显示"."
,	数字分隔符	分隔数字群，例如10,000
%	百分号	显示百分号

除了使用系统已提供的标准格式及形象格式外，还可以自己实现IFormatProvider接口来产生自己的格式化形式，这里就不详细介绍了。

5.3 集合类

集合（collection）是一系列对象的聚集。集合在程序设计中是一种重要的数据结构。C#中提供了有关集合的类库，它们主要位于System.Collections命名空间中，从C# 2.0起，更倾向于使用泛型的集合类，它们主要位于System.Collections.Generic命名空间中。另外，在System.Collections.Specialized命名空间中有一些特定的集合。

5.3.1 集合的遍历

不论是哪种集合都是由多个元素组成的，它们的共同特点是可以对其中的元素进行遍历，在C#中可以方便地使用foreach语句进行遍历。而之所以能进行遍历，是因为它们都实现了IEnumerable接口。有的集合类还实现了或ICollection接口，而ICollection接口是IEnumerable接口的子接口。

1. 使用foreach语句对集合进行遍历

对于集合中的元素进行遍历，可以像数组一样，使用foreach语句，例如：

```
List<string>list = new List<string>(){"aaa","bbb","ccc"};
foreach(string s in list)
{
    Console.WriteLine(s);
}
```

事实上，所有的类只要有GetEnumerator()方法或者实现了IEnumerable接口，都可以使用foreach语句，因为编译器会自动将foreach语句转为对GetEnumerator()方法的调用。以数组为例。由于所有的数组是System.Array类的子类，而System.Array类都实现了IEnumerable接口，所以数组也是可以用foreach语句的。

2. IEnumerable接口

IEnumerable接口，表明该集合能够提供一个enumerator（枚举器）对象，支持当前的遍历集合。在集合中遍历各个元素是很常用的一个功能。

IEnumerable只有一个成员，GetEnumerator()方法，不带参数，返回一个IEnumerator对象：

```
IEnumerator GetEnumerator();
```

注意，IEnumerable 和 IEnumerator 接口总是一起工作的。如果某个类实现了 IEnumerable，则该方法将返回实现了 IEnumerator 的对象的一个引用。不必确切知道返回的对象类型，只需将其作为一个枚举器（遍历器）来使用。

3. IEnumerator 接口

支持简单遍历集合的类要都实现了 IEnumerator。该接口实现了从一个元素到另一个元素向前移动。

IEnumerator 接口有 3 个成员：MoveNext( )方法、Reset( )方法、Current 属性。

MoveNext( )方法调整遍历指针移向集合中的下一个元素。注意，遍历指针的初始位置是集合中第一个元素的前面。这样要指向第一个元素，就要先调用一次 MoveNext( )。该函数返回一个布尔值，如果成功遍历到下一个元素，则返回 true；如果指针移出末尾，则返回 false。

Reset( )方法用于设置遍历指针指向初始位置，即集合中第一个元素的前面。

Current 属性返回集合中当前对象的引用。

对于集合中的元素进行遍历，可以用 IEnumerator 来进行。其基本模式是：

```
IEnumerator enumerator = a.GetEnumerator();
while(enumerator.MoveNext()){
    object obj = enumerator.Current;
}
```

要注意的是，IEnumerator 是只读式的遍历，它不会修改元素，另外，它保存了集合的一个快照，这意味着可以使用多个 IEnumerator 来访问同一个集合。基本集合在 Enumerator 访问时不能改变，否则就会产生异常。

例 5-8 EnumeratorForEach.cs 针对数组的元素进行遍历。

```
1   using System;
2   using System.Collections;
3   class Test
4   {
5       static void Main()
6       {
7           string [] ary =
8           {"Apple","Banana","Cucumber",};
9
10          IEnumerator enumerator = ary.GetEnumerator();
11          while(enumerator.MoveNext())
12          {
13              string str = enumerator.Current as string;
14              Console.WriteLine(str);
15          }
16
17          foreach(string str in ary)
18          {
19              Console.WriteLine(str);
20          }
21      }
22  }
```

4. ICollection 接口

ICollection 是 IEnumerable 的子接口，定义了集合的大小、IEnumerator 和同步方法。与 IEnumerable 类似，许多类都实现了该接口。因为 ICollection 是基于 IEnumerable 派生出来的，实现 ICollection 的任何类都必须同时实现 IEnumerable。

ICollection 在 IEnumerable 的基础上增加了以下功能：

① Count；属性实现返回集合中元素的数目。

② CopyTo(Array array,int index)；方法用于实现从集合中拷贝元素到一个一维数组中。

③ SyncRoot 和 IsSynchronized；属性允许类实现线程安全的集合。

5.3.2 List、Stack 及 Queue 类

List、Stack 及 Queue 类是几个最为常用的线性表，其中 List 相当于动态数组，Stack 表示栈，Queue 表示队列。

1. IList 接口与 List 类

IList 接口、List 类、ArrayList 类的目的是实现动态数组，List、ArrayList 是 IList 的一个实现，其中 List 是泛型的，ArrayList 是早期实现的非泛型版本，现在多用 List 类。下面就这些接口和类进行介绍。

IList 所支持的方法包括：

① Add( ) 和 Insert( ) 用于向集合中添加条目，使用索引来指定项目要插入的位置（其中首元素的索引为 0）；Add( ) 将新条目添加到尾部。

② Remove( ) 和 RemoveAt( ) 用于从列表中删除条目。RemoveAt( ) 使用索引来指定要删除的条目的位置；Remove( ) 使用对象引用作为参数，并能够删除该对象。Clear( ) 用于删除所有条目。

③ IndexOf( ) 和 Contains( ) 用于搜索该列表。它们都使用一个 Object 引用作为输入参数。Contains( ) 返回一个布尔值，而 IndexOf( ) 返回一个零基索引。

④ Item 属性用于获取或设置索引所指定的值，C#中可以使用[ ]运算符进行访问。

⑤ IsFixedSize 和 IsReadOnly 属性表示是否是一个固定大小的，以及它是否可被修改。

List（列表）是表示对象可重复的集合。List 实际上是 C#中的"动态数组"。数组在用 new 创建后，其大小（Length）是不能改变的，而 ArrayList 中的数组元素的个数（Count）是可以改变的，元素可以加入及移除，所以说是"动态数组"。

对 List 的操作，主要是利用其 IList 接口中的方法，如 Add( )、RemoveAt( ) 等。访问其对象可以使用索引器 [ ]，而遍历可以 foreach 语句，当然也可以使用 Enumerator，下面的示例演示了这几种使用方法。

例 5-9 ListTest.cs 使用 List 类。

```
1   using System;
2   using System.Collections.Generic;
3   public class ListTest
4   {
5       public static void Main()
6       {
7           List < string > fruits = new List < string > ();
```

```
 8          fruits.Add("Apple");
 9          fruits.Add("Banana");
10          fruits.Add("Carrot");
11
12          Console.WriteLine("Count: {0}",fruits.Count);
13          foreach(string fruit in fruits)
14              Console.Write("\t" + fruit);
15          Console.WriteLine();
16
17          for(int i = 0;i < fruits.Count;i ++)
18              Console.Write("\t" + fruits[i]);
19          Console.WriteLine();
20
21          IEnumerator < string > myEnumerator = fruits.GetEnumerator();
22          while(myEnumerator.MoveNext())
23              Console.Write("\t{0}",myEnumerator.Current);
24          Console.WriteLine();
25      }
26 }
```

可以看出，List 有如下两个特点：

↳ 元素的顺序是有意义的；

↳ 元素是可以重复的。

> 从 C# 3.0 起，对于 List 等集合对象的初始化，可以像数组那样，可以用{}包含一些元素，例如：
>
> List < string > list = new List < string > (){"aaa","bbb","ccc"};
>
> 其中，圆括号可以省略：
>
> List < string > list = new List < string > {"aaa","bbb","ccc"};

2. Stack 类

堆栈（Stack）又称为栈，遵循"后进先出"（last in first out，LIFO）原则。栈是一种重要的线性数据结构。

栈只能在一端输入输出，它有一个固定的栈底和一个浮动的栈顶。栈顶可以理解为是一个永远指向栈最上面元素的指针。向栈中输入数据的操作成为"压栈"，被压入的数据保存在栈顶，并同时使栈顶指针上浮一格。从栈中输出数据的操作称为"弹栈"，被弹出的总是栈顶指针指向的位于栈顶的元素。如果栈顶指针指向了栈底，则说明当前的堆栈是空的。

Stack 类是用来实现栈的工具类。Stack 类能实现堆栈操作的方法如下。

① public void Push(object item)：将指定对象压入栈中。

② public object Pop( )：将堆栈最上面的元素从栈中取出，并返回这个对象。

③ public object Peek( )：返回栈顶元素，但不将此对象弹出。

因为堆栈实现了 ICollection、IEnumerable 和 ICloneable。它包含了与这些接口相关的方法及属性，如 Clear( )、Count、Contains( )、Clone( )以及 CopyTo( )。

堆栈最大的特点就是"后进先出"。例如，假设压栈的数据依次为 1，2，3，4，5，则弹栈的顺序为 5，4，3，2，1。压栈和弹栈操作也可以交叉进行，如弹出几个数据后又压入几个数据等。

例 5-10 StackTest.cs 使用 Stack。

```
1   using System;
2   using System.Collections.Generic;
3   public class StackTest
4   {
5       static readonly string[] months =
6       {
7           "January","February","March","April",
8           "May","June","July","August","September",
9           "October","November","December"
10      };
11      public static void Main(string[] args)
12      {
13          Stack<string> stk = new Stack<string>();
14          foreach(string month in months)
15              stk.Push(month);
16          Console.WriteLine("popping elements:");
17          while(stk.Count >0)
18              Console.WriteLine(stk.Pop());
19      }
20  }
```

程序运行结果如图 5-6 所示。

3. Queue 类

队列（queue）也是重要的线性数据结构。队列遵循"先进先出"(first in first out, FIFO)的原则，固定在一端输入数据（称为入队，enqueue），另一端输出数据（称为出队，dequeue）。可见队列中数据的插入和删除都必须在队列的头尾处进行，而不能直接在任何位置插入和删除数据。

图 5-6 使用 Stack

计算机系统的很多操作都要用到队列这种数据结构。例如，当需要在只有一个 CPU 的计算机系统中运行多个任务时，因为计算机一次只能处理一个任务，其他的任务就被安排在一个专门的队列中排队等候。任务的执行，按"先进先出"的原则进行。另外打印机缓冲池中的等待作业队列、网络服务器中待处理的客户机请求队列，也都是使用队列数据结构的例子。

Queue 类是用来实现队列的工具类。Queue 类能实现队列操作的方法如下。

① public void Enqueue(object item)：将指定对象入队，将对象加入到队尾。

② public object Dequeue()：将队头的元素取出，并返回这个对象。

③ public object Peek()：返回队头的元素，但不将此对象出队。

因为 Queue 实现了 ICollection、IEnumerable 和 ICloneable 接口。它包含了与这些接口相关的方法及属性，如 Clear()、Count、Contains()、Clone()以及 CopyTo()。

例 5-11 QueueTest.cs 使用 Queue。

```csharp
1   using System;
2   using System.Collections.Generic;
3   public class QueueTest
4   {
5       static readonly string[] months =
6       {
7           "January","February","March","April",
8           "May","June","July","August","September",
9           "October","November","December"
10      };
11      public static void Main(string[] args)
12      {
13          Queue<string> que = new Queue<string>();
14          foreach(string month in months)
15              que.Enqueue(month);
16          Console.WriteLine("Dequeue elements:");
17          while(que.Count > 0)
18              Console.WriteLine(que.Dequeue());
19      }
20  }
```

程序运行结果如图 5-7 所示。

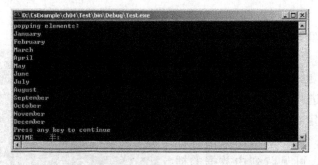

图 5-7　使用 Queue

5.3.3　Dictionary 及 Hashtable 类

Dictionary 及 Hashtable 类一组"键-值"的集合，Dictionary 类是泛型的，Hashtable 是非泛型的，它们都实现了 IDictionary 接口。

1. IDictionary 接口

字典是一个包含一组"键-值"对（key-value paris）的数据结构，每个值都由相应的关键字来定义。关键字和值可以是任何对象类型，关键字必须唯一且非空。

IDictionary 的属性和方法有：

① Add( ) 添加一个指定的关键字和值的条目到字典中；

② Item 属性检索指定关键字所对应的值；

③ Keys 和 Values 属性分别返回包含所有关键字和值的集合；

④ Contains( ) 确定带有指定关键字的值是否在字典中；

⑤ Clear( ) 从字典中删除所有项；Remove( ) 则删除指定关键字对应的项；

⑥ GetEnumerator( ) 返回一个 IDictionaryEnumerator，可用于遍历字典；

⑦ IsFixedSized 和 IsReadOnly 属性表示是否是固定大小及是否可被修改。

2. Dictionary 类

Dictionary 类是最常用的"键-值"对的集合，它实现了 IDictionary 接口。一般使用 Keys、Values 来访问其中的键的集合、值的集合，Keys 和 Values 可以用 foreach 来遍历。而每一个值可以使用索引器［键］来得到。

下面的例子说明了 Dictionary 的使用方法。

例 5–12 DictionaryTest.cs 使用 Dictionary。

```
1    using System;
2    using System.Collections.Generic;
3    public class DictionaryTest
4    {
5        public static void Main()
6        {
7            Dictionary<string,string> dic = new Dictionary<string,string>();
8            dic.Add("Ton V. Bergyk","023-010-66756");
9            dic["Tom Sony"] = "086-010-27654";
10           dic["Mr. John"] = "071-222-33445";
11           foreach(string key in dic.Keys)
12           {
13               Console.WriteLine(key + ":" + dic[key]);
14           }
15       }
16   }
```

其中注意到，Dictionary 是泛型的，它需要两个类型参数，一个是键的类型，一个是值的类型。

Dictionary 的索引器使用很方便，它可以表示取得某个键对应的值，对某个键的值进行赋值，可以表示新增（如果原来没有相应的键）、修改（如果原来已有相应的键），因为 Dictionary 中任意两个键是不能相同的。可以使用 ContainsKey 来判断集合中是否含有某个键。

3. Hashtable 类

Hashtable（哈希表）表示一个关键字和值相关联的集合，它的组织方式能够高效地检索其中的值。哈希关键字（hash key，或哈希值）是一个能够根据数据项快速计算出来的整数值。哈希表（hash table）包含一组数据桶，每个桶能够包含与某个哈希关键字相关的数据。例如，假设下面是以人名作为关键字的一组个人电话号码：

```
Ton Van Bergyk     631-884-9120
Dave Evans         142-777-2100
Leo Wijnkamp       660-122-0014
Dale Miller        123-321-4444
```

如果能够创建一个基于每个名称的哈希关键字，则哈希关键字将确定保存数据的 Hashtable 桶。当需要检索电话号码时，只需简单地提供名字并计算其哈希关键字即可，哈希关键字将会给出数据在 Hashtable 中的存储位置。生成哈希关键字的算法应该设计得很快速，以便在 Hashtable 中检索表项的速度很快。注意，Hashtable 中的关键字是唯一的，尽管可能有多个关键字具有相同的哈希关键字。

如果两个或者多个表项具有相同的哈希关键字,则 Hashtable 中的桶将包含多个值。这时,一旦确定了桶,还需要比较桶中每项的关键字,以便找到所需的数据项。这显然会降低检索效率。哈希算法必须精心设计,尽量减少两个数据的哈希关键字重复的概率。

桶中的项数比例称为哈希表的负载因子(load factor),负载因子越小,则检索速度越快且存储空间的开销也越大。负载因子也决定了当所有的桶都充满时表的大小如何增加。

默认的负载因子是 1.0。可以在 Hashtable 创建后指定其他值。

Object 类包含一个产生哈希关键字的方法,该方法被每个其他类所继承。但是,对于许多数据结构,该默认方法将不会创建很好的哈希关键字分布。因此,如果希望在哈希表中存储数据,则需要重写 GetHashCode( )方法,以便实现自己的哈希函数。

Hashtable 能够使用两个辅助接口:IComparer 和 IHashCodeProvider。因为 Hashtable 不允许使用重复的关键字,需要确定是否有两个关键字对象相等。这可以使用关键字对象的 Equals( )方法,但如果需要某种特殊要求,如忽略大小写,"smish"等于"SMITH",则可以实现一个 IComparer 对象,并且使 Hashtable 使用该对象。类似的,Hashtable 可使用关键字对象自己的 GetHashCode( )方法,除非提供了一个用于计算哈希关键字的自定义 IHashCodeProvider。

Hashtable 中,使用字符串作为关键字,但也可以使用任何类型的对象。不允许使用重复的关键字,如果添加一个数据项,则会抛出一个 ArgumentException 异常。

向 Hashtable 中加入"键-值"对,可以使用 Add 方法,如:

```
Hashtable ht = new Hashtable();
ht.Add("Ton V. Bergyk","023-010-66756");
ht.Add("Tom Sony","086-010-27654");
```

在 C#中,可以使用索引来表示:

```
ht["Ton V. Bergyk"] = "023-010-66756";
ht["Tom Sony"] = "086-010-27654";
```

要删除数据,可以使用 Remove( )或 Clear( )方法。Remove( )将根据关键字删除数据项,而 Clear( )则删除所有的项。删除一个不存在的关键字,则什么操作都不做。使用索引器将一个 key 对应的值设为 null,也相当于删除一个 key。例如:

```
ht["Tom Sony"] = null;
```

通过 Keys 属性,可以获取 Hashtable 中所有的键值,并能用 foreach 来遍历。通过使用 ContainsKey( )和 ContainsValue( )方法,可以找出表中包含指定的关键字或者值。因为 Hashtables 通常使用关键字进行搜索,因此也可以使用 Contains( )来替代 ContansKey( ):

```
if(ht.Contains("Greg Howard")){
    Console.WriteLine("Table contains Greg Howard");
}
```

在 C#中,可以使用索引来检索与关键字相关的值:

```
Console.WriteLine("Phone number for Tony Levin is{0}",ht["Tony Levin"]);
```

例 5-13 HashtableTest.cs 使用 Hashtable。

```
1    using System;
2    using System.Collections;
3    public class HashtableTest
4    {
```

```
5       public static void Main()
6       {
7           Hashtable ht = new Hashtable();
8           ht.Add("Ton V. Bergyk","023-010-66756");
9           ht["Tom Sony"] = "086-010-27654";
10          ht["Mr. John"] = "071-222-33445";
11
12          foreach(object key in ht.Keys)
13          {
14              object value = ht[key];
15              Console.WriteLine("\t{0}:\t{1}",key,value);
16          }
17      }
18  }
```

程序运行结果如图 5-8 所示。请注意，列举的顺序可能与加入的顺序并不一致。

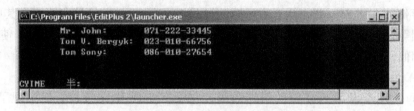

图 5-8 使用 Hashtable

4. SortedList 类和 SortedDictionary 类

SortedList 类和 SortedDictionary 类使用两个数组存储其数据——一个保存关键字，一个用于存放值，其中 SortedList 是非泛型的，SortedDictionary 是泛型的。因此，列表中的一个表项由"键-值"对组成。不允许出现重复的关键字，并且关键字也不允许是 null 引用。可以认为 SortedList 是 Hashtable 和 Array 的混合体。当使用索引按照元素的键访问元素时，其行为类似于 Hashtable。当使用 GetByIndex 或 SetByIndex 按照元素的索引访问元素时，其行为类似于 Array。

SortedList 以关键字顺序维持数据项，并且能够根据关键字或者索引来检索它们。SortedList 在操作速度上比 Hashtable 慢，因为它需要找到新加入的项的索引位置，以便维持数据项的顺序。如果只希望通过关键字检索数据，则 Hashtable 比 SortedList 更有效。

填充 SortedList 可以有两种方法：使用 Add() 方法或使用索引，如：

```
sl.Add(key,value);
sl[key] = value;
```

可以根据关键字或者位置在集合中检索某个元素，代码如下所示：

```
Console.WriteLine(sl[key]);              //显示指定键对应的值
Console.WriteLine(sl.GetKey(index));     //显示指定位置的键
Console.WriteLine(sl.GetByIndex(index)); //显示指定位置的值
```

可以使用 IndexOfKey() 和 IndexOfValue() 方法，找到给定关键字或值所对应的索引：

```
Console.WriteLine(sl.IndexOfKey(key));
Console.WriteLine(sl.IndexOfValue(value));
```

如果关键字或者值不存在，则它们将返回-1。

如果希望找到该列表是否包含一个特殊的关键字或值，则可以使用 ContainsKey() 和 ContainsValue() 函数。

可以根据关键字或者索引来修改值。另外，也可以添加新的关键字：

```
sl[key]=value;
```

如果希望通过索引修改某个值，则使用 SetByIndex() 方法：

```
sl.SetByIndex(1,20);
```

5.3.4 其他集合类

在 System.Collections 及 System.Collections.Specialized 命名空间中，还有其他一些集合类，下面对其中几个较为常用的类进行介绍。

1. HashSet 及 SortedSet 类

HashSet 及 SortedSet 都是用于表示"集"，它们都实现了 ISet 接口，其中 HashSet 是按 hash 方式存储的，而 SortedSet 是有顺序的。与 List 相比，Set 集的最大特点是其中任意两个元素不能相等，也就是说如果存放两个相等的元素，则原来的元素会被替换。使用 Set 的方式与 List 相似，可以使用 foreach 来进行遍历。

2. BitArray 类

BitArray 类用于表示 bool 值的压缩数组，它没有实现 IList 接口，但实现了 ICollection 接口。

BitArray 与普通数组相比，它可以占用更少的空间，并且使用者可以不用关心是怎样存储的。同时，BitArray 还实现了 And、Or、Xor 等运算。

BitArray 的常用构造方法有：

```
public BitArray(int,bool);//初始化 BitArray 类的新实例,该实例可拥有指定数目的位值,位值最初设置为指定值
public BitArray(bool[]);//初始化 BitArray 类的新实例,该实例包含从指定的布尔值数组复制的位值
```

BitArray 类的索引可以方便地像数组一样使用。

例5-14 BitArrayPrime.cs 使用 BitArray 来求 2~100 以内的素数。

```
1   using System;
2   using System.Collections;
3   public class SamplesArrayList
4   {
5       public static void Main()
6       {
7           BitArray ary = new BitArray(100,true);
8
9           for(int i=2;i<ary.Count;i++)
10          {
11              if(!ary[i])continue;
12              for(int j=i+i;j<ary.Count;j+=i)
13              {
14                  ary[j]=false;
15              }
16          }
```

```
17          for(int i = 2;i < ary.Count;i ++)
18          {
19              if(ary[i])Console.Write(i + " ");
20          }
21          Console.WriteLine();
22      }
23  }
```

3. StringCollection 和 StringDictionary

StringCollection 属于 System. Collections. Specialized 命名空间，并且它是一个专用于根据索引对字符串排序的 IList。它包含添加、插入和删除字符串，根据索引删除字符串，以及拷贝部分或者全部集合到数组中。在字符串集合中的字符串不必是唯一的。

StringDictionary 也是 System. Collections. Specialized 命名空间的一部分，它是一个将字 String 用作关键字的字典。

4. NameValueCollection

NameValueCollection 属于 System. Collection. Specialized 命名空间，实现了存储哈希表中的关键字/值对的一个 collection 类，而且它也可以通过索引和关键字来访问其成员。与 Hashtable 不同，NameValueCollection 使用字符串作为关键字，并可以使用 null 引用作为关键字。NameValueCollection 从 NameObjectCollectionBase 中派生而来。

5. 集合类的选择

对于给定的编程任务，需要选择不同的集合。下面是一些一般性的原则。

◇ 如果需要固定大小的数组，使用 System. Array。
◇ 如果需要动态变化的数组，使用 ArrayList。
◇ 如果需要存储一组元素并且总是检索先添加进来的元素，则使用堆栈（stack）。
◇ 如果希望存储元素并且使用关键字来检索它们，则使用 Hashtable。
◇ 如果需要存储一组元素，并且以添加顺序检索它们，则使用队列（queue）。
◇ 如果希望存储一组真/假（开/关）标志，则使用 BitArray。
◇ 如果要存储一组字符串，并且通过索引来引用它们，则使用 StringCollection。
◇ 如果要存储一组字符串，并且通过关键字或者索引引用它们，则使用 NameValueCollection。

5.4 排序与查找

排序是将一个数据序列中的各个数据元素根据某种大小规则进行从小到大（称为升序）或从大到小（称为降序）排列的过程。查找则是从一个数据序列中找到某个元素的过程。考虑到执行的效率，人们提出了很多排序算法及查找算法。上一节提到的 SortedList，SortedDictionary，SortedSet 是系统已经进行了排序的数据结构。本节介绍另外一些与排序及查找直接相关的接口和类，然后介绍几种实用的排序及查找的算法。

5.4.1 IComparable 接口和 IComparer 接口

为了能够对数据项进行排序，就要确定两个数据项在列表中的相对顺序，也就是要确定两个对象的"大小"关系。一般来说，可以通过如下两种方式来定义大小关系。

第一种方式是针对对象本身。为了使对象自己能够执行比较操作，该对象必须实现 IComparable 接口，即至少具有一个 CompareTo()成员。

System.IComparable 接口中有一个方法，如下：

```
int CompareTo(object obj);
```

它根据当前对象与要比较的对象的"大小"来返回一个正数、0 或一个负数。

所有的简单数值类型（如 int，double，decimal 等）、枚举和字符串类，都实现该接口；用户定义的任何类型，只要类型值是有序的，都可以实现该接口。

第二种方式是提供一个外部比较器。为了能够比较对象的大小，可以提供一个比较器，比较器实现了 IComparer 接口。

System.Collections.IComparer 接口中有一个方法，如下：

```
int Compare(object obj1,object obj2);
```

它根据第一个对象与第二个对象的"大小"来返回一个正数、0 或一个负数。例如：

```
int Compare(object obj1,object obj2)
{
    return(obj1 as Book).price - (obj1 as Book).price;
}
```

上面这段代码表示按照书的价格的大小顺序升序排序。其中小于 0 的值表示第 1 个对象"小于"第 2 个对象，等于 0 表示两个对象"大小相等"，正数则表示第 1 个对象"大于"第 2 个对象。

与之类似，如果是泛型的版本，System.IComparable < T > 及 System.Collections.Generic.Comparer < T >。

许多类在进行排序和查找时，要求提供这样的外部比较器。

5.4.2 使用 Array 类进行排序与查找

System.Array 类是用于对数组进行排序和搜索的类。Arrays 类提供了 Sort()和 BinarySearch()，可用于排序及查找，另外，还提供了 Reverse()方法进行反序。

1. Array.Sort()及 Reverse()

Array.Sort()方法可以实现对一维数组的排序。常用的有几种形式。

```
public static void Sort(Array);    //对数组排序,每个元素要求实现 IComparable
public static void Sort(Array keys,Array values);  //根据 keys 数组对 values 排序
public static void Sort(Array, IComparer);   //对数组排序,使用外部比较器
public static void Sort(Array keys,Array values, IComparer);   //根据 keys 数组对 values 排序,排序时,使用外部比较器
```

Array.Reverse()方法，可以用来对整个数组的顺序进行反转：

```
public static void Reverse(Array);  //对数组排序,每个元素要求实现 IComparable
```

2. Array.Sort()的泛型方法

Array.Sort()方法还有一个泛型方法，Sort < T > (T[])。它还可以带 IComparer < T > 参数，或 IComparer < T > 参数，除此外，还可以带一个 Comparsion 委托，该委托的原型是：

```
public delegate int Comparison < in T > (T x,T y);
```

写委托参数的简便方法是使用 Lambda 表达式，例如：

```
Array.Sort<Person>(people,(p1,p2)=>p1.Age-p2.Age);
```

表示对人的数组按年龄从小到大排列。而

```
Array.Sort<Person>(people,(p1,p2)=>p2.age-p1.Age);
```

表示对人的数组按年龄从大到小排列。

3. Array.BinarySearch( )

Array.BinarySearch( )方法可以实现在已经排序的一维数组中进行元素的查找，常用的有以下几种形式：

```
public static int BinarySearch(Array,object);   //在数组中进行查找对象object
public static int BinarySearch(Array,object, IComparer);   //使用外部比较器
```

使用 BinarySearch( )要注意：在执行 BinarySearch( )之前必须先对数组进行排序。
下面这个例子显示出如何排序和搜索一个字符串数组。

例 5-15　ArraySort.cs 使用 Array 的 Sort( )方法。

```
1   using System;
2   public class Test
3   {
4       public static void Main(string[] args)
5       {
6           string [] ary =
7           {
8               "Apple","Pearl","Banana","Carrot",
9           };
10          Show(ary);
11          Array.Sort(ary);
12          Show(ary);
13          int i = Array.BinarySearch(ary,"Pearl");
14          Console.WriteLine(i);
15          Array.Reverse(ary);
16          Show(ary);
17      }
18      public static void Show(object [] ary)
19      {
20          foreach(object obj in ary)
21              Console.Write(obj + " ");
22          Console.WriteLine();
23      }
24  }
```

程序运行结果如图 5-9 所示。

图 5-9　使用 Array 的 Sort( )方法

5.4.3 集合类中的排序与查找

集合类中也有一些机制进行排序和查找,例如:
① 许多类中有 Contains( ) 方法进行查找;
② 许多类中的 ToArray( ) 方法,可以将它转成数组,再进行排序及查找;
③ 可以从其他集合构造一个新的 ArrayList 及 SortedList 对象,再进行排序及查找。
下面对 ArrayList 及 SortedList 进行介绍。

1. ArrayList 的 Sort( ) 及 BinarySearch( )

ArrayList 中的方法中有关排序及查找,常见的有:

```
public virtual void Sort();
public virtual void Sort(IComparer);
public virtual int BinarySearch(object);
public virtual int BinarySearch(object,IComparer);
```

对于一个集合类,可以构造一个 ArrayList 实例:

```
public ArrayList(ICollection);
```

这个构造方法中,将一个集合类的对象进行复制,并生成一个 ArrayList 类。

ArrayList 还提供 Adapter( ) 方法,可以将其他 IList 对象包含在 ArrayList 中。

```
public static ArrayList Adapter(IList);
```

Adapter 不复制 IList 的内容,它只为 IList 创建 ArrayList 包装;因此,对 IList 进行的更改也会影响 ArrayList。可以用此方法来使用 ArrayList 类提供一般的 Reverse、BinarySearch 和 Sort 方法。但是,通过此包装执行这些一般操作比直接在 IList 上应用这些操作效率要低。

2. SortedList

SortedList 类的对象,在加入元素时,就会自动排序。

可以通过创建一个 SortedList 的实例,来将一个 IDictionary 对象(包括 SortedList 对象)进行元素的复制,并且进行排序。

例 5-16 SortedListPerson.cs 使用 SortedList,其中使用了 IComparable 及 IComparer。前者是在对象本身上实现的,按年龄排序;后者是对已经创建 SortedList 进行复制并产生一个新的 SortedList 对象,其中用到了 Comparer 对象来实现按姓名排序。

```
1    using System;
2    using System.Collections;
3    public class Test
4    {
5        public static void Main()
6        {
7            Person [] Persons =
8            {
9                new Person("Li ",true,12),
10               new Person("Zhang",true,18),
11               new Person("Tang",false,23),
12               new Person("Chen",false,37),
13           };
14           Random rnd = new Random();
15           SortedList list1 = new SortedList();
```

```
16          foreach(Person r in Persons)
17              list1.Add(r,"Room:"+rnd.Next(1000));
18          PrintKeysAndValues(list1);
19
20          SortedList list2 =
21              new SortedList(list1,new MyComparer());
22          PrintKeysAndValues(list2);
23      }
24
25      public struct Person:IComparable
26      {
27          public string Name;
28          public bool Sex;
29          public int Age;
30          public Person(string name,bool sex,int age)
31          {
32              this.Name=name;
33              this.Sex=sex;
34              this.Age=age;
35          }
36          public int CompareTo(object obj2)
37          {
38              if(!(obj2 is Person))
39                  throw new System.ArgumentException();
40              Person rec2 = (Person)obj2;
41              if(this.Age>rec2.Age)return 1;
42              else if(this.Age==rec2.Age)return 0;
43              return -1;
44          }
45          public override string ToString()
46          {
47              return "Name:"+Name+"\tSex:"+Sex+"\tAge:"+Age;
48          }
49      }
50
51      public class MyComparer:IComparer
52      {
53          public int Compare(object obj1,object obj2)
54          {
55              if(!(obj2 is Person)||!(obj2 is Person))
56                  throw new System.ArgumentException();
57              Person rec1 = (Person)obj1;
58              Person rec2 = (Person)obj2;
59              return rec1.Name.ToLower().CompareTo(rec2.Name.ToLower());
60          }
61      }
62
63      public static void PrintKeysAndValues(SortedList myList)
64      {
65          IDictionaryEnumerator myEnumerator = myList.GetEnumerator();
66          while(myEnumerator.MoveNext())
```

```
67            Console.WriteLine("\t{0}:\t\t{1}",
68                myEnumerator.Key,myEnumerator.Value);
69        Console.WriteLine();
70    }
71 }
```

程序运行结果如图 5-10 所示。

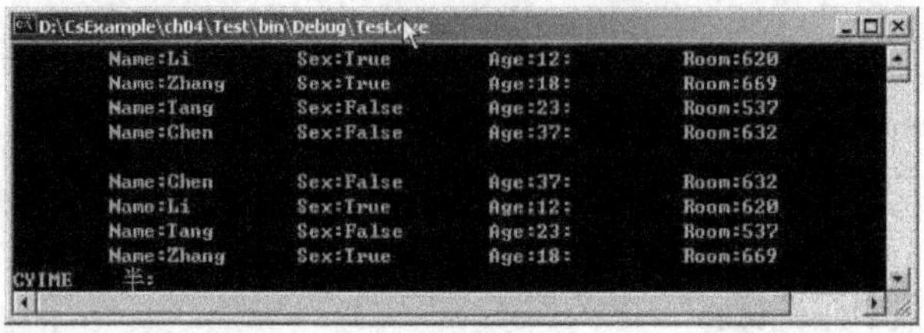

图 5-10　使用 SortedList

5.4.4　自己编写排序程序

在实际工作中，除了利用上面提到的系统排序方法，也可以自己编写排序程序，下面介绍几种最常用的排序算法。

1. 冒泡排序

冒泡排序算法的基本思路是把当前数据序列中的各相邻数据两两比较，发现任何一对数据间不符合要求的升序或降序关系则立即调换它们的顺序，从而保证相邻数据间符合升序或降序的关系。以升序排序为例，经过从头至尾的一次两两比较和交换（称为"扫描"）之后，序列中最大的数据被排到序列的最后。这样，这个数据的位置就不需要再变动了，因此就可以不再考虑这个数据，而对序列中的其他数据重复两两比较和交换的操作。

第二次扫描之后会得到整个序列中次大的数据并将它排在最大数据的前面和其他所有数据的后面，这也是它的最后位置，尚未排序的数据又减少了一个。依此类推，每一轮扫描都将使一个数据就位并使未排序的数据数目减一，所以经过若干轮扫描之后，所有的数据都将就位，未排序数据数目为零，而整个冒泡排序就完成了。

例 5-17　BubbleSort.cs 冒泡法排序（从小到大）冒泡法排序对相邻的两个元素进行比较，并把小的元素交换到前面。

```
1   using System;
2   public class BubbleSort{
3       public static void Main(string [] args){
4           int i,j;
5           int [] a ={30,1,-9,70,25};
6           int n =a.Length;
7           for(i =1;i <n;i ++)
8               for(j =0;j <n -i;j ++)
9                   if(a[j] >a[j +1]){
10                      int t =a[j];
11                      a[j] =a[j +1];
12                      a[j +1] =t;
13                  }
14          for(i =0;i <n;i ++)
```

```
15        Console.WriteLine(a[i]+" ");
16      }
17  }
```

程序运行结果如图 5-11 所示。

图 5-11　冒泡法排序

2. 选择排序

排序的基本思想是从中选出最小值，将它放在前面第 0 位置；然后在剩下的数中选择最小值，将它放在前面第 0 位置；依次类推。

例 5-18　SelectSort.cs 选择法排序。

```
1   using System;
2   public class SelectSort{
3       public static void Main(string [] args){
4           int i,j;
5           int []a={30,1,-9,70,25};
6           int n=a.Length;
7           for(i=0;i<n-1;i++)
8               for(j=i+1;j<n;j++)
9                   if(a[i]>a[j]){
10                      int t=a[i];
11                      a[i]=a[j];
12                      a[j]=t;
13                  }
14          for(i=0;i<n;i++)
15              Console.WriteLine(a[i]+" ");
16      }
17  }
```

程序运行结果如图 5-12 所示。

图 5-12　选择法排序

3. 快速排序

快速排序的效率最高，其具体方法较复杂，读者可以参考数据结构方面的书籍，这里给出一个 C#语言的程序实现。

例 5-19 QuickSortTest.cs 快速排序。

```csharp
1   using System;
2   using System.Collections;
3
4   class SortArrayList:ArrayList
5   {
6       private IComparer comparer;//比较器
7       public SortArrayList(IComparer comp)
8       {
9           comparer = comp;
10      }
11      public void QuickSort()
12      {
13          QuickSort(0,this.Count - 1);
14      }
15      private void QuickSort(int left,int right)
16      {   if(right > left)
17          {
18              object o1 = this[right];
19              int i = left - 1;
20              int j = right;
21              while(true)
22              {
23                  while(comparer.Compare(
24                      this[++i],o1) < 0)
25                      ;
26                  while(j > 0)
27                      if(comparer.Compare(
28                          this[--j],o1) <= 0)
29                          break;//out of while
30                  if(i >= j)break;
31                  Swap(i,j);
32              }
33              Swap(i ,right);
34              QuickSort(left,i -1);
35              QuickSort(i +1,right);
36          }
37      }
38      private void Swap(int loc1,int loc2)
39      {
40          object tmp = this[loc1];
41          this[loc1] = this[loc2];
42          this[loc2] = tmp;
43      }
44  }
45
46  class QuickSortTest
47  {
48      public class StringComparer:IComparer
49      {
```

```
50          public int Compare(object l,object r)
51          {
52              return((string)l).ToLower().CompareTo(
53                  ((string)r).ToLower());
54          }
55      }
56      public static void Main(string[] args)
57      {
58          SortArrayList list =
59              new SortArrayList(new StringComparer());
60          list.Add("d");
61          list.Add("A");
62          list.Add("C");
63          list.Add("c");
64          list.Add("b");
65          list.Add("B");
66          list.Add("D");
67          list.Add("a");
68          list.QuickSort();
69          foreach(string s in list)
70              Console.WriteLine(s);
71      }
72  }
```

程序运行结果如图 5-13 所示。

图 5-13　快速排序

5.5　Linq

从前面几节中已经知道，对于集合的各种查询、排序、统计操作是程序中经常的任务，有时要写较长的代码，从 C# 3.0 开始，有一种更方便的写法，这就是 Linq。Linq 涉及的内容比较多，本节谈谈 Linq 的基本用法和原理。

5.5.1　Linq 的基本用法

Linq，语言集成查询（language integrated query）是一组用于 C#的扩展。使用 Linq 可以对集合等内存数据进行查询，还可以查询数据库（database）、XML（标准通用标记语言）数据，分别称为 Linq to object，Linq to database 和 Linq to XML。这里谈的是 Linq to object。

Linq 的写法类似于数据库 SQL 语句的查询语法。

```
from 变量名 in 集合  where 条件  select 结果变量
```
其中，变量名是一个临时变量，集合是数组或其他集合对象，条件一般是一个针对变量的逻辑表达式，而结果变量一般是针对变量名的表达式（可以是变量自己）。例如：
```
from n in arr where n>5 select n;
```
表示从数组 arr 中找到大于 5 的元素（n），并且最终选出这些 n。

如果是选出这些数的平方，则是：
```
from n in arr where n>5 select n*n;
```
针对满足条件的数，还可以先进行降序排序，然后再输出结果，如：
```
from n in arr where n>5 orderby n descending select n*n;
```
首先来看一个很简单的 Linq 查询例子，查询 int 数组中大于 5 的数字，并按照大小顺序排列。

例 5-20 LinqDemo1.cs 简单的 Linq 示例。

```
1    class LinqDemo1
2    {
3        static void Main()
4        {
5            int[] arr = {8,5,17,24,1,2,3,12,1};
6            var m = from n in arr where n>5 orderby n descending select n;
7            foreach(var n in m)
8            {
9                Console.WriteLine(n);
10           }
11       }
12   }
```

从上面的例子可以看到，Linq 查询语法跟 SQL 查询语法很相似，但它要将 from 放到前面，这样变量的类型才好推断，方便集成开发环境进行智能感知（intellisence）。

Linq 查询的结果返回的是一个枚举器对象，实现了 IEnumeriable 接口，这个对象的类型一般很复杂，我们用 var 类型来表示，即让编译器自动推断其类型。这个 var 对象可以用 foreach 来进行遍历。有的 Linq 查询返回的结果是"可查询对象"，实现 IQuerable 接口，由于 IQuerable 是 IEnumeriable 接口的子接口，可以对它进行更复杂的操作。

�֍值得注意的是，这个枚举器 var 对象并没有开始执行真正的查询，只有当用 foreach 来进行遍历时，查询过程才真正地执行。

下面再来看一个稍稍复杂的 Linq 查询，使用 group 分组功能。

例 5-21 LinqDemo2.cs 带分组功能的 Linq 示例。

```
1    using System;
2    using System.Linq;
3    class LinqDemo2
4    {
5        static void Main(string[] args)
6        {
7            string[] languages = {"Java","C#","C++","Delphi",
8                "VB.net","VC.net","Perl","Python"};
9            var query = from item in languages
```

```
10                  group item by item.Length into lengthGroups
11                  orderby lengthGroups.Key
12                  select lengthGroups;
13          foreach(var group in query)
14          {
15              Console.WriteLine("strings of length{0}",group.Key);
16              foreach(var str in group)
17              {
18                  Console.WriteLine(str);
19              }
20          }
21      }
22  }
```

在这个例子中,按照字符长短(length)对数据进行分组(group)并放入 lengthGroups 变量中,按分组的关键字(.Key)进行排序。所得到的枚举器用双重的 foreach 循环进行遍历。程序的运行结果如下:

```
strings of length 2
C#
strings of length 3
C++
strings of length 4
Java
Perl
strings of length 6
Delphi
VB.net
VC.net
Python
```

5.5.2 Linq 的查询方法

从技术角度而言,Linq 定义了大约 40 个查询操作符,如 select、from、in、where 以及 orderby,使用这些操作符可以编写查询语句。

1. Linq 的两种写法

事实上,Linq 的查询语法存在以下两种形式:

一种形式是查询表达式语法(query expression syntax),另一种更接近 SQL 语法的查询方式,可读性更好。如 5.5.1 节使用的 from 语句。

另一种形式是查询方法语法(method syntax),主要利用 System.Linq.Enumerable 类中定义的扩展方法和 Lambda 表达式方式进行查询。例如:

```
List<int>arr=new List<int>(){1,2,3,4,5,6,7};
var result=arr.Where(a=>a>3).Sum();
Console.WriteLine(result);
```

这段代码中,用到了两个扩展方法。

一个是 Where 扩展方法,需要传入一个 Func<int,bool>类型的泛型委托,它表示对一个元素(int 类型的变量)进行判断(a>3),返回值是 bool 类型。这里是直接把 a => a>3 这个 Lambda 表达式传递给了 Where 方法。

另一个是 Sum 扩展方法，它计算了 Where 扩展方法返回的集合元素的和。

使用 where 等子句，实现上是调用了 Enumerable 类中定义的扩展方法。

2. 扩展方法

这里所谓的"扩展方法（extension methods）"是在 static 的类中定义的全局函数，它可以带 this 参数，表示对某种对象上施加以一个方法，编译器会自动地将它转成对扩展方法的调用。

例 5-22 ExtensionMethodString.cs 对 String 的扩展方法。

```
1  using System;
2  public static class ExtensionMethodString
3  {
4      public static int WordCount(this string s)
5      {
6          string [] words = s.Split(" ,;.!".ToCharArray(),
7              StringSplitOptions.RemoveEmptyEntries);
8          return words.Length;
9      }
10 }
11 class Demo
12 {
13     static void Main(string [] args)
14     {
15         string s = "Hello world,C#!";
16         int cnt = s.WordCount();
17         Console.WriteLine(cnt);
18     }
19 }
```

在这里，对 string 对象进行了扩展，添加了方法 WordCount，但是不是在 string 类的内部添加的，而是单独定义了一个 static 类 ExtensionMethodString，其中定义了 static 方法 WordCount，其第一个参数（string 类型）前面加了个特殊的 this，从而表明它是一个特殊的对 string 类型的扩展方法。编译器会将 s.WordCount() 自动翻译成 ExtensionMethodString.WordCount 调用。

✵值得注意的是，如果要使用扩展方法，则在程序中要 using 定义扩展方法所在的命名空间。但上面的例子中，定义和使用扩展方法都是在同一文件中，所以没有这个问题。

扩展方法是一个很有用的机制，它在不改变原类的定义的情况下，给原类"添加"了方法，实际是一种语法糖。

扩展方法是从 C# 3.0 开始引入的，它的作用之一就是为 Linq 服务的。在 Linq 技术上，.NET 的设计者在类库中定义了一系列的扩展方法来方便用户操作集合对象，这些扩展方法构成了 LINQ 的查询操作符。

3. Linq 的查询运算符

Linq 的各种查询运算符实际上是定义在 System.Linq.Enumerable 等类中的一系列扩展方法，这些扩展方法是对 IEnumerable 等对象的扩展。所有可以用 var result = arr.Where(a => a >3).Sum()这样的调用方法来进行调用。

Linq 的标准查询运算符有多达 40 多个，如表 5-9 所示。这些方法中有一小部分可以有等价的查询表达式关键字，如 where 关键字等价于 Where 方法，类似的还有 select, group, orderby, join 等。

表 5-9　Linq 的标准查询运算符

类　型	操作符名称
投影操作符	Select, SelectMany
限制操作符	Where
排序操作符	OrderBy, OrderByDescending, ThenBy, ThenByDescending, Reverse
联接操作符	Join, GroupJoin
分组操作符	GroupBy
串联操作符	Concat
聚合操作符	Aggregate, Average, Count, LongCount, Max, Min, Sum
集合操作符	Distinct, Union, Intersect, Except
生成操作符	Empty, Range, Repeat
转换操作符	AsEnumerable, Cast, OfType, ToArray, ToDictionary, ToList, ToLookup
元素操作符	DefaultIfEmpty, ElementAt, ElementAtOrDefault, First, Last, FirstOrDefault, LastOrDefault, Single, SingleOrDefault
相等操作符	SequenceEqual
量词操作符	All, Any, Contains
分割操作符	Skip, SkipWhile, Take, TakeWhile

从执行时间上来看，各个标准查询运算符可以分为两类，一类是立即执行，一类是延迟执行。返回单一值的方法（例如 Average 和 Sum）会立即执行。而返回序列的方法会延迟查询执行，因为它返回一个可枚举（IEnumerable）的对象，只有当用 foreach 进行遍历或者再次施以 Sum 等操作时才会真正执行。也可以说，查询运算符分成两类，一类是"中间的"（如 Where），它可以继续施加其他查询运算符；一类是"结束的"（如 Sum），它的结果不能再施加其他查询运算符。

下面就其中比较常用的运算符介绍一下。

Where：过滤出满足条件的。

Select：取出元素（可以映射到新的对象）。

First：取得序列第一个元素。

Take：取出部分元素。

Single：取得序列的唯一一个元素，如果元素个数不是 1 个，则报错。

FirstOrDefault：取得序列第一个元素，如果没有一个元素，则返回默认值。

Distinct：取得序列中的非重复元素。

Orderby：排序。

Reverse：反序。

Concat：连接两个序列；相当于 SQL 的 Unoin all。

Contains：序列是否包含指定元素。

Except：获得两个序列的差集。

Intersect：获得两个序列的交集。

Average：计算平均值。

Min：最小元素。

Max：最大元素。

Sum：元素总和。

Count:元素数量。

这些运算符的详情可以查看在线 API 文档。

5.6 遍试、迭代、递归

本节介绍在程序设计中常用的几种算法,包括遍试、迭代、递归,这些算法属于"通用算法",它们在解决许多问题时都有应用。

5.6.1 遍试

程序中有一类问题,就是求解满足某种条件的值。大多数问题的求解没有直接的计算公式,但如果在有限的范围内,可以对所有的值都进行试验和判断,从而找到满足条件的值。在本章中,称这种算法为"遍试",或者叫"穷举"。

例 5-23 All_153.cs 求三位的水仙花数。所谓三位的水仙花数是指这样的三位数:其各位数字的立方和等于其自身,如 $153 = 1^3 + 5^3 + 3^3$。

```
1   using System;
2   public class All_153
3   {
4       public static void Main(string[] args){
5           for(int a=1;a<=9;a++)
6               for(int b=0;b<=9;b++)
7                   for(int c=0;c<=9;c++)
8                       if(a*a*a+b*b*b+c*c*c==100*a+10*b+c)
9                           Console.WriteLine(100*a+10*b+c);
10
11      }
12  }
```

该例中,针对三个数字进行三重循环,如果相关的数满足条件则显示出来,如图 5-14 所示。

图 5-14 求三位的水仙花数

例 5-24 All_628.cs 求 9999 以内的完全数。所谓完全数是指这样的自然数:它的各个约数(不包括该数自身)之和等于该数自身。如 $28 = 1 + 2 + 4 + 7 + 14$ 就是一个完全数。

```
1   using System;
2   class All_628
3   {
4       public static void Main(string[] args){
5           for(int n=1;n<9999;n++)
6               if(n==divsum(n))Console.WriteLine(n);
7       }
8       public static int divsum(int n){
```

```
 9          int s = 0;
10          for(int i = 1;i < n;i ++)
11              if(n% i ==0)s + = i;
12          return s;
13      }
14  }
```

在该例中,两次用到了"遍试"的方法。

在主程序中,为了找到满足条件的数,对 1~9999 之间的所有数都进行试验和判断,看它是否等于其约数和,若相等,则显示出来。

在求约数和的函数 divsum 中,由于事先不知道谁是约数,于是从 1 到 n-1 都进行判断,检验其是否满足条件 n% i ==0;若满足,则说明它是约数,将它加入总和中。

程序运行结果如图 5-15 所示。

图 5-15 求 9999 以内的完全数

例 5-25 All_220. cs 求 9999 以内的"相亲数"。所谓相亲数是指这样的一对数:甲数的约数之和等于乙数,而乙数的约数之和等于甲数。

```
 1  using System;
 2  class All_220
 3  {
 4      public static void Main(string[] args){
 5          for(int n = 1;n < 9999;n ++){
 6              int s = divsum(n);
 7              if(n < s && divsum(s) ==n)
 8                  Console.WriteLine(n + "," + s);
 9          }
10      }
11      public static int divsum(int n){
12          int s = 0;
13          for(int i = 1;i < n;i ++)
14              if(n% i ==0)s + = i;
15          return s;
16      }
17  }
```

程序运行结果如图 5-16 所示。

图 5-16 求 9999 以内的"相亲数"

5.6.2 迭代

迭代也是程序设计中的常用算法。迭代,实际上是多次利用同一公式进行计算,每次将计算的结果再代入公式进行计算。迭代在数值计算、分形理论及计算机艺术等领域都有广泛的用途。下面通过例子介绍这种算法。

例 5-26 Sqrt.cs 自编一个函数求平方根。

```
1   using System;
2   public class Sqrt
3   {
4       public static void Main(string [] args){
5           Console.WriteLine(sqrt(2.0));
6           Console.WriteLine(Math.Sqrt(2.0));
7       }
8
9       static double sqrt(double a){
10          double x = 1.0;
11          do{
12              x = (x + a/x)/2;
13          }while(Math.Abs(x*x - a)/a > 1e-6);
14          return x;
15      }
16  }
```

上述公式的直观解释是取 1 到 a 之间的一个值（这里取 1）作为 f，然后求 f 与 a/f 之间的算术平均值作为新的 f。由于平方根总位于 f 与 a/f 之间，这样多次迭代运算就可以逼近平方根，运行结果如图 5-17 所示。

图 5-17 迭代法求平方根

事实上，上述方法是求方程 $x^2 - a = 0$ 的根的方法。这是牛顿迭代法的一个具体应用。设方程 $f(x) = 0$。已知在根附近的值 x_0，可以用以下迭代公式来逼近真实的根：

$$x_{n+1} = x_n - f(x_n)/f'(x_n)$$

其几何意义如图 5-18 所示。

例 5-27 Julia 利用迭代公式求 Julia 集。Julia 集是分形理论中的一种基本图形，如图 5-19 所示。

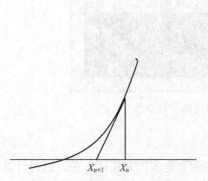

图 5-18 牛顿迭代法求方程的根

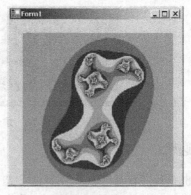

图 5-19 Julia 集

```csharp
1   private void button1_Click(object sender,EventArgs e)
2   {
3       if(graphics == null)graphics = this.CreateGraphics();
4
5       drawJulia();
6   }
7
8   private Graphics graphics;
9
10  public void drawJulia()
11  {
12      const double a = 0.5;        //c = a + bi 为 Julia 集的参数
13      const double b = 0.55;
14
15      for(double x0 = -1.7;x0 < 1.7;x0 += 0.01)
16      for(double y0 = -1.7;y0 < 1.7;y0 += 0.01)
17      {
18          double x = x0,y = y0;
19          int n;
20          for(n = 1;n < 100;n ++)
21          {
22          double x2 = x * x - y * y + a;
23          double y2 = 2 * x * y + b;
24          x = x2;
25          y = y2;
26          if(x * x + y * y >4)break;
27          }
28          pSet(x0,y0,n);//按 n 值来将(x0,y0)点进行着色
29      }
30  }
31  public void pSet(double x,double y,int n)
32  {
33      graphics.DrawLine(
34      new Pen(ColorFromN(n),1),
35      (int)(x * Width /4 + Width /2),
36      (int)(y * Height /4 + Height /2),
37      (int)(x * Width /4 + Width /2 +1),
38      (int)(y * Height /4 + Height /2 +1)
39      );
40  }
41  public Color ColorFromN(int n)
42  {
43      int k = (255 - n)% 4 * 50 +50;
44      return Color.FromArgb(k,k,k);
45  }
```

5.6.3 递归

简单地说,递归(recursive)就是一个过程调用过程本身。在递归调用中,一个过程执行的某一步要用到它自身的上一步(或上几步)的结果。

递归是常用的编程技术，其基本思想就是"自己调用自己"，一个使用递归技术的方法即是直接或间接地调用自身的方法。递归方法实际上体现了"依此类推""用同样的步骤重复"这样的思想，它可以用简单的程序来解决某些复杂的计算问题，但是运算量较大。

递归调用在完成阶乘运算、级数运算、幂指数运算等方面特别有效。递归分为两种类型，一种是直接递归，即在过程中调用过程本身；一种是间接递归，即间接地调用一个过程，例如，第一个过程调用了第二个过程，而第二个过程又回过头来调用第一个过程。

递归方法解决问题时划分为两个步骤：一个步骤是求得范围缩小的同性质问题的结果；另一个步骤是利用这个已得到的结果和一个简单的操作求得问题的最后解答。这样一个问题的解答将依赖于一个同性质问题的解答，而解答这个同性质的问题实际就是用不同的参数（体现范围缩小）来调用递归方法自身。

在执行递归操作时，C#把递归过程中的信息保存在堆栈中。如果无限循环地递归，或者递归次数太多，则产生"堆栈溢出"错误。

例 5-28 Fac.cs 用递归方法求阶乘。利用的公式是 $n! = n(n-1)!$。该公式将 n 的阶乘归结到 $(n-1)$ 的阶乘。

```
1   using System;
2   public class Fac
3   {
4       public static void Main(string [] args)
5       {
6           Console.WriteLine("Fac of 5 is " + fac(5));
7       }
8       static long fac(int n){
9           if(n == 0 || n == 1) return 1;
10          else return fac(n-1) * n;
11      }
12  }
```

例 5-29 Fibonacci.cs 求裴波那契（Fibonacci）数列的前 10 项。已知该数列的前两项都为 1，即 $F(1) = 1$，$F(2) = 1$；而后面各项满足：$F(n) = F(n-1) + F(n-2)$。

```
1   using System;
2   public class Fibonacci
3   {
4       public static void Main(string [] args)
5       {
6           Console.WriteLine("Fibonacci(10) is " + fib(10));
7       }
8       static long fib(int n){
9           if(n == 0 || n == 1) return 1;
10          else return fib(n-1) + fib(n-2);
11      }
12  }
```

程序运行结果如图 5-20 所示。

以上方法是用递归方法来实现的，运行结果如图 5-20 所示。可以看出，用递归方法，程序结构简单、清晰。

例 5-30 VonKoch 画 Von_Koch 曲线。该曲线可用递归方法画出，如图 5-21 所示。程

图 5-20　Fibonacci 数列

序界面上放一个按钮及一个 NumericUpDown（数字选择控件）。

```
1   private void button1_Click(object sender,EventArgs e)
2   {
3       if(graphics == null)graphics = this.CreateGraphics();
4
5       width = this.Width - 30;
6       height = this.Height - 30;
7       curx = 10;
8       cury = 50;
9
10      graphics.FillRectangle(new SolidBrush(this.BackColor),
11          new Rectangle(0,0,this.Width,this.Height));
12
13      int n = (int)this.numericUpDown1.Value;
14      drawVonKoch(n,width);
15  }
16
17  private Graphics graphics;
18  private int width;
19  private int height;
20  private double th,curx,cury;
21  readonly double PI = Math.PI;
22  readonly double m = 2 * (1 + Math.Cos(85 * Math.PI /180));
23
24  void drawVonKoch(int n,double d)
25  {
26      if(n == 0)
27      {
28          double x = curx + d * Math.Cos(th * PI /180);
29          double y = cury + d * Math.Sin(th * PI /180);
30          drawLineTo(x,y);
31          return;
32      }
33      drawVonKoch(n - 1,d /m);
34      th = th + 85;
35      drawVonKoch(n - 1,d /m);
36      th = th - 170;
37      drawVonKoch(n - 1,d /m);
38      th = th + 85;
39      drawVonKoch(n - 1,d /m);
40  }
41  void drawLineTo(double x,double y)
42  {
43      graphics.DrawLine(
```

```
44          Pens.Blue,
45          (int)curx,(int)cury,(int)x,(int)y);
46          curx = x;
47          cury = y;
48      }
```
程序运行结果如图 5-21 所示。

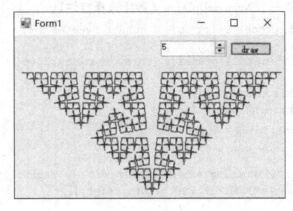

图 5-21 Von_Koch 曲线

例 5-31 CayleyTree.cs 用计算机生成 Cayley 树。它由 Y 型树多次递归生成,如图 5-22 所示。界面上放置一个按钮,代码如下。

```
1   private void button1_Click(object sender,EventArgs e)
2   {
3       if(graphics == null)graphics = this.CreateGraphics();
4       drawCayleyTree(10,200,310,100,-Math.PI /2);
5   }
6
7   private Graphics graphics;
8   double th1 = 30 * Math.PI /180;
9   double th2 = 20 * Math.PI /180;
10  double per1 = 0.6;
11  double per2 = 0.7;
12
13  void drawCayleyTree(int n,
14      double x0,double y0,double leng,double th)
15  {
16      if(n == 0)return;
17
18      double x1 = x0 + leng * Math.Cos(th);
19      double y1 = y0 + leng * Math.Sin(th);
20
21      drawLine(x0,y0,x1,y1);
22
23      drawCayleyTree(n - 1,x1,y1,per1 * leng,th + th1);
24      drawCayleyTree(n - 1,x1,y1,per2 * leng,th - th2);
25  }
26  void drawLine(double x0,double y0,double x1,double y1)
```

```
27    {
28        graphics.DrawLine(
29            Pens.Blue,
30            (int)x0,(int)y0,(int)x1,(int)y1);
31    }
```

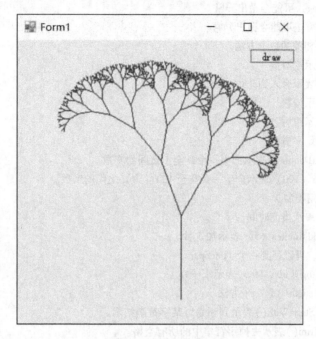

图 5-22 Cayley 树

习题 5

一、判断题

1. DotNet 基本库包括 System，System.Data，System.Windows 等多个命名空间。
2. 任何事物都是 object 类的子类或间接子类。
3. 任何对象都有 ToString( )方法。
4. 任何对象都有 Equals( )方法。
5. 任何对象都有 GetType( )方法。
6. 参与运算时，所有的 byte，short 等转为 int。
7. 常量也是对象。
8. 8.ToString( )是合法的。
9. "Hello".Length 是合法的。
10. 强制类型转换的书写方法是：int(3.14)。
11. System.Convert 可以方便地用来进行类型转换。
12. Convert.ToDateTime( )方法表示转成日期时间类型。
13. Convert.ToDouble( )方法表示转成实数。
14. Convert.ToInt( )方法表示转成整数。
15. int 也是一种类型，相当于 System.Int32。

16. int. MaxValue 表示最小整数。
17. int. MinValue 表示最小整数。
18. Double. IsNaN( ) 用于判断是不是一个数值。
19. int 也是继承了 System. Object。
20. int. Parse（string）可能会抛出异常。
21. int. TryParse( ) 方法可能会抛出异常。
22. Math 类提供了相关的数学方法。
23. Math. Abs( ) 表示绝对值。
24. Math. Round( ) 表示舍入到几位小数。
25. Math. Exp( ) 表示指数。
26. Math. Pow( ) 表示乘方。
27. Math. Sqrt( ) 表示平方根。
28. Random 的 NextDouble( ) 表示产生一个 0 至 1 之间的实数。
29. Random 的 Next（100）表示产生一个 0 至 100（含）之间的实数。
30. DateTime 是引用类型。
31. DateTime. Now 表示当前时间。
32. DateTime 的 AddMinutes（5）表示加 5 秒。
33. 两个日期相减，可以得到一个 TimeSpan。
34. String 的 Substring（idx，len）表示求子串。
35. String 对象的 Length( ) 是一个方法。
36. String 对象的 . StartsWith( ) 表示判断是以某字符串结尾。
37. String 对象的 Trim( ) 表示去掉字符串中的所有空格。
38. String 对象的 Split（','）表示按逗号进行分割。
39. String 对象在循环体中用 s + = …可能会带来效率问题。
40. string 对象的内容是不可变的。
41. StringBuilder 内容是不可变的。
42. foreach(类型　变量　in xxxx) 表示遍历数组或集合。
43. List、LinkedList、SortedList 表示列表（线性表）。
44. Dictionary 表示字典，可以用来表示 key – value 对的集合。
45. Stack 表示栈。
46. Queue 表示队列。
47. Hashtable 的 [ ] 索引，可以表示获取、加入、修改、删除（置为 null）。
48. Array. Sort 方法可以用来表示排序。
49. 算法是指令的有限序列。
50. 算法要求有穷性。
51. 算法要求可行性。
52. 算法要求确定性。
53. 算法有输入输出。
54. 遍试算法在逻辑上是针对所有可能的情况进行判断。
55. 遍试算法在形式上是 for 中用 if。
56. 迭代算法在形式上是 while 中用 a = f(a)。
57. 递归算法在逻辑上是一个问题化为同样的问题。
58. 递归算法在逻辑上有一个递归终点。

59. 递归算法在形式上是 f(n) 中调用 f(n-1)。
60. 递归算法的思想是"分而治之"。
61. 现实生活中有很多递归现象。
62. 遍试、迭代、递归是常用的三种算法。

二、思考题

1. 在所有的 C#系统类中，Object 类有什么特殊之处？它在什么情况下使用？
2. 数据类型包装类与基本数据类型有什么关系？
3. Math 类用来实现什么功能？设 x，y 是整型变量，d 是双精度型变量，试书写表达式完成下面的操作：
   (1) 求 x 的 y 次方；
   (2) 求 x 和 y 的最小值；
   (3) 求 d 取整后的结果；
   (4) 求 d 的四舍五入后的结果；
   (5) 求 atan(d) 的数值。
4. Random 有什么作用？
5. 什么是字符串？C#中的字符串分为哪两类？
6. String 类的 Concat() 方法与 StringBuffer 类的 Append() 方法都可以连接两个字符串，它们之间有何不同？
7. 什么是递归方法？递归方法有哪两个基本要素？编写一个递归程序求一个一维数组所有元素的乘积。
8. 你了解几种排序算法？它们各自有什么优缺点？分别适合在什么情况下使用？
9. 列表与数组有何不同？它们分别适合于什么场合？
10. C#中有几种常用的集合类及其区别如何？怎样获取集合中的各个元素？
11. 队列和堆栈各有什么特点？

三、编程题

1. 编程生成 100 个 1~6 之间的随机数，统计 1~6 之间的每个数出现的概率；修改程序，使之生成 1000 个随机数并统计概率；比较不同的结果并给出结论。
2. 编写程序，接受用户输入的一个字符串和一个字符，把字符串中所有指定的字符删除后输出。
3. 编程判断一个字符串是否是回文。
4. 求解"鸡兔同笼问题"：鸡和兔在一个笼里，共有腿 100 条，头 40 个，问鸡兔各有几只。
5. 求解"百鸡问题"。已知公鸡每只 3 元，母鸡每只 5 元，每 3 只小鸡 1 元。用 100 元钱买 100 只鸡，问每种鸡应各买多少。
6. 求四位的水仙花数。即满足这样条样的四位数：各位数字的 4 次方和等于该数自身。
7. 求 1000 以内的"相亲数"。所谓相亲数是指这样的一对数：甲数的约数之和等于乙数，而乙数的约数之和等于甲数。
8. "哥德巴赫猜想"指出，每个大于 6 的偶数，都可以表示为两个素数的和。试用程序将 6~100 内的所有偶数都表示为两个素数的和。
9. 裴波那契（Fibonacci）数列的第一项是 0，第二项是 1，以后各项都是前两项的和，试用递归算法和非递归算法各编写一个程序，求裴波那契数列第 N 项的值。
10. 用迭代法编写程序用于求解立方根。
11. 用迭代法编写程序用于求解方程 $x^2 + \sin x + 1.0 = 0$ 在 -1 附近的一个根
12. 求"配尔不定方程"的最小正整数解：

$$x^2 - Dy^2 = 1$$

其中 D 为某个给定的常数。令 D = 92，求其解。再令 D = 29，求其解。这里都假定已知其解都在 10 000 以内。

13. 从键盘上输入 10 个整数，并放入一个一维数组中，然后将其前 5 个元素与后 5 个元素对换，即：第 1 个元素与第 10 个元素互换，第 2 个元素与第 9 个元素互换……第 5 个元素与第 6 个元素互换。分别输出数组原来各元素的值和对换后各元素的值。

14. 有一个 $n \times m$ 的矩阵，编写程序，找出其中最大的那个元素所在的行和列，并输出其值及行号和列号。

15. 综合练习：改进"画树"的程序，画出不同风格的"树"来。

例子中两棵子树的生长点都在 (x1, y1)，我们改进一下，将两棵子树的生长点不同，在 (x1, y1) 及 (x2, y2)。

程序中可以加上一些控件（如滚动条、文本框等），以方便用户修改角度（例子中是 35 及 30 度）、长度（例子中是 per1，per2），这里又加了两子树的位置的系数（即点 0 至点 2 的长度是点 0 至点 1 的长度的多少倍 k）。(例子中，x1 = x0 + leng * cos(th)，这里要加个 x2 = x0 + leng * k * cos(th))。还可以加上颜色、粗细、是否随机等选项。

第 6 章 流、文件 IO

与外部设备和其他计算机进行交流的输入/输出（I/O）操作，尤其是对磁盘文件的操作，是计算机程序重要的功能，本章介绍流式输入/输出、文件及目录管理，并介绍应用环境的一些问题，如日志、追踪、调试、测试等。

6.1 流及二进制输入/输出

6.1.1 流

为进行数据的输入/输出操作，C#中把不同的输入/输出源（控制台、文件、网络连接、内存等）抽象表述为"流"（stream）。流的相关接口和类主要位于 System.IO 命名空间，其中 Stream 类是抽象类，它有三个重要的子类，分别针对的是不同的存取对象：FileStream 类表示文件操作，MemoryStream 表示内存操作，BufferedStream 表示缓冲处理。

需要说明的是，尽管 System.Net.Sockets.NetworkStream 类并不属于 System.IO 命名空间，但该类也可以通过使用网络 sockets 执行基于流的 I/O。

1. Stream 类

抽象的 Stream 类包含了流中所需要的许多属性和方法，如表 6-1 和表 6-2 所示。

表 6-1 Stream 类的属性

属性	描述	属性	描述
CanRead	如果当前流支持读操作，该属性为 true	Length	返回以字节数表示的流长度
CanSeek	如果当前流支持搜索操作，该属性为 true	Position	返回支持搜索操作的流的当前位置
CanWrite	如果当前流支持写操作，该属性为 true		

表 6-2 Stream 类中的一些重要方法

方法	描述	方法	描述
BeginRead，EndRead	异步读操作的开始和结束	ReadByte	从流中读出一个字节
BeginWrite，EndWrite	异步写操作的开始和结束	Seek	设定流内部的位置
Close	流的关闭	SetLength	设定流的长度
Flush	流的刷新	Write	向流中写入一个字节序列
Read	从流中读出一个字节序列	WriteByte	向流中写入一个字节

这些属性和方法中涉及了流的读写的各个方面。

读写操作的 4 个方法如下：

```
int ReadByte();
int Read(byte[] array,int offset,int count);
void WriteByte(byte value);
void Write(byte[] array,int offset,int count);
```

其中 ReadByte() 将读入的字节转成整数并返回，如果没有读到字节，则返回 -1。Read() 方法返回的所读字节的数目。

通过 BeginRead()、EndRead()、BeginWrite() 和 EndWrite() 等方法，Stream 类可以支持异步 I/O 操作。

需要解释的是 Seek() 方法，它表示在流中对搜索指针进行定位，用来决定下一步的读或写操作的位置。在这样的流中，其 CanSeek 属性值为 true，并且可以使用其 Seek() 方法来设定指针的位置。Seek() 方法需要两个参数：一个用来表示搜索指针移动距离的数值，另一个用来确定指针移动的参照位置。参照位置是 SeekOrigin 的枚举成员，可以是下面 3 种情况之一：

① SeekOrigin.Begin（文件的开头）；
② SeekOrigin.Current（文件中指针的当前位置）；
③ SeekOrigin.End（文件的结尾）。

下面的代码展示了如何在文件中进行搜索处理：

```
aStream.Seek(200, SeekOrigin.Begin);      //从开头移到200位置
aStream.Seek(0, SeekOrigin.End);          //移到文件尾
aStream.Seek(-20, SeekOrigin.Current);    //从当前位置反向移动20
```

2. FileStream 类

FileStream 是从 Stream 中直接派生而来的。FileStream 对象既可以从文件中读出内容，也可以向文件中写入内容，并且可以处理字节、字符、字符串以及其他一些数据类型。该对象也可以被用来执行标准的输入/输出及标准错误的输出。

应该注意 FileStream 对象通常不单独使用，因为其应用比较接近于底层。该对象只能对字节进行读写操作，因此在使用时必须把字符串、数字以及对象都转换成字节才能将其传递到 FileStream 中。鉴于此，FileStream 通常被包装到其他一些类中加以使用，如 BinaryWriter 或者 TextReader，这些类可以处理高层的数据结构。

FileStream 类具有很多形式的构造方法，因而可以根据以下这些参数的不同组合而采用不同的 FileStreams 构造方法：

① 文件名；
② 文件句柄——用来表示文件句柄的一个整数；
③ 访问模式——FileMode 枚举值之一；
④ 读/写权限——FileAccess 枚举值之一；
⑤ 共享模式——FileShare 枚举值之一；
⑥ 缓冲器大小。

表 6-3、表 6-4 和表 6-5 分别说明了文件的访问模式、访问权限以及共享模式。

表 6-3 FileMode 枚举的文件访问模式

访问模式	说明
Append	如果文件存在，则打开该文件并将数据添加到文件尾；如果文件不存在，则创建一个新文件
Create	指定创建一个新文件；如果已经存在一个同名文件，则旧文件被覆盖
CreateNew	指定创建一个新文件；如果已经存在同名文件，则产生 IOException 异常
Open	打开一个已经存在的文件；如果该文件不存在，则产生异常
OpenOrCreate	打开一个文件；如果所打开的文件不存在，则创建一个新文件
Truncate	打开一个已经存在的文件，并且从头开始覆盖其数据

表 6-4　FileAccess 枚举的文件访问权限

访问权限	说明
Read	可以从文件中读出数据
Write	可以向文件中写入数据
ReadWrite	既可以读出数据，也可以写入数据

表 6-5　FileShare 枚举的共享标记

共享标记	说明
None	在文件被关闭之前，不能被任何其他进程（包括当前使用进程）再次打开
Read	文件支持共享的读操作访问
Write	文件支持共享的写操作访问
ReadWrite	文件支持共享的读写操作访问

例如，要创建一个文件，并使该文件支持共享的读操作：

```
FileStream fs = new FileStream(
    @"c:\temp\foo.txt", FileMode.Create,FileAccess.Read);
```

FileStream 可以通过同步或者异步方式创建，同时，除了从 Stream 中继承的属性之外，还增加 IsAsync 属性。并且，该类中还增加表 6-6 中所列出的方法。

表 6-6　从 Stream 类中继承而来的 FileStream 所添加的新方法

方法	说明
GetHandle	为基础文件返回操作系统文件句柄
Lock	防止其他进程访问整个文件或者某一部分文件
Unlock	解除以前的锁定

GetHandle( )方法能够返回一个可以用于本地操作系统函数（如 Win32 中的 ReadFile( )）的标识符，但该方法一定要慎用。如果使用文件句柄对基础文件做了某些改动，然后又试图在该文件上使用 FileStream，则有可能会破坏文件中的数据。

FileStream 类在操作时，可能会产生异常，下面是几种不同的异常。

① ArgumentException——路径为空字符。

② ArgumentNullException——路径是一个 null 引用。

③ SecurityException——对文件没有操作权限。

④ FileNotFoundException——找不到文件。

⑤ IOException——发生了一些其他的 I/O 错误，如指定了一个错误的驱动器符。

⑥ DirectoryNotFoundException——目录不存在。

例 6-1　FileStream.cs 通过 FileStream 来读写文件的内容。

```
1   using System;
2   using System.IO;
3   class Test
4   {
5       static void Main()
6       {
7           try
```

```
 8          {
 9              FileStream fsw = new FileStream("test.dat",
10                  FileMode.Create,FileAccess.Write);
11
12              //Write some data to the stream;
13              fsw.WriteByte(33);
14              fsw.Write(new byte[]{34,35,36},0,3);
15              fsw.Close();
16
17              FileStream fsr = new FileStream("test.dat",
18                  FileMode.Open,FileAccess.Read);
19              Console.WriteLine(fsr.ReadByte());
20              Console.WriteLine(fsr.ReadByte());
21              Console.WriteLine(fsr.ReadByte());
22              Console.WriteLine(fsr.ReadByte());
23          }
24          catch(Exception e)
25          {
26              Console.WriteLine("Exception:" + e.ToString());
27          }
28      }
29  }
```

3. MemoryStream 类

MemoryStream 类也是从 Stream 中直接继承而来的，它使用内存代替文件来存储流，但其处理与 FileStream 非常类似。MemoryStream 把数据以字节数组的形式存储在内存中，并且可以用来代替应用程序中临时文件的作用。

如同 FileStream 一样，MemoryStream 也有很多构造方法。其中以下两种比较常用：

```
MemoryStream();
MemoryStream(byte []);
```

用这里的第一个构造方法建立 MemoryStream，当向流的末尾写入数据时，MemoryStream 可以随之扩张。用第二个构造方法所建立的是基于指定字节数组的 MemoryStream 类的新实例，这样建立的流无法调整大小。

除了从 Stream 继承的属性之外，MemoryStream 还增加了一个 Capacity 属性。Capacity 属性可以用来指出当前分配到流上的字节数。当使用基于字节数组的流时，这一属性是非常有用的，因为该属性可以告知数组的大小，而 Length 属性则可以指出当前正被使用的字节数。

MemoryStream 不能够执行异步的读/写方法，因为对内存的 I/O 不需要这种特性。但该对象可以执行下面这 3 种附加方法。

① GetBuffer( )——返回对流中的字节数组的一个引用。
② ToArray( )——将所有内容写入到字节数组中。
③ WriteTo( )——将流中的内容写入到另一个 Stream 中。

例 6-2 MemoryStreamTest.cs 使用 MemoryStreamTest.cs 对内存进行操作。

```
1  using System;
2  using System.IO;
```

```
3   class Test
4   {
5       static void Main()
6       {
7           try
8           {
9               byte [] ary = {33,34,35,36,37};
10              int b;
11
12              MemoryStream msr = new MemoryStream(ary);
13              MemoryStream msw = new MemoryStream();
14
15              while((b = msr.ReadByte())!= -1)
16              {
17                  msw.WriteByte((byte)(b+3));
18              }
19              byte [] result = msw.ToArray();
20
21              foreach(byte bt in result)
22                  Console.WriteLine(bt);
23          }
24          catch(IOException e)
25          {
26              Console.WriteLine("Exception:" + e.ToString());
27          }
28      }
29  }
```

4. BufferedStream 类

BufferedStream 可以提高读写操作的执行效率，因为该类可以把数据缓存到内存中，从而减少了对操作系统的调用次数。BufferedStream 不能够单独使用，而应该将其包装到流的其他一些类型中，特别是下面所描述的 BinaryWriter 和 BinaryReader 类型的流中。另外，将网络流（NetworkStream）进行缓存包装也是常见的。对于 BufferedSteam 调用 Flush()操作可以让缓存的内容真正地写到流中。

6.1.2 使用流进行二进制输入/输出

1. BinaryReader 和 BinaryWriter 类

BinaryReader 和 BinaryWriter 可以用来进行二进制输入/输出，也就是用来读写基本的数据类型（如 int, double 等），而不是原始的字节类型。

BinaryReader 和 BinaryWriter 类不是 Stream 类的子类，但它是对 Stream 流进行包装，在构造 BinaryReader 和 BinaryWriter 对象时，需要一个 Stream 对象作为其参数。如：

```
new BinaryReader(myStream);
```

实际上，这两种类主要是在基本类型和原始字节之间进行转换，因此它们需要处理能够对字节进行 I/O 的一些基本的 Stream 对象，如 FileStream 或者 MemoryStream。这两种类都有一个 BaseStream 属性，通过该属性可以得到对基本的 Stream 对象的引用。下表 6-7 列出了 BinaryWriter 类的一些方法。

表 6-7　BinaryWriter 类的方法列表

方法	说明
Close	关闭 BinaryWriter 并释放所有与之相关的资源
Flush	对 BinaryWriter 缓冲区中未写入的数据执行写入操作
Seek	移动搜索指针
Write	向流中写入一个值
Write7BitEncodedInt	以压缩格式写入一个 32 位整数

Write( )方法至少提供了 18 种重载形式，它们能对 .NET 中的基本类型执行写操作。这些类型包括：

① 整数类型（sbyte, short, int, long, byte, ushort, uint, ulong）；
② 实数类型（float, double, decimal）；
③ byte 及 byte 数组；
④ char 以及 char 数组；
⑤ 字符串（string）。

BinaryReader 与 BinaryWriter 有很相似的功能，有多个不同名字的 ReadXXX( )方法。例如，在 BinaryWriter 中，可以有 Write(Int16)方法和 Write(Char)方法，而在 BinaryReader 中则只能有 ReadInt16( )方法和 ReadChar( )方法。其原因是显而易见的：当执行写操作时，writer 对象能够根据 Write( )的参数推断出写入的内容；而当执行读操作时，面对一个字节流，reader 对象并不知道应该如何把这些字节组织到一起。必须通过调用某个特定的函数，才能够告诉 reader 对象如何把字节流组织到一起。

2. 用 Stream 流进行二进制输入/输出

BinaryReader 及 BinaryWriter 可以对 Stream 进行包装，从而进行二进制的原始数据的输入/输出。

例 6-3　BinaryFileStream.cs 以二进制格式向文件中写入数据，然后再从该文件中读出数据。

```
1    using System;
2    using System.IO;
3    class Test
4    {
5        static void Main()
6        {
7            try
8            {
9                FileStream ds = new FileStream("test.dat",
10                   FileMode.Create,FileAccess.ReadWrite);
11
12               BinaryWriter bw = new BinaryWriter(ds);
13
14               //Write some data to the stream;
15               bw.Write("A string");
16               bw.Write(142);
17               bw.Write(97.4);
18               bw.Write(true);
```

```
19
20            //Open it for reading;
21            BinaryReader br = new BinaryReader(ds);
22            //Move back to the start;
23            br.BaseStream.Seek(0, SeekOrigin.Begin);
24            //Read the data;
25            Console.WriteLine(br.ReadString());
26            Console.WriteLine(br.ReadInt32());
27            Console.WriteLine(br.ReadDouble());
28            Console.WriteLine(br.ReadBoolean());
29        }
30        catch(Exception e)
31        {
32            Console.WriteLine("Exception:" + e.ToString());
33        }
34    }
35 }
```

例中创建了一个 FileStream 对象，用来对文件进行操作。创建对象时的第二个参数决定文件以什么样的方式打开，在本例中，该参数被设置为 FileMode.Create，表示要创建一个新文件，或者覆盖已经存在的同名文件。第三个参数决定文件的访问权限，本例中由于要对文件进行读写操作，因而使用 FileAccess.ReadWrite 参数。

将 FileStream 的创建放在一个 try{}catch{}中，是一个比较好的做法，因为在打开和写入文件时往往会出现很多错误。

FileStream 可以对字节进行读写，操作起来通常很不方便，因此 FileStream 经常被包装到其他能够对字节进行转换的类中使用。在上面所举的例子中，使用了一个 BinaryWriter 类，该类能够接收 .NET 中的原始类型，并将其转换为字节。然后再把字节传送到 FileStream 类中。

BinaryWriter 类有许多重载的 Write()方法，每种方法针对一种特定的原始类型。在本例中，共使用了 4 种这样的方法，分别用来写入字符串、整数、浮点数值和 bool 值。

程序中然后创建一个 BinaryReader 对象用来从 FileStream 中读取数据。在使用 BinaryReader 之前，必须首先退回到文件的开头，即调用 Seek()方法对 FileStream 重新定位。然后就能很容易地从文件中读取数据，将读得的数据显示出来，如图 6-1 所示。

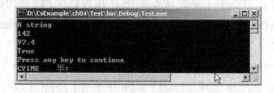

图 6-1　创建了一个 FileStream 对象

6.1.3　使用 File 的二进制功能

.NET Framework 提供了专门的 File 类来处理文件的相关功能，File 是个工具类，是个 static 类，直接使用"File.方法"即可。

这些方法中，一类是得到一个流以方便操作，如 File.Create(path)创建或打开一个

FileStream，而 File. OpenRead(path) 则得到一个 FileStream 用于读，File. OpenWrite (path) 则得到一个 FileStream 用于写。

另一类则更方便，打开、读写、关闭文件只有一个方法就行了，包括：
① File. ReadAllBytes(path) 读到一个文件的所有字节，返回一个字节数组；
② File. WriteAllBytes(path, bytes) 写入字节数组到一个文件中；
③ File. Copy(path, path2) 复制文件。

6.1.4 序列化及反序列化

对象序列化、反序列化是程序中比较重要的概念。

1. 什么是对象序列化

C#对象一般位于内存中，但在现实应用中常常要求在 C#程序停止运行之后能够保存（持久化）指定的对象，并在将来重新读取被保存的对象。C#对象序列化（serialize）、反序列化（deserialize）就能够实现该功能。

使用对象序列化，将对象保存到磁盘或输出到网络时，会把其状态保存为一组字节，在未来再将这些字节组装成对象（反序列化）。除了在持久化对象时会用到对象序列化之外，当使用远程方法调用（如 Remoting、WebService 等），或在网络中传递对象时，都会用到对象序列化。另外，也可以将一个对象序列化再反序列化可以得到一个对象的拷贝。

2. 简单的序列化及反序列化

System. Runtime. Serialization 命名空间提供了对象序列化和反序列化功能。只要一个类标记了 [Serializable] 这个特性（Attribue），那么它就可以被序列化。

要进行序列化及反序列化操作，需要一个实现了 IFormatter 的对象，IFormatter 具有 Serialize(stream, object) 及 Deserialize(stream) 方法。. NET Framework 中已经实现了下面几种 IFormatter 对象。

① BinaryFormatter，二进制的格式化，可将对象序列化成二进制信息，主要用于对象状态的保存（如游戏状态）、远程调用（Remoting），它的特点是效率较高，但只能在 . NET Framework 平台内反序列化。这要用到 System. Runtime. Serialization. Formatters. Binary 命名空间。

② XMLDeserialize，XML 的格式化，可将对象序列化成规范的 XML 信息（一种类似于网页的、特定格式的文本），主要用于对象状态的保存和数据交换，它的特点是可以与其他平台与语言交换数据。要注意的是，这里不是用 IFormatter，而是用到 System. Xml. Serialization 命名空间中的 XmlSerializer 类，它也具有 Serialize() 及 Deserialize() 方法。

③ SoapFormatter，SOAP 的格式化，SOAP 是 XML Web Service 远程服务调用的一种格式，主要用于 XML Web Service，在 Visual Studio 中有专门的工具来自动处理，这里不详述。

例 6-4 SerializeDemo. cs 二进制及 XML 格式的序列化。

```
1    using System;
2    using System.IO;
3    using System.Runtime.Serialization;
4    using System.Runtime.Serialization.Formatters.Binary;
5    using System.Xml.Serialization;
6
```

```csharp
7     [Serializable]
8     public class Person
9     {
10        public String Name{set;get;}
11        public int Age{set;get;}
12        public Person(){}
13        public Person(String name,int age)
14        {
15            this.Name = name;
16            this.Age = age;
17        }
18        public override string ToString()
19        {
20            return Name + "(" + Age + ")";
21        }
22    }
23    public class SerializeDemo
24    {
25        public static void Main(string[] args)
26        {
27            Person [] people = {
28                new Person("李明",18),
29                new Person("王强",19),
30            };
31
32            //二进制序列化
33            BinaryFormatter binary = new BinaryFormatter();
34            String fileName = "s.temp";
35            BinarySerialize(binary,fileName,people);
36
37            //二进制反序列化
38            Person [] people2
39                = BinaryDeserialize(binary,fileName)
40                as Person[];
41            foreach(Person p in people)
42                Console.WriteLine(p);
43
44            //XML 序列化
45            XmlSerializer xmlser
46                = new XmlSerializer(typeof(Person[]));
47            String xmlFileName = "s.xml";
48            XmlSerialize(xmlser,xmlFileName,people);
49
50            //显示 XML 文本
51            string xml = File.ReadAllText(xmlFileName);
52            Console.WriteLine(xml);
53        }
54
55        public static void BinarySerialize(
56            IFormatter formatter,
57            string fileName,object obj)
```

```
58        {
59            FileStream fs
60                = new FileStream(fileName,FileMode.Create);
61            formatter.Serialize(fs,obj);
62            fs.Close();
63        }
64
65        public static object BinaryDeserialize(
66            IFormatter formatter,string fileName)
67        {
68            FileStream fs
69                = new FileStream(fileName,FileMode.Open);
70            object obj = formatter.Deserialize(fs);
71            fs.Close();
72            return obj;
73        }
74
75        public static void XmlSerialize(XmlSerializer ser,
76            string fileName,object obj)
77        {
78            FileStream fs
79                = new FileStream(fileName,FileMode.Create);
80            ser.Serialize(fs,obj);
81            fs.Close();
82        }
83  }
```

程序中，为了能反序列化，Person 对象要求有一个没有参数的构造方法。程序的运行结果如下：

```
李明(18)
王强(19)
<?xml version = "1.0"?>
<ArrayOfPerson xmlns:xsd = "http://www.w3.org/2001/XMLSchema" xmlns:xsi = "
http://www.w3.org/2001/XMLSchema - instance">
  <Person>
    <Name>李明</Name>
    <Age>18</Age>
  </Person>
  <Person>
    <Name>王强</Name>
    <Age>19</Age>
  </Person>
</ArrayOfPerson>
```

程序中还可以自定义序列化过程，这要求实现 ISerializable 接口，这里就不详述了，读者可以查看 .NET Framework 中的示例（在 Visual Studio 中输入 ISerializable，然后按 F1 键即可打开文档查看）。

6.2 文本输入/输出

到目前为止，已经讨论了将数据表示为一系列字节的二进制 I/O，下面将介绍可以用于字符 I/O 的一些类。

6.2.1 使用 Reader 和 Writer 的文本 I/O

TextWriter 类和 TextReader 类是基于文本的抽象类,它们的重要子类包括:StreamWriter、StreamReader,处理流的操作;StringWriter、StringReader,处理字符串的操作。注意:对于 C 程序员来说,StreamWriter 类似于 printf( )或者 fprintf( ),而 StringWriter 类似于 sprintf( )。

1. TextWriter 类

TextWriter 是一个抽象基类,它包含下面一些子类:
① 用来为浏览器客户端编写 HTML 的 HtmlTextWriter;
② 用来向 ASP.NET 网页中的 HTTP 响应对象写入文本的 HttpWriter;
③ 使用缩进控制写入文本的 IndentedTextWriter;
④ 向流中写入字符的 StreamWriter;
⑤ 向字符串中写入字符的 StringWriter。

TextWriter 有 3 个属性:Encoding,用来返回产生输出的字符编码;FormatProvider,用来引用对文本进行格式化的对象;NewLine,用来返回当前使用平台上所用的行结束符。行结束符默认为"\r\n"(即回车符后紧跟一个换行符),但也可以改为"\r"或者"\n"。

TextWriter 类中的方法如表 6-8 所示。

表 6-8 TextWriter 类的方法

方 法	说 明
Close	关闭 TextWriter 并释放所有与之相关的资源
Dispose	释放与 TextWriter 相关的资源
Flush	将保留在 TextWriter 缓冲区中的未录入数据写入
Synchronized	创建 TextWriter 对象的一个线程安全包
Write	向流中写入数据,详见下面的描述
WriteLine	向流中写入数据并换行

TextWriter 的 Write( )方法是将数据以字符串的方式写出。要注意与其他类相比:Stream 的 Write( )方法写的是字节,BinaryWriter 的 Write( )方法是将基本数据类型以原始的方式写出。

Write( )方法有多种重载形式,分别实现将各种类型(Char、Boolean、Int32 等)写入到流中。WriteLine( )方法也有同样的一套重载形式,区别只是多了一个换行符,如表 6-9 所示。

表 6-9 WriteLine( )类的重载形式

重 载 形 式	说 明
WriteLine()	写入新的一行
WriteLine(char)	写入某一个字符
WriteLine(char[ ])	写入一个字符数组
WriteLine(char[ ],int,int)	写入字符数组的一部分
WriteLine(string)	写入一个字符串
WriteLine(bool)	写入一个 Boolean 值,即"true"或者"false"
WriteLine(decimal)	写入一个十进制数值
WriteLine(int)	写入一个整数
WriteLine(long)	写入一个长整型的数值

重载形式	说　明
WriteLine(object)	对对象调用 ToString()
WriteLine(float)	写入单精度浮点数值
WriteLine(string,object)	写入包含一个对象的格式化字符串
WriteLine(string,object,object)	写入包含两个对象的格式化字符串
WriteLine(string,object,object,object)	写入包含三个对象的格式化字符串
WriteLine(string,params object[ ])	写入包含多个对象的格式化字符串

Write()方法可以将 object 对象写出，它会调用对象的 ToString()方法转成字符串。还可以带格式字符串，格式字符串的用法与 Console.Write()方法相似，可以参考第 6.2 节。事实上，Console.Write()方法调用的就是 TextWriter 的方法。

静态的 Synchronized()方法可以为 TextWriter 创建一个线程安全包装来保证其安全性，使得用到同一个 TextWriter 的两个线程彼此之间不会相互干扰。

2. StreamWriter

StreamWriter 是 TextWriter 的一个子类，用来通过特定的编码方法向流中写入字符。默认的编码方式是 UTF-8，该方式适用于操作系统本地版本上的统一编码标准的字符。如果想使用其他编码方式，可以使用 System.Text 命名空间所提供的 ASCII 和 UTF-7 编码，或者根据 System.Text.Encoding 创建自己的编码方法。

当构造一个 StreamWriter 对象时，可以指定一个文件名或者现存的流的名称，并指定一种编码方法。下面的代码片段展示了如何创建一个向文件中写入内容的 StreamWriter 对象：

```
FileStream fs = new FileStream(@ "c:\temp\foo.txt",FileMode.Create);
StreamWriter writer = new StreamWriter(fs);
```

其中，FileStream 对象用来向 foo.txt 文件中写入内容，StreamWriter 对象的作用是把字符转换成字节然后输出到 FileStream 中去。

StreamWriter 有一个 AutoFlush 属性，该属性为真时，对象每执行一次 Write()操作都会刷新缓冲区。这样可以确保输出内容一直是最新的，但这种做法不如允许 StreamWriter 缓冲其输出内容那样有效。BaseStream 属性提供对基本 Stream 对象的访问。

除了从 TextWriter 中继承的方法之外，StreamWriter 类没有添加任何新方法，但重载了用于向流中写入字符和字符串的 Write()方法。

3. StringWriter

StringWriter 用来将其输出内容写入到一个字符串中。由于被写入的字符串处于被修改状态，因此输出内容实际上是被写入 StringBuilder，而不是被写入到 String 中，因为 String 是不可以被改变的。

StringWriter 拥有一套 Write()方法，以及 GetStringBuilder()和 ToString()方法，用来处理字符串创建中的缓冲器。

下面的代码展示了如何创建和使用 StringWriter：

```
StringWriter sw = new StringWriter();
int n = 42;
sw.Write("The value of n is{0}",n);
sw.Write("... and some more characters");
```

```
Console.WriteLine(sw.ToString());
```

4. TextReader 类

TextReader 类用于读取字符串。TextReader 类有两个子类 StreamReader 和 StringReader。该类中包含的方法比 TextWriter 类要少，但其处理方式是一样的。下面将其方法总结如表 6-10 所示。

表 6-10　TextReader 类的方法

方　　法	说　　明
Close	关闭 TextReader 并释放所有与之相关的资源
Peek	浏览下一字符，但不将其从输入流中移走
Read	将字符读入到字符数组中
ReadBlock	将字符持续读入到字符数组或者块中，直到读入了足够的字符数或者到达了文件尾
ReadLine	读入一行字符，并将其作为字符串返回
ReadToEnd	一直读入到流的尾部，并将所有的字符作为一个字符串返回
Synchronized	创建 TextReader 的一个线程安全包

5. StreamReader

StreamReader 类支持流中的面向字符的输入，因此该类可以用来从文件中逐行读取文本。StreamReader 可以使用任何一种选定的字符编码方式，但在默认情况下使用的是 UTF-8 方式，因为这种编码方式可以处理统一编码标准下的字符。

在创建 StreamReader 时，根据下面的不同情况的参数，共有 10 种可选的构造器以不同的方式来创建对象：

① 根据文件名，也可以不指定字符编码方式；

② 根据 Stream 引用，同样也可以不指定编码方式。

StreamReader 类共有两个属性：BaseStream，用来返回对该类中所包含的 Stream 的引用；CurrentEncoding，用来返回当前 reader 对象所使用的字符编码方式。

StreamReader 中包含有好几种不同的读取数据的方法。ReadLine()方法用来读取某一行数据，并将其作为字符串返回。ReadToEnd()方法用来读取整个流，也是以一个字符串的形式返回（这个字符串可能非常大）。同时还有两种 Read()方法，其中一种用来返回流中的下一个字符（如果已经到达了流的末尾，则返回 -1），另一种用来将指定数量的字符读入到一个字符数组中。此外，可以通过 Peek()方法浏览流中的下一个字符而不将其从流中移走，这样该字符就能够被后续的 Read()调用所使用。如果正在对输入内容的逐个字符进行分析，并且在发现空格之前不能够确定是否已经到达某个数字的末尾，这时使用 Peek()方法是很有帮助的。

6. StringReader

使用 StringReader 可以从字符串中读取字符，每次可以读取一个、多个或者是一整行字符。如果需要把字符串当作文本文件来处理，这个类是非常有用的。

7. 应用举例

例 6-5　CopyFileAddLineNumber.cs 读入一个 C#文件，将每行中的注释去掉，并加上行号，写入另一文件。

```csharp
1   using System;
2   using System.IO;
3   public class CopyFileAddLineNumber
4   {
5       public static void Main(string[] args)
6       {
7           string infname = "CopyFileAddLineNumber.cs";
8           string outfname = "CopyFileAddLineNumber.txt";
9           if(args.Length >=1)infname = args[0];
10          if(args.Length >=2)outfname = args[1];
11
12          try
13          {
14              FileStream fin = new FileStream(
15                  infname,FileMode.Open,FileAccess.Read);
16              FileStream fout = new FileStream(
17                  outfname,FileMode.Create,FileAccess.Write);
18
19              StreamReader brin = new StreamReader(
20                  fin,System.Text.Encoding.Default);
21              StreamWriter brout = new StreamWriter(
22                  fout,System.Text.Encoding.Default);
23
24              int cnt =0;           // 行号
25              string s = brin.ReadLine();
26              while(s !=null)
27              {
28                  cnt ++;
29                  s = deleteComments(s);         //去掉以//开始的注释
30                  brout.WriteLine(cnt + ":\t" + s);        //写出
31                  Console.WriteLine(cnt + ":\t" + s);      //在控制上显示
32                  s = brin.ReadLine();           //读入
33              }
34              brin.Close();                  //关闭缓冲读入流及文件读入流的连接
35              brout.Close();
36          }
37          catch(FileNotFoundException)
38          {
39              Console.WriteLine("File not found!");
40          }
41          catch(IOException e2)
42          {
43              Console.WriteLine(e2);
44          }
45      }
46
47      static string deleteComments(string s)//去掉以//开始的注释
48      {
49          if(s ==null)return s;
50          int pos = s.IndexOf("//");
51          if(pos <0)return s;
52          return s.Substring(0,pos);
53      }
```

54 }
程序运行结果如图 6-2 所示。

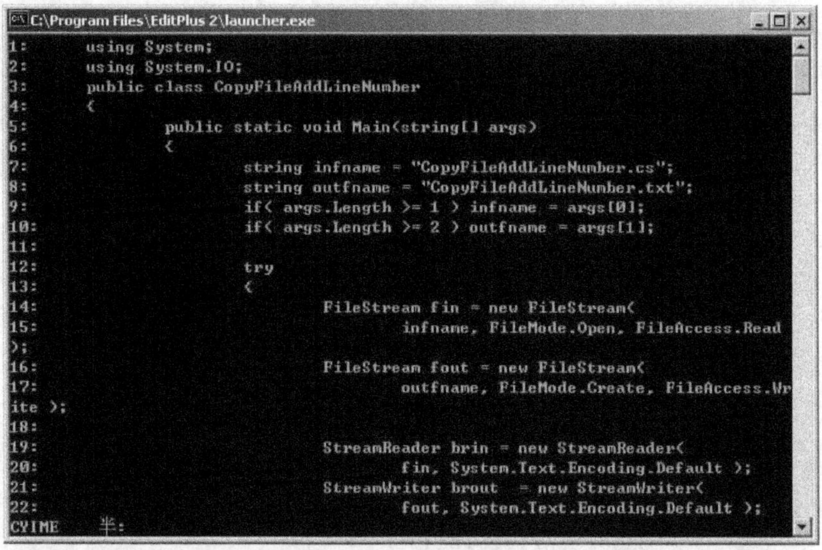

图 6-2 读入一个 C#文件

6.2.2 使用 File 的文本文件功能

文本文件的处理是比较常用的，所以.NET Framework 提供了专门的 File 类来处理文本文件的相关功能，File 是个 static 类，直接使用"File. 方法"即可。

这些方法中，一类是得到一个流以方便操作，如 File. CreateText（path）或 File. AppendText（path）得到一个 UTF－8 编码的 StreamWriter，而 File. OpenText（path）则得到一个 UTF－8 编码的 StreamReader。

另一类则更方便，打开、读写、关闭文件只有一个方法就行了，包括：

File. ReadAllText（path,encoding）读到一个文件的所有文本；

File. ReadAllLines（path,encoding）读到一个文件的所有行的数组；

File. WriteAllText（path,text,encoding）将文本写入到一个文件中；

File. WriteAllLines（path,lines,encoding）将文本数组写入到一个文件中；

File. AppendAllText（path,text,encoding）将文本附加到一个文件中；

File. AppendAllLines（path,lines,encoding）将文本数组附加到一个文件中。

使用这些方法，可以很方便地操作文本文件。另外要提一下的是，File. ReadAllBytes（path）可以一次性地读入任意文件所有字节内容。

例 6-6 FileReadWriteText. cs 使用 File 类来读写文本文件。

```
1   using System;
2   using System.IO;
3   using System.Text;
4
5   class FileReadWriteText
6   {
7       public static void Main()
```

```
 8      {
 9          string path = @"c:\temp\MyTest.txt";
10
11          //创建文件(UTF8 编码)
12          if(!File.Exists(path))
13          {
14              using(StreamWriter sw = File.CreateText(path))
15              {
16                  sw.WriteLine("Hello");
17                  sw.WriteLine("And");
18                  sw.WriteLine("Welcome");
19              }
20          }
21
22          //读文件(UTF8 编码)
23          using(StreamReader sr = File.OpenText(path))
24          {
25              string s = "";
26              while((s = sr.ReadLine())!=null)
27              {
28                  Console.WriteLine(s);
29              }
30          }
31      }
32 }
```

例 6-7 FileReadWriteAllLines.cs 使用 File 类来一次性读写文本文件。

```
 1  using System;
 2  using System.IO;
 3  using System.Text;
 4
 5  class FileReadWriteAllLines
 6  {
 7      public static void Main()
 8      {
 9          string path = @"c:\temp\MyTest2.txt";
10          Encoding encoding = Encoding.Default;
11
12          //一次性写入文件内容
13          File.WriteAllText(path,
14              "hello\nworld\n",encoding);
15
16          //一次性追加文件内容
17          File.AppendAllLines(path,
18              new string[]{"good","file"},
19              encoding);
20
21          //一次性读文件内容
22          string[] lines = File.ReadAllLines(
23              path,encoding);
24          foreach(string s in lines)
25          {
26              Console.WriteLine(s);
```

第 6 章 流、文件 IO

```
27            }
28        }
29 }
```

6.2.3 标准输入/输出

计算机系统都有默认的标准输入设备和标准输出设备。对一般的系统,标准输入通常是键盘,标准输出通常是显示器屏幕。C#程序使用字符界面与系统标准输入/输出间进行数据通信,即从键盘读入数据,或向屏幕输出数据,是十分常见的操作。

在 C#中可以用 Console 来处理控制台的操作。Console 有三个 static 的属性:Console.In、Console.Out、Console.Error,分别与系统的标准输入、标准输出及标准错误输出相联系。

Console.In 是 TextReader 类的对象,Console.Out 及 Console.Error 是 TextWriter 类的对象。可以用它们来进行各种各样的读写操作。

事实上,Console.Read( ),Console.ReadLine( ),Console.Write( ),Console.WriteLine( ) 这几个方法会将相应的操作转向到 Console.In 及 Console.Out。

6.2.4 应用示例:背单词

这里介绍一个应用示例"背单词"。程序中从文本文件读出英文单词及其含义,然后自动显示到界面上,界面上每隔 1 秒显示一个单词及其含义。运行情况如图 6-3 所示。

程序的设计界面如图 6-4 所示。界面上放置两个标签及一个 Timer(计时器,计时器在工具箱的"组件"组中可以找到)。在窗体的属性设置中将 TopMost 置为 True,可以使窗体在运行时一直处于顶层而不被其他窗口遮住。计时器的属性中将 Enabled 置为 True(表示起作用),

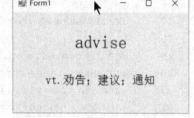

图 6-3 "背单词"程序运行界面

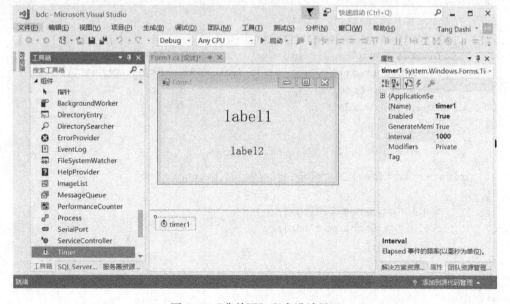

图 6-4 "背单词"程序设计界面

Interval 置为 1000（表示 1000 毫秒，即 1 秒），也可以设为其他值。

程序中的代码主要是在窗体的 Load 事件中加入文本，得到英文单词及其含义并存放到数组中，而计时器的 Tick 事件负责显示数组中的不同元素。

例 6-8 bdc "背单词" 程序。

```
1   private void Form1_Load(object sender,EventArgs e)
2   {
3       ReadFile();
4
5       this.TopMost = true;
6
7       timer1.Interval = 1000;
8       timer1.Enabled = true;
9   }
10
11  int idx = 0;
12  SortedDictionary<string,string>dict = new SortedDictionary<string,string>();
13  string[] english;
14  string[] chinese;
15  void ReadFile()
16  {
17      StreamReader sw = new StreamReader(@"..\..\..\College_Grade4.txt",Encoding.Default);
18
19      string content = sw.ReadToEnd();
20      string[] lines = content.Split('\n');
21      english = new string[lines.Length];
22      chinese = new string[lines.Length];
23      for(int i = 0;i < lines.Length;i ++)
24      {
25          lines[i] = lines[i].Trim();
26          string[] words = lines[i].Split('\t');
27          if(words.Length < 2)continue;
28          if(!dict.ContainsKey(words[0]))dict.Add(words[0],words[1]);
29          english[i] = words[0];
30          chinese[i] = words[1];
31      }
32  }
33
34  private void timer1_Tick(object sender,EventArgs e)
35  {
36      label1.Text = english[idx];
37      label2.Text = chinese[idx];
38
39      idx ++;
40      if(idx >= english.Length)idx = 0;
41  }
```

程序中用了一个变量 idx 来表示当前正要显示的单词的下标。

6.3 文件、目录、注册表

文件（file）是存储在磁盘（或光盘、U 盘）上的一组信息的集合；目录（directory），在 Winndows 中目录又叫"文件夹"，是组织多个文件的方式；注册表（registry）则是操作系统中存储各种配置信息的集中地（数据库）。本节介绍对它们的编程操作。

6.3.1 文件与目录管理

C#支持文件管理和目录管理，它们是由 System.IO 命名空间中的相关的类来实现。这些类不是 Stream 或者 TextReader 的子类，因为它不负责内容的输入/输出，而是专门用来管理磁盘文件和目录的。

文件和目录由 System.IO 命名空间中的 6 个类来表示。

① FileSystemInfo——FileInfo 和 DirectoryInfo 的基类；
② File——包含对文件进行操作的静态方法；
③ FileInfo——用来表示某个文件并对其进行操作；
④ Directory——包含对目录进行操作的静态方法；
⑤ DirectoryInfo——用来表示某个目录并对其进行操作；
⑥ Path——用来对路径信息进行操作。

1. FileSystemInfo 类

FileSystemInfo 类是 FileInfo 和 DirectoryInfo 的基类，用于对文件和目录进行操作。该类中提供了文件和目录中通用的很多方法和属性。

表 6-11 和表 6-12 总结了 FileSystemInfo 类中所提供的域和属性。

表 6-11 FileSystemInfo 类的域

域	说 明
FullPath	目录或文件的完整路径
OriginalPath	由用户定义的相对或绝对路径

表 6-12 FileSystemInfo 类中的属性

属 性	说 明
Attributes	使用 FileAttfibutes 对象获取或指定对象的属性
CreationTime	获取或指定对象的创建时间
Exists	如果文件或目录存在，该属性为 True
Extension	获取文件名中的扩展名
FullName	获取文件或目录的全名
LastAccessTime	获取或设定对象的最近访问时间
LastReadTime	获取或设定对象的最近读取时间
Name	获取文件或目录名称

文件属性由 FileAttributes 枚举类来表示，其通用成员如表 6-13 所示。

FileSystemInfo 类只有两种方法，如表 6-14 所示。

表 6-13 FileAttributes 枚举类的通用成员

成员名称	说明
Archive	表示文件的存档状态被设定
Compressed	表示文件被压缩
Directory	表示该对象是一个目录
Encrypted	表示对象被加密
Hidden	表示文件或目录被隐藏
Normal	表示文件没有设定其他的属性，必须被单独使用
Offline	表示文件处于脱机状态，也就是说，文件中的内容不能够即时得到
ReadOnly	表示文件或目录是只读的
System	指示系统文件
Temporary	指示临时文件

表 6-14 FileSystemInfo 类的方法

方法	说明
Delete	删除一个文件或目录
Refresh	用来更新对象的属性信息

2. File 类

File 类中的所有方法都是 static 的。

表 6-15 列出了 File 类中所提供的方法。

表 6-15 File 类的方法

方法	说明
AppendText	打开一个 StreamWriter，用来向新文件或者已存在文件中添加文本
Copy	将某个已经存在文件的内容拷贝到一个新文件中
Create	创建新文件
CreateText	创建新的文本文件
Delete	删除一个文件
Exists	如果文件存在，则返回真值
GetAttributes	返回 FileAttributes 结构用来表示文件的 attribute
GetCreationTime	获取表示文件创建时间的 DateTime
GetLastAccessTime	获取表示文件最近被访问时间的 DateTime
GetLastWriteTime	获取表示文件最近被执行写操作时间的 DateTime
Move	将文件移动到新位置
Open	打开文件，并返回一个 FileStream
OpenRead	以只读方式打开文件，并返回一个 FileStream
OpenText	打开一个需要进行读取的文本文件，并返回一个 StreamReader
OpenWrite	打开一个需要执行写操作的文件，并返回一个 FileStream
SetAttributes	使用 FileAttributes 结构设置文件的属性
SetCreationTime	使用 DateTime 设置创建时间属性
SetLastAccessTime	使用 DateTime 设置最近访问时间属性
SetLastWriteTime	使用 DateTime 设置最近执行写操作时间属性

大多数方法的含义都是很明显的。由于这些方法都是 static 方法，因而在对其进行调用时必须使用类名，例如：

```
bOK = File.Exists("myfile.txt")
```

在6.2.1节中，曾讲到通过 FileStream 类来处理文件，还将 FileStream 对象通过 BinaryReader、BinaryWriter 进行二进制输入输出操作，将 FileStream 对象通过 StreamReader、StreamWriter 进行文本文件的操作。而这些操作也可以通过 File 类直接进行操作，File 类的许多方法可以返回 FileStream 或 StreamReader、StreamWriter，如 OpenText( )方法可以直接得到一个 StreamReader，使用起来相当方便。

例6-9 FileOpenText.cs 直接使用 File 类进行内容的读取，并将各行显示出来。

```
1   using System;
2   using System.IO;
3   class FileOpenText
4   {
5       static void Main()
6       {
7           StreamReader sr = File.OpenText(".\\FileOpenText.cs");
8           string contents = sr.ReadToEnd();
9           sr.Close();
10          string [] lines = contents.Split(new Char[]{'\n'});
11          for(int i = 0;i < lines.Length;i ++)
12          {
13              Console.WriteLine(i + ":\t" + lines[i]);
14          }
15      }
16  }
```

虽然 File.OpenText( )很方便，但对于一些有不同编码方式的文件（如汉字 GB 码），不能直接使用 File.OpenText( )。可以使用 FileStream，再包装成 StreamReader 并加上编码方式；也可以直接生成 StreamReader 对象并指定编码方式（如 Encoding.Default）。

3. FileInfo 类

FileInfo 类用来表示文件的路径。与 File 类不同的是，其成员全都是非 static 的。有部分功能既可以用 File 类来实现，也可以用 FileInfo 类来实现。注意：File 类中的所有方法都需要安全性检验。如果要对同一个文件执行很多操作，那么创建一个 FileInfo 对象进行处理效率将会更高，因为 FileInfo 对象不会对每次调用都要求安全性检验。

FileInfo 类中的方法和属性是从其父类 FileSystemInfo 中继承而来的，如表6-16和表6-17所示。

表6-16 FileInfo 类的属性

属　　性	说　　明
Directory	获取代表文件父目录的 DirectoryInfo
DirectoryName	获取代表文件完整路径的字符串
Exists	如果文件存在，该属性为 True
Length	得到以字节数表示的文件长度
Name	获取文件名

表 6-17　FileInfo 的方法

方　　法	说　　明
AppendText	获取表示文件父目录的 DirectoryInfo
CopyTo	将文件拷贝到另一个位置
Create	创建新文件
CreateText	创建新的文本文件
Delete	删除文件
MoveTo	将文件移动到新位置
Open	打开文件,并返回一个 FileStream
OpenRead	以只读方式打开文件,并返回一个 FileStream
OpenText	打开一个需要读取的文件,并返回一个 StreamReader
OpenWrite	打开一个需要执行写操作的文件,并返回一个 FileStream
ToString	返回表示完整路径的字符串

4. Directory 类

Directory 类提供可以对目录进行操作的静态方法,包含了对目录进行创建、删除、移动、拷贝以及列表等操作。一个 Directory 对象可以用来表示对已经存在的目录进行命名的路径,或者用来创建一个新的目录。

表 6-18 中列出了 Directory 类所提供的 static 方法。

表 6-18　Directory 类的方法

方　　法	说　　明
CreateDirectory	创建一个新目录
Delete	删除一个目录及其所包含的子目录和文件
Exists	如果目录存在则返回真值
GetCreationTime	返回一个表示文件创建时间的 DateTime
GetCurrentDirectory	将当前目录以字符串形式返回
GetDirectories	返回指定目录的子目录名称
GetDirectoryRoot	获取某个目录路径的根目录
GetFiles	获取指定目录下的文件列表
GetFileSystemEntries	获取指定目录下的文件和目录列表
GetLastAccessTime	返回一个表示最近访问时间的 DateTime
GetLastWriteTime	返回一个表示最近执行写操作时间的 DateTime
GetLogicalDrives	获取逻辑驱动器列表
GetParent	获取指定路径的父目录
Move	将一个目录移动到新的位置
SetCreationTime	使用 DateTime 设置创建时间
SetCurrentDirectory	设定当前目录
SetLastAccessTime	使用 DateTime 设定最近访问时间
SetLastWriteTime	使用 DateTime 设定最近执行写操作时间

应该注意的是,如果要执行可能会影响文件系统的某些操作,一定要确保具有正确的安全性设置。

5. DirectoryInfo 类

DirectoryInfo 类用来表示目录。一个 DirectoryInfo 对象表示一个路径,该路径或者是用来命名已存在的目录，或者用来创建一个新目录。DirectoryInfo 的方法和属性是从其父目录 FileSystemInfo 中继承而得。表 6-19 和表 6-20 列出了 DirectoryInfo 类的属性和方法。

表 6-19 DirectoryInfo 类的属性

方法	说明
Exists	如果目录存在，其值为 True
Name	获取目录名称
Parent	以字符串形式返回目录的父目录。如果当前目录已经是根目录，则返回空值
Root	返回某个路径的根目录部分

表 6-20 DirectoryInfo 类中的方法

方法	说明
Create	创建一个新目录
CreateSubirectory	创建一个或多个新的子目录
Delete	删除目录及其子目录和文件
GetDirectories	返回指定目录的子目录名称
GetFiles	获取指定目录中的文件列表
GetFileSystemInfos	获取用来描述指定目录中内容的 FileSystemInfo 对象列表
MoveTo	将文件移动到新的位置
ToString	以字符串形式返回完整路径

6. Path 类

使用 Path 类可以以跨平台方式处理文件和目录的路径名称。该类中的所有方法都是 static 的，因此调用其方法时不必创建 Path 实例。表 6-21 和表 6-22 列出了 System. IO. Path 类所提供的属性和方法。

表 6-21 Path 类的属性

域	说明
AltDirectorySeparatorChar	各操作平台中可选的指定目录分隔符（Windows 和 Mac 平台中的录分隔符是 "/"，Unix 平台的分割符是 "\"）
DirectorySeparatorChar	各操作平台中的指定目录分隔符（Windows 平台中是 "\"，Mac 平台中是 ":"，而 UNIX 平台中是 "/"）
InvalidPathChars	返回不能用作路径名称的字符数组，例如 "?" "*" 以及 ">"
PathSeparator	路径分隔符，Win32 系统中使用的是 ";"
VolumeSeparatorChar	卷的分隔符，Win32 和 Mac 中使用 ":"，UNIX 系统中使用 "/"

表 6-22 Path 类的方法

方法	说明
ChangeExtension	改变文件扩展名
Combine	合并两个文件路径
GetDirectoryName	返回文件的目录路径
GetExtension	返回文件扩展名
GetFileName	返回带扩展名的文件名称
GetFileNameWithoutExtension	只返回文件名称
GetFullPath	返回完整的扩展路径

方法	说明
GetPathRoot	返回路径的根目录
GetTempFileName	返回临时文件的唯一标识名
GetTempPath	返回系统临时文件夹的路径
HasExtension	如果文件有指定的扩展名则返回真值
IsPathRooted	如果路径中包含根目录则返回真值

例 6-10 ListAllFiles.cs 递归地列出某目录下的所有文件。

```
1    using System;
2    using System.IO;
3    class ListAllFiles
4    {
5        public static void Main(string[] args)
6        {
7            ListFiles(new DirectoryInfo("d:\\csExample"));
8        }
9
10       public static void ListFiles(FileSystemInfo info)
11       {
12           if(!info.Exists)return;
13
14           DirectoryInfo dir = info as DirectoryInfo;
15           if(dir == null)return;  // 不是目录
16
17           FileSystemInfo [] files = dir.GetFileSystemInfos();
18           for(int i = 0;i < files.Length;i ++)
19           {
20               FileInfo file = files[i] as FileInfo;
21               if(file != null)  // 是文件
22               {
23                   Console.WriteLine(
24                       file.FullName + "\t" + file.Length);
25               }
26               else     // 是目录
27               {
28                   ListFiles(files[i]); // 对于子目录,进行递归调用
29               }
30           }
31       }
32   }
```

程序运行结果如图 6-5 所示。

6.3.2 监控文件和目录的改动

C#中用 FileSystemWatcher 类来方便地监控文件和目录的改动。

1. FileSystemWatcher 类

FileSystemWatcher 是一个非常有用的类,用它可以监测指定目录中的文件和子目录的变化。被监测的目录可以在本地机器上,也可以是网络驱动器,甚至可以是远程机器上的目录。

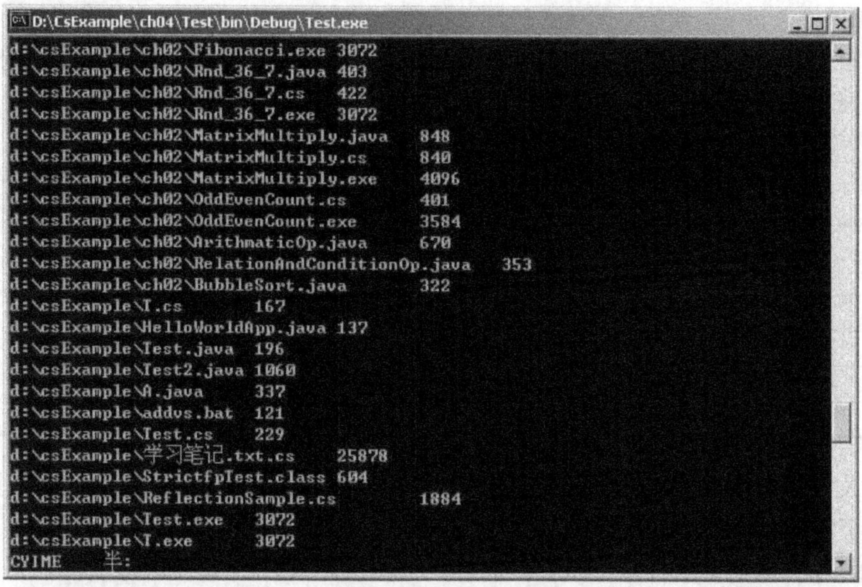

图 6-5 递归地列出某目录下的所有文件

对于不使用 Windows 2000 和 Windows NT 4 的远程机器，则不能监测其目录的变化情况。此外，从一个使用 Windows NT 4 系统的机器上，也不能监测同样使用 Windows NT 4 的另一机器上面的目录。也不能把 DVD 和 CD 资源的情况作为日志文件录入，因为它们的时间戳是不能够改变的。

在程序中，可以创建一个 FileSystemWatcher 对象用来监视某个指定的目录，当被监视目录下的文件或子目录发生创建、修改以及删除等操作时，该对象可以产生事件作为响应。

2. Path 及 Filter 属性

FileSystemWatcher 的 Path 属性，指明要监视的目录。

Filter 属性用以指明监视该目录下的某些文件。例如，若要监视文本文件中的更改，应将 Filter 属性设置为"*.txt"。如果只监视某一个文件，则用其文件名。要监视所有文件中的更改，应将 Filter 属性设置为空字符串（""）。

此外，IncludeSubdirectories 属性用以指明是否要包括子目录。

3. NotifyFilters 属性

可监视目录或文件中的若干种更改。例如，可以监视文件或目录的 Attributes、LastWrite 日期和时间或 Size 方面的更改。通过将 FileSystemWatcher.NotifyFilter 属性设置为 NotifyFilters 值之一或其组合来达到此目的，参见表 6-23。

表 6-23 NotifyFilters 的枚举值

成员名称	说明	成员名称	说明
Attributes	文件或文件夹的属性	LastAccess	文件或文件夹上一次打开的日期
CreationTime	文件或文件夹的创建时间	LastWrite	上一次向文件或文件夹写入内容的日期
DirectoryName	目录名	Security	文件或文件夹的安全设置
FileName	文件名	Size	文件或文件夹的大小

4. 事件

当文件和目录发生改动时，FileSystemWatcher 可以通过产生一个事件来做出响应，这时客户代码就需要执行某些事件处理器代码。表 6-24 列出了 FileSystemWatcher 类可以产生的事件。

表 6-24 FileSystemWatcher 类产生的事件

事件	说明
Changed	当文件或目录被改动时产生该事件
Created	当某个文件或目录被创建时产生该事件
Deleted	当文件或目录被删除时产生该事件
Error	当 FileSystemWatcher 的内部缓冲器溢出时产生该事件
Renamed	当文件或目录被重命名时产生该事件

公共文件系统操作可能会引发多个事件。例如，将文件从一个目录移到另一个目录时，可能会引发若干 Changed 以及一些 Created 和 Deleted 事件。移动文件是一个包含多个简单操作的复杂操作，因此会引发多个事件。同样，一些应用程序（如反病毒软件）可能导致被 FileSystemWatcher 检测到的附加文件系统事件。

事件处理所用的代理是 FileSystemEventHandler 及 RenamedEventHandler。

在事件的处理函数中的参数中除了 object sender 以处，还有一个是 FileSystemEventArgs 对象，包含了事件相关的信息。FileSystemEventArgs 的最有用的属性如下：

① FullPath——包含引发事件的文件或目录的完整路径；

② Name——只包含文件或目录的名称；

③ ChangeType——告知所作改动的类型。

而 RenamedEventArgs 中的最常用的属性是 OldFullPath 和 FullPath，分别表示原来的名字及后来的名字。

当程序中设置 EnableRaisingEvents 属性为 true 时，就会开始监视。

要注意的是，过多、过快的事件，可能导致系统需要更多的缓冲区，并会产生系统效率的下降。因此，要合理地使用 Filter，NotifyFilter 和 IncludeSubdirectories 属性，以便可筛选掉不想要的更改通知。

例 6-11 Watch.cs 使用 FileSystemWatcher 监视文件的改动。

```
1    using System;
2    using System.IO;
3    public class Watcher
4    {
5        public static void Main()
6        {
7            const string path = @"d:\csExample";
8
9            FileSystemWatcher watcher = new FileSystemWatcher();
10           watcher.Path = path;
11           watcher.Filter = "*.txt";
12
13           watcher.NotifyFilter = NotifyFilters.LastAccess |
14               NotifyFilters.LastWrite | NotifyFilters.FileName |
```

```
15              NotifyFilters.DirectoryName;
16
17          //事件处理函数
18          watcher.Changed + = new FileSystemEventHandler(OnChanged);
19          watcher.Created + = new FileSystemEventHandler(OnChanged);
20          watcher.Deleted + = new FileSystemEventHandler(OnChanged);
21          watcher.Renamed + = new RenamedEventHandler(OnRenamed);
22
23          // 开始监视
24          watcher.EnableRaisingEvents = true;
25
26          //等用户输入 q 才结束程序
27          Console.WriteLine("Press 'q' to quit the sample.");
28          while(Console.Read()!='q');
29      }
30
31      //事件处理函数.
32      public static void OnChanged(object source,FileSystemEventArgs e)
33      {
34          //显示哪些文件做了何种修改
35          Console.WriteLine("File:" + e.FullPath + " " + e.ChangeType);
36      }
37
38      public static void OnRenamed(object source,RenamedEventArgs e)
39      {
40          //显示被更改的文件名
41          Console.WriteLine("File:{0} renamed to {1}",e.OldFullPath,e.FullPath);
42      }
43  }
```

程序运行结果如图 6-6 所示。

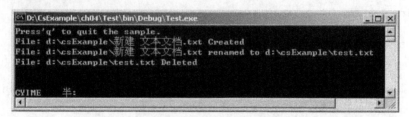

图 6-6　使用 FileSystemWatcher 监视文件的改动

6.3.3　注册表

注册表是 Windows 操作系统将各种配置信息集中存放的"数据库",其中的信息也是分层次(树状结构)存放的。

可以使用 regedit 来查看和编辑注册表:单击"开始"→"运行",然后在打开的"运行"对话框中输入 regedit 或 regedit.exe,单击"确定"就能打开 Windows 操作系统自带的注册表编辑器了,如图 6-7 所示。

注册表编辑器中左边是类似于目录的"树状"层次结构,称为"键"(key)及子键;右边类似于列表项,称为"值项"(value entry)。

其中,有几个重要的顶层键:用户个人数据(HKEY_CURRENT_USER)、本机数据

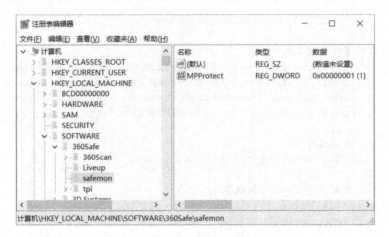

图 6-7 注册表编辑器

(HKEY_LOCAL_MACHINE)、类型信息(HKEY_CLASSES_ROOT)等。

而每个值项都有名称及数值,数值是以下类型之一:字符串(REG_SZ)、二进制(REG_BINARY)、双字(REG_DWORD)。每一个键至少包括一个值项,称为默认值(Default),它总是一个字符串。

对注册表的操作可以使用 Microsoft.Win32 命名空间,其中 Registry.CurrentUser 及 Registry.LocalMachine 等表示顶层键,使用它们的 OpenSubKey(path) 方法可以打开已有的子键,CreateSubKey(path) 方法可以创建新的子键,其中 path 是类似于文件路径的键的路径。每个子键的类型是 RegistryKey 类型,它的 SetKey(name,value) 可以设置键值,GetKey(name) 是得到键值。

例 6-12 RegistryDemo.cs 获取及设置注册表。

```
1   using System;
2   using Microsoft.Win32;
3   class RegistryDemo
4   {
5       static void Main(string [] args)
6       {
7           //获取信息
8           RegistryKey key = Registry.LocalMachine.OpenSubKey(
9               @"SOFTWARE\Microsoft\Internet Explorer\Main");
10          string page = key.GetValue("Start Page")as string;
11          Console.WriteLine("浏览器的起始页是" + page);
12
13          //设置信息
14          RegistryKey test =
15              Registry.CurrentUser.CreateSubKey("MyTest");
16          using(RegistryKey
17              mySetting = test.CreateSubKey("MySetting"))
18          {
19              mySetting.SetValue("ID",123);
20              mySetting.SetValue("Language","Chinese");
21              mySetting.SetValue("WindowSize","Max");
22              mySetting.SetValue("LastLogin",
```

```
23                DateTime.Now.ToString());
24          }
25          //查询信息
26          RegistryKey setting = Registry.CurrentUser.OpenSubKey(
27              @"MyTest\MySetting");
28          foreach(string name in setting.GetValueNames())
29          {
30              Console.WriteLine(
31                  name + ":" + setting.GetValue(name));
32          }
33      }
34  }
```

在实际工作中，可以将程序中的一些设置项保存到注册表中，下一次运行时先从注册表中读取这些注册项。

✖要提醒的是，操作注册表有可能造成系统故障，若是对 Windows 注册表不熟悉，尽量不要随意操作注册表。另外，有的注册表项需要特定权限才能进行修改。

6.4 环境参数及事件日志

本节介绍与基于文本的应用程序有关的运行环境问题，包括命令行参数、环境参数、程序的追踪、事件日志等。

6.4.1 命令行参数

基于文本的应用程序是用命令行来启动执行的，命令行参数就成为向应用程序传入数据的常用而有效的手段。

在启动 C#应用程序时可以一次性地向应用程序中传递 0 或多个参数。命令行参数命令行参数使用格式如下：

　　　　程序名　参数　参数 …

参数之间用空格隔开，如果某个参数本身含有空格，则可以将参数用一对双引号引起来。

当系统启动时，系统自动地将相应参数命令行参数解析成字符串的数组，并传递给作为程序入口的 Main()方法，常见的形式如下：

　　　public static voidMain(string[] args)

作为程序入口的 Main()方法有以下要求。

① 它可以是各种可访问性，可以被 public 所修饰，也可以没有访问控制符。

② 它可以是 class 中的方法，也可以是 struct 中的方法。

③ 它必须是 static 的方法，非 static 的 Main()方法不能用作程序入口。

④ 它的返回类型可以是 void，也可以是 int。如果是 int，则程序结束时，返回一个整数给系统，系统可以根据这个整数得知程序执行的状况。

⑤ 它的参数可以没有，也可以是 string[]。

当程序中有多个满足以上条件的 Main()方法时，在编译生成 exe 时，应指定作为入口Main()方法所在的类型的名字，用/main 选项，如下所示：

　　　csc　/main:XXX　xxxxx.cs

获得命令行参数还可以用另外一种方法：

```
string[] args = System.Environment.GetCommandLineArgs();
```

要注意的是，这种方法得到的字符串数组中，第 0 个元素是该程序的名字，后面的元素才是命令行参数，也就是说，它比 Main() 中的参数要多 1 个。

例 6-13 CommandLineTest.cs 使用命令行参数。

```
1    using System;
2    public class CommandLineTest{
3        public static void Main(string[] args){
4            for(int i = 0;i < args.Length;i ++){
5                Console.WriteLine("args[" + i + "] = " + args[i]);
6            }
7        }
8    }
```

运行时，使用

```
CommandLineTest lisa "bily" "Mr Brown"
```

程序运行结果如图 6-8 所示。

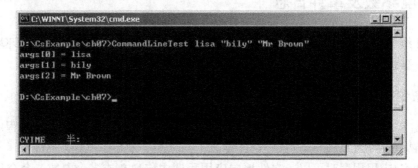

图 6-8　使用命令行参数

如果使用 Visual Studio，可以在解决方案管理器（Solution Explorer）中的相应项目（project）上右击，选择设置其属性（properties），在对话框中选择"配置属性"→"调试"，在"命令行参数"（Command Line Arguments）中进行设置，如图 6-9 所示。

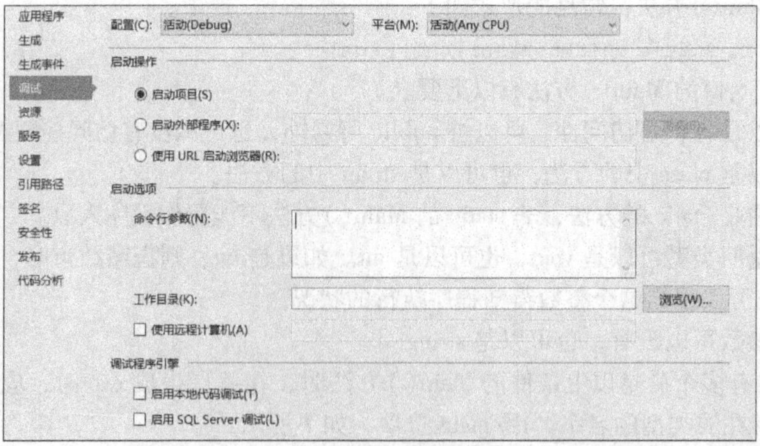

图 6-9　设置命令行参数

6.4.2 获得环境参数

程序运行时，常常要使用环境参数来决定程序的不同表现。这里介绍一下相关的概念，以及如何在程序中获取环境参数。

System. Environment 类可用于获取程序运行环境的各种信息，它的属性及方法见表 6-25 和表 6-26。

表 6-25 System. Environment 类的属性

CommandLine	获取该进程的命令行
CurrentDirectory	获取和设置当前目录（即该进程从中启动的目录）
ExitCode	获取或设置进程的退出代码
HasShutdownStarted	指示公共语言运行库是否正在关闭
MachineName	获取此本地计算机的 NetBIOS 名称
NewLine	获取为此环境定义的换行字符串
OSVersion	获取包含当前平台标识符和版本号的 OperatingSystem 对象
StackTrace	获取当前的堆栈跟踪信息
SystemDirectory	获取系统目录的完全限定路径
TickCount	获取系统启动后经过的毫秒数
UserDomainName	获取与当前用户关联的网络域名
UserInteractive	获取一个值，用以指示当前进程是否在用户交互模式中运行
UserName	获取启动当前线程的用户名
Version	获取一个 Version 对象，该对象描述公共语言运行库的主版本、次版本、内部版本和修订号
WorkingSet	获取映射到进程上下文的物理内存量

表 6-26 System. Environment 类的方法

Exit	终止此进程并为基础操作系统提供指定的退出代码
ExpandEnvironmentVariables	将嵌入到指定字符串中的每个环境变量的名称替换为该变量的值的等效字符串，然后返回结果字符串
GetCommandLineArgs	返回包含当前进程的命令行参数的字符串数组
GetEnvironmentVariable	返回指定环境变量的值
GetEnvironmentVariables	返回所有环境变量及变量值
GetFolderPath	获取指向由指定枚举标识的系统特殊文件夹的路径
GetLogicalDrives	返回逻辑驱动器名称的字符串数组

其中要用到，OperatingSystem 类表示一种操作系统的类型，它有两个属性，PlatForm 和 Version，分别表示所运行的平台及版本。

例 6-14 EnvironmentTest. cs 获得环境参数。

```
1   using System;
2   using Env = System.Environment;
3   class Test
4   {
5       static void Main()
6       {
7           string s = "";
8           s + = "\n 当前程序名:\t"
```

```
9               + Env.GetCommandLineArgs()[0];
10          s += "\n 当前目录:\t"
11              + Env.CurrentDirectory;
12          s += "\nWin 操作系统:\t"
13              + (Env.OSVersion.Platform == PlatformID.Win32NT);
14          s += "\n 环境变量 Temp:\t"
15              + Env.GetEnvironmentVariable("temp");
16
17          Console.WriteLine(s);
18      }
19  }
```

程序运行结果如图 6-10 所示。

图 6-10　获得环境参数

6.4.3　使用事件日志

1. 事件日志

Windows 的事件日志机制，为系统进程和应用程序提供了一种系统、集中地管理错误和状态信息的方法。这些信息能够被人为地读取或者通过程序来访问，并且这是一种标准的、有用的日志信息存储方式。

事件日志对于服务程序来说更为重要，日志文件为它们提供了一个集中记载状态和错误信息的载体，这为程序的调试及分析诊断提供了依据。Windows 的"事件查看器"工具可以用来查看这些事件，如图 6-11 所示。

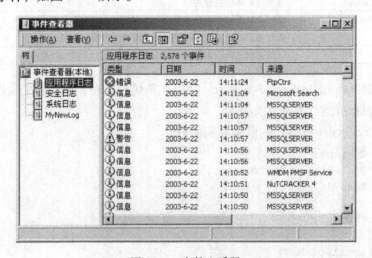

图 6-11　事件查看器

Windows 操作系统有 3 种默认的事件日志：
① 应用程序日志——应用程序产生的事件的默认记载位置。
② 安全日志——记载安全和审查信息。安全日志对于应用程序而言是只读性质的。
③ 系统日志——记载系统进程所产生的事件。
其他应用程序和服务程序可以将它们自己的特殊日志增加到这 3 种默认日志中。
一个日志包含 3 种事件，每种事件之间通过特有的图标来加以区别。
① 信息事件——记载诸如服务程序启动和关闭之类的事件。
② 警告事件——报告不是非常严重的问题。
③ 错误事件——报告严重问题。

2. 向事件日志中写内容

可以使用 System.Diagnostics.EventLog 类访问事件日志。

事件日志中的每一项内容都应该有一个与之相关的事件源。事件源可以是整个应用程序，也可以是某个复杂程序的一部分，并且根据需要可以创建多个事件源。某个事件源一旦被创建并注册，就会被记入事件日志中，以后如果试图再创建具有相同名称的事件源，就会返回错误提示。

创建一个事件源使用以下 EventLog 的静态方法：

```
public static CreateEventSource(string 事件源名, string 日志名);
```

可以用以下方法来检查事件源是否存在：

```
public static SourceExists(string 事件源名);
```

其中，事件源的名称可以是某个预先确定的日志，如 Application；如果指定其他的名称，则会创建新的日志。

事件源被创建（或者是确定某个事件源存在）之后，就可以使用其 Source 属性将其与 EventLog 对象连接。如果 EventLog 在不连接事件源的情况下试图写入一个事件，则会返回一个 ArgumentException 异常。

可以使用 WriteEntry() 方法向日志中写入内容。该方法的最简单的一种重载形式，只接收一个消息字符串作为参数，就可以写入一条信息内容。如果还需要指定其他的细节，如条目类型、事件标识符、种类以及二进制数据等，也可以使用该方法的其他重载形式。

例 6-15 EventLogWrite.cs 向事件日志中写入事件。

```
1   using System;
2   using System.Diagnostics;
3   class MySample
4   {
5       public static void Main()
6       {
7           if(!EventLog.SourceExists("MySource"))
8           {
9               EventLog.CreateEventSource("MySource","MyNewLog");
10              Console.WriteLine("CreatingEventSource");
11          }
12
13          EventLog myLog = new EventLog();
14          myLog.Source = "MySource";
```

```
15
16          myLog.WriteEntry("Msg:Writing to event log.");
17      }
18  }
```

程序运行后，打开"事件查看器"就可以看到增加了相应的事件，如图 6-12 所示。

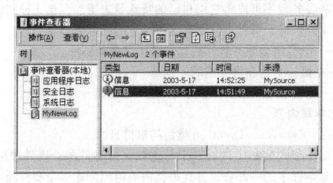

图 6-12　向事件日志中写入事件

3. 从事件日志中读取内容

为了从事件日志中读取内容，首先需要创建一个 EventLog 对象用来访问事件日志，并且要设定其 Log 属性用来判断将要使用的是哪个日志文件。值得注意的是，当从事件日志中读取事件时，并不需要指定事件源，事件源只是用来向日志中写入内容。

日志中的内容集合可以由 EventLog 对象的 Entries 属性来表示，Entries 的 Count 属性表明正在查看的日志中有多少项内容。

Entries 属性是 EventLogEntry 对象的集合，每个表示日志中的一项，因此只要在代码中使用一个 foreach 循环就可以依次检测到日志中的每项内容。EventLogEntry 对象有许多属性，如表 6-27 所示。使用这些属性可以检查与事件日志中某项内容相关的各种数据。

表 6-27　EventLogEntry 类的属性

属　　性	说　　明
Category	获取与事件种类相关的文本
CategoryNumber	获取某事件的种类数目
Data	以字节数组形式返回与事件相关的二进制数据
EntryType	将事件类型返回为一个 EventLogEntryType
EventID	获取与事件相关的应用程序专用 ID
Index	获取事件日志中某项内容的索引
MachineName	获取记录事件的日志所在的机器名称
Message	获取与某项内容相关的消息
ReplacementStrings	获取与某项内容相关的任何替代字符串
Source	获取记录某项内容的源
TimeGenerated	获取一个 DateTime 对象，表示事件产生的本地时间
TimeWritten	获取一个 DateTime 对象，表示事件被记录到日志中的本地时间
UserName	获取对事件负责的用户名称

事件类型由 EventLogEntryTyPe 中的成员之一来表示，如表 6-28 所示。

表 6-28 EventLogEntryType 枚举类的成员

成 员	说 明
Information	表示一个有意义的成功事件
Warning	表示一个不会立即产生影响的问题，但稍后可能会引起更多的问题
Error	表示出现了严重问题，通常涉及功能或数据的丢失
SuccessAudit	表示一个成功的安全性检查事件，如成功的网络登录
FailureAudit	表示一个失败的安全性检查事件，如访问某个文件时产生失败

例 6-16 EventLogRead.cs 从事件日志中读取内容。

```
1   using System;
2   using System.Diagnostics;
3   class MySample{
4
5       public static void Main(){
6
7           EventLog myLog = new EventLog();
8           myLog.Log = "MyNewLog";
9           foreach(EventLogEntry entry in myLog.Entries){
10              Console.WriteLine("\tEntry:" + entry.Message);
11          }
12      }
13  }
```

6.5　程序的调试、追踪与测试

本节介绍程序的调试、追踪与测试。调试是发现并修改程序中的错误，追踪是记录程序运行过程的情况，测试则是运行测试用例以检验程序中是否有错，它们都是保证程序正确性的重要手段。

6.5.1　程序的调试

程序的调试（debug）是发现并改正程序中的错误的过程。

1. 程序中错误的种类

在用 C#设计一个应用程序时，可能会出现许多错误，它们可归结为以下三类：语法错误（syntax errors）、程序逻辑错误（logic errors）、运行错误（runtime errors）。

（1）语法错误

这类错误通常是不符合程序语句的。例如：关键字拼写错了；忘了必需的标点符号；括号不成对等。具有语法错误的程序不能被正常运行，也不能成功地编译成 .exe 文件。在编程时，Visual Studio 发现大部分语法错误，并提醒改正。

由于语法错误可以被自动发现，相对来说比较容易解决。

（2）逻辑错误

当某一程序语法没有错误，而且也能正常运行，然而，却得不到预想的效果。例如：本来要从1加到100,却只加到99;本来要用加法,却用了减法;本来要用进行a>b的判断,却写为a<b。又例如:本来要在一个标签上显示信息,却将信息显示在文本框内。

程序的逻辑错是严重的,这是因为这类错误从程序得不到所需要的结果。同时,逻辑错误也最不容易发现。大部分逻辑错误都可以归结为数据错误和程序流程错误。

程序的逻辑错误不能被自动发现,但是,可以借助Visual Studio的调试工具来帮助寻找程序中的逻辑错误,稍后会详细介绍。

(3) 运行错误

运行错误是在程序运行过程中发生的。有时候虽然语法没有错误,但在运行时,程序却无法执行程序。例如:在做一个除法运算时,分母为0;或对文件操作时,没有打开文件而读写数据;网络访问不通;等等。当出现这些错误时,程序的执行会中止。

运行错误是在编程时虽然不能制止,但是对于一些能预测的情况(如文件未打开等)可以用错误捕获的方法,来处理错误。关于错误的捕获处理的方法(try…catch)已在第4章中进行了介绍。

(4) 避免程序错误的一般方法

为了提高程序的调试效率,通常在调试程序之前,应当对程序的结构有充分的了解,对程序的运行情况要有一个大体的规划,确定程序的执行流向和预期的数据结果等。此外,应当力求有一种良好的编程风格,例如:

① 在程序设计中,尽可能使程序结构化和模块化;
② 在程序中增加必要的注释,以便今后阅读和改进;
③ 形成一种变量命名规则(包括大小写等),以便减少由于名字的误用而产生的错误;
④ 在程序正式运行之前,尽可能地要走查(review)代码。

2. 在Visual Studio中调试程序

Visual Studio提供了强大的功能来帮助调试程序。按F5键可以进入用调试状态的方式来运行程序。在调试运行程序过程中,有3种主要调试手段:断点(break point)、跟踪(trace)和监视(watch)。

(1) 断点

在调试过程中,如果发现有某条语句处(或附近)可能有逻辑错误,可以在该处中止或暂停程序的执行。当程序中断时,可通过调试工具去检查变量的值、执行一些有助于查找错误的其他操作等。这种强行设置的中断处,称为断点。在一个程序中,可以随意设置任意多个断点。

设置断点的方法是:在程序代码窗口上,将光标移动到欲中断的那一条语句上,然后选择菜单命令"调试"→"切换断点",或者直接按F9键,或者直接单击该行左边的断点设置区,此时程序代码中的那一条语句将以不同的颜色显示,如图6-13所示。

图6-13 设置断点

(2) 跟踪

当程序运行到断点处，可以对程序的流程进行跟踪，以检查是不是想要的执行过程。
Visual Studio 提供了多种跟踪的方式：

① 逐语句单步执行（按 F11 键）。
② 执行完本函数返回上层调用者（按 Sift + F11 键）。
③ 逐过程执行（按 F10 键，不进入到子函数中）。
④ 运行到光标处（按 Ctrl + F10 键）。
⑤ 继续（Resume）执行直到下一个断点（按 F5 键）。

(3) 监视

在程序跟踪流程的同时，还可以监视变量或表达式的值。

将鼠标指向代码窗口的变量并等待一会儿，则自动提示出该变量的值。用鼠标在代码窗口中选定一个变量或一个表达式，然后右击，在弹出的上下文菜单中选择"快速监视"命令。也可以通过菜单"调试"→"窗口"打开"监视窗口"，在其中添加要监视的变量或表达式，如图 6-14 所示。还可以打开"本地变量""输出窗口"等多种窗口。

图 6-14 监视程序中的变量

6.5.2 程序的追踪

除了在 Visual Studio 中进行程序的手工调试外，也可以在程序中使用代码将运行过程的信息记录下来，这就是程序的追踪。追踪可以借助 System.Diagnostics 命名空间的一些类来实现的。这些类能帮助处理有关的任务：

- 检验正确的程序操作；
- 追踪程序的执行情况；
- 向事件日志写信息；
- 使用断言来检验正确的操作。

1. Trace 和 Debug 类

进行跟踪与调试最常用的类是 System.Diagnostics.Trace 及 System.Diagnostics.Debug。这两个类的属性和方法是相同的，在使用上，它们之间的差别在于：如果使用 Debug 类中的方法，那么当创建一个发行版本（而不是调试版本）时，这些方法会失效；但是 Trace 类的方法一直有效，所以它们在程序的调试和发布构建过程中都有效。

这两个类的成员属性和成员方法如表 6-29 和表 6-30 所示。

表 6-29 Debug 和 Trace 类的属性

属性	描述
AutoFlush	如果属性取值为 true，则造成输出缓冲区在每次写操作之后被刷新
IndentLevel	表示输出的当前缩进层次
IndentSize	表示一个缩进所占空间的大小
Listeners	获得接收器监视调试输出的汇总

表 6-30 Debug 和 Trace 类的方法

方法	描述
Assert	检查条件，如果逻辑表达式运算结果是 False，则显示一条消息
Close	刷新输出缓冲区并关闭接收器
Fail	显示一个失败消息框
Flush	刷新输出缓冲区
Indent	当前的缩进层次加一
Unindent	当前的缩进层次减一
Write	向接收器写入一条字符串
WriteIf	如果条件满足，则向接收器写入一条字符串
WriteLine	向接收器写入一行数据
WriteLineIf	如果条件满足，则向接收器写入一行数据

有 4 种方法可以产生输出信息：Write( )、WriteIf( )、WriteLine( ) 以及 WriteLineIf( )。

2. 使用跟踪事件

Trace 和 Debug 类都有一个 Listeners 属性，它是一个接收追踪输出信息的对象集合。可以创建控制台接收器、文件接收器或者其他位置的接收器，并且也可以同时让多个接收器日志记录追踪信息。

为了记载输出信息，需要创建一个或多个接收器并将它们和 Trace 类绑定。有 3 种类型的接收器，如表 6-31 中所示。可以从 TraceListener 类继承得到自己的接收器类。

表 6-31 TraceListener 类

类	描述
DefaultTraceListener	将输出信息写入一个常用的调试目的文件
EventLogTraceListener	将输出信息写入一个事件日志
TextWriterTraceListener	将输出信息写入控制台或者一个文件

其中 TextWriterTraceListener 是很有用的类，因为它会将输出信息记载到控制台或者一个文本文件。在下面的例子中，创建了一个 TextWriterTraceListener 类将输出信息输出到控制台，并且将其加入到了 Trace 的 Listeners 集合。

在创建一个接收器之后，就能使用 WriteLine( ) 方法来输出追踪信息，同时使用 Indent ( ) 和 Unindent ( ) 方法来调整输出信息的文本缩进格式。默认的缩减增量是 4 个空格，但是可以通过使用 Trace. IndentSize 属性来修改这个值。

例 6-17 TraceTest. cs 使用 System. Diagnostics 的追踪功能。

```
1    using System;
2    using System.Diagnostics;
3    class Test
```

```
 4   {
 5       static void Main()
 6       {
 7           Trace.Listeners.Add(new extWriterTraceListener(Console.Out));
 8
 9           Trace.WriteLine("Main:calling Test");
10           M(1);
11           Trace.WriteLine("Main:back from call");
12       }
13
14       public static void M(int n)
15       {
16           Trace.Indent();
17           Trace.WriteLine("Test:entry");
18           //more code...
19           Trace.WriteLine("Test:exit");
20           Trace.Unindent();
21       }
22   }
```

程序运行结果如图 6-15 所示。

3. 断言

断言（assert）也是调试的重要手段。断言是在程序中插入一些"编程者认为应该正确的表达式"，当程序运行到此时，程序进行检查，如果该表达式的值为 true，则正常运行。否则，程序会弹出如图 6-16 所示的警告信息。

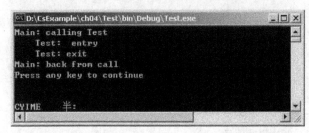

图 6-15 使用 System.Diagnostics 的追踪功能   图 6-16 断言失败

要加入这些的语句，在 C#中，可以用 Debug.Assert( )或 Trace.Assert( )方法。

这两个方法，可以带一个 bool 表达式，还可以加一个或两个信息作参数，例如：

```
Trace.Assert(a>3,"Here the number should be greater than 3");
```

当程序运行到这里应确保 a>3。

存在有一个类似的公有方法 Fail( )，它和 Assert( )方法相似，但是不包含一个布尔表达式。无论何时，只要 Fail( )方法被运行，它都会显示一个包含错误信息的断言对话框。所以可以使用 Fail( )方法来标记代码中永远不该运行到的部分。

要注意的是，Assert( )不能代替 if 语句，因为 if 语句是用于处理程序逻辑的，而 Assert( )只是用于编程者为了保证程序不出错所用的一种调试手段。

Trace.Assert( )可以起到一定的测试作用，但是它是有缺点的，它将测试代码写到正常的代码之中，不利于程序的阅读与维护。实际工作中，有大量的测试要进行，一般使用下面要讲到的单元测试功能。

6.5.3 程序的单元测试

在实际开发过程中,程序的修改是经常要进行的过程,如实现某个功能原先有一个算法,后来又找到一个新的算法,在新的算法实现时,必须保证程序在修改后其结果仍然是正确的。在现代的开发过程中,一种重要的措施是使用测试。也就是说,在编写程序代码的同时,还编写测试代码来判断这些程序是否正确。

有人更进一步地把这个过程称为"测试驱动"的开发过程。编写测试代码,表面上增加了代码量,但实际上,由于它保证了它在单元级别的正确性,从而保证了代码的质量,减少了后期的查错与调试的时间,所以实际上它提高了程序的开发效率。

Visual Studio 社区版提供了类型为"测试"的项目来进行测试工作,在专业版中提供了更强大的测试功能(如智能测试,可以不写代码,由系统自动生成测试用例)。要创建一个测试项目,只需要选择"文件"→"新建项目",打开"添加新项目"对话框,选择"测试",再选择"单元测试项目"即可,如图 6-17 所示。

图 6-17 新建测试项目

然后在测试项目中写上关于测试的代码,例如:

```
using System;
using Microsoft.VisualStudio.TestTools.UnitTesting;
namespace UnitTestProject1
{
    [TestClass]
    public class UnitTest1
    {
        [TestMethod]
        public void TestMethod1()
        {
            MyClass obj = new MyClass();
            int n = obj.GetWordCount("I like C#");
            Assert.IsTrue(n == 3);
        }
```

```
        [TestMethod]
        public void TestMethod2()
        {
            MyClass obj = new MyClass();
            int n2 = obj.GetWordCount("");
            Assert.AreEqual(n2,0);
        }
    }
}
```

其中测试代码的类使用［TestClass］特性来标注，而其中的方法用［TestMethod］来标注。这些方法也称为测试用例（test case），是用来测试一项功能是否正确的，其中用 Assert 的一些方法，如 IsTrue( )、IsFalse( )、AreEqual( )、AreNotEqual( )、AreSame( )、AreNotSame( )、IsNull( )、IsNotNull( )等来表示所要测试的内容。

为了运行测试，可以用"测试"菜单中的"运行"命令，或者直接按 Ctr + R 键或 Ctr + A 键，或者在代码中的当前测试方法上右击，选择"运行测试"命令，运行效果如图 6–18 所示。

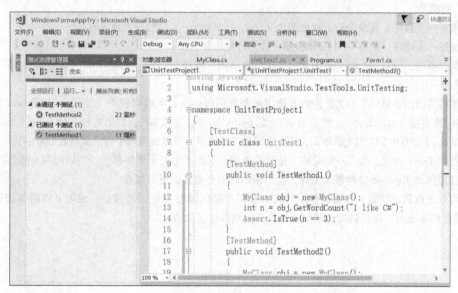

图 6-18　运行测试项目

在"测试资源管理器"窗口中，可以看见测试结果，其中红色图标表示有没有通过的测试用例，而绿色图标表示已通过的测试用例。

如果有的测试没有通过，可以修改类（这里是 Class1）的实现代码后，再运行测试，直到保证所有的测试用例都通过。

总之，单元测试是保证程序正确性的基本手段。

习题 6

一、判断题

1. File 类的方法都是 static 的，而 FileInfo 则可以 new 一个实例。

2. 使用文本文件，经常要考虑文本编码。
3. FileInfo 是 FileSystemInfo 类的子类。
4. DirectoryInfo 继承自 FileInfo。
5. DirectoryInfo 继承自 FileSystemInfo。
6. 使用 BinaryFormatter 对象的 Deserialize()方法可以反序列化。
7. FileStream 可以用于二进制文件内容的读写。
8. 可以求出文件的大小、日期的类是 File 类。
9. 读取文本文件最好用的方法是 File. ReadAllLines()。
10. Encoding. UTF8 表示默认编码。
11. 使用 TextReader 的 ReadLine()方法表示读取一行。
12. 使用 TextWriter 的 WriteLine () 方法表示写入一行。

二、思考题
1. 字节流与字符流有什么差别？
2. 输入流与输出流各有什么方法？
3. 怎样进行文件及目录的管理？

三、编程题
1. 编写一个程序，从命令行上接收两个文件名，比较两个文件的长度及内容。
2. 编写一个程序，能将一个 C#源程序中的空行及注释去掉。
3. 综合练习：编写一个综合但不太复杂的"背单词"程序。
要求如下：
① 能将英语四级单词文本文件的内容读出来并放到内存的数组或列表中（使用 StreamReader 的循环读 ReadLine()或直接 ReadToEnd()，然后用 string 的 Split('\n')分割成多行；然后对每一行 Trim(). Split ('\t')得到的 string[ ]的第 0 个即为英语单词，第 1 个即为汉语意思，可以放到两个数组或列表 List 中）。
② 使用 Timer 组件，每隔一定时间，让英语单词及汉语意思显示到屏幕上（可以用两个标签控件）。
③ 让窗体的 TopMost 属性置为 True，这个窗体就不会被其他窗口遮盖。
④ 可以加点其他功能，如随机显示，或者让用户可以调整背单词的速度，或者可以将界面做得比较酷，更高级的是还可以保存进度，甚至是使用艾宾浩斯遗忘曲线。

第 7 章 Windows 窗体及控件

图形用户界面（graphics user interface，GUI）是程序与用户交互的一种方式，利用它可以接受用户的输入并向用户输出程序运行的结果。本章将介绍 Windows 图形用户界面的基本组成和主要操作，包括 Windows 窗体、控件、对话框、菜单、工具栏、状态栏等。

要提醒读者的是，本章中很多例子的源程序都太长，没有罗列于正文中，或者只罗列了关键部分的代码。全部的源程序，可以参见本书的配套电子资源。

7.1 Windows 窗体应用程序概述

7.1.1 Windows 图形用户界面

1. 图形用户界面

设计和构造用户界面，是软件开发中的一项重要工作。用户界面是计算机的使用者——用户与计算机系统交互的接口，用户界面功能是否完善，使用是否方便，将直接影响到用户对应用软件的使用是否满意。图形用户界面（GUI），使用图形的方式，借助菜单、按钮等标准界面元素和鼠标操作，帮助用户方便地向计算机系统发出命令，启动操作，并将系统运行的结果同样以图形的方式显示给用户。图形用户界面画面生动、操作简便，已经成为目前几乎所有应用软件的既成标准。所以，学习设计和开发图形用户界面是十分重要的。

.NET 中提供了一系列为了编写基于窗体的 Windows 应用程序的类。这些类集中于 System.Windows.Forms 及 System.Drawing 名字空间中。其中包含了超过 200 个类和接口。本节将就其中主要的概念和技术进行介绍，以便让读者能对它们有一个总体的把握。

2. 窗体和控件类

System.Windows.Forms 名字空间中的许多类描述 Windows GUI 元素，比如按钮、列表框、菜单以及通用对话框，其中 Form 及 Control 是相当重要的。

Form 类，是窗体类，描述了一个窗口或者是对话框，它是所有窗口的基础。Control 类，是控件类，它是"可视化组件"的基类，因此它是形成图形化用户界面的基础。

图 7-1 表示了 Form 和 Control 在继承链中的位置。

表 7-1 描述了与 Form 及 Control 相关的几个类的功能。

表 7-1 与 Form 及 Control 相关的几个类

类	描述
Object	所有其他类的基类
MarshalByRefObject	所有需要和其他对象通信的对象的基类
Component	提供一个 IComponent 界面的基本实现
Control	"具有可视化表示的组件"的基类，它提供消息和用户输入处理

类	描 述
ScrollableControl	为需要滚动条功能特性的控件提供一个基类
ContainerControl	显示一个控件,它能够作为其他控件操作焦点的管理者
UserControl	显示一个空的控件,它可以在 FormDesigner 中被用来创建其他的控件
Form	提供自定义窗体的基类

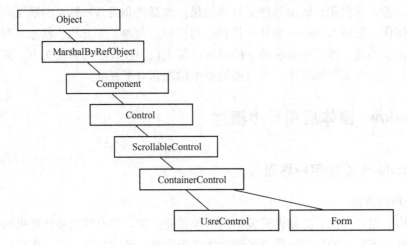

图 7-1　Form 及 Control 类在继承链中的位置

3. WinForm 应用程序开发的一般步骤

设计和实现图形用户界面的工作主要有以下几点。

① 创建窗体（Form）：创建窗体才能容纳其他各种界面对象。

② 创建控件（Control）：创建组成界面的各种元素，如按钮、文本框等。

③ 指定布局（Layout）：根据具体需要排列它们的位置关系。

④ 响应事件（Event）：定义图形用户界面的事件和各界面元素对不同事件的响应，从而实现图形用户界面与用户的交互功能。

本章中将对窗体、组件、布局、事件等进行讲解，读者可以据此编制一些图形用户界面的程序。在实际开发过程中，经常借助各种具有可视化图形界面设计功能的软件，如 Visual Studio, SharpDevelop 等，这些工具软件有助于提高界面设计的效率。关于如何使用 Visual Studio 工具已在第 1 章中进行了介绍，此不赘述。

7.1.2　创建 Windows 窗体

一般的 Windows 窗体应用程序，都是以一个窗体（Form）开始的。

1. 创建一个窗体

创建一个窗体的过程，就是先声明一个 Form 类的子类，然后实例化这个子类。

下面的例子，表明了这个过程。

例 7-1　MyForm.cs 创建一个最简单的窗体。

```
1    using System;
2    using System.Drawing;
```

第 7 章 Windows 窗体及控件

```
3    using System.Windows.Forms;
4    public class MyForm:Form
5    {
6        public MyForm()
7        {
8            this.Size = new Size(200,100);
9            this.Text = "Form1";
10       }
11       static void Main()
12       {
13           Application.Run(new MyForm());
14       }
15   }
```

程序中导入了名字空间 System.Drawing、System.Windows.Forms，以方便后面的书写。

程序中从 System.Windows.Forms.Form 派生了一个 MyForm 类。在该类的构造方法中设定了窗体的大小（Size）和文字（Text），窗体的文字也就是窗体的标题。

在 Main() 方法中，创建了窗体的一个实例，并使用了 System.Windows.Forms.Application 类的静态方法 Run() 来运行，运行结果如图 7-2 所示。

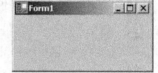

图 7-2 一个最简单的窗体

2. 使用可视化工具创建一个窗体

在可视化工具开发环境（如 Visual Studio）中，加入一个窗体，则会自动地生成相应的代码。

例 7-2 Form1.cs 加入窗体。

```
1    using System;
2    using System.Drawing;
3    using System.Collections;
4    using System.ComponentModel;
5    using System.Windows.Forms;
6
7    namespace TestWin
8    {
9        /// <summary>
10       ///Form1 的摘要说明.
11       /// </summary>
12       public class Form1:System.Windows.Forms.Form
13       {
14           /// <summary>
15           ///必需的设计器变量.
16           /// </summary>
17           private System.ComponentModel.Container components = null;
18
19           public Form1()
20           {
21               //
22               //Windows 窗体设计器支持所必需的
23               //
```

```
24              InitializeComponent();
25
26              //
27              //TODO:在 InitializeComponent 调用后添加任何构造函数代码
28              //
29          }
30
31          /// <summary>
32          ///清理所有正在使用的资源.
33          /// </summary>
34          protected override void Dispose(bool disposing)
35          {
36              if(disposing)
37              {
38                  if(components != null)
39                  {
40                      components.Dispose();
41                  }
42              }
43              base.Dispose(disposing);
44          }
45
46          #region Windows Form Designer generated code
47          /// <summary>
48          ///设计器支持所需的方法 – 不要使用代码编辑器修改
49          ///此方法的内容.
50          /// </summary>
51          private void InitializeComponent()
52          {
53              this.components = new System.ComponentModel.Container();
54              this.Size = new System.Drawing.Size(300,300);
55              this.Text = "Form1";
56          }
57          #endregion
58
59          /// <summary>
60          ///The main entry point for the application.
61          /// </summary>
62          [STAThread]
63          static void Main()
64          {
65              Application.Run(new Form1());
66          }
67
68      }
69 }
```

程序中导入了更多的名字空间，除了 System.Windows.Forms 及 System.Drawing 外，还有 System.ComponentModel。

与前面的例子相比，程序中加了一个 System.ComponentModel.Container 类型的对象 components,用来保持对相关资源的引用,程序中的 Dispose()方法是用来处理这些资源的释放的。

自动生成的程序中还有大量的以////开始的注释,又称为 XML 文档注释。

另外,大多数自动生成的代码,被包含在#region 和#endregion 之间。这些命令被 Visual Studio 组成部分的代码概述特性使用,默认情况下把这块代码隐藏在"Window Form Designer generated code"注释下。这样做的原因是这些代码是由 Windows Forms Designer(窗体设计器)来生成和维护的,因此最好不要手工编辑它。

3. Application 类

System. Windows. Forms. Application 类描述了应用程序自身,并提供了一些有用的属性和方法。这个类是 sealed 的,因此不能从它派生出其他类,它的所有方法和属性都是 static 的,所以使用它们时不需要创建一个该类的实例。

表 7-2 列出了 Windows. Forms. Application 提供的一些有用的属性。表 7-3 列出了一些有用的方法。

表 7-2 Windows. Forms. Application 类的属性

属 性	描 述
CommonAppDataPath	返回一个对所有用户都通用的应用程序数据的路径
CommonAppDataRegistry	返回一个对所有用户都通用的应用程序数据的注册密钥,它在安装阶段被设立
CompanyName	获得与应用程序相联系的公司名字
CurrentCulture	为当前线程获取或者设置本地信息
ExecutablePath	获取开始该应用程序的可执行文件的路径
ProductName	获取与应用程序相联系的产品名
ProductVersion	获取与应用程序相联系的产品版本,比如"123.2.1.2"

表 7-3 Windows. Forms. Application 类中常用的方法

方 法	描 述
AddMessageFilter	为 Windows 消息添加一个过滤器
Exit	终止应用程序
RemoveMessageFilter	删除先前安装的过滤器
Run	在当前线程上开始一个标准的消息循环

7.1.3 添加控件

在窗体上添加控件的过程,实际上生成控件实例,并加入到窗体的过程。

常用的一些控件,如文本框(TextBox)、按钮(Button)、标签(Label)等都有相应的类可供使用。

生成控件可以使用 new 运算符,如:

```
textBox1 = new System.Windows.Forms.TextBox();
```

对于生成的控件,通过相应的属性,进行设置,如:

```
this.textBox1.Location = new System.Drawing.Point(72,48);
```

```
    this.textBox1.Name = "textBox1";
    this.textBox1.TabIndex = 2;
    this.textBox1.Text = "textBox1";
```

其中 Location 表示位置，Name 表示名字，TabIndex 是 Tab 顺序索引，Text 是其中的文本。

对于控件，如果要加入到窗体中，可以使用 Form 类的 Controls.Add，或 AddRangage，前者一次加入一个控件，后者一次加入多个控件（控件的数组）。如：

```
    this.Controls.AddRange(new Control[]{
        this.textBox1,
        this.button1,
        this.label1});
```

例 7–3 Form1_2.cs 在窗体中加入控件。

```
1  using System;
2  using System.Drawing;
3  using System.Collections;
4  using System.ComponentModel;
5  using System.Windows.Forms;
6  using System.Data;
7
8  namespace TestWin
9  {
10     /// <summary>
11     ///Form1 的摘要说明.
12     /// </summary>
13     public class Form1:System.Windows.Forms.Form
14     {
15         private System.Windows.Forms.Label label1;
16         private System.Windows.Forms.Button button1;
17         private System.Windows.Forms.TextBox textBox1;
18         /// <summary>
19         /// 必需的设计器变量.
20         /// </summary>
21         private System.ComponentModel.Container components = null;
22
23         public Form1()
24         {
25             //
26             //Windows 窗体设计器支持所必需的
27             //
28             InitializeComponent();
29
30             //
31             //TODO:在 InitializeComponent 调用后添加任何构造函数代码
32             //
33         }
34
35         /// <summary>
36         /// 清理所有正在使用的资源.
```

```csharp
37          /// </summary>
38          protected override void Dispose(bool disposing)
39          {
40              if(disposing)
41              {
42                  if(components != null)
43                  {
44                      components.Dispose();
45                  }
46              }
47              base.Dispose(disposing);
48          }
49
50          #region Windows Form Designer generated code
51          /// <summary>
52          /// 设计器支持所需的方法 - 不要使用代码编辑器修改
53          /// 此方法的内容.
54          /// </summary>
55          private void InitializeComponent()
56          {
57              this.label1 = new System.Windows.Forms.Label();
58              this.button1 = new System.Windows.Forms.Button();
59              this.textBox1 = new System.Windows.Forms.TextBox();
60              this.SuspendLayout();
61              //
62              //label1
63              //
64              this.label1.Location = new System.Drawing.Point(64,136);
65              this.label1.Name = "label1";
66              this.label1.TabIndex = 0;
67              this.label1.Text = "label1";
68              //
69              //button1
70              //
71              this.button1.Location = new System.Drawing.Point(72,96);
72              this.button1.Name = "button1";
73              this.button1.TabIndex = 1;
74              this.button1.Text = "button1";
75              //
76              //textBox1
77              //
78              this.textBox1.Location = new System.Drawing.Point(72,48);
79              this.textBox1.Name = "textBox1";
80              this.textBox1.TabIndex = 2;
81              this.textBox1.Text = "textBox1";
82              //
83              //Form1
84              //
85              this.AutoScaleBaseSize = new System.Drawing.Size(6,14);
86              this.ClientSize = new System.Drawing.Size(292,273);
87              this.Controls.AddRange(new System.Windows.Forms.Control[]{
```

```
 88                this.textBox1,
 89                this.button1,
 90                this.label1});
 91            this.Name = "Form1";
 92            this.Text = "Form1";
 93            this.ResumeLayout(false);
 94
 95        }
 96        #endregion
 97
 98        /// <summary>
 99        /// 应用程序的主入口点.
100        /// </summary>
101        [STAThread]
102        static void Main()
103        {
104            Application.Run(new Form1());
105        }
106    }
107 }
```

程序运行结果如图 7-3 所示。

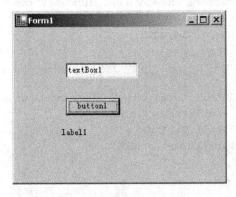

图 7-3　在窗体中加入控件

7.1.4　设定布局

在窗体上放置多个控件时，要定位好多个控件的位置、大小、顺序关系，也就是对各个控件进行布局。

1. 使用 Location 及 Size 来设定控件的绝对位置及大小

有 4 种属性可以用来在窗体中定位控件和调整控件的大小：

① Location——以像素为单位，设置控件的 X 坐标和 Y 坐标；

② Size——以像素为单位，设置控件的宽度和高度；

③ Anchor——把控件附着在窗体的一个或多个边框上；

④ Dock——把控件和窗体的一个或多个边框连接起来。

其中，使用 Location 和 Size 能设定控件的初始位置及大小。

Location 的值是一个 System.Drawing.Point 对象，使用下面的代码可以设置该属性的值：

第 7 章 Windows 窗体及控件

```
TextBox1.Location = new System.Drawing.Point(xpos,ypos);
```

xpos 和 ypos 是以像素为单位的 X 坐标和 Y 坐标。

Size 的值是一个 System.Drawing.Size 对象，可以使用相同的方法设置该属性的值：

```
TextBox1.Size = new System.Drawing.Size(xval,yval);
```

其中，xval 和 yval 给出了 X 和 Y 方向的大小。

2. 使用 Dock 属性来设定控件的相对大小及位置

使用绝对大小及位置有一个缺点，就是编程者得仔细设定大小及位置，而当控件的数目变化时，这种绝对的布置不能自动改变。为了方便自动设置大小及位置，可以用相对大小及位置的办法。这是靠 Dock 属性来决定的。

Dock 属性从 DockStyle 枚举类型的成员中取值。None 意味着控件根本就不停靠；Bottom、Left、Right 和 Top 表示控件停靠在窗体相应的边框上，而 Fill 表示把控件停靠在每一个边框上，控件的大小会自动进行调整。注意：使用 Fill 时要非常小心，因为可能导致某个控件覆盖了窗体中的其他控件。

例 7-4 DockTest.cs 使用 Dock 属性。由于源程序较长，这里只列出其中最关键的语句。读者可以在本书的配套电子资源中找到完整的源代码。以后的例子也类似处理。

```
1    this.button1.Dock = System.Windows.Forms.DockStyle.Top;
2    this.button2.Dock = System.Windows.Forms.DockStyle.Bottom;
3    this.button3.Dock = System.Windows.Forms.DockStyle.Left;
4    this.button4.Dock = System.Windows.Forms.DockStyle.Right;
5    this.button5.Dock = System.Windows.Forms.DockStyle.Bottom;
6    this.button6.Dock = System.Windows.Forms.DockStyle.Bottom;
```

程序中的几个按钮的 Dock 设置是不同的，其运行时的布局如图 7-4 所示。

当窗体的大小发生改变时，各个控件的大小及位置自动发生改变，如图 7-5 所示。

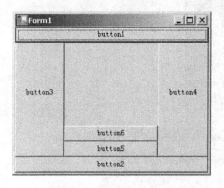

图 7-4 使用 Dock 属性

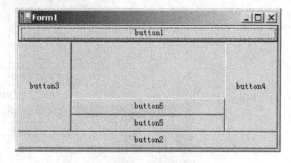

图 7-5 窗体的大小改变后的结果

如果使用 Visual Studio 在设计可以直接在属性编辑器中设定 Dock 值，如图 7-6 所示。

3. 使用 Anchor 属性来设定控件与窗体边缘的相对大小及位置

使用 Dock 属性，可以较好地处理多个控件的关系，但有一个缺点，它的灵活性不够。这时可以采取使用设定大小及位置后，再设定 Anchor 属性的方式。

Anchor 属性允许把控件的一个或多个边附着在窗体的边框上，以便于控件的尺寸会随着窗体的尺寸的改变而变化，也就是说，它与窗体的大小发生变化时，它与窗体的边缘的距离却始终保持一致。

图 7-6 在属性编辑器中设定 Dock 值

Anchor 属性从 AnchorStyles 枚举类型的成员中取值。None 意味着控件根本就不附着在窗体边框上,而 All 意味着附着在 4 个边框上。Top、Bottom、Left 和 Right 表示把控件附着在相应的边框上。附着方式也可以是组合样式,如 TopLeft、LeftRight、TopLeftRight 等。

例 7-5 AnchorTest.cs 使用 Anchor 属性。

```
1   this.button1.Anchor =
2     ((System.Windows.Forms.AnchorStyles.Top
3     | System.Windows.Forms.AnchorStyles.Left)
4     | System.Windows.Forms.AnchorStyles.Right);
5   this.button2.Anchor =
6     System.Windows.Forms.AnchorStyles.Left;
7   this.button3.Anchor =
8     (System.Windows.Forms.AnchorStyles.Bottom
9     | System.Windows.Forms.AnchorStyles.Right);
10  this.button4.Anchor =
11    ((System.Windows.Forms.AnchorStyles.Bottom
12    | System.Windows.Forms.AnchorStyles.Left)
13    | System.Windows.Forms.AnchorStyles.Right);
```

图 7-7 的窗体包含几个按钮,它们的 Anchor 属性不同。当窗体大小改变时,它们会自动调整自身的大小以便适应窗体的宽度,并保持与相应的边框的距离。

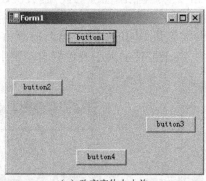

(a)改变窗体大小前

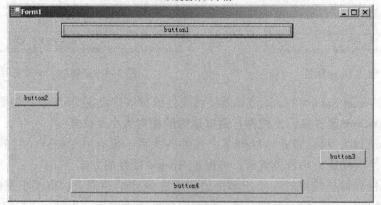

(b)改变窗体大小后

图 7-7 使用 Anchor 属性

可以通过编程实现对 Anchor 的设置，在 Visual Studio 中，也可以使用直接设置，如图 7-8 所示。

值得注意的是，当 Dock 属性的某些设置与 Anchor 设置并不相容，这时，可将 Dock 设置为 DockStyle.None，再设置 Anchor 属性。

4. 设置控件的标签顺序

使用 Tab 键可以在窗体中的控件之间进行导航。大多数控件都参与标签排序，使用布尔型属性 TabStop 可以决定控件是否参与标签排序。

每个控件都有 TabIndex 属性，使用程序或者 Visual Studio 都可以设置该属性。使用 Visual Studio 设置标签顺序时，要选择菜单 Views（视图）→Tab Order（Tab 键顺序）。在每个控件的左上角有一个数字，如图 7-9 所示。按照希望的顺序单击控件。完成后，再一次选择 Views→Tab Order 退出 Tab 模式。

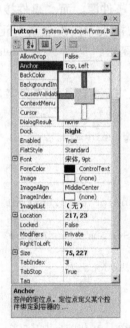

图 7-8　在 Visual Studio 中设置 Anchor 属性

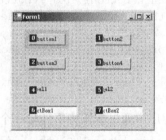

图 7-9　设置控件的标签顺序

标签也参与窗体的标签排序，但是不能接受焦点，焦点会按顺序跳到下一个控件上。应用这个特点，就可以使用键盘快捷键在窗体内导航。

UseMnemonic 属性决定了 "&" 字符是否被解释成键盘快捷键的助记符标识。如果该属性的值为真，那么同时按下 Alt 键和助记符字母，就可以按照标签顺序选择 Label 的下一个控件了。

例 7-6　TabIndexTest.cs 使用 TabIndex 来设定 Tab 顺序。

```
1    this.button1.TabIndex = 0;
2    this.button2.TabIndex = 1;
3    this.button3.TabIndex = 2;
4    this.button4.TabIndex = 3;
5    this.label1.TabIndex = 4;
6    this.label2.TabIndex = 5;
```

```
7         this.textBox1.TabIndex = 6;
8         this.textBox2.TabIndex = 7;
```

7.1.5 事件处理

1. 事件处理的基本方法

事件处理是图形化界面应用程序中最重要的一个环节,它是程序与用户打交道的一种机制。如用户单击按钮时,程序就对这个单击事件作出反应,并调用相应的函数以执行一个任务。

窗体和控件使用的.NET事件机制来与其他窗体和控件通信,一个事件只是被窗体或者控件发出的通知,它使程序知道有一些事情发生了。例如:按钮被单击、文本框中的文本被改变、列表框内条目被选择、窗体上鼠标移动或按下等都是事件。

"事件发送者(Event Sender)"产生事件,指明了事件源。而"事件接收者(Event Reciever)"是对事件感兴趣的程序。一个想接收通知的接收者向发送者登记一个处理函数,在适当的时候,发送者请求这个处理函数。这些处理函数,是用委托(delegate)来进行包装的。

例 7-7 EventTest.cs 使用事件,当按钮单击时,标签上显示的文字是文本框文字的大写。

```
1     this.button1.Location = new System.Drawing.Point(72,72);
2     this.button1.Name = "button1";
3     this.button1.TabIndex = 0;
4     this.button1.Text = "button1";
5     this.button1.Click += new System.EventHandler(this.button1_Click);
6     //......
7     private void button1_Click(object sender,System.EventArgs e)
8     {
9         this.label1.Text = this.textBox1.Text.ToUpper();
10    }
```

在程序中通过委托将事件与一个处理方法相连接:

```
      this.button1.Click += new System.EventHandler(this.button1_Click);
```

这里,Click 是按钮 button1 中定义的事件(表示鼠标单击),使用的委托是 System.EventHandler 类型。

当用户单击这个按钮时,系统会调用 OnClick() 方法。在 OnClick() 方法的实现体中有对 Click 事件的激活,也就会调用通过 += 联系的方法。

这里事件源是 button1,事件处理的程序是 button1_Click() 方法。将方法通过委托的方式与事件相联系的过程又称为"注册一个事件监听程序"。

显然,通过这种机制,使用" += "操作符将一个事件和多个处理程序相联系是可能的,当事件被激发的时候,它们将按照被添加的顺序被调用。用" -= "操作符从一个事件中删除某个处理程序也是可能的,因此随时可以决定哪些程序在对事件进行监听。

2. 系统预先定义的事件与委托

对于 Windows 系统中的界面元素都定义了相应的事件。特别地,Control 类定义的事件如表 7-4 所示。

表 7-4　Control 类定义的事件

事件	说明
BackColorChanged	当 BackColor 属性的值更改时发生
BackgroundImageChanged	当 BackgroundImage 属性的值更改时发生
BindingContextChanged	当 BindingContext 属性的值更改时发生
CausesValidationChanged	当 CausesValidation 属性的值更改时发生
ChangeUICues	在焦点或键盘用户界面（UI）提示更改时发生
Click	在单击控件时发生
ContextMenuChanged	当 ContextMenu 属性的值更改时发生
ControlAdded	在将新控件添加到 Control.ControlCollection 时发生
ControlRemoved	在从 Control.ControlCollection 移除控件时发生
CursorChanged	当 Cursor 属性的值更改时发生
Disposed	添加事件处理程序以侦听组件上的 Disposed 事件
DockChanged	当 Dock 属性的值更改时发生
DoubleClick	在双击控件时发生
DragDrop	在完成拖放操作时发生
DragEnter	在将对象拖入控件的边界时发生
DragLeave	在将对象拖出控件的边界时发生
DragOver	在将对象拖到控件的边界上发生
EnabledChanged	Enabled 属性值更改后发生
Enter	进入控件时发生
FontChanged	Font 属性值更改时发生
ForeColorChanged	ForeColor 属性值更改时发生
GiveFeedback	在执行拖动操作期间发生
GotFocus	在控件接收焦点时发生
HandleCreated	在为控件创建句柄时发生
HandleDestroyed	在控件的句柄处于销毁过程中时发生
HelpRequested	当用户请求控件的帮助时发生
ImeModeChanged	ImeMode 属性更改后发生
Invalidated	在控件的显示需要重绘时发生
KeyDown	在控件有焦点的情况下按下键时发生
KeyPress	在控件有焦点的情况下按下键并释放时发生
KeyUp	在控件有焦点的情况下释放键时发生
Layout	在控件应重新定位其子控件时发生
Leave	在输入焦点离开控件时发生
LocationChanged	Location 属性值更改后发生
LostFocus	当控件失去焦点时发生
MouseDown	当鼠标指针位于控件上并按下鼠标键时发生
MouseEnter	在鼠标指针进入控件时发生

MouseHover	在鼠标指针悬停在控件上时发生
MouseLeave	在鼠标指针离开控件时发生
MouseMove	在鼠标指针移到控件上时发生
MouseUp	在鼠标指针在控件上并释放鼠标键时发生
MouseWheel	在移动鼠标轮并且控件有焦点时发生
Move	在移动控件时发生
Paint	在重绘控件时发生
ParentChanged	Parent 属性值更改时发生
QueryAccessibilityHelp	在 AccessibleObjec 为辅助功能应用程序提供帮助时发生
QueryContinueDrag	在拖放操作期间发生，并且允许拖动源确定是否应取消拖放操作
Resize	在调整控件大小时发生
RightToLeftChanged	RightToLeft 属性值更改时发生
SizeChanged	Size 属性值更改时发生
StyleChanged	在控件样式更改时发生
SystemColorsChanged	系统颜色更改时发生
TabIndexChanged	TabIndex 属性值更改时发生
TabStopChanged	TabStop 属性值更改时发生
TextChanged	Text 属性值更改时发生
Validated	在控件完成验证时发生
Validating	在控件正在验证时发生
VisibleChanged	Visible 属性值更改时发生

由于大部分界面元素，包括按钮、文本框，甚至窗口（Form）本身，都是 Control 类的子类，所以它们也自动地继承了这些事件。

这些事件中有一些是比较低层的（如 MouseDown 事件），有的要高层一些（如 Click 事件实际上是 MouseDown、MouseUp 事件相组合）。对于特定的控件，还会增加一些更高层的事件，如文本框（TextBox）中的文本改变（TextChanged 事件），列表框（ListBox）中的选择项的改变（ListIndexChanged 事件）。在使用事件时，应合理地选择相应的事件来进行处理。

每一个事件都对应了相应的委托类型，也就有相应的事件处理函数的原型。例如鼠标按下有以下事件：

```
public event MouseEventHandler MouseDown;
```

它对应的委托类型是：

```
public delegate void MouseEventHandler(
    object sender,
    MouseEventArgs e
);
```

事实上，所有的委托类型都返回 void 类型，并带有两个参数，第一个是表示事件的发出者（object sender），第二个参数的类型是 EventArgs 或者是其子类型。

sender 对象表示事件的发出者，在程序中可以通过它来获得是谁发出了这个事件，如：

```
if(object is Button && object ==this.button1){......}
```

MouseEventHandler 的第二个参数是 MouseEventArgs，这个对象含有鼠标事件的一些属性，如：

① Button 获取曾按下的是哪个鼠标按钮；
② Clicks 获取按下并释放鼠标按钮的次数；
③ Delta 获取鼠标轮已转动的制动器数的有符号计数；
④ X 获取鼠标单击的 x 坐标；
⑤ Y 获取鼠标单击的 y 坐标。

例 7-8 MouseEventTest.cs 使用鼠标事件。当鼠标双击时，在标签上显示信息；在鼠标移动时，在窗体标题上显示当时鼠标的位置。

如果使用 Visual Studio，在"属性"窗口中，使用事件，可单击图标 ，则列出所有的事件，在相应的事件旁边双击，如图 7-10 所示，则可以自动生成相关的事件方法，然后再填写相应的处理程序。

程序中重要的代码如下：

```
1   this.DoubleClick += new System.EventHandler(this.Form1_DoubleClick);
2   this.MouseMove += new System.Windows.Forms.MouseEventHandler(this.Form1_MouseMove);
3
4   private void Form1_DoubleClick(object sender,System.EventArgs e)
5   {
6       this.label1.Text = "已经被双击";
7   }
8
9   private void Form1_MouseMove(object sender,System.Windows.Forms.MouseEventArgs e)
10  {
11      this.Text = e.X + "," + e.Y;
12  }
```

程序运行结果如图 7-11 所示。

图 7-10 在 Visual Studio 中使用事件

图 7-11 程序运行结果

7.2 常用控件

7.2.1 Control 类

Control 类是 Windows 大部分控件的基础类。Control 类是一个非常复杂的类,它拥有很多属性、方法和事件。在这里列出主要的成员,以便于读者可以对控件有一个感性的认识。

1. 控件的属性

表 7-5 列出了 Control 类的主要属性。

表 7-5 Control 类的主要属性

属 性	说 明
Anchor, Dock	控制与窗体边框相关的控件的位置
BackColor, ForeColor	获得并设置控件的背景色和前景色
BackGroundImage	表示与控件相关的背景图像
Bottom, Top, Left, Right	以像素为单位表示控件的上下左右坐标
Width, Height	以像素为单位表示控件的宽度和高度
Bounds	一个边界矩形,控件被限制在其中
CanFocus, CanSelect	只读属性:指出控件能否接受焦点和能否被选中
CauseValidation	指出进入控件时,是否会导致对需要确认的控件进行验证
ContainsFocus	只读属性,指出该控件(或它的一个子控件)是否拥有焦点
Controls	控件的子控件的集合
ContextMenu	表示与控件相关的上下文菜单。当用鼠标右击控件时,会显示这个菜单
Cursor	表示光标。当鼠标停留在控件上时,将显示这个光标
Created	只读属性,指出是否已经创建了基础屏幕控件
Disposing, Disposed	只读属性,指出基础屏幕控件是否在运行或者已经被释放资源
Enable	指出控件是否可用
Focused	只读属性,指出控件是否拥有焦点
Font	获得并设置与控件相关的字体
Handle	只读属性,指出基础窗口句柄。使用布尔值 IsHandleCreated 来决定一个控件是否拥有一个相关的句柄
Location, Size	指出控件的位置和尺寸
ModifierKeys, MouseButtons, MousePosition	对组合键(Ctrl、Alt 和 Shift)的当前状态、鼠标按钮和鼠标的当前位置进行检索
Parent	控件的父亲
TabIndex	整型属性,指出这个控件的标签索引
TabStop	布尔型属性,指出是否可以使用 Tab 键在控件之间进行切换
Text	与控件相关的文本。文本所代表的确切含义(可以是任何内容)随控件样式的不同而不同
Visible	指出控件是否可见

从表中可以看到，有很多属性都涉及 handles 或者 window handles。这是因为一个控件实际上包含两方面的内容：一个 .NET 对象和一个 Windows 控件对象。属于一个应用的每一个窗口和控件，都有一个被称为 window handle 的唯一标识。

这些属性中最有用的是 Controls。许多控件，如 GroupBox 和面板（Panel）都可以把其他的控件当作自己的子对象，Controls 实际上是该控件的所有子控件的一个集合。由于它是一个标准的集合，因此它拥有 Add( )、Remove( ) 和 Clear( ) 方法，使用这些方法，可以改变相关的内容，通过 foreach 语句或使用枚举器（enumerator）可以列出这个集合的内容。

2. 控件的方法

Control 类的方法多于 100 个，表 7-6 列出了最常用的一些方法。

表 7-6 Control 类的常用方法

方　　法	说　　明
BringToFront，SendToBack	把控件放到前面或后面（按垂直于界面的方向而言）
Contains	是否含有某个子控件
CreateControl	强行创建基础 Windows 控件，包括创建窗口句柄
DoDragDrop	开始一个拖放操作
FindForm	检索控件所在的窗体。这个窗体和控件的父亲所在的窗体可能不是一个
Focus	试图使该控件成为焦点
FromChildHandle，FromHandle	返回与某个特殊句柄相关的控件
GetChildAtPoint	根据某特定坐标检索控件
GetNextControl	按标签顺序检索下一个子控件
GetStyle，SetStyle	获得并设置控件的样式
Hide，Show	通过改变 Visible 属性值隐藏和显示控件
Invalidate	向控件发送一个绘图消息
OnClick	激活 Click 事件
OnGotFocus	激活 GotFocus 事件
OnKeyDown，OnKeyPress，OnKeyUp	处理键盘消息
OnMouseDown，OnMouseUp，OnMouseMove	处理鼠标消息
OnPaint	处理一个绘图请求
OnResize	重新设置控件的尺寸时调用这个方法
ResetBackColor，ResetForeColor，ReSetFont，ResetCursor	为控件的父亲重新设置属性值
Scale	缩放控件及其子控件
Update	让控件强行刷新一定的无效区域

3. 控件的样式

控件样式（Style）是指控件的界面表现的风格或样式。

使用方法 GetStyle( ) 和 SetStyle( ) 可以获得和设置一个 Control 的样式，这两种方法都使用 Windows.Forms.ControlStyles 枚举类型，如表 7-7 所示。

表 7-7 ControlStyles 枚举成员

成员	说明
AllPaintingInWmPaint	忽略 WM_ERASEBKGND，从 WM_PAINT 直接调用 OnPaintBackground 和 OnPaint
CacheText	控件会对文本的拷贝进行缓存，而不是每次都要从基础控件获得
ContainerControl	指出控件是否是一个类容器（container-like）控件
DoubleBuffer	执行双缓冲的绘图以便减轻闪烁程度
EnableNotifyMessage	如果为真，为发送给控件的每一个消息调用 OnNotifyMessage() 方法
FixedHeight，FixedWidth	控件的高度和/或宽度是固定的
Opaque	不会调用 PainBackground 事件，Invalidate() 方法不会使控件的背景无效
ResizeRedraw	重新设置控件的尺寸时刷新控件
Selectable	控件是可选择的
StandardClick	单击控件时，Windows 窗体调用 OnClick。如果需要，也可以由控件直接调用 OnClick
StandardDoubleClick	双击控件时，Windows 窗体调用 OnDoubleClick。如果需要，也可以由控件直接调用 OnDoubleClick
SupportsTransparentBackColor	控件可以使用透明的背景
UserPaint	控件绘制自身，WM_PAINT 消息和 WM_ERASEBKGND 消息不会被传给基础 Windows 控件
UserMouse	由控件进行鼠标事件的处理
ResizeRedraw	重新设置控件的尺寸时完全刷新控件

图 7-12 工具箱的内容

要注意的是，所有这些样式都是 .NET 控件样式，而不是 Windows API 使用的 Win32 控件样式。

4. Visual Studio 中的常用控件

.NET 提供了大量的控件工具供用户在窗体上使用，这些工具都是 System.ComponentModel.Component 类的子类，而且大部分都是 System.Winodws.Forms.Control 类的子类。如果使用 Visual Studio 或 SharpDevelop 编程环境，可以在它们的"工具箱"中找到这些控件，如图 7-12 所示。

7.2.2 标签与按钮

1. 标签（Label）和链接标签（LinkLabel）

标签是所有控件中最简单的一种，它通常用来显示文本。Text 属性决定了标签所要显示的内容，UserMnemonic 属性决定了标签上的字符"&"是否被解释成快捷键标志。

标签也可以用来显示图像：设置 Image 属性，使其指向 System.Drawing.Bitmap 类型的一个对象。有关图像处理在以后的章节再作详细的描述。

LinkLabel 使用标签的 LinkClicked 事件处理导航。使用链接标签可以导航到一个 Web 站点，或者同一个应用中的其他窗体，如图 7-13 所示。

表 7-8 列出了链接标签的属性。

LinkBehavior 属性决定链接如何进行操作。默认值是 LinkBehavior.SystemDefault，但是也可以把它设置成当鼠标移到文本上时有下划线（LinkBehavior.HoverUnderline）或者没有下划线（NeverUnderline）。

控件中的文本可以表示的链接的数目是不受限制的，这些链接都被保存在 Links 属性中。

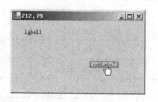

图 7-13 标签和链接标签

表 7-8 LinkLabel 类的属性

属 性	说 明
ActiveLinkColor	表示活动链接使用的颜色
DisabledLinkColor	表示不可用链接使用的颜色
LinkArea	获得或设置标签中作为链接使用的文本的范围
LinkBehavior	获得或设置链接的行为
LinkColor	表示标准链接使用的颜色
Links	表示控件内所有链接的集合
LinksVisited	获得或设置表示链接是否已经被访问的布尔值
VisitedLinkColor	表示已被访问过的链接的颜色

可以使用 Color 类中的成员设置颜色。Color 类可以使用静态方法 FromArgb() 来获得属于用户自己的颜色，用红色、绿色和蓝色的值来表示，如：

```
LinkLabel1.LinkColor = Color.FromArgb(126,126,0);
```

✱注意：链接标签本身不具有导航功能。它的作用是显示和浏览器中的链接具有相同动作行为的文本或者图像，即当鼠标移入时，会显示一个手指状的鼠标指针，如图 7-13 所示。

要使链接标签能链接到一定的目的地，可以针对 LinkClicked 事件进行处理，如例 7-9 所示。

例 7-9 LinkedLabelTest.cs 使用 LinkLabel 控件。

```
1   this.linkLabel1.LinkClicked +=
2       new System.Windows.Forms.LinkLabelLinkClickedEventHandler(
3       this.linkLabel1_LinkClicked);
4   private void linkLabel1_LinkClicked(
5       object sender,
6       System.Windows.Forms.LinkLabelLinkClickedEventArgs e)
7   {
8       this.label1.Text = "Trans to here.";
9   }
```

2. 按钮（Button）

.NET 支持 3 种类型的按钮，即按钮、复选框和单选框，并且这 3 种按钮都是从 ButtonBase 派生的。

ButtonBase 有几种非常有用的属性，如表 7-9 所示。

表 7-9　ButtonBase 类的属性

属　性	说　明
FlatStyle	决定按钮应该被显示成平面的还是凸起的
Image	表示在按钮上显示的图像
ImageAlign	表示按钮上的图像的对齐方式
IsDefault	决定该按钮是否是窗体上的默认按钮
Text	表示在按钮上显示的文本
TextAlign	表示按钮上的文本的对齐方式

使用 FlatStyle 属性，可以创建与 Internet Explorer 的工具条具有相同的动作行为的按钮，这些按钮通常是平面的，只有当鼠标移到它们上面时它们才会弹起，并且具有三维边框。

当单击按钮时，会激活 Click 事件；当按钮拥有焦点时，如果按下 Enter 键，也可以激活 Click 事件。激活 Click 事件后，它又回到未被选中状态。

3. 复选框（CheckBox）和单选框（RadioButton）

复选框和单选框非常类似，它们都允许用户从一系列选项中进行选择。它们的不同之处在于复选框允许一次选择多个选项，而单选框只允许一次选择一个。表 7-10 列出了 CheckBox 类的一些属性，它们是在 ButtonBase 类的基础上增加的属性。

表 7-10　CheckBox 类的属性

属　性	说　明
Appearance	决定复选框是以标准的按钮形式出现，还是以可关闭按钮的形式出现
AutoCheck	决定复选框是否自动响应用户的请求。如果为假，就需要编写 Click 事件处理程序，用来设置复选框的状态
CheckAlign	指定文本的对齐方式
Checked	一个布尔型属性，表示复选框的状态
CheckState	表示复选框的状态（选中、未选中或者不确定）
ThreeState	如果复选框能够显示 3 种状态，则它的值为真

除了按钮应该具有的事件外，复选框还支持两种事件：OnCheckedChanged 事件，当控件的选中状态发生变化时，该事件被激活；OnCheckedStateChanged 事件，当复选框的状态改态时激活。

单选框和复选框非常类似。最主要的区别在于它的外形（是圆形而不是方形）以及只能选择一个选项的行为。和复选框一样，单选框也可以以可关闭按钮的形式出现。

4. 成组框（GroupBox）

成组框（GroupBox）在界面表现为一个框，并且在其中可以放入多个其他控件，此子控件可以随成组框一起移动或隐藏。

GroupBox 具有一个名为 Controls 的属性，可以使用 Add()或 AddRange()方法把一个控件或一组控件加到指定的组中。

对任何控件都可以加入到 GroupBox 中。当 GroupBox 用于多个单选框时，有一个特殊的功能，即可以创建一组以传统方式工作的单选框，因此一次只能选择组中的一个单选项。

例 7-10 CheckBoxRadioButtonTest.cs 使用复选框、单选框、成组框。注意其中成组框中加入控件使用了 AddRange()方法。而且多个复选框的 CheckedChanged 事件与同一个事件处理函数相联系，多个单选框类似处理。

```
1   this.groupBox1.Controls.AddRange(new System.Windows.Forms.Control[] {
2       this.checkBox1,
3       this.checkBox2,
4       this.checkBox3 });
5   this.groupBox2.Controls.AddRange(new System.Windows.Forms.Control[] {
6       this.radioButton1,
7       this.radioButton2,
8       this.radioButton3 });
9   this.checkBox1.CheckedChanged +=
10      new System.EventHandler(this.checkBox1_CheckedChanged);
11  this.checkBox2.CheckedChanged +=
12      new System.EventHandler(this.checkBox1_CheckedChanged);
13  this.checkBox3.CheckedChanged +=
14      new System.EventHandler(this.checkBox1_CheckedChanged);
15  this.radioButton1.CheckedChanged +=
16      new System.EventHandler(this.radioButton1_CheckedChanged);
17  this.radioButton2.CheckedChanged +=
18      new System.EventHandler(this.radioButton1_CheckedChanged);
19  this.radioButton3.CheckedChanged +=
20      new System.EventHandler(this.radioButton1_CheckedChanged);
21  //......
22  private void checkBox1_CheckedChanged(object sender,System.EventArgs e)
23  {
24      if(!(sender is CheckBox)) return;
25      if(((CheckBox)sender).Parent != this.groupBox1) return;
26      string hobby = "";
27      foreach(object obj in this.groupBox1.Controls)
28      {
29          if(obj is CheckBox && ((CheckBox)obj).Checked)
30              hobby += ((CheckBox)obj).Text + ",";
31      }
32      if(hobby != "")
33      {
34          this.label1.Text = "兴趣爱好有:"
35              + hobby.Remove(hobby.Length - 1,1) + ".";
36      }
37      else
38      {
39          this.label1.Text = "没有兴趣爱好:";
40      }
41  }
42
43  private void radioButton1_CheckedChanged(object sender,System.EventArgs e)
44  {
45      RadioButton b = sender as RadioButton;
46      if(b == null) return;
47      if(b.Checked)
48          this.label1.Text = "性别:" + b.Text;
49
```

50   }
程序运行结果如图 7-14 所示。

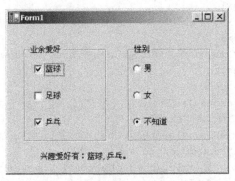

图 7-14   使用复选框、单选框、成组框

7.2.3   文本框

1. 文本框的基类

TextBoxBase 是一个抽象类,它为所有的文本控件提供公共属性和函数。Windows.Forms 名字空间中有两个文本控件:TextBox 和 RichTextBox,它们是 TextBoxBase 的子类。

TextBoxBase 有许多比较常用的属性,如表 7-11 所示。BorderStyle 属性和其他控件的该属性一样,都是从 Windows.Forms.BorderStyle 枚举类型的成员中取值,可能的边框样式有:None(没有边框)、FixedSingle(平面外形)和 Fixed3D(三维外形,它是默认样式)。

表 7-11   TextBoxBase 类的常用属性

属　　性	说　　明
AcceptsTab	指出控件是否使用 Tab 键进行到下一个控件的切换,而不是通过改变焦点的方式实现
AutoSize	指出当文本的字体发生改变时是否调整控件的尺寸
BackColor	表示控件的背景色
BorderStyle	表示控件的边框样式
CanUndo	指出用户是否可以撤销以前的操作
ForeColor	表示控件的前景色
Lines	获得或设置控件中的文本行
MaxLength	表示控件可以接受的最大字符数
Modified	获得或设置一个值用于表示控件中的文本是否被修改过
Multiline	指出控件是否可以显示多于一行的文本
ReadOnly	指出控件是否只读的。如果为真,那么控件的背景被绘制成灰色
SelectedText	表示控件中当前被选中的文本
SelectionLength	获得或设置控件中被选中的字符数
SelectionStart	获得或设置选择的起始位置
Text	表示控件中的文本
TextLength	获得控件中的文本的长度
WordWrap	表示该控件一个是多行控件

Text 属性是文本框中的所有内容。如果 Multiline 属性的值被置成 True，还可以使用 Lines 属性来取得一系列字符串，它是字符串的数据。

MaxLength 属性限制了可以向控件输入的字符数，它的默认值是 0，表示没有任何限制。使用鼠标或者键盘可以选择文本框中的文本，有几个属性都可以用来获得选择结果或对选择进行设置。SelectionStart 表示选择起始处的零偏移字符，SelectionLength 给出了选择的长度，SelectedText 是一个字符串，用来代表被选择的文本。所有这些属性都可以用来和检索文本一样对文本进行设置，所以使用它们可以编辑控件上的文本。

表 7-12 列出了 TextBoxBase 常用的方法。

表 7-12 TextBoxBase 常用的方法

方法	说明
AppendText	向控件添加文本
Clear	清除控件中的文本
ClearUndo	清除关于最近被撤销操作的信息，使得它不能再被撤销
Copy	把选取的内容拷贝到剪贴板
Cut	剪切选取的内容送到剪贴板
Paste	把剪贴板的内容粘贴到控件上
ScrollToCaret	保证插入符号在控件中是可见的，必要时滚动它
Select	选择文本框中某个范围内的文本
SelectAll	选择文本框中的所有文本
Undo	撤销最后的剪贴板或文本改变操作

TextBoxBase 类拥有一个与 Control 和 TextChanged 有关的事件，只要文本的内容发生了改变，该事件就会被激活。

2. TextBox 类

TextBox 类是 TextBoxBase 的子类，实现了 Windows 编辑控件的功能。表 7-13 列出了除了 TextBoxBase 中的属性外 TextBox 的额外属性。

表 7-13 TextBox 类的额外属性

属性	说明
AcceptsReturn	如果为真，按下 Enter 键向文本框中输入新的一行；否则，它激活窗体中的默认按钮。它的默认值是真
CharacterCasing	指出输入字符时，是否修改字符的状态
PasswordChar	表示输入密码时使用的隐藏字符
ScrollBars	指出在文本框中应该显示哪个滚动条
TextAlign	表示控件中文本的对齐方式

TextBox 与 TextBoxBase 相比，多了一个事件：TextAlignChanged，当文本的对齐方式发生改变时激活该事件。

3. RichTextBox 类

RichTextBox 类是对 TextBoxBase 类的扩展，它支持文本的格式处理，这使得它看起来如同一个"控件中的文字处理器"。为了实现这个功能，在这个类中添加了很多额外的属性方法和事件。和基础 WindowsRichEdit 控件一样，可以对 RichTextBox 控件进行拖放操作，同时 RichTextBox 还可以包含嵌入式的 OLE 对象。

RichTextBox 类有 40 多种新的属性，表 7-14 只列出了其中比较常用的一些属性。

表 7-14　RichTextBox 类常用的额外属性

属　性	说　明
AutoWordSelection	决定鼠标选择是否可以对齐整个文字
BulletIndent	表示加重点的缩进
DetectUrls	决定控件是否会自动加亮 URL。它的默认值为真
RTF	一个字符串，代表控件中的所有文本，包括 RTF 控件代码
SelectedRTF	获得或设置控件中被选中的 RTF 文本
SelectedText	获得或设置控件中被选中的文本
SelectionBullet	决定控件中的图形是否被加重
SelectionColor	表示被选中文本的颜色
SelectionFont	当前选中文本的字体。如果被选内容包含多种字体，那么返回 null
SelectionLength	表示控件中被选中的字符数
SelectionIndent	以像素为单位，表示文本的左边缘到控件的左边缘的距离
SelectionRightIndent	以像素为单位，表示文本的右边缘到控件的右边缘的距离
SelectionTabs	一个整型数组，以像素为单位表示控件内标签的坐标
SelectionType	被选中内容的类型，从 RichTextBoxSelectionTypes 枚举类型的成员中取值（比如 Text、Object 和 Empty 等）
ZoomFactor	表示控件当前的缩放级别，取值介于 1/64 和 64 之间，默认值 1.0 表示没有缩放

RichTextBox 经常使用字体。关于字体的更多详细信息，可以参考第 9.3 节。

为了支持附加的功能，在 TextBoxBase 类中也增加了许多方法，如表 7-15 所示。

表 7-15　RichTextBox 类常用的额外方法

方　法	说　明
CanPaste	指出控件是否可以粘贴剪贴板当前的内容
Find	一组重载方法，搜索控件寻找字符和字符串
CetCharFromPosition	获得距离指定点最近的字符
GetCharIndexFromPosition	获得距离指定点最近的字符的索引
CetLineFromCharIndex	获得包含指定字符的行
CetPositionFromCharIndex	返回给定字符的坐标
LoadFile	一组重载方法，向控件加载文本和 RTF 文件
Paste	粘贴剪贴板的内容
Redo	重做一个被撤销的操作
SaveFile	一组重载方法，把控件的内容保存到文件中

4. 文本框的一些常见操作

(1) 获得和设置文本内容

Text 属性的类型是字符串,它也用来代表文本内容,当不希望单独考虑文本行时,这个属性很有用。

```
textBox1.Text = "Hello,World";
```

Lines 属性的类型是字符串数组,它用来保存多行文本框的内容。通过把一个字符串数组赋给 Lines 属性,就可以设置文本行的内容:

```
textBox1.Lines = new string [] {
  "First line", "Second line", "Third line" };
```

(2) 单行和多行文本框

默认情况下,文本框只显示一行文本,其他任何新的一行中的字符都被看成是非打印字符。MultiLine 属性可以被设置为真,文本框将显示多行文本,文本中新的一行字符将产生换行符。WordWrap 属性决定在行的尾部多行文本框是否进行回卷(折行)。

但使用 Multiline 为真时,还经常设置滚动条,如下所示:

```
this.textBox2.ScrollBars = System.Windows.Forms.ScrollBars.Both;
```

图 7-15 中显示了单行及多行的文本框。

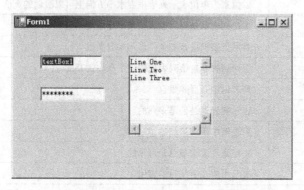

图 7-15 单行及多行的文本框

(3) 使用文本框做口令框

为了使文本框能够输入口令,可以设置 PasswordChar 属性,如:

```
this.textBox3.PasswordChar = "*";
```

(4) 改变字符的大小写

CharacterCasing 属性可以在向文本框输入字符时改变字符的状态。它从 System.Windows.Forms.CharacterCasing 枚举类型的成员中取值,可以是 Normal(按输入时的状态显示)、Lower(变成小写字符)和 Upper(变成大写字符)。

(5) 选择操作

SelectionStart、SelectionLength 属性可以设定文字的选定,也可以使用 Select( )方法。

SelectionText 属性表示文本框中被选中的文本,可以用来获取选定的文本,也可设定选取的文本(实际上是替换文本)。例如:

```
TextBox1.SelectionStart = 6;
```

```
TextBox1.SelectionLength = 6;
TextBox1.SelectedText = "foo";
```

(6) 知道文本控件的内容何时发生了改变

当 TextBox 和 RichTextBox 控件的内容发生变化时，TextChanged 事件会被激活。通过处理该事件，就可以知道控件的内容何时发生了变化。

7.2.4 列表框、UpDown 控件

1. 列表框（ListBox）

列表框用于在滚动的窗口中显示一系列条目。如果加入到列表框中的条目超过在一个窗口中所能容纳的数目，那么自动添加滚动条。可以使用鼠标或者键盘在列表框中选择一项或多项。表 7-16 中列出了 ListBox 类最常用的一些属性。

表 7-16 ListBox 类的属性

属 性	说 明
BackgroundImage	定义一个图像作为列表框的背景
BorderStyle	表示列表框的边框样式
DrawMode	决定控件中的所有条目是否都可以被系统或者程序绘制
HorizontalExtent	以像素为单位表示列表框在水平方向上可以滚动的宽度
HorizontalScrollbar	决定列表框是否为过长的条目显示滚动条
IntegralHeight	表示列表框应该避免只显示部分条目
ItemHeight	返回拥有者自绘列表框中指定条目的高度
Items	列表框中条目的集合
MultiColumn	表示列表框是否是多列的
PreferredHeight	列表框中所有条目的总高度
ScrollAlwaysVisible	决定是否滚动条总是可见的
SelectedIndex	表示当前选中条目的索引
SelectedIndices	一个集合，表示当前选中的所有条目。如果没有被选中的条目，则为空集合
SelectedItem	表示当前选中条目的值。如果没有被选中的条目，则其值为 null
SelectedItems	选中条目的集合。如果没有被选中的条目，则为空集合
SelectedMode	表示列表框当前的选择模式
Sorted	一个布尔型属性。表示列表框的条目是有序的还是无序的
TopIndex	列表框中，最顶端条目的索引

布尔型属性 Sorted 决定条目是有序的还是无序的。如果它的值为真，那么会按递增的顺序对所添加的条目进行排序。

布尔型属性 IntegralHeight 决定列表框是否只显示部分条目。如果它的值为真，那么列表框会调整自身的高度以便显示所有的条目。

使用 MultiColumn 和 ColumnWidth，可以创建多列列表框。ColumnWidth 以像素为单位设置每一列的宽度，0 代表使用默认值。

Items 属性表示控件以 ListBox.ObjectCollection 形式正在显示的一系列条目。List-

Box. ObjectCollection 是标准的 .NET 集合，它实现了 ICollection 接口和 IEnumerable 接口，可以用 foreach 语句来操作。

列表框可以被设置成是单选的或者是多选的，由 SelectionMode 属性来控制。这个属性从 System.Windows.Forms.SelectionMode 枚举类型中取值，它的值可以是：None，不选择任何内容；One，同一时刻只能选择一项；MultiSimple，同一时刻可以选择多项；MultiExtended，可以选择多项，选择时可以使用按键的组合，比如 Ctrl 和 Shift。

表 7-17 列出了 ListBox 类中最常用的一些方法。

表 7-17 ListBox 类的方法

方法	说明
BeginUpdate	在向列表框逐一添加条目时，阻止控件刷新自身
EndUpdate	通知控件它可以进行刷新
FindString	在列表框中查找以指定的字符串开始的第一个条目。匹配不区分大小写
FindStringExact	在列表框中查找和指定的字符串相同的第一个条目。匹配区分大小写
GetSelected	指出是否选择了指定索引所指向的条目
IndexFromPoint	在指定点返回条目的索引
SetSelected	把一个条目设置成被选中或者未被选中
Sort	按字母序对列表框中的条目进行排序

可以使用 Items.Add() 方法逐一地添加条目。这种做法可能产生的问题是每添加一个条目，列表框都要刷新自身，这会使得屏幕闪烁不定。BeginUpdate() 方法和 EndUpdate() 可以在添加条目时关闭刷新功能，添加完毕后再开启刷新功能，从而实现有效地界面刷新。

```
ListBox1.BeginUpdate();
ListBox1.Items.Add("One");
ListBox1.Items.Add("Two");
ListBox1.Items.Add("Three");
ListBox1.EndUpdate();
```

若要向集合中添加多个对象，可创建一个项的数组，并将其分配给 AddRange() 方法。如果要在集合内的特定位置插入某个对象，可使用 Insert() 方法。若要移除项，可使用 Remove() 方法，或者如果知道项在集合中的位置，也可使用 RemoveAt() 方法。Clear() 方法则从集合中移除所有项。

Contains() 方法可以确定某个对象是不是集合的成员，可以使用 IndexOf 方法来确定项在集合中的位置。

如果列表框支持单项选择，那么可以使用 SelectedIndex 属性获得并设置当前被选中条目的索引。这个索引是以 0 开始的。当检索该索引时，-1 表示没有选中任何内容。使用 SelectedItem 属性可以获得当前被选中对象的索引，如果没有选中任何内容，那么它的值就为 null。

多选控件使用 SelectedIndices 属性和 SelectedItems 属性，返回代表已选项的集合；如果没用选中任何内容，那么返回空集。

ListBox 类拥有许多事件，这些事件中有大部分是从它的父类 Control 中继承而来的。其中比较特殊但是又要经常用到的事件是 SelectedIndexChanged，只要选择了列表框中的另一个条目,该事件就会被激活。

例 7-11 ListBoxTest.cs 使用列表框。

```
1   private void Form1_Load(object sender,System.EventArgs e)
2   {
3       this.listBox1.SelectionMode = SelectionMode.One;
4       this.listBox2.SelectionMode = SelectionMode.MultiSimple;
5
6       this.listBox1.Items.AddRange(new string [] {
7           new string('a',8),
8           new string('b',8),
9           new string('c',8),
10          new string('d',8),});
11
12      this.listBox2.Items.AddRange(new string [] {
13          new string('1',6),
14          new string('2',6),
15          new string('3',6),
16          new string('4',6),});
17
18  }
19
20  private void button1_Click(object sender,System.EventArgs e)
21  {
22      object obj = this.listBox1.SelectedItem;
23      if(obj != null)
24      {
25          this.listBox2.Items.Add(obj);
26          this.listBox1.Items.Remove(obj);
27      }
28  }
29
30  private void button2_Click(object sender,System.EventArgs e)
31  {
32      ListBox.SelectedObjectCollection objs =
33          this.listBox2.SelectedItems;
34      this.listBox1.BeginUpdate();
35      foreach(object obj in objs)
36      {
37          this.listBox1.Items.Add(obj);
38      }
39      this.listBox1.EndUpdate();
40
41      ListBox.SelectedIndexCollection ids =
42          this.listBox2.SelectedIndices;
43      this.listBox2.BeginUpdate();
44      for(int i = ids.Count -1;i >=0;i--)
45      {
46          this.listBox2.Items.RemoveAt(ids[i]);
47      }
48      this.listBox2.EndUpdate();
```

49   }

例中的 listBox1 及 listBox2 分别为单选及多选；而两个按钮分别从一个列表框中的内容移动到另一个列表框。如图 7-16 所示。

2. CheckedListBox 控件

CheckedListBox 是一种特殊的列表框，它的每一个条目前都有一个复选框。如图 7-17 所示。

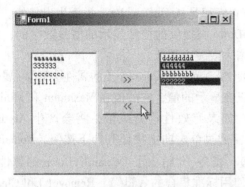

图 7-16 使用列表框

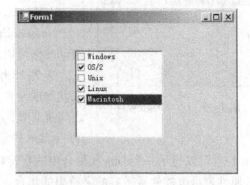

图 7-17 CheckedListBox 控件

CheckedListBox 类与它的父类 ListBox 相比，并没有增加太多的内容。比较重要的是添加了 CheckOnClick 属性，当它为 True 时，单击复选框就会选择一个条目，否则必须首先选取复选框然后用鼠标双击来选择一个条目。ThreeDCheckBoxes 属性决定 CheckedListBox 控件的外形是平面的还是三维的。

如果选取了指定的条目，GetItemChecked( )方法返回值为真，GetItemCheckState( )方法指出一个条目的选取状态，这个状态可能是被选取、未被选取和不确定。

SetItemChecked( )方法和 SetItemCheckState( )方法可以用来对条目的状态进行操作。

3. ComboBox 控件

ComboBox 是列表框控件和编辑控件的组合，它可以节省空间，因为可以让列表只有在需要选择一个条目时才显示。DropDownStyle 属性决定了 ComboBox 的样式及其行为方式。图 7-18 中给出了 3 种不同的样式。

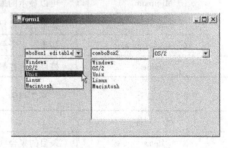

① ComboBoxStyle. DropDwon：下拉式，编辑控件上的文本总是可编辑的，但是只有当单击按钮时，列表才会显示出来。

图 7-18 ComboBox 控件

② ComboBoxStyle. Simple：简单样式，列表部分总是可见的，控件上的文本是可编辑的。注意：简单样式的 ComboBox 现在已经很少被使用，如果总是希望显示列表，那么可以使用平面的列表框（ListBox）。

③ ComboBoxStyle. DropDownList：下拉列表式，文本是不可编辑的，当按钮被按下时列表会被显示出来。

对于各种类型的 ComboBox，都可以使用 Text 属性来得到其编辑控件上的文本，使用 SelectedItem()方法和SelectedIndex()方法可以得到列表中当前被选中条目的值及其索引。

4. Up – Down 控件

Up – Down 控件在一定意义上有点像组合类，可以选择，也可以填写，如图7-19所示。在表现形式上，它们的文本框旁边有一个小的滚动条。但Up – Down 控件不是 ListControl 的子类。

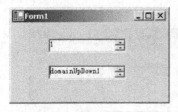

图7-19　Up – Down 控件

有两种不同的 Up – Down 类，即 DomainUpDown 和 NumericUpDown，它们都是从 UpDownBase 类派生出来的。

NumericUpDown 类提供的控件显示的值是数字的，使用滚动按钮可以增大或减小数值。

表7-18 给出了 NumericUpDown 类的属性。Value 属性用来获得或设置正在显示的值，它的值在 Maximum 和 Minimum 之间是有效的。如果有效性检查失败，将会产生 ArgumentException 异常。通过单击向上按钮和向下按钮，DomainUpDown 控件可以显示一个 Object 集合中的字符串。表7-19 给出了 DomainUpDown 的属性。Items 属性表示该控件所持有的字符串的集合，使用标准集合的 Add()、Remove() 和 Clear() 等方法可以维护子控件的列表。

表7-18　NumericUpDown 类的属性

属　性	说　明
DecimalPlaces	可以显示的十进制的位数，默认值是0
Hexadecimal	如果显示的值是十六进制的，那么它的值为真。默认值为假
Increment	单击向上按钮和向下按钮时的增量。默认值是1
Maximum	可以显示的最大值。默认值是100
Minimum	可以显示的最小值。默认值是0
ReadOnly	如果控件是只读的，那么它的值为真。只读情况下不能在文本框中输入文本
ThousandsSeparator	如果显示千分位分隔符，那么它的值为真。默认值为假
Value	控件中正在显示的值

表7-19　DomainUpDown 类的属性

属　性	说　明
Items	条目的集合
SelectedIndex	获得或设置通过索引选择的条目
SelectedItem	获得或设置通过引用指针所选择的条目
Sorted	如果为真，那么按照指定的顺序维持列表
Wrap	如果为真，那么到达表头或表尾时开始回卷

7.2.5　滚动条、进度条

1. ScrollBar 和 TrackBar

.NET 中有4个类具有滑动能力：

① ScrollBar——滚动条的基础类；
② HscrollBar——实现一个水平滚动条；
③ VscrollBar——实现一个垂直滚动条；
④ TrackBar——实现滑动功能。

ScrollBar 类实现了典型的滚动条功能，在窗口、列表框以及其他具有滚动功能的控件的边缘都可以看到这种滚动条。只要需要滚动条的地方就会出现这种控件，所以我们会经常与它们打交道。

TrackBar 控件是一个作为独立控件使用的滚动条，其属性见表 7-20。在 TrackBar 上，可以沿着轨道拖拉的滑动块被称为 thumb，单击轨道时，会引起 thumb 在轨道上跳跃滑动。

单击轨道或使用 PgUp 或 PgDn 键时，会引起"大的变化"，通常情况下是整个范围的 10%。使用箭头键移动 thumb 时，引起"小的变化"，通常是一个单位。

表 7-20 TrackBar 类的属性

属　性	说　明
AutoSize	指出控件是否会自动调整大小以便占用最小的空间
BackgroundImage	如果需要，表示背景图像
LargeChange，SmallChange	大的和小的变化增量
Minimum，Maximum	TrackBar 的最小值和最大值（从而知道了范围）
Orientation	指出 TrackBar 是水平的（默认情况下）还是垂直的
TickFrequency	表示刻度值出现的间隔
Tickstyle	表示刻度值被放到与轨道相关的哪个位置
Value	在最小值和最大值之间，thumb 的当前位置

图 7-20 中显示了常用的 ScrollBar 及 TrackBar 控件。

ScrollBar 及 TrackBar 最常用的属性是：Minimum（最小值）、Maximum（最大值）、Value（当前值）。

2. 进度条（ProgressBar）

进度条控件（ProgressBar）是用来表示进度的。其外形如图 7-21 所示。

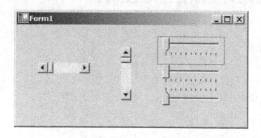

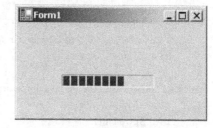

图 7-20 常用的 ScrollBar 及 TrackBar 控件　　　　图 7-21 进度条控件

ProgressBar 控件有 Minimum 属性和 Maximum 属性，默认值分别为 0 和 100。Value 属性表示当前值。可以通过把一个整数赋给 Value 来设置控件的位置，或者使用 Increment( ) 方法和 PerformStep( ) 方法来改变 Value 的值。

与 ScrollBar 及 TrackBar 相比，它不能由用户进行操作，而是由程序进行设定 Value（当前值)、Minimum（最小值）、Maximum（最大值）属性。

7.2.6 定时器、时间、日历类

1. 定时器（Timer）

定时器控件按照自定义的时间间隔激活 Timer 事件，它可以很容易地实现在某一固定时间执行一个操作，或者按照预先设置的次数执行操作。

Interval 属性以毫秒为单位设置时间间隔，在每个间隔内，Tick 事件都会被激活。使用 Start()方法和 Stop()方法可以控制定时器。使用 Enabled 属性也可以控制。

如果通过编程实现一个定时器，那么在程序执行完成后要调用 Dispose()方法，因为除非作为垃圾被回收或者程序退出，否则定时器所使用的系统资源不会被释放。

例 7-12 TimerProgressBarTest.cs 通过 Timer 来控制进度条。

程序中生成 Timer 控件时，使用 components 对象做参数，这样就向组件资源进行了登记，当程序结束前调用 Dispose()方法时，它会自动调用 Timer 对象的 Dispose()方法，以便进行资源的释放。

```
1   this.components = new System.ComponentModel.Container();
2   this.progressBar1 = new System.Windows.Forms.ProgressBar();
3   this.timer1 = new System.Windows.Forms.Timer(this.components);
4   //......
5   private void timer1_Tick(object sender,System.EventArgs e)
6   {
7       if(this.progressBar1.Value < this.progressBar1.Maximum -10)
8       {
9           this.progressBar1.Value += 10;
10      }
11      else
12      {
13          this.progressBar1.Value = this.progressBar1.Minimum;
14      }
15  }
16
17  private void Form1_Load(object sender,System.EventArgs e)
18  {
19      this.timer1.Interval =50;
20      //this.timer1.Enabled = true;
21      this.timer1.Start();
22  }
23  protected override void Dispose(bool disposing)
24  {
25      if(disposing)
26      {
27          if (components != null)
28          {
29              components.Dispose();
30          }
31      }
32      base.Dispose(disposing);
```

33 }

2. DateTimePicker 控件

DataTimePicker 控件把标准的 Windows DataTimePicker 控件打包，如图 7-22 所示。这个控件允许从下拉式日历中选择一个日期，并以多种格式显示所选中的日期。

✖注意：和控件名字所指示的意义不同，该控件只允许对日期进行选择，而显示的时间总是当前的系统时间。

Format 属性决定以何种格式显示被选中的日期，它的值可以是表 7-21 所给出的任意一个。

图 7-22　DateTimePicker 控件

表 7-21　DataTimePicker 的显示格式

属性	说明
DataTimePickerFormat.Custom	使用常规格式
DataTimePickerFormat.Long	使用系统的长日期格式，它是默认值
DataTimePickerFormat.Short	使用系统的短日期格式
DataTimePickerFormat.Time	使用系统的时间格式

DataTimePicker 有许多有用的属性，如表 7-22 所示。

表 7-22　DataTimePicker 类的属性

属性	说明
CalendarFont，CalendarForeColor	下拉式日历的字体颜色和文本颜色
CalendarTitleBackColor，CalendarTitleForeColor	标题的背景色和前景色
DropDownAlign	日历的对齐方式。默认值是左对齐
Format	文本框中日期的显示格式。前一个表已经做了详细的说明
MinDate，MaxDate	日历中的最小日期和最大日期
ShowCheckBox	如果为真，则在日期的后面显示复选框
ShowUpDown	如果为真，则使用 Up-Down 控件校正日期

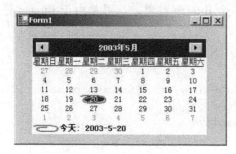

图 7-23　MonthCalendar 控件

ShowCheckBox 属性在日期的后面显示一个复选框，如果选中了复选框，那么可以修改日期；否则，不能改变日期。ShowUpDown 为真时，可以使用增量为一天的 Up-Down 控件校正日期而不必使用下拉式日历。

3. MonthCalendar 控件

MonthCalendar 类是对 Windows Calendar 控件的封装。图 7-23 显示的日历，和 DateTimePicker 类使用的下拉式日历是一样的。

MouthCalendar 有很多有用的属性，如表 7-23 所示。它的方法可以对属性（比如 BoldedDates）进行设置。

表 7-23 MonthCalondar 类的属性

属 性	说 明
AnnuallyBoldecidares, MonthlyBoldedDates, BoldedDates	DateTime 对象的集合，表示将要以粗体显示的以年、月或者其他临时性信息为基础的日期
BackColor, ForeColor, BackgroundImage	显示日历的背景色、前景色和背景图像（如果需要）
CalendarDimensions	日历所显示的行数和列数
MinDate, MaxDate	将要显示的日期的最大值和最小值
SelectionStart, SelectionEnd, SelectionRange	日历中被选项目的开始、结束和范围
ShowToday, ShowTodayCircle	指出是否在日历的底部显示当前日期以及日期是否是循环的
SingleMonthSize	在屏幕上显示一个月所需要的最小区域（只读）
TitleBackColor, TitleForeColor	标题栏的颜色
TodayDate	表示今天的日期。默认情况下，是创建控件时的日期，但是通过给该属性分配一个不同的 DateTime，可以对它进行重新设置
TodayDateSet	如果已经显式地设置了 TodayDate，那么该属性的值为真

7.2.7 图片框

PictureBox 控件用来显示来自于位图文件、图标文件、JPEG 文件、GIF 文件以及其他图形文件中的图形。

SizeMode 属性用来控制如何在控件中显示图形。表 7-24 列出了 SizeMode 的可能取值。

表 7-24 PictureBox 的 SizeMode 属性的可能取值

属 性	说 明
PictureBoxSizeMode.Normal	图形被放置在左上角，并且由控件的边框限制其位置
PictureBoxSizeMode.StretchImage	图形被放大或缩小以适合 PictureBox 的大小
PictureBoxSizeMode.AutoSize	改变 PictureBox 的尺寸以适应图形的大小
PictureBoxSizeMode.CenterImage	图形位于控件的中央

使用 Image 属性可以把一个 PictureBox 控件和一个图形关联起来，它是一个 Image 类。最简单的构造方法是使用一个文件名做参数来构造一个 Bitmap 对象，这里是由于 Bitmap 是 Image 的子类。

例 7-13 PictureBoxTest.cs 使用图片框显示一个图片文件。

```
1       private Bitmap MyImage;
2       public void ShowMyImage(String fileToDisplay,int xSize,int ySize)
3       {
4           //Sets up an image object to be displayed.
5           if (MyImage != null)
6           {
7               MyImage.Dispose();
8           }
9
```

```
10          //Stretches the image to fit the pictureBox.
11          pictureBox1.SizeMode = PictureBoxSizeMode.StretchImage ;
12          MyImage = new Bitmap(fileToDisplay);
13          pictureBox1.ClientSize = new Size(xSize,ySize);
14          pictureBox1.Image = (Image) MyImage ;
15      }
16
17      private void Form1_Load(object sender,System.EventArgs e)
18      {
19          ShowMyImage(@ "c:\winnt\Gone Fishing.bmp",100,100);
20      }
```

程序中使用文件名来构成一个 Bitmap 对象，并将它赋给 PictureBox 的 Image 属性。程序中图片用了可放缩的方式来显示。

7.2.8 其他几个控件

1. Provider 控件

Provider 控件有 3 种，它们可以为其他控件提供新的属性。

如果在窗体中添加了 HelpProvider 控件，那么它会为窗体中的每个控件都增加 3 个新的属性。

新的属性包括：

① 当控件拥有焦点时，如果按下 F1 键，那么会显示帮助文字。

② 帮助文件中的一个与现在的上下文相关的帮助主题。

③ 一个布尔型属性，表示 HelpProvider 控件对于该控件是否是活动的。

ToolTip 控件的工作方式与此类似，只不过是为控件增加一个 ToolTip 属性。当鼠标移到控件上时，会显示 ToolTip 控件。

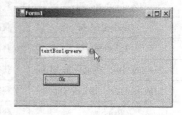

图 7-24 ErrorProvider 控件

ErrorProvider 控件提供了一种简单的方法，可以用于表示是否存在和控件相关的错误。它把一个名为 ErrorOnError-Provider1 的属性加入到控件中，如果给该属性分配了一个字符串，那么紧接着控件会显示一个错误图标，如图 7-24 所示。也可以通过编程来实现 ErrorProvider 与某个控件相联系。如例 7-14 所示。

例 7-14 ErrorProviderTest.cs 使用 ErrorProvider。

```
1   private void button1_Click(object sender,System.EventArgs e)
2   {
3       if(this.textBox1.Text.Length > = 8)
4       {
5           this.errorProvider1.SetError(this.textBox1,"长度必须小于8");
6       }
7   }
```

2. SystemInformation

虽然它不是一个控件，但是可以把它放置在窗体中。SystemInformation 类是 Windows Forms 名字空间的一个组成部分，它在需要包含操作系统的信息时非常有用。该类有很多

static 静态属性，可以提供有关 UI 参数、网络可用性、操作系统设置和硬件能力的信息。

表 7-25 和表 7-26 列出了 SystemInformation 类的一些有用的属性。

表 7-25 和操作系统、硬件和网络相关的 SystemInformation 常用属性

属　性	说　明
BootMode	获得指定系统如何启动的值（比如，是标准模式还是安全模式）
ComputerName	获得保存计算机名字的字符串
DbcsEnable	如果系统可以处理双字节字符，那么它的值为真
DebugOS	如果是操作系统的测试版本，那么它的值为真
MidEastEnable	如果系统允许使用东方语言，那么它的值为真
MonitorCount	返回监视器的数目
MousePresent，MouseWheelPresent	包含鼠标属性
Network	如果计算机和网络连接，那么它的值为真
Secure	如果操作系统实现了安全性，那么它的值为真（比如 WindowsNT 和 Windows 2000）
UserDomainName	获得用户的域名
UserInteractive	如果当前的进程运行在交互模式下，那么它的值为真
UserName	获得登录用户的名字

表 7-26 和界面相关的 SyetemInformation 常用属性

属　性	说　明
BorderSize	获得以像素为单位的窗口边框的大小
CaptionButtonSize	获得以像素为单位的标题栏按钮的大小
CaptionHeight	获得以像素为单位的窗口标题栏的高度
CursorSize	获得以像素为单位的游标的大小
DoubleClickSize，DoubleClickTime	获得被认为是双击的两次单击的空间和时间间隔限制
HorizontalScrollBarHeight	获得以像素为单位的水平滚动条的高度
IconSize	获得以像素为单位的图标的默认尺寸
MenuHeight	获得以像素为单位的菜单的一行的高度
SmallIconSize	获得以像素为单位的小图标的默认尺寸
WorkingArea	获得工作区域的大小，工作区域是指应用可以使用的那部分屏幕

7.3 一些容器类控件

在一定意义上，所有的控件都可以通过 Controls 属性加入其他控件作为子控件。但只有一些控件能真正地作为容器类的控件，它们或者能包容其他控件，或者能包容很复杂的内容。本节来介绍这些控件。

7.3.1 Panel 控件

面板（Panel）是一个可以包含其他控件的控件。面板和 GroupBox 控件非常相似，但有所不同，它们的不同之处在于：

- 面板可以滚动；
- 面板可以有边框样式；
- 面板不能显示控件的标题。

和 GroupBox 一样，面板实际上并没有属于自己的交互功能。使用面板形成组控件以便于把控件移到一个组中，还可以使得一组控件同时有效或同时无效。向一个面板中添加多个单选框，在同一时刻只能选择其中的一个，这个特点与 GroupBox 相同。

在默认情况下，面板没有边框。但是使用 BorderStyle 属性，可以把边框设置成线形的或者三维的。

如果使用的是 Visual Studio，那么可以在设计过程把控件放置在面板上，这样就相当于把控件添加到了面板中。如果想使用代码向面板添加控件，那么可以使用 Add( )方法：

```
panel1.Controls.Add(myButton);
```

也可以用 AddRange( )方法加入一个控件的数组。

由于所有一切都继承自 Control 类，因此 Controls 属性提供对子控件集合的访问。

使用 Panel 的一个好处是它可以滚动。如图 7-25 所示，将一个较大的图片框放入 Panel 控件，并将 Panel 控件的 AutoScroll 属性被置成 true，则图片可以自动带滚动条。

使用 Panel 的另一个好处是，它可以用于控件布局的管理。例如在图 7-26 中，窗体上部的 pictureBox1 的 Dock 属性为 Fill；窗体下部为 panel1，它的 Dock 属性为 Bottom；而在 Panel1 上有 button1 及 button2，它们的 Anchor 属性分别为 Left 及 Right。这样，当窗体改变大小时，pictureBox1 能自动填满上部空间，而下部的两个按钮也能保持合适的位置。在复杂的情况下，面板控件上还可以放置面板控件。

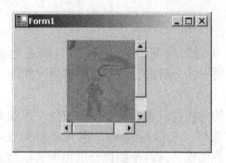

图 7-25　使用面板控件

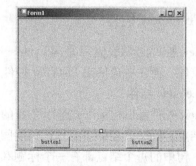

图 7-26　面板控件用于控件布局的管理

7.3.2　ImageList 控件

ImageList（图像列表）是一个不可见控件，用来保存一系列图像。它不能独立地显示，而是为其他控件提供图像，比如：

① 为工具栏中的按钮提供图像；
② 列表视图中使用的大图标或小图标；
③ 树形视图中使用的图像。

ImageList 控件的 Images 属性是一个图像集合（ImageList. ImageCollection），使用标准集

合的方法，比如 Add( ) 和 Remove( ) 维护列表。在 C# 中可以使用索引来取得每个图像。

ImageList 中的每个图像的大小都是一样的，它用 ImageSize 属性来设置或获取。

例 7-15 ImageListPictureBox.cs 图像列表的图像在图片框中显示出来。

```
1       void PrepareImageList()
2       {
3           imageList1 = new ImageList();
4           imageList1.ImageSize = new Size(100,100);
5           imageList1.Images.Add(
6               Image.FromFile(@"c:\winnt\Gone Fishing.bmp"));
7           imageList1.Images.Add(
8               Image.FromFile(@"c:\winnt\Greenstone.bmp"));
9           imageList1.Images.Add(
10              Image.FromFile(@"c:\winnt\FeatherTexture.bmp"));
11      }
12
13      private void Form1_Load(object sender,System.EventArgs e)
14      {
15          PrepareImageList();
16      }
17
18      private int curIndex = 0;
19      private void button1_Click(object sender,System.EventArgs e)
20      {
21          pictureBox1.Image = imageList1.Images[curIndex];
22          curIndex ++;
23          if(curIndex == imageList1.Images.Count) curIndex = 0;
24      }
```

7.3.3 TreeView 控件

TreeView 控件的典型应用是 Windows Explorer（资源管理器），在其窗口的左边使用 TreeView 控件，而在右边使用 ListView 控件。在应用中，一般都是同时使用这两种控件。

1. TreeView 控件

TreeView 控件是以树的形式显示条目的层次结构的控件。程序员必须向控件中加载数据项以表示结点；同时，控件要处理运行期间的所有操作（包括显示树）、与用户打交道以及激活事件。树中的每个结点都有一个标题和两个可选图像，这两个图像分别用来表示结点被选中状态和未被选中状态。

下面的代码段显示了如何构造一个 TreeView 控件，以及如何使用结点扩充 TreeView 控件。

```
public void InitTreeView()
{
    tv = new TreeView();
    tv.Location = new Point(30,30);
    tv.Size = new Size(120,150);
    tv.ImageList = ImageList1;
    Controls.Add (tv);
    AddNodes ();
```

```
}
private void AddNodes()
{
    TreeNode tn = new TreeNode("Root", 0, 0);
    tv.Nodes.Add(tn);
    TreeNode tn1 = new TreeNode("Child1", 1, 1);
    tn.Nodes.Add(tn1);
}
```

代码段的开始部分创建了一个 TreeView 对象,并设置该对象的大小和位置,然后把该控件和一个 ImageList 关联起来,这个 ImageList 包含结点将要使用的所有图像,最后把该控件添加到窗体中。创建子结点包括创建 TreeNode 对象,以及把创建的对象添加到层次结构中。使用的 TreeNode 构造子程序包含 3 个参数:标题字符串,以及两个用来表示结点被选中和未被选中状态的图像在 ImageList 中的索引。

TreeNode 有一个叫作 Nodes 的属性,用来保存它的子结点。TreeView 控件也有 Nodes 属性,用来指向层次结构中的根结点。一般地,直接向树形视图结构添加根结点,然后在根结点中添加子结点。

上面的代码段产生的树结构如图 7-27 所示。

图 7-27　TreeView 控件

2. TreeView 属性与方法

表 7-27 和表 7-28 对 TreeView 类的常用属性和方法进行了总结。

表 7-27　TreeView 类的常用属性

属　　性	说　　明
BackgroundImage	背景图像(如果需要)
BorderStyle	控件的边框样式。默认情况下是三维边框
CheckBoxes	如果在每个结点中,紧接着每个图像的后面都有一个复选框,那么它的值为真
HotTracking	如果当鼠标移到树结点上面时,结点会被加亮,那么它的值为真
ImageList	保存结点图像的控件
LabelEdit	如果用户可以编辑结点标签,那么它的值为真
Nodes	该 TreeView 控件所管理的所有 TreeNode 的集合
SelectedNode	当前被选中的结点,如果没有结点被选中,那么它的值为 null
ShowLines	如果在结点之间有连线,那么它的值为真
ShowPlusMinus	如果在有孩子的结点后面显示扩展按钮,那么它的值为真
ShowRootLines	如果在向根结点加入结点时显示连线,那么它的值为真
Sorted	如果树中的结点是有序的,那么它的值为真
TopNode	TreeView 控件的顶端结点是可见的
VisibleCount	可见结点的数目

表 7-28　TreeView 类的常用方法

方　　法	说　　明
BeginUpdate、EndUpdate	树结构的刷新无效和重新有效。当有许多结点被更新时使用,以便保存多次更新结果

方法	说明
CollapseAll, ExpandAll	隐藏或显示所有的子结点
GetNodeAt	获得指定点的结点
GetNodeCount	返回树结构中结点的数目

注意：在一个 TreeView 控件中，允许有多个根结点。

3. TreeView 控件的显示选项

TreeView 控件有几个属性，可以用来控制结点层次结构的形状。表 7-29 列出了这些属性。

表 7-29 影响 TreeView 控件形状的属性

属性	说明
BorderStyle	定义控件的边框样式。默认情况是三维边框
CheckBoxes	如果在每个结点中，紧接着图像后面都有一个复选框，那么它的值为真
HotTracking	如果鼠标移到树结点上面时，结点会被加亮，那么它的值为真
Indent	以像素为单位，表示子结点的缩进距离
LabelEdit	如果为真，那么结点的标签文本是可编辑的
Scrollable	如果为真，那么必要时控件会显示滚动条
ShowLines	如果在结点之间有横线，那么它的值为真
ShowPlusMinus	如果在有子结点的按钮前面显示扩充按钮，那么它的值为真
ShowRootLines	如果显示到根结点的连线，那么它的值为真
Sorted	如果树形结构中的结点是有序的，那么它的值为真

4. 事件处理

TreeView 控件与用户打交道，可以处理 AfterSelect 事件。当有新的条目被选中时，会激活该事件。该处理程序的参数是 TreeViewEventArgs 对象，用来详细描述所选择的内容：

```
protected void TreeView1_AfterSelect(
    System.object sender,
    System.WinForms.TreeViewEventArgs e){
    if(e.Node == myNode){
        //......
    }
}
```

从代码段中可以看出，TreeViewEventArgs 类最重要的成员是 Node 属性，它用来表示被选中的结点。

7.3.4 ListView 控件

1. ListView 控件

ListView 控件以下列 4 种形式显示一个条目列表：使用大图标、使用小图标、作为一个列表和作为一个报表。

下面的代码段给出了如何构造一个 ListView 控件，以及如何用结点扩充 ListView 控件。

例 7-16 ListViewTest.cs 使用 ListView。

```
1       private ListView lv;
2       public void CreateListView()
3       {
4           //Create a ListView,position and size it
5           lv = new ListView();
6           lv.Location = new Point(8,8);
7           lv.Size = new Size(160,136);
8           lv.ForeColor = SystemColors.WindowText;
9           //Set up the ImageList that holds the large icons
10          lv.LargeImageList = imageList1;
11          lv.SmallImageList = imageList1;
12          Controls.Add(lv);
13          //Add the items
14          AddItems();
15      }
16      private void AddItems()
17      {
18          //Create some list items
19          ListViewItem item1 = new ListViewItem("Team one", 0);
20          ListViewItem item2 = new ListViewItem("Team two", 1);
21          ListViewItem item3 = new ListViewItem("Team three",2);
22          //Add them to the list
23          lv.Items.Add(item1);
24          lv.Items.Add(item2);
25          lv.Items.Add(item3);
26      }
27
28      private void listBox1_SelectedIndexChanged(
29  object sender,System.EventArgs e)
30      {
31          int mode = this.listBox1.SelectedIndex;
32          switch(mode)
33          {
34              case 0:
35                  lv.View = View.LargeIcon;
36                  break;
37              case 1:
38                  lv.View = View.SmallIcon ;
39                  break;
40              case 2:
41                  lv.View = View.Details;
42                  break;
43              case 3:
44                  lv.View = View.List;
45                  break;
46          }
47      }
```

代码段的开始部分创建了一个 ListView 对象，并设置该对象的大小、位置和前景色。

由于 ListView 控件可以使用大图标或小图标显示条目，所以每个 ListView 控件都有两个

ImageList 属性。在这个例子中为了简单起见,大图标及小图标用了同一个。

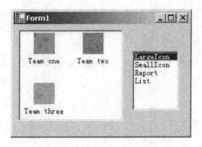

图 7-28 ListView 控件

Items 属性是一个集合,它可以用通用的集合来操作。

其中的每个元素是 ListItem 对象。创建的每一个 ListItem 都有标题和图标索引,然后把它们加入列表中。

上面的代码段产生的 ListView 控件如图 7-28 所示。

2. ListView 的属性与方法

表 7-30 和表 7-31 对 ListView 类的常用属性和方法进行了总结。

表 7-30 ListView 类的常用属性

属 性	说 明
Activation	指出怎样激活条目(单击还是双击)
Alignment	窗口中条目的对齐方式
AllowColumnReorder	如果为真,那么用户可以通过拖拉条目对它们进行重排序
AutoArrange	如果自动安排图标视图,那么它的值为真
BackgroundImage	背景图像(如果需要)
BorderStyle	控件的边框样式。默认情况下是三维边框
CheckBoxes	如果为真,那么每个条目都可以显示一个复选框
Columns	列的头部的集合
FocusedItem	返回拥有焦点的条目
HoverSelection	如果通过把鼠标移到条目上的方法来选中条目,那么它的值为真
Items	列表条目的集合
LargeImageList	包含大图标视图使用的图标的 ImageList
MultiSelect	如果允许选择多个,那么它的值为真
Scrollable	如果滚动条是可见的,那么它的值为真
SelectedItems	当前被选中的条目的集合
SmallImageList	包含小图标视图使用的图标的 ImageList

表 7-31 ListView 类的常用方法

方 法	说 明
ArrangeIcons	以指定的格式安排图标
BeginUpdate, EndUpdate	控件的更新无效和重新有效。当有许多结点被更新时使用,以便保存多次更新结果
Clear	从控件中移走所有的条目
EnsureVisible	保证指定的条目是可见的,如果需要,把它滚动到视图中
GetItemAt	获得指定点的条目

3. 在 Visual Studio 使用 ListView

ListView 控件以不同的格式显示一系列条目,在外形上它和 Windows Explorer 的右窗格的列表结构非常类似。

第 7 章 Windows 窗体及控件

(1) 创建 ListView 控件

要创建 ListView 控件,首先从工具箱中选择 ListView 控件,把它拖放到窗体中,并相应地调整它的位置和尺寸。然后定义要在列表中显示的条目(items),用 ListNode 对象表示。每一个条目都可以作为文本被显示,也可以是一个大图标或小图标。

大图标或小图标所使用的图形都保存在 ImageList 中,所以在窗体中添加两个 ImageList 控件,并用在 ImageList 中加入多个图标。为了实现这一步,可以右击按钮,选择 Image 属性,在出现的 ImageCollectionEditor 窗口中选择图形文件。然后,设置 ListView 控件的 SmallImageList 属性和 LargeImageList 属性,使其指向刚刚创建的 ImageList 控件。

(2) 添加条目

右击按钮,选择 ListItems 属性,就会弹出 ListItem Collection Editor 窗口,从而可以向 ListView 控件中添加 ListItems。

其中,Text 属性是当 ListView 控件以文本模式显示时会使用的属性。ImageIndex 属性决定使用 SmallImageList 和 LargeImageList 中的哪一个图形来表示一个条目。一个条目可能包含多个列,使用 SubItems 集合可以为新的列增加字符串条目。

一旦创建了列表条目,就可以使用 View 属性为控件设置初始化显示模式。有 4 种可能的视图:大图标、小图标、列表和报表。

大图标视图和小图标视图在显示条目时使用图标,并且在图标的下方标有文本。列表视图只显示文本,而报表视图显示文本以及已经定义的任何子条目。如果使用的是报表视图,那么应该使用 Columns 属性定义栏目标题。

ListView 控件的一些属性会影响它的外表形状。表 7-32 列出了这些属性。

表 7-32 影响 ListView 控件外表形状的属性

属 性	说 明
Alignment	表示窗口中图标的对齐方式
BackgroundImage	表示背景图像(如果需要)
BorderStyle	表示控件的边框样式,默认情况下是三维边框
CheckBoxes	如果为真,每个条目都会显示一个复选框
GridLines	如果在条目之间有网格线,那么它的值为真
HoverSelection	如果鼠标移到条目上时就可以选中该条目,那么它的值为真
LabelEdit	如果条目的标签是可编辑的,那么它的值为真
MultiSelect	如果允许多项选择,那么它的值为真

(3) 事件处理

每次对象被选中或撤销选择时都会激发 SelectedIndexChanged 事件,程序中可以对该事件进行处理程序。在事件处理程序中可以查看控件的 SelectedItem 集合:

```
protected void ListView1_SelectedIndexChanged(
System.object sender,System.EventArgs e){
    if(ListView1.SelectedItems.Count == 0){
    //......
    }else{
```

```
        //......
    }
}
```

ListView 控件在默认情况下允许多选，因此 SelectedItems 集合表示对于当前选择条目的全部引用。

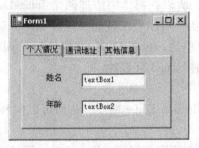

图 7-29 创建选项卡对话框

7.3.5 TabControl 控件

TabControl 控件用来管理一组 TabPage 对象，使用该控件可以创建"选项卡对话框"，如图 7-29 所示。

TabControl 控件中的每个 TabPage 对象都保存着属于自己的一组控件。当单击选项卡时，TabControl 会使得相应的一组控件显示出来。表 7-33 列出了 TabControl 类的常用属性。

表 7-33 TabControl 类的常用属性

属 性	说 明
Alignment	决定在控件的哪边显示选项卡
Appearance	决定选项卡的外形是标签、按钮或平面的按钮
DisplayRectangle	控件上，选项卡和边框没有使用的区域
DrawMode	指出选项卡是否是拥有者自绘的
HotTrack	指出当鼠标移到选项卡上时，是否加亮选项卡
ImageList	为需要显示图像的选项卡保存图像
Multiline	如果有多于一行的选项卡，那么它的值为真。如果为假，那么在唯一的一行的后边显示导航箭头
Padding	选项卡中项目周围的连接数目
SelectedIndex	当前被选中的选项卡的索引，如果为 -1，那么说明当前没有选择任何内容
SelectedTab	获得或设置当前被选中的选项卡
SizeMode	表示如何调整选项卡的尺寸：适应文本的大小，充满一整行还是固定大小
TabCount	返回选项卡的数目
TabPages	返回选项卡页面的集合

Alignment 属性决定选项卡是放在控件的顶部、底部、左边还是右边。

使用 Visual Studio 来设置 TabControl 是十分方便的，此不赘述。

7.3.6 使用 Spliter 控件

Spliter 控件不是容器类的控件，但它却经常处理与窗体上布局各种元素相关。

Spliter 控件的作用是产生窗体上各个对象之间的分隔器，使对象所占的大小可以根据用户的要求进行改变。

如图 7-30 所示为使用一个分隔器来产生一个像 Windows 资源管理器的界面。左边部分是一个 TreeView

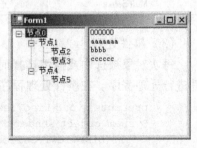

图 7-30 使用分隔器

控件，中间是一个 Spliter 控件，右边是一个 ListView 控件。要注意的是合理地设置 Dock 属性，TreeView 和 Spliter 控件的 Dock 属性为 DockStyle.Left，而 ListView 控件的 Dock 属性是 DockStyle.Fill。

7.4 窗体及对话框

窗体及对话框是可以独立存在的界面元素，也就是说它们不放在其他元素之内。在程序中实现窗体和对话框的主要类是 Form 类、CommonDialog 类或它们的子类。

7.4.1 Form 类

Windows.Forms.Form 类是一个非常复杂的类，包括了 250 多个方法、属性和事件，下面就其主要方面进行介绍。

1. 窗体的属性

Form 类大约有 100 个属性，它们中的许多都是继承 Control 类和其他一些更高级的类。表 7-34 列出了 Form 类最常用的属性。

表 7-34 Form 类的常用属性

属 性	描 述
AcceptButton	获取或设置按钮，使它执行与按 Enter 键相同的操作
Anchor	决定对象哪一面被固定在容器的边缘
AutoScale	决定窗体和它的控件是否自动调整来适应使用的字体
AutoScroll	决定窗体是否支持自动滚动条
BackColor	获取或者设置窗体的背景颜色。ForeColor 表示前景颜色
Bottom	获取该控件的底部坐标，与 Top、Left 以及 Right 属性匹配
Bounds	获取或者设置该控件的边界长方形
CancelButton	获取或设置按钮，使它执行与按 Esc 键相同的操作
ClientRectangle	获取显示窗体用户区域的长方形
ClientSize	获取或者设置窗体的用户区域
ContainsFocus	告诉用户该窗体（或者一个子控件）当前是否获得焦点
ContextMenu	获取或者设置与该控件相联系的上下文菜单
ControlBox	决定该窗体是否在左上角显示一个控件框
Controls	子控件集
DesktopLocation	获取或者设置窗体在 Windows 桌面上的位置
Dock	在一个控件的容器中，该控件和其他控件对接
Enabled	决定控件是否可用
Focused	只读属性，告诉用户控件是否获得焦点
Font	显示在该窗体中被使用的字体
Height	窗体的高
Icon	获取或者设置与窗体相联系的图标

续表

属 性	描 述
IsMdiChild	告诉用户一个窗体是否是一个 MDI 子窗口
IsMdiContainer	告诉用户一个窗体是否包含 MDI 子窗口
MaximizeBox	决定该窗体是否在右上角显示一个最大化框
MdiChildren	对于一个 MDI 容器，返回一个显示 MDI 子窗体的窗体数组
MdiParent	对于一个 MDI 子窗体，保持一个对它的容器的引用
Menu	为窗体获取或者设置主菜单
MinimizeBox	决定该窗体是否在右上角显示一个最小化框
OwnedForms	返回一个被拥有窗体的数组
Owner	为该窗体获取或者设置拥有者
Parent	获取该窗体的父窗体
Size	获取或者设置窗体的大小
Text	获取或者设置与窗体相关的文本（比如窗口的标题）
TopLevel	决定是否是一个 top–level 窗口
TopMost	决定一个窗体是否在用户的应用程序中作为最上层的窗口显示
Visible	决定窗体是否可见
Width	获取或者设置窗体的宽度
WindowState	决定一个窗口如何被显示——正常、最大化还是最小化

2. 窗体的方法

Form 类也有大量的方法，表 7-35 列出了一些最常用的方法。

表 7-35 Form 类的常用方法

方 法	描 述
Activate	激活一个窗体并赋予它焦点
BringToFront	放置一个窗体到 Z 顺序的前面
Close	关闭窗体
DoDragDrop	开始一个拖放操作
Hide	通过设置 visible 属性为假来隐藏窗体
Invalidate	为了重绘自身，引起一个绘图消息发送给窗体
LayoutMdi	在一个 MDI 容器中布置 MDI 子窗口
PointToClient	转换窗体屏幕坐标为用户坐标
PointToScreen	转换窗体用户坐标为屏幕坐标
Refresh	强制重绘该窗体和任何子窗体
Scale	缩放该窗体和任何子窗体
Show	通过设置窗体的 visible 属性来显示窗体
ShowDialog	把一个窗体作为模式对话框来显示
Update	强制控件重绘无效的区域

3. 窗体的事件

表 7-36 给出了一些与 Form 类相关的最常用的事件。

表 7-36　Form 类的常用事件

事　件	描　述
Activated	当窗体被激活时发生。当窗体已经失去焦点时发生 Deactivate 事件
Click	当窗体被单击的时候发生
Closing	当窗体正在关闭的时候发生。当窗体被关闭时产生 Closed 事件
DoubleClick	当窗体被双击的时候发生
GotFocus	当窗体获得焦点时发生。当窗体失去焦点的时候产生 LostFocus 事件
Invalidated	当窗体接收到一个绘图消息时发生
KeyPress	当窗体拥有焦点并且一个按键被按下时发生。KeyUp 和 KeyDown 事件也是这样产生的
Load	在窗体第一次被显示之前发生
MdiChildActivate	当一个 MDI 子窗口被激活时发生
MouseDown	当一个鼠标按钮在窗体上被按下时发生。当需要的时候，MouseUp 和 MouseMove 事件也被发送
MouseEnter	当鼠标进入窗体时产生。当鼠标移出窗体时产生 MouseLeave 事件
Move	当窗体被移动的时候发生
Paint	当窗体需要重绘它自身的时候发生
Resize	当窗体被调整大小的时候发生

7.4.2　窗体的创建

1. 简单窗体的创建

Form 窗体只有一个构造方法，如下：

```
public Form();
```

例 7-17　FormNew.cs 窗体的创建。

```
1    using System.Windows.Forms;
2    public class A
3    {
4        static void Main()
5        {
6            Form f = new Form();
7            Application.Run(f);
8        }
9    }
```

表 7-37 给出了当一个窗体被创建时的属性值。

表 7-37　一个窗体对象的初始属性值

属　性	属 性 值	描　述
AutoScale	true	窗口和控件将随着使用的字体缩放（如果字体被改变就重新调节）
BorderStyle	FormBorderStyle.Sizable	窗口边界是可调节大小的

属 性	属 性 值	描 述
ControlBox	true	窗口在左上角显示一个控件框
MaximizeBox	true	窗口在右上角显示一个最大化按钮
MinimizeBox	true	窗口在右上角显示一个最小化按钮
ShowInTaskBar	true	窗口在任务栏中将有一个条目
StartPosition	FormStartPosition.WindowDefaultLocation	Windows 将为窗口选择默认的位置
WindowState	FormWindowState.Normal	窗口将正常显示

另外，刚创建的窗体的宽和高均为 300。

这些默认值是最常见的窗体的属性值，可以改变这些属性值以影响窗体的外观和操作。对于生成的 Form，可以加入各种子控件，而且可以加入相关的事件处理。

2. 通过继承 Form 来创建窗体

可以通过继承来创建窗体。事实上在 Visual Studio 中加入一个窗体，就是在 Form 类的基础上创建窗口类。其一般形式是：

```
public class Form1:System.Windows.Forms.Form
{
}
```

也可以在已有窗口类的基础上进一步继承，其一般形式是：

```
public class Form2:Form1
{
}
```

使用 Visual Studio，可以，从"Project（项目）"菜单中选择"Add Inherited Form（添加继承的窗体）"。

7.4.3 使用 Form 作对话框

Windows 应用程序使用两种对话框类型——模式对话框和无模式对话框。模式对话框，比如 About 对话框和文件打开对话框，它将防止用户影响应用程序，直到他们完成对话框。

无模式对话框，比如单词查找对话框，与主窗体并排存在，用户可以在窗体与对话框之间往复切换。

无模式对话框实际上是在应用程序中的一个窗体，与一般的 Form 相比，并没有任何特殊性。对一个 Form 对象，可以使用 Form 对象的 Show() 方法，即可将它作为无模式对话框显示。

如果要把一个窗体作为模式对话框显示，使用 Form 类的 ShowDialog() 方法。

ShowDialog() 返回一个 DialogResult 值，它告诉用户对话框中的哪个按钮被单击。DialogResult 是一个枚举，表 7-38 给出了它的成员。

表 7-38 DialogResult 成员

成 员	描 述
Abort	当 Abort 按钮被单击时被返回

续表

成 员	描 述
Cancel	当 Cancel 按钮被单击时被返回
Ignore	当 Ignore 按钮被单击时被返回
No	当 No 按钮被单击时被返回
None	没有什么被返回,那意味着模式对话框仍旧在运行
OK	当 OK 按钮被单击时被返回
Retry	当 Retry 按钮被单击时被返回
Yes	当 Yes 按钮被单击时被返回

用户界面设计指南规定对话框中必须要有按钮,这些按钮让用户选择如何释放对话框。在对话框中一般都有 OK 按钮和 Cancel 按钮。这两个按钮相当特殊,按 Enter 键与单击 OK 按钮等效,而按 Esc 键与单击 Cancel 按钮等效。可以使用窗体的 AcceptButton 和 CancelButton 属性来指定哪种按钮来表示 OK 和 Cancel 按钮。

通过给窗体的 DialogResult 属性赋一个合适的值,就可以设置从对话框返回的值,如下所示:

```
this.DialogResult = DialogResult.Yes;
```

给 DialogResult 属性赋值,通常关闭对话框,或者返回控制给发出 ShowDialog() 请求的窗体。如果某些原因想阻止该属性关闭对话框,则可以使用 DialogResult.None 值,对话框将保持打开。

还能够给 Button 对象的 DialogResult 属性赋值,在这种情况下,单击按钮关闭对话框并且返回一个值给父窗体。

例 7–18 DialogTest.cs 创建并使用对话框。

```
1   using System;
2   using System.Drawing;
3   using System.Windows.Forms;
4   class DialogTest
5   {
6       static void Main()
7       {
8           Form form1 = new Form();
9           Button button1 = new Button ();
10          Button button2 = new Button ();
11
12          button1.Text = "OK";
13          button1.Location = new Point (10,10);
14          button2.Text = "Cancel";
15          button2.Location
16              = new Point (button1.Left,button1.Height + button1.Top +10);
17
18          form1.Text = "My Dialog Box";
19          form1.FormBorderStyle = FormBorderStyle.FixedDialog;
20          form1.Size = new Size(200,100);
21          form1.StartPosition = FormStartPosition.CenterScreen;
```

```
22
23          form1.Controls.Add(button1);
24          form1.Controls.Add(button2);
25
26          button1.DialogResult = DialogResult.OK;
27          button2.DialogResult = DialogResult.Cancel;
28          form1.AcceptButton = button1;
29          form1.CancelButton = button2;
30
31          form1.ShowDialog();
32
33          if (form1.DialogResult == DialogResult.OK)
34          {
35              MessageBox.Show("The OK button on the form was clicked.");
36              form1.Dispose();
37          }
38          else
39          {
40              MessageBox.Show("The Cancel button on the form was clicked.");
41              form1.Dispose();
42          }
43      }
44  }
```

程序运行结果如图 7-31 所示。

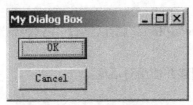

图 7-31　创建并使用对话框

7.4.4　通用对话框

1. 通用对话框

Windows 中可以使用通用对话框（common dialog），这些对话框允许用户执行常用的任务，比如打开和关闭文件，以及选择字体和颜色。这些对话框提供了执行相应任务的标准方法，使用它们将赋予应用程序公认的和熟悉的界面。并且这些对话框的屏幕显示是被代码运行的操作系统版本所提供的，因此它们是能够适应未来的 Windows 版本。也因此建议读者使用系统提供的这些对话框。

通用对话框是 CommDialog 类来表示的，要注意它不是 Form 类的子类。

CommDialog 有 7 个子类，如表 7-39 所示。

表 7-39　.NET 中的常用对话框

类	描述
OpenFileDialog	允许用户选择一个文件打开

续表

类	描 述
SaveFileDialog	允许用户选择一个目录和文件名来保存文件
FontDialog	允许用户选择字体
ColorDialog	允许用户选择颜色
PrintDialog	显示一个打印对话框，允许用户选择打印机和打印文档的哪一部分
PrintPreviewDialog	显示一个显示打印预览的对话框
PageSetupDialog	显示一个对话框，允许用户选择页面设置，包括页边距及纸张方向

下面只讨论如何使用文件对话框，其他对话框的使用方式相似。

2. 文件打开对话框

建立文件打开对话框对象，可以 new OpenFileDialog( ) 即可。若使用在 Visual Studio 中，可以在工具箱中选择"OpenFileDialog"加入到相应的窗体中即可。

文件打开对话框，即 OpenFileDialog 类的属性列于表 7-40 中。

表 7-40 OpenFileDialog 类的属性

属 性	描 述
AddExtension	如果不提供扩展名，决定是否自动添加一个扩展名
CheckFileExists	如果试图打开的文件不存在，决定是否显示一个警告信息
CheckPathExists	如果试图指定一个不存在的路径，决定是否显示一个警告信息
DefaultExt	提供一个默认的扩展名
FileName	当对话框被关闭时，保持用户选择的文件名
FileNames	当对话框被关闭时，保持一个用户选择的所有文件名的数组。仅当 MultiSelect 被置为真时，它才工作
Filter	保持当前过滤器，它出现在对话框的 SaveAsFileType 方框中
FilterIndex	指出哪个过滤器被使用
InitialDirectory	指出被对话框显示的初始目录
MultiSelect	指出是否支持多选
ReadOnlyChecked	指出只读复选框是否被选中
RestoreDirectory	指出当对话框存在时，当前目录是否被还原
ShowReadOnly	指出对话框是否显示只读复选框
ValidateNames	指出对话框是否只接受有效的 Win32 文件名

文件对话框可以设置过滤器（Filter），它使对话框仅显示适合某种模式的文件。如：

openFileDialog1.Filter = "txt files(*.txt)|*.txt|All files(*.*)|*.*";

在这里，过滤器字符串规定了两个过滤器并包含了对过滤器的描述，如"text File(*.txt)"，描述后面跟的是过滤器模式。过滤器字符串的组成部分被垂直线分隔。FilterIndex 属性表示显示哪一个模式，默认情况下，显示第一个过滤器。

当关闭对话框的时候，通过查看从 ShowDialog( ) 返回的结果来检查哪个按钮被单击。如果是 OK 按钮被单击，则可以通过 FileName 属性来获知用户所选的文件名。

文件保存（SaveFileDialog）对话框也有许多相同的属性，使用它和使用 OpenFileDialog 很相似，这里就不详细介绍了。

例 7-19 FileOpenDialogTest.cs 使用文件对话框打开文件名，然后显示文件的内容。

```
1   {
2       //Set up the dialog
3       openFileDialog1.InitialDirectory = @ "d:\";
4       openFileDialog1.Filter = "txt files(*.txt)|*.txt|All files(*.*)|*.*";
5       openFileDialog1.FilterIndex = 1;
6       openFileDialog1.RestoreDirectory = true;
7
8       if(openFileDialog1.ShowDialog() == DialogResult.OK)
9       {
10          ShowFileText(openFileDialog1.FileName);
11      }
12  }
13
14  void ShowFileText(string fileName)
15  {
16      System.IO.StreamReader sr = new System.IO.StreamReader(
17          fileName,System.Text.Encoding.Default);
18      string content = sr.ReadToEnd();
19      sr.Close();
20      this.textBox1.Text = content;
21  }
```

程序运行结果如图 7-32 所示。

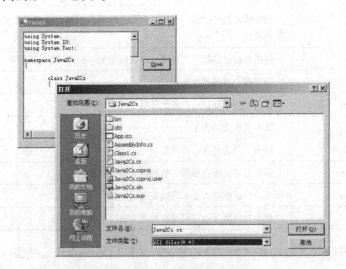

图 7-32 使用文件对话框

7.4.5 显示消息框

消息框（MessageBox）是显示文本消息的小对话框，在消息框中包含有一个图标来指出

第 7 章 Windows 窗体及控件

相关的消息。图 7-33 显示了一个典型的消息框。

消息框用 MessageBox 类表示。不能用 new 创建消息框的实例，而是使用 static 的 Show( ) 方法来显示消息框。像对话框一样，Show( ) 方法返回一个 DialogResult 值告诉用户哪个按钮被单击来关闭对话框。

有多种 Show( ) 方法的重载。最基本的仅仅是为消息产生一行文本，并显示一个标题或者图标，只有一个单独的 OK 按钮的消息框。如：

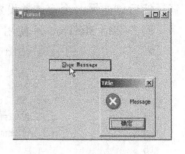

图 7-33 一个典型的消息框

```
DialogResult result = MessageBox.Show(
    "Message",
    "Title",
    MessageBoxButtons.OK,
    MessageBoxIcon.Hand);
```

Show( ) 方法的参数所包括的内容有：消息、标题、按钮类型和图标类型。

按钮和图标类型用 MessageBoxButtons 和 MessageBoxIcon 枚举的成员描述，表 7-41 和表 7-42 给出了其最常用的值。

表 7-41 MessageBoxButtons 枚举的成员

成员	描述
AbortRetryIgnore	规定消息框中包括 Abort、Retry 和 Ignore 按钮
OK	规定消息框中包括 OK 按钮
OKCancel	规定消息框中包括 OK 和 Cancel 按钮
RetryCancel	规定消息框中包括 Retry 和 Cancel 按钮
YesNo	规定消息框中包括 Yes 和 No 按钮
YesNoCancel	规定消息框中包括 Yes、No 和 Cancel 按钮

表 7-42 MessageBoxIcon 枚举的成员

成员	描述
Asterisk, Information	规定消息框中包括一个星号图标
Error, Hand, Stop	规定消息框中包括一个手状图标
Exclamation, Warning	规定消息框中包括一个感叹号（"!"）图标
Question	规定消息框中包括一个问号图标

7.5 MDI 窗体、菜单、工具栏

本节介绍 MDI 窗体、菜单、工具栏，它们组成了 Windows 应用程序的典型界面方式。

7.5.1 MDI 窗体

MDI（多文档界面）是 Windows 常见的界面方式，一个主窗体框架中可以有多个子窗体，即可以表现一个程序同时表现或处理多个文档，如图 7-34 所示。

为了创建一个 MDI 应用程序，只需要简单地设置框架窗口的 IsMdiContainer 属性值为真，然后创建另一个窗体并设置它的 MdiParent 属性为父窗口的引用。

例 7-20　MdiTest.cs 使用 MDI 窗体。

```
9         private void Form1_Load(object sender,System.EventArgs e)
10        {
11
12            Form childForm1 = new Form();
13            childForm1.Text = "Child Form 1";
14            childForm1.Size = new Size(200,100);
15
16            Form childForm2 = new Form();
17            childForm2.Size = new Size(200,100);
18            childForm2.Text = "Child Form 2";
19
20            this.IsMdiContainer = true;
21            childForm1.MdiParent = this;
22            childForm2.MdiParent = this;
23            childForm1.Show();
24            childForm2.Show();
25        }
```

程序运行结果如图 7-34 所示。

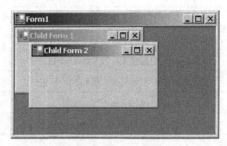

图 7-34　MDI 窗体

7.5.2　菜单

1. 菜单及菜单项

菜单是程序中用来让用户发出命令的界面元素。有 4 种 Menu 类可以用来表示菜单，如表 7-43 所示。

表 7-43　.NET 的 Menu 类

类	说　明
Menu	所有菜单类的抽象基础类
MainMenu	表示窗体中的主菜单栏
MenuItem	表示菜单条目
ContextMenu	表示弹出菜单

一个应用中的菜单由 MenuItem 对象组成，MenuItem 本身可以再包含 MenuItem 形成子菜单。MenuItem 保存在 MainMenu 中，MainMenu 可以依附在窗体上，也可以包含在 Context-

Menu 中（即作为弹出式菜单）。

2. 创建菜单

Visual Studio 提供了一个可视化的菜单编辑器，如图 7-35 所示。使用程序对菜单条目进行操作也比较简单。

如果手工编写程序，可以通过 MenuItems 属性进行菜单项的增减。MenuItems 属性是一个 Menu.MenuItemCollection 类型的对象，用来表示属于该菜单的所有子菜单条目的集合。使用 Add()或 AddRange()方法可以添加一个或多个菜单条目，如下所示：

```
MainMen main1 = new MainMenu;
item1 = new MenuItem("foo");
item2 = new MenuItem("bar");
main1.MenuItems.Add(item1);
main1.MenuItems.Add(item2);
```

图 7-35　使用菜单编辑器

在菜单项中的文本如果用 & 则可以表示下划线，如 "&File" 表示 "File"。如果想在菜单中添加一个分隔线，只需要将减号（-）作为菜单条目中的文本即可。

使用 Remove()方法和 Clear()方法可以从菜单中移走一个或所有条目。

7.5.3　使用主菜单及上下文菜单

1. 将菜单作为窗体的主菜单

可以通过从工具箱中选择 MainMenu 控件，并把它拖放到窗体上，来添加一个菜单到窗体中。如果通过编程方式，则只需将窗体的 Menu 属性设为某个主菜单即可，如：

```
form1.Menu = mainMenu1;
```

2. 处理菜单事件

为了给一个菜单项添加一个事件处理程序，在 Visual Studio 中仅需要在设计窗口中双击菜单项。如果手工编写代码，则可以直接处理 Click 事件。例如：

```
this.menuItem7.Click += new System.EventHandler(this.menuItem7_Click);
//……
private void menuItem7_Click(object sender,System.EventArgs e)
{
    this.Close();
}
```

3. 在代码中使用菜单

在程序中，可以使用 Menu 和 MenuItem 类的属性来添加、删除和改变菜单项。

（1）添加和删除菜单项

如前所述，使用 MenuItems 属性的 Add()、AddRange()、Remove()以及 Clear()方法可以添加和删除菜单项。

（2）启用和禁止菜单项

使用 Enabled 属性来使菜单项被禁用：

```
menuItem5.Enabled = false;
```

(3) 添加和删除选中标记

如果想显示一个选中标记给菜单项,可以使用 Checked 属性:

```
optionItem.Checked = true;
```

(4) 改变菜单项的位置

Index 属性描述了在它的上级菜单项中的位置,这个位置是从 0 开始计算的,为了移动该菜单项的位置,可以为它指定一个不同的值。

(5) 改变菜单文本

Text 属性描述 MenuItem 的文本,可以改变它来修改菜单项的外观。

(6) 设定快捷键

快捷键是某几个键的组合,通常是 Ctrl、Shift 或者是 Alt 与其他键的结合,这使得不需要通过菜单层次定位就可以激活经常使用的菜单项。Shortcut 和 ShowShortcut 属性允许指定快捷键和是否指定显示快捷键:

```
printItem.Shortcut = Shortcut.CtrlP;
printItem.ShowShortcut = true;
```

其中 System.Windows.Forms.Shorcut 枚举定义了许多有用的按键组合。

4. 将上下文菜单和窗体联系在一起

上下文菜单(ContextMenu)是当用户在一个窗体或者控件上单击鼠标的右键时弹出的菜单。上下文菜单是 Windows 应用程序中最为常见的一种界面方式。

在 Visual Studio 中,只需从工具箱中选择 ContextMenu 控件并拖放到将拥有这个菜单的窗体或者控件上即可,其编辑方式与主菜单的方式一样。

如果使用编程的方式,可以使用 Control 类的 ContextMenu 属性。

```
pictureBox1.ContextMenu = contextMenu1;
```

由于 Form 类本身是 Control 类的子类,所以窗体上也可以设定上下文菜单。

7.5.4 工具栏

1. 工具栏及 ToolBar 类

工具栏是一个包含一些显示文本或位图的按钮的窗口。一个应用中可以含有多个工具栏,它们通常停靠在主窗口的顶部。ToolBar 类包含许多方法和属性,使用它们可以创建工具栏并对工具栏进行操作。

每个 ToolBar 对象都有一个 Buttons 属性,表示工具栏显示的 ToolBarButton 对象的集合。使用标准集合的方法(Add()、Remove()和 Clear())可以管理其中的按钮。如果用 Visual Studio 进行设计,则可以使用它提供的编辑对话框进行按钮的增加或删除。

表 7-44 列出了 ToolBar 类的重要属性。

表 7-44 ToolBar 类的重要属性

属性	说明
Appearance	指出工具栏按钮是平面的还是三维的
BorderStyle	表示工具栏的边框。默认值是没有边框
Buttons	工具栏上 ToolBarButton 对象的集合

续表

属性	说明
ButtonSize	工具栏上按钮的大小。默认值是 22 个像素高，24 个像素宽
Divider	如果工具栏在它本身和菜单之间显示分割符，那么它的值为真
DropDownArrows	如果下拉式按钮显示箭头，那么它的值为真
ImageList	表示工具栏按钮上图像的集合
ImageSize	表示 ImageList 中每个图像的大小
ShowToolTips	如果为每个按钮显示工具提示，那么它的值为真
TextAlign	表示工具栏按钮上的文本和图像的对齐方式。默认值是 ToolBarTextAlign. Underneath
Wrappable	如果当工具栏变得非常窄时，按钮会自动换行形成一个新行，那么它的值为真

在按钮上显示的图像保存在和工具栏相关联的 ImageList 对象中。

2. 对工具栏的操作

在应用程序中使用工具栏一般有以下步骤：

① 在窗体中添加一个工具栏控件；

② 在窗体中添加一个 ImageList 控件，并填满图像；

③ 把工具栏控件和 ImageList 控件关联起来；

④ 在工具栏中添加按钮，设置它们的图像；

⑤ 为按钮添加处理程序。

其中，当按下工具栏按钮时，会激活 Click 事件。一个工具栏中的所有按钮共用同一个事件处理程序。可以使用 ToolBarButtonClickEventArgs 对象的 Button 域，来查看单击的是哪一个按钮。

3. 特殊的工具按钮

工具栏中的大多数条目都是标准的 push 按钮，但有时也会使用以下其他 3 种类型的按钮。

① DropDownButton——单击时显示一个菜单。

② ToggleButton——每次单击时，都会在开和关状态之间进行切换。

③ Separator——并不作为按钮被显示，而是按钮之间的分隔符。

在程序中，那么可以这样设置按钮的 Style 属性：

```
ToolBarButton3.Style = ToolBarButtonStyle. DropDownButton;
```

为了使用下拉式按钮，首先创建一个 ContextMenu 控件，然后把它和按钮的 DropDown-Menu 属性关联起来。

7.5.5 状态栏

1. 状态栏 StatusBar

状态栏通常情况下出现在窗体的底部，用来显示用户的图形或文本信息。正常情况下，状态栏仅仅用来显示，并不使用它们和用户打交道。

下面的代码段显示了如何创建状态栏并把它们依附到窗体上。

```
StatusBar sb;
```

```
sb = new StatusBar();
sb.Text = "My Status Bar";
sb.ShowPanels = true;
Controls.Add(sb);
```

状态栏控件有很多默认属性，如表 7-45 所示。

表 7-45 StatusBar 的默认属性

属 性	说 明	默 认 值
BackgroundImage	表示背景图像的索引	null
Dock	指出条形图的位置	DockStyle.Bottom
Font	表示状态栏的字体	所包含的字体
ShowPanels	指出是否显示面板	False
SizingGrid	指出是否显示调整大小的手柄	True
TabStop	指出是否状态栏使用标签	False

2. 状态栏面板

状态栏拥有的面板集合保存在 Panels 属性中，默认值为空集。要想向状态栏中添加面板，需要创建一个 StatusBarPanel 对象，设置它的属性，然后把它添加到集合中：

```
StatusBarPanel sbp1 = new StatusBarPanel()
sbp1.Text = "Panel1"
sb.Panels.Add(sbp1)
Controls.Add(sb)
```

StatusBarPanel 也有许多默认属性，如表 7-46 所示。

表 7-46 StatusBarPanel 的默认属性

属 性	说 明	值
Alignment	表示面板中文本的对齐方式	HorizontalAlignment.Left
AutoSize	决定是否自动调整面板的大小以适应文本的长度	StatusBarPanelAutoSize.None
BorderStyle	面板的边框样式	StatusBarPanelBorderstyle.Sunken
Icon	表示面板上将要显示的图标	null
MinWidth	以像素为单元表示面板的最小宽度	10
Style	决定面板的样式是文本的，还是拥有者自绘的	StatusBarPanelStyle.Text
Text	面板中的文本	零长度的字符串
ToolTipText	工具提示上显示的文本	零长度的字符串
Width	以像素为单位表示宽度	100

其中，设置 Style 可以使面板显示文本，也可以用来画图。在默认情况下，Style 是 StatusBarPanelStyle.Text，即用来显示文本。

7.5.6 一个综合的例子

为了能让读者能对 Windows 窗体及控件编程有一个全面的认识，下面介绍一个综合性的例子，它利用 RichTextBox 控件，并加上菜单工具条等功能。程序运行结果如图 7-36 所示。

第 7 章 Windows 窗体及控件

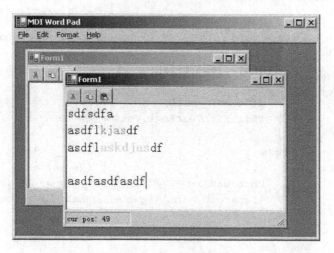

图 7-36 文本编辑器

下面列出主要的源代码，完整的源程序请参见本书的配套电子资源。

MainForm.cs 的主要内容如下：

```
1    namespace MDIWordPad
2    {
3        /// <summary>
4        ///Form1 的摘要说明.
5        /// </summary>
6        public class MainForm:System.Windows.Forms.Form
7        {
8    
9            private void MainForm_Load(object sender,System.EventArgs e)
10           {
11               NewChildWindow();
12           }
13    
14           public void NewChildWindow()
15           {
16               Form form1 = new Form1();
17               form1.MdiParent = this;
18               form1.Show();
19           }
20       }
21    }
```

Form1.cs 的主要内容如下：

```
1    namespace MDIWordPad
2    {
3        /// <summary>
4        ///Form1 的摘要说明.
5        /// </summary>
6        public class Form1:System.Windows.Forms.Form
7        {
8            private string fileName = null;
```

```csharp
 9
10      private void fileNew_Click(object sender,System.EventArgs e)
11      {
12          if(! this.IsMdiChild)
13          {
14              fileName = null;
15              this.richTextBox1.Text = "";
16          }
17          else
18          {
19              MainForm parent = this.MdiParent as MainForm;
20              if(parent != null) parent.NewChildWindow();
21          }
22      }
23
24      private void fileOpen_Click(object sender,System.EventArgs e)
25      {
26          this.openFileDialog1.Filter =
27              "Rtf files(*.rtf)|" +
28              "*.rtf|text files(*.txt,*.cs)|*.txt;*.cs|" +
29              "All files(*.*)|*.*";
30          DialogResult result = this.openFileDialog1.ShowDialog();
31          if(result != DialogResult.OK) return;
32          try
33          {
34              this.richTextBox1.LoadFile(fileName,RichTextBoxStreamType.RichText);
35          }
36          catch
37          {
38              this.richTextBox1.LoadFile(fileName,RichTextBoxStreamType.PlainText);
39          }           this.richTextBox1.LoadFile(fileName);
40          this.Text = "MyWordPad - " + fileName;
41      }
42
43      private void fileSave_Click(object sender,System.EventArgs e)
44      {
45          if(fileName == null) fileSaveAs_Click(sender,e);
46      }
47
48      private void fileSaveAs_Click(object sender,System.EventArgs e)
49      {
50          if(fileName != null)
51              this.saveFileDialog1.FileName = fileName;
52          DialogResult result = this.saveFileDialog1.ShowDialog();
53          if(result != DialogResult.OK) return;
54          fileName = this.saveFileDialog1.FileName;
55          this.richTextBox1.SaveFile(fileName);
56          this.Text = "MyWordPad - " + fileName;
```

```csharp
57          }
58
59          private void fileExit_Click(object sender,System.EventArgs e)
60          {
61              this.Close();
62          }
63
64          private void editCut_Click(object sender,System.EventArgs e)
65          {
66              this.richTextBox1.Cut();
67          }
68
69          private void editCopy_Click(object sender,System.EventArgs e)
70          {
71              this.richTextBox1.Copy();
72          }
73
74          private void editPaste_Click(object sender,System.EventArgs e)
75          {
76              this.richTextBox1.Paste();
77          }
78
79          private void editSelectAll_Click(object sender,System.EventArgs e)
80          {
81              this.richTextBox1.SelectAll();
82          }
83
84          private void formatColor_Click(object sender,System.EventArgs e)
85          {
86              this.colorDialog1.Color = this.richTextBox1.SelectionColor;
87              DialogResult result = this.colorDialog1.ShowDialog();
88              if(result != DialogResult.OK) return;
89              this.richTextBox1.SelectionColor = this.colorDialog1.Color;
90          }
91
92          private void formatFont_Click(object sender,System.EventArgs e)
93          {
94              this.fontDialog1.Font = this.richTextBox1.SelectionFont;
95              DialogResult result = this.fontDialog1.ShowDialog();
96              if(result != DialogResult.OK) return;
97              this.richTextBox1.SelectionFont = this.fontDialog1.Font;
98          }
99
100         private void helpAbout_Click(object sender,System.EventArgs e)
101         {
102             MessageBox.Show("A Simple Rich Text Editor","About...",
103                 MessageBoxButtons.OK,
104                 MessageBoxIcon.Information
105                 );
```

```
106            }
107
108            private void toolBar1_ButtonClick(object sender,
109        System.Windows.Forms.ToolBarButtonClickEventArgs e)
110            {
111                if(e.Button == this.copyButton)
112                    this.editCopy_Click(null,null);
113                else if(e.Button == this.cutButton)
114                    this.editCut_Click(null,null);
115                else if(e.Button == this.pasteButton)
116                    this.editPaste_Click(null,null);
117            }
118
119            private void richTextBox1_SelectionChanged(object sender,System.EventArgs e)
120            {
121                int pos = this.richTextBox1.SelectionStart;
122                string text = this.richTextBox1.Text;
123                int col = 0,row = 0;
124                for(int p = 0;p < pos;p ++)
125                {
126                    if(text[p] == '\n')
127                    {
128                        row ++;
129                        col = 0;
130                        if(p +1 < text.Length && text[p +1] == '\r') p ++;//skip '\r'
131                    }
132                    else
133                    {
134                        col ++;
135                    }
136                }
137                row ++;
138                col ++;
139
140                this.statusBar1.ShowPanels = true;
141                this.curPosPanel.Text = " 行 " + row + " 列 " + col;
142                this.statusBar1.Text = fileName;
143            }
144        }
145 }
```

习题 7

一、判断题

1. 编程时，要根据需要来选择合理的事件。
2. Anchor 表示抛锚、锚定；Dock 表示船坞、船停靠码头。
3. 打开窗口可以使用 Show 或 ShowDialog 方法。
4. 使用 static 变量可以表示窗体间的公用变量。

5. 用户控件可以使用拖动的方式添加到窗体中。
6. 控件 Control 类都是 System.Windows.Forms.Control 的子类。
7. Control 实现了 IDisposable 等接口。
8. 组件也是显示在界面上的控件。
9. KeyPress 事件实际上由 KeyDown 及 KeyUp 才能激发。
10. 文本框的 PasswordChar 可以使之成为密码框。
11. 多行文本框要设置 MultiLine 属性。
12. 多行文本框最好要设置 ScrollBars 属性。
13. 向列表框中添加项目可以使用 Items.Add( ) 方法。
14. 日期时间框的 Value 属性可以用来表示用户选取的时期时间。
15. 进度条 ProgressBar 的 Maximum 表示最小值。
16. RichTextBox 富文本框的 .Select(start,len) 方法表示选中其中一部分。
17. 富文本框的 SelectionColor 属性可以用来设定一部分内容的颜色。
18. 富文本框的 SelectionFont 属性可以用来设定一部分内容的字体。
19. 面板及选项卡是常用的容器。
20. 容器不是控件。
21. 窗体也是控件。
22. WebBrowser 控件可以使用 Navigate 方法来显示网页。
23. WebBrowser 控件可以使用 ShowPage 方法来显示网页。
24. 用户控件可以将多个控件组合起来。
25. 用户控件一定含有多个子控件。
26. Visible 表示可见性。
27. Enabled 表示可见性。
28. ProgressBar 的 Value 表示当前值。
29. OpenFileDialog 控件可以用来选择文件。
30. ColorDialog 可以用来选字体。

二、思考题

1. 试列举出图形用户界面中你使用过的组件。
2. C#中常用的布局管理各有什么特点?
3. 简述 C#的事件处理机制。
4. 什么是事件源?如何进行事件的注册?
5. 列举 C#中定义的事件类。
6. 列举 GUI 的各种标准组件和它们之间的层次继承关系。
7. Control 类有何特殊之处?其中定义了哪些常用方法?
8. 将各种常用组件的创建语句、常用方法、可能引发的事件综合在一张表格中画出。

三、编程题

1. 编写程序,界面包含一个标签、一个文本框和一个按钮,当用户单击按钮时,程序把文本框中的内容复制到标签中。
2. 练习使用列表框及组合框。
3. 根据本章的所学习的内容用 C#编写一个模拟的文本编辑器。给文本编辑器增加设字体字号的功能。
4. 编写程序实现一个计算器,包括十个数字(0~9)按钮和四个运算符(加、减、乘、除)按钮,以及等号和清空两个辅助按钮,还有一个显示输入输出的文本框。
5. 综合练习:游戏 2048 程序。

2048 是一个很好玩的游戏，它的基本方法是：用上下左右 4 个方向键，将屏幕上的数字块进行"移动"，如果移动后相同的则进行数字的合并，每次移动后又产生一个新的数（2 或 4）。要求用户得到数字 2048 就赢了。

请编写一个 2048 小游戏程序，并且：

① 给程序加上显示分数的功能；

② 给程序加上选择模式的功能；

③ 给程序加上记录最高分的功能（可以写到一个文本文件中），如果用户得到的分数比记录高，则更新这个记录，并给用户以祝贺；

④ 美化界面，加上下左右 4 个按钮（让用户可以使用鼠标）来完成或其他方面的改进。

第8章 绘图及图像

在窗体和控件上绘图是一种常见的操作,如果要实现特殊界面的控件,也需要绘图。本章介绍有关绘图、字体及图像的基本类及常见的操作,并且介绍图像处理的基本编程。

8.1 绘图基础支持类

System.Drawing 名字空间包括了.NET 的基本图形功能,这种图形功能被称为 GDI+。这个名称来源于原始的 Windows 图形库,即图形设备接口(graphical device interface, GDI)。GDI+ 是在 GDI 基础上的 2D 图形库,是为绘制线条、形状、文本和显示位图而设计的。

System.Drawing 名字空间包括了有关绘图的基本功能,更加高级的功能由以下名字空间提供。

① System.Drawing.Drawing2D:提供高级的 2D 和向量图形。
② System.Drawing.Imaging:提供高级的图像处理。
③ System.Drawing.Text:提供高级文本显示功能。
④ System.Drawing.Printing:提供打印功能。

要进行绘图,需要用到相关的基础支持类及数据结构,包括位置、大小、颜色、画笔和刷子等。本节就来介绍这些类及数据结构。

8.1.1 位置及大小

表示位置及范围,经常要用到点(Point)、矩形(Rectangle)、大小(Size)等数据结构。

1. Point 和 PointF

Point 和 PointF 都是一种结构,两者都表示一个简单的(X,Y)坐标点。两者的不同之处在于:Point 使用整数坐标,而 PointF 使用的是浮点(float)型坐标。表 8-1、表 8-2 和表 8-3 总结了 Point 类和 PointF 类的主要成员。

表 8-1 Point 结构的成员

成 员	描 述
IsEmpty	如果 X 和 Y 都是 0,则返回 True
X	X 坐标
Y	Y 坐标
Equals	如果两个点的坐标相同,则返回 True
Offset	通过一个具体的数值平移坐标
ToString	返回一个表示坐标点的字符串
+,-	+、-运算符
==,!=	等式运算符

表 8-2 Point 结构的 static 方法

方法	描述
Ceiling	将 PointF 坐标向上近似成最接近的整数
Round	将 PointF 坐标向下近似成最接近的整数
Truncate	截取 PointF 坐标

表 8-3 PointF 结构的成员

成员	描述
IsEmpty	如果 X 和 Y 都是 0，则返回 True
X	X 坐标
Y	Y 坐标
+，-	+，-运算符
==，!=	等式运算符

另外，还定义了在 Point 和 Size 之间、Point 和 PointF 之间、PointF 和 Point 之间进行转换的运算符。

2. Rectangle 和 RectangleF

Rectangle 和 RectangleF 结构相似，它们都是表示矩形的数值类型，不同之处在于：Rectangle 使用整数坐标，而 RectangleF 则使用浮点型坐标。

表 8-4、表 8-5 和表 8-6 总结了 Rectangle 类和 RectangleF 类的主要成员。

表 8-4 Rectangle 结构的主要成员

成员	描述
IsEmpty	如果 X 和 Y 都是 0，则返回 True
X，Y	左上角的 X 和 Y 坐标
Top，Left，Bottom，Right	矩形上、左、下、右的坐标
Width，Height	矩形的宽度和高度
Location	获取（或设定）左上角的坐标
Size	表示矩形高度和宽度的 Size 对象
Contains	如果矩形中包括了一个给定的矩形（或点），则返回 True
Equals	如果这个点和其他的点包括了相同的坐标，则返回 True
FromLTRB	由左、上、右、下的坐标值创建一个矩形
Inflate	放大矩形
Intersect	返回两个矩形交叉部分的矩形
IntersectsWith	如果一个矩形和另外一个矩形交叉，则返回 True
Offset	通过一个具体的数值平移一个点的坐标
ToString	返回一个表示矩形的字符串
Union	返回一个表示两个矩形合并的矩形
==，!=	等式运算符

表 8-5 Rectangle 结构的 static 方法

方法	描述
Ceiling	将 RectangleF 的坐标向上近似成最接近的整数
Round	将 RectangleF 的坐标向下近似成最接近的整数
Truncate	截取 RectangleF 的坐标
Union	返回一个表示两个矩形合并的矩形

表 8-6 RectangleF 结构的成员

成员	描述
IsEmpty	如果 X 和 Y 都是 0，则返回 True
X, Y	左上角的 X 和 Y 坐标
Top, Left, Bottom, Right	矩形上、左、下、右的坐标
Width, Height	矩形的宽度和高度
Location	获取（或设定）左上角的坐标
Size	表示矩形高度和宽度的 Size 对象
Contains	如果矩形中包括了一个给定的矩形（或者点），则返回 True
Equals	如果这个点和其他的点包括了相同的坐标，则返回 True
FromLTRB	由左、上、右、下的坐标值创建一个矩形
Inflate	放大矩形
Intersect	返回两个矩形交叉部分的矩形
IntersectsWith	如果一个矩形和另外一个矩形交叉，则返回 True
Offset	通过一个具体的数值转换一个点的坐标
ToString	返回一个表示矩形的字符串
== , !=	等式运算符，用来运算矩形的大小的位置

另外，还定义了在 Rectangle 和 RectangleF 之间双向转换的运算符。RectangleF 有两个 static 方法：Truncate( ) 和 Union( )。

3. Size 和 SizeF

Size 和 SizeF 结构通过 Width 和 Height 这一对属性表示一个矩形区域的大小。Size 使用整数坐标，而 SizeF 则使用浮点型坐标。表 8-7、表 8-8 和表 8-9 总结了 Size 类和 SizeF 类的主要成员。

表 8-7 Size 结构的主要成员

成员	描述
Height	矩形区域的高度
Width	矩形区域的宽度
IsEmpty	如果高和宽的值都是 0，则返回 True
Equals	测试两个 Size 对象的高和宽是否相等
ToString	返回一个表示 Size 的字符串
+ , −	+ , − 运算符
== , !=	等式运算

表 8-8　Size 结构的 static 方法

方法	描述
Ceiling	将 SizeF 的坐标向上近似成最接近的整数
Round	将 SizeY 的坐标向下近似成最接近的整数
Truncate	截取 SizeF 的坐标

表 8-9　SizeF 结构的成员

成员	描述
Height	矩形区域的高度
Width	矩形区域的宽度
IsEmpty	如果高和宽的值都是 0，则返回 True
Equals	测试两个 Size 对象的高和宽是否相等
ToPointF	返回一个表示 SizeF 的 Point 对象
ToSize	返回一个表示 SizeF 的 Size 对象
ToString	返回一个表示 SizeF 的字符串
+，-	+，- 运算符
==，!=	等式运算

另外，系统还提供了从 Size 到 SizeF、从 SizeF 到 Size、从 Size 到 Point 以及从 SizeF 到 PointF 的转换。

8.1.2　颜色

颜色用 Color 结构来表示。颜色值是通过 4 个整数值表示的：Alpha、Red、Green 和 Blue，其中 Alpha 表示透明度，另外的 3 个则表示颜色的红、绿、蓝 3 种基色。

.NET 提供了大量的标准颜色，这些颜色被定义为 System.Drawing.KnownColor 枚举的一部分。这个枚举包括了一百个以上的成员，成员的值可以区分为以下两个部分。

① 颜色描绘了屏幕上的元件，如：窗口文本、控件、活动标题。如果用户使用控制面板改变桌面颜色样式，那么这些都会发生改变。

② 固定的 RGB（红、绿、蓝）值表示了标准的颜色，如：天蓝色（Azure）、矢车菊色（Cornflower）、轻灰色（LightGray）和中紫色（MediumPurple）。

表 8-10 和表 8-11 列出了 Color 类的重要属性和方法。

表 8-10　Color 类的属性

属性	描述
A	获取颜色的 Alpha（透明度）成分
R，G，B	获取颜色的红、绿、蓝成分
IsEmpty	如果颜色值没有初始化，则返回 True
IsKnownColor	如果颜色符合预定义的颜色，则返回 True
IsNamedColor	如果颜色有一个名称，则返回 True
Name	返回颜色的名称

表 8-11 Color 类的方法

方　法	描　述
Equals	测试 Color 对象是否相等
FromArgb, FromKnownColor, FromName	创建一个 Color 对象
GetBrightness, GetHue, GetSaturation	获取颜色的色调（Hue）、饱和度（Saturation）、亮度（Brightness）成分，即：HSB 成分
ToArgb	返回的颜色的 Alpha、Red、Green 和 Blue 成分
ToKnownColor	将已知颜色的成员返回给相应的颜色对象
== , !=	测试颜色值是否相等

注意，Color 没有构造函数，但是可以通过使用静态的生成方法返回 Color 对象的引用，如：

```
Color c2 = Color.FromArgb(255,0,127);
Color c3 = Color.FromArgb(255,255,0,127);
```

Alpha 的取值为 0 表示完全透明，取值为 255 则表示完全不透明。

例 8-1 ColorTest.cs 测试颜色的使用。

```
1   private void Form1_Paint(object sender,System.Windows.Forms.PaintEventArgs e)
2   {
3       Graphics g = e.Graphics;
4       Color [] colors =
5         {
6             Color.Red,
7             Color.FromName("Blue"),
8             Color.FromKnownColor(KnownColor.ActiveCaption),
9             Color.FromKnownColor(KnownColor.InactiveCaption),
10            Color.FromArgb(255,255,0),
11            Color.FromArgb(128,255,255,0),
12        };
13      for(int i = 0;i < colors.Length;i ++)
14      {
15          g.FillRectangle(new SolidBrush(colors[i]),i * 30 +10,20,20,100);
16      }
17  }
```

程序运行结果如图 8-1 所示。

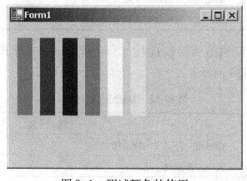

图 8-1 测试颜色的使用

8.1.3 画笔

画笔(Pen)类和刷子(Brush)类包装了线条厚度、线条样式、填充模式和颜色,画笔用来绘制形状、线条和曲线的轮廓,而刷子则用于填充区域。

画笔有两个基本的属性:宽度(Width)和填充颜色(或填充模式)。填充模式是由 Brush 的子类来提供的,所以,可以根据需要,在绘制线条的时候,填充合适的纹理(texture)或斜度(gradient)。表 8-12 列出了 Pen 类中的几个重要属性。

表 8-12 Pen 类的重要属性

属 性	描 述
Alignment	获取(或设置)这只画笔所绘制对象的对齐(参见表 8-13)
Brush	获取(或设置)与这只画笔相关的刷子
Color	获取(或设置)这只画笔的颜色
DashPattern	获取(或设置)自定义的破折号和空格的排列
DashStyle	表示这条线所使用的破折号样式(点划线样式)
LineJoin	表示线条连接的方法
MiterLimit	表示在斜接角上,连接厚度的限度
PenType	说明画笔的类型
StartCap,EndCap	表示线条的开始罩(cap)和结束罩
Transform	一个矩阵,用于描述该画笔所绘制对象是如何转换的
Width	获取(或设置)画笔的像素宽度

Alignment 描述了画笔是如何与相关线条相对齐的,用 PenAlignment 枚举的成员表示这些对齐方式,如表 8-13 所示。

表 8-13 PenAlignment 枚举

成 员	描 述
Center	画笔和正被绘制线条的中心对齐
Inset	画笔和正被绘制线条的内部对齐
Left	画笔和正被绘制线条的左边对齐
Outset	画笔和正被绘制线条的外部对齐
Right	画笔和正被绘制线条的右边对齐

DashStyle 设置了使用该画笔所绘制虚线(dashed line)的样式,用 DashStyle 枚举的成员表示这些样式,如表 8-14 所示。

表 8-14 DashStyle 枚举

成 员	描 述
Custom	说明用户自定义的线条样式
Dash	说明一条虚线
DashDot	说明了具有重复"破折线-点"模式的线条

成员	描述
DashDotDot	说明了具有重复"破折线-点-点"模式的线条
Dot	说明了点样式的线条
Solid	说明了实心线条（默认值）

线罩（line cap）是指线的末端是如何被绘制的，可以用 LineCap 枚举的成员表示。线罩主要包括了以下几种：圆、正方形、三角形和自定义形。

PenType 类是 System.Drawing.Drawing2D.PenType 枚举的成员，可能的取值如表 8-15 所示。

表 8-15　PenType 枚举

成员	描述
HatchFill	画笔将以阴影图案填充
LinearGradient	画笔将以线性渐变填充
PathGradient	画笔以路径渐变填充
SolidColor	画笔将以纯色（默认的颜色）填充
TextureFill	画笔将以位图纹理填充

表 8-16 中列出了 Pen 类最重要的几种方法。

表 8-16　Pen 类的方法

方法	描述
Clone	创建一个该画笔的准确拷贝
Dispose	释放画笔所用的 Windows 资源
MultiplyTransform	将转换矩阵与另一个矩阵相乘
ResetTransform	将转换矩阵重新设置
RotateTransform	旋转转换
ScaleTransform	比例转换
SetLineCap	设置画笔起始的和结束的线罩
TranslateTransform	平移转换

Dispose()方法能释放 Pen 对象使用的潜在系统资源。尽管在 Pen 对象被放入回收站或者程序结束时也会释放这些资源，但是为了有效利用系统资源，在结束 Pen 对象时应该即时调用 Dispose()。

如果想获取一个 Pen 对象来表示一种标准颜色，可以使用 System.Drawing.Pens 类。对于 Color 类中每一种预定义的颜色，System.Drawing.Pens 类都包含相应的 Pen 对象，如：

```
Pen pen = Pens.AliceBlue;
```

如果想用一个 Pen 对象描述一种用于 UI 元件中的默认颜色，就可以使用 System.Drawing.SystemPens 类。对于每一种预先定义的 UI 颜色，这个类都有相应的 Pen 对象，如：

```
Pen = SystemPens.HighlightText;
```

表 8-17 列出了所有能够通过 SystemPens 类的属性检索到的颜色。

表 8-17 通过 SystemPens 类的属性检索到的颜色

属　　性	描　　述
ActiveCaptionText	活动窗口标题栏文本的颜色
Control	按钮或其他控件的颜色
ControlDark	3D 元件阴影部分的颜色
ControlDarkDark	3D 元件最暗部分的颜色
ControlLight	3D 元件高亮部分的颜色
ControlLightLight	3D 元件最亮部分的颜色
ControlText	控件上面文本的颜色
GrayText	无效文本的颜色
Highlight	高亮背景的颜色
HighlightText	高亮区域文本的颜色
InactiveCaptionText	非活动窗口标题栏文本的颜色
InfoText	在工具提示上的文本颜色
MenuText	菜单上文本颜色
WindowFrame	窗口框架的颜色
WindowText	窗口文本的颜色

DashPattern 属性通过为每一个破折线和空格的大小提供一个数组，使得可以自定线条的样式：

```
pen.DashPattern = new float[]{ 0.5,1,1,5,2,2.5 };
```

例 8-2 PenTest.cs 使用 Pen。

```
1   private void Form1_Paint(object sender,System.Windows.Forms.PaintEventArgs e)
2   {
3       Graphics g = e.Graphics;
4
5       Pen pen;
6       Point point = new Point(10,10);
7       Size sizeLine = new Size(0,150);
8       Size sizeOff = new Size(30,0);
9
10      pen = Pens.LimeGreen;
11      g.DrawLine(pen,point += sizeOff,point + sizeLine);
12      pen = SystemPens.MenuText;
13      g.DrawLine(pen,point += sizeOff,point + sizeLine);
14      pen = new Pen(Color.Red);
15      g.DrawLine(pen,point += sizeOff,point + sizeLine);
16      pen = new Pen(Color.Red,8);
17      g.DrawLine(pen,point += sizeOff,point + sizeLine);
18
19      pen.DashStyle = DashStyle.Dash;
```

```
20        g.DrawLine(pen,point += sizeOff,point + sizeLine);
21        pen.DashStyle = DashStyle.Dot;
22        g.DrawLine(pen,point += sizeOff,point + sizeLine);
23
24        pen.DashStyle = DashStyle.Solid;
25        pen.StartCap  = LineCap.Round;
26        g.DrawLine(pen,point += sizeOff,point + sizeLine);
27        pen.EndCap = LineCap.Triangle;
28        g.DrawLine(pen,point += sizeOff,point + sizeLine);
29
30        pen.DashPattern = new float[]{ 0.5f,1f,1,5f,2f,2.5f };
31        g.DrawLine(pen,point += sizeOff,point + sizeLine);
32    }
```

程序运行结果如图 8-2 所示。

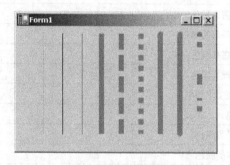

图 8-2　使用 Pen

8.1.4　刷子

刷子用来填充图形的内部。刷子是抽象基类 Brush 派生出来的类，在 System.Drawing 中定义了两种刷子类：

① SolidBrush——定义一个单颜色的刷子；

② TextureBrush——定义一个用图像填充图形内部区域的刷子。

SolidBrush 类只有几个重要成员，如表 8-18 所示。

表 8-18　SolidBrush 类的重要成员

成　　员	描　　述
SolidBrush	设置一个颜色的构造函数
Clone	创建一个该刷子的准确拷贝
Dispose	释放刷子占用的 Windows 资源
Color	获取或设置刷子的颜色
OnSystemColorChanged	当系统颜色发生变化时调用

如果想用一个 Brush 对象描述一种标准颜色，那么可以使用 System.Drawing.Brushes 类。对于 Color 类中预先定义的每一种颜色，这个类都有相应的 Brush 对象。例如：

```
Brush br = Brushes.Azure;
```

如果想用刷子描述用于 UI 元件中的一种标准颜色,可以使用 System.Drawing.SystemBrushes 类。对于每一种预先定义的 UI 颜色,都有相应的 Brush 对象。例如:

```
Brush br = SystemBrushes.Desktop;
```

表 8-19 列出了所有能够通过 SystemBrushes 类的属性检索到的颜色。

表 8-19 通过 SystemBrushes 类的属性检索到的颜色

属 性	描 述
ActiveBorder	活动窗口边界的颜色
ActiveCaption	活动窗口标题栏的颜色
ActiveCaptionText	活动窗口标题栏的文本颜色
AppWorkspace	它是应用程序工作区的颜色(应用程序工作区是多文档视图中未被文档占据的区域)
Control	3D 元件的外表颜色
ControlDark	3D 元件阴影部分的颜色
ControlDarkDark	3D 元件最暗的颜色
ControlLight	3D 元件高亮颜色
ControlLightLight	3D 元件最亮颜色
ControlText	控件上面文本颜色
Desktop	桌面颜色
Highlight	高亮背景的颜色
HighlightText	高亮文本的颜色
HotTrack	用于表示热跟踪(hot-tracking)的颜色
InactiveBorder	活动窗口边界颜色
InactiveCaption	活动窗口标题栏颜色
Info	工具提示的背景颜色
Menu	菜单背景颜色
ScrollBar	滚动条背景颜色
Window	窗口背景颜色
WindowText	控件上面文本颜色

TextureBrush 类稍微复杂一些,它的属性和方法如表 8-20 和表 8-21 所示。

表 8-20 TextureBrush 类的属性

属 性	描 述
TextureBrush	带有 Image 和 Rectangle 参数的构造函数
Image	获取与刷子相关的图像
Transform	获取或设置描述刷子转换的矩阵
WrapMode	描述图像的绕行模式

表 8-21 TextureBrush 类的方法

方 法	描 述
Clone	创建一个 TextureBrush 的准确拷贝

方　法	描　述
MultiplyTransform	将另一个矩阵与转换矩阵相乘
ResetTransform	将转换矩阵重新设置成一致的格式
RotateTransform	旋转变换
ScaleTransform	比例变换
TranslateTransform	平移变换

使用 TextureBrush 时需要一个图像（image）作为纹理，下面一段代码显示了如何使用 TextureBrush：

```
Image bm = Bitmap.FromFile(@ "c:\dev\data.bmp");
TextureBrush tbr = new TextureBrush(bm);
g.FillRectangle(tbr,50,50,100,100);
```

System. Drawing. Drawing2D 名字空间定义了 3 种更高级的刷子类型。

① HatchBrush——定义前景颜色、背景颜色和阴影图案。阴影样式是 HatchStyle 枚举的成员。

② LinearGradientBrush——在两种或更多种颜色间使用渐变颜色。既可以使用标准的双色渐变，也可以使用用户自定义的多色渐变。

③ PathGradientBrush——使路径中心和边界线外部之间的部分形成阴影。该类的多种属性（如 Blend）可以被用于改变渐变的起始位置和颜色变化的快慢。

一个 HatchBrush 类是从一个阴影图案、一个前景色、一个背景色进行构造的。如：

```
HatchBrush hbr1 = new HatchBrush(HatchStyle.Vertical,
   Color.ForestGreen,Color.Honeydew);
```

而构造一个 LinearGradientBrush 对象，需要指定两个点和两种颜色，颜色在两个点之间是线性渐变的。创建一个 LinearGradientBrush 的方式如下：

```
LinearGradientBrush lbr = new LinearGradientBrush(new PointF(50,50),
   new PointF(200,200),Color.Black,Color.White);
```

其中的两个引用点分别是（50,50）和（200,200），前者是黑色，后者为白色，中间所有点的颜色则根据它们的值自动插入。

例 8-3 BrushTest. cs 使用 Brush。

```
1   {
2       Graphics g = e.Graphics;
3
4       Point point = new Point(10,10);
5       Rectangle rect = new Rectangle(10,10,20,150);
6       Point off = new Point(30,0);
7
8
9       Brush brush;
10
11      brush = Brushes.Azure;
12      rect.Offset(off);g.FillRectangle(brush,rect);
13      brush = SystemBrushes.Desktop;
```

```
14      rect.Offset(off);g.FillRectangle(brush,rect);
15      brush = new SolidBrush(Color.FromArgb(100,255,0,0));
16      rect.Offset(off);g.FillRectangle(brush,rect);
17
18      Image bm = Bitmap.FromFile(@"heart.ico");
19      brush = new TextureBrush(bm);
20      rect.Offset(off);g.FillRectangle(brush,rect);
21
22      brush = new HatchBrush(
23          HatchStyle.Vertical,
24          Color.ForestGreen,
25          Color.Honeydew);
26      rect.Offset(off);g.FillRectangle(brush,rect);
27
28      brush = new LinearGradientBrush(
29          new PointF(50,50),new PointF(200,200),
30          Color.Red,Color.Yellow);
31      rect.Offset(off);g.FillRectangle(brush,rect);
32  }
```

程序运行结果如图 8-3 所示。

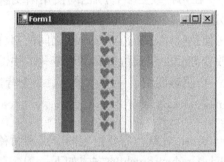

图 8-3　使用 Brush

8.2　绘图

8.2.1　Graphics 类

Graphics 类表示了一个设备独立的绘图基类，它能实现许多绘制基本图形的方法。理解 Graphics 类是使用 GDI + 的基础，因为它代表了所有输出显示的绘图环境，或者说代表了绘图的上下文。GDI + 通过使用 Graphics 对象提供了一种产生图形输出的设备独立方法：用户可以通过编程来利用 Graphics 对象，然后 GDI + 将实际的像素填充到屏幕上。

表 8-22 中列出了 Graphics 类的绘图方法。

表 8-22　Graphics 类的绘图方法

方　　法	描　　述
Clear	用给定颜色填充绘图区域

方　法	描　述
DrawArc	从一个椭圆绘制弧线
DrawBezier，DrawBeziers	绘制一条或多条贝塞尔曲线
DrawCurve，DrawClosedCurve	绘制开曲线或闭曲线（这些曲线由一个点数组表示）
DrawEllipse	绘制一个椭圆
DrawIcon	绘制一个图标
DrawImage	绘制一个图像
DrawLine，DrawLines	绘制一条或多条线
DrawPie	绘制圆形分格统计图表
DrawPolygon	绘制多边形
DrawRectangle，DrawRectangles	绘制一个或多个矩形
DrawString	绘制一个字符串
FillClosedCurve	填充封闭曲线（这个曲线由一个点数组表示）
FillEllipse	绘制一个填充椭圆
FillPie	绘制一个填充的圆形分格统计图表
FillPolygon	绘制一个填充的多边形
FillRectangle，FillRectangles	绘制一个或多个填充的矩形

另外，Graphics 类的非绘图方法列于表 8-23 中。

表 8-23　Graphics 类的非绘图方法

方　法	描　述
Dispose	释放图形对象使用的 Windows 资源
Finalize	当图形对象被放到回收站时调用
Flush	强制立即执行队列中的所有图形命令
FromHdc	从 WindowsHDC 句柄中创建一个图形对象
FromHwnd	从 WindowsHWND 中创建一个图形对象
FromImage	从一个图形对象中创建一个图形对象
GetHdc	返回一个表示图形对象的 WindowsHDC
GetNearestColor	获取与已知颜色最接近的颜色
IsVisible	表示一个点或一个矩形是否在图形对象的剪切区域内
MeasureString	返回字符串（这个字符串通过给定的字体被绘制）的大小
SetClip，ResetClip	设置或重新设置图形对象的剪切区域
ResetTransform	重新设置与图形对象相关的图形转换
RotateTransform	给图形对象添加一个图形的旋转转换
Save，Restore	保存或者恢复图形对象的状态
ScaleTransform	给图形对象添加一个图形的缩放转换
TransformPoints	将当前转换用于转换一个点数组
TranslateTransform	给图形对象添加一个图形的平移转换

Graphics 类的属性可以设置和查询实际显示设备的情况。在表 8-24 中列出了一些常用的属性。

表 8-24 Graphics 类的常用属性

属 性	描 述
CompositingMode	决定图形像素是覆盖（CompositingMode. SourceCopy），还是和背景像素合成（CompositingMode. SourceOver）
CompositingQuality	描述合成的质量水平
DpiX	Graphics 对象支持的水平像素分辨率
DpiY	Graphics 对象支持的垂直像素分辨率
InterpolationMode	说明两点间数据如何被截取
PageScale	字单位和页单位间的幅度
PageUnit	页坐标的衡量单位
SmoothingMode	着色质量（默认情况下是：反向替换、高速，高质量）
Transform	当前的图形转换

PageUnit 属性决定绘图所用的单位，是从 GraphicsUnit 枚举中选取一个值。默认值是 GraphicsUnit. Pixel，即以像素为单位。在表 8-25 中列出了可供选择的其他单位。

表 8-25 GraphicsUnit 枚举的成员

Display	1 英寸的 1/75
Document	文档单位[（1/300）英寸]
Inch	英寸
Millimeter	毫米
Pixel	像素
Point	打印机磅值[（1/72）英寸]
World	用户自定义的 World 坐标

8.2.2 获得 Graphics 对象

1. 通过 CreateGraphics( ) 来得到 Graphics 对象

Graphics 类没有公用的构造函数，可出使用窗体及控件的 CreateGraphics( ) 函数得到一个图形对象的引用。有了这个对象，就可以绘图了。

```
Graphics g = CreateGraphics();
g.DrawLine(pen1,10,10,100,100);
```

如果在一个函数内调用 CreateGraphics( ) 函数，当 Graphics 对象被垃圾回收时，将会释放系统潜在资源。为了能够更快地释放这些资源，可以调用图形对象的 Dispose( ) 函数来处理。在调用 Graphics 对象的 Dispose( ) 函数后，不能再使用该对象。

2. 在窗体或控件的重绘事件中得到 Graphics 对象

当一个窗体需要重绘时，窗体将会发生 Paint 事件。在对 Paint 事件进行处理时可以方便地得到 Graphics 对象。

在 C#中，可以使用两种方法来处理重绘事件，一是覆盖 OnPaint( )方法，一是给 Paint

事件增加一个事件处理方法。

覆盖 OnPaint( )方法，如下：

```
protectedoverride void OnPaint(PaintEventArgs e)
{
    Graphics g = e.Graphics;
    //...
}
```

这个方法得到传递过来的 PaintEventArgs 对象，PaintEventArgs 对象包括两个有用的属性。第一个是 ClipRectangle，这个属性说明了需要重新绘制的窗体区域；第二个是 Graphics，它返回一个对图形对象的引用。

在 OnPaint( )方法中，一般没有必要使用 CreateGraphics( )方法来创建 Graphics 对象，只需用 PaintEventArgs 对象的 Graphics 属性即可。有了 Graphics 引用之后，就可以在屏幕上重新绘图。注意，不能在这个 Graphics 对象中调用 Dispose( )函数，因为该 Graphics 对象是由调用者来进行处理的。

除了覆盖 OnPaint( )方法外，更多的情况下，可以对 Paint 事件添加一个事件处理器。如下面代码所示：

```
this.Paint += new
System.Windows.Forms.PaintEventHandler(this.Form1_Paint);
//...
private void Form1_Paint(object sender,System.Windows.Forms.PaintEventArgs e)
{
    Graphics g = e.Graphics;
    g.DrawLine(Pens.Blue,10,10,50,50);
}
```

其中，PaintEventHandler 的参数也有一个 PaintEventArgs 对象，它有使用方法与 OnPaint( )方法的 PaintEventArgs 参数是一样的。

8.2.3 进行绘图的一般步骤

在获得了一个图形对象之后，就可以使用这个类的成员在窗体上进行绘制。一般来说，绘图包括以下步骤。

1. 设定一定的环境

例如，要设定 Graphics 对象绘图的单位（默认的是以像素为单位）：

```
g.PageUnit = GraphicsUnit.Millimeter;
```

下面的代码演示了如何以毫米为单位绘图：

```
Graphics gr = CreateGraphics();
gr.PageUnit = GraphicsUnit.Millimeters;
gr.DrawLine(Pens.Black,10,10,20,20);
gr.Dispose();
```

以这种方式使用单位的好处就是：无论是在什么屏幕或打印机上，绘制的图形尺寸相同。相反，如果以像素为单位，在每英寸 72 个点的屏幕和每英寸 600 个点的打印机上画出的图形大小截然不同。

2. 使用颜色

颜色可以通过 System.Drawing.Color 结构来表示，颜色可以用预定义的颜色，也可以通

过 FromArgb( ) 等方法来创建颜色, 如:
```
Color c1 = Color.RosyBrown;
Color c2 = Color.FromArgb(255,0,127);
Color c3 = Color.FromArgb(255,255,0,127);
```

3. 使用画笔

Pen 类有 3 个基本的属性: 颜色、宽度和线条样式。有 4 种构造函数以不同的方式创建画笔, 它们以 Brush 或 Color 作参数, 并可以指定宽度:

```
public Pen(Brush);
public Pen(Color);
public Pen(Brush,float);
public Pen(Color,float);
```

也可以用 System.Drawing.Pens 类来获取一个表示标准系统颜色的画笔, 如:

```
Pen pen = Pens.LimeGreen;
```

必要时, 还可以对画笔的属性进行设置: Pen 类的 Color 属性, 可以获取(或设置)画笔的颜色。DashStyle 属性可以设置其线条样式。StartCap 和 EndCap 可以设定线条末端是如何被绘制的。例如:

```
pen4.DashStyle = DashStyle.Dash;
pen5.DashStyle = DashStyle.Dot;
pen3.StartCap = LineCap.Round;
pen3.EndCap = LineCap.Triangle;
```

4. 使用刷子

创建刷子有多种方式。下面是一些常见的方式。

使用已定义好的刷子:

```
Brush br = Brushes.Azure;
Brush br = SystemBrushes.Desktop;
```

使用 SolidBrush:

```
Brush br = new SolidBrush(mycolor);
```

使用 TextureBrush:

```
Bitmap bm = Bitmap.FromFile(@ "c:\dev\data.bmp");
TextureBrush tbr = new TextureBrush(bm);
```

使用 HatchBrush:

```
HatchBrush hbr1 = new HatchBrush(HatchStyle.Vertical,
    Color.ForestGreen,Color.Honeydew);
```

使用 LinearGradientBrush:

```
LinearGradientBrush lbr = new LinearGradientBrush(new PointF(50,50),
    new PointF(200,200),Color.Black,Color.White);
```

5. 使用 Graphics 的绘图方法进行绘图

Graphics 的绘图方法包括: 线条、矩形、多边形、弧、椭圆、圆形; 贝塞尔曲线 (Bezier curve); 字符串; 图标 (Icon) 和图像 (Image)。

6. 释放资源

对于程序中创建的相关资源, 如 Pen, Brush, Graphics 等对象, 应尽快进行释放。释放这些资源的办法很简单, 只需调用对象的 Dispose( ) 方法即可。如果不调用 Dispose( ) 方法,系统在回收这些资源时,自动调用 Dispose()方法,但释放资源的时间会滞后。

例 8-4　DrawFun.cs 使用绘图功能进行函数绘图。

```
1   private void Form1_Paint(object sender,System.Windows.Forms.PaintEventArgs e)
2   {
3       Graphics g = e.Graphics;
4
5       PointF [] cur1 = new PointF[150];
6       for(int i = 0;i < cur1.Length;i ++)
7       {
8           double x = (double)i/5;
9           double y = Math.Sin(x) * 3 + Math.Cos(3 * x);
10          cur1[i] = new PointF((float)i,(float)(y * 10 + 100));
11      }
12      g.DrawLines(Pens.Blue,cur1);
13
14      PointF [] cur2 = new PointF[100];
15      for(int i = 0;i < cur2.Length;i ++)
16      {
17          double theta = Math.PI/50 * i;
18          double r = Math.Cos(theta * 16);
19          cur2[i] = new PointF(
20              (float)(r * Math.Cos(theta) * 50 + 230),
21              (float)(r * Math.Sin(theta) * 50 + 100));
22      }
23      g.DrawLines(Pens.Blue,cur2);
24  }
```

程序运行结果如图 8-4 所示。

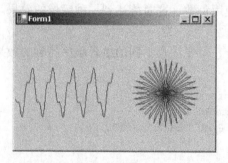

图 8-4　使用绘图功能进行函数绘图

8.2.4　坐标变换

坐标变换(Transform)是 GDI + 中一个重要功能,利用坐标变换可以取得一些非常生动的效果。坐标变换可以广泛应用于图形对象、画笔和刷子等,下面主要以 Graphics 对象为例进行介绍。

1. 平移变换

平移变换是用指定的 X 轴和 Y 轴偏移量对图形进行平移。例如:

```
g.TranslateTransform(20,30);
```

一旦使用该语句,其后绘制的所有图形都将向右和向下分别移 20 和 30 个单位。

2. 旋转变换

旋转变换是相对于原点旋转指定的角度,旋转的方向以顺时针为正(当坐标系 Z 方向向下时),单位为度。例如:

```
//g.RotateTransform(30);
g.DrawRectangle(Pens.Black,100,50,100,50);
g.DrawString("Graphics Example",
    this.Font,Brushes.Black,100F,50F);
```

不使用 RotateTransform,图形如图 8-5 所示;使用 RotateTransform,图形如图 8-6 所示。

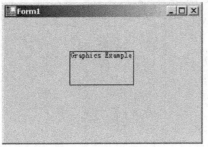
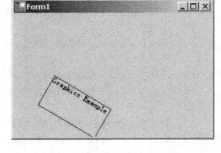

图 8-5　使用旋转变换之前　　　　　　图 8-6　使用旋转变换之后

3. 比例变换

比例变换是用指定的 X 轴和 Y 轴比例对图形进行变换。例如:

```
g.ScaleTransform(1.5F,0.6F);
```

如果用了该语句,再画出矩形和字符串,则效果如图 8-7 所示。

其中,比例系数可以使用负数,这时能达到一种镜像的效果。

4. 变换的组合

各种变换可以相互组合,但要注意不同的组合顺序达到的效果是不同的。

例如:

```
g.TranslateTransform(100F,0);
g.RotateTransform(30);
g.DrawRectangle(Pens.Black,0,0,100,50);
```

效果如图 8-8 所示。

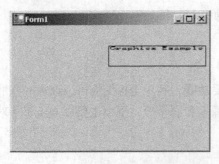
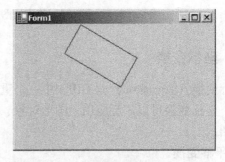

图 8-7　使用比例变换　　　　　　　图 8-8　先平移变换后旋转变换

如果交换两次坐标变换的顺序，写成：

```
g.RotateTransform(30);
g.TranslateTransform(100F,0);
g.DrawRectangle(Pens.Black,0,0,100,50);
```

则效果如图 8-9 所示。

事实上，也可以不交换两次变换的语句，而在第二个语句中使用一个 MatrixOrder.Append 参数，如下：

```
g.TranslateTransform(100F,0);
g.RotateTransform(30,MatrixOrder.Append);
g.DrawRectangle(Pens.Black,0,0,100,50);
```

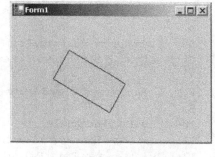

图 8-9　先旋转变换后平移变换

其效果与图 8-9 相同。

如果不跟这些参数，则默认为 MatrixOrder.Prepend。

从效果上讲，MatrixOrder.Append 表示后一次变换是在前一次变换的基础上进行的；而 MatrixOrder.Prepend 表示每一次变换都是基于原坐标系进行的。

例 8-5　TransformDraw.cs 使用变换来绘制图形。

```
1   private void Form1_Paint(object sender,System.Windows.Forms.PaintEventArgs e)
2   {
3       Graphics g = e.Graphics;
4       float x = g.VisibleClipBounds.Width;
5       float y = g.VisibleClipBounds.Height;
6       PointF[] pts =
7       {
8           new PointF(0,0),new PointF(x/2,0),
9           new PointF(x/2,y/2),new PointF(0,y/2)
10      };
11      Pen pen = new Pen(Color.Blue,1.0F);
12      g.ScaleTransform(0.8F,0.8F);
13      g.TranslateTransform(x/2,y/2 +20);
14      for(int i = 0;i < 36;i ++)
15      {
16          g.DrawBeziers(pen,pts);
17          g.DrawRectangle(pen,-x/12,-y/12,x/6,y/6);
18          g.DrawEllipse(pen,-x/4,-y/3,x/2,y *2/3);
19          g.RotateTransform(10);
20      }
```

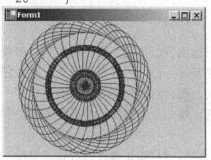

图 8-10　使用变换来绘制图形

程序运行结果如图 8-10 所示。

在实际程序中，经常使用坐标变换的 Graphics，Pen，Brush。下面的例子可供参考。

例 8-6　TranslateBrush.cs 在刷子中使用坐标变换。

```
1   private void Form1_Paint(object sender,
System.Windows.Forms.PaintEventArgs e)
2   {
```

```
3       Graphics g = e.Graphics;
4
5       Image bm = Bitmap.FromFile(@ "heart.ico");
6       TextureBrush brush = new TextureBrush(bm);
7
8       Random rnd = new Random();
9
10      g.FillRectangle(
11          new LinearGradientBrush(
12              new PointF(0,0),new PointF(Width,Height),
13              Color.Black,Color.White),
14          0,0,Width,Height);
15
16      brush.TranslateTransform(-8,-8);
17      for(int i = 0;i < 10;i ++)
18      {
19          brush.RotateTransform(rnd.Next(360));
20          g.FillRectangle(
21              brush,
22              i * 60,0,
23              50,Height);
24      }
25  }
```

图8-11 在刷子中使用坐标变换

程序运行结果如图8-11所示。

5. 变换矩阵

以上所有的坐标变换及其组合，都可以使用变换矩阵来表示：

$$[x',y',1] = \begin{bmatrix} s_x & r_y & 0 \\ r_x & s_y & 0 \\ d_x & d_y & 1 \end{bmatrix} \times [x,y,1]$$

其中$[x,y,1]$是变换前的坐标，$[x',y',1]$是变换后的坐标。

在程序中，可以直接将变换矩阵设给相应的对象，格式如下：

```
g.Transform = new Matrix(sx,ry,rx,sy,dx,dy);
```

由于这里需要比较多的数学知识，不再举例。

8.2.5 处理重绘和无效操作

前面已经介绍了如何获取一个图形对象和建立图形输出，但是我们会发现在窗口中绘制的图形很容易丢失。无论何时，只要对图形窗口进行更新——比如：将最小化窗口放在任务栏，然后恢复窗口；或者是将另一个窗口放在该窗口的上面，然后先移除上面的窗口等——都会发现.NET会恢复窗口的"系统"部分，比如标题、滚动条和控件，但是图形则需要自己重新绘制。

当一个窗体需要重绘时，那么窗体将会发生Paint事件。对Paint事件进行处理是绘图程序设计的一件重要任务。

大部分 Paint 事件是由系统发出的，如窗体被其他窗体遮住后又重新显示出来，这时就会发生 Paint 事件。在编程时，也可以强制要求重绘。

要求重绘常用以下方法：

```
void Invalidate();
void Invalidate(Rectangle);
void Update();
void Refresh();
```

其中，Invalidate()方法不会立刻强迫控件进行自身的刷新，只是简单地把请求加入请求队列，等待被调度执行。如果想马上进行刷新，那么调用控件的 Update()方法。Refresh()方法和 Update()方法类似，它强迫控件立刻刷新自身及其子控件。

8.2.6 绘图示例

利用 C#绘图功能可以绘制出很漂亮的界面，限于篇幅，这里只列出一个例子的关键代码，更多的代码可以参见慕课或本书的配套电子资源。

例 8-7 LuminousClock 夜光钟屏保程序，如图 8-12 所示。界面上放置一个 Timer 控件（名称为 tmrRefresh），窗体本身设置成无边框、最大化、背景为黑色。

图 8-12 夜光钟屏保

```
1   enum ImageShape      //绘制的图形的类型
2   {
3       Circle,          //圆形
4       Cube,            //正方形
5       Triangle,        //三角形
6   }
7
8   public partial class ScreenSaverClock:Form
9   {
10      private int clockRadius;              //时钟表盘的半径
```

```csharp
11      private int hRadius,mRadius,sRadius;   //时针、分针、秒针的长度
12      private int hDegree,mDegree,sDegree;   //时针、分针、秒针的角度(相对于12
        点钟位置)
13      private string today;                  //表示今天是星期几
14      private int countMouseMove;            //鼠标移动事件发生的次数
15
16      public ScreenSaverClock()              //构造函数
17      {
18          InitializeComponent();
19
20          Cursor.Hide();                     //隐藏鼠标
21          countMouseMove = 0;                //计数器归零
22          tmrRefresh.Start();                //定时器开始工作
23      }
24
25      private void ScreenSaverClock_Paint(object sender,PaintEventArgs e)
26      {
27          //首先,初始化4个"半径"的值
28          clockRadius = (int)(this.Height * 0.37);
29          hRadius = (int)(clockRadius * 0.63);
30          mRadius = (int)(clockRadius * 0.74);
31          sRadius = (int)(clockRadius * 1.01);
32
33          int i,r,h;                         //定义3个临时变量(其中i是循环变量)
34
35          Graphics g = e.Graphics;
36          g.SmoothingMode = SmoothingMode.AntiAlias;
37
38          g.Clear(Color.Black);              //全屏使用黑色
        填充
39          g.TranslateTransform(this.Width/2,this.Height/2); //将g平移至
        屏幕的中心
40
41          //画主表盘(分3步绘制完成)
42          r = (int)(clockRadius * 1.15);
43          g.FillEllipse(new SolidBrush(Color.FromArgb(49,49,49)),-r,-r,
        r*2,r*2);
44          r = (int)(clockRadius * 1.12);
45          g.FillEllipse(new SolidBrush(Color.Black),-r,-r,r*2,r*2);
46          DrawVagueShapes(g,ImageShape.Circle,0,clockRadius,1.1,Color.
        Black,Color.FromArgb(21,21,21),Color.FromArgb(15,15,15),false);
47
48          //画整点的刻度标志
49          for (i = 0;i < 12;i ++)
50          {
51              DrawVagueShapes(g,ImageShape.Circle,clockRadius,10,3.1,Col
        or.Blue,Color.FromArgb(41,92,145),Color.FromArgb(15,15,15),true);
52              g.RotateTransform(30);         //将g旋转30度
53          }
54
55          //画非整点的刻度标志
```

```
56          r = 8;
57          h = 3;
58          for (i = 0;i < 60;i ++)
59          {
60              if (i % 5 != 0)
61              {
62                  g.FillRectangle(new SolidBrush(Color.FromArgb(94,101,109)),
                    clockRadius - r,-h,r * 2,h * 2);
63              }
64              g.RotateTransform(6);        //将g旋转6度
65          }
66
67          //显示当前日期及星期数
68          StringFormat strFormat = new StringFormat();
69          strFormat.Alignment = StringAlignment.Center;
70          r = (int)(clockRadius * 0.2);
71          g.DrawString(today,new Font("Times New Roman",28),new SolidBrush
            (Color.Gray),new PointF(0,r),strFormat);
72
73          g.RotateTransform(270);          //将g旋转至12点钟位置
74
75          //画时针的顶端
76          g.RotateTransform(hDegree);
77          r = 18;
78          h = 3;
79          DrawVagueShapes(g,ImageShape.Cube,hRadius,r,2.2,Color.FromArgb
            (100,255,0),Color.FromArgb(59,102,25),Color.FromArgb(15,15,15),true);
80
81          //画时针的连接部分
82          g.FillRectangle(new SolidBrush(Color.Black),0,-h,hRadius - r,h
            * 2);
83
84          //画分针的顶端
85          g.RotateTransform(mDegree - hDegree);
86          r = 12;
87          h = 3;
88          DrawVagueShapes(g,ImageShape.Triangle,mRadius,r,2.6,Color.
            Yellow,Color.FromArgb(91,93,15),Color.FromArgb(15,15,15),true);
89
90          //画分针的连接部分
91          g.FillRectangle(new SolidBrush(Color.Black),0,-h,mRadius - r,h
            * 2);
92
93          //画秒针的顶端
94          g.RotateTransform(sDegree - mDegree);
95          r = 15;
96          h = 3;
97          DrawVagueShapes(g,ImageShape.Circle,sRadius,r,2.1,Color.Red,
            Color.FromArgb(170,10,20),Color.FromArgb(20,15,15),true);
98
99          //画秒针的连接部分
```

```
100            g.FillRectangle(new SolidBrush(Color.Black),0,-h,sRadius-r,h
     *2);
101
102          //画屏幕中心的小圆圈(即时钟的转轴)
103          r=15;
104          g.FillEllipse(new SolidBrush(Color.Black),-r,-r,r*2,r*2);
105          r=9;
106          g.FillEllipse(new SolidBrush(Color.Purple),-r,-r,r*2,r*2);
107      }
108
109      private void DrawVagueShapes(Graphics g,ImageShape shapeType,int R,
         int r, double scale, Color centerColor, Color middleColor, Color
         edgeColor,bool drawCenter)
110      /*
111       *本函数用于绘制有一定模糊效果的图形
112       *假定g已经定位于屏幕的中心
113       *shapeType 代表绘制的是圆形、正方形还是三角形
114       *R 代表所绘图形的中心与屏幕中心之间的距离
115       *r 描述了所绘图形的清晰部分的"大小"
116       *scale 代表了模糊部分与清晰部分之间的比值
117       *centerColor 代表了所绘图形的清晰部分的颜色
118       *middleColor 和 edgeColor 代表了所绘图形的模糊部分的渐变颜色
119       *drawCenter 表示是否需要绘制清晰部分;若等于false就代表不绘制清晰部分
120       */
121      {
122          int r1,r2,r3;         //外径、中径、内径
123
124          r1=(int)(r*scale);
125
126          if(shapeType == ImageShape.Triangle)
127          {
128          r2=(int)(r*1.2);
129          r3=(int)(r*0.85);
130          }
131          else
132          {
133              r2=(int)(r*1.15);
134              r3=(int)(r*0.9);
135          }
136
137          //首先绘制模糊部分
138          Rectangle rect=new Rectangle(); //辅助矩形
139          Point[] points=new Point[3];    //辅助点组
140
141          switch(shapeType)
142          {
143              case ImageShape.Circle:
144              case ImageShape.Cube:
145              InitRectangle(ref rect,R,r1);
146              break;
147              case ImageShape.Triangle:
```

```csharp
148                InitTriangle(ref points,R,r1);
149                break;
150        }
151
152        GraphicsPath path = new GraphicsPath();
153
154        switch (shapeType)
155        {
156            case ImageShape.Circle:
157                path.AddEllipse(rect);
158                break;
159            case ImageShape.Cube:
160                path.AddRectangle(rect);
161                break;
162            case ImageShape.Triangle:
163                path.AddPolygon(points);
164                break;
165        }
166
167        // 引入一个渐变画笔
168        PathGradientBrush pathBrush = new PathGradientBrush(path);
169        pathBrush.CenterPoint = new PointF(R,0);
170        pathBrush.CenterColor = middleColor;
171        pathBrush.SurroundColors = new Color[] { edgeColor };
172
173        // 使用渐变画笔进行画图,实现"模糊"的效果
174        switch (shapeType)
175        {
176            case ImageShape.Circle:
177                g.FillEllipse(pathBrush,rect);
178                break;
179            case ImageShape.Cube:
180                g.FillRectangle(pathBrush,rect);
181                break;
182            case ImageShape.Triangle:
183                g.FillPolygon(pathBrush,points);
184                break;
185        }
186
187        // 如果不需要绘制清晰部分,则直接退出本函数
188        if (drawCenter == false)
189            return;
190
191        // 然后绘制清晰部分
192        switch (shapeType)
193        {
194            case ImageShape.Circle:
195                InitRectangle(ref rect,R,r2);
196                g.FillEllipse(new SolidBrush(Color.Black),rect);
197                InitRectangle(ref rect,R,r3);
198                g.FillEllipse(new SolidBrush(centerColor),rect);
```

```csharp
199                     break;
200                 case ImageShape.Cube:
201                     InitRectangle(ref rect,R,r2);
202                     g.FillRectangle(new SolidBrush(Color.Black),rect);
203                     InitRectangle(ref rect,R,r3);
204                     g.FillRectangle(new SolidBrush(centerColor),rect);
205                     break;
206                 case ImageShape.Triangle:
207                     InitTriangle(ref points,R,r2);
208                     g.FillPolygon(new SolidBrush(Color.Black),points);
209                     InitTriangle(ref points,R,r3);
210                     g.FillPolygon(new SolidBrush(centerColor),points);
211                     break;
212             }
213         }
214
215         private void InitRectangle(ref Rectangle rect,int R,int r)
216         {
217             //绘制时针、分针、秒针的顶端时,需要调用本函数
218             rect.X = R - r;
219             rect.Y = - r;
220             rect.Width = r * 2;
221             rect.Height = r * 2;
222         }
223
224         private void InitTriangle(ref Point[] points,int R,int r)
225         {
226             //绘制时针、分针、秒针的顶端时,需要调用本函数
227             points[0].X = R + r * 2;
228             points[0].Y = 0;
229             points[1].X = R - r;
230             points[1].Y = (int)(r * 1.732);
231             points[2].X = R - r;
232             points[2].Y = (int)(- r * 1.732);
233         }
234
235         private void tmrRefresh_Tick(object sender,EventArgs e)
236         {
237             //修改时针、分针、秒针的角度(相对于12点钟位置)
238             sDegree = DateTime.Now.Second * 6;
239             mDegree = DateTime.Now.Minute * 6;
240             hDegree = DateTime.Now.Hour * 30 + DateTime.Now.Minute / 2;
241
242             //获取今天是星期几,并存入字符串today中
243             switch (DateTime.Now.DayOfWeek)
244             {
245                 case DayOfWeek.Monday:
246                     today = "M O N";
247                     break;
248                 case DayOfWeek.Tuesday:
249                     today = "T U E";
```

```csharp
250            break;
251        case DayOfWeek.Wednesday:
252            today = "W E D";
253            break;
254        case DayOfWeek.Thursday:
255            today = "T H U";
256            break;
257        case DayOfWeek.Friday:
258            today = "F R I";
259            break;
260        case DayOfWeek.Saturday:
261            today = "S A T";
262            break;
263        case DayOfWeek.Sunday:
264            today = "S U N";
265            break;
266    }
267
268    //重绘整个Form控件
269    this.Refresh();
270 }
271
272 private void ScreenSaverClock_MouseClick(object sender,MouseEventArgs e)
273 {
274    if (ConfigParams.MouseClickExit == true)
275        this.Close();
276 }
277
278 private void ScreenSaverClock_MouseMove(object sender,MouseEventArgs e)
279 {
280    if (ConfigParams.MouseMoveExit == true)
281    {
282        countMouseMove ++;
283
284        // 为了防止鼠标过于敏感,所以仅当鼠标移动了足够多次的时候,才退出屏保
           //程序
285        if (countMouseMove > 6)
286            this.Close();
287    }
288 }
289
290 private void ScreenSaverClock_KeyDown(object sender,KeyEventArgs e)
291 {
292    if (ConfigParams.AnyKeyDownExit == true)
293        this.Close();
294
295    if (ConfigParams.EscKeyDownExit = = true && e.KeyCode = = Keys.Escape)
296        this.Close();
```

```
297      }
298 }
```

程序中还处理了鼠标与键盘事件,以方便程序的退出。为了使用屏保程序,要将生成的 .exe 文件更名成 .scr 文件,复制到 C:\Windows\System32(针对 32 位 Windows 系统)或 C:\Windows\SysWOW64(针对 64 位 Windows 系统)文件夹下,然后在控制面板中设置屏幕保护程序。

✂ 值得注意的是,程序中要将窗体的 DoubleBuffered 属性置为 True,这样窗体在绘图时会先绘制到一个缓存的内存中的图像中,然后再自动地绘制到屏幕上,这种技术称为"双缓存",.NET Framework 从 2.0 起就支持双缓存绘图,这样的好处就是:可以避免绘图时出现屏幕闪烁现象。

8.3 字体

在绘图过程中,还经常需要处理文本,而显示文本都需要字体。.NET 中的文本字体是通过 System.Drawing.Font 和 System.Drawing.FontFamily 这两个类来表示的。

8.3.1 Font 类

Font 类表示字体,包括字体的名称、大小和样式属性。例如,一种字体可以像如下这样表示:名称为 Times Roman,大小为 12,样式为粗体。

FontFamily 类表示相关字体的组成员,这些字体有相似的性质,但是在细节方面稍有不同。例如,Franklin Gothic 字体集合就是一个 FontFamily 实例,包括了以下几种字体:Franklin Gothic Book、Franklin Gothic Medium、Franklin Gothic Heavy 和另外其他几种。

字体的样式属性用 FontStyle 枚举来表示,其成员见表 8-26。

表 8-26 FontStyle 枚举的成员

成 员	描 述
Bold	描述粗体文本
Italic	描述斜体文本
Regular	描述常规文本
Strikeout	描述带有线条横穿的文本
Underline	描述带下划线的文本

表 8-27 列出了 Font 类的所有属性,注意这些属性是只读的,因为字体对象一旦被创建以后,其属性就无法进行修改。

表 8-27 Font 类的属性

属 性	描 述
Bold	如果字体是粗体,返回 True(只读)
FontFamily	返回字体的 FontFamily 对象(只读)
Height	返回字体的高度(只读)

续表

属性	描述
Italic	如果字体是斜体，返回 True（只读）
Name	返回字体的名称（只读）
Size	返回字体大小（只读）
SizeInPoints	返回字体大小的磅值大小（只读）
Strikeout	如果字体是突出（struck-out）的，则返回 True（只读）
Style	返回一个描述字体样式的 Fontstyle 对象（只读）
Underline	如果字体有下划线，则返回 True（只读）
Unit	返回字体的图形单位（只读）

表 8-28 列出了 Font 类的重要方法。其中有几种方法是用于在 Windows API 字体结构和 GDI+ 字体之间进行转换的。

表 8-28　Font 类的重要方法

方法	描述
Clone	创建一个字体对象的准确拷贝
Dispose	释放字体使用的 Windows 资源
FromHdc	从 WindowsHDC 中创建一个字体
GetHeight	获取在一个具体 Graphics 上下文中的字体高度
ToHfont，FromHfont	从 WindowsHFONT 转换或者转换成 WindowsHFONT
ToLogFont，FromLogFont	从 WindowsLOGFONT 结构转换或者转换成 WindowsLOGFONT 结构

8.3.2　使用字体来绘制文本

1. 创建字体

在程序中，可以使用控件及窗体的 Font 属性。控件的默认 Font 值是 Control.DefaultFont。它是用户的操作系统当前正在使用的 FontFamily.GenericSansSerif 的字体。

也可以创建字体。Font 类多个构造函数，这些构造函数使得在创建字体的时候，可以指定以下这些属性：

① 字体家族，通过名称字符串或者通过提供一个 FontFamily 对象；
② 字体大小；
③ 样式属性；
④ 另外现有的字体。

下面的代码显示了如何创建一个字体：

```
Font fnt = new Font("Verdana",25,FontStyle.Regular);
```

默认情况下，字体大小是以打印机的磅值为一个单位(1/72")，但是在构造函数中可以用最后一个参数指定字体大小的单位：

```
Font fnt = new Font("Verdaha",25,FontStyle.Regular,
                    GraphicsUnit.Millimeters);
```

2. 枚举字体

如果想找出哪些字体是可以使用的,那么可以使用 System.Drawing.Text 名字空间的 InstalledFontCollection 类。

对于绘图情况下,也可以使用 Font 的一个 static 域:Font.Families 或 Font.GetFamilies() 方法,它们得到的都是 FontFamily 的数组。

3. 绘制文本

GDI + 的 DrawString() 函数被用于在窗体上绘制文本。这个函数有多个重载函数,但是它们都需要以下 4 个元素。

① 被绘制的字符串。
② 被使用的字体对象。
③ 为填充字体所要使用的刷子。
④ 文本应该被绘制的位置,这个位置可以通过如下几种形式表示:一个 X 坐标和 Y 坐标、一个点或者是一个有边界的矩形。

下面的代码显示了如何创建和使用一个字体来绘制字符串:

```
SolidBrush br = Brushes.Blue;
Font fnt = new Font("Tahoma",25,FontStyle.Regular);
g.DrawString("Some Text String", fnt,br, 50, 50);
```

例 8-8   FontFamilyDrawString.cs 枚举字体并绘制文本。

```
1    private void Form1_Paint(object sender,System.Windows.Forms.PaintEventArgs e)
2    {
3        FontFamily[] families = FontFamily.GetFamilies(e.Graphics);
4        Font font;
5        string familyString;
6        float spacing = 0;
7        foreach (FontFamily family in families)
8        {
9            try
10           {
11               font = new Font(family,16,FontStyle.Bold);
12               familyString = "This is the " + family.Name + "family.";
13               e.Graphics.DrawString(
14                   familyString,
15                   font,
16                   Brushes.Black,
17                   new PointF(0,spacing));
18               spacing += font.Height +5;
19           }
20           catch
21           {}
22       }
23   }
```

程序运行结果如图 8-13 所示。

4. 绘制旋转的文本

如果想绘制一个旋转的文本(或者任何其他旋转的形状),就必须在绘制以前设置图形

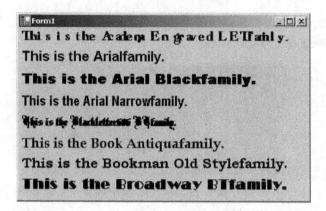

图 8-13 枚举字体并绘制文本

对象的转换。有关旋转参见第 8.2.4 节。

5. 使用 GraphicsPath 处理字符串轮廓

使用 GraphicsPath 对象的 AddString( )方法，可以得到字符串的轮廓。而使用 Graphics 对象的 DrawPath( )和 FillPath( )这两个方法可以绘制字符串轮廓或者填充内部。

GraphicsPath 对象的 AddString( )方法的格式如下：

```
public void AddString(
    string s,                //要添加的字符串
    FontFamily family,       //FontFamily 对象
    int style,               //FontStyle 枚举
    float emSize,            //限定字符的 Em(字体大小)方框的高度
    Point origin,            //文本从其起始的点
    StringFormat format      //文本格式设置信息(如行间距和对齐方式)
);
```

例 8-9 FontGraphicsPath.cs 处理字符串轮廓。

```
1    private void Form1_Paint(object sender,System.Windows.Forms.PaintEventArgs e)
2    {
3
4        GraphicsPath gp = new GraphicsPath(FillMode.Winding);
5        gp.AddString(
6            "字体轮廓",
7            new FontFamily("方正舒体"),
8            (int) FontStyle.Regular,
9            80,
10           new PointF(10,20),
11           new StringFormat());
12
13       Brush brush = new LinearGradientBrush(
14           new PointF(0, 0),new PointF(Width,Height),
15           Color.Red,Color.Yellow);
16
17       e.Graphics.DrawPath(Pens.Black,gp);
18       e.Graphics.FillPath(brush,gp);
19   }
```

例 8-9 中，GraphicsPath 构造函数的参数决定了形状被填充的方法，但在这里没有太大影响。程序运行结果如图 8-14 所示。

图 8-14　处理字符串轮廓

8.4　图像

程序中的图像处理也是图形化界面应用的一个重要内容。本节将对图像进行简要的介绍。

8.4.1　与图像相关的类

1. Image 类

Image 类是所有图像类的抽象基类，它给出了许多有用的方法和属性。表 8-29 列出了 Image 类的一些最重要的属性。

表 8-29　Image 类的重要属性

属　性	描　述
Height	图像高度
HorizontalResolution	图像的水平分辨率
Palette	获取或者设置图像的调色板
PhysicalDimension	获取描述图像维数的物理大小
PixelFormat	像素格式
RawFormat	获取图像格式
Size	返回描述图像的大小
VerticalResolution	图像的垂直分辨率
Width	图像宽度

ImageFormat 属性表示图像的格式，表 8-30 列出了 ImageFormat 枚举的成员。

表 8-30　ImageFormat 的重要成员

成　员	描　述
Bmp	Windows 位图格式
Emf	加强的元文件格式
Gif	GIF 图像格式

续表

成员	描述
Icon	Windows 图标格式
Jpeg	JPEG 图像格式
Png	W3CPNG 图像格式
Tiff	TIFF 文件格式
Wmf	Windows 元文件格式

表 8-31 列出了 Image 类的重要方法。

表 8-31　Image 类的重要方法

方法	描述
FromFile	根据文件中的数据创建图像
FromHbitmap	根据 WindowsHBITMAP 创建图像
FromStream	根据一个流创建图像
GetBounds	返回图像的边界
GetThumbnailImage	返回极小化的图像
Save	将图像存入文件

FromFile( )函数和 Save( )函数能读写多种格式的图像，这些格式都是由前面所述的 ImageFormat 枚举定义的。下面的代码演示了如何将位图保存为 JPG 文件：

```
myImage.Save(@ "mydir\myfile.jpeg",ImageFormat.JPEG);
```

2. Bitmap 类

System. Drawing. Bitmap 类用于表示位图，它是 Image 类的子类。Bitmap 对象可以利用文件中的数据或内存中的数据来进行构造。

Bitmap 类包括许多构造函数，可以：

① 从一个现存的 Image 对象中创建和初始化；

② 从一个流或者一个文件中创建和初始化；

③ 从一个资源创建和初始化；

④ 作为一个规定大小的空白位图来创建和初始化。

下面的代码段演示了如何从 JPEG 文件中的图像创建 Bitmap：

```
Bitmap bm = new Bitmap(@ "C:\temp\image.jpg")
```

Bitmap 类只有从 Image 类继承的属性。表 8-32 列出了 Bitmap 类的重要方法。

表 8-32　Bitmap 类的重要方法

方法	描述
Clone	创建一个 Bitmap 的准确拷贝
FromHicon	从 WindowsHICON 的副本中创建 Bitmap
FromResource	从一个资源中创建 Bitmap
GetHbitmap	返回描述该对象的 WindowsHBITMAP

续表

方　法	描　述
GetHicon	返回描述该对象的 Windows HICON
GetPixel，SetPixel	获取或设置 Bitmap 中的像素
MakeTransparent	使 Bitmap 的颜色透明
SetResolution	设置 Bitmap 的分辨率

3. Icon 类

Icon 类用于描述图标。图标是系统用来描述界面对象的小位图，可以看作是具有透明背景的位图。

Icon 对象可以用多种方法来创建，比如：

① 从一个流创建；
② 从一个 Win32 图标句柄（一个 HICON）创建；
③ 从一个文件创建；
④ 从一个资源创建；
⑤ 从另一个图标对象创建。

使用 ToBitmap()方法可以将 Icon 转变成位图。但要注意，Icon 类不是 Image 的子类。

SystemIcons 类描述了一组图标，这组图标由系统提供，可以在应用程序中使用。这些图标作为属性列在表 8-33 中。其中大部分的属性都经常被用于消息框和其他的系统对话框。

表 8-33　SystemIcons 类的属性

属　性	描　述
Application	默认的应用程序图标
Asterisk	系统星号图标
Error	系统错误图标
Exclamation	系统感叹号图标
Hand	系统指针图标
Information	系统信息图标
Question	系统问题图标
Warning	系统警告图标
WinLogo	Windows 标识

8.4.2　在窗体上显示图像

1. 使用 DrawImage()方法

图形可以使用 Graphics 类的 DrawImage()成员函数来显示。这个函数有多个重载形式，它们的参数中要求以下信息：被绘制的图像、图像被绘制的位置、图像被绘制的区域。

例 8-10　DrawImageMirror.cs 在窗体上显示一个 JPG 文件，并将其图像镜像显示。

```
1    private void Form1_Paint(object sender,System.Windows.Forms.PaintEventArgs e)
```

第 8 章 绘图及图像

```
2    {
3        Graphics g = e.Graphics;
4        try
5        {
6
7            Bitmap bm = new Bitmap(@".\kid.jpg");
8
9            int ht = bm.Height /10;
10           int wd = bm.Width /10;
11
12           g.DrawImage(bm,35,50,wd,ht);
13           g.ScaleTransform(-1,1);
14           g.TranslateTransform(-(35+2*wd),50);
15           g.DrawImage(bm,0,0,wd,ht);
16
17           g.ResetTransform();
18       }
19       catch(Exception ex)
20       {
21           MessageBox.Show(ex.ToString(), "Error",
22               MessageBoxButtons.OK,MessageBoxIcon.Hand);
23       }
24   }
```

程序中使用了坐标变换来达到镜像效果。运行结果如图 8-15 所示。

2. 使用图像避免绘图时的闪烁

在窗体或控件上绘图时，如果绘图指令太多或者绘图过于频繁，会出现闪烁现象，为了避免这种情况，可以创建一个 Image 对象，这个对象称为后台图像（off screen image）；由 Image 对象产生一个 Graphics 对象，然后将图形在后台图像上绘出；最后一次性地将后台图像在窗体或控件上绘出。这种方式称为双缓存绘图。

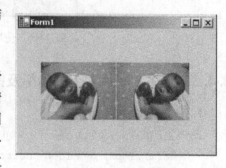

图 8-15 在窗体上镜像地显示一个 JPG 文件

✂ 值得注意的是，.NET Framework 从 2.0 起就支持双缓存绘图，只要将窗体或控件的 DoubleBuffered 属性置为 True 就可以了，而不再需要自己编写代码。

下面的例子展示了如何自己编写代码来实现双缓存绘图。

例 8-11 VoidFlicker.cs 使用后台图像避免绘图时的闪烁。

```
1   private void Form1_Paint(object sender,System.Windows.Forms.PaintEventArgs e)
2   {
3       Graphics g = e.Graphics;
4
5       Image offscreenImage = new Bitmap(Width,Height,g);
6       Graphics offsceenGraphics = Graphics.FromImage(offscreenImage);
7
8       Random rnd = new Random();
```

```
9       for(int i = 0; i < 1000; i ++)
10      {
11          Pen pen = new Pen(Color.FromArgb(rnd.Next()));
12          offsceenGraphics.DrawLine(pen,
13              rnd.Next(Width),rnd.Next(Height),
14              rnd.Next(Width),rnd.Next(Height));
15          pen.Dispose();
16      }
17
18      g.DrawImage(offsceenImage,0,0,Width,Height);
19
20      offsceenGraphics.Dispose();
21  }
```

程序运行结果如图 8-16 所示。

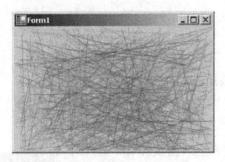

图 8-16 使用后台图像避免绘图时的闪烁

8.4.3 窗体、图片框上的图标及图像

1. 窗体上的图标

图体上的图标（Icon）是一个 Icon 对象，可以这样操作：

```
form1.Icon = new Icon("heart.ico");
```

2. 图片框的图像

图片框控件（PictureBox）的 Image 属性是一个 Image 对象，可以这样操作：

```
pictureBox1.Image = new Bitpmap("zzzz.bm");
```

例 8-12 ImageFilesShow.cs 使用图片框浏览某一目录下的所有图片文件。

```
1   private System.IO.DirectoryInfo dir;
2   private System.IO.FileInfo [] files;
3   private Image [] images;
4   private int cur;
5   private void Form1_Load(object sender,System.EventArgs e)
6   {
7       dir = new System.IO.DirectoryInfo(@ "c:\winnt");
8       files = dir.GetFiles(" * .bmp");
9       images = new Image[ files.Length ];
10      cur = 0;
11      this.timer1.Interval = 1000;
12      this.timer1.Start();
```

```
13    }
14
15    private void timer1_Tick(object sender,System.EventArgs e)
16    {
17        if(images[cur] == null)
18        {
19            try
20            {
21                images[cur] = Bitmap.FromFile(files[cur].FullName);
22            }
23            catch{}
24        }
25        if(images[cur] != null)
26        {
27            this.pictureBox1.Location = new Point(
28                (this.Width - images[cur].Width)/2,
29                (this.Height - images[cur].Height)/2);
30            this.pictureBox1.Width = this.images[cur].Width;
31            this.pictureBox1.Height = this.images[cur].Height;
32            this.pictureBox1.Image = images[cur];
33        }
34        cur ++;
35        if(cur >= files.Length) cur = 0;
36    }
```

程序中使用了 DirectoryInfo 来列举文件，使用计时器来每隔一段时间显示一个图片。程序运行结果如图 8-17 所示。

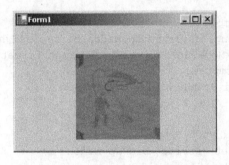

图 8-17　使用图片框浏览某一目录下的所有图片文件

8.4.4　图像处理

图像处理是计算机科学中一个专门的学科，这里仅谈谈在 C#中如何进行图像的基本过滤运算（filter）。过滤的功能类似于 Photoshop 中的滤镜的功能，是针对图像的各点进行运算，从而得到一个新的图像。

一般的图像（位图 Bitmap，颜色深度 24 位）中一个点的颜色是用三个字节（RGB，即红绿蓝）来表示的，可以用 image1. GetPixel（x，y）来得到一个点的颜色，用 image1. SetPixel(x,y,newColor)来设置一个点的颜色。

在进行图像处理时，如果大量地使用 GetPixel 及 SetPixel 会比较慢。为了快速地进行运算，一般采用指针来访问内存中的颜色数据。这首先需要取得图像数据 ImageData 及图像的基地址 Scan0 并转成指针：

```
BitmapData bmpData = bitmap.LockBits(
    new Rectangle(0,0,bitmap.Width,bitmap.Height),
    ImageLockMode.ReadWrite,PixelFormat.Format24bppRgb);
System.IntPtr Scan0 = bmpData.Scan0;
byte * p = (byte *)(void *)Scan0;
```

然后，用指针 p 就可以取得每个数据。要注意的是，使用指针的代码段或函数要标注为 unsafe，在编译时也要将项目属性中选择"允许不安全代码"。

图像中的一行所占用的字节数（Stride）会凑为 4 的倍数，如果图像宽度 * 3 不是 4 的倍数，就会多空出几个字节：

```
int stride = bmData.Stride;
int nOffset = stride - b.Width * 3;
```

也就是说，一个坐标为（x，y）的像素点对应的颜色地址为"基地址 + x * 3 + y * stride"处的三个字节，其中第 1 个字节是蓝色分量（blue），第 2 个字节是绿色分量（green），第 3 个字节是红色分量。

✻注意到日常所说的红绿蓝在内存中是"蓝绿红"的顺序。还有一点要注意，图像中的坐标（x，y）是从图像的左下角为坐标原点的，与屏幕坐标的原点（在左上角）不同。

例 8-13 ImageProcessor 图像过滤处理。

```
1    //颜色反转:将每个字节换成255减去原字节
2    public static bool Invert(Bitmap bitmap)
3    {
4        BitmapData bmpData = bitmap.LockBits(
5            new Rectangle(0,0,bitmap.Width,bitmap.Height),
6            ImageLockMode.ReadWrite,PixelFormat.Format24bppRgb);
7        int stride = bmpData.Stride;
8        System.IntPtr Scan0 = bmpData.Scan0;
9        unsafe
10       {
11           byte * p = (byte *)(void *)Scan0;
12           int nOffset = stride - bitmap.Width * 3;
13           int nWidth = bitmap.Width * 3;
14           for(int y = 0;y < bitmap.Height; ++y)
15           {
16               for(int x = 0;x < nWidth; ++x)
17               {
18                   p[0] = (byte)(255 - p[0]);
19                   ++p;
20               }
21               p + = nOffset;
22           }
23       }
24       bitmap.UnlockBits(bmpData);
25       return true;
26   }
```

```
27
28      //变成灰度图:用红绿蓝计算出灰度值
29      public static bool Gray(Bitmap bitmap)
30      {
31          BitmapData bmpData = bitmap.LockBits(
32              new Rectangle(0,0,bitmap.Width,bitmap.Height),
33              ImageLockMode.ReadWrite,PixelFormat.Format24bppRgb);
34          int stride = bmpData.Stride;
35          System.IntPtr Scan0 = bmpData.Scan0;
36          unsafe
37          {
38              byte * p = (byte * )(void * )Scan0;
39              int nOffset = stride - bitmap.Width * 3;
40              byte red,green,blue;
41              for(int y = 0;y < bitmap.Height; ++y)
42              {
43                  for(int x = 0;x < bitmap.Width; ++x)
44                  {
45                      blue = p[0];
46                      green = p[1];
47                      red = p[2];
48                      p[0] = p[1] = p[2] = (byte)(.299 * red + .587 * green + .114 * blue);
49                      p + = 3;
50                  }
51                  p + = nOffset;
52              }
53          }
54          bitmap.UnlockBits(bmpData);
55          return true;
56      }
57
58      //加亮:每个字节加上一常数
59      public static bool Brightness(Bitmap bitmap,int nBrightness)
60      {
61          if(nBrightness < -255 || nBrightness > 255)
62              return false;
63          BitmapData bmpData = bitmap.LockBits(
64              new Rectangle(0,0,bitmap.Width,
65              bitmap.Height),ImageLockMode.ReadWrite,
66              PixelFormat.Format24bppRgb);
67          int stride = bmpData.Stride;
68          System.IntPtr Scan0 = bmpData.Scan0;
69          int nVal = 0;
70          unsafe
71          {
72              byte * p = (byte * )(void * )Scan0;
73              int nOffset = stride - bitmap.Width * 3;
74              int nWidth = bitmap.Width * 3;
75              for(int y = 0;y < bitmap.Height; ++y)
76              {
77                  for(int x = 0;x < nWidth; ++x)
```

```csharp
 78            {
 79                nVal = (int)(p[0]+nBrightness);
 80                if(nVal<0)nVal=0;
 81                if(nVal>255)nVal=255;
 82                p[0] = (byte)nVal;
 83                ++p;
 84            }
 85            p+=nOffset;
 86        }
 87    }
 88    bitmap.UnlockBits(bmpData);
 89    return true;
 90 }
 91
 92 // 变成红色调:红色变成灰度值,去掉蓝色和绿色成分
 93 public static bool Red(Bitmap bitmap)
 94 {
 95     BitmapData bmpData = bitmap.LockBits(
 96         new Rectangle(0,0,bitmap.Width,bitmap.Height),
 97         ImageLockMode.ReadWrite,PixelFormat.Format24bppRgb);
 98     int stride = bmpData.Stride;
 99     System.IntPtr Scan0 = bmpData.Scan0;
100     unsafe
101     {
102         byte *p = (byte *)(void *)Scan0;
103         int nOffset = stride - bitmap.Width*3;
104         for(int y=0;y<bitmap.Height;++y)
105         {
106             for(int x=0;x<bitmap.Width;++x)
107             {
108                 byte blue = p[0];
109                 byte green = p[1];
110                 byte red = p[2];
111                 p[2] = (byte)(.299*red+.587*green+.114*blue);
112                 p[0]=p[1]=0;
113                 p+=3;
114             }
115             p+=nOffset;
116         }
117     }
118     bitmap.UnlockBits(bmpData);
119     return true;
120 }
121
122 // 图像模糊:每个点的颜色变成周围颜色的平均值
123 unsafe public static bool Blur(Bitmap bitmap)
124 {
125     BitmapData bmpData = bitmap.LockBits(
126         new Rectangle(0,0,bitmap.Width,bitmap.Height),
127         ImageLockMode.ReadWrite,PixelFormat.Format24bppRgb);
128     System.IntPtr Scan0 = bmpData.Scan0;
```

```csharp
        byte * p = (byte * ) (void * ) Scan0;

        int width = bitmap.Width;
        int stride = bmpData.Stride;

        // 为了运算方便,将数据复制到新的数组中
        int bytes = stride * bitmap.Height;
        byte[]data = new byte[bytes];
        Marshal.Copy(Scan0,data,0,bytes);

        int blurRadius = 3;
        int blockPixels = (2 * blurRadius +1) * (2 * blurRadius +1);
        for(int y = blurRadius;y < bitmap.Height - blurRadius;y ++)
        {
            for(int x = blurRadius;x < bitmap.Width - blurRadius;x ++)
            {
                for(int rgb = 0;rgb < 3;rgb ++)
                {
                    int sum = 0;
                    for(int i = - blurRadius;i <= blurRadius;i ++)
                        for(int j = - blurRadius;j <= blurRadius;j ++)
                            sum + = data[(x + i) * 3 + (y + j) * stride + rgb];
                    p[x * 3 + y * stride + rgb] =
                        (byte)(sum/blockPixels);
                }
            }
        }
        bitmap.UnlockBits(bmpData);
        return true;
}

// 马赛克:每个小块内各点的颜色都变成该小块各点颜色的平均值
unsafe public static bool Mosaic(Bitmap bitmap)
{
    BitmapData bmpData = bitmap.LockBits(
        new Rectangle(0,0,bitmap.Width,bitmap.Height),
        ImageLockMode.ReadWrite,PixelFormat.Format24bppRgb);
    System.IntPtr Scan0 = bmpData.Scan0;
    byte * p = (byte * ) (void * ) Scan0;

    int width = bitmap.Width;
    int stride = bmpData.Stride;

    // 为了运算方便,将数据复制到新的数组中
    int bytes = stride * bitmap.Height;
    byte[]data = new byte[bytes];
    Marshal.Copy(Scan0,data,0,bytes);

    int blockSize = 9;
    for(int y = 0;y < bitmap.Height - blockSize;y + = blockSize)
    {
```

```csharp
180         for(int x = 0;x < bitmap.Width - blockSize;x + = blockSize)
181         {
182             for(int rgb = 0;rgb < 3;rgb ++ )
183             {
184                 int sum = 0;
185                 for(int i = 0;i < blockSize;i ++ )
186                     for(int j = 0;j < blockSize;j ++ )
187                         sum + = data[(x + i) * 3 + (y + j) * stride + rgb];
188                 byte average = (byte)(sum / (blockSize * blockSize));
189
190                 for(int i = 0;i < blockSize;i ++ )
191                     for(int j = 0;j < blockSize;j ++ )
192                         p[(x + i) * 3 + (y + j) * stride + rgb] = average;
193             }
194         }
195     }
196     bitmap.UnlockBits(bmpData);
197     return true;
198 }
199
200 // 边缘增强:每个点变化一点儿,变化量正比于该点与左上角颜色值的差值
201 unsafe public static bool Edge(Bitmap bitmap)
202 {
203     BitmapData bmpData = bitmap.LockBits(
204         new Rectangle(0,0,bitmap.Width,bitmap.Height),
205         ImageLockMode.ReadWrite,PixelFormat.Format24bppRgb);
206     System.IntPtr Scan0 = bmpData.Scan0;
207     byte * p = (byte * )(void * )Scan0;
208
209     int width = bitmap.Width;
210     int stride = bmpData.Stride;
211
212     // 为了运算方便,将数据复制到新的数组中
213     int bytes = stride * bitmap.Height;
214     byte[]data = new byte[bytes];
215     Marshal.Copy(Scan0,data,0,bytes);
216
217     for(int y = 1;y < bitmap.Height;y ++ )
218     {
219         for(int x = 1;x < bitmap.Width;x ++ )
220         {
221             for(int rgb = 0;rgb < 3;rgb ++ )
222             {
223                 int delta = data[x * 3 + y * stride + rgb]
224                     - data[(x - 1) * 3 + (y - 1) * stride + rgb];
225                 int result = (data[x * 3 + y * stride + rgb])
226                     + delta;
227                 if(result > 255)result = 255;
228                 p[x * 3 + y * stride + rgb] = (byte)result;
229             }
230         }
```

```
231     }
232     bitmap.UnlockBits(bmpData);
233     return true;
234 }
```

程序中用了多种过滤方式，例如，图 8-18 中表示的是"模糊"过滤前后的效果。

图 8-18　图像模糊过滤

如果要查看更多的过滤方式，可以参见本书配套资源的代码。

8.5　在自定义控件中使用绘图

除了在窗体和已有的控件上面使用绘图和图形外，在用户自定义控件时，也经常要使用绘图及图形。

8.5.1　自定义控件

自定义控件（UserControl）是用户自己创建的控件，这些控件可以在一个应用程序或多个应用程序中多处使用，其使用方式与.NET 预先定义好的控件的使用方式一样。例如，可以自定义一个控件来输入个人联系方式，包括电子邮件地址、电话号码和邮政编码，并且可以验证用户输入合法性。

在编程时，可以创建一个包含几个用户控件类的命名空间并将其编译为一个 DLL。此 DLL 可以在该应用程序或一个组织内的所有应用程序中进行引用和分发。这样就可以在多个应用程序中引用该用户控件，从而节约编程的时间。用户控件还能够使得在应用程序内部或在应用程序之间保持一致性；例如，所有地址信息输入块都将具有相同的外观和行为。

1. UserControl 类

System.Windows.Forms.UserControl 类是创建自定义控件的基础。用户可以继承它来创建自己的控件。由于 UserControl 类是 Control 类的子类，所以所有的 UserControl 都可以使用 Contorl 类的属性、方法和事件。

创建和使用一个自定义控件并不难。如果使用 Visual Studio.NET，需要创建一个 Windows Control Library（Windows 控件库）工程，用来创建从 UserControl 派生出来的控件类，如图 8-19 所示。

如图 8-20 所示，在用户定义的控件上进行设计和操作与普通的 Windows 窗体很相似。

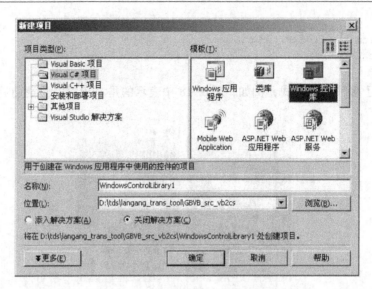

图 8-19　创建一个 Windows 控件库工程

事实上，UserControl 类与 Form 类都是 System. Windows. Forms. ContainerControl 的子类。

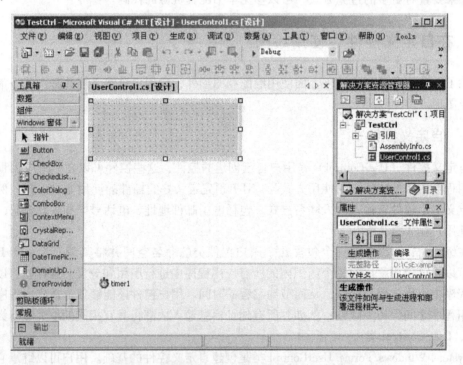

图 8-20　在用户定义的控件上进行设计和操作

在 UserControl 上进行的工作一般包括以下步骤：
① 加入子控件，并进行布局；
② 针对 OnPaint 方法进行覆盖，以设定 UserControl 的用户界面；
③ 针对该控件及其子控件进行事件处理，以设定 UserControl 与用户的交互。

与普通工程一样，用户控件要经过编译，编译生成的文件为 dll 文件。

为了要在其他项目中使用已编写好的用户控件，只需要在程序中引用该 dll 文件即可。

2. 一个 UserControl 类的实例

下面举例说明如何创建 UserControl 类，它可以在多个应用程序中重复使用，以获取用户信息。为了收集用户的信息，在 UserControl 中添加了几个 Label 控件、TextBox 控件和一个 ErrorProvider 对象。此外，用户的电子邮件地址在 TextBox 的 Validating 事件中进行验证，而 ErrorProvider 对象则用于在数据未能通过验证的情况下为用户提供反馈。

例 8-14 UserControlCustomInfo.cs 用于收集用户信息的 UserControl。设计界面如图 8-21 所示。

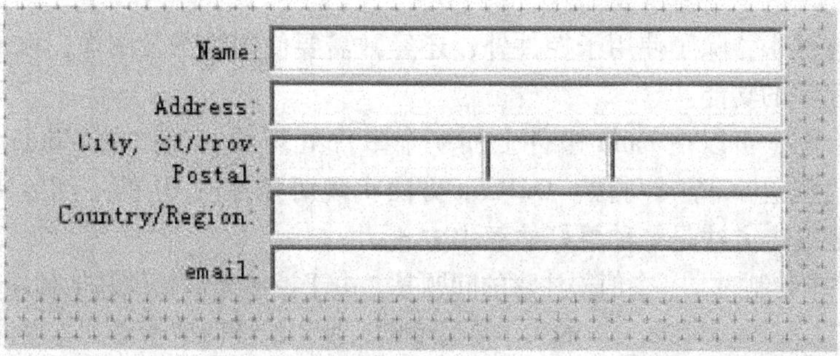

图 8-21 用于收集用户信息的 UserControl

```
1   private void MyValidatingCode()
2   {
3       if(textEmail.Text.Length == 0)
4       {
5           throw new Exception("Email address is a required field.");
6       }
7       else if(textEmail.Text.IndexOf(".") == -1 || textEmail.Text.IndexOf("@") == -1)
8       {
9           throw new Exception("Email address must be valid e-mail address format." +
10              "\nFor example:'someone@ microsoft.com'");
11      }
12  }
13
14
15  private void textEmail_Validating (object sender, System.ComponentModel.CancelEventArgs e)
16  {
17      try
18      {
19          MyValidatingCode();
20      }
21
22      catch(Exception ex)
23      {
24          e.Cancel = true;
```

```
25          textEmail.Select(0,textEmail.Text.Length);
26          this.errorProvider1.SetError(textEmail,ex.Message);
27      }
28  }
29
30  private void textEmail_Validated(Object sender,System.EventArgs e)
31  {
32      errorProvider1.SetError(textEmail,"");
33  }
```

8.5.2 在自定义控件中绘图

在自定义控件中，除了使用子控件外，还经常需要使用绘图及图像，以使界面更具个性化，更能反映程序的功能。

要自定义绘图，可以在 Paint 事件上加一个事件处理器，正如在 Windows 窗体上那样。另外一种办法是覆盖 OnPaint 方法。OnPaint 方法实现对控件的 UI 的一切绘制操作，所以在自己的类中覆盖这个方法是一种更好的解决方式。

在用户控件中绘制时，一个值得注意的问题是，由于控件经常是供其他程序使用的，所以它的大小是可变的，所以绘图时应考虑到与控件的大小成比例。另外，要注意在必要时，应该让控件能够自动重绘自己。

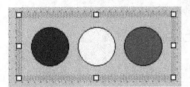

图 8-22 一个交通灯控件

例 8-15 UserControlTrafficLight.cs 一个交通灯控件，如图 8-22 所示。该控件每隔一定时间显示不同亮度的红、黄、绿三色灯。控件中使用了一个定时器控件（Timer1），并且在 OnPaint( ) 中进行绘图。

```
1   private void TrafficLight_Load(object sender,System.EventArgs e)
2   {
3       InitLight();
4   }
5   private void timer1_Tick(object sender,System.EventArgs e)
6   {
7       int nLight = curLightIndex +1;
8       if(nLight >= 4)nLight =1;
9       TurnOn(nLight);
10      curLightIndex = nLight;
11      this.Invalidate();
12  }
13  protected override void OnPaint(PaintEventArgs e)
14  {
15      Graphics g = e.Graphics;
16      UserControl_Resize();
17      this.RedLight.Paint(g);
18      this.GreenLight.Paint(g);
19      this.YellowLight.Paint(g);
20  }
21  int curLightIndex ;              // 当前所亮的灯
22  private void UserControl_Resize()
23  {
```

```csharp
24          //变换灯的大小
25          int w,h,d;
26          w = this.Width;
27          h = this.Height;
28          d = w/4;
29          if(d > h)d = h;
30          RedLight.Move(d/4,(h - d)/2,d,d);
31          YellowLight.Move(d + d/2,(h - d)/2,d,d);
32          GreenLight.Move(2 * d + 3 * d/4,(h - d)/2,d,d);
33      }
34      private Color RGB(int r,int g,int b)
35      {
36          return Color.FromArgb(r,g,b);
37      }
38      public void TurnOn(int nLight)
39      {
40          if(nLight ==1)
41          {
42              RedLight.FillColor = RGB(255,0,0);
43          }
44          else
45          {
46              RedLight.FillColor = RGB(127,0,0);
47          }
48          if(nLight ==2)
49          {
50              YellowLight.FillColor = RGB(255,255,0);
51          }
52          else
53          {
54              YellowLight.FillColor = RGB(127,127,0);
55          }
56          if(nLight ==3)
57          {
58              GreenLight.FillColor = RGB(0,255,0);
59          }
60          else
61          {
62              GreenLight.FillColor = RGB(0,127,0);
63          }
64          if(nLight != curLightIndex)
65          {
66              nLight = curLightIndex;      //置当前值
67
68          }
69  }
70  struct Light
71  {
72      int left,top,width,height;
73      public Color FillColor;
74      public void Move(int left,int top,int width,int height)
```

```csharp
75      {
76          this.left = left;
77          this.top = top;
78          this.width = width;
79          this.height = height;
80      }
81      public void Paint(Graphics g)
82      {
83          g.FillEllipse(new SolidBrush(this.FillColor),
84              left,top,width,height);
85          g.DrawEllipse(Pens.Black ,
86              left,top,width,height);
87      }
88  }
89
90  Light RedLight,YellowLight,GreenLight;
91  public int CurLightIndex
92  {
93      get
94      {
95          return curLightIndex;
96      }
97      set
98      {
99          curLightIndex = value;
100     }
101 }
102 private int interval;
103 public int Interval
104 {
105     set
106     {
107         this.interval = value;
108     }
109     get
110     {
111         return this.interval;
112     }
113 }
114 public void StartLight()
115 {
116     if(this.curLightIndex < 0 )
117         this.curLightIndex = 0;
118     this.timer1.Start();
119 }
120 private void InitLight()
121 {
122     this.timer1.Interval = 500;
123     this.curLightIndex = 0;
124     StartLight();
125 }
```

习题 8

一、判断题

1. 程序中进行绘图，要使用绘图对象，这个对象是 Graphics。
2. DrawRectangle 表示填充矩形。
3. 获得 Color 的方法是 new Color( )。
4. 可以用控件的 Paint 方法得到 Graphics 对象。
5. Transform 可以实现绘图时的坐标变换。
6. Path 表示绘图路径。
7. DoubleBuffered 属性可以实现绘图过程的双缓冲。
8. 表示图像的抽象类是 Bitmap。
9. Pen，Brush，Color，Rectangle 表示画笔、画刷、颜色、矩形。
10. 自己创建的各种绘图对象，如 Graphics，Pen，Brush 最好调用 Dispose 方法进行资源的释放。
11. Size( ) 是个结构体，它进行了 + 及 − 运算符的重载。
12. Point 和 PointF 是一样的。
13. Paint 事件的参数中可以有 Graphics 对象。
14. DrawString 方法中都需要字体、画刷等参数。
15. Bitmap 类是表示图像。
16. 使用 bitmap.GetPixel(x,y) 可以得到像素点。
17. 在进行图像处理时，使用指针可以提高效率。
18. 图像滤镜的作用是对图像进行变换处理。

二、编程题

1. 编写程序，画出一条螺旋线。
2. 绘出以下函数的曲线：

$y = 5\sin x + \cos 3x$

$y = \sin x + (\sin 6x)/10$

3. 绘出以下函数的曲线：

$r = \cos(2\theta)$

$r = \cos(3\theta)$

4. 编写显示一行字符串，包含两个按钮"放大"和"缩小"，当用户单击"放大"时显示的字符串字体放大一号，单击"缩小"时显示的字符串字体缩小一号。

5. 编写程序，包含三个标签，其背景分别为红、黄、蓝三色。

6. 使用 Checkbox 标志按钮的背景色，使用 CheckboxGroup 标志三种字体风格，使用 Choice 选择字号，使用 List 选择字体名称，由用户确定按钮的背景色和前景字符的显示效果。

7. 使用滚动条。编写一个包含一个滚动条，在其中绘制一个圆，用滚动条滑块显示的数字表示该圆的直径，当用户拖动滑块时，圆的大小随之改变。

8. 编写一个响应鼠标事件，用户可以通过拖动鼠标在中画出矩形，并在状态条显示鼠标当前的位置。使用一个 List 对象保存用户所画过的每个矩形并显示、响应键盘事件，当用户按 Q 键时清除屏幕上所有的矩形。

9. 综合练习：使用绘图功能生成一个公章或搞笑证书。其中可能会用到诸如 translate/rotate 等功能，也可能会用到绘制图像的功能。

第 9 章 文本、XML 及网络信息获取

本章介绍各类文本信息的处理，包括文本正则表达式、XML 编程以及从网络上获取各种信息并进行处理的编程。

9.1 文本及正则表达式

基于文本的应用程序，经常与字符串（String，StringBuilder）以及文件（File）、流（FileStream，StreamReader，StreamWriter）等相关，许多内容在前面的章节中已经讲过，这里介绍文本命名空间和正则表达式。

9.1.1 文本命名空间

System.Text 和 System.Text.RegularExpression 命名空间中有一些很有用的类，包括：
① ASCII、Unicode、UTF-7 以及 UTF-8 字符编码类 Encoding；
② 构造 String 对象的类 StringBuilder；
③ 正则表达式引擎的类 Regex。

StringBuilder 的使用已在第 5 章中进行了介绍，正则表达式稍后会介绍。这里介绍表示字符编码的 Encoding 类。

字符编码是一种在内存中将字符表示成一个比特序列的方法。例如，要表示一个字符有多种方法可以选择。多年以来，美国信息编码标准 ASCII（American Standard Code for Information Interchange）是最通用的方法，它采用 7 个比特位来表示一个字符，这就意味着可以表示 127 种可能的字符，所以字符"A"的 ASCII 值是 65。显然，如果还需要使用中文，那么这 127 种字符表示能力是远远不够的。最近统一字符编码标准（Unicode）已经较为常用，它采用 16 个比特位来表示一个字符，支持 65 536 种字符表示，同样字符"A"被表示为十六进制代码 0041。ASCII 码和 Unicode 代表两种不同的字符编码方式，实际应用中可以同时采用两种方式来表示一个字符"A"，但是两种编码采用的比特位数是不一样的。

Encoding 类是 System.Text 提供的如下 4 种字符编码类的基类。
① ASCIIEncoding：将统一的标准字符编码为用 7 位比特位表示的字符。
② UnicodeEncoding：将统一的标准字符编码为用 2 个连续字节表示的字符。
③ UTF7Encoding：采用 UTF-7 编码对标准字符进行编码。
④ UTF8Encoding：采用 UTF-8 编码对标准字符进行编码。

Encoding 类以及 Encoder 类、Decoder 类是处理跨多国别、多语言的应用程序时要经常用到的类。

✘要注意的是，使用 Encoding.Default 是表示系统所使用的默认字符编码，而 Encoding.UTF8 则是网络通信中最常用的编码方式。

9.1.2 正则表达式

正则表达式是用来表示字符串模式的表达式,如[0-9]{4}表示4个数字,可以认为它是复杂的通配符,它主要用来从文本中查找到某一类字符串。最初在Unix操作系统中的文本编辑器中得到应用,现在已经广泛运用到许多地方,例如EditPlus和Visual Studio中。

1. 正则表达式的基本元素

正则表达式实际上是用来匹配某种格式的字符串的模式。一个模式主要由三种要素构成:位置、字符和量词(字符个数)。例如

^[0-9]{4}

其中,^表示要求字符串出现在行首,[0-9]表示要匹配的是数字,{4}表示数字字符是4个,例如它可以匹配出现在行首的1998、2022等。

表9-1和表9-2列出了构成正则表达式所需的基本元素。

表9-1 正则表达式中的字符

字 符	含 义	描 述
.	代表一个字符的通配符	能和回车符之外的任何字符相匹配
[ ]	字符集	能和括号内的任何一个字符相匹配。方括号内也可以表示一个范围,用"-"符号将起始和末尾字符区分开来,例如[0-9]
[^]	排斥性字符集	与集合之外的任意字符匹配
^	起始位置	定位到一行的起始处并向后匹配
$	结束位置	定位到一行的结尾处并向前匹配
( )	组	按照子表达式进行分组
|	或	或关系的逻辑选择,通常和组结合使用
\	转义	匹配反斜线符号之后的字符,所以可以匹配一些特殊符号,例如$和|

表9-2 正则表达式中元素次数的控制符

符 号	含 义	描 述
*	零个或多个	匹配表达式首项字符的零个或多个副本
+	一个或多个	匹配表达式首项字符的一个或多个副本
?	零个或一个	匹配表达式首项字符的一个或零个副本
^n	重复	匹配表达式首项字符的 n 个副本

下面给出表9-1中所列元素的一些实例。

① a..c——能够匹配"abbc""aZZc""a09c"等。
② a..c$——能够匹配"abbc""aZZc""a09c"等,从一行的尾部开始向前匹配。
③ [Bbw]ill——能够匹配"Bill""bill"和"will"。
④ 0[^23456]a——能够匹配"01a""07a"和"0ba",但不能匹配"02a"或者"05a"。
⑤ (good|bad)day——能够匹配"goodday"和"badday"。
⑥ a\(b\)——能够匹配"a(b)",反斜线符号说明圆括号不是作为一个组的分隔符,而是作为普通字符来对待。

下面给出表9-2中所列元素的一些实例。

① a+b——匹配一个或多个字符"a"之后跟随着字符"b",例如,"ab""aab"和"aaab"。

② ab+——一个a后面跟着一个或多个b的字符串进行匹配,所以它可以对"ab""abab""ababab"等进行匹配。

③ (ab)+——对出现一次或重复"ab"字符串进行匹配,所以它可以对"ab""abab""ababab"等进行匹配。

④ [0-9]{4}——匹配任何4位数。

⑤ \([0-9]{3}\)-[0-9]{3}-[0-9]{3}——匹配类似(666)-666-6666形式的电话号码。

⑥ ^.*$——能够匹配整个一行,因为.*能匹配零个或多个任何字符,并且^和$定位到该行的首尾处然后开始匹配。

⑦ ^Dav(e|id)——如果在一行的开始出现了"Dave"或"David",那么就进行匹配。"^"表示对行首进行匹配,"()"划清一组的界线,另外"|"(一个或运算符)表示可以选择的。

2. 使用正则表达式匹配文本中的模式

System.Text.RegularExpressions.Regex类提供了一种基于文本字符串的模式匹配的功能。

Regex常用的构造方法有两种:

```
Regex();
Regex(string);
```

带string参数的构造方法所创建的Regex对象能够被预编译,使得以后的模式匹配速度更快。

如果要判断是否与某个字符串相匹配,可以使用IsMatch()方法。该方法有static的形式如下:

```
bool ok=Regex.IsMatch("[Bbw]ill", "My friend Bill will pay the bill");
```

也可以使用实例方法:

```
Regex rx=new Regex("[Bbw]ill");
bool ok=rx.IsMatch("My friend Bill will pay the bill");
```

如果不仅仅是判断是否匹配,还要获得其他一些信息,如匹配的位置,或者进行多次匹配,可以使用Regex对象的Match()方法。

在指定的输入字符串中搜索Regex构造函数中指定的正则表达式匹配项:

```
public Match Match(string);
```

从指定的输入字符串起始位置开始在输入字符串中搜索正则表达式匹配项:

```
public Match Match(string, int);
```

在指定的输入字符串中搜索pattern参数中提供的正则表达式的匹配项:

```
public static Match Match(string, string);
```

Match()方法返回一个Match对象,这个对象表示匹配过程的结果,所以可以通过查看这个对象的属性知道匹配发生在什么位置,以及准确地知道什么字符被匹配。表9-3中列出了Match对象的常用属性。

表 9-3 Match 对象的常用属性

属　性	描　述
Index	匹配发生字符串中的位置
Length	被匹配字符串的长度
Success	如果匹配成功，则返回 True
Value	实际被匹配的字符串

除了使用 Match( )方法外，还可以使用 Matches( )方法来获得多次匹配的结果。

Matches( )方法返回一个 MatchCollection 对象，它是 Match 的集合对象。MatchCollection 对象是一个实现了 ICollection 的对象，可以通过 foreach 语句、GetEnumerator( )等方法来使用。关于集合的使用方法参见第 6.3 节。

例 9-1　RegexTest.cs 使用正则表达式的几种方法。

```
1   using System;
2   using System.Text.RegularExpressions;
3   class Test
4   {
5       static void  Main()
6       {
7           string pattern = "[Bbw]ill";
8           string s = "My friend Bill will pay the bill";
9   
10          if(Regex.IsMatch(s,pattern))
11              Console.WriteLine(s + "与" + pattern + "相匹配");
12  
13          Regex   rx = new Regex(pattern);
14  
15          MatchCollection mc = rx.Matches(s);
16          Console.WriteLine("有{0}次匹配",mc.Count);
17          foreach(Match mt in mc)
18          {
19              Console.WriteLine(mt);
20          }
21  
22          Match m = rx.Match(s);
23          while(m.Success)
24          {
25              Console.WriteLine("在位置 {0} 有匹配'{1}'",
26                  m.Index,m.Value);
27              m = rx.Match(s,m.Index + m.Length);
28          }
29  
30          for(m = rx.Match(s);m.Success;m = m.NextMatch())
31          {
32              Console.WriteLine("在位置 {0} 有匹配'{1}'",
33                  m.Index,m.Value);
34          }
```

```
35
36     }
37  }
```

程序运行结果如图 9-1 所示。

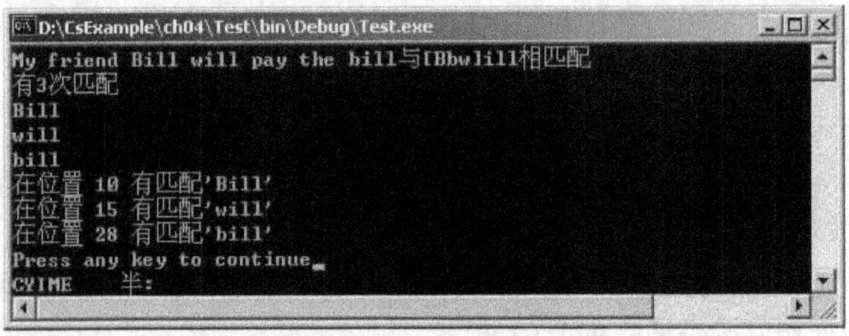

图 9-1 使用正则表达式的几种方法

3. 使用查找和替换

Regex 类能够提供比前面简单的例子更加高级的模式匹配。其中最为有用的是使用变量（标识符）进行查找和替换。其中查找是用 Match 的 Result 表示，替换则是用 Match 的 Replace 来表示。

下面是一个更加复杂的例子，用到了多个高级的功能。这个例子的任务是：处理一个单位的电话列表，取出其中的名字和分机，并且将它们打印出来。其中，电话列表中的每一条记录为以下的形式：

```
Dr.David Jones,Ophthalmology,x2441
```

如果想提取出其中的姓和分机，并打印出来，那么结果如下所示：

```
2441,Jones
```

程序中以字符串数组的形式，提供一些样本记录。程序中将会对记录重新格式化。

例 9-2 RegexPhone.cs 使用 Regex 对数据进行重新格式化。

```
1   using System;
2   using System.Text.RegularExpressions;
3   class Test
4   {
5       static void Main()
6       {
7           string pattern = @ "^[\. a-zA-Z]+(?<name>\w+),[a-zA-Z]+,x(?<ext>\d+)$";
8           string[]sa =
9           {
10              "Dr. David Jones,Ophthalmology,x2441",
11              "Ms. Cindy Harriman,Registry,x6231",
12              "Mr. Chester Addams,Mortuary,x1667",
13              "Dr. Hawkeye Pierce,Surgery,x0986",
14          };
15
16          Regex rx = new Regex(pattern);
17
```

```
18          foreach(string s in sa)
19          {
20              Match m = rx.Match(s);
21              if(m.Success)
22                  Console.Write(m.Result("${ext}, ${name}"));
23              Console.WriteLine("\t" +
24                  rx.Replace(s,"姓：${name},分机号：${ext}"));
25          }
26      }
27  }
```

在这个例子中，正则表达式是：

^[\. a-zA-Z]+(?<name>\w+),[a-zA-Z]+,x(?<ext>\d+)$

下面对这个表达式进行解释。

① ^表示从字符串的起始位置开始匹配。

② [\. a-zA-Z]表示对以下所有的字符都进行匹配：空格符、点（前面加上一个反斜线符号，主要是因为点在表达式中是一个特殊的字符）、大写字母、小写字母。

③ +表示进行一次或多次匹配。这个模式表示在第一个名字和姓之间，对标题和第一个名字进行匹配。

④ 在+号后面的空格表示在第一个名字和姓之间对空格进行匹配。

⑤ (?<name>\w+)定义了一个特殊种类的组。其中的?<name>标签表示将被匹配的字符串加上一个name标签，后面还可以利用它来引用被匹配的文本。\w表示的意思和[a-zA-Z_0-9]完全一样，这是一种非常有用的简写形式。所以，这部分的模式匹配接下来的一个单词，这个单词由一个或多个字符、数字或下划线组成，并且将这个单词附上name标签进行保存。

⑥ 接下来的一部分是[a-zA-Z]+，它对定义部门的标点符号和单词进行匹配。这个没有被标识，主要是因为并不打算再次使用它。

⑦ 分机号出现在"x"字符后面，匹配分机号的模式为(?<ext>\d+)，它能够捕获一个有序的数字组，并且附上ext标签进行保存。

⑧ 最后的$表示分机模式必须出现在每一行的最后面。

当Match()在运行的时候，最后的Match对象有两个标签项（标识符）：name和ext，用于表示姓名和分机号。Match对象的Result()方法使得可以得到一个输出结果的字符串，并以匹配的字符串进行替代。在这个例子中，使用了name和ext标签，并将它们包括在${}中。

也可以用Replace()方法来获得结果。程序运行结果如图9-2所示。

图9-2　使用正则表达式

9.1.3 应用示例：播放歌词

正则表达式是文本处理中最重要的工具，这里介绍一个应用示例"播放歌词"。

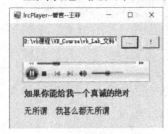

图9-3 "播放歌词"
程序运行界面

程序在播放音乐的同时，从文本文件读出歌词并按照时间自动显示到界面上。运行情况如图9-3所示。

歌词文件的扩展名是.lrc，lrc 是英文 lyric（歌词）的缩写。歌词文件可以在各类数码播放器中同步显示。它是基于纯文本的歌词专用格式。其中最主要的是这样的语句：

[00:37.00][04:05.00]如果你能给我一个真诚的绝对

它表示时间及歌词，所以程序中可以读出这些语句，然后用正则表达式识别出时间来。

由于程序中要使用媒体播放组件"Windows Media Player"，先要加到 Visual Studio 的工具箱中，方法是：在工具箱上右击，选择"选择项"，在弹出的"选择工具箱项"对话框中，选择"COM 组件"选项卡，找到"Windows Media Player"并勾选，如图9-4所示，然后单击"确定"，工具箱的"组件"组中就有了这个组件，之后就可以像普通组件一样放置到窗体设计界面上。

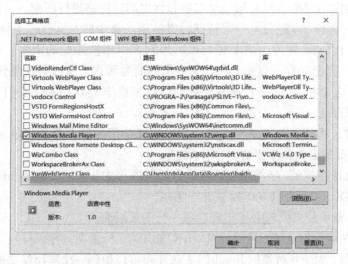

图9-4 添加"Windows Media Player"组件

程序的设计界面如图9-5所示。界面上放置一个 Windows Media Player 控件（用于播放音乐），两个标签（用于显示当前一句及下一句歌词），一个 Timer（计时器，计时器在工具箱的"组件"组中可以找到，用于实时地获取当前播放的时间），一个文本框（命名为 txtFileName 用于输入文件名），一个按钮 btnSelectFile（用于打开选择文件），一个按钮 btnPlay（用于开始播放），一个"打开文件对话框" openFileDialog1。窗体的属性设置中将 TopMost 置为 True，可以使窗体在运行时一直处于顶层而不被其他窗口遮住。

程序中的代码主要是 ReadLRC()方法，它读取并解析时间与歌词，并用 InsertOneItem() 方法将它们按时间顺序放入数组中，而计时器的 Elapse 事件负责显示当前时间相关的两句歌词。

第 9 章 文本、XML 及网络信息获取

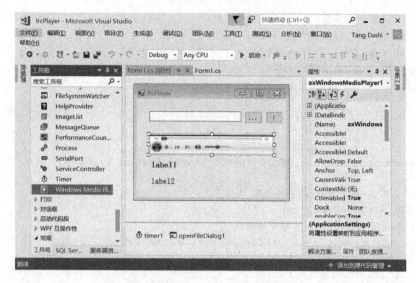

图 9-5 "播放歌词"程序设计界面

例 9-3 lrcPlayer "播放歌词"程序。

```
1   private System.Windows.Forms.TextBox txtFileName;
2   private System.Windows.Forms.Button btnSelectFile;
3   private System.Windows.Forms.Button btnPlay;
4   private System.Windows.Forms.Label label1;
5   private System.Windows.Forms.Label label2;
6   private System.Timers.Timer timer1;
7   private AxWMPLib.AxWindowsMediaPlayer axWindowsMediaPlayer1;
8   private System.Windows.Forms.OpenFileDialog openFileDialog1;
9
10  const int MAX_LINE = 200;
11  string title,author,album;
12  double[]times = new double[MAX_LINE];        // 时间
13  string[]lyrics = new string[MAX_LINE];       // 歌词
14  int cnt;                                     //歌词行数
15
16  private void btnSelectFile_Click(object sender,System.EventArgs e)
17  {
18      //选择文件
19      openFileDialog1.Filter = "音乐|*.wav;*.mp3|所有文件|*.*";
20      openFileDialog1.ShowDialog();            //选文件
21      txtFileName.Text = openFileDialog1.FileName;
22      if(txtFileName.Text.Length ==0)return;
23
24      //读歌词文件(同名文件,但后缀不同)并解析
25      string lycFileName = Regex.Replace(txtFileName.Text,@ "^(.*)\.\w+$","$1.lrc");
26      // 或者用 lycFileName = txtFileName.Text.Substring(0,txtFileName.Text.Length-4)+".lrc";
27      ReadLRC(lycFileName);
28
```

```csharp
29        //设置一些界面
30        this.label1.Text = title;
31        this.label2.Text = author + " -- «" + album + "»";
32        this.Text = "lrcPlayer -- " + title + " -- " + author;
33
34        //开始播放
35        btnPlay_Click(null,null);
36    }
37
38    private void btnPlay_Click(object sender,System.EventArgs e)
39    {
40        //单击"播放"按钮的事件处理
41        if(txtFileName.Text == "")return;
42        //设置播放器的URL,即开始播放
43        axWindowsMediaPlayer1.URL = txtFileName.Text;        //播放
44        timer1.Interval = 1000;
45        timer1.Enabled = true;
46    }
47
48    private void timer1_Elapsed(object sender,System.Timers.ElapsedEventArgs e)
49    {
50        //计时器中取得当前的时间位置,并找到对应的歌词来显示
51        double pos = this.axWindowsMediaPlayer1.Ctlcontrols.currentPosition;
          //当前位置
52
53        //找到对应的时间,并显示歌词
54        for(int i = 0;i < cnt - 1;i ++)
55        {
56            if(times[i] > pos)
57            {
58                if(i > 0)this.label1.Text = lyrics[i - 1];      //上一句歌词
59                this.label2.Text = lyrics[i];                   //下一句歌词
60                return;
61            }
62        }
63    }
64
65    private void ReadLRC(string fileName)
66    {
67        //读歌词文件,并解析处理
68        //初始化数据
69        cnt = 0;
70        for(int i = 0;i < times.Length;i ++)
71        {
72            times[i] = -1;
73        }
74        try
75        {
76            string one_line;
77            this.Cursor = Cursors.WaitCursor;                   //鼠标指针为沙漏状
78
```

```
79          //打开歌词文件
80          System.IO.StreamReader infile = new System.IO.StreamReader(
81              fileName,System.Text.Encoding.Default);
82
83          //读文件
84          while(true)
85          {
86              //DoEvents();
87
88              one_line = infile.ReadLine();              //读入行
89              if(one_line == null)break;
90
91              one_line = one_line.Trim();
92              if(one_line == "")continue;
93
94
95              if(one_line.StartsWith("[ti:"))            //标题
96              {
97                  title = one_line.Substring(4,one_line.Length - 5);
98              }
99              else if(one_line.StartsWith("[ar:"))       //作者
100             {
101                 author = one_line.Substring(4,one_line.Length - 5);
102             }
103             else if(one_line.StartsWith("[al:"))       //集子
104             {
105                 album = one_line.Substring(4,one_line.Length - 5);
106             }
107             else
108             {
109                 ParseOneLine_UseRegex(one_line);
110             }
111         }
112
113         //关闭文件
114         infile.Close();
115         this.Cursor = Cursors.Default;                 //鼠标指针为默认形状
116     }
117     catch(Exception ex)
118     {
119         this.Cursor = Cursors.Default;
120         MessageBox.Show(ex.Message);
121         return;
122     }
123 }
124
125 void ParseOneLine_UseRegex(string one_line)
126 {
127     // 使用正则表达式来解析一行歌词
128
129     // 一行中可能有多个时间串,是用方格号括起来的格式
```

```
130     Regex regex = new Regex(@ "\[\d{2}:\d{2}\.\d{2}\]");
131     MatchCollection matches = regex.Matches(one_line);
132     if(matches.Count > 0)
133     {
134         Match lastmatch = matches[matches.Count -1];
135         //最后一个时间串后跟的是歌词
136         string ly = one_line.Substring(lastmatch.Index + lastmatch.Length);
137         foreach(Match match in matches)
138         {
139             string timestr = match.Value.Substring(1,8);      //时间串
140             double tm = Convert.ToDouble(timestr.Substring(0,2)) * 60
141                 + Convert.ToDouble(timestr.Substring(3));    //时间(秒)
142             InsertOneItem(tm,ly);                              //根据时间,将它插入到合适的位置
143         }
144     }
145 }
146
147 void InsertOneItem(double tm,string ly)
148 {
149     //先要根据时间,找到合适的位置
150     int pos = -1;
151     for(int i = 0;i < times.Length;i ++ )
152     {
153         if(tm < times[i] || times[i] == -1)
154         {
155             pos = i;
156             break;
157         }
158     }
159     //将它后面的内容向后移一格
160     for(int i = times.Length -1;i < pos;i -- )
161     {
162         times[i +1] = times[i];
163         lyrics[i +1] = lyrics[i];
164     }
165     //最后将这一条放到这里
166     times[pos] = tm;
167     lyrics[pos] = ly;
168     cnt = cnt +1;                                              //计数
169 }
```

当然,程序中解析歌词也可以使用普通的字符串查找,如用 IndexOf( )等方法,但显然,正则表达式是更强有力的工具。

9.2 XML 编程

XML 在 .NET 中十分重要,因为它提供了一种结构化的简单方法来存储和传输数据,这在分布式环境中十分有用。使用 XML 在分布式 Web 应用程序各部分之间进行通信,保证了 .NET 体系结构的开放性和可扩展性。Web Service(Web 服务)则是分布式、跨平台的应用

的一种基本方式，它是建立在 XML 基础上的。本节介绍 XML 及 Web Service 的基本概念和用 C#进行这方面的程序设计的基本方法。

9.2.1 XML 概念

1. XML 概述

XML 是一类用于描述数据的文本文件。XML 在给 Web 应用程序之间传递数据提供了重要的方式，使几乎任何数据都可以发送到任何地方使用。XML 的功能基于以下两个重要的特征：

① XML 是可扩展的，用户可以定义自己的标签；
② XML 是基于文本的，便于各种程序进行理解和处理。

这些特征使得 XML 几乎具有无穷的灵活性。现在，XML 广泛用于文档格式化、数据交换、数据存储、数据库操作。基于 XML 的 Web Service 不仅用 XML 来表示程序间要交流的数据，还用 XML 来表示程序间的相互调用的指令。

2. XML 文件

一个 XML 文件的主要内容是由有嵌套关系的标签及文字构成的。下面是一个用于表示书目信息的 XML 文件：

```xml
<?xml version="1.0" encoding="utf-8"?>
<!--My BookList-->
<dotnet_books>
    <book isbn="1861004877" topic="C#">
        <title>C# Programming with the Public Beta</title>
        <publisher>Wrox Press</publisher>
        <author>Burton Harvey</author>
        <author>Simon Robinson</author>
        <author>Julian Templeman</author>
        <author>Simon Watson</author>
        <price>34.99</price>
    </book>
    <book isbn="1861004915" topic="VB">
        <title>VB.NET Programming with the Public Beta</title>
        <publisher>Wrox Press</publisher>
        <author>Billy Hollis</author>
        <author>Rockford Lhotka</author>
        <price>34.99</price>
    </book>
    <book isbn="1893115860" topic="C#">
        <title>A Programmers 'Introduction to C#</title>
        <publisher>APress</publisher>
        <author>Eric Gunnerson</author>
        <price>34.95</price>
    </book>
    <book isbn="073561377X" topic=".NET">
        <title>Introducing Microsoft .NET</title>
        <publisher>Microsoft Press</publisher>
        <author>David Platt</author>
        <price>29.99</price>
```

```
        </book>
     </dotnet_books>
```

代码中第一行以 <? 和 ?> 符号围起来的,称为 XML 指令,它不是 XML 数据的一部分。<? xml ?> 指令表明其后为 XML 文档。第二行为注解语句,可以看到,XML 和 HTML 的注解语句的格式是一样的。

XML 文档由一组标签集组成,其中只能有一个最外层标签(此例中即 <dotnet_books>)作为根元素。

所有的开始标签都必须匹配一个结束标签。如果 XML 元素没有内容,那么允许合并开始和结束标签,因此下面这两行 XML 代码是等效的:

```
<stock></stock>
<stock/>
```

类似于 HTML,XML 标签可以包含由"关键字/值"对组成的属性,如下例所示:

```
<book isbn="073561377X" topic=".NET">
```

在 XML 文档中某些字符具有特殊意义,如大于号及小于号,为了表示这些特殊的字符,可以使用"实体引用",实体引用是出现在字符 "&" 和 ";" 间的字符串,如 < 表示小于号。要在 XML 文档中使用下列字符串:

```
The start of an XML tag is denoted by <
```

应该这样编码:

```
The start of an XML tag is denoted by &lt;
```

也可以使用 CDATA 区,其中的字符都当作普通字符进行处理。

```
<![CDATA[
Unparsed data such as <this> and <this> goes here...]]>
```

3. XSL 转换

XML 表示了数据,可用于存储和传输数据,但其中没有提供这些数据如何进行显示的信息。在实际应用中,还需要将它们转成其他有用的格式,如用于在浏览器中显示的 HTML,用于打印的 PDF,或者用于数据库修改操作的输入,等等。

XSL(XML style sheet language,XML 样式表语言)提供了对 XML 文件使用样式表的方法,包含下列多种使用途径:

① 把 XML 转化成 HTML 以便在浏览器中显示;
② 把 XML 转化成 HTML 的不同子集以便用于多种设备(WAP 电话、浏览器、便携机等)的显示;
③ 把 XML 转化成其他格式,如 PDF 或者 RTF;
④ 把 XML 转化成其他的 XML 格式。

XSL 的基本思想是:在文档中按一定条件匹配相应的元素,然后决定输出哪些内容。例如,考察前例中的某本书的作者:

```
<author>Herman Melville</author>
```

如果要以 HTML 二级标题的格式输出上述内容,如下所示:

```
<h2>Herman Melville</h2>
```

在 XSL 中可以使用如下 XSL 代码做到这一点:

```
<!--Match all authors -->
```

```
<xsl:template match = "book/author" >
<h2 > <xsl:value-of select = "." / > </h2 >
</xsl:template >
```

✵注意，XSL 样式表本身也是 XML 文档，并遵守 XML 的所有规则。样式表中的命令的表示格式以 "xsl:" 作为前缀。

样式表命令中的 "模板（template）" 的作用是在 XML 文档中匹配一个或多个元素。在前面的代码段中，要匹配 <book> 元素的子元素 <author>，使用 <xsl:template match = "book/author" > 命令，并用 <xsl:value-of > 命令将选中的值返回。

XSL 代码中的 match 表达式是 XPath 表达式。XPath，即 XML 路径语言，是在 XML 文档中描述结点集的一种符号，它类似于文件路径那样的表示方法，如 book/author 表示 book 结点下面的 author 结点。

9.2.2 XML 基本编程

1. XML 的处理方式

有两种处理 XML 文档的方式。第一种方式叫 DOM，第二种方式叫 SAX。

DOM 方式是让解析器读取全部文档，分析它们，然后在内存中建立一棵具在层次结构的树。一旦建立好这棵树，就可以遍历和修改了，可以添加、删除、重排序以及改变元素。在内存中表示 XML 文档的模型，称为文档对象模型（document object mode，DOM）。许多语言都支持 XML 文档的 DOM 表示。在 .NET 中是使用 System.Xml.XmlDocument 类来支持 XML 文档的 DOM 表示的。

SAX 方式是逐行读取文档，依次验证各个元素。许多解析器都可以对 XML 文档实现简单、高效的前向分析。实际中有一条广泛应用的标准是用于 XML 解析的简单 API（simple API for XML parsing，SAX），在 SAX 方式中，解析器逐个读取元素，然后调用用户提供的函数，这些函数能够通知用户关心的事件（如元素的开始、结束或者遇到处理指令）。这种按事件驱动的方式称为 "推" 模型。.NET 中实现了前向分析机制的 "拉" 模型，可以向解析器请求下一个元素或跳过不感兴趣的元素，这一点普通的 SAX 是无法做到的。.NET 中通过 System.Xml.XmlTextReader 和 System.Xml.XmlTextWriter 类支持此模型。

2. XML 编程举例

.NET 中大多数的 XML 功能都是由 System.Xml 命名空间提供的，该命名空间中的类支持大多数的 XML 标准：

① XML1.0，包括 DTD，通过 XmlTextReader 类提供支持；
② XML 命名空间，包括流级和 DOM；
③ 用于 schema 映射和串行化，以及使用 XmlValidatingReader 进行验证的 XML Schema；
④ 通过 XPathNavigator 类支持的 XPath 表达式；
⑤ 通过 XslTransform 类支持的 XSLT；
⑥ 通过 XmlDocument 支持的 DOM。

由于 XML 所涉及的内容相当广泛，已经超出了本书的范围。下面几个例子是关于用 C# 进行 XML 基本任务的编程。

例 9-4 XmlTextWriterTest.cs 使用 TextWriter 来生成 XML 文件，该程序用的是 SAX

方式。

```csharp
1   using System;
2   using System.IO;
3   using System.Xml;
4   public class Sample
5   {
6       private const string filename = "sampledata.xml";
7       public static void Main()
8       {
9           XmlTextWriter writer;
10          writer = new XmlTextWriter(filename,null);
11          //为使文件易读,使用缩进
12          writer.Formatting = Formatting.Indented;
13          //写 XML 声明
14          writer.WriteStartDocument();
15
16          //引用样式
17          String PItext = "type='text/xsl' href='book.xsl'";
18          writer.WriteProcessingInstruction("xml-stylesheet",PItext);
19          //文档类型
20          writer.WriteDocType("book",null,null,"<!ENTITY h 'hardcover'>");
21          //写入注释
22          writer.WriteComment("sample XML");
23
24          //写一个元素(根元素)
25          writer.WriteStartElement("book");
26          //属性
27          writer.WriteAttributeString("genre","novel");
28          writer.WriteAttributeString("ISBN","1-8630-014");
29
30          //书名元素
31          writer.WriteElementString("title","The Handmaid's Tale");
32          //Write the style element
33          writer.WriteStartElement("style");
34          writer.WriteEntityRef("h");
35          writer.WriteEndElement();
36          //价格元素
37          writer.WriteElementString("price","19.95");
38          //写入 CDATA
39          writer.WriteCData("Prices 15% off!!");
40          //关闭根元素
41          writer.WriteEndElement();
42          writer.WriteEndDocument();
43
44          writer.Flush();
45          writer.Close();
46
47          //加载文件
```

```
48      XmlDocument doc = new XmlDocument();
49      doc.PreserveWhitespace = true;
50      doc.Load(filename);
51      //XML 文件的内容显示在控制台
52      Console.Write(doc.InnerXml);
53    }
54 }
```

程序运行结果如图 9-6 所示。

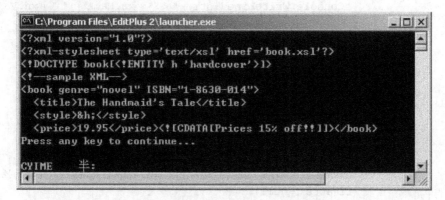

图 9-6 使用 TextWriter 来生成 XML 文件

例 9-5 XmlDocumentTest.cs 使用 DOM 模式来处理 XML。

```
1  using System;
2  using System.Xml;
3
4  class Test
5  {
6      static void Main()
7      {
8          XmlDocument xd = new XmlDocument();
9          try
10         {
11             xd.Load(@".\BookList.xml");
12         }
13         catch(XmlException e)
14         {
15             Console.WriteLine("Exception caught: " + e.ToString());
16         }
17         XmlNode doc = xd.DocumentElement;
18
19         if(doc.HasChildNodes)
20         {
21             processChildren(doc, 0);
22         }
23     }
24     static void processChildren(XmlNode xn, int level)
25     {//
```

```csharp
26          string istr;
27          istr = indent(level);
28          switch(xn.NodeType)
29          {
30              case XmlNodeType.Comment:
31                  Console.WriteLine(istr + "<!--" + xn.Value + "-->");
32                  break;
33              case XmlNodeType.ProcessingInstruction:
34                  Console.WriteLine(istr + "<?" + xn.Name + " " + xn.Value + " ?>");
35                  break;
36              case XmlNodeType.Text:
37                  Console.WriteLine(istr + xn.Value);
38                  break;
39              case XmlNodeType.Element:
40                  XmlNodeList ch = xn.ChildNodes;
41                  Console.Write(istr + "<" + xn.Name);
42
43                  XmlAttributeCollection atts = xn.Attributes;// 处理属性
44                  if(atts != null)
45                  {
46                      foreach(XmlNode at in atts)
47                      {
48                          Console.Write(" " + at.Name + "=" + at.Value);
49                      }
50                  }
51                  Console.WriteLine(">");
52
53                  foreach(XmlNode nd in ch)
54                  {
55                      processChildren(nd, level + 2);// 对子结点递归调用
56                  }
57                  Console.WriteLine(istr + "</" + xn.Name + ">");
58                  break;
59          }
60
61      }
62
63      static string indent(int i)
64      {
65          if(i == 0) return "";
66          return new String(' ',i);
67      }
68  }
```

程序运行结果如图 9-7 所示。

第 9 章 文本、XML 及网络信息获取

图 9-7 使用 DOM 模式来处理 XML

例 9-6 XslTransformTest.cs 使用 XSLT 转换 XML。

```
1   using System;
2   using System.Xml;
3   using System.Xml.XPath;
4   using System.Xml.Xsl;
5   class Test
6   {
7       static void Main()
8       {
9           try
10          {
11              XmlDocument doc = new XmlDocument();
12              doc.Load(@".\BookList.xml");
13
14              XPathNavigator nav = doc.CreateNavigator();
15              nav.MoveToRoot();
16
17              XslTransform xt = new XslTransform();
18              xt.Load(@".\BookList.xslt");
19
20              XmlTextWriter writer = new XmlTextWriter(Console.Out);
21
22              xt.Transform(nav, null, writer);
23          }
24          catch(XmlException e)
25          {
26              Console.WriteLine("XML Exception:" + e.ToString());
27          }
28          catch(XsltException e)
29          {
30              Console.WriteLine("XSLT Exception:" + e.ToString());
```

```
31          }
32        }
33
34 }
```

程序中用到了 System.Xml.Xsl.XslTransform 类,来实现转换。转换后的内容是 HTML 标记,如图 9-8 所示。

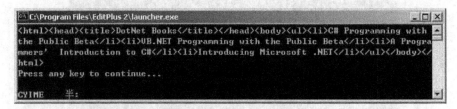

图 9-8　使用 XSLT 转换 XML

9.2.3　Linq to XML

Linq to XML 提供了更方便的读写 XML 方式。这是在 .NET Framework 3.5 以上版本中提供的新的处理 XML 的方式。

System.Xml.Linq 命名空间提供了 Linq to XML 的支持。

1. 构造和写入 XML

这个命名空间中的 XDocument,XElement 以及 XText,XAttribute 提供了读写 XML 文档的关键方法。使用 XDocument 的构造函数可以构造一个 XML 文档对象;使用 XElement 对象可以构造一个 XML 结点元素,使用 XAttribute 构造函数可以构造元素的属性;使用 XText 构造函数可以构造结点内的文本。

使用 Linq to XML 可以很像 XML 本身的书写方式来进行构造。

例 9-7　WriteXml.cs 使用 Linq to XML 来构造 XML 并写入文件。

```
1   using System;
2   using System.IO;
3   using System.Text;
4   using System.Xml.Linq;
5
6   class WriteXml
7   {
8       static void Main(string[]args)
9       {
10          //构造 XML
11          var xDoc = new XDocument(new XElement("root",
12              new XElement("dog",
13                  new XText("小狗"),
14                  new XAttribute("color","black")),
15              new XElement("cat"),
16              new XElement("pig","小猪")));
17
18          //写入文件
19          StreamWriter sw = new StreamWriter(
```

第9章 文本、XML及网络信息获取

```
20            new FileStream(@ "d:\t.xml",FileMode.Create),
21            Encoding.UTF8);
22        xDoc.Save(sw);
23
24        //显示到控制台
25        xDoc.Save(Console.Out);
26    }
27 }
```

程序运行结果的文件内容是：

```
<?xml version = "1.0" encoding = "utf-8"?>
<root>
  <dog color = "black">小狗</dog>
  <cat/>
  <pig>小猪</pig>
</root>
```

注意其中是 utf-8 编码。而在控制台上的编码是默认的 gb2312：

```
<?xml version = "1.0" encoding = "gb2312"?>
<root>
  <dog color = "black">小狗</dog>
  <cat/>
  <pig>小猪</pig>
</root>
```

2. 读取和查询 XML

Linq 最主要的用途是从集合中查询对象，在 Linq to XML 中的集合是通过 XElement 的 Elements()，Elements(string name)，Descendants，DescendantsAndSelf，Ancestors，AncestorsAndSelf 的几个方法中获得。

获得 XElement 集合之后，可以通过 XElement 的 Attribute(string name) 方法获得元素的属性值，可以通过 XElement 的 Value 属性获得结点的文本值；使用 Linq 就可以方便地做查询、做筛选排序了。

还是上例中的 XML，我们要读取 root 的所有子结点，并打印出来，如以下代码所示。

例 9-8 ReadXml.cs 读入 XML 并使用 Linq to XML 来查询 XML。

```
1  using System;
2  using System.IO;
3  using System.Text;
4  using System.Linq;
5  using System.Xml.Linq;
6
7  class ReadXml
8  {
9      static void Main(string[]args)
10     {
11         //读入文件
12         xDoc = XDocument.Load(@ "d:\t.xml");
13
14         //进行处理
15         var query = from item in xDoc.Element("root").Elements()
```

```
16              select new
17              {
18                  TypeName    = item.Name,
19                  Saying      = item.Value,
20                  Color       = item.Attribute("color") == null
21                      ? null : item.Attribute("color").Value
22              };
23
24
25          foreach(var item in query)
26          {
27              Console.WriteLine("{0}'s color is {1},{0} said {2}",
28                  item.TypeName,
29                  item.Color??"Unknown",
30                  item.Saying??"nothing");
31          }
32      }
33  }
```

程序运行的显示结果如下：

```
dog's color is black,dog said 小狗
cat's color is Unknown,cat said
pig's color is Unknown,pig said 小猪
```

9.3 网络信息获取及编程

随着 Web 网络的发展，获取网络上的信息或调用网络上的服务成为编程中的重要工作。本节介绍网络信息获取的相关概念及基本编程方法。

9.3.1 网络信息获取

1. 网络信息获取的相关概念

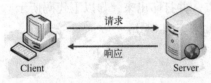

图 9-9　Web 通信示意图

在 Web 网络中，主要是客户端（浏览器端）与服务端进行交互，一方是请求（request），一方是响应（response），它们之间通过 HTTP 或 HTTPS 协议进行通信，如图 9-9 所示。

Request 请求时，有两种方式（method）：GET 和 POST。GET 方式是指变量以"变量名=变量值"的方式写到请求的网址（URL）中，GET 方式常用于提交简单的信息。POST 方式，则变量不显示到网址中，而是以流的方式提交到服务端，POST 方式常用于提交复杂的信息。

HTTP 方式请求信息时，也会提交一些信息。在这个通信过程中，信息分成两部分：信息头（Headers）和信息体。信息头是一些特定的变量和值（这些变量名一般是固定的），信息体则是以变量名和值（这些变量名一般与应用相关的），也可以是特殊的多段信息（multipart）。

在 .NET Framework 中，WebRequest 和 WebClient 相当于客户端，它们的 Headers 属性相

当于信息头，而 WebRequest 使用流的方式来写入信息体，WebRequest 则表示响应，WebClient 则将信息体的写入和读出的过程进行了封装。

其中 Headers 中一些重要的变量，WebRequest 则以属性的方式来进行设置和访问。表 9-4 列出了一些 WebRequest 类的重要属性。

表 9-4　WebRequest 类的重要属性

属性	说明
Headers	头部信息（主要处理非标准的头部信息）
Method	是指 GET 还是 POST
Proxy	代理服务器
UserAgent	用户代理（即模拟哪个浏览器）
Referer	由哪个页面进行的访问
Timeout	超时时间
Cookie	Cookie 信息
Credentials	主要指用户名、密码等

2. 网络通信过程的查看

网络通信过程，可以使用一些工具进行查看。最常用的浏览器（IE、Chrome、Firefox）中，可以按 F12 键（或者右击，选择"审查元素"），选择"Network（网络）"，可以查看通信过程，如图 9-10 所示。

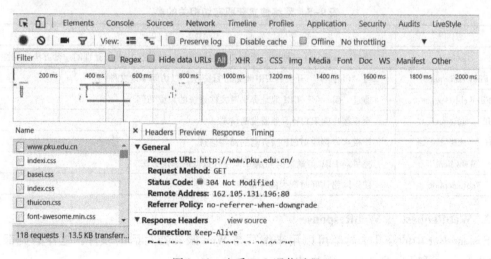

图 9-10　查看 Web 通信过程

另外，可以使用 Fiddler 工具，它不仅可以查看浏览器的通信过程，还可以同时查看其他程序中的 http、https 通信过程。Fiddler 工具可以从 http://www.fiddler2.com 免费下载。其界面如图 9-11 所示。

通过这些工具，我们可以了解具体的通信过程，而程序就可以根据这些信息来设置 Headers 信息，也可以用来进行通信。

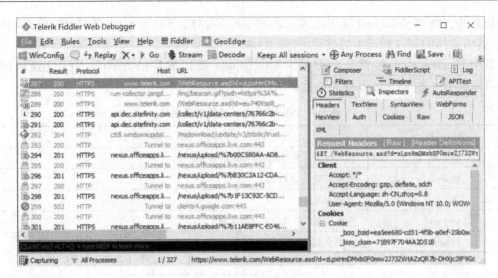

图 9-11　使用 Fiddler 工具

9.3.2　WebRequst 及 WebClient

1. System.Net 命名空间与 Web

System.Net 命名空间中的类为基于网络和 Internet 的许多协议提供了一种简单的程序设计接口。表 9-5 列出了与网络信息获取密切相关的类。

表 9-5　网络信息获取密切相关的类

类	说　　明
Cookie	提供对 cookie（一种网络服务器传递给浏览器的信息）进行管理的一套方法和属性
FileWebRequest	与'file://'开头的 URl 地址进行交互，以访问本地文件
FileWebResponse	通过'file://'URI 地址提供对文件系统的只读访问
HttpWebRequest	授权客户向 HTTP 服务器发送请求
HttpWebResponse	授权客户接收 HTTP 服务器的回答信息
WebClient	提供向 URL 传送数据和从 URI 接收数据的通用方法
WebException	使用网络访问时产生的异常

2. WebRequest 及 WebResponse

System.Net 中的好几个类都可以用来编写与 Web 服务器对话的软件，这样的类都是基于 WebRequest 和 WebResponse 派生的。

FileWebRequest 和 FileWebResponse 类用来处理代表本地文件的地址，这样的地址也是以 file://开头。

HttpWebRequest 和 HttpWebResponse 种类可以使用 HTTP 与服务器进行交互。创建一个 HttpWebRequest 对象，就可以使用 HTTP 向 Web 服务器发送请求信息。该类中包含了许多与发送到服务器中的 HTTP 报头域相当的属性，表 9-6 列出了其中的几种属性。

表 9-6　HttpWebRequest 类中包含的部分 HTTP 报头属性

属　性	说　明
AllowAutoRedirect	如果资源自动遵循来自服务器的重定向请求，则该属性为 True。默认情况下为 True
ContentLength	获取或设定 ContentLength 报头，用来指示有多少个字节将被传送到服务器。该属性默认值为 -1，表示没有请求数据
ContentType	获取或设定 ContentType 报头，用来指示所请求的媒体类型
IfModifiedSince	获取或设定 IfModifiedSince 报头中的日期，该日期控制缓存页何时被更新
KeepAlive	如果该属性为真，则会通知服务器需要建立一个持久性连接
Timeout	以毫秒数表示的请求等待响应的最长时间
UserAgent	获取或设定 UserAgent 报头，用来通知服务器发送请求的客户类型（例如 InternetExplorer）

GetResponse( )方法可以向服务器发出一个同步请求，并且返回一个包含响应信息的 HttpWebResponse 对象。如果需要进行异步操作，可以使用 BeginGetResponse( ) 和 EndGetResponse( ) 方法。其更多的用法，详见下一节。

3. WebClient

如果要下载或上传数据，而知道 URL 地址，则使用 WebClient 类最方便。WebClient 可以用 HTTP 协议进行文件的获取及数据的上载，但不能用于 FTP 协议。

用于上传数据的方法有以下几种。

① OpenWrite：返回一个用于将数据发送到资源的 Stream。

② UploadData：将字节数组发送到资源并返回包含任何响应的字节数组。

③ UploadFile：将本地文件发送到资源并返回包含任何响应的字节数组。

④ UploadValues：将 NameValueCollection 发送到资源并返回包含任何响应的字节数组。

用于下载数据的方法有以下几种。

① DownloadString：从资源下载网页并返回文本。

② DownloadData：从资源下载数据并返回字节数组。

③ DownloadFile：从资源将数据下载到本地文件。

④ OpenRead：从资源以 Stream 的形式返回数据。

上面几个方法都有对应的异步方法，如 DownloadDataAsync，DownloadFileAsync，OpenReadAsync。

例 9-9　WebClientDownload.cs 使用 WebClientDownloadData 下载网页数据并转成字符串。

```
1    using System;
2    using System.Net;
3    using System.Text;
4    class Test
5    {
6        static void Main()
7        {
8            string url = @ "http://www.pku.edu.cn";
9            WebClient client = new WebClient();
10           client.Encoding = Encoding.UTF8;
11           string pageHtml = client.DownloadString(url);
```

```
12          Console.WriteLine(pageHtml);
13      }
14  }
```

✤**注意**,其中字符编码 Encoding 的设置与实际的网页编程要一致,大多数网页的编码是 UTF8。

9.4 几类不同网络信息的处理

获取的网络信息一般有两大类,一是文本类,一是非文本类。

文本类则常见的 HTML 网页,一般可以采用正则表达式或第三方组件来进行解析和处理。另外,常见的文本还有 XML(可以使用 XML 相关类来进行处理,参见本书相关章节),还有 Json 格式的文本(可以使用 NewtonSoft 提供的 Json. NET 组件进行解析处理)。

非文本的信息,则可以进行保存,也可以进行其他处理,如图片可以显示出来。

获取网络信息并进行解析和处理可以做出有意思的应用程序,下面列出几个代码较简单的示例,更多的示例可以参见本书的配套资源及慕课。

✤要提醒读者的是,这些示例都依赖于网络,所以如果网络资源发生变化,这些例子的代码可能要进行相应的修改才能使用。

9.4.1 使用正则表达式处理网络文本

如果是普通文本,则使用基本的字符串处理或使用正则表达式来进行处理。

例 9-10 SimpleCrawler.cs 简单的网络爬虫。

```
1   using System;
2   using System.Collections.Generic;
3   using System.Text;
4   using System.IO;
5   using System.Net;
6   using System.Collections;
7   using System.Text.RegularExpressions;
8   using System.Threading;
9
10  public class Crawler
11  {
12      private Hashtable urls = new Hashtable();
13      private int count = 0;
14
15      static void Main(string[]args)
16      {
17          Crawler myCrawler = new Crawler();
18
19          string startUrl = "http://www.cnblogs.com/dstang2000/";
20          if(args.Length >=1)startUrl = args[0];
21
22          myCrawler.urls.Add(startUrl,false);        // 加入初始页面
23
24          new Thread(myCrawler.Crawl).Start();       // 开始爬行
```

```csharp
25      }
26
27      private void Crawl()
28      {
29          Console.WriteLine("开始爬行了....");
30          while(true)
31          {
32              string current = null;
33              foreach(string url in urls.Keys)          // 找到一个还没有下载过的链接
34              {
35                  if((bool)urls[url])continue;          // 已经下载过的,不再下载
36                  current = url;
37              }
38              if(current == null || count > 10)break;
39
40              Console.WriteLine("爬行" + current + "页面!");
41
42              string html = DownLoad(current);          // 下载
43
44              urls[current] = true;
45              count ++;
46
47              Parse(html);                              // 解析,并加入新的链接
48          }
49          Console.WriteLine("爬行结束");
50      }
51
52      public string DownLoad(string url)
53      {
54          try
55          {
56              WebClient webClient = new WebClient();
57              webClient.Encoding = Encoding.UTF8;
58              string html = webClient.DownloadString(url);
59
60              string fileName = count.ToString();
61              File.WriteAllText(fileName,html,Encoding.UTF8);
62              return html;
63          }
64          catch(Exception ex)
65          {
66              Console.WriteLine(ex.Message);
67              return "";
68          }
69      }
70
71      public void Parse(string html)
72      {
73          string strRef = @ "(href|HREF)[]*=[]*[""'][^""'#>]+[""']";
74          MatchCollection matches = new Regex(strRef).Matches(html);
```

```
75          foreach(Match match in matches)
76          {
77              strRef = match.Value.Substring(match.Value.IndexOf('=')+1).Trim('"','\"','#',''',' >');
78              if(strRef.Length == 0)continue;
79
80              if(urls[strRef] == null)urls[strRef] = false;
81          }
82      }
83
84  }
```

网络爬虫的主要流程是：对于一个网址，用 Download( )方法获取其内容，然后用 Parse( )方法解析其内容，即用正则表达式得到其中的超级链接（href），将超级链接放入 Hashtable 中，以便下一次进行下载。

上面的简单爬虫还可以有诸多改进之处，如区分网页及其他类型的文件，超级链接的相对地址与绝对地址的变换，网页编码的识别或猜测，下载时使用多线程或异步操作等，读者可以试着改进之。

例 9-11 GoldPriceFetcher 纸白银价格实时显示。

```
1   private void Form1_Load(object sender,EventArgs e)
2   {
3       notifyIcon1.Icon = this.Icon;
4       timer1.Interval = 15000;
5       timer1.Enabled = true;
6       timer1_Tick(null,null);
7   }
8
9   private void timer1_Tick(object sender,EventArgs e)
10  {
11      notifyIcon1.Text = FetchData();
12  }
13
14  private static string DataUrl = "http://quote.zhijinwang.com/xml/ag.txt?";
15
16  public static string FetchData()
17  {
18      string url = DataUrl + ToJsTime(DateTime.Now);
19
20      try
21      {
22          System.Net.WebClient client = new System.Net.WebClient();
23          //client.Credentials = System.Net.CredentialCache.DefaultCredentials;
24          client.Headers.Add("user-agent","Mozilla/4.0 (compatible;MSIE 6.0;Windows NT 5.2;.NET CLR 1.0.3705;)");
25          client.Headers.Add("Referer","http://quote.zhijinwang.com/ag.swf");
26
27          byte[]data = client.DownloadData(url);
28          string msg = System.Text.Encoding.Default.GetString(data);
29
```

```
30          // time = 17:33:39&gold = │ 4.45 │ 4.43 │ 4.47 │ 4.57 │ 4.44 │ 22.63 │
   81.59 │ 107.7
31          string tag = "gold = │";
32          if(msg.IndexOf(tag) >= 0)
33          {
34              msg = msg.Substring(msg.IndexOf(tag) + tag.Length);
35              string[]words = msg.Split('│');
36              return words[0];
37          }
38      }
39      catch(Exception ex)
40      {
41          //MessageBox.Show(ex.ToString());
42      }
43      return "";
44  }
45
46  private static DateTime Time1970 = new DateTime(1970,1,1);
47  private static long ToJsTime(DateTime time)
48  {
49      TimeSpan ts = time - Time1970;
50      return (long)ts.TotalMilliseconds;
51  }
```

程序中要在界面上添加两个控件，一是 notifyIcon，用于在任务栏上的系统托盘中显示，一是计时器（timer）用于每隔一段时间获取纸白银的价格。

程序中主要功能是获取纸白银的价格，注意到使用 WebClient 的 Headers 中加了"user-agent"及"Referer"变量，分别用于模拟浏览器做客户端、模拟是从另一个网页的链接发出的请求。程序中还将时间变为 JavaScript 所用的时间格式。当获取到信息后，用字符串的取子串的功能取出其价格值，并显示在 notifyIcon 上，当鼠标指在这个图标上时，会显示出价格。

例 9-12 BaiduSuggestion 显示百度的建议词。程序界面中放置一个文本框及列表框。程序的功能是：在文本框中输入拼音字母或中文时，列表框中自动显示出从百度上获取到的建议词（联想词语）。如图 9-12 所示。

程序中主要的代码是获取到百度上的建议词，包括获取到信息及用正则表达式取出其中有用的部分。

图 9-12 获取建议词

```
1  public static Random rand = new Random();
2
3  public static string GetBaiduSuggestion(string word)
4  {
5      string url = "http://suggestion.baidu.com/su?wd="
6          + myUrlEncode(word);
7      url += "&rnd=" + rand.Next();
8
9      string suggestion = DownloadString(url);
10     // "window.baidu.sug({q:'人们',p:false,s:['人们简称它为','人们网','人们通常选
```

择对显卡的哪个部分进行超频','人们的梦']});"
```
11
12      string sug = Regex.Replace(suggestion,@ ".*,s:\[(([^\]]*)\].*","$1");
13      return sug;
14  }
15
16  public static string DownloadString(string url)
17  {
18      WebClient webclient = new WebClient();
19
20      webclient.Credentials = CredentialCache.DefaultCredentials;
21      webclient.Headers["Cookie"] = "BDUSS = FkcmZZckFNN1h3V0JxdDN4aWFVWmI0b
DVwakpzYn5BZn5ZQ25KQkxOVGtvQlpOQVFBQUFBJCQAAAAAAAAApRLgtnzNkJZHN0YW5nMjAw
MAAAAAAAAAAAAAAAAAAAAAAAAAADAymRxAAAAAMDKZHEAAAAuFNCAAAAAAxMC4yMy4yNO
QT7OzkE";
22
23      byte[]data = webclient.DownloadData(url);
24      return Encoding.Default.GetString(data);
25  }
26  public static string myUrlEncode(string wd)
27  {
28      byte[]bytes = Encoding.UTF8.GetBytes(wd);
29      string res = "";
30      for(int i = 0; i < bytes.Length; i ++)
31      {
32          res += "%" + bytes[i].ToString("X2");
33      }
34      return res;
35  }
```

其中，注意到将要查询的单词使用 UTF8 进行编码，而获取到的信息则是使用 Default 编码，即国标码。还有要注意的是网址（URL）上加上一个随机数，目的是它每次都进行获取，而不是使用缓存。使用 WebClient 则注意 Credentials 设置为默认的 Credential，Cookie 则是使用 Fiddler 工具查看浏览器通信过程找到其 Cookie 并复制下来的。

在界面及事件处理方面，主要是当文本改变时就获取建议词并填充到列表框中，而列表框中选择某一项后，即填充到文本框中，代码如下所示。

```
1   private void textBox1_TextChanged(object sender,System.EventArgs e)
2   {
3       string text = this.textBox1.Text;
4       string[]words = text.Split(" ,\"".ToCharArray());
5       string word = words[words.Length - 1];  //最后一个单词
6       //也可以这样：
7       //word = Regex.Replace(text,@ "(^|.*\W)(\w+)$","$2");
8       string sug = GetBaiduSuggestion(word); //得到 Suggestion
9       if(sug == null || sug == "")return;
10
11      this.listBox1.Items.Clear();
12      string[]ary = sug.Split(',');
13      for(int i = 0; i < ary.Length; i ++) //填充列表
```

```csharp
14          {
15              this.listBox1.Items.Add(ary[i].Replace("'","").Replace("\"",""));
16          }
17    }
18
19    private void listBox1_SelectedIndexChanged(object sender,System.EventArgs e)
20    {
21        if(this.listBox1.SelectedIndex<0)return;
22
23        string text=this.textBox1.Text;
24        string[]words=text.Split("',\"".ToCharArray());
25        string word=words[words.Length-1];
26        int idx=text.LastIndexOf(word);
27
28        string sug=this.listBox1.SelectedItem.ToString();
29
30        this.textBox1.Text=text.Substring(0,idx)+sug;
31
32        this.textBox1.Focus();
33        this.textBox1.SelectionStart=this.textBox1.Text.Length;
34    }
```

9.4.2 从网络上获取 XML 并进行处理

网络上很多信息是以 XML 方式进行数据交换与提供服务的。网络上获取 XML 可以当成普通文本来处理，但更多的是使用 XML 相关的功能来进行处理。

可以先将信息用 WebClient 以文本方式获取，然后使用 XmlDocument 对象的 LoadXML（string xml）来转成 XML 文档对象；或者直接使用 XDocument 对象的 Load（string url）直接从网络上进行获取。

有许多新闻或博客类的网站都提供了 RSS（really simple syndication，简易信息聚合）。RSS 是一种描述和同步网站内容的格式，是使用最广泛的 XML 应用。简单来说，RSS 可以将网站的新闻标题、链接地址、日期、摘要等信息以 XML 提供给客户端，客户端则可根据需要进行显示或其他处理。

例 9-13　FetchRss.cs 从知乎网上读取 RSS 并显示出来。

```csharp
1     using System;
2     using System.IO;
3     using System.Text;
4     using System.Linq;
5     using System.Xml.Linq;
6     using System.Net;
7     using System.Globalization;
8
9     class FetchRss
10    {
11        static void Main(string[]args)
12        {
13            // 读入 RSS
14            var xDoc=XDocument.Load("https://www.zhihu.com/rss");
```

```
15          //Console.Write(xDoc);
16
17          //使用 linq to xml 查询前 10 条新信息
18          var query = (from item in xDoc.Descendants("item")
19          select new
20          {
21              Title = item.Element("title").Value,
22              Url = item.Element("link").Value,
23              Date = DateTime.Parse(
24                  item.Element("pubDate").Value,
25                  new CultureInfo("en-US"),
26                  DateTimeStyles.AdjustToUniversal),
27
28          }).Take(10);
29
30          foreach(var item in query)
31          {
32              Console.WriteLine("{2} {0}[{1}]",
33                  item.Title,
34                  item.Url,item.Date);
35          }
36      }
37  }
```

在 RSS 方面，还有一种 Open ML 格式，与以上的格式类似，如新浪技术新闻，其地址是 http://rss.sina.com.cn/sina_tech_opml.xml，也可以用类似的方式来获取和处理。

读者可以根据以上的示例，写出一个类似于 RSS 阅读器的软件。

9.4.3 从网络上获取 Json 并进行处理

现在网上有很多服务提供的信息是 Json 格式。Json（JavaScript object notation，JS 对象标记）是一种轻量级的数据交换格式，是 JavaScript 等语言中常用的表示"对象"的一种方式。例如，表示人员信息的 Json 数据：

```
{
    "name":"Zhang",
    "age":18,
    "emails":[
        "aaa@gmail.com",
        "bbb@163.net"
    ],
    "address":"Beijing"
}
```

其中，花括号{}表示对象，对象的属性是用 key：value 方式来表示的键值对，而方括号[ ]则表示数组。每个值既可能是一个简单值，又可能是一个对象或数组。

由于 Json 可以是多级对象嵌套的，所以使用正则表达式来处理并不方便，现在一般使用专用的 Json 对象解析工具来处理，如 NewtonSoft 的 Json.NET。

Json.NET 是开源的，可以从 http://www.newtonsoft.com/json 下载。选择 Visual Studio 的"工具"菜单中的"NuGet 程序包管理器"，在"浏览"选项卡中输入"Json.NET"

第 9 章 文本、XML 及网络信息获取

可以方便地搜索到它，然后单击"下载"，项目就会自动引用 Json. NET，如图 9-13 所示。

图 9-13 使用 NuGet 获取 Json. NET 程序包

例 9-14 GetIpInfo 获取 IP 地址所在城市。界面上放置按钮、输入框及一个标签，如图 9-14 所示。

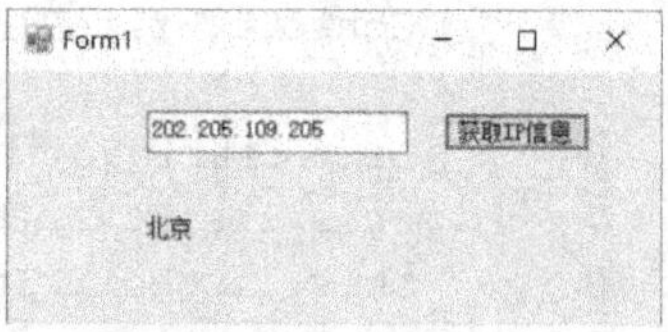

```
1    private void button1_Click(object sender,EventArgs e)
2    {
3        string ip = this.textBox1.Text.Trim();
4        if(string.IsNullOrEmpty(ip))ip = "202.205.109.205";
5
6        string url = "http://freeapi.ipip.net/?ip=" + ip;
7        WebClient web = new WebClient();
8        web.Headers["User-Agent"] = "Mozilla/5.0(Windows NT 10.0;WOW64)";
9        web.Encoding = Encoding.UTF8;
10       string info = web.DownloadString(url);
11       Console.WriteLine(info);
12
13       string[] items = JsonConvert.DeserializeObject < string[] > (info);
14       string city = items[2];
15       this.label1.Text = city;
16   }
```

图 9-14 获取 IP 地址所在城市

程序中，对于获取到的字符串，使用 JsonConvert. DeserializeObject < T > ( ) 方法就可以将它转成相应的类型。

上面的例子中的类型 T 是 string[ ]数组，在一般的程序中，常常需要定义一个相对复杂的类型来表示，例如前面提到的人员信息，可以定义一个 Person 类：

```
class Person
```

```
    {
        public string Name { set;get;}
        public int Age { set;get;}
        public string[]Emails { set;get;}
        public string Address { set;get;}
    }
```

然后使用 JsonConvert.DeserializeObject<Person>（str）就可以将 Json 字符串 str 转成 Person 对象。

图 9-15 获取热搜词并解析

除了使用强类型的解析后，还可以使用 JArray, JObject 这样的弱类型来表示 Json 对象，甚至使用 dynamic 这种动态类型。使用 dynamic 声明的变量，编译器在编译时不会检查类型及其方法、属性、索引器是否存在，而在运行时，会调用相应的方法。下面的例子中展示了 Json 的这几种方法。

例 9-15 SinaHotWord 获取新浪网上的热搜词，并解析 Json。界面上放置按钮、列表框（ListBox），程序运行结果如图 9-15 所示。

```
1  private void button1_Click(object sender,EventArgs e)
2  {
3      string str = GetHotWordString();
4      Console.WriteLine(str);
5
6      List<string> titles = GetTitles(str);
7      this.listBox1.Items.Clear();
8      this.listBox1.Items.AddRange(titles.ToArray());
9  }
10
11 string GetHotWordString()
12 {
13     string url = "http://www.sina.com.cn/api/hotword.json";
14     WebClient web = new WebClient();
15     string str = web.DownloadString(url);
16     return str;
17 }
18
19 List<string> GetTitles(string str)
20 {
21     List<string> result = new List<string>();
22     dynamic obj = JsonConvert.DeserializeObject(str);
23     var code = obj.result.status.code;
24     if(code !=0)return result;
25
26     var data = obj.result.data;
27     foreach(var item in data)
28     {
29         result.Add(item.title.ToString());
30     }
```

```
31        return result;
32    }
```

程序中 GetHotWordString() 是获取信息，GetTitles() 是解析信息，其中的对象声明为 dynamic 后，其属性 obj.result.status.code 可以直接书写，而 obj.result.data 则是对象的数组。其 Json 的格式如下：

```
{
    "result":{
        "status":{
            "code":0,
            "msg":"success"
        },
        "date":"2017-06-12 13:24:10",
        "order":[],
        "words":[],
        "data":[
            {
                "title":"报业版权大会召开",
                "url":"http://www.sina.com.cn/mid/search.shtml?q=报业版权大会召开"
            },
            {
                "title":"20家银行停房贷",
                "url":"http://www.sina.com.cn/mid/search.shtml?q=20家银行停房贷"
            },
            ...
        ]
    }
}
```

9.4.4 从网络上获取二进制信息并进行处理

网络上还有一类信息是二进制的，最常见的是图片。这时可以直接用 WebClient 的 DownloadFile() 方法来下载，也可以用流（stream）的方式来进行处理，对于图片，还可以构造 Bitmap 图片对象并显示或保存。

下面的示例是调用百度提供的静态地图 api，具体的 api 说明请参见 http://lbsyun.baidu.com/index.php?title=static。读者在实际使用时，需要申请自己的应用访问密钥（ak）并修改程序中的 ak 值。

例 9-16 BaiduStaticMap 获取百度静态地图。界面上放置一个按钮及一个图片框（PictureBox），程序运行结果如图 9-16 所示。

图 9-16 获取地图

```
1  private void button1_Click(object sender,EventArgs e)
2  {
3      //参见 http://lbsyun.baidu.com/index.php?title=static
```

```
4        string url = " http:// api.map.baidu.com/ staticimage/ v2? ak =
E4805d16520de693a3fe707cdc962045&width =280&height =140&zoom =10";
5        WebClient web = new WebClient();
6         web.Headers["Referer"] = "http:// lbsyun.baidu.com/ index.php?title =
static";
7
8        byte[]data = web.DownloadData(url);
9        using(Stream stream = new MemoryStream(data))
10       {
11           Image image = new Bitmap(stream);
12           image.Save("map.jpg");
13           this.pictureBox1.Image = image;
14       }
15   }
```

注意到程序中使用了内存流（MemoryStream）以及位图（Bitmap）对象。

习题 9

一、判断题

1. Main()函数可以带 string[]参数。
2. Main()函数可以有返回值（int），也可以为 void。
3. String 对象的内容是不可变的。
4. 处理文本编码的类是 System. Text. Encoding 类。
5. [0-9]{2,4}表示数字是 2 个或 4 个。
6. ^[a-zA-Z]+$表示多个字母组成的行。
7. [a-zA-Z]即\W（大写 W）。
8. [0-9]即\d。
9. \s 即空白。
10. . 表任意一个字符。
11. |表示或者。
12. ()表示成组。
13. 位置限定用^$分别表示首尾。
14. \b 单词边界。
15. (?<名称>xxxxxxxx)表示对分组进行命名。
16. 在替换时，使用${名称}。
17. 若不命名，则为$1,$2 等等，而$0 表示整个匹配。
18. MultiLine 与 SingleLine 是两个相反的选项。
19. 正则表达式使用 System. Text. RegularExpressions 下的 Reg 类。
20. Regex 对象的 Match 方法可以找到所有的匹配。
21. xml 文档最前面是声明<？xml 。
22. xml 文档中用<！----->表示注释。
23. xml 文档中用 < 表示大于号。
24. xml 文档中用 & 表示 &。
25. XmlDocument 是表示 XML 文档的类。

26. XmlNode 是 XmlDocument 的子类。
27. InnerXml 是表示结点的内部 XML。
28. ChildNodes 是表示子结点的集合。
29. XPath 是对 XML 进行查询的表达式。
30. SelectNodes 是使用 Xpath 进行查询的基本方法。
31. Chrome/FireFox 等浏览器按 F11 键打开开发者工具。
32. Request 类是请求响应。
33. HttpServerUtility 是实用工具，可以用来对网址进行编码。
34. WebClient 具有 DownloadData 及 DownloadFile 等方法。

二、编程题

1. 综合练习：对输入框中输入的身份证是否合法进行验证：一是使用正则表达式对格式进行验证（共 18 位，前 17 位是数字，最后 1 位是数字或字母 X）；二是对身份证的最后一位的有效性进行验证。

背景知识：身份证号码中的校验码是身份证号码的最后一位，是根据中华人民共和国国家标准 GB 11643—1999 中有关公民身份证号码的规定，根据计算公式计算出来的，具体计算公式可参见百度百科。

2. 综合练习：做一个网络爬虫程序，从一个网址，如 http://hao.360.cn 开始，得到网页的内容，找到其中的链接，并进一步下载（注：可以将已下载的链接保存入一个 Hashtable 中，其 key 为链接的网址，下载前其值为 false，下载后其值为 true）。（要注意绝对引用与相对引用的问题，为了简化，可以只考虑绝对引用的链接。）

第 10 章 多线程及异步编程

本章介绍多线程、并行编程、异步编程。

10.1 线程基础

以前所介绍的程序多数是单线程的,即一个程序只有一条从头至尾的执行路线。然而现实世界中的很多过程都具有多种途径同时运作,例如服务器可能需要同时处理多个客户机的请求。在 Windows 操作系统中,不仅多个应用程序能同时运行,而且在同一程序内部也可以有多个线程同时运行,这就是多线程。C#语言可以方便地开发出具有多线程功能的应用程序。

10.1.1 多线程的相关概念

1. 程序、进程与线程

程序是一段静态的代码,它是应用软件执行的蓝本。

进程是应用程序的一次动态执行过程,它对应了从代码加载、执行到执行完毕的一个完整过程,这个过程也是进程本身从产生、发展到消亡的过程。作为执行蓝本的同一段程序,可以被多次加载到系统的不同内存区域分别执行,形成不同的进程。

线程是比进程更小的执行单位。一个进程在其执行过程中,可以产生多个线程,形成多条执行线索。每条线索有它自身的产生、存在和消亡的过程,也是一个动态的概念。每个进程都有一段专用的内存区域,而线程间可以共享相同的内存单元(包括代码与数据),并利用这些共享单元来实现数据交换、实时通信与必要的同步操作。

2. 多线程处理的优点

多线程处理可以同时运行多个任务。例如,文字处理器应用程序在处理文档的同时,可以检查拼写(作为单独的任务),或者完成打印的任务。由于多线程应用程序将程序划分成独立的任务,因此可以在以下方面显著提高性能:

① 多线程技术使程序的响应速度更快,因为用户界面可以在进行其他工作的同时一直处于活动状态;

② 当前没有进行处理的任务可以将处理器时间让给其他任务;

③ 占用大量处理时间的任务可以定期将处理器时间让给其他任务;

④ 可以随时停止任务;

⑤ 可以分别设置各个任务的优先级以优化性能。

一般地说,耗时、大量占用处理器并阻塞用户界面操作的任务,或者各个任务必须等待外部资源(如远程文件或 Internet 连接)等任务最适合用多线程来处理。

3. Thread 类

线程要用到 System.Threading 命名空间,其中 System.Threading.Thread 类用于表示线程。

Thread 类最常用的一些属性和方法列举在表 10-1 和表 10-2 中。

表 10-1 Thread 类的常用属性

Property	描 述
CurrentPrincipal	获取或者设定线程的当前安全性
CurrentThread	获得对当前正在运行的线程的一个引用（static 属性）
IsAlive	如果线程已经被启动并且尚在生命周期内，则返回 True
IsBackground	如果目标线程是在后台执行的，则为此属性赋值为 True
Name	获取或者设定这个线程的名字
Priority	获取或者设定这个线程的优先级
ThreadState	获得线程的当前状态

表 10-2 Thread 类的常用方法

Method	描 述
Abort	撤销这个线程
Interrupt	如果线程处于 WaitSleepJoin 状态，则中断它
Join	等待一个线程的结束
Resume	将被挂起的线程重新开始
Sleep	让线程休眠一定时间
Start	启动一个线程
Suspend	挂起一个线程

10.1.2 线程的创建与控制

1. 线程的创建

Thread 类是一个 sealed 类，不能被继承，但可以创建 Thread 类的实例。
Thread 类有一个构造方法，格式如下：

```
public Thread(ThreadStart fun);
```

其中 ThreadStart 是一个委托：

```
public delegate void ThreadStart();
```

线程所委托的方法，称为线程方法或线程函数。线程方法不带参数，且返回 void 类型。如果要传递相关的信息，则可以使用对象的成员变量或方法。

下面是创建一个 Thread 对象并启动这个线程的一般方法：

```
Thread thread = new Thread(new ThreadStart(obj.fun));
thread.Start();
```

由于委托可以简写，所以上面的语句也可以写为：

```
Thread thread = new Thread(obj.fun);
thread.Start();
```

例 10-1 ThreadTest.cs 创建多个线程。

```
1    using System;
```

```csharp
2    using System.Threading;
3    class Test
4    {
5        static void Main()
6        {
7            Test obj1 = new Test();
8            Thread thread1 = new Thread(new ThreadStart(obj1.Count));
9            thread1.Name = "线程1";
10
11           Test obj2 = new Test();
12           Thread thread2 = new Thread(new ThreadStart(obj2.Count));
13           thread2.Name = "线程2";
14
15           Thread thread3 = new Thread(new ThreadStart(obj2.Count));
16           thread3.Name = "线程3";
17
18           thread1.Start();
19           thread2.Start();
20           thread3.Start();
21       }
22
23       private int cnt = 0;
24       private void Count()
25       {
26           while(cnt < 10)
27           {
28               cnt ++;
29               Console.WriteLine(Thread.CurrentThread.Name + "数到" + cnt    );
30               Thread.Sleep(100);
31           }
32       }
33   }
```

程序中创建了 3 个线程，其中 thread1 在 obj1 上进行计数，thread2 与 thread3 同时在 obj2 上进行计数，它们数到 10 后线程结束。这三个线程同时进行的情况，可参见图 10-1。

2. 线程的启动和停止

Thread 对象被创建后，调用线程对象的 Start() 就可以开始执行对应的线程函数。线程函数会一直执行下去，直至它结束。可以通过它的 IsAlive 属性来检查线程的当前状态，以判定线程是否已经被撤销了。

如果希望中断一个线程，那么可以调用 Abort() 方法。调用这个方法的时候一定要谨慎，因为这个方法只是简单地停止了一个线程的运行，别的方面并没有过多考虑。在某些情况下，线程的突然中断会导致严重的问题，因为线程函数没有机会进行必要的整

图 10-1 创建多个线程

理。例如在更新数据库或者写文件操作进行到一半时发生了中断,就会造成数据的不完整。

最好使用一些标志来辅助中断处理。线程函数可以设置并检查这些标志。标志可以是一个布尔型变量,一旦它被赋值成 true,线程函数中可以根据这个标志进行必要的处理后,才结束线程函数。

Suspend( )用于临时性地停止一个线程的执行,Resume( )用于对线程重新启动。这两种方法和 Abort( )一样会遇到以上问题,最好采用标志变量的方法而不是简单地调用 Suspend( )方法。

Sleep( )方法的作用是在一段时间内(通常是毫秒级的),让线程处于休眠状态。这是一种非常有用的方法,因为处于休眠状态的进程不会占用处理器的时间。处于休眠状态的进程可以被中断,例如被程序中断或者被设备中断,这时会抛出 ThreadInterruptedException 异常。

3. 线程的状态

线程状态(ThreadState)是一个枚举,在表 10-3 中描述了该枚举的成员。

表 10-3 ThreadState 的成员

成 员	描 述
Aborted	线程已经被中断并且被撤销
AbortRequested	线程正在被请求中断
Background	线程充当后台线程的角色,并且正在执行
Running	线程正在运行
Stopped	线程停止运行(这个状态只限于内部使用)
StopRequested	线程正在被要求停止(这个状态只限于内部使用)
Suspended	线程已经被挂起
SuspendRequested	线程已经被要求挂起
Unstarted	线程还没有被启动
WaitSleepJoin	线程在一次 Wait( )、Sleep( )以及 Join( )调用中被锁定

线程最初处于 Unstarted 状态,调用了方法 Start( )之后,状态转移至 Running 状态。调用方法 Suspend( )将线程置为 Suspended 状态,并且之后调用 Resume( )方法会将线程重新置为 Running 状态。如果线程已经被启动并且尚且在生命周期内,那么 IsAlive 属性的返回值应该是 true;如果线程处于 Running、Background、Suspended、SuspendRequested 以及 WaitSleepJoin 状态,那么 IsAlive 属性同样返回 true。

通过使用 IsBackground 属性可以修改线程的状态(前台或者后台)。一旦最后一个前台线程停止运行,则后台线程会自动停止。让应用程序启动的进程作为后台线程有时是有用的,因为当应用程序停止的时候这些线程会自动关闭。

4. 线程的优先级

每个线程都有一个优先级。每个线程在创建时被默认地赋予平均(Normal)优先级,通过给 Thread 的 Priority 属性可以调整线程的优先级。在表 10-4 中列举了 ThreadPriority 枚举的成员。

表 10-4 ThreadPriority 的成员

成员	描述
Highest	线程具有最高优先级
AboveNormal	线程的优先级高于普通优先级
Normal	线程具有平均优先级
BelowNormal	线程的优先级低于普通优先级
Lowest	线程具有最低优先级

操作系统要用优先级来决定具体何时应该运行某个线程，并且相应的调度算法也非常复杂。这意味着修改线程的优先级并不总是能得到期望的结果。因此不要过分依赖线程的优先级。

5. 线程应用举例

下面举一个例子，程序中有多个线程，每个线程在不同的时间、在不同的地方画一些图形。

例 10-2 ThreadDraw.cs 多线程绘图。

```
1    private List<MovingShape> shapes = new List<MovingShape>();
2    private List<Thread> threads = new List<Thread>();
3
4    void AddMovingObject()
5    {
6        MovingShape obj = new MovingShape(this.pictureBox1);
7        Thread thread = new Thread(obj.Run);
8        thread.IsBackground = true;
9        thread.Start();
10       threads.Add(thread);
11       shapes.Add(obj);
12   }
13   void RemoveMovingObject()
14   {
15       if(threads.Count == 0) return;
16       shapes[0].Stop();
17       threads[0].Abort();
18       shapes.RemoveAt(0);
19       threads.RemoveAt(0);
20   }
21
22   private void Form1_Load(object sender, System.EventArgs e)
23   {
24       this.Show();
25       AddMovingObject();
26   }
27
28   private void button1_Click(object sender, System.EventArgs e)
29   {
30       AddMovingObject();
31   }
```

```csharp
32
33          private void button2_Click(object sender,System.EventArgs e)
34          {
35              RemoveMovingObject();
36          }
37      }
38
39      public class MovingShape
40      {
41          bool bContinue = false;
42          private int size = 60;
43          private int speed = 10;
44          private Color color;
45          private Brush brush;
46          private Pen pen;
47          private int type;
48          private int x,y,w,h,dx,dy;
49          protected Control app;
50          Random rnd = new Random();
51
52          public MovingShape(Control app)
53          {
54              this.app = app;
55              x = rnd.Next(app.Width);
56              y = rnd.Next(app.Height);
57              w = rnd.Next(10,size);
58              h = rnd.Next(10,size);
59              dx = rnd.Next(5,speed);
60              dy = rnd.Next(5,speed);
61              color = Color.FromArgb(
62                  rnd.Next(128,256),
63                  rnd.Next(128,256),
64                  rnd.Next(128,256));
65              brush = new SolidBrush(color);
66              pen = new Pen(new SolidBrush(Color.Black),1);
67              type = rnd.Next(3);
68              bContinue = true;
69          }
70
71          public void Run()
72          {
73              while(bContinue)
74              {
75                  x += dx;
76                  y += dy;
77                  if(x < 0 || x + w > app.Width)dx = -dx;
78                  if(y < 0 || y + h > app.Height)dy = -dy;
79                  Graphics g = app.CreateGraphics();
80
81                  switch(type)
82                  {
```

```
83                    case 0:
84                        g.FillRectangle(brush,x,y,w,h);
85                        g.DrawRectangle(pen,x,y,w,h);
86                        break;
87                    case 1:
88                        g.FillEllipse(brush,x,y,w,h);
89                        g.DrawEllipse(pen,x,y,w,h);
90                        break;
91                    case 2:
92                        g.FillPie(brush,x,y,w,h,0.1F,0.9F);
93                        g.DrawArc(pen,x,y,w,h,0.1F,0.9F);
94                        break;
95                    }
96                    Thread.Sleep(130);
97                }
98            }
99
100           public void Stop()
101           {
102               bContinue = false;
103           }
104       }
```

程序运行结果如图 10-2 所示。

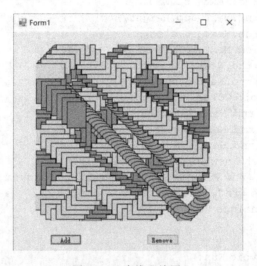

图 10-2 多线程绘图

程序中建立了一个类 MovingShape，它表示随时在移动的对象，其中有字段表示位置、大小、类型，而 Run( ) 方法表示一直改变其位置并画出到一个控件上（图片框）。而线程就是建立每个对象的 Run( ) 方法之上。每个线程是同时且独立运行的。对象中有个标志变量 bContinue，它可以对线程是否结束起到控制作用。

10.1.3 线程的同步

1. 线程同步的作用

同步是指多个线程之间的执行顺序进行控制。使用同步技术，可以完成以下操作：

① 在必须以特定顺序执行任务时，显式地控制代码运行的次序；
② 当两个线程同时共享相同的资源时，避免可能出现的问题。

例如，可以使用同步使显示过程处于等待状态，直至在另一线程中运行的数据检索过程结束。

同步的方法有两种：轮询和使用同步对象。轮询是指循环地检查异步调用的状态（如反复查看 IsAlive 属性），这种方式效率很低，因为反复检查各种线程属性的状态会浪费大量资源。

2. Join 方法

用轮询方式来控制运行线程的次序，牺牲了多线程的部分优点。为此，可以使用效率较高的 Join 方法来控制线程。Join 使调用过程处于等待状态，直至线程完成或调用超时（如果指定了超时）。实际上，使用 Join 再次将单独的执行线程合并成一个线程。

调用某 Thread 对象的 Join() 方法，可以将一个线程加入到本线程中，本线程的执行会等待另一线程执行完毕。如果 Join() 方法带上一个 int 参数，表示等待的最长时间（以毫秒为单位）。

例 10-3　ThreadJoin.cs 使用 Join。

```
1   using System;
2   using System.Threading;
3   public class ThreadJoin {
4       public static void Main(string[]args){
5           Runner r = new Runner();
6           Thread thread = new Thread(r.run);
7           thread.Start();
8
9           //thread.Join();
10
11          for(int i = 0;i < 10;i ++){
12              Console.WriteLine("\t" + i);
13              Thread.Sleep(100);
14          }
15      }
16  }
17
18  class Runner {
19      public void run(){
20          for(int i = 0;i < 10;i ++){
21              Console.WriteLine(i);
22              Thread.Sleep(100);
23          }
24      }
25  }
```

程序运行结果如图 10-3 所示。

程序中若没有用 Join()，则两个线程同时运行（注意程序本身也是一个线程）；若将 Join() 加上，则主程序的线程会等待 Runner 的线程执行完毕后再进行。

Join 是同步调用或阻塞调用的，这些控制线程的简单方法主要用于管理少量线程，不适

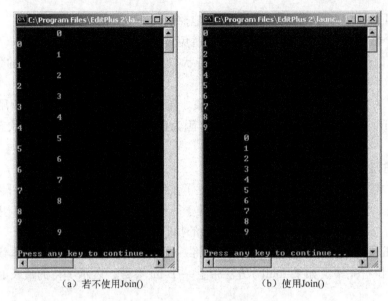

(a) 若不使用Join()　　　　　(b) 使用Join()

图 10-3　使用 Join 对程序的影响

用于复杂情况。下面将讨论控制同步线程的一些高级技术。

3. lock 语句与 Monitor 类

在多个线程访问同一资源时，可能会发生数据不一致的情况。例如下面的例子。

例 10-4　两个线程访问同一资源时的问题。

```
1   using System;
2   using System.Threading;
3   class SyncCounter2
4   {
5       public static void Main(string[]args){
6           Num num = new Num();
7           Thread thread1 = new Thread(new ThreadStart(num.run));
8           Thread thread2 = new Thread(new ThreadStart(num.run));
9           thread1.IsBackground = true;
10          thread2.IsBackground = true;
11          thread1.Start();
12          thread2.Start();
13          for(int i = 0;i < 10;i ++){
14              Thread.Sleep(100);
15              num.testEquals();
16          }
17      }
18  }
19
20  class Num
21  {
22      private int x = 0;
23      private int y = 0;
24      public void increase(){
25          x ++;
```

```
26          y ++;
27      }
28      public void testEquals(){
29          Console.WriteLine(x + "," + y + " :" + (x == y));
30      }
31      public void run(){
32          while(true){
33              increase();
34          }
35      }
36  }
```

程序运行结果如图 10-4 所示。

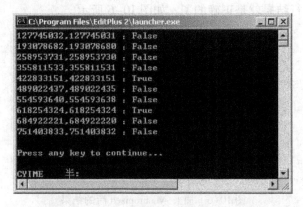

图 10-4 两线程共享同一资源带来的问题

该例中，两个线程操作对象 num，线程中调用 increase( )方法，使 x，y 同时增加。在 Main( )中调用 testEquals( )方法以检查 x，y 是否相等。程序的运行结果如图 10-4 所示。从图中的运行结果可以看出，大部分时间 x，y 并不相等。

在这里，问题的关键在于有两个线程同时操作同一个对象。在线程执行时，可以出现这样的情况，当一个线程执行了 x ++ 语句尚未执行 y ++ 语句时，系统调度到另一个线程执行 x ++ 及 y ++ ，这时就会出现 x 多加一次的情况。由于转换线程的调度不能预料，所以出现了 x，y 不相等的情况，如图 10-5 所示。

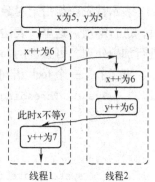

图 10-5 两线程的调度

这种由于多线程同时操作一个对象引起的现象，称为该对象不是线程安全的。为了多线程机制能够正常运转，需要采取一些措施来防止两个线程访问相同的资源，特别是在关键的时期。为防止出现这样的冲突，可以在线程使用一个资源时为其加锁。访问资源的第一个线程为其加上锁以后，其他线程便不能再使用那个资源，除非被解锁。

对一种特殊的资源——对象中的内存——C#提供了内建的机制来防止它们的冲突：使用关键字 lock。在任何时刻，针对特定对象，只可有一个线程能访问某一段代码，以确保代码段不会被其他线程中运行的代码所中断。加上 lock 语句后，程序变为：

```
    public void increase(){
```

```
        lock(this)
        {
            x ++;
            y ++;
        }
    }
    public void testEquals(){
        lock(this)
        {
            Console.WriteLine(x + "," + y + " : " + (x == y));
        }
    }
```

这样，程序的运行结果就是正确的了，如图 10-6 所示。

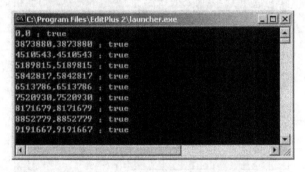

图 10-6　加上 synchronized 后的结果

lock 语句的一般格式如下：

```
lock(对象或表达式){
    ...
}
```

表示首先获得指定对象的互斥锁，在这语句执行期间，给某对象上锁，语句执行完成后，进行解锁。这里，表达式必须是引用类型的量，可以用 this。如果要对类中的静态方法进行加锁处理，可直接用 lock（typeof（类名））来进行。

事实上，一个 lock 语句等同于下面的一段写法：

```
System.Threading.Monitor.Enter(对象或表达式);
try {
    ...
}
finally {
    System.Threading.Monitor.Exit(对象或表达式);
}
```

这里，Monitor 类被称为监视器，它的作用在于确保代码块在运行时不会被其他线程运行的代码中断。其主要方法是 Enter 及 Exit。此外，Monitor 也有等待和通告机制，这种机制下线程可以一直处于等待状态，直到被别的线程运用 Wait( )、Pulse( ) 和 PulseAll( ) 方法通告之后才会继续运行。在同步代码块中一个线程可以调用 Wait( ) 方法，从而有效地将线程转移到休眠状态，在其他线程调用 Pulse( ) 或者 PulseAll( ) 方法唤醒它之前，这个线程会一直处于休眠状态。

值得注意的是，lock 语句有一个缺点：必须确保所有使用该对象的代码都采取这样的保护措施，否则，同样会造成问题。

4. 其他用于同步控制的类

多线程应用程序通常使用等待句柄和监视器对象来同步多个线程。表 10-5 简要介绍了部分可用于同步线程控制的类。

表 10-5 可用于同步线程控制的类

类	用　途
AutoResetEvent	等待句柄，用于通知一个或多个等待线程发生了一个事件。AutoResetEvent 在等待线程被释放后自动将状态更改为已发出信号
Interlocked	为多个线程共享的变量提供原子操作
ManualResetEvent	等待句柄，用于通知一个或多个等待线程发生了一个事件。手动重置事件的状态将保持为已发出信号，直至 Reset 方法将其设置为未发出信号状态。同样，该状态将保持为未发出信号，直至 Set 方法将其设置为已发出信号状态。当对象的状态为已发出信号时，任意数量的等待线程（即通过调用一个等待函数开始对指定事件对象执行等待操作的线程）都可以被释放
Monitor	提供同步访问对象的机制
Mutex	等待句柄，可用于进程间同步
ReaderWriterLock	定义用于实现单个写入者和多个读取者的锁定
Timer	提供按指定间隔运行任务的机制
WaitHandle	封装操作系统特有的、等待对共享资源进行独占访问的对象

5. 死锁

线程同步在多线程应用程序中十分重要，但在多个线程相互等待时总是存在死锁的危险。死锁会使一切操作终止，因此避免死锁非常重要。有许多情况会导致死锁，同样，避免死锁的方法也很多。认真规划是避免死锁的关键。关于死锁更详细的讨论，读者可以参阅相关的参考书。

10.2 线程池与计时器

上节介绍了线程的一些技术，它们是比较底层的，使用起来不太方便，在 C#较新的一些版本中，还有多种控制线程的办法，这就是后面几节所要介绍的。

10.2.1 线程池

线程池（ThreadPool）是多线程的一种形式。在线程池中，当创建线程时任务被添加到队列并自动启动。

如果要启动很多线程而任务较短（如大部分时间都在等待），这时就可以使用线程池。系统为每个线程池提供辅助线程来管理线程，使程序更为有效地使用线程。

在线程池中的每个线程的优先级是固定的，不能进行设定。默认情况下，每个系统处理器的线程池上最多可以运行 25 个线程池线程。超过该限制的其他线程会被排队，直至其他线程运行结束后它们才能开始运行。

使用线程池，可以使用 Threadpool.QueueUserWorkItem( ) 等方法来提交相应的任务，系统根据任务创建线程，当任务完成后释放这些资源。其格式如下：

```
public static bool QueueUserWorkItem(
    WaitCallback callBack
);
public delegate void WaitCallback(
    object state
);
```

例 10-5 ThreadPoolTest.cs 使用 ThreadPool 类。

```
1   using System;
2   using System.Threading;
3   public class StateObj
4   {
5       public int n;
6       public int RetVal;
7   }
8
9   class Test
10  {
11      static void Main()
12      {
13          StateObj StObj1 = new StateObj();
14          StateObj StObj2 = new StateObj();
15
16          StObj1.n = 10;
17          StObj2.n = 20;
18
19          //将任务排队
20          ThreadPool.QueueUserWorkItem(
21              new WaitCallback(SomeOtherTask),StObj1);
22          ThreadPool.QueueUserWorkItem(
23              new WaitCallback(AnotherTask),StObj2);
24          Thread.Sleep(1000);
25      }
26
27      static void SomeOtherTask(object obj)
28      {
29          StateObj stObj = obj as StateObj;
30          int n = stObj.n;
31          for(int i = 1;i < n;i ++)Console.Write(".");
32          Console.WriteLine(n);
33          stObj.RetVal = n * n;
34      }
35
36      static void AnotherTask(object obj)
37      {
38          StateObj stObj = obj as StateObj;
39          int n = stObj.n;
40          for(int i = 1;i < n;i ++)Console.Write("@ ");
41          Console.WriteLine(n);
```

```
42            stObj.RetVal = n;
43        }
44  }
```

10.2.2 线程计时器

System.Threading.Timer 类用于表示在单独线程中定期执行任务。例如，可以使用线程计时器检查数据库的状态和完整性，或者备份重要文件。

Timer 的构造方法如下：

```
public Timer(
    TimerCallback callback,        //执行的任务的委托
    object state,                  //数据
    int dueTime,                   //启动前的延时
    int period                     //任务之间的间隔
);
```

其中 TimerCallback 的委托类型是：

```
public delegate void TimerCallback(object state);
```

Timer 的重要方法有：

```
public void Change(int dueTime, int period);
```

Timer 对象使用完毕后，应调用 Dispose() 方法以释放系统资源。

例 10-6 TimerTest.cs 使用 Timer 来多次显示时间。

```
1   using System;
2   using System.Threading;
3
4   class TimerExampleState
5   {
6       public int counter = 0;
7       public Timer tmr;                    //保持一个 Timer 引用，以便 Dispose
8   }
9
10  class App
11  {
12      public static void Main()
13      {
14          TimerExampleState s = new TimerExampleState();
15          Timer timer = new Timer(
16              new TimerCallback(CheckStatus),
17              s,1000,500);
18          s.tmr = timer;
19
20          while(s.tmr != null)
21              Thread.Sleep(0);
22          Console.WriteLine("Timer example done.");
23      }
24
25      static void CheckStatus(object state)
26      {
27          TimerExampleState s = (TimerExampleState)state;
```

```
28          s.counter ++;
29          Console.WriteLine("{0} Checking Status {1}.",
30              DateTime.Now.TimeOfDay,s.counter);
31          if(s.counter ==5)
32          {
33              (s.tmr).Change(3000,100);           //更改时间间隔
34              Console.WriteLine("changed...");
35          }
36          if(s.counter ==10)
37          {
38              Console.WriteLine("disposing of timer...");
39              s.tmr.Dispose();
40              s.tmr = null;
41          }
42      }
43  }
```

可以看出，在各种线程中，Timer 适用于间隔性地完成任务，ThreadPool 适用于多个小的线程，Thread 适用于各种场合。

10.2.3 窗体计时器

在 Windows 应用程序中，还有一些控件（如 System.Windows.Forms.Timer 控件）也具有类似于线程的功能。

计时器（Timer）的作用是每隔一定时间间隔执行一定的任务，所以可以方便地实现一些要"自动"完成的功能，如前面章节讲到的"绘制时间""播放歌词""背单词"等程序中都用到了 Timer。

在 Visual Studio 中，可以从工具箱中的组件中找到计时器（Timer），然后放入程序界面中。Timer 对象的重要属性是 Interval（时间间隔，单位为毫秒）、Enabled（是否起作用），而其事件则是 Tick 事件，在 Tick 事件中写的代码表示每隔一定时间要完成的任务。由于 Timer 的使用很简单，这里就不再举例了。

10.3 集合与 Windows 程序中的线程

在多线程程序中访问集合有特殊要注意的地方，本节就来谈一谈。

10.3.1 集合的线程安全性

一个类能够正确地适应多线程的情况，就称为这个类是线程安全的。C#中有许多类保证其静态方法或属性是线程安全的，但其实例成员则不保证是多线程安全的。

线程安全性对于集合类具有特别重要的意义，因为集合中所引用的对象经常在多线程环境中使用。

1. 非泛型的集合类与线程

所有的集合类都有 IsSynchronized 属性和 SyncRoot 属性。IsSynchronized 属性用于判断是否为同步版本。SyncRoot 属性提供了集合自己的同步版本。在派生一个集合类时，应在集

合的 SyncRoot 上执行操作，而不是直接在集合上执行操作，这样才能确保派生的集合类针对多线程的正确操作。

对一个集合进行遍历，在本质上不是一个线程安全的过程。甚至在对集合进行同步处理时，其他线程仍可以修改该集合，这会导致异常。若要在遍历过程中保证线程安全，可以在整个枚举过程中锁定集合，或者捕捉由于其他线程进行的更改而引发的异常。例如，以下代码示例显示如何在整个枚举过程中使用 SyncRoot 锁定集合：

```
ArrayList myCollection = new ArrayList();
lock(myCollection.SyncRoot){
    foreach(Object item in myCollection){
        // Insert your code here.
    }
}
```

对于大部分的集合，如 Array，ArrayList，SortedList，Hashtable 等，都可以使用 Synchronized( )方法获取一个线程安全的包装对象。

下面的示例显示了如何创建一个线程安全的集合。

例 10-7 SynchronizedArraList.cs 创建一个线程安全的集合。

```
1    using System;
2    using System.Collections;
3    using System.Threading;
4    public class SamplesArrayList
5    {
6        public static void Main()
7        {
8
9            ArrayList list = new ArrayList();
10           new Thread(() => AddElements(list)).Start();
11           new Thread(() => AddElements(list)).Start();
12           Thread.Sleep(1000);
13           Console.WriteLine(list.Count );
14
15           ArrayList synlist = ArrayList.Synchronized(
16               new ArrayList());
17           new Thread(() => AddElements(synlist)).Start();
18           new Thread(() => AddElements(synlist)).Start();
19           Thread.Sleep(1000);
20           Console.WriteLine(synlist.Count  );
21       }
22       static void AddElements(ArrayList list)
23       {
24           for(int i = 0;i < 10000;i ++)list.Add(i);
25           Console.WriteLine("add end");
26       }
27   }
```

程序的运行结果如下：

```
add end
add end
```

```
17309
add end
add end
20000
```

程序中,如果不使用线程安全的集合,会发现两个线程各向 ArrayList 加入 10000 个元素,最后的元素可能不是 20000。而使用线程安全的集合,则不会出现问题。

2. 并发的集合类

C#中针对泛型类的集合,专门提供了线程安全的"并发集合类",它们位于 System.Collections.Concurrent 中,最主要的类如表 10-6 所示。

表 10-6 主要的并发集合类

类	类 名	作 用
列表	BlockingCollection < T >	并发的生产者、消费者集合
集	ConcurrentBag < T >	并发的 Set
字典	ConcurrentDictionary < TKey,TValue >	并发的 Dictionary < TKey,TValue >
队列	ConcurrentQueue < T >	并发的 Queue < T >
栈	ConcurrentStack < T >	并发的 Stack < T >

在多线程程序中,一定要注意使用并发的集合类而不是普通的集合类。否则,程序的结果常常是无法预料的,程序调试也会很困难。

10.3.2 窗体应用程序中的线程

从 C#2.0 开始,在 Windows 窗体应用程序中使用线程时,为了保证界面的一致性和稳定性,如果在线程中要操作界面(如改变显示的内容),则必须要将这个操作的任务交给"界面线程"来处理。所谓界面线程,是指拥有界面句柄的线程,或者说创建界面对象的线程。这里所谓的"交给"它处理,是指不能直接处理,而是使用 Invoke 或 BeginInvoke 来调用。其中 Invoke 是"同步的",即调用完成后才返回,BeginInvoke 是"异步的",即提交任务后立即返回。BeginInvoke 用得较多。

1. 使用 BeginInvoke

界面对象(窗体或控件)的 BeginInvoke 要求带一个委托以及委托所带的参数。一般需要自定义一个委托类型,也可以使用系统已定义好的委托,如 EventHandler、Action < T > 甚至 ThreadStart 等。

下面的例子中,在创建的线程中如果要在列表框中加入内容及改变标签的内容,必须要将这个任务以委托的形式传给 BeginInvoke。

例 10-8 WinFormThreadUpdateUI 在线程中更新界面。在设计时,在窗体中加入按钮 btnAddThread、标签 lblMsg 及列表框 lstMsg。

```
1    private void btnAddThread_Click(object sender,System.EventArgs e)
2    {
3        Thread thread = new Thread(new ThreadStart(MyFun));
4        thread.Name = (++id).ToString();
5        thread.IsBackground = true;
6        thread.Start();
```

```
7      }
8      int id = 0;
9
10     Random rnd = new Random();
11     private void MyFun()
12     {
13         while(true)
14         {
15             Thread.Sleep(rnd.Next(2000));
16             string msg = DateTime.Now + " " + Thread.CurrentThread.Name;
17             //AddMsgFun(msg);                                              //这样不好
18             ShowMsg(msg);                                                  //这样较好
19         }
20     }
21
22     private void ShowMsg(string msg)
23     {
24         if(this.InvokeRequired)                                            //进行判断
25         {
26             this.BeginInvoke(new MyDelegate(this.AddMsgFun),msg);          //显示到界面上
27
28             //如果不想自己定义一个delegate,则可以用系统定义好的delegate,例如:
29             //this.BeginInvoke(new ThreadStart(() => AddMsgFun(msg)));
30             //this.BeginInvoke(new Action<string>((m) => AddMsgFun(m)), msg);
31         }
32         else
33         {
34             AddMsgFun(msg);
35         }
36     }
37
38     private delegate void MyDelegate(string msg);                          //定义的delegate
39     private void AddMsgFun(string msg)
40     {
41         this.lstMsg.Items.Insert(0,msg);
42         this.lstMsg.SelectedIndex = 0;
43
44         this.lblMsg.Text = msg;
45     }
```

程序运行结果如图 10-7 所示。

程序中可以用 InvokeRequired 来判断是否需要调用 BeginInvoke 或可以直接调用 AddMsg-Fun 这个函数。也可以不判断，都用 BeginInvoke。

如果在线程中更新界面不使用 BeginInvoke，在程序运行时，则可能会抛出异常 InvalidOperationException，显示"线程间操作无效：从不是创建控件的线程访问它"。

2. 使用 BackgroundWorker

在 Windows 窗体程序中，还可以使用 BackgroundWorker 来处理线程性的任务。在 Visual Studio 中的工具箱的"组件"中找到 BackgroundWorker，可以将它拖放到窗体界面上。

在 BackgroundWorker 的使用主要有几点：

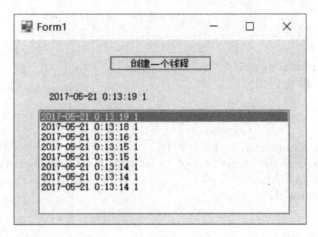

图 10-7 在线程中更新界面

↳ 它的 DoWork 事件，其中是要进行的主要任务；
↳ 它的 RunWorkerCompleted 事件，其中是当任务完成后要做的事；
↳ 它的 ProgressChanged 事件，其中是当进度改变时要做的事；
↳ 使用它的 RunWorkerAsync() 方法，来开始任务的执行，从而激发 DoWork 事件的开始执行；
↳ 使用它的 ReportProgress() 方法，来报告进度的改变，从而激发 ProgressChanged 事件的执行。

在 BackgroundWorker 的事件中，可以直接更新界面，而不用 Invoke 或 BeginInvoke，事实上，它在底层已经使用 BeginInvoke 了。

例 10-9 BackgroudWorkerTest 使用 BackgroundWorker 计算斐波那契数。程序界面中放置两个按钮、一个 NumericUpDown，一个进度条（ProgressBar）。

```
1   private void InitializeBackgoundWorker()
2   {
3       //注意各个事件
4       backgroundWorker1.DoWork + =
5           new DoWorkEventHandler(backgroundWorker1_DoWork);
6       backgroundWorker1.RunWorkerCompleted + =
7           new RunWorkerCompletedEventHandler(
8               backgroundWorker1_RunWorkerCompleted);
9       backgroundWorker1.ProgressChanged + =
10          new ProgressChangedEventHandler(
11              backgroundWorker1_ProgressChanged);
12  }
13
14  private void startAsyncButton_Click(System.Object sender,
15      System.EventArgs e)
16  {
17      resultLabel.Text = String.Empty;
18
19      // 设置控件的状态
```

```csharp
20      this.numericUpDown1.Enabled = false;
21      this.startAsyncButton.Enabled = false;
22      this.cancelAsyncButton.Enabled = true;
23
24      // 得到要计算的数
25      numberToCompute = (int)numericUpDown1.Value;
26
27      highestPercentageReached = 0;              // 进度值
28
29      // 启动任务的执行
30      backgroundWorker1.RunWorkerAsync(numberToCompute);
31  }
32
33  private void cancelAsyncButton_Click(System.Object sender,
34      System.EventArgs e)
35  {
36      this.backgroundWorker1.CancelAsync();      // 处理取消
37      cancelAsyncButton.Enabled = false;
38  }
39
40  private void backgroundWorker1_DoWork(object sender,
41      DoWorkEventArgs e)
42  {
43      BackgroundWorker worker = sender as BackgroundWorker;
44      e.Result = ComputeFibonacci((int)e.Argument,worker,e);
45  }
46
47  private void backgroundWorker1_RunWorkerCompleted(
48     object sender,RunWorkerCompletedEventArgs e)
49  {
50     // 任务完成,如果没有错误,则显示结果
51      if(e.Error != null)
52      {
53     MessageBox.Show(e.Error.Message);
54      }
55      else if(e.Cancelled)
56      {
57     resultLabel.Text = "Canceled";
58      }
59      else
60      {
61     resultLabel.Text = e.Result.ToString();
62      }
63
64      this.numericUpDown1.Enabled = true;
65      startAsyncButton.Enabled = true;
66      cancelAsyncButton.Enabled = false;
67  }
```

```csharp
68
69  private void backgroundWorker1_ProgressChanged(object sender,
70     ProgressChangedEventArgs e)
71  {
72      //使用进度条显示进度
73      this.progressBar1.Value = e.ProgressPercentage;
74  }
75
76  //计算斐波那契数
77  long ComputeFibonacci(int n,BackgroundWorker worker,DoWorkEventArgs e)
78  {
79      if((n<0) || (n>91))
80      {
81          throw new ArgumentException(
82              "value must be >=0 and <=91","n");
83      }
84
85      long result=0;
86      if(worker.CancellationPending)
87      {
88          e.Cancel=true;
89      }
90      else
91      {
92          if(n<2)
93          {
94              result=1;
95          }
96          else
97          {
98              //使用递归方式进行计算
99              result=ComputeFibonacci(n-1,worker,e)+
100                 ComputeFibonacci(n-2,worker,e);
101         }
102         //报告进度的百分数
103         int percentComplete=
104             (int)((float)n/(float)numberToCompute*100);
105         if(percentComplete>highestPercentageReached)
106         {
107             highestPercentageReached=percentComplete;
108             worker.ReportProgress(percentComplete);
109         }
110     }
111     return result;
112 }
```

程序运行结果如图 10-8 所示。

程序中还处理了 Cancel 功能，主要用到了 CancelAsync( )方法。

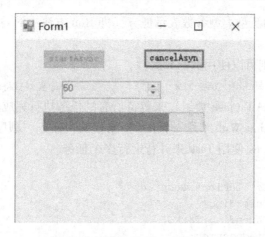

图 10-8　使用 BackgroundWorker

10.4　并行编程

随着多 CPU 的计算机的广泛使用，并行编程越来越重要。充分利用多 CPU 并行地执行以共同完成一件任务，这就是"并行程序"。从 .NET Framework 4.0 起，C#增加了对并行程序的支持。

10.4.1　并行程序的相关概念

1. 并行程序及 TPL

并行程序是多线程程序的一种，它也需要多个线程同时进行，不过，并行程序与普通的多线程程序相比也有不同：并行程序一般是将一个任务分解成多个相互独立的子任务（例如，要进行一个很大矩阵的乘法，可以将大矩阵分解成多个小的矩阵乘法），每个子任务可以分别由不同的处理器（CPU）来执行，最后再将这些小的结果综合起来得到结果。所以并行程序多用于多 CPU、计算任务较重的程序，而普通的多线程程序主要用于需要同时执行、要等待 I/O（输入输出，如网络下载等）的程序，一般地将前者称为"并行"，而后者称为"并发"。

C#从 .Net Framework4 起引入了新的类库 TPL，也就是 Task Parallel Libary（任务并行库）。TPL 是 System.Threading 和 System.Threading.Tasks 命名空间中的一组公共类型 API。TPL 可以让开发人员方便地进行并行程序的开发。TPL 可以有效地利用线程池（ThreadPool）上的线程调度、取消支持、状态管理以及其他低级别的细节操作。

TPL 中最重要的是 Task 类和 Parallel 类，下面分别介绍。

（1）Task 类

Task 类是利用线程池来进行任务的执行，它比直接用 ThreadPool 更优化，而且编程更方便。

可以使用 new TaskFactory().StartNew()来开始 Task 实例并开始执行一个任务，或者更简单地，使用 Task.Run 方法来得到 Task 的实例并开始执行，如

```
Task<double>task = Task.Run(() => SomeFun());
```

其中 Task<T> 中的泛型类型参数表示任务（即 Run 方法中的委托）的返回值类型，这里是 double。

如果要得到结果，则可以使用 Result 属性。

```
double result = task.Result;              //等待直到获得结果
```

可以使用 Task.WaitAll（task 数组）来等待所有的任务执行完成。

可以使用 task.ContinueWith（另一个 task）来使两个任务"顺序"执行。

例 10-10 TaskTest.cs 使用 Task 来并行运行多个任务。

```
1   using System;
2   using System.Collections.Generic;
3   using System.Threading;
4   using System.Threading.Tasks;
5   using System.Diagnostics;
6   class TaskDemo
7   {
8       static void Main(string[]args)
9       {
10          Task<double>[]tasks = {
11              Task.Run(()=>SomeFun()),
12              Task.Run(()=>SomeFun()),
13          };
14          Thread.Sleep(1);
15          for(int i=0;i<tasks.Length;i++)
16          {
17              Console.WriteLine(tasks[i].Status);      //查看状态
18          }
19          for(int i=0;i<tasks.Length;i++)
20          {
21              Console.WriteLine(tasks[i].Result);      //等到计算结束取结果
22          }
23          Task.WaitAll(tasks);                         //也可以用这句来等待结果
24      }
25
26      static double SomeFun()
27      {
28          Thread.Sleep(50);
29          return DateTime.Now.Ticks;
30      }
31  }
```

在使用多个 Task 时，可以异常进行合并处理，即捕获 AggregateException（合并的异常），例如：

```
try
{
    Task.WaitAll(task1,task2,task3);
}
catch(AggregateException ex)
{
    foreach(Exception inner in ex.InnerExceptions)
```

```
            {
                Console.WriteLine("Exception type {0} from {1}",
                    inner.GetType(),inner.Source);
            }
        }
```

其中的 InnerExceptions 表示其底层的异常。

(2) Parallel 类

Parallel 类,是并行执行任务类的实用类,使用起来比 Task 类更方便,它在底层实际是隐式地使用了 Task。

并行可分成两种:任务并行性和数据并行性。任务并行性是指使用 CUP 的代码被并行化,CPU 的多个核心会被利用起来,更加快速地完成包含多个任务的活动,而不是在一个核心中按顺序一个一个地执行任务。而数据并行性是指在数据集合上执行的工作被划分为多个任务。两者可以混合起来使用。

使用 Parallel 类可以针对任务并行执行,如

```
Parallel.Invoke(Action[] actions);
```

其中,Action 委托表示要执行的任务,而 Invoke 表示执行这些任务直到结束。

使用 Parallel 类可以针对数据并行执行,如

```
Parallel.For(0,100,i => {...});
Parallel.ForEach(list, item => {...})
```

其中 For 方法针对的是一个范围内的整数,而 ForEach 则是针对一个集合。

✖注意,Parallel.For 方法中的 (0, 100) 表示 0 到 100,包括 0,但不包括 100。

例 10-11 ParallelInvoke.cs 使用 Parallel 的 Invok 方法。

```
1   using System;
2   using System.Threading;
3   using System.Threading.Tasks;
4   class ParallelInvoke
5   {
6       static void Main(string[]args)
7       {
8           Action[]actions = { new Action(DoSometing),DoSometing };
9           Parallel.Invoke(actions);
10
11          Console.WriteLine("主函数所在线程"
12              +Thread.CurrentThread.ManagedThreadId);
13      }
14      static void DoSometing(){
15          Console.WriteLine("子函数所在线程"
16              +Thread.CurrentThread.ManagedThreadId);
17          Thread.Sleep(2000);
18      }
19  }
```

程序的运行结果,可能是这样的:

```
子函数所在线程1
子函数所在线程3
主函数所在线程1
```

由此可见，Parallel 类底层自动使用了不同的线程。

例 10-12 ParallelFor.cs 使用 Parallel 的 For 方法。

```
1   using System;
2   using System.Threading;
3   using System.Threading.Tasks;
4   class ParallelFor
5   {
6       static void Main(string[]args)
7       {
8
9           Parallel.For(0,10,i =>
10          {
11              Console.WriteLine("i = {0},fac = {1},线程 id = {2}",
12                  i,Calc(i),
13                  Thread.CurrentThread.ManagedThreadId);
14              Thread.Sleep(10);
15          });
16          Console.ReadLine();
17      }
18      static double Calc(int n)
19      {
20          double f = 1;
21          for(int i = 1;i <= n;i ++ )f * = i;
22          return f;
23      }
24  }
```

程序的运行结果是这样的：

```
i = 2, fac = 2,线程 id = 3
i = 4, fac = 24,线程 id = 4
i = 0, fac = 1,线程 id = 1
i = 8, fac = 40320,线程 id = 6
i = 6, fac = 720,线程 id = 5
i = 7, fac = 5040,线程 id = 5
i = 1, fac = 1,线程 id = 1
i = 5, fac = 120,线程 id = 4
i = 9, fac = 362880,线程 id = 6
i = 3, fac = 6,线程 id = 3
```

由此可见，Parallel 大大简化了对并行任务的编程。但同时要注意，使用以上的方法进行并行运算，要考虑以下的情况。

① 执行时没有特定的顺序，也就是说，我们无法指定执行的顺序。因此，如果想要有序地遍历一个循环体，此种方式不可取。

② 由于无法按照我们想要的方式执行，所以也给程序的调式增加了难度。

③ 由于线程会产生多余的资源消耗，在实际使用并行模式中，还要测试是否真正能带来效率的提升。

例 10-13 ParallelForEach.cs 使用 Parallel 的 ForEach 方法。

```
1   using System;
```

```csharp
2       using System.Collections.Generic;
3       using System.Threading;
4       using System.Threading.Tasks;
5       using System.Diagnostics;
6       class ParallelForEach
7       {
8           static void Main(string[]args)
9           {
10              List<double> list = new List<double>();
11              for(int i=0;i<100;i++)list.Add(i);
12              ParallelLoopResult loopResult = Parallel.ForEach(
13                  list,(double x,ParallelLoopState state) =>
14              {
15                  if(x>40)state.Break();
16                  Console.WriteLine("x={0},thread id={1}",
17                      x,Thread.CurrentThread.ManagedThreadId);
18              });
19
20              Console.WriteLine("IsCompleted:{0}",
21                  loopResult.IsCompleted);
22              Console.WriteLine("BreakValue:{0}",
23                  loopResult.LowestBreakIteration.HasValue);
24              Console.ReadLine();
25          }
26      }
```

程序中使用 ForEach 来对 List 中的每一个元素进行并行计算。

程序中的 Lambda 表达式使用了 ParallelLoopState 参数，可以使用其 Break() 方法来中断当前执行单元的执行。要注意的是，其他执行单元还会继续，所以程序输出中可能出现大于 40 的数。如果使用其 Stop() 方法，则可以停止所有的并行执行。

例 10-14 ParallelLoopMatrix.cs 使用 Parallel 计算矩阵乘法，并与非并行方法进行比较。

```csharp
1       using System;
2       using System.Threading;
3       using System.Threading.Tasks;
4       using System.Diagnostics;
5
6       class ParallelLoopMatrix
7       {
8           static void Main(string[]args)
9           {
10              int m=100,n=400,t=1000;
11              double[,]ma = new double[m,n];
12              double[,]mb = new double[n,t];
13              double[,]r1 = new double[m,t];
14              double[,]r2 = new double[m,t];
15              InitMatrix(ma);
16              InitMatrix(mb);
17              InitMatrix(r1);
18              InitMatrix(r2);
19
```

```csharp
20          Console.WriteLine("矩阵乘法");
21      Stopwatch sw = new Stopwatch();
22          sw.Start();
23          MultiMatrixNormal(ma,mb,r1);
24      sw.Stop();
25          Console.WriteLine("普通方法用时" + sw.ElapsedMilliseconds);
26
27          sw.Restart();
28          MultiMatrixParallel(ma,mb,r2);
29      sw.Stop();
30          Console.WriteLine("并行方法用时" + sw.ElapsedMilliseconds);
31
32          bool ok = CompareMatrix(r1,r2);
33          Console.WriteLine("结果相同" + ok);
34      }
35      static Random rnd = new Random();
36      static void InitMatrix(double[,]matA)
37      {
38          int m = matA.GetLength(0);
39          int n = matA.GetLength(1);
40          for(int i = 0;i < m;i ++)
41          {
42              for(int j = 0;j < n;j ++)
43              {
44                  matA[i,j] = rnd.Next();
45              }
46          }
47      }
48      static void MultiMatrixNormal(double[,]matA, double[,]matB, double[,]result)
49      {
50          int m = matA.GetLength(0);
51          int n = matA.GetLength(1);
52          int t = matB.GetLength(1);
53          //Console.WriteLine(m + "," + n + "," + t);
54
55          for(int i = 0;i < m;i ++)
56          {
57              for(int j = 0;j < t;j ++)
58              {
59                  double temp = 0;
60                  for(int k = 0;k < n;k ++)
61                  {
62                      temp + = matA[i,k] * matB[k,j];
63                  }
64                  result[i,j] = temp;
65              }
66          }
67      }
68      static void MultiMatrixParallel(double[,]matA, double[,]matB, double[,]result)
```

```
69      {
70          int m = matA.GetLength(0);
71          int n = matA.GetLength(1);
72          int t = matB.GetLength(1);
73
74          Parallel.For(0,m,i =>
75          {
76              for(int j = 0;j < t;j ++)
77              {
78                  double temp = 0;
79                  for(int k = 0;k < n;k ++)
80                  {
81                      temp + = matA[i,k] * matB[k,j];
82                  }
83                  result[i,j] = temp;
84              }
85          });
86      }
87      static bool CompareMatrix(double[,]matA, double[,]matB)
88      {
89          int m = matA.GetLength(0);
90          int n = matA.GetLength(1);
91          for(int i = 0;i < m;i ++)
92          {
93              for(int j = 0;j < n;j ++)
94              {
95                  if(Math.Abs(matA[i,j] - matB[i,j]) > 0.1)return false;
96              }
97          }
98          return true;
99      }
100 }
```

程序的运行结果这样的：

```
矩阵乘法
普通方法用时 354
并行方法用时 195
结果相同 True
```

程序中，并行执行比普通执行要快。

10.4.2 并行 Linq

并行 Linq（PLinq）是 Linq 模式的并行实现。PLinq 查询类似普通的 Linq 查询，但它会尝试充分利用系统中的所有处理器，将数据源分成片段，然后在多个处理器上对单独工作线程上的每个片段并行执行查询。在大多数情况下，并行执行的运行速度会快一些。

在 C#中，使用 PLinq 相当简单，针对任何一个 Enumerable 对象（包括数组、列表等），使用 AsParallel()方法即可得到并行的查询。

例 10-15 PlinqForArray.cs 在数组上使用 PLinq。

```
1   using System;
```

```
2      using System.Linq;
3
4      class Program
5      {
6          static void Main()
7          {
8              int[]source = new int[1000];
9              for(int i = 0;i < source.Length;i ++)source[i] = i;
10             var result = source.AsParallel().Where(c =>c >=0);
11             foreach(var d in result)
12             {
13                 Console.WriteLine(d);
14             }
15         }
16     }
```

注意到程序中使用 AsParallel( )来实现并行计算。

例 10-16 PlinqForDict.cs 在 Dictionary 上使用 PLinq。

```
1      using System;
2      using System.Threading;
3      using System.Threading.Tasks;
4      using System.Diagnostics;
5      using System.Collections.Concurrent;
6      using System.Collections.Generic;
7      using System.Linq;
8
9      class Program {
10         const int count =1000000;
11         static void Main(string[]args)    {
12             var dic = LoadData();
13             Stopwatch watch = new Stopwatch();
14             watch.Start();
15             // 串行运算
16             var query1 = (from n in dic.Values
17                         where n.Age >20 && n.Age <25
18                         select n).ToList();
19             watch.Stop();
20             Console.WriteLine("串行计算耗费时间:{0}",
21                 watch.ElapsedMilliseconds);
22             watch.Restart();
23             // 并行运算
24             var query2 = (from n in dic.Values.AsParallel()
25                         where n.Age >20 && n.Age <25
26                         select n).ToList();
27             watch.Stop();
28             Console.WriteLine("并行计算耗费时间:{0}",
29                 watch.ElapsedMilliseconds);
30             Console.Read();
31         }
32         public static ConcurrentDictionary<int,Student> LoadData()    {
33             ConcurrentDictionary<int,Student> dic =
```

```
34                new ConcurrentDictionary < int,Student > ();
35
36            Parallel.For(0,count,(i) => {
37                var single = new Student(){
38                    ID = i,
39                    Name = "n" + i,
40                    Age = i % 151,
41                };
42                dic.TryAdd(i,single);
43            });
44            return dic;
45        }
46    public class Student {
47        public int ID {get;set;}
48        public string Name {get;set;}
49        public int Age {get;set;}
50        public DateTime CreateTime {get;set;}
51    }
52 }
```

程序中在字典对象的 Values 属性上使用 AsParallel() 来实现并行计算，运行的结果如下所示：

串行计算耗费时间:131
并行计算耗费时间:47

可以看出，并行计算要更快一些。

10.5 异步编程

在涉及比较耗时的操作时，特别是一些输入输出操作（如从网络上下载网页）和长时间的计算任务，为了不阻止前台的界面操作，我们一般使用后台线程来完成耗时操作，前后则可以继续其他任务。很多情况下，一个前台任务需要等得另一个后台任务完成时才能继续（如显示下载的网页内容），这就需要同步操作。使用传统的 Thread、ThreadPool、lock 等方法来进行同步操作会十分烦琐，从 C# 5.0 起，则可以使用专门的异步编程方式来实现。

10.5.1 async 及 await

从 C# 5.0 起，增加了关键字 async 和 await 来进行异步编程。其中，async 是一个修饰符，放到方法（函数）的前面，表明该方法是异步方法。await 则是一个运算符，表示等待异步方法执行完毕。凡是内部有 await 运算符的方法，必须声明为 async 方法，如：

```
async void Test()
{
    double result = await CalcuAsync(10);
    Console.WriteLine(result);
}
```

其中，await 是等待一个任务（Task）执行完成并取得结果，在这里，CalcuAsync 是一

个返回类型为 Task 的方法,其中使用了 Task < T >. Run( )方法来返回一个任务。下面是典型的写法:

```
Task < double > CalcuAsync(int n)
{
    return Task < double >.Run(() => {
        double s = 1;
        for(int i = 1; i < n; i ++) s = s * i;
        return s;
    });
}
```

下面是一个完整的例子。

例 10-17 asyncAwait1.cs 使用 async 及 await。

```
1   using System;
2   using System.Threading;
3   using System.Threading.Tasks;
4   class AsyncSimple1
5   {
6       Task < double > CalcuAsync(int n)
7       {
8           return Task < double >.Run(() => {
9               Console.WriteLine("Task 所在线程"
10                  + Thread.CurrentThread.ManagedThreadId);
11              double s = 1;
12              for(int i = 1; i < n; i ++) s = s * i;
13              return s;
14          });
15      }
16      async void Test()
17      {
18          Console.WriteLine("异步方法所在线程"
19              + Thread.CurrentThread.ManagedThreadId);
20          double result = await CalcuAsync(10);
21          Console.WriteLine("结果是" + result);
22      }
23
24      static void Main()
25      {
26          Console.WriteLine("Main 所在线程"
27              + Thread.CurrentThread.ManagedThreadId);
28          new AsyncSimple1().Test();
29          Console.ReadLine();
30      }
31  }
```

注意程序中是如何使用 async 及 await 以及 Task 的。

程序的运行结果如下:

```
Main 所在线程 1
异步方法所在线程 1
Task 所在线程 3
```

```
   结果是 362880
```
可以发现，其中 Task 任务是在一个新的线程上运行。

✘要注意的是，由于 Main( )方法不能标记为 async，也就是说，不能在 Main( )中直接写 await，所以程序中专门写了一个 Test( )方法。不过，好消息是，在 C# 7.1 以上版本中，可以允许 Main( )用 async 来修饰。

10.5.2 异步 I/O

1. 在文件流中使用异步方法

异步编程，最常见的一个用途是用到输入输出（I/O）中，这是因为 I/O 经常需要等待和异步执行。

在.NET framework 中专业设计了异步的方法，它们大多以 Async 结尾，例如，流 (Stream) 的 ReadAsync( )、WriteAsync( )就是异步方法，可以使用 await 来调用它。

例 10-18 awaitStream.cs 使用流的异步操作。

```
1   using System;
2   using System.Threading;
3   using System.Threading.Tasks;
4   using System.IO;
5
6   public class AsyncStream
7   {
8       async static Task<int> WriteFile()
9       {
10          using(StreamWriter sw = new StreamWriter(
11              new FileStream("aaa.txt",FileMode.Create)))
12          {
13              await sw.WriteAsync("my text");
14              return 1;
15          }
16      }
17      async static void Test()
18      {
19          await WriteFile();
20      }
21      static void Main()
22      {
23          Test();
24      }
25  }
```

程序中使用流的 WriteAsync( )方法，同时使用了 async 及 await 关键字。

2. 在网络流中使用异步方法

例 10-19 AsyncUseHttpClient 使用 HttpClient 的异步下载文件。这是一个 WinForm 程序，界面上放置一个单行文本框、一个按钮、一个多行文本框（Multiline 设置为 true）。

```
1   async private void button1_Click(object sender,EventArgs e)
2   {
3       this.textBox2.Text = "";
```

```
4      string url = textBox1.Text.Trim();
5      string content = await AccessTheWebAsync(url);
6      this.textBox2.Text = content;
7    }
8
9    async Task<string> AccessTheWebAsync(string url)
10   {
11     //需要添加 System.Net.Http 的引用来声明 client
12     HttpClient client = new HttpClient();
13
14     //调用异步方法
15     Task<string> getStringTask = client.GetStringAsync(url);
16
17     //可以做一些不依赖于 GetStringAsync 返回值的操作.
18     DoIndependentWork();
19
20     //await 操作挂起了当前方法直到得到 string 结果.
21     string urlContents = await getStringTask;
22     return urlContents;
23   }
24   void DoIndependentWork()
25   {
26     textBox2.Text + = "Working . . . . . . . \r\n";
27   }
```

程序运行结果如图 10-9 所示。

图 10-9　异步下载网页

注意到程序中，使用异步方法可以简化对线程的使用（没有显式地使用 Thread），而且同步操作也只需要用 await 就可以实现了。

同时也可以注意到，如果调用异步方法与 await 分开写，其间就可以加上其他代码，从而达到在等待之前，前台界面就可以与异步方法"同时"进行。

3. 在网络流中使用事件

在上面的例子中解决了异步及线程阻塞的问题，但是有的时候，我们不需要使用等待，而是当下载完成后自动地显示信息，这就可以使用另一种方法：事件。

许多的 I/O 异步操作类都有相应的事件, 例如 WebClient 是一个下载网页的类, 它可以异步下载（如 DownloadStringAsync), 当下载完成时, 事件 DownloadStringCompleted 就会发生, 程序可以注册这个事件。

例 10-20 AsyncUseEvent 使用 WebClient 的异步下载, 并在完成后显示信息。

```
1   using System;
2   using System.Text;
3   using System.Threading;
4   using System.IO;
5   using System.Net;
6
7   class Test
8   {
9       public static void Main(string[]args)
10      {
11          string address = "http://www.pku.edu.cn";
12          DownloadStringInBackground(address);
13
14          Console.ReadLine();
15      }
16
17      static void DownloadStringInBackground(string address)
18      {
19          WebClient client = new WebClient();
20          Uri uri = new Uri(address);
21          client.Encoding = Encoding.UTF8;
22
23          client.DownloadStringCompleted +=
24              new DownloadStringCompletedEventHandler(
25                  DownloadStringCallback);
26
27          client.DownloadStringAsync(uri);
28      }
29
30      static void DownloadStringCallback(Object sender,
31          DownloadStringCompletedEventArgs e)
32      {
33          if(!e.Cancelled && e.Error == null)
34          {
35              string textString = (string)e.Result;
36
37              Console.WriteLine(textString);
38          }
39          else Console.WriteLine(e.Error);
40      }
41  }
```

程序中的事件类型是 DownloadStringCompletedEventHandler, 事件的注册也可以简写为:

```
client.DownloadStringCompleted += DownloadStringCallback;
```

该事件的事件参数类型是 DownloadStringCompletedEventArgs, 其 Result 属性就是所下载

的网页文本。上面的示例可以方便地改到 WinForm 程序中。

从 .NET Framework 4.0 起，有不少 I/O 相关的类都实现了异步方法，并且有相应的事件可以注册。使用异步和事件，可以很好地达到"获取信息不阻塞、显示信息不操心"的效果。

10.5.3 其他实现异步的方法

在 C# 5.0 以前，还可以有其他实现异步的方法，这里也简单介绍一下，当然它们没有 async/await 方便。

1. 使用委托的 BeginInvoke 及 EndInvoke

使用委托的 BeginInvoke 异步调用方法，它会在新线程上执行任务，而用 IAsyncResult 的 EndInvoke 方法就会阻塞直到被调用的方法执行完毕。

例 10-21　Async1.cs 使用 BeginInvoke 及 EndInvoke 实现异步。

```
1    using System;
2    using System.Collections.Generic;
3    using System.Threading;
4
5    class Async1
6    {
7        public delegate int FooDelegate(string s);
8        static void Main(string[]args)
9        {
10           Console.WriteLine("主线程"
11               +Thread.CurrentThread.ManagedThreadId);
12
13           FooDelegate fooDelegate = Foo;
14           IAsyncResult result = fooDelegate.BeginInvoke(
15               "Hello World.",null,null);
16           Console.WriteLine("主线程继续执行...");
17
18           int n = fooDelegate.EndInvoke(result);           //等待并得到结果
19           Console.WriteLine("回到主线程"
20               +Thread.CurrentThread.ManagedThreadId);
21           Console.WriteLine("结果是" +n);
22           Console.ReadLine();
23       }
24
25       public static int Foo(string s)
26       {
27           Console.WriteLine("函数所在线程"
28               +Thread.CurrentThread.ManagedThreadId);
29           Console.WriteLine("异步线程开始执行:" +s);
30           Thread.Sleep(1000);
31           return s.Length;
32       }
33   }
```

在程序中，使用 EndInvoke 来等待并得到结果。也可以使用其他方法来进行等待，如使用 WaitOne：

```
        result.AsyncWaitHandle.WaitOne(-1,false);
```

还有一种是使用轮询法，即一直查询其状态是否结束，如：

```
    while(!result.IsCompleted)
    {
        Thread.Sleep(100);
    }
```

当然，WaitOne 与轮询法都没有 EndInvoke 方便。

2. 在 BeginInvoke 时使用回调

还有一种方法，也比较常用，就是在 BeginInvoke 时，加上一个回调函数，异步线程在工作结束后会主动调用程序所提供的回调方法，并在回调方法中做相应的处理，例如显示异步调用的结果。

例 10-22 Async4.cs 在 BeginInvoke 中使用回调函数。

```
1   using System;
2   using System.Collections.Generic;
3   using System.Threading;
4
5   /// <summary>
6   /// 回调
7   /// </summary>
8   class Program
9   {
10      public delegate int FooDelegate(string s);
11      static void Main(string[]args)
12      {
13          Console.WriteLine("主线程."
14              + Thread.CurrentThread.ManagedThreadId);
15
16          FooDelegate fooDelegate = Foo;
17          fooDelegate.BeginInvoke("Hello world.",
18              FooComepleteCallback,fooDelegate);
19
20          Console.WriteLine("主线程继续执行..."
21              + Thread.CurrentThread.ManagedThreadId);
22
23          Console.WriteLine("Press any key to continue...");
24          Console.ReadLine();
25      }
26
27      //回调方法的要求
28      //1. 返回类型为 void
29      //2. 只有一个参数 IAsyncResult
30      public static void FooComepleteCallback(IAsyncResult result)
31      {
32          Console.WriteLine("回调函数所在线程:"
33              + Thread.CurrentThread.ManagedThreadId);
```

```
34
35          FooDelegate fooDelegate = result.AsyncState
36              as FooDelegate;
37          int n = fooDelegate.EndInvoke(result);
38          Console.WriteLine("结果是" + n);
39
40          Console.WriteLine("回调函数线程结束."
41              + result.AsyncState.ToString());
42      }
43
44      public static int Foo(string s)
45      {
46          Console.WriteLine("异步函数所在线程"
47              + Thread.CurrentThread.ManagedThreadId);
48          Console.WriteLine("异步线程开始执行:" + s);
49          Thread.Sleep(1000);
50          return s.Length;
51      }
52  }
```

在 BeginInvoke 的参数中，除了所调用的函数参数（这里是字符串"Hello world."）外，还有一个回调函数，以及一个附加的 Object 参数，为了方便，这里直接使用了当前的委托（fooDelegate）。这个 Object 参数在回调函数中就是 result.AsyncState，所以可以转换成 FooDelegate 类型的对象，并调用其 EndInvoke 以得到结果。

程序的运行结果是：

```
主线程.1
主线程继续执行...1
Press any key to continue...
异步函数所在线程3
异步线程开始执行:Hello world.
回调函数所在线程:3
结果是12
回调函数线程结束.Program+FooDelegate
```

从以上几个例子中可以看出，异步编程就是将一些耗时的操作用别的线程执行，并且在必要的时候等待其执行的结果。异步编程有多种方法，而最方便的无疑就是 async 及 await 了。

习题 10

一、判断题

1. 线程的基本类是 Thread。
2. Thread 类的构造方法要求一个委托。
3. Thread 中可以使用 lambda 表达式。
4. Thread 中的委托可以有返回值。
5. 使用 Join() 方法将单独的执行线程合并成一个线程。
6. Timer 的本质是一个线程。

7. 集合都是线程安全的。
8. 对界面的更新只能使用专门的界面处理线程。
9. Task 类,是利用线程池来执行任务。
10. Parallel 类,是并行执行任务类的实用类。
11. async 表示异步编程。
12. await 语句只能用在异步环境。
13. 使用 async 可以简化线程对界面的更新。

二、编程题

编写一个程序,进行多线程的网络信息获取处理。
1. 要求使用网络信息;
2. 要求使用正则表达式或 XML 技术;
3. 使用多线程技术或异步技术。

题目具体内容可以选择以下的内容(注意:以下地址仅供参考,如果不可用,请自行查找,可以在浏览器中用 F12 键查看网络信息),也可以自定。

(1)自动联想词语:使用 Baidu 及 Google 的 suggestion 做一个自动联想及提示功能(可在上课示例的基础上改造)。

(2)自动语言翻译:使用 Baidu 或 Yahoo 的翻译功能,做一个翻译接力程序,可以在多种语言间翻译;或者使用多种翻译源(可参考课上的示例)。

(3)网络词典:使用多个网络词典的查询功能,作一个词典。

(可参考 www.lingeos.com)以下两个网址供查询。

互动词典 http://dict.hudong.com/dict.do?title=XXXXXXX&from=lingoes&type=1。

词典 http://api.dict.cn//wapi.php?q=XXXXXXXX&client=lingoes。

(4)地震数据显示:将地震数据的经纬度数据在图上显示出来(经纬度作为坐标,震级作为点的大小,深度作为颜色)。数据地址:http://www.csndmc.ac.cn/newweb/cgi-bin/csndmc/cenc_cat_w.pl?mode=list&days=7。

地图地址:可以使用百度地图的 static map api。

(5)实时信息显示:实时获取股票、汇率、天气等信息并显示或计算或告警。

(6)随机图片显示:使用 Google,Baidu,Bing 或 Flickr 等网站上的图片显示出来,或动态切换,或设为桌面背景。思路可参考 http://www.codeproject.com/KB/IP/google_image_search_api.aspx。

(7)下载一个网页中所含的图片或 Flash:给一个网址,得到网页的内容,找到其中所有的图片及 Flash 并下载保存。

(8)下载网页并过滤其中的"脏字"(如不文明的用语)。

(9)做一个网络爬虫程序:从一个网址开始,得到网页的内容,找到其中的链接,并进一步下载(注:为了防止循环引用的问题,可以将已下载的链接保存入一个 Hashtable 中)。(要注意绝对引用与相对引用的问题,为了简化,可以只考虑绝对引用的链接)。

(10)做一个网络爬虫收集 E-mail 地址。

(11)做一个网络爬虫统计常用字的出现频率(或词的出现频率)。(提示:以上几种爬虫程序也可以合在一起,定义一个事件,在事件中处理各种各样的功能需求)。

(12)做一个程序可以自动生成"宋词"。宋词中常用的高频词可以网络上查找。

第 11 章 数据库、网络、多媒体编程

本章介绍 C#程序的高级应用，包括 ADO.NET 数据库编程、网络通信编程、互操作及多媒体编程等。

11.1 ADO.NET 数据库编程

数据库是进行数据管理重要方式，大量的商业信息都以数据库的方式存在，因此数据库的编程具有重要的意义。在.NET 中，访问数据库的技术称为 ADO.NET。使用 C#能够方便地利用 ADO.NET 进行数据库的访问。

11.1.1 ADO.NET 简介

1. 数据库基础知识

几乎所有的应用程序都需要存放大量的数据，并将其组织成易于读取的格式。这种要求通常可以通过数据库管理系统（data base management system，DBMS）来实现。数据库管理系统提供了数据在数据库内的存放方式及管理能力，使编程人员不必像使用文件那样需要考虑数据的具体操作或数据连接关系的维护。

数据库（data base）是以一定的组织方式存储在计算机外存储器中的、相互关联的数据集合。数据库是为满足某一组织中多个用户的多种应用的需要而建立的。

数据库具有以下特点。

↳ 数据的共享性：数据库中的数据能为多个应用服务。
↳ 数据的独立性：用户的应用程序与数据的逻辑组织和物理存储方式无关。
↳ 数据的完整性：数据库中的数据在维护活动中始终保持正确性。
↳ 数据库中的冗余数据少。

管理和维护数据库的软件系统称为数据库管理系统，用户通过 DBMS 存取数据库。数据库管理系统的主要功能包括以下几方面：

↳ 数据库定义功能；
↳ 数据存取功能；
↳ 数据库运行管理功能；
↳ 数据库的建立及日常维护功能；
↳ 数据库通信功能。

现在比较流行的数据库管理系统有 Oracle，MySql，MS SQL Server 等，它们是大中型数据管理系统，功能强大、性能稳定，应用十分广泛。还有一些小型的桌面数据库，如 SqlLite，Microsoft Access 等。可以从网络上下载这些数据库管理系统，如 SQL Server 可以在以下网址下载：

https://www.microsoft.com/zh-cn/sql-server/sql-server-downloads。

现行的大部分数据库都采用关系模型，这不仅因为关系模型自身的强大功能，而且还由于它提供了称为结构化查询语言（SQL）的标准接口，该接口允许以一致的并可理解的方法来使用许多数据库工具和产品。

关系型数据库模型把数据用表的集合表示。也就是说，把每一个实体集合或实体间的联系看成是一张二维表，即关系表。

表 11-1 的职工登记表就是一个关系表。

表 11-1　数据表示例

姓　　名	性　　别	年　　龄	职　　称
李卫东	男	38	工人
李淑平	女	43	会计师
王小燕	女	48	工程师
欧阳小梅	女	22	工人
陈寅生	男	40	工人

数据表（Table）简称表，由一组数据记录组成，数据库中的数据是以表为单位进行组织的。一个表是一组相关的按行排列的数据；每个表中都含有相同类型的信息。

记录（Record）是指表中的一行，它由若干个字段组成。

字段（Field）是指表中的一列，每个字段都有相应的描述信息，如数据类型、数据宽度等。

访问数据库现在通行的是用 SQL 语言。SQL（structured query language）语言，即结构化查询语言，最早于 1974 年由 Boyce 和 Chamlerlin 提出，当时称为 SEQUEL 语言，后来被国际标准化组织 ISO 采纳为国际标准，现在大多数数据库管理系统都支持 SQL 语言。

SQL 是一种处理数据的高级语言，是非过程化语言，在查询数据时，只需指出"要什么"，而不需指出如何实现的过程。SQL 包含数据定义、数据查询、数据操纵和数据控制等多种功能，其核心部分为查询，故称查询语言。

SQL 语言的语法格式简单，使用方便灵活。基本的 SQL 语句如下：

（1）数据查询语句

SELECT 语句，从一个关系（表）或多个关系中检索数据。命令格式为：

```
SELECT <属性名列>
FROM <表名>
WHERE <条件>
[GROUP BY <列名> [HAVING <条件>]]
[ORDER BY <列名> [ASC,DESC]]
```

其中 GROUP 为分组，ORDER 为排序。<属性名列>中可有属性名或函数（如求和函数 SUM）。SELECT 语句可以嵌套，可以涉及多个关系。

（2）数据操纵语句

INSERT 语句，将一个或多个元组放入一关系。

UPDATE 语句，改变一关系中一个元组或多个元组的数据。

DELETE 语句，从一关系中删除一个或多个元组。

(3) 数据定义语句

CREATE TABLE 语句，定义一新表（关系）的结构。

CREATE INDEX 语句，为表建立索引。

CERATE VIEW 语句，由一个表或多个表定义一个逻辑表（虚表）。

DROP TABLE、DROP INDEX、DROP VIEW 语句，删除表、索引、逻辑表。

(4) 控制语句

GRANT 语句，将一种或多种特权授予一个或多个用户。

REVOKE 语句，从一个或多个用户收回特权。

COMMIT 语句，提交一个事务。

ROLLBACK 语句，撤销一个事务。

对于具体的数据库管理系统，除支持标准的 SQL 语言外，常常还对 SQL 作一些扩展，以方便用户操作。应用软件中常使用 SQL 语言来存取和操作数据库，从而完成所需的数据处理功能。

2. ADO.NET 技术的发展

通过程序来访问数据库的方式近年来不断发展。早期使用的开放数据库连接（open database connectivity，ODBC），使用起来较复杂。后来又使用了许多 ODBC 顶层技术，如 Data Access Object（DAO）被用于 Microsoft 的 Access 产品中，Remote Data Object（RDO）被用于 Visual Basic 组件，ActiveX Data Object（ADO）被用于 Object Linking and Embedding Database（OLE DB）。

.NET 推出的 ADO.NET 技术是 ADO 的升级，但与 ADO 有以下一些重大的区别。

- 在 ADO.NET 中，DataSet（数据集）代替了 Recordset，并成为该技术的中心。一个 DataSet 能够拥有多个表，表之间还可以有关联。
- ADO.NET 是建立在 XML 框架顶层的，所以数据能更好地传送和处理。
- ADO.NET 可以在断开连接（disconnected）的模式下处理数据。由于 ADO.NET 只在很短的时间保持对数据库的连接，所以这种数据访问的方式节省了大量数据库资源。
- ADO.NET 能更好地处理数据库游标、数据锁定等。例如 ADO.NET 能够在它处于更新状态的时候检测到已发生变化的数据行，并且决定保存哪个版本的数据。

3. ADO.NET 中的数据访问层

当使用 ADO.NET 开发一个应用程序来实现访问数据库时，在代码中可以使用多种技术来获取数据。在图 11-1 中，顶部是应用程序源代码，底端则是数据库。在这两个端点之间可以看到多种层次，它包括数据访问的供应程序（Provider）和接口驱动程序。ADO.NET 是最靠近用户代码的一层，它提供了代码中能够对数据库事务进行控制的 API。ADO.NET 不能直接对数据库进行处理。由于有许多不同类型的数据存储在实体中，ADO.NET 依靠指定的供应程序来为 ADO.NET 的调用扮演一个翻译的角色。ADO.NET 能使

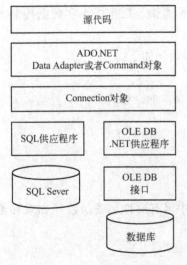

图 11-1 数据访问层次

用两种不同的支持程序：OLE DB 数据供应程序和 SQL Server 数据供应程序。此外，还有 Oracle 等供应程序。

对于 Microsoft SQL Server，使用 SQL Server 供应程序可以获得较好的性能。对于其他数据库，则使用 OLE DB 供应程序。不过，OLE DB 供应程序也可用于 SQL Server。

处理数据要用到的命名空间主要是 System.Data，有关 SQL Server 供应程序的命名空间是 System.Data.SqlClient，有关 OLE DB 供应程序的命名空间是 System.Data.OleDb。

ADO.NET 层位于代码和供应程序之间，因此能够以完全相同的方式来处理这两种供应程序。如果要使用 SQL Server 供应程序来开发一个函数，可以在 OLE DB 供应程序的基础上，通过简单地修改供应程序的声明行，并对代码进行少量的修改，就可以在 OLE DB 和 SQL Server 两种供应程序之间进行转换。

11.1.2 数据集

关系数据库是由一个或多个表组成的，每一个表都包括一行或多行的数据。关系数据库中的表既能够独立存在，也可以和该数据库中的其他表建立关联。在结构上，ADO.NET 数据集（DataSet）和数据库的结构很相似。数据集包含表（DataTable），表中包含行（DataRow）与列（DataColumn）。这些表既能够单独存在也可以和其他表建立联系。可以直接在 System.Data 命名空间下找到 DataSet、DataTable、DataRow、DataColumn 和 DataRelation 类。

图 11-2 表示了 DataSet 的一个实例。

DataSet – Company
DataTable – Employees 　　　　　　　　　　　　　　DataColumn
　　　　　　　　　　　　　　　　　　　　　　　　　　　V

EmpID	EmpName	OfficeID	HireDate
11	James Foster	1	5/12/01
21	Tanya Pope	2	2/28/96
41	Winston Anders	3	19/3/00
31	Hank Miller	4	6/14/97

DataTable – Offices

OfficeID	OfficeName	OfficeSym
1	Finance	FDV
2	Budgets	BDV
3	Travel	TDV
4	HR	HDV
5	Credit Union	CDV

图 11-2　DataSet 的一个实例

下面来分析一下 DataSet 的各个部分。

1. DataTable

DataSet 包括了一个 DataTable 的集合，它允许添加多个表到 DataSet 中。就像数据库中的表一样，DataTable 也是由许多行列组成，它们代表了各自的元素和属性。在 DataTable 集合中，表的名称是区分大小写的。

表 11-2 列出了 DataTable 最重要的属性、事件和方法。

表 11-2　DataTable 的属性、方法和事件

属性	CaseSensitive	指示表中的字符串比较是否区分大小写
	HasErrors	获取一个值，该值指示该表所属的 DataSet 的任何表的任何行中是否有错误
	PrimaryKey	获取或设置充当数据表主键的列的数组
	TableName	获取或设置 DataTable 的名称
	DataSet	获取该表所属的 DataSet
方法	AcceptChanges	提交该表进行的所有更改
	NewRow	创建与该表具有相同架构的新 DataRow
	RejectChanges	回滚对该表进行的所有更改
	GetChanges	获取 DataTable 的副本，该副本包含自上次加载以来或上次提交后对该数据集进行的所有更改
	Clone	克隆 DataTable 的结构，包括所有 DataTable 架构和约束
	Copy	复制该 DataTable 的结构和数据
	Clear	清除所有数据的 DataTable
	ImportDataRow	将 DataRow 复制到 DataTable 中，保留任何属性设置以及初始值和当前值
	GetErrors	获取包含错误的 DataRow 对象的数组
	Select	获取 DataRow 对象的数组。和 SQL 语句中的 SELECT 相似
事件	RowChanged	在成功更改 DataRow 之后发生
	ColumnChanged	在 DataRow 中指定的 DataColumn 的值发生更改后发生
	RowDeleted	在表中的行已被删除后发生

2. DataRow

DataRow（数据行）相当于记录。每个 DataTable 都有一个 DataRow 集合。在表中，可以使用 DataRow 来添加、删除和修改数据。使用 DataTable 的 NewRow 方法把一个新标志行添加到表中。一旦这行加入到表中，就能使用 DataRow 的属性和方法去修改它。进行数据的修改都是通过操纵 DataRow 对象来实现的。表 11-3 给出了 DataRow 对象经常使用到的大部分属性和方法。

表 11-3　DataRow 的属性和方法

属性	HasErrors	获取一个值，该值指示某行是否有错
	Item	获取或设置存储在指定列中的数据（可用 [ ] 访问）
	RowError	获取或设置行的自定义错误说明
	RowState	获取行的当前状态
	Table	获取该行拥有其架构的 DataTable
方法	AcceptChanges	提交对该行进行的所有更改
	ClearErrors	清除该行的错误
	Delete	删除 DataRow
	ToString	返回表示当前 Object 的 String
	RejectChanges	拒绝该行进行的所有更改
	GetType	获取当前实例的 Type
	GetColumnError	获取列的错误说明

3. DataColumn

每个 DataTable 包含了一个 DataColumn 集合。DataColumn（列）代表了表中的属性（字段）。如 Customers 表拥有 FirstName 属性，表中 FirstName 列则表示这个属性。每一列有与之相联系的数据类型，FirstName 属性使用一个 String 数据类型来存储顾客的姓名。DataTable 的列名称和它的数据类型能够概括形成一个 schema（数据模式），它是这个表的格式和规则的描述。

表 11-4 列出了 DataColumn 对象的一些属性和方法。

表 11-4 DataColumn 的属性和方法

属　性	AllowDBNull	获取或设置一个值，指示对于属于该表的行，此列中是否允许空值
	AutoIncrement	获取或设置一个值，指示对于添加到该表中的新行，列是否将列的值自动递增
	Caption	获取或设置列的标题
	ColumnName	获取或设置列的名称
	DataType	获取或设置存储在列中的数据的类型
	DefaultValue	在创建新行时获取或设置列的默认值
	MaxLength	获取或设置文本列的最大长度
	ReadOnly	获取或设置一个值，指示一旦向表中添加了行，列是否还允许更改
	Table	获取列所属的 DataTable
	Unique	获取或设置一个值，指示列的每一行中的值是否必须是唯一的
方　法	Equals	确定两个 Object 实例是否相等
	GetType	获取当前列的数据类型
	ToString	将该列的数据类型转化为 String 类型

4. 表之间的联系

表与表关联的一个例子是：包含 Products 和 Suppliers 表的数据库为了在 Products 表中找到所要的特定物品，需要查找物品的 SuppliersID 属性。该属性对应列在 Suppliers 表中的一个公司。每个供应商有唯一的 SuppliersID 属性值来赋给它，就是主关键字。在 Products 表中使用 SuppliersID 关键字来指向另一个表的某些信息，就是所谓的外部关键字关联（foreign key relationship）。表之间的联系用 DataSet 的 Relations 属性来表示。

5. Typed DataSet 和 Untyped DataSet

DataSet 既能使用 Typed（强类型）格式，又能使用 Untyped（无类型）格式。两种格式中 schema 的存在形式不同。如果在 DataSet 和数据载入之前就先为之定义了数据 schema，DataSet 就称为是 Typed 的。如果载入的 DataSet 事先没有给出 schema，它就是 Untyped 的。创建一个 Typed DataSet 时一起创建一个 schema，这个 schema 包含了该 DataSet 所要遵循的格式和规则。创建 Untyped DataSet 会更快更容易，但是会舍弃一些附加的特征。

Typed DataSet 和 Untyped DataSet 之间最大的区别，就是如何在两种不同集合中索引数据元素。因为 typed DataSet 有预定义的结构 Visual Studio 就能自动识别它们。这样，可以通过名字来访问数据元素，方法如下所示：

```
dsCompany.Employees[6].FirstName = "Matt";
```

该代码直接使用表名"Employees"和列名"FirstName"。

在 Untyped Dataset 中，由于不能识别数据的结构，不能通过名称来调用表和列，只能像下面这样来更加明确地进行这些数据项的访问：

```
dsCompany.Tables["Employees"].Rows[6]["FirstName"] = "Matt";
```

6. 约束

每个表都有一个约束集，它定义了表中列值的规则。例如，某列可能被限制为每个值必须是唯一的，这样它就能阻止在一列中输入重复的值。也可以把表中的一列定义为这个表的主关键字，这也是一个和唯一约束非常相似的数据约束。

因为表中列的值必须指向另一个表中的列值，所以任何通过 Relations 类集来定义的关联都会成为置于数据之上的约束。每个 DataSet 都有一个名为 EnforceConstraints 的属性，默认值为 true。可以把这个属性的值设置为 false，来禁用所有的约束。

11.1.3 连接到数据源

对 ADO.NET 来说，最常用到的就是连接到数据库，如 SQL Server、Oracle 或 Access，并处理它们当中的数据。下面将会介绍几个重要的对象：DataAdapter 对象，它使得 DataSet 和数据库的连接比以前更容易；Command 和 Connection 对象，用于连接数据库和向数据库发出命令；DataReader 对象，它提供了一种可从数据库中提取只读数据的快捷方法。

对于这几个对象的每一个，都存在两个版本：一个是提供给 OLE DB 的供应程序使用，另一个是提供给 SQL 的供应程序使用。表 11-5 列出了这些对象的不同版本和相关联的命名空间。

表 11-5 ADO.NET 对象的 OLE DB 版和 SQL 版

对象	OLE DB 供应程序	SQL 供应程序
DataAdapter	System.Data.OleDb.OleDbDataAdapter	System.Data.SqlClient.SqlDataAdapter
Connection	System.Data.OleDb.OleDbConnection	System.Data.SqlClient.SqlConnection
Command	System.Data.OleDb.OleDbCommand	System.Data.SqlClient.SqlCommand
DataReader	System.Data.OleDb.OleDbDataReader	System.Data.SqlClient.SqlDataReader

1. DataAdapter

DataAdapter 对象把它们的 DataSet 连接到所选择的数据库上。DataAdapter 的两个主要方法是 Fill 和 Update。

Fill 方法用来激活数据库连接，并通过网络发送用户请求，然后把返回结果送回到 DataSet 中。

Update 方法则用来更新数据。当 Update 方法被调用时，先检查对 DataSet 中的数据的改变，然后建立连接并将经过改变后的数据更新到数据库中。这些变化包含已插入的行、删除的行和列值发生变化的行。编程者不需要制定 SQL 命令以处理这些变化，因为 Update 命令使用 CommandBuilder 对象来生成这些 SQL 代码，并在 Dataset 和数据库之间扮演"适配器"的角色。

2. Connection 对象

ADO.NET 的 Connection 对象负责建立和控制用户程序和数据库之间的连接。Command 和 DataAdapter 对象都借助了 Connection 对象。

如果使用 DataAdapter 管理用户的连接，连接的开始和结束是自动进行控制的。如果使用 Command 对象处理用户的数据库，就需要在代码中手动调用 Connection 对象的 Open 和 Close 方法。

3. Command 对象

如果需要直接针对数据库发布 SQL 命令并且不想使用 DataSet，可以通过 Command 对象去完成。使用 Command 对象更改数据库比使用 DataSet 更有效。因为只有 SQL 命令才能通过网络传送，这些命令包括 SQL INSERT、DELETE 和 UPDATE 语句。把 SQL 命令指派给 Command 对象的 CommandText 属性，然后把 CommandType 属性设置为 Text。Command 对象使用一个 Connection 对象来通知这个命令直接连接到数据库。也能使用 Command 对象来处理存储过程。

4. DataReader 对象

DataSet 被设计用于缓存数据以易于客户端进行编辑。而 DataReader 方能迅速把数据块从数据库中取出，但这些数据是不能进行编辑的。

DataReader 连接数据库的方式和处理数据请求的方式与 DataSet 不同。连接数据库时，DataReader 不使用 DataAdapter 对象，也不会在程序中使用 DataSet 存储已检索出的数据。DataReader 使用 Connection 对象与数据库进行会话，使用 Command 对象执行查询，取回一些必需的数据。DataReader 的 Read 方法允许通过数据库的表每次向前移动一个记录。

如果用数据填充 GUI 界面的控件，使用 DataReader 是较好的方法。

5. 连接字符串

所有的连接方式都要用到连接字符串。连接字符串是一串字符，它是用分号隔开的多项信息，对于不同的数据库和 Provider，连接字符串的内容也不同。如果使用 Visual Studio 可以用"连接向导"来生成这种连接字符串。为了便于读者编程，下面列出了最常用的连接字符串的格式。

① 连接 Sql Server 数据库，使用 SqlServer Provider：

```
data source = MyServer;initial catalog = MyDataBase;
user id = MyUser;password = MyPassword
```

② 连接 Access 数据库，使用 Microsoft.Jet.OLEDB.4.0：

```
Provider = Microsoft.Jet.OLEDB.4.0;Password = "xxx";User ID = Admin;
Data Source = D:\CsExample\ch10\BIBLIO.MDB
```

③ 连接 SQL Server 数据库，使用 OLE DB Provider：

```
Provider = SQLOLEDB;Data Source = MyServer;Initial Catalog = MyDataBase;
User Id = MyUser;Password = MyPassword
```

④ 连接 Oracle 数据库，使用 OLE DB Provider：

```
Provider = MSDAORA.1;DataSource = oracle_db;User ID = scott;Password = tiger
```

11.1.4 使用 DataAdapter 和 DataSet

1. 使用 DataAdapter 来填充 DataSet

使用 DataAdapter 来填充 DataSet 的一般步骤如下所示：

```
string strSql = "SELECT * FROM[Publishers]";
string strConn =
```

```
        @ "Provider = Microsoft.Jet.OLEDB.4.0;" +
        @ "Data Source = D:\CsExample\ch10\BIBLIO.MDB";
OleDbDataAdapter daAdapter = newOleDbDataAdapter(strSql,strConn);
DataSet dsMyData = newDataSet();
daAdapter.Fill(dsMyData);
```

从数据库中获取数据并填入 DataSet 中的关键在于 DataAdapter 的 Fill 方法。一旦使用一个连接字符串配置了 DataAdapter 后，所需要做的就是执行 Fill 方法并把结果填充到 DataSet 中。Fill 方法负责打开指定的连接，执行命令，然后关闭到这个数据库的连接。

2. 取得 DataSet 中的数据

当处理一个填有数据的 DataSet 时，可以从 3 个方面进行考虑：表、行和列。如果使用 foreach 语句，一般形式如下：

```
foreach(DataTable table in dsMyData.Tables)
{
    foreach(DataRow row in table.Rows)
    {
        foreach(object field in row.ItemArray)
        {
            Console.Write(field);
        }
        Console.WriteLine();
    }
}
```

在 C#中可以直接以索引的方式来存取：

```
Console.WriteLine(dsMyData.Tables[0].Rows[0][1]);
```

3. 修改 DataSet 中的数据

为了完成数据变动，可以先使用 BeginEdit 方法，来暂时禁用在该行约束。然后进行修改，最后用 EndEdit 方法重新启用约束检查。如下所示：

```
DataRow row1 = dsMyData.Tables[0].Rows[0];
row1.BeginEdit();
row1[1] = "Tang";
row1.EndEdit();
```

调用 EndEdit 方法重新启用约束检查，如果有约束冲突，会导致异常的发生。如果不考虑行的约束，可以不用 BeginEdit( )及 EndEdit( )，因为调用 AcceptChanges 方法会自动进行约束的检查。

4. 添加和删除行

通过使用 DataTable 的 NewRow( )方法来初次创建一行，并使用 DataTable 的 Rows 的 Add( )方法把已新建的行添加到表中：

```
DataRow row2 = dsMyData.Tables[0].NewRow();
row2[1] = "He";
row2[2] = "Peking Univ.";
row2[3] = "Beijing";
dsMyData.Tables[0].Rows.Add(row2);
```

为了从表中删除一行，调用该行的 Delete 方法：

```
dsMyData.Tables[0].Rows[0].Delete();
```

5. 在 DataTable 中查找数据

使用 DataTable 的 Select( )方法对数据库执行一个小型的查询：

```
string strExpr = "Name Like'T*'";
DataRow[]foundRows = myTable.Select(strExpr);
for(int i = 0;i < foundRows.Length;i ++){
    Console.WriteLine(foundRows[i][1]);
}
```

值得注意的是，如果从数据库大量的数据中查询很少量的数据，不适宜使用 DataTable 的 Select( )方法。

6. 接受和拒绝更改

接受和拒绝更改分别使用 AcceptChanges( )方法及 RejectChanges( )方法。

这两个方法还可以用于 DataSet、DataTable 和 DataRow 等各种对象。

7. 保存对 DataSet 的改变返回数据库

如果使用一个 DataAdapter 把来自数据库的元素填充到用户的 DataSet 当中，就能使用 DataAdapter 对象把对 DataSet 所作的更改应用到对数据库的更新当中。这时只需要使用 DataAdapter 的 Update 方法：

```
daAdapter.Update(dsMyData);
```

这个简单的方法有效地利用原始数据源合并 DataSet 中的更改。Update 方法首先检查 DataSet，查看哪些数据项发生过更改，从而判断哪个记录需要更新，然后只针对变化过的数据进行更新。由于它只针对变化过的记录，所以避免了大量不需要的数据通过网络传送。

为了把这些变化更新到数据库，Update( )方法把这些改变的值翻译成 SQL 语句，例如 INPUT、DELETE 和 UPDATE 命令。DataAdapter 本身不能创建这些 SQL 语句，因此它必须依靠一个被称为 CommandBuilder 的对象去完成这项工作。在使用 DataAdapter 的 Update 方法的过程前，需要创建一个 CommandBuilder 对象实例，最好是在创建 DataAdapter 对象之后立即创建 CommandBuilder 对象。如下所示：

```
OleDbCommandBuilder = new OleDbCommandBuilder(dsMyData);
```

其中 CommandBuilder 对象创建时，通过构造方法的参数将它指向了相关的 DataAdapter。

如果没有首先给 DataAdapter 创建 CommandBuilder 对象，使用 DataAdapter 的 Update( )方法将不会对数据源起作用。

11.1.5 使用 Command 和 DataReader

如果需要一块数据，但又不必编辑和把这块数据返回至它的数据源当中，就应该避免使用一个 DataSet，取而代之的是使用 DataReader 选取数据。因为 DataReader 要快得多，而且消耗更少的系统资源。

1. 使用 Command 来获取 DataReader

下面的代码演示了使用 Command 来获取 DataReader 的一般方法。

```
string strSql = "SELECT * FROM[Publishers]";
string strConn =
    @ "Provider = Microsoft.Jet.OLEDB.4.0;" +
    @ "Data Source = D:\CsExample\ch10\BIBLIO.MDB";
OleDbConnection MyConn = new OleDbConnection(strConn);
```

```
OleDbCommand MyCommand = new OleDbCommand(strSql,MyConn);
MyConn.Open();
OleDbDataReader MyReader = MyCommand.ExecuteReader();
while(MyReader.Read())
{
    Console.WriteLine(
        MyReader.GetString(1) +
        MyReader["Name"].ToString() +
        MyReader[2].ToString()
        );
}
MyReader.Close();
MyConn.Close();
```

程序中首先创建 Connection 和 Command 对象的实例，然后打开数据库的连接，使用 Command 对象的 ExecuteReader( )方法来取得 DataReader( )对象。

用 while 循环及 DataReader 的 Read( )方法每次从中取出一个记录，并用相应的方法取得每个字段。

因为不使用 DataAdapter 连接数据库，所以必须明确地打开和关闭连接。在使用完 DataReader 后，一定要关闭连接。

2. 使用 Command 来获取一个数据

使用 Command 对象的 ExecuteScalar( )方法，可以执行只返回一个值的 SQL 命令。例如：

```
MyCommand.CommandText = "Select Count(*)From[Publishers]";
int cnt = (int)MyCommand.ExecuteScalar();
Console.WriteLine(cnt);
```

3. 直接使用数据库命令

如果一条 SQL 命令不需要返回数据，如 Delete 命令、Update 命令，则可以直接使用 Command 对象 ExecuteNonQuery( )方法。例如：

```
MyCommand.CommandText = "Delete From[Publishers]Where[Name]='T'";
int cntDeleted = MyCommand.ExecuteNonQuery();
Console.WriteLine(cntDeleted);
```

11.1.6 使用数据绑定控件

将 GUI 界面上的控件与数据进行绑定是开发 Windows 应用程序和 Web 应用程序中的一项十分重要的工作。下面以 Windows 应用程序中的几个控件来说明与数据库进行绑定的方法。

1. 控件与数据绑定

数据绑定的过程，实际上是设定数据源以后，数据自动显示在控件上的过程。

下面的示例显示了 ListBox 与一个 ArrayList 相绑定的一般步骤：

```
1   class User
2   {
3       public string LongName;
4       public string ShortName;
5       public User(string l,string s)
6       {
```

第 11 章　数据库、网络、多媒体编程

```
7             LongName = l;
8             ShortName = s;
9         }
10        public override string ToString()
11        {
12            return LongName + "," + ShortName;
13        }
14    }
15    void ListBoxBinding()
16    {
17        ArrayList ary = new ArrayList();
18        ary.Add(new User("Tom Soya","TS"));
19        ary.Add(new User("Gorge Bush","GB"));
20        ary.Add(new User("Washinton","WS"));
21
22        this.listBox1.DataSource = ary ;
23    }
```

其中，关键的语句是 DataSource 的设置。它要求一个实现了 IList 接口的对象，并且在数据绑定期间，这个对象的内容不能改变。

2. 使用 DataGrid

数据网格 DataGrid 控件具有非常强大的功能，它可以用来在可滚动的表格中显示 ADO.NET 数据。图 11-3 是一个 DataGrid 的实例。

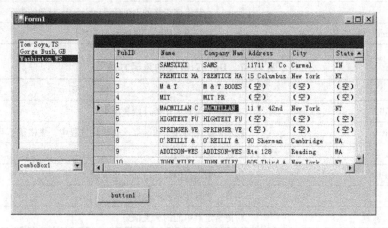

图 11-3　一个 DataGrid 的实例

DataGrid 的数据源可以是：
① DataTable；
② DataView；
③ Dataset；
④ DataSetView；
⑤ 一维数组；
⑥ 实现 IList 或 IListSource 接口的任何对象。

由于 DataGrid 类非常复杂，而且拥有很多特性，所以在此不能对它的所有特性一一进行讲解。表 11-6 和表 11-7 分别给出了 DataGrid 类的常用属性和重要方法。

表 11-6 DataGrid 类的常用属性

属性	说明
AllowNavigation	指出是否允许到子表的导航
AlternatingBackColor	给表格的行交替的设置不同的颜色
BackColor	获得或设置表格的背景色
BackgroundColor	获得或设置表格中非行区域的颜色
BorderStyle	DataGrid 边框的样式,可以是 None、FixedSingle 或 Fixed3D
CaptionText	作为表格标题的文本
CaptionForeColor,CaptionBackColor,CaptionFont	代表表格标题的属性
CurrentCell	表示当前被选中的单元
CurrentRowIndex	表示当前被选中的行
DataSource	获得或设置表格当前正在显示数据的数据源
FirstVisibleColumn	获得第一个可见列的索引
FlatMode	指出显示的表格是平面的还是三维的
ForeColor,BackgroundColor	表示表格的颜色
GridLineStyle,GridLineColor	表示表格中行的属性
Item	表示一个表格单元的内容
ReadOnly	如果为真,则表格是不可编辑的
TableStyles	获得该表格的 DataGridTableStyle 对象的集合
VisibleColunmCount,VisibleRowCount	获得表格的可见行和列的数目

表 11-7 DataGrid 类的重要方法

方法	说明
BeginEdit,EndEdit	表示一个编辑操作的开始和结束
BeginInit,EndInit	表示初始化的开始和结束,初始化过程中,表格是不可用的
CreateGridColumn	创建一个新的列
Collapse,Expand	为一个指定行消除或增加一个关联
GetCellBounds	获得一个指定单元的边界矩形
HitTest	获得指定点单元的有关信息
NavigateTo,NavigateBack	导航到表格和从表格返回

将 DataGrid 与 DataSet 进行绑定的一般步骤见例 11-1。

例 11-1 DataBindingTest.cs 将 DataGrid 与 DataSet 进行绑定。

```
1    string strSql = "SELECT * FROM[Publishers]";
2    string strConn =
3        @ "Provider=Microsoft.Jet.OLEDB.4.0;" +
4        @ "Data Source=D:\CsExample\ch10\BIBLIO.MDB";
5    OleDbConnection conn = new OleDbConnection(strConn);
6    OleDbDataAdapter daAdapter = new OleDbDataAdapter(strSql,conn);
7    OleDbCommandBuilder cmdbld = new OleDbCommandBuilder(daAdapter);
8    DataSet dsMyData = new DataSet();
```

```
9    daAdapter.Fill(dsMyData);
10
11   this.dataGrid1.DataSource = dsMyData.Tables[0];
```

11.2 使用高级数据工具

11.2.1 使用 Visual Studio 的数据工具

一些集成化的开发工具，特别是 Visual Studio，提供了强有力的数据库开发工具，它们可以让用户的工作变得更加简单、快捷。

在 Visual Studio 中，主要的数据开发工具包括以下几种。

① 使用数据组件：如 Connection、DataAdapter、DataSet 等，可以直接拖放到程序中，则自动生成相关的代码。

② 使用 Visual Studio Server Explorer 直接访问数据，并帮助用户创建连接。

③ 数据库工程：当创建一个新工程时，会在"Other Proiect|DataBase Proiect"文件夹下面找到这个工程。

④ 数据查询向导：可以帮助用户设计查询命令。

⑤ 数据窗体向导：可以帮助用户设计窗体界面，并能创建数据绑定的控件。

⑥ 自动创建 typed dataset：强类型的数据集可以大大加快开发的进度。

具体的操作步骤可以查看相关的文档。

11.2.2 使用 Entity Framework

利用 Microsoft 提供的 Entity Framework（实体框架）可以简化对数据库的访问。这里所谓的 Entity（实体）是指现实中的对象的表示（如 Product 表示产品），在数据库中，表对应于数据表；对象含有一些属性（如 Title、Price、Author 等），这些属性对应于数据库中的字段。Entity Framework 能将数据库中的表与程序中的对象进行映射（即对象－关系数据映射，Object Relation Mapping，或者叫 O－R Mapping），而且更方便地对数据库进行增、删、改、查。当然它的底层仍然是 ADO.NET。

现在 Entity Framework 是作为一个程序包来提供的。在 Visual Studio 中可以使用"工具"菜单中的"NuGet 包管理器—管理解决方案的 NuGet 程序包"，在其中输入"Entity Framework"进行搜索并进行安装。

在项目中，右键单击"加新项"，在弹出菜单中选择 ADO.NET 实体数据模型，选择"来自数据库的模型"，系统会自动生成表示数据库操作的 DbContext 类和 DbSet 类，分别表示数据库和数据集，然后可以用到程序中。

例 11-2 TestDB2 使用 Entity Framework 操作数据库。

```
1    private void button1_Click(object sender,EventArgs e)
2    {
3        using(var context = new EFDbContext())
4        {
5            context.Set<Product>().Add(
```

```
6          new Product
7          {Price=1,Name="p1",Category="a",Description="无"});
8      context.SaveChanges();
9
10     List<Product>products=context.Set<Product>().ToList();
11     foreach(Product p in products)
12     {
13         Console.WriteLine(p.ProductID+""+p.Name+""+p.Price);
14     }
15     }
16 }
17
18 public class Product{
19     public int ProductID{get;set;}
20     public string Name{get;set;}
21     public string Description{get;set;}
22     public decimal Price{get;set;}
23     public string Category{get;set;}
24 }
25 class EFDbContext:DbContext{
26     public DbSet<Product> Products{get;set;}
27 }
```

程序中书写一个 Product 类，它是含有一些字段（属性）的实体，并在 DbContext 的基础上继承在其中书写数据集 DbSet<Product> 类型的 Products。操作数据库时，可以直接利用 context.Set<Product>() 获取到 Product 表中的数据集，使用 Add() 可以加入对象，使用 SaveChanges() 可以将增加的对象保存到数据库中。

可见 Entity Framework 将底层的 ADO.NET 数据库操作进行了封装，使用起来十分方便。

11.2.3 使用 Linq 访问数据库

在微软推出 Entity Framework 以前，还发布了一个 Linq to sql，是一个轻量级的访问数据库的框架，不过，现在在 Entity Framework 中也集成了 Linq 功能，可以称之为 Linq to Entity，它的用法与普通的 Linq 用法相似，也是可以使用语言集成的语法或者函数调用的语法。

在例 11-2 中，加入 Linq 功能。

例 11-3 TestDB2 使用 Linq 操作数据库。

```
1  private void button2_Click(object sender,EventArgs e)
2  {
3      using(var context=new EFDbContext())
4      {
5      var products=context.Products;
6
7      //查询:过滤、排序、投影(select)
8      var query=from p in products
9              where p.Price>0.5M && p.Name!=null
10             orderby p.Name
11             select new{p.ProductID,p.Name,p.Price};
12
13     foreach(var p in query)
```

```
14      {
15          Console.WriteLine($"{p.ProductID}:{p.Name},RMB.{p.Price}");
16      }
17
18      //聚合查询
19      var maxPrice = query.Max(p => p.Price);
20      var averagePrice = query.Average(p => p.Price);
21      Console.WriteLine($"max:{maxPrice},avg:{averagePrice}");
22
23      //取其中一部分(分页查询)
24      var page = query.Skip(1).Take(2);
25      Console.WriteLine($"item count:{page.Count()}");
26
27      //取一个元素
28      var first = page.FirstOrDefault();
29      Console.WriteLine($"{first.Name}");
30  }
31 }
```

从上面的代码中可以看出，Linq 的查询功能很强，可以完成过滤、排序、投影、聚合、分页查询等多种功能。

在查询的过程中，由框架自动生成了相应的 SQL 语句，在 Visual Studio 中进行调试 (Debug) 运行，设置断点，并将鼠标指向例中的 query 或 page 就可以看见所生成的 SQL 语句，如 query 对应的 SQL 是：

```
SELECT
    [Extent1].[ProductID] AS [ProductID],
    [Extent1].[Name] AS [Name],
    [Extent1].[Price] AS [Price]
FROM
    [dbo].[Products] AS [Extent1]
WHERE
    ([Extent1].[Price] > 0.5) AND ([Extent1].[Name] IS NOT NULL)
ORDER BY
    [Extent1].[Name] ASC
```

而 page 对应的 SQL 语句也与上面的相似，只是后面多了以下子句：

```
OFFSET 1 ROWS
FETCH NEXT 2 ROWS ONLY
```

由此可见，使用 Entity Framework 和 Linq 可以更方便地访问数据库。

11.3 网络通信编程

C#中的网络通信编程涉及许多方面，从底层的 Socket 到高层的 Web 服务。编程主要用到了 System.Net、System.Net.Sockets 以及 System.Web 等命名空间，包括处理 IP 地址和 URL 地址、Socket 等许多类。其中 System.Web 相关的类已经在第 9 章关于"网络信息获取"的部分进行了介绍。本节介绍网络通信方面的编程。

11.3.1 使用 System.Net

System.Net 命名空间中的类为基于网络和 Internet 的许多协议提供了一种简单的程序设计接口。表 11-8 列出了该命名空间中的主要的类。

表 11-8　System.Net 命名空间中的主要类

类	说　明
Cookie	提供对 cookie（一种网络服务器传递给浏览器的信息）进行管理的一套方法和属性
Dns	提供简单的域名协议功能
EndPoint	表示网络地址的抽象类
FileWebRequest	与'file://'开头的 URI 地址进行交互，以访问本地文件
FileWebResponse	通过'file://'URI 地址提供对文件系统的只读访问
HttpWebRequest	授权客户向 HTTP 服务器发送请求
HttpWebResponse	授权客户接收 HTTP 服务器的回答信息
IPAddress	表示一个 IP 地址
IPEndPoint	表示一个 IP 终端（IP 地址加端口号）
IPHostEntry	与带有一组别名和匹配 IP 地址的 DNS 登录建立连接
WebClient	提供向 URL 传送数据和从 URI 接收数据的通用方法
WebException	使用网络访问时产生的异常

其中，IPAddress 类是比较基础的，它表示一个 IP 地址。创建一个 IPAddress 对象最简单的方法就是使用 Parse() 方法，该方法接受一个数字形式的字符串参数。如下所示：

```
IPAddress ip = IPAddress.Parse("217.49.2.77");
```

11.3.2 TcpClient 及 TcpListener

Socket 在网络程序中是比较低层的，所以针对 Socket 进行编程能完成比较特定的任务。
System.Net.Sockets 命名空间中的 Socket 类可以用于 Socket 编程，但使用以下两个类来代表 socket 连接的两个终端可以更方便地编程：使用 TcpClient 类表示客户端，使用 TcpListener 类表示服务器端。

1. TcpClient

在客户端，可以创建一个 TcpClient 对象，并向该对象中传入需要连接机器的 IP 地址以及服务器程序正在使用的端口号。

注意：如果需要连接的是本地机器上的一个服务器程序，使用的地址是"localhost"或者"127.0.0.1"。

TcpClient 类中有很多可用来管理会话的方法和属性，如表 11-9 所示。

表 11-9 TcpClient 类的方法和属性

成 员	说 明
Active	如果连接已建立，该属性为 True
Client	获取或设定基本的 Socket 对象
Close( )	释放 TCP 连接
Connect( )	连接到 TCP 主机
GetStream( )	获取用来通过 Socket 进行读写的流
ReceiveBufferSize	获取或设定接收方缓冲区大小（默认值为 8192）
ReceiveTimeout	获取或设定毫秒级的接收延时时间（默认值为 0）
SendBufferSize	获取或设定发送方缓冲区大小（默认值为 8192）
SendTimeout	获取或设定毫秒级的发送延时时间（默认值为 0）

编程时，首先创建一个未连接的 TcpClient 对象，然后再使用 Connect( ) 方法建立起连接，代码如下：

```
TcpClient tpc = new TcpClient();
tpc.Connect("localhost", 9999);
```

连接建立之后，GetStream( ) 方法可以返回一个对 Stream 对象的引用，使用该对象可以通过 Socket 进行读写操作，如下所示：

```
Stream theStream = tpc.GetStream();
```

使用 Stream 的 Read( ) 和 Write( ) 方法可以通过 Socket 传送数据，由于这两种方法都是使用字节进行传送，因此在发送之前必须把字符数据转换为字节形式。数据传送的另一种方法是使用 Send( ) 和 Receive( ) 方法，这两种方法是由 TcpClient 从 Socket 中继承而得的，同样也可以处理字节数组。

下面是一个客户端的示例。

例 11-4 TcpClientTest.cs 客户端程序，该程序从服务器上读取数据并显示出来。

```
1   using System;
2   using System.Net.Sockets;
3   using System.Text;
4
5   class Client
6   {
7       static void Main()
8       {
9           TcpClient tcpClient = new TcpClient();
10          try
11          {
12              tcpClient.Connect("127.0.0.1",10000);
13
14              NetworkStream networkStream = tcpClient.GetStream();
15
16              if(networkStream.CanRead)
17              {
18                  byte[]bytes = new byte[tcpClient.ReceiveBufferSize];
```

```
19              networkStream.Read(bytes,0,(int)tcpClient.ReceiveBufferSize);
20              string returndata = Encoding.ASCII.GetString(bytes);
21              Console.WriteLine("This is what the host returned to you:" + re-
turndata);
22          }
23      }
24      catch(Exception e)
25      {
26          Console.WriteLine(e.ToString());
27      }
28  }
29 }
```

该程序要求服务端程序已运行（服务端程序下面马上就要讲到）。程序运行结果如图 11-4 所示。

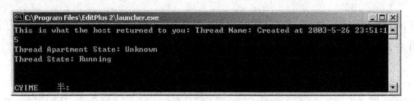

图 11-4　客户端程序从服务器上读取数据

2. TcpListener

TcpListener 类可以执行 Socket 连接中服务器端的功能。其主要的方法和属性如表 11-10 所示。

表 11-10　TcpListener 类的方法和属性

成　员	说　明
AcceptSocket( )	等待客户连接，返回 Socket
AcceptTcpClient( )	等待客户连接，返回 TcpClient
Active	如果连接已建立，该属性为 True
LocalEndpoint	获取 Socket 诊听器的活动终端（即 IP 地址加端口号）
Pending( )	如果还有未解决的连接请求，则返回真值
Server	获取基本的 Socket 对象
Start( )	开始监听网络请求
Stop( )	停止监听网络请求

要监听某个特定的 Socket，必须创建一个 TcpListener 对象，如：

```
TcpListener tcl = new TcpListener(9999);
```

一旦该对象被创建，Start( )方法就会启动对网络连接请求的监听。监听器可以通过两种方式与引入的客户建立连接。一种方式是调用 AcceptSocket( )或者 AcceptTcpClient( )方法，在没有客户连接时，这两种方法都会处于一直阻塞状态。另一种方式是服务器周期性地调用 TcpListener 中的 Pending( )方法，如果有客户正在等待连接，该方法就会返回真值。如果有客户在等待，就立即调用 AcceptSocket( )或者 AcceptTcpClient( )方法。

对 AcceptSocket( )或者 AcceptTcpClient( )方法的调用将会返回一个 Socket 引用，因而服务器代码可以使用 Send( )和 Receive( )方法通过连接传送数据。一旦会话结束，Stop( )方法就会停止 TcpListener 对网络的监听。

由于一个服务端程序经常同时要为多个客户服务，所以最好每监听到一个客户的连接，就产生一个线程，专门处理与该客户的连接。下面的例子就是这种模式。

例 11-5 TcpListenerThread.cs 多线程的服务端程序。

```
1   using System;
2   using System.Threading;
3   using System.Net.Sockets;
4
5   class WorkerThreadHandler
6   {
7       public TcpListener myTcpListener;
8
9       public void HandleThread()
10      {
11          Thread currentThread = Thread.CurrentThread;
12          Socket mySocket = myTcpListener.AcceptSocket();
13          string message =
14              "Thread Name:" + currentThread.Name +
15              "\r\nThread Apartment State:" + currentThread.ApartmentState.ToString() +
16              "\r\nThread State:" + currentThread.ThreadState.ToString();
17          Console.WriteLine(message);
18          byte[]buf = System.Text.Encoding.ASCII.GetBytes(message.ToCharArray());
19          mySocket.Send(buf);
20          Console.WriteLine("Closing connection with client.");
21          mySocket.Close();
22      }
23  }
24
25  public class MainThreadHandler
26  {
27      private TcpListener myTcpListener;
28
29      public MainThreadHandler()
30      {
31          myTcpListener = new TcpListener(10000);
32          myTcpListener.Start();
33          Console.WriteLine("Listener started. Press Ctrl + Break to stop.");
34
35          while(true)
36          {
37              while(!myTcpListener.Pending())
38              {
39                  Thread.Sleep(1000);
40              }
```

```
41              WorkerThreadHandler myWorkerThreadHandler = new WorkerThreadHan-
dler();
42              myWorkerThreadHandler.myTcpListener = this.myTcpListener;
43              ThreadStart myThreadStart = new ThreadStart(myWorkerThreadHan-
dler.HandleThread);
44              Thread myWorkerThread = new Thread(myThreadStart);
45              myWorkerThread.Name = "Created at " + DateTime.Now.ToString();
46              myWorkerThread.Start();
47          }
48      }
49      static void Main()
50      {
51          new MainThreadHandler();
52      }
53  }
```

程序运行结果如图 11-5 所示。

3. 使用 TcpClient 检查 E – mail

基于 Socket 的 TcpClient 可以方便地进行各种形式网络通信任务。使用 TcpClient 的主要工作就是通过 TcpClient 连接后得到的 NetworkStream 流进行写（向服务器发请求指令）和读（从服务器得到回应信息）。下面的例子分别进行 E – mail 的检查。

例 11-6　TcpClientMailGet.cs 使用 TcpClient 来检查 E – mail。检查 E – mail 要遵守 POP3 协议（Post Office Protocol）。POP3 协议中最基本的指令是：USER（用户名）、PASS（口令）、QUIT（退出）。程序设计时的界面如图 11-6 所示。

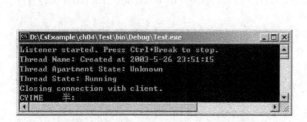

图 11-5　多线程的服务端程序运行结果

图 11-6　使用 TcpClients 检查 E – mail 设计时的界面

```
1   private void btnGetMail_Click(object sender,System.EventArgs e)
2   {
3       const int nPort = 110;
4       string sHostName = txtServer.Text;
5       StringBuilder txtReply = new StringBuilder();
6       string sReply;
7       TcpClient client = new TcpClient();
8       try
9       {
10
11          // 连接服务器
12          client.Connect(sHostName,nPort);
```

```
13          NetworkStream stream = client.GetStream();
14          sReply = ReadFromStream(stream);//得到回复
15          CheckError(sReply);
16          txtReply.Append(sReply + "\n");
17
18          //用户名
19          WriteToStream(stream,"USER " + this.txtUser.Text);
20          sReply = ReadFromStream(stream);
21          CheckError(sReply);
22          txtReply.Append(sReply + "\n");
23
24          //口令
25          WriteToStream(stream,"PASS " + this.txtPass.Text);
26          sReply = ReadFromStream(stream);
27          CheckError(sReply);
28          txtReply.Append(sReply + "\n");
29
30          //退出
31          WriteToStream(stream,"QUIT ");
32          sReply = ReadFromStream(stream);
33          CheckError(sReply);
34          txtReply.Append(sReply + "\n");
35
36          stream.Close();
37          client.Close();
38      }
39      catch(Exception ex)
40      {
41          txtReply.Append(ex.ToString());
42      }
43      txtMsg.Text = txtReply.ToString();
44
45  }
46
47  private void WriteToStream(NetworkStream stream,string Command)
48  {
49      string stringToSend = Command + "\r\n";
50
51      Byte[]arrayToSend = Encoding.ASCII.GetBytes(stringToSend.ToCharArray());
52      stream.Write(arrayToSend,0,arrayToSend.Length);
53  }
54
55  private String ReadFromStream(NetworkStream stream)
56  {
57      StringBuilder strReceived = new StringBuilder();
58      StreamReader sr = new StreamReader(stream);
59      string strLine = sr.ReadLine();
60
61      while(strLine == null || strLine.Length == 0)
62      {
63          strLine = sr.ReadLine();
```

```
64      }
65      strReceived.Append(strLine);
66
67      if(sr.Peek()!=-1)
68      {
69          while((strLine = sr.ReadLine())!=null)
70          {
71              strReceived.Append(strLine);
72          }
73      }
74      return strReceived.ToString();
75  }
76
77  private void CheckError(string strMessage)
78  {
79      if(strMessage.IndexOf("+OK")<0)
80          throw new Exception("ERROR-. Recieved:"+strMessage);
81  }
```

11.3.3 E-mail 编程

除了 System.Net 及 System.Net.Sockets 两个命名空间外,还有许多涉及网络通信的类,下面介绍一个常见任务编程,这就是发送 E-mail。

发送 E-mail 可以用 TcpClient 与邮件服务器通信,不过通信的内容要遵循 SMTP 协议的要求,具体实现起来比较烦琐。事实上,在 System.Web.Mail 命名空间内有专门的几个类来完成 E-mail 的发送。

① MailMessage 类:用于定义邮件内容。
② SmtpMail 类:用于执行发送邮件的方法。
③ MailAttachment 类:用于定义邮件的附件。

下面的示例程序,表明了发送 E-mail 的基本方法,包括设定邮件的地址、主题、内容及附件,最后使用 SmtpMail.Send( )方法进行发送。

例 11-7 SmtpEmailSend.cs 发送 E-mail。程序的界面如图 11-7 所示,另有一个打开文件对话框。

```
1   MailMessage message = new MailMessage();
2   private void btnCancel_Click(object sender,System.EventArgs e)
3   {
4       Application.Exit();
5   }
6   private void btnAttachments_Click(object sender,System.EventArgs e)
7   {
8       openFileDialog1.ShowDialog();
9       MailAttachment attachment = new MailAttachment(openFileDialog1.FileName);
10      txtAttachments.Text = txtAttachments.Text + openFileDialog1.FileName;
11      message.Attachments.Add(attachment);
12  }
13  private void btnSend_Click(object sender,System.EventArgs e)
14  {
```

```
15      message.From = txtSender.Text;
16      message.To = txtRecipient.Text;
17      message.Subject = txtSubject.Text;
18      message.Body = txtText.Text;
19      SmtpMail.Send(message);
20      MessageBox.Show("邮件成功发送!");
21  }
```

图 11-7 发送 E–mail 的程序界面

11.4 互操作与多媒体编程

C#程序不是孤立的，它可以与其他程序进行各种形式的互操作，以利用已有的丰富的程序资源。下面介绍几个主要的互操作方式。

11.4.1 C#、VB.NET、JScript 的互操作

由于 .NET 平台上有各种语言，如 C#、VB.NET、JScript.NET、Visual C++等，都建立在统一 CLR（公共语言运行时）之上，所以各种语言可以方便地进行互操作。

为了实现互操作，只需将各种程序都编译成 .dll（其中含有统一的 MSIL 指令），然后再连接生成一个可执行文件即可。

下面举一个典型的例子。程序中包括三个不同语言的文件，分别完成不同的功能。

文件 Interop1.vb 是 VB.NET 语言，它用来实现信息的显示。

```
Imports System
Imports Microsoft.VisualBasic
public Module Module1
    Public Sub Msg(a As String)
        MsgBox(a)
    End Sub
End Module
```

文件 Interop2.js 是 JScript.NET 语言，它用来实现对表达式求值。

```
import System;
import System.Text;
```

```
package Interop2{
    public class JSExpressObj{
        public function Eval(str:String):String
        {
            var a = "";
            eval("a = (" + str + ")");
            return "" + a;
        }
    }
}
```

文件 Interop3.cs 是 C#语言，它用来测试一个表达式。

```
using System;
class Test
{
    static void Main()
    {
        Console.Write("请输入一个表达式:");
        string exp = Console.ReadLine();
        string result = "";
        Interop2.JSExpressObj obj = new Interop2.JSExpressObj();
        try
        {
            result = obj.Eval(exp);
        }
        catch{}
        Module1.Msg(result);
    }
}
```

将这几个文件编译并生成一个可执行文件。编译的命令如下：

```
vbc /t:library /out:Interop1.dll Interop1.vb
jsc /t:library /out:Interop2.dll Interop2.js
csc /t:exe /out:Interop3.exe /r:Interop1.dll /r:Interop2.dll /r:Microsoft.JScript.dll Interop3.cs
```

运行结果如图 11-8 所示。

图 11-8　编译几个文件并生成一个可执行文件

11.4.2 使用 Win32 API 进行声音播放

有时候可能必须调用一个不在 .NET 中的动态链接库 (DLL) 中的函数。这个函数可能是一个 Win32API 函数,而在 .NET 中没有相应函数与其等价,或者也可能是一个未加修改以使用 .NET 的动态链接库,C#也可以从这些动态链接库中调用相关函数。

当调用动态链接库中的函数时,执行步骤如下:
① 定位包含该函数的动态链接库;
② 把该动态链接库装载入内存;
③ 找到即将调用的函数地址;
④ 调用函数。

最常用的任务是要从 C#中调用 Win32 API。Win32 API 是 Windows 中提供的最低层的函数,它们不是面向对象的。Win32 API 函数存放在系统的 3 个动态链接库中;用户需要知道自己想要调用的函数在哪个动态链接库中。GDI32.dll 中存放图形函数,包括图片、打印和字体管理。Kernel32.dll 中存放较底层的操作系统函数,这些函数完成诸如存储管理和资源操作等功能。User32.dll 包含窗口管理函数,比如消息处理、时钟、菜单以及通信。

为了使用 DLL 中的函数,需要在代码中声明一个原型以告诉编译器函数的名字,它的参数以及函数在哪个 DLL 中。下面的例子说明了如何在 C#中声明调用 Win32 MessageBox 函数原型。

```
[DllImport("user32.dll",CharSet=CharSet.Auto)]
public static extern int MessageBox(int hwnd,String text,
                  String caption,uint type);
```

C#把函数声明为外部的 (extern),这是因为它不是在 C#中实现的;这个函数不是面向对象的,必须声明为 static 的。在函数的前面用 DllImportAttribute 来表明所在的 dll 文件及所用的字符集,CharSet.Auto 是指自动选择字符集。

如果所用的函数的名字与在 dll 文件中的函数名不一致,还要用 EntryPoint 属性指明在 dll 中的真实名字,如以下格式。

```
[DllImport("user32.dll",EntryPoint="RealName")]
public static extern int MyName();
```

在使用 DllImport 时要注意导入 System.Runtime.InteropServices 名字空间。

例 11-8 Win32APTest.cs 使用 Win32 API 中的消息框。

```
1   [System.Runtime.InteropServices.DllImport("user32.dll",
2       EntryPoint="MessageBox",
3       CharSet=System.Runtime.InteropServices.CharSet.Auto)]
4   public static extern int MsgBox(int hwnd,String text,
5       String caption,uint type);
6   private void button1_Click(object sender,System.EventArgs e)
7   {
8       MsgBox((int)this.Handle,"Test Win32API","Test",0);
9   }
```

程序运行结果如图 11-9 所示。

例 11-9 Win32APSndPlaySound.cs 使用 Win32 API 来播放声音文件。

```
1   using System;
2   using System.Runtime.InteropServices;
3   class Test
4   {
5       //导入 Windows PlaySound()函数
6       [DllImport("winmm.dll")]
7       public static extern bool PlaySound(
8           string pszSound,
9           int hmod,
10          int fdwSound);
11
12      //定义 PlaySound()要使用的常数
13      public const int SND_FILENAME = 0x00020000;
14      public const int SND_ASYNC = 0x0001;
15
16      static void Main(string[]args)
17      {
18          //播放声音文件
19          PlaySound(
20              @"c:\winnt\media\chimes.wav",
21              0,
22              SND_FILENAME | SND_ASYNC);
23          Console.ReadLine();
24      }
25  }
```

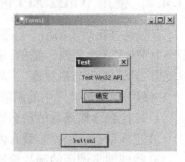

图 11-9 使用 Win32 API

11.4.3 使用 COM 组件操作 Office 文档

在.NET 出现之前，大量的程序都是使用 COM 技术来建立的（COM 是微软早期建立对象的一种技术），还有大量的控件是基于 ActiveX 来建立的（ActiveX 的基础仍然是 COM 技术），在 C#中可以用 TibImport.exe（类导入工具，Type Library Importer）将 COM 及 ActiveX 对象进行包装，生成 C#的代理类，以便在 C#中能够使用。对于生成的代理类的使用方式与 C#中的其他类的使用方式是一样，也可以使用其中的属性、方法、事件等。

在 Visual Studio 集成环境中，可以使用"添加引用"的方式来进行 COM 组件的导入。选择"项目→Add Reference"（添加引用）菜单项，打开"引用管理器"在"COM"选项卡中，在需要的 COM 组件库前面勾选，然后单击"确定"按钮，即可导入相关的 COM 对象，如图 11-10 所示。

例 11-10 ReadWriteExcel 操作 Excel 文件，程序中放置一个按钮，并引用 COM 组件 Microsoft Excel 16.0 Object Library。

```
1   private void button1_Click(object sender,EventArgs e)
2   {
3       string fileName = "通讯录.xlsx";
4       string filePath = System.IO.Directory.GetCurrentDirectory()
5           + "\\" + fileName;
6
7       //打开文件
```

```
8      Microsoft.Office.Interop.Excel.Application
9      app = new Microsoft.Office.Interop.Excel.Application();
10     Workbooks wbks = app.Workbooks;
11     Workbook book = wbks.Add(filePath);
12
13     //取得工作表
14     Sheets sheets = book.Sheets;
15     Worksheet sheet = sheets[1];
16
17     //读取单元格
18     Range cell = sheet.Cells[2,3];
19     var a = cell.Value;
20     Console.WriteLine(a);
21
22     //操作单元格
23     for(int i = 1;i <= 4;i ++)
24     {
25     sheet.Cells[i +1,1].Value = i;
26     }
27     sheet.Rows[1].Font.Bold = true;
28     sheet.Columns[1].Interior.ColorIndex = 3;
29
30     //保存
31     app.DisplayAlerts = false;
32     app.AlertBeforeOverwriting = false;
33     book.SaveAs(filePath);
34
35     //退出并释放掉多余的excel进程
36     app.Quit();
37     System.Runtime.InteropServices.Marshal.ReleaseComObject(app);
38     app = null;
39   }
```

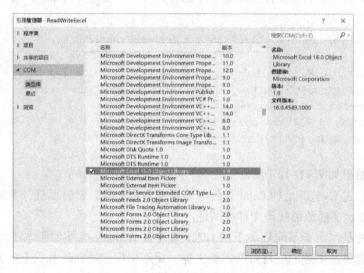

图 11-10　导入相关的 COM 对象

注意到程序中操作相应的工作表、单元格等对象的属性的书写相当自然，这是由于系统可以与COM组件进行互操作。在C# 4.0以上版本中可以使用dynamic关键字来更方便地操作COM组件对象。

11.4.4 使用ActiveX控件进行多媒体播放

ActiveX控件是一种带界面的COM组件，它可以被Visual Studio放入到"工具箱"中，并且像其他工具那样使用。

如果要使用ActiveX控件，在工具箱上右击，在弹出的快捷菜单中选择"选择项"，在弹出的"选择工具箱选项"对话框中，选择"COM组件"选项卡并找到所需要的控件，如图11-11所示。

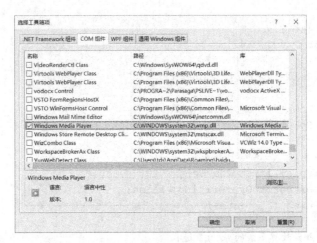

图11-11 选择所需要的ActiveX控件

例11-11 MediaPlayerTest.cs 使用 Windows Media Player 控件。按上面介绍的方法，把控件加入到工具箱上，再在窗体上放置一个这样的控件。程序中还加入一个文件打开对话框及一个按钮。

```
1    private void button1_Click(object sender,EventArgs e)
2    {
3        this.openFileDialog1.Filter = "media file|*.avi;*.mpg;*.mp4";
4        DialogResult result = this.openFileDialog1.ShowDialog();
5        if(result != DialogResult.OK)return;
6        string file = this.openFileDialog1.FileName;
7        this.axWindowsMediaPlayer1.URL = file;
8    }
```

程序运行结果如图11-12所示。

程序中，经过C#包装后的COM组件与普通的对象一样，具有属性、方法及事件，如其中.URL就是表示要播放的视频文件或网址。

✂要注意的是，由于不同环境下的COM组件及ActiveX控件的版本不同，会存在兼容性问题，从配套资源下载的项目可能需要去掉并重新引用你所在计算机上的COM或ActiveX组件才能编译和运行，并且还要注意项目属性中的.NET Framework的版本不能太低。

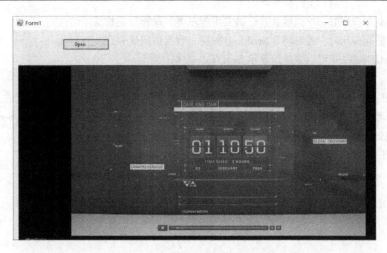

图 11-12 使用 Windows Media Player 控件

习题 11

一、判断题

1. 数据库管理系统简称 DBMS。
2. 数据库系统的优点是数据进行结构化管理。
3. 常用的数据库管理系统包括 Oracle，MySql 及 SQL Server。
4. 关系型数据库以二维表格的形式来组织数据。
5. DataTable 对应于数据库中的表。
6. DataRow 对应于数据库中的行（记录）。
7. DataColumn 对应于数据库中的行。
8. 数据表只能表示实体，不能表示实体之间的关系。
9. SQL 语言是数据库的标准操作语言。
10. SQL 语言在所有的数据库中都是完全一样的。
11. 最常用的语句包括增、删、改、查的语句。
12. SELECT avg（salary）FROM employee 表示查出最大值。
13. SELECT 语句中用 while 表示查询条件。
14. SELECT count（*）FROM employee 表示查出记录条数。
15. 增加记录用 INSERT 语句。
16. 更改记录用 UPDATE 语句。
17. 删除记录用 DELETE 语句。
18. 创建表用 ADD TABLE 语句。
19. 针对不同的数据库要使用不同的 Provider。
20. DataSet 可以含有多个 DataTable。
21. 访问数据的两种基本方式包括 DataAdapter 及 DataReader。
22. 数据库连接串用来表示要连接的数据库及相关信息。
23. Connection 表示连接。
24. Command 表示命令。

25. 编写数据库应用时，可以建立自己的实用程序类，这样方便数据库的访问。
26. 编写数据库应用时，最好将界面层、业务层、数据访问层分开。
27. 使用 DataGridView 可以方便地显示 DataTable 数据。

二、编程题

1. 综合练习：做一个"背单词"程序，要求使用数据库技术。其中具体的单词要求放入数据库中。数据库可以采用小型的数据库（如 Access，Sqlite 等），也可以采用一般的数据库（如 SQL Server）。要求有窗体界面。如果能加入标记生词或记录已背次数、测验等功能会更好。

2. 综合练习：编写一个简单的网络对战游戏。

第 12 章 深入理解 C#语言

前面几章介绍了 C#语言语法及基本的应用，本章则对 C#语言的机制进行介绍，包括类型及转换、变量及其传递、多态与虚方法调用、动态类型确定、对象构造与析构、运算符重载、自定义 Attribue、枚举器与迭代器等。掌握 C#的机制才能深入理解 C#语言。

12.1 类型及转换

12.1.1 值类型及引用类型

C#中的数据类型可以分为两大部分值类型（value type）和引用类型（reference type）。简单地说，值类型的变量总是直接包含着自身的数据，而引用类型的变量是指向实际数据的地址。

1. 值类型及引用类型的统一性

值类型，包括结构类型（struct）及枚举类型（enum）。在结构类型中，系统已定义好的称为简单类型，简单类型包括数值类型（sbyte、byte、short、ushort、int、uint、long、ulong、float、double、decimal）和布尔型（bool）。

引用类型，包括类（class）、接口（interface）、数组及委托（delegate）。在类类型中，包括系统已定义好的 object 及 string 类型。

系统中所有的类型都是 object 的子类型，这就为所有的类型提供了统一的基础。

① object 型变量可以赋以任何类型的表达式。例如，以下声明都是可行的：

```
object o = 123;
object o = new Person();
object o = new Color();
object o = new int[]{1,2,3};
```

② 一个以 object 为参数的方法，可以代入任何类型的表达式。

③ 任何类型的变量，都可以调用 object 类的方法。特别地，可以调用 ToString（ ）方法。

④ 字面常量（如数值、字符串）本身也是某种类型的量，所以可以直接该类型的实例方法或属性。例如：

```
123.ToString()
"abcdef".Length
"abcdef"[3]
```

2. 值类型及引用类型的区别

值类型变量与引用类型变量在内存中的存储方式是不同的：值类型的值直接存于变量中；而引用类型的变量则不同，除引用类型变量要占据一定的内存空间外，它所引用的对象实体（也就是用 new 创建的对身实体）也要占据一定的空间。通常对象实体占用的内存空间要比引用类型变量所占据的内存空间大得多。

例 12-1　Class&Struct.cs 值类型变量与引用类型变量的区别。

```
1   using System;
2
3   class DateClass
4   {
5       private int day =12;
6       private int month =6;
7       private int year =1900;
8       public DateClass(int y,int m,int d)
9       {
10          year =y;
11          month =m;
12          day =d;
13      }
14      public void addDay()
15      {
16      day ++;
17      }
18      public void display()
19      {
20          Console.WriteLine(year + " - " +month + " - " +day);
21      }
22  }
23
24  struct DateStruct
25  {
26      public int day ;
27      public int month ;
28      public int year ;
29      public DateStruct(int y,int m,int d)
30      {
31          year =y;
32          month =m;
33          day =d;
34      }
35      public void addDay()
36      {
37          day ++;
38      }
39      public void display()
40      {
41          Console.WriteLine(year + " - " +month + " - " +day);
42      }
43  }
44
45  public class Test
46  {
47      public static void Main(string[]args)
48      {
```

```
49        DateClass p,q;
50        p = new DateClass(2004,1,1);
51        q = p;
52        p.addDay();
53        p.display();
54        q.display();
55
56        DateStruct m,n;
57        m = new DateStruct(2004,1,1);
58        n = m;
59        m.addDay();
60        m.display();
61        n.display();
62
63        Console.Read();
64
65    }
66 }
```

程序的运行结果如图 12-1 所示。

这里定义了 DateClass 类和 DateStruct 结构。它们都定义了 3 个字段（day，month，year）和一些方法。对于类对象而言，这些字段和方法保存在堆内存中，这块内存就是 p、q 所引用的对象所占用的内存。变量 p、q 与它所引用的实体所占据的关系，是一种引用关系，可以用图 12-2 表示。引用类型变量保存的实际上是对象在内存的地址，也称为对象的句柄。

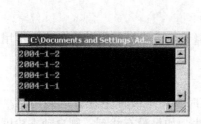
图 12-1 程序运行结果

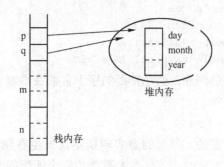
图 12-2 引用类型变量与对象实体的关系

在 p、q 两个变量中，保存的是所引用的对象的地址。当调用 p.addDay() 方法时，是将它引用的对象的 day 字段加 1，由于 p、q 两个变量引用的是同一变量，所以它相当于 q.addDay()，并且 p.diplay 与 q.dsplay 方法的显示结果是一样的。

由于一个对象实体可能被多个变量所引用，在一定意义上就是一个对象有多个别名，通过一个引用可以改变另一个引用所指向的对象实体的内容。

与类的情况不同的是，DateStruct 变量所占据的内存在栈内存中。变量 m 与 n 的各个字段包含在自己的变量中，所以 n = m 表示将 m 中的所有数值复制到 n 中，而 m.addDay() 方法只改变了 m 变量的字段，而 n 变量的字段保持不变。所以，m 与 n 最后所显示的结果不同。

3. 结构类型与类类型分别适应的场合

由于结构类型直接在变量中存放数值，而类类型的变量中仅存放引用，在堆内存中存放对象实体。结构类型一般适合于每个对象的数据量比较小的情况，如果对象比较复杂，则可以考虑使用类类型来表示对象。另外，如果要考虑对象的继承关系，则只能用类，而不能用结构，因为结构是不能继承的。

12.1.2 值类型的转换

值类型的变量可以进行显式类型转换或隐式类型转换。所有能隐式转换的地方都可以显式地转换。

值类型在进行类型转换有以下规则。

- 非简单类型的两个不同结构类型不能互相转换。
- 枚举类型之间可以显式转换。
- 枚举类型与数字类型之间可以显式转换。
- 布尔类型不能与其他值类型互相转换。
- 数字类型之间可以互相转化。一般就来，整数类型可以隐式地转成实数类型、十进制数类型，较短的整数可以隐式地转成较长的整数，float 可以隐式地转成 double。其余的都要强制类型转换：较长的整数类型转成较短的整数类型，相同长度的有符号数与无符号数的转化，double 转成 float，十进制数转成其余类型，char 类型与其他类型的转换。

例如：

```
double x = 3;
int n = (int)3.14;
float f = (float)3.14;
double d = (double)234.56m;
```

有一点是例外，就是整型的字面常数在给短于整型的变量赋初始值时，可以不用显式类型转换。例如：

```
byte b = 79;
```

值得注意的，类型的隐式转换不仅发生在赋值时，还可以发生在方法调用时。一般来说，在调用方法时，首先找参数类型完全匹配的方法，如果没有找到，则自动查找可以隐式转换的方法。例如：有方法 F（double, int）时，对于两个 short 的参数，它能自动地发生隐式转换。

类型的隐式转换还发生在表达式的计算过程中，对于有不同参数的类型参与运算时，则会自动进行隐式转换。例如：

```
int a = 1;
double d = 3.14;
```

则 a + d 表达式会自动地将 a 转成 double。

另外，还有一点值得注意，当两个短于整型的类型的数（如 short，byte 及 sbyte）相运算时，这两个数都会转成整数类型进行运算，这种现象称为"整型提升"。

```
sbyte a = 1, b = 2;
```

则 a + b 的类型是 int，而不是 sbyte。如果将 a + b 赋值给一个 sbyte 类型的变量时，必须进行显式转换。

12.1.3　引用类型转换

1. 类类型或接口类型之间的转换

类类型或接口类型的变量，在进行类型转换时，有一个基本规则：子类型的变量可以隐式地转成父类型的变量，而父类型向子类型转换时必须用显式转换，没有继承关系的两种类型之间是不能互相转换的。

例如，假定 Student 类是 Person 类的子类，Student 类实现了接口 IRunnable，则：

```
Person p = new Student();    //隐式转换,一个 Student 对象可以作为一个 Person
Stuent s = (Student)p;       //显式转换
IRunnable r = p;             //隐式转换
```

这里，类转换成其实现的接口也可以是隐式转换。

对于父类转成子类的情况，在运行时可能会出现不能转换的错误（InvalidCastException）。例如：

```
Person p = new Person();
Student s = (Student)p;
```

这里，从语法的角度来说是正确的，但在运行时，由于变量 p 所引用的对象实际上不是 Student 类型的对象，所以会出现异常。

2. as 运算符

对于引用型的变量而言，还可以使用 as 运算符进行类型的转换。与显式类型转换相比，as 运算符的好处在于它不会出现异常，如果不能转换，则运算结果为 null。但要注意，as 运算符只能用于引用类型。

例如：

```
Person p = new Person();
Student s = newStudent();
Person ps = new Student();
Person x = s as Person;        //ok
Student y = ps as Student;     //ok
Student z = p as Student;      //z 为 null;
```

例 12-2　AsObject.cs 使用 as 运算符。

```
1    using System;
2    class MyClass1
3    {
4    }
5
6    class MyClass2
7    {
8    }
9
10   public class IsTest
11   {
12       public static void Main()
13       {
14           object[]myObjects = new object[6];
15           myObjects[0] = new MyClass1();
```

```
16          myObjects[1] = new MyClass2();
17          myObjects[2] = "hello";
18          myObjects[3] = 123;
19          myObjects[4] = 123.4;
20          myObjects[5] = null;
21
22          for(int i = 0;i < myObjects.Length; ++i)
23          {
24              string s = myObjects[i] as string;
25              Console.Write("{0}:",i);
26              if(s != null)
27                  Console.WriteLine("'" + s + "'");
28              else
29                  Console.WriteLine("not a string");
30          }
31      }
32  }
```

程序的输出如下：

```
0:not a string
1:not a string
2:'hello'
3:not a string
4:not a string
5:not a string
```

3. 数组之间的转换

所有的数组都是 System. Array 的子类，所以数组都可以隐式地转换成 System. Array。

不同类型之间的数组在转换时要求它们具有相同的维数，并且元素的类型都是引用类型并且可以转换的。

在程序运行时，数组元素在赋值时会进行类型检查，如果类型不匹配，则会抛出异常（ArrayTypeMismatchException）。

例如：

```
string[]sa = new string[10];
object[]oa = sa;
oa[0] = null;                    //Ok
oa[1] = "Hello";                 //Ok
oa[2] = new System.Random();     //编译时可以,运行时异常
```

例 12-3 ArrayTypeMismatch. cs 数组类型不匹配的异常。

```
1   using System;
2   class Test
3   {
4       static void Fill(object[]array,int index,int count,object value)
5       {
6           for(int i = index;i < index + count;i ++)array[i] = value;
7       }
8       static void Main()
9       {
10          string[]strings = new string[100];
```

```
11          Fill(strings,0,100,"Undefined");
12          Fill(strings,0,10,null);
13          Fill(strings,90,10,0);    //运行时异常
14      }
15  }
```

12.1.4 装箱与拆箱

装箱（boxing）和拆箱（unboxing）是 C#类型系统中重要的概念。简单地说，装箱是将值类型的数据转成引用类型（如 object），而拆箱则将引用类型（如 object）转成值类型。装箱与拆箱使得 C#中使得任何数据类型都可以被看作统一的对象。

1. 装箱

装箱允许任何值类型可以隐式地转换为 object 类型或任何由值类型实现的接口（interface）类型。包装的过程是这样的：产生一个对象实例，并将把值类型的数据拷贝到那个实例中。

例如有以下代码：

```
int i = 10;
object obj = i;
```

这里，隐式地将整数类型转成对象类型。装箱时，会在堆内存中产生一个对象，该对象中存放的值是整数值 10。如图 12-3 所示。

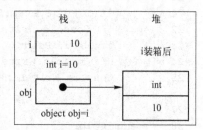

图 12-3 装箱机制

这里，写成隐式类型转换是可行的，这是因为：任何类型都是 object 的子类型。当然，也可以写成显式类型转换：

```
object obj = ( object ) i;
```

装箱机制使得一个需要引用类型作参数的函数，可以直接代入一个值类型的数据，从而较好地统一了值类型与引用类型的使用。

例如，有个方法是这样的：

```
void F( object obj)
{
    Console.WriteLine(obj.ToString());
}
```

这时，可以代入各种类型的参数，这些参数可以隐式地转成 object 对象。如：

```
F(123 );
```

值得注意的是，装箱是从值类型向 object 类型的转换，它动态地生成了一个新的对象实例，并隐式地把被包装的数据进行了备份。这与从引用类型到 object 类型的转换不同，在那里并没有生成新的实例，引用的是相同的的实例。

为了对所装箱的类型进行判断，可以使用 is 运算符。

例 12-4 BoxingTest.cs 使用装箱，将整数、enum、struct 对象装箱成 object 对象。

```
1   using System;
2   class Test
3   {
```

```
4      static void Main()
5      {
6          int i=123;
7          object obj = i;           //boxing
8          F(obj);
9          F(i);
10         F(123);
11         F(Color.Red);
12         Point p = new Point(10,10);
13         F(p);
14         Console.WriteLine(123.ToString());
15     }
16
17     static void F( object obj)
18     {
19         if(obj is int)
20             Console.Write("int:");
21         if(obj is System.Enum)
22             Console.Write("enum:");
23         if(obj is Point)
24             Console.Write("Point:");
25         Console.WriteLine(obj.ToString());
26     }
27
28     enum Color
29     {
30         Red,Green,Blue
31     }
32
33     struct Point
34     {
35         public int x,y;
36         public Point(int x,int y)
37         {
38             this.x = x;
39             this.y = y;
40         }
41         public override string ToString()
42         {
43             return "x = " + x + ",y = " + y;
44         }
45     }
46 }
```

程序运行结果如图 12-4 所示。

2. 拆箱

拆箱是将 object 类型或数值类型实现的接口类型，显式地转换为值类型。拆箱操作的过程是这样的：首先检查 object 实例中被包装数据，然后把数值从实例中拷贝出来。

拆箱与装箱是相反的过程，例如：

第 12 章　深入理解 C#语言

图 12-4　使用装箱

```
int i = 123;
object obj = i;
i = (int)obj;
```

这里，先将整数 i 装箱成 obj，然后再将 obj 拆箱成整数类型。

对于为了在运行时能进行拆箱转换，源变量数据必须是一个指向已经对那个数值类型数据装箱的对象。如果源变量是 null 或引用一个不相关的对象，就会抛出一个 InvalidCastException 异常。

例 12-5　Unboxing.cs 使用拆箱。

```
1   using System;
2   class Test
3   {
4       static void Main()
5       {
6           int i = 123;
7           F((object)i);
8       }
9       static void F(object obj)
10      {
11          if(obj is int)
12          {
13              int x = (int)obj;
14              Console.WriteLine(x);
15          }
16      }
17  }
```

3. Nullable 类型

Nullable 类型也叫"可空类型"，可以方便地处理值类型为空值的情况。使用的方法是在值类型符后面加个问号，如 int?。事实上 Nullable 类型由编译器翻译为 System.Nullable <T> 这样的泛型值类型。

可以通过其 HasValue 来判断其是否有值，通过其 Value 属性来取得其中的值。如：

```
int? a = null;
a = 23;
if(a.HasValue)
{
    int b = a.Value;
    Console.WriteLine(b);
}
```

其中 a 既可以为 null，也可以为一个整数。

Nullable 类型更常用于双问号（??）运算符，它表示如果前面的表达式为 null，则取后面的值，否则就是前面的值，这常用于取默认值的情况，例如：

```
int status = a ?? -1;
```

表示如果 a 为 null，则 status 取 -1。

Nullable 类型及 ?? 运算符在 C# 2.0 以上版本中就可以使用了。在 C# 6.0 以上版本中，问号还可以再广泛地使用，例如：

```
customer?.Orders?[5]
```

这里的问号称为 Null 条件运算符，其含义是如果前面不是 null，则向后运算下去，如果是 null，则不向后运算，这可以避免写很多的 if 语句来判断。当然，这又是语法糖。

12.2 变量及其传递

在程序中存放数值是放在变量中的。变量可以分成三种：字段变量、局部变量和参变量。字段变量是属于对象的变量，包括类或结构的实例字段、静态字段、数组中的元素等。局部变量是在方法中定义的变量或语句块中的变量。参变量是用于方法的参数。

12.2.1 字段与局部变量

从语法形式上看，字段（域变量，field）可以被 public，private，static 等词修饰，而局部变量（local variable）则不能有修饰符。只有一种例外，局部变量可以被 const 修饰，不过这时它实际上是常量，而不是变量。

从变量在内存中的存储方式上看，字段是结构对象、类对象的一部分，而类对象及其成员是存在于堆中的，结构的成员直接存在于结构中的。而局部变量总是存在于栈中的。

从变量在内存中的存在时间上看，字段随着类对象或结构的创建而存在，而局部变量随着方法的调用而产生，随着方法调用结束而自动消失。局部变量还可以用在复合语句的大括号{}中，以及 for、foreach、switch 中，这样的局部变量，随着语句的执行结束而自动消失。

字段与局部变量还有一个重要区别，类的字段如果没有赋初值，则在对象或结构被创建时，自动赋以该变量类型默认值（0，false，null 等）；结构中的字段不能显式地赋初初值，系统自动的赋以默认值；而局部变量则不会自动赋值，必须显式地赋值后才能使用。

类似地，数组的元素可认为是数组的成员，所以当数组用 new 创建并分配空间后，每一个元素会自动地赋值为默认值。

例 12-6 LocalVarAndMemberVar.cs 字段变量与局部变量。

```
1    using System;
2    class LocalVarAndMemberVar
3    {
4        static int a;              //字段变量
5        static void Main(){
6            int b;                 //局部变量
7            int[]c = new int[5];
8            Console.WriteLine(a);  //a 的值为 0
9            //Console.WriteLine(b); //编译不能通过,b 未初始化
```

```
10        Console.WriteLine(c[3]);  //c[3]的值为0
11    }
12 }
```

12.2.2 按值传递的参数

C#中调用对象的方法（包括实例方法、静态方法、索引及属性中的 set/get 方法、操作符）时，需要进行参数的传递。在传递参数时，在参数没有修饰符的情况下，C#遵循的是"按值传递"规则，也就是说，当调用一个方法时，是将表达式的值复制给形式参数的。

例 12-7 TransByValue.cs 变量的传递。

```
1  using System;
2  public class TransByValue
3  {
4      private static int a;
5      public static void Main(string[]args)
6      {
7          int a = 0;
8          modify(a);
9          Console.WriteLine(a);// 输出0
10
11         int[]b = new int[1];
12         modify(b);
13         Console.WriteLine(b[0]);// 输出1
14     }
15
16     public static void modify(int a)
17     {
18         a++;
19     }
20     public static void modify(int[]b)
21     {
22         b[0]++;
23         b = new int[5];
24     }
25 }
```

在这个例子中，第 1 个 modify() 方法的参数是值数据类型（int），第 2 个 modify() 方法的参数是引用数据类型（数组类型 int[]）。

在调用第 1 个 modify() 方法时，将静态变量 a 的值 0 复制并传递给 modify() 方法的参数变量 a，参数变量 a 增加 1，然后返回（这时参数变量 a 消失），而静态变量 a 的值并没有受到影响，所以仍为 0。

在调用第 2 个 modify() 方法时，将 Main() 方法中的局部变量 b 的值复制给 modify() 方法的参变量 b，由于 b 是引用型数据，这里复制不是对象实体（这时的对象实体是位于堆中的数组元素），而是对象的地址（即引用），所以在 modify() 方法中，b 访问的是同一对象实体，数组的第 0 个元素增加 1，后来 modify() 中的参数变量 b 引用了一个新的数组，但这不影响 Main() 中的 b，Main() 中的 b 指向的仍是原来的数组。由于原来的数组的第 0 个元素已被增加到了 1，所以显示的值是 1。

例 12-8 TransByValueStructClass.cs 结构变量与类变量的传递。

```
1   using System;
2
3   struct AStruct
4   {
5       public int x;
6   }
7
8   class BClass
9   {
10      public int x;
11  }
12
13  class TransByValueStructClass
14  {
15      private static int a;
16      public static void Main(string[]args)
17      {
18          AStruct a = new AStruct();
19          modify(a);
20          Console.WriteLine(a.x);      // 输出 0
21
22          BClass b = new BClass();
23          modify(b);
24          Console.WriteLine(b.x);      // 输出 1
25      }
26
27      public static void modify(AStruct a)
28      {
29          a.x ++;
30      }
31      public static void modify(BClass b)
32      {
33          b.x ++;
34          b = new BClass();
35      }
36  }
```

在这个例子中，第 1 个 modify( )方法的参数是值数据类型（struct AStruct），第 2 个 modify( )方法的参数是引用数据类型（class BClass）。

在调用第 1 个 modify( )方法时，将结构变量 a 的值 0 复制并传递给 modify( )方法的参数变量 a，参数 a 的 x 字段增加 1，然后返回（这时参数变量 a 消失），而静态变量 a 的值并没有受到影响，所以 a.x 仍为 0。

在调用第 2 个 modify( )方法时，将 Main( )方法中的局部变量 b 的值复制给 modify( )方法的参变量 b，由于 b 是引用型数据，这里复制不是对象实体（位于堆中）本身，而是对象的地址（即引用），所以在 modify( )方法中，b 访问的是同一对象实体，对象实体的 x 字段增加 1，后来 modify( )中的参数变量 b 引用了一个新的对象，但这不影响 Main( )中的 b，main( )中的 b 指向的仍是原来的对象。由于原来的对象的 x 字段已被增加到了 1，所以显示的值是 1。

从这个例子可以看出，对于值变量，传递的是值的复制值；对于引用型变量，传递的值是引用的复制值，所以方法中对数据的操作可以改变对象的属性。

值得一提的是，在 C#4.0 以上版本中，在传递参数时，可以用命名参数的方式来传递参数，这样，传递参数的顺序就可以自由了。例如：

```
var fs = new FileStream(mode:FileMode.Create,path:"aaa.txt");
```
相当于
```
var fs = new FileStream("aaa.txt",FileMode.Create);
```
除此以外，函数参数还可以定义默认值，如：
```
int GetWordCount(string s,char seperator=' ')
```
这样，在调用时，具有默认值的参数就可以省略，如：
```
int cnt = GetWordCount("hello C#");
```
这也是一种语法糖。

12.2.3　ref 参数及 out 参数

C#中的参数有四种类型：按值传送的参数（不用修饰词），用 ref 修饰的引用参数，用 out 修饰的输出参数，用 params 修饰的可变参数。第一种情况前面已经做了介绍，下面介绍后几种情况。

1. ref 参数

一个带有 ref 修饰的参数，称为引用参数。与按值传送参数不同，引用参数本身并不创建新的存储空间，也不复制值类型的值及引用类型的引用。可以认为引用参数中就是调用方法时给出的变量，而不是一个新变量。

引用参数的使用遵循以下规则。

- 在一个变量被传递给引用参数之前，它自身必须被明确赋值。
- 在方法体内，引用参数被认为是已经初始化过的。
- 可以在实例方法、静态方法、实例构造方法中使用 ref 参数。不能在索引中使用 ref 参数。
- 在调用时，传送给 ref 参数的，必须是变量（可以用字段变量、局部变量或者参数变量，但不能是属性，也不能是表达式），类型必须相同，并且必须使用 ref 修饰。

例 12-9　TransByRef.cs 使用 ref 传递。

```
1    using System;
2
3    struct AStruct
4    {
5        public int x;
6    }
7
8    class BClass
9    {
10       public int x;
11   }
```

```
12
13    class TransByValuseStructClass
14    {
15        private static int a;
16        public static void Main(string[]args)
17        {
18            AStruct a = new AStruct();
19            modify(ref a);
20            Console.WriteLine(a.x);        //输出1
21
22            BClass b = new BClass();
23            modify(ref b);
24            Console.WriteLine(b.x);        //输出0
25        }
26
27        public static void modify(ref AStruct a)
28        {
29            a.x++;
30        }
31        public static void modify(ref BClass b)
32        {
33            b.x++;
34            b = new BClass();
35        }
36    }
```

在这个例子中，两个 modify( ) 方法中用的都是 ref 参数。

在调用第 1 个 modify( ) 方法时，Main( ) 方法中的局部变量 a 进行传递，由于是引用传递，所以 a. x ++ 改变的就是 Main( ) 中的变量 a 的 x 字段，所以值显示为 1。

在调用第 2 个 modify( ) 方法时，将 Main( ) 方法中的局部变量 b 通过引用传递，由于执行 b. x ++ 语句后，b 又引用了一个全新的对象，这个对象的 x 字段为默认值，所以为 0。

使用引用参数的好处在于，它不用产生一个新的变量，而且在方法调用完毕后，变量的新值仍然保持。在一定意义上，ref 参数实际传送的变量的地址，而且以较好的方式代替了其他语言中的指针。

ref 参数主要用于既要将数据传入、又要将数据传出的情况。

例 12-10　RefSwap. cs 使用 ref 参数来实现两个变量的交换。

```
1    class Test{
2        static void Swap(ref int a,ref int b){
3            int t = a;
4            a = b;
5            b = t;
6        }
7        static void Main(){
8            int x = 1;
9            int y = 2;
10
11           Console.WriteLine("pre: x = {0},y = {1}",x,y);
12           Swap(ref x,ref y);
```

```
13        Console.WriteLine("post:x = {0},y = {1}",x,y);
14    }
15 }
```

2. out 参数

一个带有 out 修饰的参数，称为输出参数。out 参数与 ref 参数很相似，它也不产生新的存储空间。重要的差别在于：out 参数在传入之前，可以不赋值；在方法体内，out 参数必须被赋值。

out 参数还遵守以下规则。

◇ 可以在实例方法、静态方法、实例构造方法中使用 out 参数。不能在索引中使用 out 参数。

◇ 在调用时，传送给 out 参数的，必须是变量（不能是属性，也不能是表达式），类型必须相同，并且必须使用 out 修饰。

例 12-11　TransByOut.cs 使用 out 参数。

```
1  using System;
2
3  struct AStruct
4  {
5      public int x;
6  }
7
8  class BClass
9  {
10     public int x;
11 }
12
13 class TransByRef
14 {
15     private static int a;
16     public static void Main(string[]args)
17     {
18         AStruct a ;
19         modify(out a);
20         Console.WriteLine(a.x);//输出 1
21
22         BClass b ;
23         modify(out b);
24         Console.WriteLine(b.x);//输出 1
25     }
26
27     public static void modify(out AStruct a)
28     {
29         a = new AStruct();
30         a.x ++;
31     }
32     public static void modify(out BClass b)
33     {
34         b = new BClass();
```

```
35          b.x++;
36      }
37  }
```

在这个例子中,两个 modify( ) 方法中用的都是 out 参数。在 modify( ) 方法中,对参数进行了赋值。

使用输出参数的好处在于:它可以用来输出多个参数,从而解决了普通方法不能有多个返回值的问题。

例 12-12 RefColorRGB.cs 使用 out 参数返回颜色的三个分量。

```
1   using System;
2
3   class Color
4   {
5       public Color()
6       {
7           this.red = 255;
8           this.green = 255;
9           this.blue = 255;
10      }
11      public Color(int r, int g, int b)
12      {
13          this.red = r ;
14          this.green = g;
15          this.blue = b;
16      }
17
18      protected int red;
19      protected int green;
20      protected int blue;
21
22      public void GetRGB(out int red, out int green, out int blue)
23      {
24          red = this.red;
25          green = this.green;
26          blue = this.blue;
27      }
28  }
29
30  class Test
31  {
32      public static void Main()
33      {
34          Color color = new Color();
35          int red;
36          int green;
37          int blue;
38          color.GetRGB(out red, out green, out blue);
39          Console.WriteLine("red = {0},green = {1},blue = {2}",
40              red,green,blue);
41      }
```

值得一提的是,在 C# 7.0 以上版本中,可以直接在调用的时候声明变量,这样书写起来更方便一点,如:
int num;
int.TryParse("123",out num);
可以省略为一句:
int.TryParse("123",out int num);
这也是一个语法糖。

12.2.4 params 参数

用 params 修饰的参数是参量参数,也叫可变参数、参量组参数(parameter array)。可变参数的目的是将多个参数合成一个参数。

一个参量参数必须是形式参数列表中的最后一个,而参量参数的类型必须是一个单维数组类型。例如,类型 int[ ] 和 int[ ][ ] 可以被用作参量参数类型,但是类型 int[,] 则不能。

事实上,System.Console 类的 WriteLine( )方法中就有一个 params 参数,其形式如下:
```
public static void WriteLine(string s,params object[]args){...}
```
对于 params 参数,在调用时,既可以用 0 至多个参数代入,也可以使用一个单维数组。如:
```
Console.WriteLine("x = {0},y = {1},z = {2}",x,y,z);
Console.WriteLine("x = {0},y = {1},z = {2}",new object[]{x,y,z});
```

例 12-13 ParamsTest.cs 使用带 params 参数的方法来表示多个数相乘。

```
1   using System;
2   class ParamsTest
3   {
4       static double Multi(params double[]nums)
5       {
6           double result =1.0;
7           foreach(double a in nums)
8               result * =a;
9           Console.WriteLine(result);
10          return result;
11      }
12
13      static void Main()
14      {
15          Multi();
16          Multi(27);
17          Multi(3.14,0.9,0.9);
18          Multi(1,2,3,4,5);
19          Multi(new double[]{1,2,3,4,5});
20      }
21  }
```

程序运行结果如图 12-5 所示。

图 12-5　定义带 params 参数的方法

12.2.5　变量的返回

1. 函数的返回值

与变量的传递一样，方法的返回值可以是值类型，也可以是引用类型。对于值类型的返回值，返回的是值的复制；对于引用类型的返回值，返回的是引用的复制。

如果一个方法返回一个引用类型，通过这个引用就可以存取对象实体。如：

```
object  GetNewObject()
{
  object obj = new object();
  return obj;
}
```

在调用方法时，可以这样用：

```
object  p =  GetNewObject();
```

由于 C#中的类变量中存放的是引用（句柄），而且由于每个类对象实体都是在内存堆中创建的，只有不再需要的时候，才会当作垃圾收集，所以不必关心在需要一个对象的时候它是否仍然存在，因为系统会自动处理这一切。

2. 元组

在一般情况下，传统的函数只能返回一个值，如果要多个值，常用的办法主要是：

① 使用多个 out 参数，但不太方便，因为这几个参数不能作为一个整体；

② 自定义一个类或结构来返回，也不方便，因为要多定义一个类或结构体；

③ 使用 System.Tuple < T1, T2, … >，缺点是这是引用类型，会产生多个对象；

④ 使用匿名类或动态类（dynamic），缺点是类型检查不方便。

从 C# 7.0 起提出了 System.ValueTuple <…>或 ValueTuple 字面量来解决这个问题。其基本写法是使用圆括号来括起多个值。System.ValueTuple 是值类型。

要注意的是：要使用 ValueTupe，需要在项目右击，在弹出的快捷菜单中选择"NuGet 程序包管理器"来下载 System.ValueTuple 程序包。

下面的代码演示了元组的基本用法：

```
public void TuplesDemo()
{
    //使用元组变量及元组字面量(tuple literals)
    (string,string,int)a = ("1002","bbb",18);

    //可以取得函数的返回值
    (string,string,int)a2 = SearchById("1001");
```

```
            //可以使用 var
            var a3 = SearchById("1001");

            //每个分量可以通过 Item1,Item2,Item3 等来访问
            Console.WriteLine($"{a.Item1},{a.Item2},{a.Item3}");

            //可以对分量取名字
            (string id,string name,int age)b = a;
            Console.WriteLine($"{b.id},{b.name},{b.age}");

            //可以直接解构(descrution)各分量,即直接定义多个变量
            (string id,string name,int age) = a;
            Console.WriteLine($"{id},{name},{age}");
        }
        //定义返回元组的
        (string,string,int)SearchById(string id)
        {
            return(id,"Zhang",12);
        }
        //也可以对元组分量取名字
        (string id,string name,int age)SearchById2(string id)
        {
            return(id,"Zhang",12);
        }
```

12.3 多态与虚方法调用

面向对象的程序设计语言中,多态性(polymorphism)是第三个最基本的特征(前两个特征是封装和继承)。

所谓多态,是指一个程序中相同的名字表示不同的含义。多态的表现形式有多种,简单情况下,可以通过子类对父类方法的覆盖(override)实现多态,也可以利用重载(overload)在同一个类中定义多个同名的不同方法。

在面向对象的程序中,多态还有更为深刻的含义,就是动态绑定(dynamic binding),也称虚方法调用(virtual method invoking),它能够使得面向对象所编写的程序,不用做修改就可以适应于其所有的子类,如在调用方法时,程序会正确地调用子类的方法。由此可见,多态的特点大大提高了程序的抽象程度和简洁性,更重要的是,它最大限度地降低了类和程序模块之间的耦合性,提高了类模块的封闭性,使得它们不需了解对方的具体细节,就可以很好地共同工作。这个优点对于程序的设计、开发和维护都有很大的好处。

本节介绍多态及其实现中的一些概念及相关问题。

12.3.1 上溯造型

存在继承关系的父类对象引用和子类对象引用之间也可以在一定条件下相互转换。父类对象和子类对象的转化需要注意如下原则。

  ↳ 子类对象可以被视为是其父类的一个对象。如一个 Student 对象也是一个 Person 对象。

- 父类对象不能被当作是其某一个子类的对象。
- 如果一个方法的形式参数定义的是父类对象，那么调用这个方法时，可以使用子类对象作为实际参数。
- 如果父类对象引用指向的实际是一个子类对象，那么这个父类对象的引用可以用强制类型转换转化成子类对象的引用。

其中，把派生类型当作它的基本类型处理的过程，又称为"上溯造型"（upcasting），这一点具有特别重要的意义。我们知道，对于类有继承关系的一系列类而言，将派生类的对象当作基础类的一个对象对待，这意味着只需编写单一的代码，只与基础类打交道，而不是为每个子类都去重写类似的代码。此外，若通过继承增添了一种新类型，新类型会像在原来的类型里一样正常地工作，使程序具备了可扩展性。

以上面的例子为基础，假设用 C# 写了这样一个函数：

```
void doStuff(Shape s){
  s.erase();
  //...
  s.draw();
}
```

这个函数可与任何"几何形状"（shape）对象做参数，所以完全独立于它要描绘（draw）和删除（erase）的任何特定类型的对象。如果在其他一些程序里使用 doStuff( ) 函数：

```
Circle c = new Circle();
Triangle t = new Triangle();
Line l = new Line();
doStuff(c);
doStuff(t);
doStuff(l);
```

那么，对 doStuff( ) 的调用会自动良好地工作，无论对象的具体类型是 Circle（圆）、Triangle（三角形）还是 Line（直线）。

12.3.2 虚方法调用

1. 虚方法调用的概念

在使用上溯造型的情况下，子类对象可以当作父类对象，对于重载或继承的方法，C# 运行时系统根据调用该方法的实际参数对象的类型来决定选择哪个方法调用。对子类的一个实例，如果子类覆盖了父类的方法，则运行时系统调用子类的方法，如果子类继承了父类的方法（未覆盖），则运行时系统调用父类的方法。

对于 doStuff( ) 里的代码：

```
s.draw();
```

在 doStuff( ) 的代码里，尽管没有做出任何特殊指示，采取的操作也是完全正确和恰当的。这里，为 Circle 调用 draw( ) 时执行的代码与为一个 Square 或 Line 调用 draw( ) 时执行的代码是不同的。在调用 draw( ) 时，根据 Shape 句柄当时所引用对象的实际类型，会相应地采取正确的操作。在这里因为当 C# 编译器为 doStuff( ) 编译代码时，它并不知道自己要操作的准确类型是什么。但在运行时，却会根据实际的类型调用正确的方法。对面向对象的程序设计语言来说,这种情况就叫"多态性"。用以实现多态性的方法叫虚方法调用,也叫"动态绑定",编译器和运行期系统会负责动态绑定的实现。

在 C#中,默认情况下方法不是虚拟的,要用一些特殊的关键字来表明虚方法。其基本规则如下。

- 一个虚方法,必须有 virtual 或 abstract 或 override 所修饰。
- 虚方法不能省略访问控制符,不能是 private 的,不能是 static 的,因为它们应该可以被子类所覆盖。
- 子类中要覆盖父类的虚方法,必须用 override,否则认为是新(new)的一个方法,并隐藏了父类的方法,不会实行虚方法调用。
- 覆盖和被覆盖的方法必须有相同的可访问性和相同的返回类型。

例 12-14 VirtualInvokeShape.cs 虚方法调用。

```
1   using System;
2   class VirtualInvokeShape
3   {
4       static void doStuff(Shape s)
5       {
6           s.draw();
7       }
8
9       public static void Main(string[]args)
10      {
11          Shape c = new Circle();
12          Shape r = new Rectangle();
13          Shape s = new Square();
14          doStuff(c);
15          doStuff(r);
16          doStuff(s);
17      }
18  }
19
20  class Shape
21  {
22      public virtual void draw(){Console.WriteLine("Shape Drawing");}
23  }
24
25  class Circle:Shape
26  {
27      public override void draw(){Console.WriteLine("Draw Circle");}
28  }
29
30  class Rectangle:Shape
31  {
32      public override void draw(){Console.WriteLine("Draw Four Lines");}
33  }
34
35  class Square:Rectangle
36  {
```

```
37    public override void draw()
         {Console.WriteLine("Draw Four Same Length Lines");}
38  }
```

程序中，Shape 类型的变量 c，r，s 分别引用的是不同类型的实例。所以运行时，会动态地调用父类或子类的方法。程序的运行结果如图 12-6 所示。

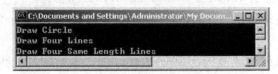

图 12-6 虚方法调用

从例 12-14 中可以看出，使用虚方法调用，可以实现运行时的多态，它体现了面向对象程序设计中的代码复用性。已经编译好的类库可以调用新定义的子类的方法而不必重新编译，而且如果增加几个子类的定义，只需分别用 new 生成不同子类的实例，会自动调用不同子类的相应方法。

2. 虚方法调用与非虚方法调用的区别

简单地说，虚方法调用的方法是由对象实例的类型所决定；而非虚方法调用的方法是由所声明的对象变量来决定的。

例 12-15 VirtualAndNoneVirtual.cs 虚拟和非虚拟方法间的不同。

```
1   using System;
2   class A
3   {
4       public void F(){Console.WriteLine("A.F");}
5       public virtual void G(){Console.WriteLine("A.G");}
6   }
7   class B:A
8   {
9       new public void F(){Console.WriteLine("B.F");}
10      public override void G(){Console.WriteLine("B.G");}
11  }
12  class Test
13  {
14      static void Main()
15      {
16          B b = new B();
17          A a = b;
18          a.F();
19          b.F();
20          a.G();
21          b.G();
22      }
23  }
```

在例子中，A 引入了一个非虚拟方法 F 和一个虚拟方法 G。类 B 引入了一个 new 非虚拟方法 F，这样就隐藏了继承的 F，并且覆盖了继承的方法 G。程序产生下面的输出：

```
A.F
```

B.F
B.G
B.G

注意：语句 a.G() 调用 B.G，而不是 A.G。这是因为是实例的运行时类型（为类 B），而不是实例的编译时类型（为类 A），决定了要调用的实际方法。

3. 虚方法调用与非虚方法调用的混合使用

由于在子类中可以用 override 来覆盖父类的虚方法，又可以使用 new 修饰符来隐藏继承的方法，所以在多次继承的情况下会产生比较复杂的现象。这时，调用哪个方法不完全由对象实例的类型来决定，也不完全由所声明的变量类型来决定，而是由这两者共同来决定的。这时，所用的基本原则是：调用所声明变量的最可派生的方法。

例 12-16 VirtualComplex.cs 虚方法调用与非虚方法调用的混合使用。

```
1  using System;
2  class A
3  {
4      public virtual void F(){Console.WriteLine("A.F");}
5  }
6  class B:A
7  {
8      public override void F(){Console.WriteLine("B.F");}
9  }
10 class C:B
11 {
12     new public virtual void F(){Console.WriteLine("C.F");}
13 }
14 class D:C
15 {
16     public override void F(){Console.WriteLine("D.F");}
17 }
18 class Test
19 {
20     static void Main()
21     {
22         D d = new D();
23         A a = d;
24         B b = d;
25         C c = d;
26         a.F();
27         b.F();
28         c.F();
29         d.F();
30     }
31 }
```

例中，类 C 和 D 包含两个有相同签名的虚拟方法：一个被 A 引入而一个被 C 引入。被 C 引入的方法隐藏了从 A 继承的方法，所以类 C 和 D 的变量"最可派生"的 F 方法是 D.F。类 A 和类 B 包含了一个虚拟方法，它在被 C 继承时，被隐藏，所以类 A 和类 B 的变量"最可派生"的 F 方法是 B.F。程序产生下面的输出：

```
B.F
B.F
D.F
D.F
```

12.4 类型与反射

由于程序中可以使用一个引用型变量来引用该类的子类的对象实例,所以在程序中经常需要动态地确定所引用对象的类型。

确定对象实例的类型经常用到 typeof 运算符及 GetType( )方法、is 运算符、== 运算符,下面分别介绍。

12.4.1 typeof 及 GetType

1. 得到类型

要得到一个类型信息,可以使用以下方法。

① 对于任何一个类型,typeof 运算符可用来获取一个类型的详细信息。其基本格式是:

```
typeof(类型名)
```

其中,圆括号是必须的。例如:

```
typeof(System.Console)
```

typeof 的运算结果是 System.Type 对象。

② 对于任何一个对象或表达式,可以使用从 System.Object 继承下来的一个方法

```
对象.GetType()
```

或

```
(表达式).GetType()
```

它的运算结果也是 System.Type 对象。例如:

```
obj.GetType();
(x+y).GetType();
```

③ 使用 Type.GetType(string) 方法,可以得到一个类型信息,使用方式如下:

```
Type.GetType("全路径的类型名")
```

例如:

```
Type.GetType("System.Int32");
```

例 12-17 TypeGetType.cs 使用 typeof 和 GetType。

```
1   using System;
2   class TypeGetType
3   {
4       static void Main()
5       {
6           int x = 1;
7           double d = 1.0;
8           Type[] t =
9           {
10              typeof(int),
```

```
11              typeof(System.Int32),
12              typeof(string),
13              typeof(double[]),
14              x.GetType(),
15              (x + d).GetType(),
16              Type.GetType("System.Console"),
17
18          };
19          for(int i = 0;i < t.Length;i ++)
20          {
21              Console.WriteLine(t[i]);
22          }
23      }
24  }
```

程序运行结果如图 12-7 所示。注意，int 和 System.Int32 是相同的类型。

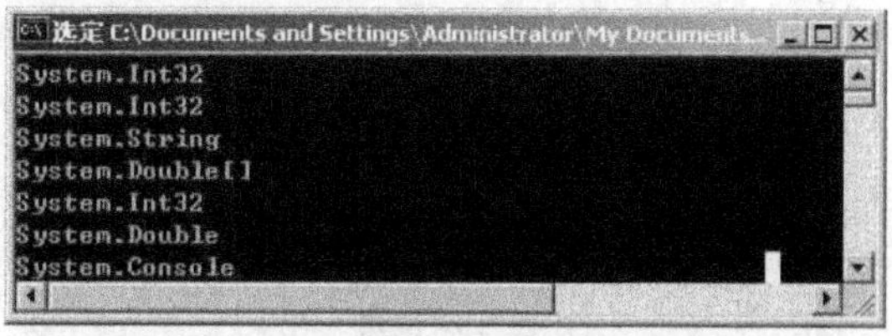

2. 使用 Sytem.Type 类

对于 typeof 等方式得到的类型信息，实际上是一个 System.Type 类。

图 12-7 使用 typeof 和 GetType

System.Type 有一系列的属性和方法，利用它们可以得到类型的详细信息。

重要的属性如表 12-1 所示。

表 12-1 System.Type 类的重要属性

属 性	含 义
Name	名
FullName	全名
BaseType	父类
IsValueType	是否为值类型
IsClass	是否为类
IsPublic	是否为 public
IsAbstract	是否为 abastract

重要的方法如表 12-2 所示。

表 12-2 System.Type 类的重要方法

方 法	含 义
GetFields	得到字段
GetMethods	得到方法
GetProperties	得到属性
GetMembers	得到成员
GetInterfaces	得到接口
IsSubclassOf	是否是子类

例 12-18 TypeGetMembers.cs 使用 Type 相关的方法。注意导入 System.Reflection 命名空间。

```
1   using System;
2   using System.Reflection;
3
4   public class MyClass
5   {
6       public int intI;
7       public void MyMeth()
8       {
9       }
10
11      public static void Main()
12      {
13          Type t = typeof(MyClass);
14
15          //也可以使用:
16          //MyClass t1 = new MyClass();
17          //Type t = t1.GetType();
18
19          MethodInfo[]x = t.GetMethods();
20          foreach(MethodInfo xtemp in x)
21          {
22              Console.WriteLine(xtemp.ToString());
23          }
24
25          Console.WriteLine();
26
27          MemberInfo[]x2 = t.GetMembers();
28          foreach(MemberInfo xtemp2 in x2)
29          {
30              Console.WriteLine(xtemp2.ToString());
31          }
32      }
33  }
```

程序运行结果如图 12-8 所示。

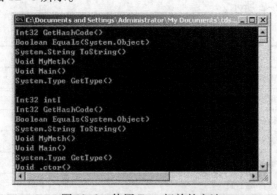

图 12-8 使用 Type 相关的方法

12.4.2 is 运算符

is 运算符用于检查对象的运行时类型是否与给定类型兼容。is 运算符的格式如下：

    表达式 is 类型

如果满足下列两个条件，则 is 运算的结果为 true：

① 表达式不是 null；

② 表达式可以转换成相应的类型，而不引发异常。

is 运算符对于动态类型确定十分有效。

例 12-19　IsTest.cs 使用 is 运算符。

```
1   using System;
2   class A
3   {
4   }
5
6   class B:A
7   {
8       public void M(){
9           Console.WriteLine("B.M()is Called ");
10      }
11  }
12
13  class C
14  {
15  }
16
17  public class IsTest
18  {
19      public static void Test(object obj)
20      {
21          if(obj is B)
22          {
23              B b = (B)obj;
24              b.M();
25          }
26          else
27          {
28              Console.WriteLine(obj.GetType() + "is Not B");
29          }
30      }
31
32      public static void Main()
33      {
34          A a = new A();
35          Test(a);
36          a = new B();
37          Test(a);
38
39          C c = new C();
```

```
40        Test(c);
41    }
42 }
```

程序运行结果如图12-9所示。

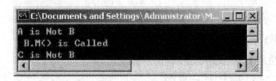

图12-9 使用 is 运算符

12.4.3 反射及动态类型创建

运行时根据程序集及其中的类型来得到相关的信息，称为反射（reflection）。动态类型创建是指运行时动态地创建对象。要处理有关反射的问题，常用的类有 System. Type，System. Assemlby，System. Activator，常用的名字空间的 System. RunTime，System. Reflection 等。

反射是一个相对深入的话题，其详细的讨论已超过了本书的范围。下面的例子是一个初步的示范。

例12-20 ReflectionTest. cs 从程序集中得到反射信息。

```
1  using System;
2  using System.Reflection;
3
4  class ClassA
5  {
6      public int i = 100;
7      public void MA(){
8          Console.WriteLine("A.MA()is Called ");
9      }
10 }
11
12 class ClassB:ClassA
13 {
14     public int j = 200;
15     public void MB(){
16         Console.WriteLine("B.MB()is Called ");
17     }
18 }
19
20 public class ReflectionTest
21 {
22     public static void Main()
23     {
24         const string fileName = @ ".\Test.exe";
25
26         Assembly assembly = Assembly.LoadFrom( fileName);
27         Type[]types = assembly.GetTypes();
28         foreach(Type type in types)
```

```
29        {
30            Console.WriteLine("---"+type.FullName +":");
31
32            MethodInfo[]methods = type.GetMethods();
33            foreach(MethodInfo m in methods)
34                Console.WriteLine(m.ToString());
35        }
36    }
37 }
```

程序运行结果如图 12-10 所示。

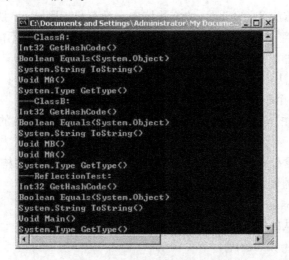

图 12-10　从程序集中得到反射信息

12.5　对象构造与析构

12.5.1　调用本类或父类的构造方法

构造方法从语法的角度上看是可以重载的，但是构造方法不能继承，这并不意味着不能调用别的构造方法。事实上，在构造方法中，一定要调用本类或父类的构造方法（除非它是 Object 类，因为 Object 类没有父类）。

具体做法有以下三种之一。

① 使用 this 来调用本类的其他构造方法。

② 使用 base 来调用父类的构造方法。与普通方法中的 base 含义不同，base 指其直接父类的构造方法，不能指间接父类的构造方法。

③ 既不用 this，也不用 base，则编译器会自动加上 base()，即调用父类的不带参数的构造函数。

在具体使用时要注意，调用 this 或 base 的构造方法的语句必须放在冒号（:）后，方法体的大括号{}之前。这个位置又称为"构造初始化"。最多只能有一条这样的语句，不能既调用 this，又调用 base。

对于上面提到的第三种情况要引起读者的特别注意。例如以下一段程序：

```
class A
{
    A(int a){}
}

class B:A
{
    B(String s){}    //编译不能通过
}
```

其中，B 的构造方法 B（String）的方法体中，没有 this 及 base，所有编译器会自动加上 base()。但由于其直接父类 A 没有一个不带参数的方法，所有编译不能通过。

解决这个问题的办法有多种，如：

① 在 B 的构造方法中，调用父类已有的构造方法，如 base (3)；

② 在 A 中加入一个不带参数的构造方法，如 A(){}；

③ 去掉 A 中全部的构造方法，编译器会自动加入一个不带参数的构造方法，称为默认构造方法。

如果一个类不包含任何构造方法，系统会自动提供一个默认的构造方法。对于非抽象类，默认的构造方法的形式如下：

```
public C():base(){}
```

对于抽象类，默认的构造方法的形式如下：

```
protected C():base(){}
```

例 12-21 ConstructCallThisAndBase.cs 在构造方法中使用 this 及 base。

```
1   using System;
2   class ConstructCallThisAndBase
3   {
4       public static void Main(String[]args)
5       {
6           Person p = new Graduate();
7       }
8   }
9
10  class Person
11  {
12      String name;
13      int age;
14      public Person(){}
15      public Person(String name,int age)
16      {
17          this.name = name;this.age = age;
18          Console.WriteLine("In Person(String,int)");
19      }
20  }
21
22  class Student:Person
23  {
```

```
24      String school;
25      public Student():this(null,0,null)
26      {
27          Console.WriteLine("In Student()");
28      }
29      public Student(String name,int age,String school):base(name,age)
30      {
31          this.school = school;
32          Console.WriteLine("In Student(String,int,String)");
33      }
34  }
35
36  class Graduate:Student
37  {
38      public Graduate()
39      {
40          Console.WriteLine("In Graduate()");
41      }
42  }
```

在该例中,构造一个 Graduate 对象时,首先调用编译器自动加入的 base();所以进入到 Student();而 Student()调用 Student(String, int, String);而 Student(String, int, String)再调用 Person(String, int);Person(String, int)中会调用自动加入的 base(),即 Object()。以下各调用完成后,才依次返回,显示的结果如图 12-11 所示。

图 12-11 在构造方法中使用 this 及 base

在构造方法中调用 this 及 base 或自动加入的 base,最终保证了任何一个构造方法都要调用父类的构造方法,而父类的构造方法又会再调用其父类的构造方法,直到最顶层的 Object 类。这是符合面向对象的概念的,因为必须令所有父类的构造方法都得到调用,否则整个对象的构建就可能不正确。

在构造方法的初始化部分,不能使用非 static 的字段或方法,因为这时 this 对象尚没有初始化;同样的道理,不能用一个实例字段的值来对另一个字段的进行初始化。例如,以下的代码会产生编译时错误:

```
using System;
class A
{
    int x = 1;
    int y = x + M();//Error,因为字段的初始化中不能引用 this.x 及 this.M()
    int M(){return 1;}
    public A(int x){}
    public A(){}
}
```

```
class B:A
{
    int z =5;
    public B():base(z)//Error,在父类型的构造函数被调用之前不能引用 this.z
    {
    }
}
```

12.5.2 构造方法的执行过程

构造方法的执行过程遵照下面的顺序。

① 如果"构造初始化部分"有 this(),则转向调用本类的构造方法。
② 在调用父类的构造方法之前,按声明顺序执行字段的初始化赋值。
③ 调用父类的构造方法。这个步骤会不断重复下去,直到抵达最深一层的 Object 类。
④ 执行构造方法中的各语句。

调用构造方法的顺序是非常重要的。调用父类的构造方法,保证其基础类的成员得到正确的构造;而在调用父类构造之前,先进行字段的初始化,以保证字段有确定的值。最后才是执行构造方法中的相关语句。

可以把实例字段初始化和构造方法初始化,看作是自动插在构造函数主体中的第一条语句前。例如:

```
using System.Collections;
class A
{
  int x =1,y = -1,count;
  public A(){
     count =0;
  }
  public A(int n){
     count =n;
  }
}
class B:A
{
  double sqrt2 =Math.Sqrt(2.0);
  ArrayList items =new ArrayList(100);
  int max;
  public B():this(100){
     items.Add("default");
  }
  public B(int n):base(n -1){
     max =n;
  }
}
```

其中包含了许多变量初始化,并且也包含了 base 和 this 的构造函数初始化。可以将上面的程序,认为是以下的执行过程(注意,以下写法只是为了解释构造方法的执行过程,实际编程时不能这样写书)。注意变量初始化被转换为赋值语句,并且这种赋值语句在对基类构造函数调用前执行。

```csharp
using System.Collections;
class A
{
  int x,y,count;
  public A(){
      x = 1;                        //字段的初始化
      y = -1;                       //字段的初始化
      object();                     //调用 object()
      count = 0;
  }
  public A(int n){
      x = 1;                        //字段的初始化
      y = -1;                       //字段的初始化
      object();                     //调用 object()
      count = n;
  }
}
class B:A
{
  double sqrt2;
  ArrayList items;
  int max;
  public B():this(100){
      B(100);                       //调用 B(int)构造方法
      items.Add("default");
  }
  public B(int n):base(n-1){
      sqrt2 = Math.Sqrt(2.0);       //字段的初始化
      items = new ArrayList(100);   //字段的初始化
      A(n-1);                       //调用 A(int)构造方法
      max = n;
  }
}
```

例 12-22 ConstructorExecution.cs 构造方法的执行过程。

```csharp
1   using System;
2   class A
3   {
4       public A()
5       {
6           Console.WriteLine("in A()");
7           PrintFields();
8       }
9       public virtual void PrintFields()
10      {
11          Console.WriteLine("in A.PrintFields()");
12      }
13  }
14  class B:A
```

```
15    {
16        int x = 1;
17        int y;
18        public B():this(0)
19        {
20            Console.WriteLine("in B()");
21            y = -1;
22        }
23        public B(int i)
24        {
25            Console.WriteLine("in B(" + i + ")");
26        }
27        public override void PrintFields()
28        {
29            Console.WriteLine("in B.PrintFields()");
30            Console.WriteLine("x = {0},y = {1}",x,y);
31        }
32    }
33    class T
34    {
35        static void Main()
36        {
37            B b = new B();
38        }
39    }
```

程序运行结果如图 12-12 所示。

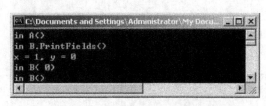

图 12-12　构造方法的执行过程

在上面的例子中，在构造方法中调用一个动态绑定的方法（虚方法调用）Print-Fields()，这时，会使用那个方法被覆盖的定义（子类中的方法），而这时对象尚未完全构造好，因为 y 尚未赋值，所以显示 0。

因此，设计构造方法时一般规则是：用尽可能简单的方法使对象进入就绪状态；如果可能，应避免在构造方法中调用任何虚方法。

12.5.3　静态构造方法

静态构造方法是对整个类进行初始化工作的规定。一个类可以有至多一个静态构造方法。其声明方式是：

```
static 类名(){}
```

静态构造方法的主体指定了为对类进行初始化要执行的语句。

静态构造方法自动被调用，不能被显式调用。静态构造方法的执行能确保：

① 静态构造方法总是在该类的所有静态字段初始化之后执行；

② 静态构造方法总是在该类被使用（如访问静态字段、生成实例）之前完成；

③ 静态构造方法最多被执行一次。

尽管有以上保证,但是其执行的具体的时间和顺序还是不确定的。例如两个类之间,不能保证哪一个类更先执行。有以下代码:

```
class Test
{
  static void Main(){
      A.F();
      B.F();
  }
}
class A
{
  static A(){
      Console.WriteLine("Init A");
  }
  public static void F(){
      Console.WriteLine("A.F");
  }
}
class B
{
  static B(){
      Console.WriteLine("Init B");
  }
  public static void F(){
      Console.WriteLine("B.F");
  }
}
```

会产生下面的输出:

```
Init A
A.F
Init B
B.F
```

或者是下面的输出:

```
Init B
Init A
A.F
B.F
```

从这个例子可以看出,由于静态构造方法的执行顺序的不确定性,所以在使用构造方法时应谨慎。

下面的代码,也值得注意:

```
using System;
class C
{
    static C()
    {
        Console.WriteLine(a + "," + b);
    }
```

```
public static int a = b +1;
public static int b = a +1;
static void Main()
{
}
}
```

例子中出现了 b 给 a 赋值，然后 a 给 b 赋值，最后 a 为 1，b 为 2。一般说来，应尽量避免在静态初始化或静态字段中出现循环引用的情况。

12.5.4 析构方法与垃圾回收

1. 析构方法

创建对象需要用到构造方法，清除对象则要用到析构方法。

一个类中可以声明至多一个析构方法。析构方法的声明方式如下：

~类名(){}

一个类的析构方法在方法体执行完成后，会自动地调用父类的析构方法。

在编译时，由析构方法生成的方法实际上是这样的一个方法：

```
protected override void Finalize()
{
try{
    //执行方法体
}
finally{
    base.Finalize();
}
}
```

在编写程序时，不能显式地定义这样一个 Finailze( ) 方法；Finailze( ) 方法由编译器根据析构方法自动生成。

析构方法也不能显式地调用，它由系统在清除对象时自动地调用。

2. 自动垃圾回收

C#中的对象使用 new 进行创建，而由系统自动进行对象的清除，清除无用对象的过程，称为垃圾回收（garbage collection）。

C#与 C ++ 等语言相比，其最大的特色之一就是：无用的对象由系统自动进行清除和内存回收，编程者可以不关心如何回收以及何时回收对象。这样大大减轻了编程者的负担，而且大大降低了由于对象提前回收或忘记回收带来的潜在错误。

对象的回收是由系统的垃圾回收线程来完成的。该线程对于无用对象在适当的时机进行回收，那么 C#是如何知道一个对象是无用的呢。这里的关键是，系统中的任何对象都有一个引用计数，一个对象被引用 1 次，则引用计数为 1；被引用 2 次，则引用计数为 2，依次类推。当一个对象的引用计数被减到 0 时，说明该对象可以回收。

例如，下面一段程序：

```
String method(){
    String a,b;
    a = String.Copy("hello world");
    b = String.Copy("game over");
```

```
        Console.WriteLine(a + b + "ok");
        a = null;
        a = b;
        return a;
    }
```

在程序中创建了两个对象实体（字符串"hello world"与"game over"），一开始分别被 a 和 b 所引用，后来 a = null；执行后，则字符串"hello world"对象不再被引用，其引用计数减到 0，可以被回收；执行 a = b 后，则符串"game over"对象的引用计数增加到 2，而当方法执行完成后，a，b 两个变量都消失，后一对象的引用计数也变为 0。如果方法的结果赋值给其他变量，则字 00 符串"game over"对象的引用计数增加到 1；如果方法的结果不赋值给其他变量，则这两个字符串都不再被引用，可以被回收。

3. System. GC

System. GC 类有一个 static 方法，称为 System. GC. Collection（），它可以要求系统进行垃圾回收。但是要注意，它仅仅是"建议"系统进行垃圾回收，但没有办法强制系统进行垃圾回收，也无法控制怎样进行回收以及何时进行回收。

12.5.5　显式资源管理与 IDisposable

C#中，系统在进行垃圾回收时，会自动调用相关对象的析构方法来完成析构工作，但析构工作主要跟内存管理（垃圾回收相关），而且垃圾回收是由系统完成的，程序难以完全对垃圾回收进行控制，所以，析构方法的功能受到一些限制。

有一些任务需要在对象清除前完成，如清理一些非内存资源，关闭打开的文件，释放占用的 Windows 界面资源，等等。要显式地实现这样的资源管理，最适宜的办法是实现 System. IDisposable 接口。

1. IDisposable 接口

IDisposable 接口中只有一个方法，即：

```
        void Dispose();
```

一般来说，在实现 Dispose（）方法时要考虑到以下几个方面的问题。

① 如果一个对象中引用了其他资源，应调用其他资源的 Dispose（）方法。

② 在 Dispose（）方法中应调用其父类的 Dispose（）方法，以保证父类的清理工作能正常进行。

③ Dispose（）方法应可以被多次调用而不出问题，并且 Dispose（）方法不应抛出异常。

④ 用一个其他有意义的名字的方法如 Close（）来调用 Dispose（）方法，以方便使用。

⑤ 处理好与析构方法的关系。一般可以在析构方法中调用 Dispose（）以保证当该对象被自动垃圾回收时，能够释放资源。而在 Dispose 中调用 GC. SuppressFinalize（）方法来阻止对该对象再次调用析构方法。

下面的一段代码是一个一般性的例子。

```
1   using System;
2   public class BaseResource:IDisposable          //基类
3   {
4       private IntPtr handle;                     //外部资源
5       private Component Components;              //内部资源
```

```csharp
6       private bool disposed = false;                    // 状态
7
8       public BaseResource()                             // 构造方法
9       {
10      }
11
12      public void Dispose()                             // 实现 IDisposable 接口
13      {
14          Dispose(true);
15          GC.SuppressFinalize(this);                    // 阻止
16      }
17
18      protected virtual void Dispose(bool disposing)    // 虚方法,子类可以覆盖
19      {
20          if(!this.disposed)
21          {
22              if(disposing)
23              {
24                  Components.Dispose();                 // 所引用资源的释放
25              }
26              CloseHandle(handle);                      // 外部资源的释放
27              handle = IntPtr.Zero;
28          }
29          disposed = true;
30      }
31
32      ~BaseResource()                                   // 析构方法
33      {
34          Dispose(false);                               // 调用 Dispose()方法
35      }
36
37      public void Close()                               // 有意义的名字,供外部调用
38      {
39          if(this.disposed)
40          {
41              throw new ObjectDisposedException();
42          }
43      }
44  }
45
46  public class MyResourceWrapper:BaseResource           // 子类
47  {
48      private ManagedResource addedManaged;
49      private NativeResource addedNative;
50      private bool disposed = false;
51
52      public MyResourceWrapper()
53      {
54      }
55
56      protected override void Dispose(bool disposing)
```

```
57        {
58            if(!this.disposed)
59            {
60                try
61                {
62                    if(disposing)
63                    {
64                        addedManaged.Dispose();
65                    }
66                    CloseHandle(addedNative);
67                    this.disposed = true;
68                }
69                finally
70                {
71                    base.Dispose(disposing);       // 调用父类的 Dispose()方法
72                }
73            }
74        }
75    }
```

2. using 语句

对于实现了 IDisposable 接口的类，可以使用 try{}finally{}的方式来调用其 Dispose( )方法，表示该资源使用完成后，要释放它。形式如下：

```
R r1 = new R();
try{
    r1.F();
}
finally{
    if(r1 != null)((IDisposable)r1).Dispose();
}
```

由于这种形式应用很广泛，在 C#中可以使用 using 语句来更简单地表达，如下所示：

```
using(  R   r1 = new R()){
    r1.F();
}
```

其中，using 后面的圆括号中可以是一个表达式，或者用变量声明。例如：

```
using(R1 r1 = new R1(),R2 r2 = new R2()){
    ……
}
```

✳**注意**：这里的 using 语句与导入名字空间的 using 指令的含义是不同的。

由于系统中的很多类都实现了 IDisposable，如 StringFormat、Stream、Socket、Graphics、Pen、Image 等，所以 using 语句可以广泛应用。

12.6 运算符重载

运算符重载，是 C#的又一重要特征。重载运算符可以使 C#的类型系统的集成更加紧密，也增强了类的可用性。本节介绍运算符重载及其应用。

12.6.1 运算符重载的概念

1. 运算符

运算符（operator）也称操作符，是指＋，－，＊等，它们表示了一定的运算。同一个运算符对于不同的类型具有不同的含义，如加号（＋）对于整数表以数值相加，而对于字符串（string）则表示字符串的连接。运算符在本质上是一个方法（函数），即对不同的运算数施加运算，并求得一个结果。但是运算符重载使得程序能像普通数据那样使用运算符，所以使运算符在某些场合比方法更直观，更具可用性。

C#中允许对用户定义的类型重新定义各种运算符的意义，这就是运算符重载（operator overloading）。在语法形式上，运算符重载与方法的重载也有一定的相似性。例如，如果有一个类 Complex 表示数学中的复数，对于两个复数的实例 a 与 b，使用 a＋b 的形式，比用方法的形式 a.Add（b）更直观。

事实上，系统中对于 DateTime 等类型，就定义了两个 DateTime 相加减，相当于时间间隔（DateTime）。

当然，也不是说任何时候使用运算符就更好，过多的运算符也会引起歧义或含义模糊。例如两个 Person 对象使用＋就没有意义，一个 Person 对象与一个整数相加也没有意义，不如使用方法 AddSalary（）表示"增加工资"更明确。

总之，合理和适当地使用运算符是必需的。

2. 运算符声明的一般形式

与方法一样，重载的运算符是类或结构的成员。重载运算符使用关键字 operator，并声明一个方法体。

运算符可分成一元运算符、二元运算符及类型转换运算符。如 ++ 是一元运算符；＊是二元运算符；int 是类型转换符，表示转成整数。

一元运算符声明的形式如下：

  public static 类型 operator 一元运算符(类型 参数名){...}

二元运算符声明的形式如下：

  public static 类型 operator 二元运算符(类型 参数名,类型 参数名){...}

类型转换运算符声明的形式如下：

  public static implicit operator 类型(类型 参数名){...}
  public static explicit operator 类型(类型 参数名){...}

其中要注意的是，运算符必须使用 public static 进行修饰。类型转换符还必须使用关键词 implicit 或 explicit（分别表示隐式转换和显式转换）。

运算符的返回类型没有强制规定，大多数与本类的类型相同；运算符的参数类型至少有一个与本类的类型相同，这是因为运算符都是针对本类类型的。在这个意义上，不可能修改系统已定义的类型上的运算符的含义，如 string 类型的运算符＋的含义是已经确定的。

运算符的参数不能用 ref 及 out 修饰。

3. 运算符重载的一些限制

重载运算符有一些约束：不能改变运算符的优先级；不能改变一个运算符需要的操作数的个数，即使可以选择忽略某一个操作数。

用户定义的运算符执行比预定义运算符声明的优先级高：只有当没有可使用的用户定义的运算符存在时才会考虑预定义的运算符。

有些运算符不能重载。最重要的是不能重载赋值运算符（=及+=等）。赋值（=）总是简单地将值按位复制到变量中。如果重载二元运算符+、-、*等，则自动地隐式重载+=、-=、*=等的含义。

有的运算符也不能被重载，包括成员访问、方法调用或=、&&、||、?:、new、typeof、sizeof 和 is 运算符。

比较运算符（如果被重载）必须成对重载；也就是说，如果重载==，也必须重载!=。反之亦然，对于<和>以及<=和>=同样如此。同样，true 与 false 也必须成对出现。

虽然用户定义的运算符可以执行它想执行的任何计算，但是强烈建议产生的结果与直觉预期相同的实现。例如，operator==的实现应比较两个操作数是否相等，然后返回一个适当的结果。

表 12-3 中列出了各种运算符及其可重载性。

表 12-3　各种运算符及其可重载性

运　算　符	可重载性
+，-,!，~，++，--，true，false	可以重载这些一元运算符。true/false 要求成对出现
+，-，*，/,%，&，|，^，<<，>>	可以重载这些二元运算符
==，!=，<，>，<=，>=	可以重载这些比较运算符，有的要求成对出现
&&，||	不能重载条件逻辑运算符，但可使用 & 和 | 对其进行计算（可以重载 & 和 |）
[]	不能重载数组索引运算符，但可定义索引器
()	可以定义新的转换运算符
+=，-=，*=，/=,%=，&=，|=，^=，<<=，>>=	不能重载赋值运算符。可使用+计算+=（可以重载+）
=，.,?:，->，new，is，sizeof，typeof	不能重载这些运算符

12.6.2　一元运算符

可重载的一元运算符包括：+，-，!，~，++，--，true，false。

下面的规则适用于一元运算符声明，这里 T 代表包含运算符声明的类或结构类型。

① 一元运算符+，-,! 或~必须使用类型 T 的单个参数，并且可以返回任何类型。

② 一元运算符++或--必须使用类型 T 的单个参数，并且要返回类型 T。

③ 重载之后的++或--无法区分前缀与后缀。

④ 一元运算符 true 或 false 必须使用类型 T 的单个参数，并且要返回 bool 类型。

⑤ 一元运算符 true 和 false 需要成对地声明。

1. 运算符 +、-、!、~

运算符 +、-、!、~ 的重载比较简单，例如，对于复数类的求相反数（-）可以如下定义：

```
public struct Complex
{
    public int real;
    public int imaginary;

    public Complex(int real,int imaginary)
    {
        this.real = real;
        this.imaginary = imaginary;
    }
    public static Complex operator -(Complex c1)
    {
        return new Complex(-c1.real,-c1.imaginary);
    }
}
```

2. 运算符 ++、--

运算符 ++、-- 可以用来改变对象本身的值。例如：

```
public class Point
{
    public int x,y;
    public static Point operator ++(Point p)
    {
        p.x++;p.y++;
        return p;
    }
}
```

3. 运算符 true、false

运算符 true、false 的实现使得一个类型的表达式能直接用于?：表达式及 if，while，do，for 语句的条件部分，因为在这些地方，首先判断表达式是否为 bool 型或隐式可转换成 bool 型，若不能，则判断它是否能执行 true 运算符。true 及 false 运算符不能显式地调用，它只能由编译器进行在必要时进行调用。

下面的代码表示了定义运算符 true 及 false：

```
public class T
{
    public int x;
    public static bool operator true(T t)
    {
        return t.x != 0;
    }
    public static bool operator false(T t)
    {
        return t.x == 0;
    }
}
```

```
    public static void Main()
    {
        T t = new T();
        t.x = 5;
        if(t)
            System.Console.WriteLine("T is Ok!");
        else
            System.Console.WriteLine("T is Bad!");
    }
}
```

重载时，要注意 true 及 false 运算符必须成对使用。虽然从语义的角度来说，对同一对象的 true 与 false 运算应该返回相反的值，但从语法的角度并没有进行规定。

12.6.3 二元运算符

可重载的二元运算符包括 +，-，*，/，%，&，|，^，<<，>>，==，!=，>，<，>=，和 <=。

二元运算符要遵守以下规则。

- 一个二元运算符必须有两个参数，而且至少其中一个必须是声明运算符的类或结构的类型。一个二元运算符可以返回任何种类类型。
- 某些二元运算符需要成对声明。当它们有相同的返回类型并且每个参数有相同的类型。成对的符号包括：> 与 <，>= 与 <=，== 与 !=。

例 12-23 OperatorComplex.cs 在复数中使用一元运算符及二元运算符。其中使用 ToString 方法的重载显示复数的虚部和实部。

```
1   public struct Complex
2   {
3       public double real;
4       public double imaginary;
5
6       public Complex(double real,double imaginary)
7       {
8           this.real = real;
9           this.imaginary = imaginary;
10      }
11      public static Complex operator + (Complex c1)
12      {
13          return c1;
14      }
15      public static Complex operator - (Complex c1)
16      {
17          return new Complex(-c1.real,-c1.imaginary);
18      }
19      public static bool operator true(Complex c1)
20      {
21          return c1.real != 0 || c1.imaginary != 0;
22      }
23      public static bool operator false(Complex c1)
```

```
24      {
25          return c1.real==0 && c1.imaginary==0;
26      }
27      public static Complex operator + (Complex c1,Complex c2)
28      {
29          return new Complex(c1.real+c2.real,c1.imaginary+c2.imaginary);
30      }
31      public static Complex operator - (Complex c1,Complex c2)
32      {
33          return c1+(-c2);
34      }
35      public static Complex operator * (Complex c1,Complex c2)
36      {
37          return new Complex(c1.real*c2.real-c1.imaginary*c2.imaginary,
38              c1.real*c2.imaginary+c1.imaginary*c2.real);
39      }
40      public static Complex operator * (Complex c,double k)
41      {
42          return new Complex(c.real*k,c.imaginary*k);
43      }
44      public static Complex operator * (double k,Complex c)
45      {
46          return c*k;
47      }
48
49      public override string ToString()
50      {
51          return(System.String.Format("({0}+{1}i)",real,imaginary));
52      }
53
54      public static void Main()
55      {
56          Complex num1=new Complex(2,3);
57          Complex num2=new Complex(3,4);
58
59          Complex result=num1?-num1*5+num1*num2:new Complex(0,0);
60
61          System.Console.WriteLine("First complex number:{0}",num1);
62          System.Console.WriteLine("Second complex number:{0}",num2);
63          System.Console.WriteLine("The result is:{0}",result);
64      }
65  }
```

12.6.4 转换运算符

转换运算符声明引入了一个用户定义的类型转换，它增加了预定义的隐式和显式的转换。

一个包括关键词 implicit 的转换运算符声明引入了一个用户定义的隐式转换。隐式转换可能在各种情况下发生，包括功能成员调用，表达式执行和赋值。

一个包括关键词 explicit 的转换运算符声明引入了一个用户定义的显式转换。显式转换可以在强制类型转换表达式中发生。

转换运算符从参数类型（源类型 S）转换到返回类型（目标类型 T）。在类中声明一个转换运算符的方式如下：

```
public static implicit operator 目标类型 T(源类型 S 参数名){...}
public static explicit operator 目标类型 T(源类型 S 参数名){...}
```

其中要求 S 与 T 满足以下条件：
① S 和 T 是不同的类型；
② S 或者 T 是一个声明运算符的类或结构的类型；
③ S 和 T 都不是 object 或接口类型；
④ T 不是 S 的基类，S 也不是 T 的基类。

从以上规则可以看出，一个转换运算符在定义时，源类型和目标类型至少有一个是该类型本身。例如，一个类或结构类型 C 定义一个从 C 到 int 和从 int 到 C 的转换是可以的，但是不能从 int 到 bool。

也可以看出，不能定义一个预定义转换。因此，转换运算符不允许从 object 或到 object 的转换，因为从 object 到所有其他类型的隐式和显式的转换已经都存在了。同样的原因，不允许声明存在继承关系的两个类的互相转换。

用户定义的转换不允许使用接口类型。这个限制特别保证了在转换到一个接口类型时不会有用户定义的转换发生。

通常，用户定义的隐式转换应该被设计成不会抛出异常而且不会丢掉信息。如果一个用户定义的转换可以产生一个异常（如因为源变量超出了范围）或丢掉信息（如丢掉高位），那么这个转换应该被定义为一个显式转换。

例 12-24 OperatorDigit.cs 对于类型 Digit（0 到 9 间的一位数）定义类型转换运算符。从 Digit 到 byte 的转换是隐式的，因为它不会抛出一个异常或丢掉信息，但是从 byte 到 Digit 的转换是显式的，因为 Digit 只能表示 byte 所有可能值的子集。

```
1    using System;
2    public struct Digit
3    {
4        byte value;
5        public Digit(byte value)
6        {
7            if(value < 0 || value > 9)throw new ArgumentException();
8            this.value = value;
9        }
10       public static implicit operator byte(Digit d)
11       {
12           return d.value;
13       }
14       public static explicit operator Digit(byte b)
15       {
16           return new Digit(b);
17       }
18   }
```

```
19
20    class Test
21    {
22        static void Main()
23        {
24            int a = 5;
25            Digit d = (Digit)a;
26            byte b = d;
27            System.Console.WriteLine(b);
28        }
29    }
```

12.6.5 ==及!=运算符

==运算符用于判断两个表达式是否相等，!=运算符用于判断两个表达式是否不等。不同类型的值"是否相等"的真正含义并不相同。

1. 值类型的相等判断

对于值类型相等的判断，遵循以下原则。

对于数类型（整数、实数、十进制数），如果==前后两个表达式的类型相同，或者一个类型能隐式地转换成另一个类型，则会自动地转成相同的类型，然后进行比较。否则，编译不能通过。

对于前后都是 bool 型，则可以比较。如果一个为 bool，另一个不为 bool 型且不能隐式地转成 bool 型，则编译不能通过。

对于其他的 struct 类型，不能用==相比较，除非它实现了对==运算符的重载。

2. 引用类型的相等

对于系统预定义的==运算符及!=运算符，可以判断两个引用类型的值是否相等。

相等运算符两边的引用类型必须是可以隐式转换的，也就是说，它们或者类型相同，或者一者是另一者的继承。

如果没有进行运算符的重载，引用类型的相等，则是比较两个引用是否相等，也就是说，比较它们是引用的同一对象，而不是比较两个对象的内容。

例 12-25　EqualsRef.cs 引用类型的比较。

```
1     using System;
2     class A{}
3     class B:A
4     {
5         int i;
6         public B(int i)
7         {
8             this.i = i;
9         }
10    }
11    class Test
12    {
13        static void Main()
14        {
```

```
15      A obj1 = new A();
16      A obj2 = new B(3);
17      A obj3 = new B(3);
18      B obj4 = (B)obj3;
19      Console.WriteLine(obj1 == obj2);
20      Console.WriteLine(obj2 == obj3);
21      Console.WriteLine(obj3 == obj4);
22    }
23  }
```

运行结果前两个显示 False，因为引用的不是同一对象。而最后一个显示 True，因为 obj3 与 obj4 引用的是同一对象。

根据相等运算符的定义，比较两个装箱的值类型是没有意义的，因为两个不同的装箱的对象一定引用不同的对象，所以总是 false。

例如：

```
int i = 123;
int j = i;
bool b = (object)i == (object)j;
```

其中 b 的结果为 false。

3. 字符串的相等

系统定义的一些类中，已经对 == 及 != 这两个运算符进行了重载，所以"相等"就有了不同的含义。其中最为典型的是，对于 string 类型，已经重载了相等的运算符。所以它是比较字符串的内容，而不是比较引用。

例 12-26 EqualString.cs 比较字符串是否相等。

```
1   using System;
2   class EqualString
3   {
4       public static void Main(string[]args)
5       {
6           string s1 = "Test";
7           string s2 = "Test";
8           string s3 = string.Copy(s2);
9
10          Console.WriteLine(s1 == s2);            //True
11          Console.WriteLine(s2 == s3);            //True
12          Console.WriteLine((object)s1 == s2);    //True
13          Console.WriteLine((object)s2 == s3);    //False
14      }
15  }
```

程序中，前两个等式用的字符串的相等，它比较内容，所以均为 True。而后两个用的是 object 的相等，所以它判断的是引用，s1 与 s2 都引用了字符串常量"Test"，故相等，而 s2 与 s3 则引用的不是同一对象，故不等。

12.7 特性

简单地说，特性（Attribute）是与类、结构、方法等元素相关的额外信息，是对元信息的扩展。通过 Attribute 可以使程序、甚至语言本身的功能得到增强。

Attribute，一般译为"特性"，早期也译为"属性"，但要注意不要与 Property（"属性"）混淆。甚至在 Visual Studio 的中文文档中，Attribute 和 Property 在许多地方都被称为"属性"，所以要注意根据上下文来进行分辨。在本书中，直接称 Attribute。

Attribute 是 C#中一种特有的语法成分，它的主要作用在于：针对程序中的各种语言要素，包括命名空间、类、方法、字段、属性、索引器，等等，都可以附加上一些特定的声明信息。这些特定的声明信息的内容可以是各种各样的，如关于程序的作者、关于类的帮助信息、方法的使用限制，等等。Attribute 可与元数据一起存储于程序集中。

Attribute 机制可用于在编译时存储应用程序特定的信息，并在运行时或在其他工具读取元数据时访问这些信息，并根据这些信息进行不同的处理，这样就增强了语言本身的功能。

系统中已经定义了一些 Attribute 类来表示不同的 Attribute，用户也可以自己定义 Attribute。所有的 Attribute 类都是 System.Attribute 的直接或间接子类，并且名字都以 Attribute 结尾。

12.7.1 使用系统定义的 Attribute

1. 使用 Attribute 的一般方式

在程序中使用 Attribute 的一般方式是这样的：在相关的程序元素（如类、类中的方法）的前面，加上方括号（[ ]），并在方括号中规定 Attribute 的种类，及该 Attribute 所带的参数。

在使用某个 XXXXXAttribute 时，可以直接写为 XXXXX，而省略"Attribute"几个字母，当然也可以保留。

以 System.ObsoleteAttribute 为例。这是一个系统保留的 Attribute，它可以用在各种程序元素的前面，用以标记这个元素已经过时或作废，不应在新版本中使用。

例 12-27　AttributeObsolete.cs 使用 Obsolete 来表明一个方法已过时，如果调用该方法，编译时会发出一个警告信息。具体的信息在 Obsolete 的参数中指明。

```
1    using System;
2    public class MainApp
3    {
4        public static void Main()
5        {
6            int x = Div(8,3);        //此句在编译中会产生警告信息
7            int y = Div2(8,3);       //这里改用 Div 的新版
8        }
9
10       [Obsolete("Div 已废弃,请改用 Div2")]
11       public static int Div(int a,int b)
12       {
13           return(a/b);
14       }
15
16       public static int Div2(int a,int b)
17       {
18           return b==0?0:a/b;
```

```
19     }
20 }
```

2. 使用 ConditionalAttribute

条件属性，即 System.Diagnostics.ConditionalAttribute 类，用于标记条件方法。所谓条件方法，是指该方法的调用可以被执行，也可以被忽略。这取决于某个符号是否定义。定义这个符号要使用预编译指令#define，而取消符号的定义要使用预编译指令#undef，要注意所有的编译指令在源程序中要单独占一行。

✖注意：条件方法是否被调用是由调用的地方决定的，而不是方法所声明的地方决定的。

例 12-28　AttributeConditional.cs 使用条件方法。

程序中若定义了符号 TRIVAL_VERSION，则会调用 PromptCopyRight( )，否则该方法调用被忽略。

```
1   #define TRIAL_VERSION
2   using System;
3   using System.Diagnostics;
4   class Class1
5   {
6       [Conditional("TRIAL_VERSION")]
7       public static void PromptCopyRight()
8       {
9           Console.WriteLine("CopyRight My Corp.");
10      }
11      public static void DoSomething()
12      {
13          Console.WriteLine("Do Something");
14          PromptCopyRight();
15      }
16  }
17  class Test
18  {
19      public static void Main()
20      {
21          Class1.DoSomething();
22      }
23  }
```

使用条件方法要受以下规则的约束。

↺ Conditional 属性只能用于方法。

↺ Conditional 属性只能用类、结构中的方法，不能用于接口方法。

↺ 条件方法必须返回一个 void 类型。

↺ 条件方法不能用 override 来修饰。一个条件方法可以用 virtual 来修饰。覆盖这样的一个方法是隐含地有条件的，并且不能用条件属性来显式地标注。

↺ 条件方法不能是一个接口方法的实现程序。

↺ 条件方法不能用于委托的创建。

3. 在结构上、枚举上使用 Attribute

Attribute 在与其他语言互相调用时可以有特殊的用途。例如，通过在结构上使用 Struct-

Layout 属性可以自定义结构在内存中的布局方式。

以下一段代码显示了如何创建在 C/C++ 中称为联合的布局方式。其中在结构上使用 StructLayoutAttribute，在字段上使用 FieldOffsetAttribute。

```
using System.Runtime.InteropServices;
[StructLayout(LayoutKind.Explicit,Size=10)]
struct TestUnion
{
    [FieldOffset(0)]
    public int i;
    [FieldOffset(0)]
    public double d;
    [FieldOffset(0)]
    public char c;
    [FieldOffset(0)]
    public byte b1;
}
```

系统中定义了大量的 Attribute 可供使用。下面再举一例：对于枚举，可使用 FlagsAttribute 来标明一个枚举可以使用位操作：

```
[Flags]
enum ModifierKeys
{
    AltKey=1,
    CtrlKey=2,
    ShiftKey=4,
}
```

以前也讲到过，对于要序列化的类上要使用 SerializableAttribute。

4. 在程序集级别应用 Attribute

如果要在程序集级别应用 Attribute，要使用 Assembly 关键字。下列代码显示在程序集级别应用的 AssemblyNameAttribute。

```
using System.Reflection;
[assembly:AssemblyName("MyAssembly")]
```

应用该 Attribute 时，字符串 "MyAssembly" 被放到文件元数据部分的程序集清单中。可以使用 MSIL 反汇编程序（ildasm.exe）或通过创建检索该 Attribute 的自定义程序来查看。

12.7.2 自定义 Attribute

在程序中应用自定义 Attribute，一般有三个步骤：首先要声明 Attribute 类；然后在其他地方使用 Attribute 类，也就是将 Attribute 与特定程序元素相关联；最后在运行时通过反射访问属性。

1. 声明 Attribute 类

在 C# 中声明 Attribute 很简单：从 System.Attribute 继承一个类，并用 AttributeUsage 对该类进行标记。如下所示：

```
using System;
[AttributeUsage(AttributeTargets.All,AllowMultiple=true)]
public class HelpAttribute:System.Attribute
```

```csharp
{
    public readonly string Url;

    public string Topic              //Topic is a named parameter
    {
        get
        {
            return topic;
        }
        set
        {
            topic = value;
        }
    }

    public HelpAttribute(string url)    //url is a positional parameter
    {
        this.Url = url;
    }

    private string topic;
}
```

在该类中，定义一个 HelpAttribute 类。其中有几点需要解释。

① Attribute 类的名字习惯上都以 Attribute 结尾，并且要直接或间接地从 System.Attribute 继承。

② Attribute 类至少有一个公共构造函数。

③ Attribute 类有两种类型的参数可以使用：位置参数和命名参数。

◇ 位置参数：是 Attribute 属性类的构造函数的参数。每次使用属性时都必须指定这些参数。在上面的示例中，url 便是一个位置参数。

◇ 命名参数：可选，是 Attribute 属性类的非静态字段（field）或属性（property）名。这样的字段或属性必须 public 的，属性要求可读可写才能作为命名参数。如果使用属性时指定了命名参数，则必须使用参数的名称。在上面的示例中，Topic 就是一个命名参数。

④ 所有的位置参数或命名参数限制为下列类型的常数值：

◇ 简单类型（bool、byte、char、short、int、long、float 和 double）；

◇ 字符串 string；

◇ System.Type；

◇ 枚举 enum；

◇ object（对象类型的属性参数的参数必须是属于上述类型之一的常数值）；

◇ 以上任意类型的一维数组。

⑤ 使用系统保留的 AttributeUsage 为该 Attribute 类指定其用途。AttributeUsage 本身具有一个定位参数（AllowOn），它指定可以将 Attribute 赋给的程序元素（类、方法、属性、参数，等等）。该参数的有效值可以在 System.Attributes.AttributeTargets 枚举中找到，包括 All，

Assembly、Class、Constructor、Delegate、Enum、Event、Field、Interface、Method、Module、Parameter、Property、ReturnValue、Struct。可以使用或运算符（|）对它们进行组合。该参数的默认值是所有程序元素（AttributeElements.All）。AttributeUsage 还有一个命名参数 AllowMultiple，它是一个布尔值，指示是否可以为一个程序元素指定多个 Attribute。该参数的默认值为 False。

2. 使用 Attribute 类

使用 Attribute 类，就是将声明好的 Attribute 类应用在相应的语言要素上。

要应用时，将 Attribute 用方括号（[ ]）括起来，如果有多个 Attribute，可以用多个方括号，也可以在一个方括号中用逗号分开。Attribute 的类的名字尾部的 Attribute 几个字母可以省略。

对 Attribute 的参数，包括位置参数和命名参数，位置参数写在命名参数的前面。位置参数要与 Attribute 类的构造方法的参数相对应。命名参数要与公共字段或属性相对应，并用"名字 = 值"的方式来进行。所有的参数都必须是常数。

以下是使用 HelpAttribute 的简单示例：

```
[HelpAttribute("http://msvc/MyClassInfo",Topic = "Test"),
 Help("http://my.com/about")]
class MyClass
{
}
```

这里，将 HelpAttribute 属性两次与 MyClass 关联。其中用了两个参数，一个位置参数（url），一个命名参数（Topic）。

3. 通过反射访问 Attribute

Attribute 与程序元素关联后，可以使用反射查询 Attribute。查询 Attribute 的主要方法包含在 System.Reflection.MemberInfo 类的 GetCustomAttributes 方法族中。各个方法的使用可以参见 .NET Framework 的文档。下面的代码演示了使用反射获取对属性的访问的基本方法：

```
class MainClass
{
    public static void Main()
    {
        System.Reflection.MemberInfo info = typeof(MyClass);
        object[]attributes = info.GetCustomAttributes(true);
        for(int i = 0;i < attributes.Length;i ++)
        {
            System.Console.WriteLine(attributes[i]);
        }
    }
}
```

例 12-29 AttributeHelp.cs 自定义 Attribute 并使用它。

```
1   using System;
2   using System.Reflection;
3
4   [AttributeUsage(AttributeTargets.Class
5       | AttributeTargets.Method,
```

```
6        AllowMultiple = true)]
7   public class HelpAttribute:System.Attribute
8   {
9       public readonly string Url;
10      private string topic;
11      public string Topic              // 属性 Topic 是命名参数
12      {
13         get
14         {
15            return topic;
16         }
17         set
18         {
19            topic = value;
20         }
21      }
22      public HelpAttribute(string url)    //url 是位置参数
23      {
24         this.Url = url;
25      }
26  }
27
28  [HelpAttribute("http://msvc/MyClassInfo",Topic = "Test"),
29  Help("http://my.com/about/class")]
30  class MyClass
31  {
32      [Help("http;//my.com/about/method")]
33      public void MyMethod(int i)
34      {
35         return;
36      }
37  }
38
39  public class MemberInfo_GetCustomAttributes
40  {
41      public static void Main()
42      {
43            Type myType = typeof(MyClass);
44
45            object[]attributes = myType.GetCustomAttributes(false);
46            for(int i = 0;i < attributes.Length;i ++)
47            {
48               PrintAttributeInfo(attributes[i]);
49            }
50
51            MemberInfo[]myMembers = myType.GetMembers();
52            for(int i = 0;i < myMembers.Length;i ++)
53            {
54               Console.WriteLine("\nNumber{0}:",myMembers[i]);
55               Object[]myAttributes = myMembers[i].GetCustomAttributes(false);
56                  for(int j = 0;j < myAttributes.Length;j ++)
```

```
57                    {
58                        PrintAttributeInfo(myAttributes[j]);
59                    }
60                }
61       }
62
63       static void PrintAttributeInfo(object attr)
64       {
65           if(attr is HelpAttribute)
66           {
67               HelpAttribute attrh = (HelpAttribute)attr;
68               Console.WriteLine("----Url:"+attrh.Url+"Topic:"+attrh.Topic);
69           }
70       }
71   }
```

程序运行结果如图 12-13 所示。

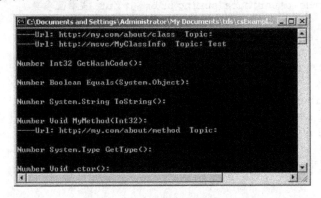

图 12-13　自定义 Attribute

12.8　枚举器与迭代器

前面多次提到集合中可以使用 foreach 语句，如果要实现自己的类可以用于 foreach，则必须先实现枚举器。而实现枚举器比较麻烦，在 C# 2.0 以上可以用 yield 语句来方便地实现迭代器，从而完成类似的功能。

12.8.1　枚举器

foreach 语句用于枚举一个集合的元素，或者说遍历所有的元素。在使用 foreach 语句中的集合要求实现 IEnumeriable 接口（可枚举）或 IEnumerator 接口（枚举器）或者直接具有 GetEnumerator( )方法。

这里 IEnumeriable 接口里面实际就是 GetEnumerator( )方法：

```
IEnumerator GetEnumerator();
```

编译器通过 GetEnumerator 得到一个 IEnumerator 对象，或者集合本身就是 IEnumerator 对象，然后利用 IEnumerator 的 MoveNext 及 Current 来进行遍历。生成的代码是类似于这样的：

```
IEnumerator  enumerator =  collection.GetEnumerator();
```

```
while(enumertator.MoveNext())
{
    Object obj = enumerator.Current;
    //… use the obj
}
```

从上面的介绍可以看出，内部的迭代变量（这里是变量 obj）是一个编译器生成的变量，所以它对于 foreach 语句而言是只读变量（使用的是 Current 属性的 get 方法，而没有使用 set 方法），所以它也就不能用于 ref 及 out 变量。

值得注意的是，所有的数组都隐式的是 System.Array 的子类，而 Array 已经实现了 IEnumerable 接口。所以数组都能用于 foreach 语句。不过，数组太特殊，一般编译器都将针对数组的 foreach 语句编译成与 for(int i = 0;i < ary.Length;i ++)一样的结果。

如果要自己实现 IEnumerable 及 IEnumerator，则需要创建相应的类，其中要维护相应的状态（如当前位置），以便能进行 MoveNext 操作及获取 Current 对象。下面是一个简单的示例。

例 12-30 EnumeratorDemo.cs 实现一个简单的枚举器。其中 Person 表示基本对象，People 表示集合对象，在 People 内部用了一个嵌套类 PeopleEnum 来实现了一个枚举器，在枚举器内部用了变量 position 来表示当前位置，以便 MoveNext 及 Current 使用。

```
1    using System;
2    using System.Collections;
3
4    public class Person
5    {
6        public Person(string fName,string lName)
7        {
8            this.firstName = fName;
9            this.lastName = lName;
10       }
11
12       public string firstName;
13       public string lastName;
14   }
15
16   public class People:IEnumerable
17   {
18       private Person[]_people;
19       public People(Person[]pArray)
20       {
21           _people = new Person[pArray.Length];
22
23           for(int i = 0;i < pArray.Length;i ++ )
24           {
25               _people[i] = pArray[i];
26           }
27       }
28
29       // 实现 IEnumerable 接口
30       IEnumerator IEnumerable.GetEnumerator()
```

```csharp
            {
                return(IEnumerator)new PeopleEnum(_people);
            }

            // 实现IEnumerator,一般以内部类的形式
            internal class PeopleEnum:IEnumerator
            {
                public Person[]_people;

                int position = -1;              // 内部状态

                public PeopleEnum(Person[]list)
                {
                    _people = list;
                }

                bool IEnumerator.MoveNext()
                {
                    position ++;
                    return(position < _people.Length);
                }

                object IEnumerator.Current
                {
                    get
                    {
                        try
                        {
                            return _people[position];
                        }
                        catch(IndexOutOfRangeException)
                        {
                            throw new InvalidOperationException();
                        }
                    }
                }

                void IEnumerator.Reset()
                {
                    position = -1;
                }

            }
    }

    class App
    {
        static void Main()
        {
            Person[]peopleArray = new Person[3]
            {
```

```
82           new Person("John","Smith"),
83           new Person("Jim","Johnson"),
84           new Person("Sue","Rabon"),
85       };
86
87       People peopleList = new People(peopleArray);
88       foreach(Person p in peopleList)
89           Console.WriteLine(p.firstName + " " + p.lastName);
90
91   }
92 }
```

12.8.2 迭代器

从前面的例子可以看出,要实现枚举器比较麻烦。在 C# 2.0 以上可以迭代器(iterator)来实现类似的功能,其中关键是使用 yield 语句。自定义一个迭代器,有以下几个要点。

- 方法的返回类型是 IEnumerable<T>,其中 T 是其中元素的类型,这可以理解为让编译器自动生成一个 IEnumerable 及 IEnumerator。
- 方法中用 yield return 来返回一个元素(可以理解为给枚举器加了一个元素)。
- 如果要中途结束枚举,可以使用 yield break 语句(可以理解为枚举器的 MoveNext 返回为 false 或者执行枚举器的 Dispose()方法)。

下面的代码说明了简单的迭代器的用法。

例 12-31 YieldSimple0.cs 实现一个简单的迭代器。程序中每一个 yield return 相当于 foreach 中的每一个元素。

```
1  using System;
2  using System.Collections.Generic;
3  class YieldSimple0
4  {
5      static IEnumerable<string> GetFruits()
6      {
7          yield return "apple";
8          yield return "banana";
9          yield return "orange";
10     }
11
12     static void Main()
13     {
14         var fruits = GetFruits();
15         foreach(string fruit in fruits)
16         {
17             Console.WriteLine(fruit);
18         }
19     }
20 }
```

在上面的代码中,使用 3 次 yield return 来返回 3 个元素。在实际编程中,yield return 一般位于循环中,就可以产生多个元素。

另外,注意到 GetFruits()方法返回的是一个枚举对象,为了方便,将 fruits 变量的类型

声明为 var，让编译器去推断其类型，当然也可以声明为

　　　　IEnumerable<string> fruits = GetFruits();

不过，使用 var 显然更方便。

使用迭代器（或者说 yield 语句）有很大的好处：

- 不用手工书写 IEnumerator，极大地简化了编程代码；
- 每次 yield 的元素不用考虑放到一个集合中（实际上这个集合由编译器自动生成）；
- 每次 yield 元素不是立即执行，而是 foreach 时才执行（即 MoveNext 和获得 Current 元素），所以它可以用于很多惰性（lazy）执行的场合。

例 12-32 YieldPower.cs 使用迭代器来求出 2 的 8 到 16 次方。

```
1    using System;
2    using System.Collections.Generic;
3    
4    public class YieldPower
5    {
6        public static IEnumerable<long> Powers(int number,int exponent_from,int exponent_to)
7        {
8            int n = 1;
9            int result = 1;
10           while(n <= exponent_to)
11           {
12               result = result * number;
13               n++;
14               if(n >= exponent_from)yield return result;
15           }
16       }
17   
18       static void Main()
19       {
20           foreach(int pw in Powers(2,8,16))
21           {
22               Console.Write("{0}",pw);
23           }
24       }
25   }
```

程序中对于 8 以前的计算实际是上等到 foreach 的时候才执行的。程序的执行结果如下：

　　　　128 256 512 1024 2048 4096 8192 16384 32768 65536

由于迭代器是编译器自动生成的，所以它有一些限制。yield 语句所在的方法（包括访问器、运算符重载方法等）以下约束的控制。

- 不允许不安全块。
- 方法、运算符或访问器的参数不能是 ref 或 out。
- yield return 语句不能放在 try…catch 块中的任何位置。该语句可放在后跟 finally 块的 try 块中。
- yield break 语句可放在 try 块或 catch 块中，但不能放在 finally 块中。
- yield 语句不能出现在匿名方法中。

使用 yield 语句，编译器为我们做了大量的工作。为了查看编译器对迭代器生成的代码，可以使用 ILdasm 工具来反汇编查看，也可以使用 ILspy 工具来查看。在 ILspy 中使用 C#语言，同时在选项中不要选中"Decompile enumerator（yield return）"则可以显示出生成的代码。生成的代码比较长，为了让读者抓住主要的内容，这里列出其一个简化的版本，并加上注释。

```
1   using System;
2   using System;
3   using System.Collections;
4   using System.Collections.Generic;
5
6   public class YieldPower
7   {
8       private static void Main()
9       {
10          using(IEnumerator<long> enumerator = YieldPower.Powers(2,8,16).GetEnumerator())
11          {
12              while(enumerator.MoveNext())
13              {
14                  int num = (int)enumerator.Current;
15                  Console.Write("{0}",num);
16              }
17          }
18      }
19
20      public static IEnumerable<long> Powers(int number,int exponent_from,int exponent_to)
21      {
22          YieldPower.PowersEnum myEnum = new YieldPower.PowersEnum(-2);
23          myEnum.number = number;
24          myEnum.exponent_from = exponent_from;
25          myEnum.exponent_to = exponent_to;
26          return myEnum;
27      }
28
29      private sealed class PowersEnum: IEnumerable, IEnumerator, IEnumerable<long>, IEnumerator<long>, IDisposable
30      {
31          private int state;
32          private long current;
33
34          internal int number;
35          internal int exponent_from;
36          internal int exponent_to;
37          internal int n;
38          internal int result;
39
40          // 实现 IEnumerable 的 GetEnumerator 方法，实际上返回了一个嵌套类
41          IEnumerator<long> IEnumerable<long>.GetEnumerator()
```

```csharp
42      {
43          YieldPower.PowersEnum myEnum = new YieldPower.PowersEnum(0);
44          myEnum.number = this.number;
45          myEnum.exponent_from = this.exponent_from;
46          myEnum.exponent_to = this.exponent_to;
47          return myEnum;
48      }
49      IEnumerator IEnumerable.GetEnumerator()        //非泛型版本
50      {
51          return((IEnumerable<long>)this).GetEnumerator();
52      }
53
54      //构造方法,记录状态
55      public PowersEnum(int state)
56      {
57          this.state = state;
58      }
59
60      //实现 Current,实际返回内部的 current 变量
61      long IEnumerator<long>.Current
62      {get{return this.current;}}
63
64      object IEnumerator.Current                     //非泛型版本
65      {get{return this.current;}}
66
67
68      //实现 MoveNext,实际是将原来的 Powers 方法逻辑封装在这里
69      //每调用一次 MoveNext,相当于执行了 yield,并设置 current
70      bool IEnumerator.MoveNext()
71      {
72
73          if(this.state ==0)                         //如果是 before(0)运行前
74          {
75              //首次调用,置状态为 running(-1)运行中,并初始化变量
76              this.state = -1;
77              this.n =1;
78              this.result =1;
79          }
80          else
81          {
82              if(this.state !=1)                     //运行后(after)
83              {
84                  return false;
85              }
86              this.state = -1;    //一般情况下,置状态为 running(-1)运行中
87          }
88  IL_86:
89      if(this.n >this.exponent_to)
90      {
91          return false;                              //没有更多元素,返回 false
92      }
```

```
 93
 94            //进行运算
 95            this.result *= this.number;
 96            this.n = this.n + 1;
 97
 98            //满足一定条件时,即相当于 yield return 所执行的任务
 99            if(this.n >= this.exponent_from)
100            {
101                this.current = (long)this.result;    //设置当前结果
102                this.state = 1;                      //置状态为 suspended(1)挂起
103                return true;          //函数返回 true,相当于 MoveNext()成功得到一个元素
104            }
105            goto IL_86;                              //循环
106        }
107
108        void IEnumerator.Reset()                     //这个 Reset 一般没有实现
109        {
110            throw new NotSupportedException();
111        }
112        void IDisposable.Dispose()
113        {
114        }
115    }
116 }
```

枚举器与迭代器也是实现 Linq 的重要语法机制,读者可以参考 .NET Framework 本身的源代码来进一步了解其重要性,其网址是: http:// referencesource.microsoft.com/。

习题 12

一、判断题

1. 值类型就是 struct。
2. 引用类型都是类类型。
3. 值类型与引用类型在内存中的创建方式有所不同。
4. 值类型不能使用 new 来创建。
5. 字符串是特殊的值类型。
6. String 类型的字符串的内容是不可变的。
7. 枚举类型与数字类型之间可以显式转换（强制类型转换）。
8. 不同的结构类型之间可以转换，前提是字节数相同。
9. Person p = new Student( ); 是一种隐式转换。
10. Boxing and unboxing 是引用类型与值类型之间的转换。
11. 类 static 变量相当于类中的"全局变量"。
12. 字段（域变量）相当于对象中的变量。
13. 局部变量也是一种字段。
14. 局部变量自动有初始值。
15. ref 参数在传之前必须先赋值。
16. out 参数在函数中必须赋值后才能返回。

17. 表达式及对象的属性不能作为 ref 及 out 参数。
18. params 参数本质上是一种数组。
19. 在参变量中可以使用默认值。
20. 多态性是一个面向对象程序设计中很重要的概念。
21. 虚方法必须有 virtual 或 abstract 或 override 修饰。
22. 所有的方法自动都是虚方法。
23. static 方法不是虚方法。
24. 虚方法调用的方法是由对象实例的类型所决定的。
25. 非虚方法调用的方法是由所声明的对象类型来决定的。
26. is 运算符用于判断运行时对象的类型。
27. 引用类型的相等一定是判断是否是同一对象。
28. String 类型的相等是判断内容是否相同。
29. typeof 运算可以得到对象的类型。
30. 使用反射 Reflection 可以得到类型信息及 attribute 信息。
31. 构造方法中不用 this 且不用 base，则会自动调用 base( )。
32. 字段的初始化中不能引用 this。
33. 构造方法的执行时，字段的初始化先于 base 构造方法的调用。
34. 应避免在构造方法中调用任何虚方法。
35. 静态构造方法总是在该类的所有静态字段初始化之后执行。
36. 静态构造方法是每创建（new）一个对象时就会被执行一次。
37. 可以用 delete 语句来显式地调用析构方法。
38. System.GC.Collect( )；可以让系统进行垃圾回收。
39. 资源的释放最好实现 IDisposable 接口，而不是用析构方法。
40. 使用 using 语句可以比较方便地管理资源的释放。
41. C# 2.0 引入泛型。
42. C# 3.0 引入 Lambda 及 Linq。
43. C# 4.0 引入动态特性 dynamic。
44. C# 5.0 引入并行及异步 async/await 及 Task。
45. C# 6.0 可以方便地进行属性初始化。
46. C# 7.0 引入元组。

附录 A C#语言各个版本的新特性

C#经历了各个版本,下面介绍一下各个版本中的一些新特性。

C#各个版本的新特性中分成两大类,一是重大改进,一是细节改进,后者基本上是语法糖(即是语法上的一种简写)。其中各个版本的改进如表 A-1 所示。

表 A-1 C#各个版本的新特性

C#版本	年份	Framework 版本	重大改进	细节改进
C# 1.0	2002	1.0		
C# 2.0	2005	2.0	泛型	分部类(partial)、匿名方法、迭代器(yield)、Nullable 类型、getter/setter 分开存取、委托的协议逆变、静态类(static class)
C# 3.0	2007	3.0,3.5	Lambda 表达式、Linq	隐式类型变量(var)、对象及集合的初始化、自动实现的属性、匿名类型、扩展方法、分部方法
C# 4.0	2010	4.0	动态类型(dynamic)	命名和可选参数、泛型的协变逆变、嵌入互操作类型
C# 5.0	2012	4.5	异步方法	调用者信息
C# 6.0	2015	4.6	编译服务(Rosylin)	静态类型 import、异常过滤、自动属性初始化、getter 默认值、表达式体方法、Null 传播方法、字符串嵌入变量、nameof 运算符、字典初始化
C# 7.0	2017	4.6.2	元组	out 变量、模式匹配、元组解构、局部函数、数字分隔符、二进制常量、ref 返回和局部变量、async 主函数

大部分的特性在本书的正文中都有介绍,这里以代码及注释的形式集中介绍各个版本中的新特性,以方便读者查阅。

该项目 CsharpFeatures 的源代码可以在配套的电子资源中找到。

```
1   using System;
2   using System.Collections.Generic;
3   using System.Linq;
4   using System.Text;
5   using System.Threading.Tasks;
6   using System.Threading;
7   using System.Windows.Forms;
8   using System.IO;
9   using System.Runtime.CompilerServices;
10  using static System.Math;
11
12  ///< summary >
13  ///C# 2.0 特性介绍
14  ///< /summary >
15  public class Csharp2
16  {
17      ///< summary >
18      ///C#2.0 重要改进:泛型(Generic)
```

```csharp
19      /// 泛型可以方便地处理不同类型
20      ///</summary>
21      public static void GenericDemo()
22      {
23          //使用泛型
24          List<String> list = new List<String>();
25          list.Add("aaa");
26          string s = list[1];
27
28          //如果不使用泛型,则要用强制类型转换
29          System.Collections.ArrayList alist
30              = new System.Collections.ArrayList();
31          alist.Add("aaa");
32          string s2 = (string)alist[1];
33      }
34
35      ///<summary>
36      /// 分部类(partial classes)
37      /// 一个类的不同分部可以分开写
38      /// 比如窗体设计器生成的代码与用户写的代码分开
39      ///</summary>
40      public partial class Class1
41      {
42          void f1(){}
43      }
44      public partial class Class1
45      {
46          void f2(){}
47      }
48
49      ///<summary>
50      /// 匿名方法(anonymous methods)
51      /// 可以不用单独定义一个有名字的方法
52      ///</summary>
53      public static void AnonymousMethodDemo()
54      {
55          //匿名方法,直接定义方法体,使用关键字 delegate
56          new Thread(delegate()
57          {
58              //do somthing...
59          });
60
61          //如果以前,则必须定义一个有名字的方法体
62          new Thread(new ThreadStart(MyFun));
63      }
64      public static void MyFun()
65      {
66          //do somthing...
67      }
68
69      ///<summary>
```

```
70      /// 迭代器(Iterators)
71      /// 可以方便地处理集合和迭代,使用关键词 yield
72      ///</summary>
73      public static void IteratorDemo()
74      {
75          IEnumerable<int> nums = GetNums(10);
76          foreach(int n in nums)
77          {
78              Console.WriteLine(n);
79          }
80      }
81      public static IEnumerable<int> GetNums(int n)
82      {
83          int k = 1;
84          int cnt = 0;
85          while(cnt < n)
86          {
87              k ++;
88              if(IsPrime(k))
89              {
90                  cnt ++;
91                  yield return k;
92              }
93          }
94      }
95      public static bool IsPrime(int k)
96      {
97          for(int i = 2; i <= Math.Sqrt(k); i ++)
98              if(k % i == 0) return false;
99          return true;
100     }
101
102     ///<summary>
103     /// 可空类型(Nullable types)
104     /// 可以方便地处理值类型为空值的情况
105     ///</summary>
106     public static void NullableDemo()
107     {
108         int? a = null;
109         a = 23;
110         if(a.HasValue)
111         {
112             int b = a.Value;
113             Console.WriteLine(b);
114         }
115     }
116
117     ///<summary>
118     /// Getter 与 Setter 可访问性不同(Getter/setter separate accessibility)
119     ///</summary>
120     public class Class2
```

```csharp
121     {
122         int _age;
123         public int Age
124         {
125             get{return _age;}
126             protected set{_age = value;}
127         }
128     }
129
130     ///<summary>
131     /// 静态类(static class)
132     /// 所有的方法都是 static 的类
133     /// 主要是一些工具类,如 Math,File,Convert
134     ///</summary>
135     public static class MyUtilClass
136     {
137         public static bool DeleteFile(string path)
138         {
139             //do something...
140             return true;
141         }
142     }
143
144 }
145
146 ///<summary>
147 ///C# 3.0 特性介绍
148 ///</summary>
149 public static class Csharp3
150 {
151     ///<summary>
152     ///C#3.0 重要特性:Lambda 表达式
153     ///Lambda 表达式大大地简写了匿名函数、事件、委托参数
154     ///并使得高级函数、Linq 等一系列特性成为可能
155     ///</summary>
156     public static void LambdaDemo()
157     {
158         new Thread(() =>
159         {
160             //do something...
161         });
162
163         Button button1 = new Button();
164         button1.Click += (sender,argv) =>
165         {
166             //event do something...
167         };
168     }
169
170     ///<summary>
171     ///C#3.0 重要特性:Linq(语言集成查询)
```

```csharp
        /// Linq 大大简化了对集合的处理的表达
        /// 更专注于"要什么",而不是"怎么做",相当于更高级的语言
        /// Linq 包括 Linq to Objects,Linq to XML 和 Linq to SQL 等
        /// </summary>
        public static void LinqDemo()
        {
            List<double> samples = new List<double>();
            for(int i=0;i<20;i++)samples.Add(i);

            // 可以使用查询表达式语法(Query expressions)
            var query = from num in samples
                        where num<10
                        orderby num descending
                        select new
                        {
                            num = num,
                            num2 = num*num,
                            num3 = num*num*num
                        };
            foreach(var item in query)
            {
                Console.WriteLine(item.num3);
            }

            // 或者使用方法的写法
            var query2 = samples.Where(i=>i<10)
                .Take(10)
                .Select(i=>i*i);
            double max = query2.Max();
            Console.WriteLine(max);
        }

        /// <summary>
        /// 隐式类型局部变量(Implicitly typed local variables)
        /// 可以方便地书写变量的类型,而由编译器来推断
        /// 大量地用于 Linq 或类型很复杂的场合
        /// </summary>
        public static void VarDemo()
        {
            var num = 0;
            var list = new List<int>();
            foreach(var i in list)
            {
                num += i;
            }

            var query = from i in list select i*i;
        }

        ///<summary>
        /// 扩展方法(Extension methods)
```

```csharp
223      /// 允许扩充任何类,对其添加方法(而不用继承原类)
224      /// 这对 Linq 的实现也很有帮助
225      ///</summary>
226      public static void ExtensionMethodsDemo()
227      {
228          //如果要使用扩展方法,要 using 相关的类
229          string s = "I like C#";
230          int n = s.WordCount();
231      }
232      //扩展方法必须写到 public static 类中
233      //方法的第一个参数以 this 修饰
234      public static int WordCount(this string s)
235      {
236          return s.Split(' ').Length;
237      }
238
239      ///<summary>
240      /// 对象与集合的初始化(Object and collection initializers)
241      ///</summary>
242      public static void InitDemo()
243      {
244          Form form = new Form
245          {
246              Text = "Caption",
247              Width = 200,
248              Height = 100,
249          };
250
251          List<int> list = new List<int>{1,2,5,9};
252      }
253
254      ///<summary>
255      /// 自动实现的属性(Auto-Implemented properties)
256      /// 可以简写简单的属性
257      ///</summary>
258      class Person
259      {
260          public int Age{set;get;}
261          public string Name{set;get;}
262      }
263
264      ///<summary>
265      /// 匿名类型(Anonymous types)
266      /// 系统自动定义其类型
267      /// 常用于 Linq
268      ///</summary>
269      public static void AnonymousTypeDemo()
270      {
271          var person = new{ID=12,Name="Tang",Age=18};
272
273          var list = new List<double>();
```

```csharp
274         var query = from n in list
275                     select new
276                     {
277                         Num = n,
278                         Root = Math.Sqrt(n),
279                     };
280         var firstRoot = query.First().Root;
281     }
282
283     ///<summary>
284     ///分部方法(Partial methods)
285     ///常用于代码生成器等场合
286     ///</summary>
287     public partial class MyClass
288     {
289         //定义分部方法(没写实现体),返回类型必须是 void
290         partial void MakeTable(string tableName);
291     }
292     public partial class MyClass
293     {
294         //实现分部方法
295         partial void MakeTable(string tableName)
296         {
297             //really do something...
298         }
299     }
300 }
301
302 ///<summary>
303 ///C# 4.0 特性介绍
304 ///</summary>
305 public class CSharp4
306 {
307     ///<summary>
308     ///C#4.0 的重要特性:动态类型(Dynamically Typed Object)
309     ///使用 dynamic 声明的变量,在编译时不检查其类型,假定它具有某种方法
310     ///使用 dynamic 的好处在于,可以不去关心对象是来源于 COM,IronPython,HTML DOM 或者反射
311     ///在运行时,会具体调用其方法
312     ///</summary>
313     public static void DynamicDemo()
314     {
315         dynamic excel = null;
316         //excel = GetExcel();
317         excel.Cells(2,3).Value = "aaa";
318     }
319
320     ///<summary>
321     ///命名参数及可选参数(Named and optional parameters)
322     ///写法类似于 VB,当参数比较多时很方便
323     ///命名参数,可以让参数前后的顺序改变
```

```csharp
324        /// 可选参数,可以让函数调用书写更简单
325        ///</summary>
326        public static void UseParameter()
327        {
328            //使用命名参数
329            var fs = new FileStream(mode:FileMode.Create,path:"aaa.txt");
330            //相当于 new FileStream("aaa.txt",FileMode.Create)
331
332            //使用默认的可选参数
333            int n = GetWordCount("I like C#");
334
335            //在与 COM 交互时,可选参数更方便
336            //doc.SaveAs("Test.docx");
337            //而早期必须写为
338            //object missing = System.Reflection.Missing.Value;
339            //doc.SaveAs(ref fileName,
340            //ref missing,ref missing,ref missing,
341            //ref missing,ref missing,ref missing,
342            //ref missing,ref missing,ref missing,
343            //ref missing,ref missing,ref missing,
344            //ref missing,ref missing,ref missing);
345        }
346        //使用等号(=)来定义可选参数的默认值
347        public static int GetWordCount(string s,char seperator=' ')
348        {
349            return s.Split(seperator).Length;
350        }
351
352        ///<summary>
353        /// 泛型的协变与逆变(Covariance and Contravariance)
354        /// 协变:使用 out 修饰符,某个返回的类型可以由其派生类型替换
355        /// 逆变:使用 in 修饰符,某个参数类型可以由其基类型替换
356        ///</summary>
357        public static void CoContraVarianceDemo()
358        {
359            //IEnumerable<T>接口的定义(支持协变)
360            //public interface IEnumerable<out T>:IEnumerable;
361            IEnumerable<Student> students = new List<Student>();
362            IEnumerable<Person> people = students;
363            foreach(Person p in people)
364            {
365                Console.WriteLine(p.Age);
366            }
367
368            //Action<T>委托的定义(支持逆变)
369            //public delegate void Action<in T>(T obj);
370            Action<Person> showAge = p => Console.WriteLine(p.Age);
371            Action<Student> introduce = showAge;
372            introduce(new Student());
373
374            //又如:Func<T,R>委托的定义(T 支持逆变,R 支持协变)
```

```csharp
375        // System.Func < in T,…,out R >
376    }
377    class Person{public int Age{set;get;}}
378    class Student:Person{}
379 }
380
381 ///< summary >
382 ///C# 5.0 特性介绍
383 ///< /summary >
384 public class CSharp5
385 {
386     ///< summary >
387     ///C#5.0 重要特性:异步方法(Asynchronous methods)
388     /// 使用 async 及 await 关键字
389     ///< /summary >
390     async public static void AsyncDemo()
391     {
392         // 常用于异步的 IO
393         FileStream fs = new FileStream("a.txt",FileMode.Create);
394         await fs.WriteAsync(new byte[]{32},0,1);
395
396         // 也用于耗时的操作
397         long reslt = await Calcu(10);
398     }
399     // await 所等待的是一个 Task
400     public static Task < long > Calcu(int n)
401     {
402         return Task.Run(() =>
403         {
404             long fac =1;
405             for(int i =1;i <= n;i ++)fac * = i;
406             return fac;
407         });
408     }
409
410     ///< summary >
411     ///调用者信息(Caller Information)
412     ///可以加上几个特殊的可选参数,用以表示调用者信息
413     ///系统会自动填充这些参数,主要用于调试或日志
414     ///< /summary >
415     public static void CallerInfoDemo()
416     {
417         SayHello("Tang");
418     }
419     public static void SayHello(string someone,
420         [CallerMemberName]string memberName = "",
421         [CallerFilePath]string sourceFilePath = "",
422         [CallerLineNumber]int sourceLineNumber = 0
423     )
424     {
425         //memberName 等可选参数会自动有值
```

```csharp
            Console.WriteLine(memberName + "SayHello");
            Console.WriteLine("Hello," + someone);
        }

}

///<summary>
///C# 6.0 特性介绍
///</summary>
public class CSharp6
{
    ///<summary>
    ///C# 6.0 重要特性:Rosyln(.NET 的编译平台)
    ///可以方便地编译、分析 C#代码
    ///由于这个特性主要用于编译平台,这里就不举例了
    ///</summary>

    ///<summary>
    ///导入 static 类,可以直接使用方法
    ///using static System.Math;后
    ///</summary>
    double a = Sqrt(7.8);

    ///<summary>
    ///自动属性初始化及默认值
    ///</summary>
    public double X{get;set;} = 10;
    public double Y{get;} = 20;

    ///<summary>
    ///表达式体成员(Expression-bodied members)
    ///可以简写方法、属性、索引器
    ///</summary>
    public double Square(double n) => n * n;//方法
    public double Distance => Math.Sqrt(X * X + Y * Y);//只读性属性
    public string this[int x] => x + "";//只读性索引器

    ///<summary>
    ///Null 条件操作符
    ///可以方便地处理 null 情况
    ///</summary>
    public void NullDemo()
    {
        Customer customer = new Customer();
        int? a = customer?.Orders?[5];
    }
    public class Customer
    {
        public List<int> Orders = new List<int>();
    }

```

```csharp
477        /// <summary>
478        /// 字符串置入(String interpolation)
479        /// 在字符串前面用$,在字符串里面用{}表示变量或表达式
480        /// </summary>
481        public static void StringInterpolationDemo()
482        {
483            var person = new{age =18,name = "Zhang"};
484            string info =$"{person.name}is{person.age}years old";
485            Console.WriteLine($"now is{DateTime.Now},info:{info}");
486        }
487
488        /// <summary>
489        /// nameof 运算符
490        /// 可以避免字符串写错
491        /// 常用于json、数据库等场合
492        /// </summary>
493        public static void NameOfDemo()
494        {
495            int age =10;
496            string info = nameof(age) + ":" + age;
497            string methodName = nameof(NameOfDemo);
498        }
499
500        /// <summary>
501        /// 字典初始化
502        /// 使用方括号及等号
503        /// </summary>
504        public void DictionaryDemo()
505        {
506            Dictionary <string,int >dict = new Dictionary <string,int >
507            {
508                ["cat"] =1,
509                ["dog"] =5,
510                ["rabbit"] =6,
511            };
512        }
513
514    }
515
516    /// <summary>
517    /// C# 7.0 特性介绍
518    /// </summary>
519    public class CSharp7
520    {
521        /// <summary>
522        /// C#7.0 重要特性:元组(Tuple)
523        /// 对于函数输出多个值更方便.
524        /// 因为传统的函数只能返回一个值,如果要多个值,常用的方法主要是:
525        /// (1)使用多个 out 参数,但不太方便,因为这几个参数不能作为一个整体;
526        /// (2)自定义一个类或结构来返回,也不方便,因为要多定义一个类或结构体;
527        /// (3)使用 System.Tuple <T1,T2,... >,缺点是这是引用类型,会产生多个对象;
```

```csharp
/// (4)使用匿名类或动态类(dynamic),缺点是类型检查不方便
///C#7.0 使用了 System.ValueTuple<...>或 ValueTuple 字面量来解决这个问题.
/// 其基本写法是使用圆括号来括起多个值.System.ValueTuple 是值类型.
///
/// 要注意的是:要使用 ValueTupe,需要在项目右击选"NuGet 程序包管理器"
/// 来下载 System.ValueTuple 程序包
///</summary>
public void TuplesDemo()
{
    //使用元组变量及元组字面量(tuple literals)
    (string,string,int)a = ("1002","bbb",18);

    // 可以取得函数的返回值
    (string,string,int)a2 = SearchById("1001");

    //可以使用 var
    var a3 = SearchById("1001");

    //每个分量可以通过 Item1,Item2,Item3 等来访问
    Console.WriteLine($"{a.Item1},{a.Item2},{a.Item3}");

    //可以对分量取名字
    (string id,string name,int age)b = a;
    Console.WriteLine($"{b.id},{b.name},{b.age}");

    //可以直接解构(descrution)各分量,即直接定义多个变量
    (string id,string name,int age) = a;
    Console.WriteLine($"{id},{name},{age}");
}
//定义一个返回元组的函数
(string,string,int)SearchById(string id)
{
    return(id,"Zhang",12);
}
// 也可以对元组分量取名字
(string id,string name,int age)SearchById2(string id)
{
    return(id,"Zhang",12);
}

///<summary>
/// 局部函数(Local functions)
/// 可以在方法中定义一个函数
/// 这样可以实现更好的封装性
///</summary>
public void LocalFunctionDemo()
{
    List<int>primes = new List<int>();
    for(int n = 2;n<100;n++)
    {
        if(isPrime(n))primes.Add(n);
```

```csharp
    }

    bool isPrime(int n)
    {
        for(int i = 2;i < n;i ++)
        {
            if(n %  i == 0)return false;
        }
        return true;
    }

    ///< summary >
    /// 字面常量(literal)的改进
    /// 可以允许加下划线(_)表示数字分隔(它的位置可以随意写)
    /// 可以写以 0b 或 0B 开头的二进制
    ///< /summary >
    public void LiteralDemo()
    {
        double a = 7_654_321.123;
        long b = 0xAA_EF_9D;
        int c = 0b0111_1111_1101;
    }

    ///< summary >
    ///out 及 ref 变量的直接定义
    ///函数可以返回 ref 变量
    ///< /summary >
    public void OutAndRefDemo()
    {
        MyOut(5,out int b);// 在调用的同时,定义 out 变量

        int[]nums = {2,3,5,7,8};
        ref int a = ref MyRef(5,nums);//a 是一个引用型变量
        a = 100;// 这将改变数组中的 5 变成 100
    }
    public void MyOut(int a,out int b)
    {
        b = a * a;
    }
    public ref int MyRef(int a,int[]nums)
    {
        for(int i = 0;i < nums.Length;i ++)
            if(nums[i] >= a)return ref nums[i];
        throw new Exception($"{nameof(a)}{a}not found");
    }

    ///< summary >
    ///模式匹配(Pattern Matching)
    ///可以在 is 及 case 中在判断变量类型的同时,直接定义该类型的变量
    ///(is 一般用在 if 语句中,而 case 是 switch 语句中)
```

```csharp
///</summary>
public void PatternMatchingDemo()
{
    object o =5;
    int result =0;
    //模式匹配用于 is 中
    if(o is int i)result =i;//直接定义了 int 变量 i
    if(o is string s)int.TryParse(s,out result);

    //模式匹配用于 case 中
    switch(o)
    {
        case string str:
            Console.WriteLine("a string");
            int.TryParse(str,out result);
            break;
        case int ii:
            Console.WriteLine("an integer");
            result =ii;
            break;
    }
}
}
```

附录 B C#语言相关网络资源

Visual Studio 集成开发工具
http：// www. visualStudio. com

. NET Framework 及 . NET Core 下载
https：// www. microsoft. com/net/download

C#语法规范（C# Language Specification 5.0）
https：// www. microsoft. com/en-us/download/details. aspx？id=7029

C#参考源码 Reference Source 浏览
http：// referencesource. microsoft. com/

C#参考源码 Reference Source 打包下载
http：// referencesource. microsoft. com/download. html

. NET（C#及 VB）开源编译平台 Roslyn
https：// github. com/dotnet/roslyn

NuGet 程序包
http：// www. nuget. org/

ILSpy 反编译工具
http：// www. ilspy. net/

SharpDevelop 即 ic#code
http：// www. icsharpcode. net/

Microsoft API 和参考
https：// msdn. microsoft. com/library

. NET API 浏览器
https：// docs. microsoft. com/en-us/dotnet/api/

Visual Studio Code 代码编辑器

https://code.visualstudio.com/

dotnet core 的源代码
https://github.com/dotnet/corefx

mono 跨平台 C#项目
http://www.mono-project.com/

mono 开发工具
http://www.monodevelop.com/

微软的开源项目
https://opensource.microsoft.com/

开源项目平台
https://github.com/

CodeProject（C#编程文章）
https://www.codeproject.com/

博客园（C#编程博客）
https://www.cnblogs.com/

参 考 文 献

[1] ECKLE B. Thinking in C#. PHP Hall, 2003
[2] PETZOLD C. Programming Microsoft Windows with C#. Microsoft Press, 2002.
[3] TEMPLEMAN J. Visual Studio .NET: the .NET framework black book. Coriolis Group LLC, 2002.
[4] Microsoft. C# Language Specification. 2017.
[5] Microsoft. Introduction to C# programming for the Microsoft .NET Platform, 2001.
[6] NAGEL. C#高级编程. 北京：清华大学出版社, 2016.
[7] 姜晓东. C#4.0 权威指南. 北京：机械工业出版社, 2011.
[8] 唐大仕. C#程序设计教程. 北京：清华大学出版社, 2003.